Kurt E. Geckeler
Heiner Eckstein

# Analytische und präparative Labormethoden

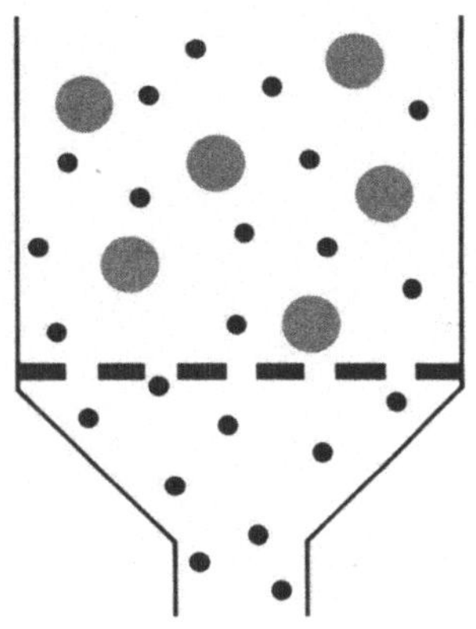

Kurt E. Geckeler
Heiner Eckstein

# ANALYTISCHE UND PRÄPARATIVE LABORMETHODEN

Grundlegende Arbeitstechniken
für Chemiker, Biochemiker,
Mediziner, Pharmazeuten und Biologen

Mit 323 Bildern und 74 Tabellen

Friedr. Vieweg & Sohn          Braunschweig / Wiesbaden

Verlagsredaktion: *Björn Gondesen*



ISNB-13: 978-3-642-93589-3     e-ISBN-13: 978-3-642-93588-6
DOI: 10.1007/978-3-642-93588-6

# Vorwort

Zielvorstellung war eine übersichtliche, systematische und leicht verständliche Darstellung der analytischen und präparativen Labormethoden, die nicht nur in den verschiedenen chemischen Praktika von Bedeutung sind, sondern auch in der interdisziplinären Forschung häufig angewandt werden. Dabei sollte der Bezug zur Praxis im Vordergrund stehen, und auch konkrete Hinweise zur praktischen Durchführung, Interpretation und Dokumentation sollten enthalten sein, so daß auf die Zuhilfenahme von Spezialliteratur weitestgehend verzichtet werden kann. Der Übersichtscharakter des Buches soll auch für den Praktiker bei der Methodenwahl für analytische und präprarative Probleme behilflich sein. Um den Umfang in einem vertretbaren Rahmen zu halten, haben wir in erster Linie Methoden aufgenommen, die üblicherweise in der Praxis häufige Anwendung finden.

Die Basis für das Manuskript des vorliegenden Werkes stellt die langjährige Erfahrung der Autoren bei der Durchführung von Praktika und Kursen sowohl in der Ausbildung von Studenten als auch in Fortbildungskursen dar. Das Handbuch der analytischen und präparativen Labormethoden ist entstanden aus erweiterten Manuskripten verschiedener Kurse und Vorlesungen. Die theoretischen Grundlagen wurden nur insoweit behandelt, als sie zum Verständnis der praktischen Anwendung erforderlich sind. Trotzdem dürfte die kompakte Abhandlung der Theorie in den „Grundlagen" in vielen Fällen für die Vorbereitung von Kolloquien, Seminaren und Prüfungen eine gute Hilfestellung leisten.

Von der Konzeption her ist das Handbuch nicht nur für Studenten in den Anfangssemestern, sondern auch für fortgeschrittene Studenten, Diplomanden und Doktoranden geeignet. Für wissenschaftlich Tätige, besonders in interdisziplinären Gebieten, dient das Buch als systematisches und kompaktes Nachschlagewerk.

Unser Dank gilt den Professoren G. Häfelinger, W. Rundel, K. Scheffler (Tübingen) und Dr. G. Barth (Stanford, USA) für die Durchsicht einzelner Kapitel und wertvolle Anregungen. Auch dem Verlag danken wir für die Unterstützung bei der Gestaltung und Realisierung des Buches. Kritische Hinweise und Verbesserungsvorschläge nehmen wir dankbar entgegen.

Tübingen, im Mai 1987

*Kurt E. Geckeler*
*Heiner Eckstein*

# Inhaltsverzeichnis

# Kapitel 3
# Analytische Methoden

# Kapitel 4
# Anhang

# Kapitel 1

# Allgemeine Trenn- und Reinigungsverfahren

# 1.1 Kristallisation

Das Abscheiden eines festen Stoffes in Form von Kristallen aus der Schmelze, Lösung oder Gasphase bezeichnet man als Kristallisation.

Kristalline Stoffe unterscheiden sich von amorphen Stoffen wie beispielsweise Glas oder Kunststoffen durch ihre Kristallstruktur. Diese beschreibt den Aufbau der Teilchen (Atome, Ionen, Moleküle) im Kristallgitter, das wiederum aus Elementarzellen zusammengesetzt ist. Elementarzelle heißt der einfachste Baustein eines Kristallgitters, das für die jeweilige Verbindung charakteristisch ist. Die verschiedenen Kristallsysteme (z. B. kubisch, rhombisch, tetragonal, triklin) werden durch Symmetrieachsen festgelegt, die dem Aufbau der Kristalle zugrunde liegen. Der Typ des Kristallsystems ist nicht unbedingt äußerlich erkennbar, aber immer die Kristallform. Sie ist durch Flächen und Kanten des Kristalls festgelegt und wird nach dem visuellen Eindruck bezeichnet (Blättchen, Nadeln, Prismen, Stäbchen, Tafeln, Würfel etc.).

Die Kristallisation ist eines der wichtigsten Verfahren zur Reindarstellung einer Substanz. Das Verfahren der Reinigungskristallisation aus der Lösung heißt Umkristallisation (s. Kap. 1.1.1), aus der Schmelze Zonenschmelzen (s. Kap. 1.1.3) und aus der Gasphase Sublimation (s. Kap. 1.1.2).

Die Phasenübergänge der verschiedenen Aggregatzustände zeigt folgendes Schema:

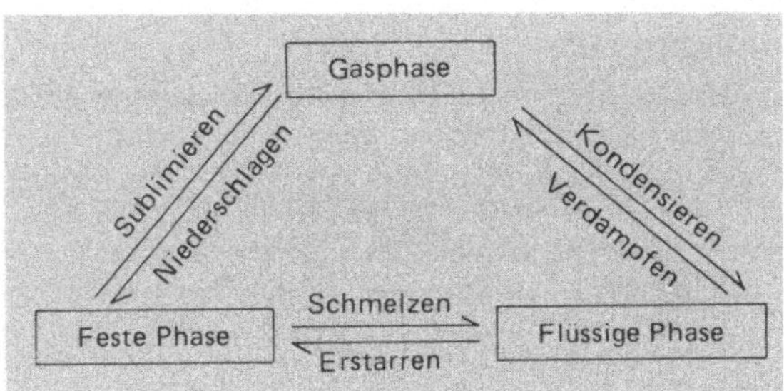


## Literatur

Im folgenden sind die Tabellenwerke aufgeführt, die Daten einer Substanz wie Schmelzpunkt, Löslichkeit etc. enthalten und für die Kristallisationsverfahren wichtig sind.


*D'Ans/Lax*, Taschenbuch für Chemiker und Physiker, Bd. 1–3, Springer, Heidelberg 1964/1983

*R. C. Weast* (Hrsg.), Handbook of Chemistry and Physics, CRC Press, Cleveland 1984

*H. U. Vogel* (Hrsg.), Chemiker-Kalender, Springer, Heidelberg 1966

The Merck Index, 10th Ed., Merck & Co., Rahway 1984

# 1.1.1 Umkristallisation

Umkristallisation heißt das Reinigungs- und Trennverfahren, bei dem eine Substanz in einem geeigneten Lösungsmittel in der Hitze gelöst wird und anschließend in reiner Form auskristallisiert.

## Grundlagen

Voraussetzung für den Reinigungseffekt beim Umkristallisieren ist ein Löslichkeitsunterschied zwischen Substanz und Verunreinigungen für das verwendete Lösungsmittel. Ein optimales Lösungsmittel für die Umkristallisation zeichnet sich durch maximale Löslichkeit der Substanz bei Siedetemperatur und minimale Löslichkeit in der Kälte aus (s. Bild 1.1.1/1). Wesentlich für die Auskristallisation sind die Kristallisationskeime, ohne deren Anwesenheit übersättigte Lösungen entstehen. Solche Keime sind z. B. Impfkristalle, kleine Staubkörnchen oder abgeschabte Glassplitter. In speziellen Fällen kann statt des Abkühlens auch das Verdunsten des Lösungsmittels zum Auskristallisieren ausgenutzt werden. Beim Abkühlen der gesättigten Lösung sollen sich die neuen Kristalle in reiner Form abscheiden, ohne Einschlüsse von Lösungsmittel oder Verunreinigungen.

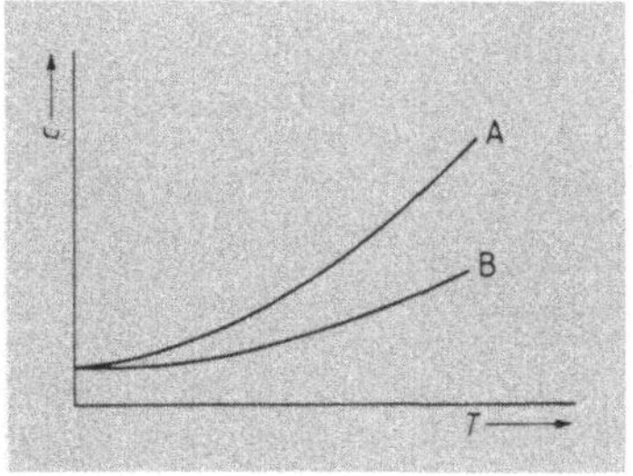


**Bild 1.1.1/1**
**Löslichkeitskurve zur Beurteilung eines Lösungsmittels für die Umkristallisation**
A Steile Löslichkeitskurve mit großem Temperaturgradienten: große Löslichkeitsdifferenz zwischen kaltem und heißem Lösungsmittel (gut geeignet)
B Flache Löslichkeitskurve mit kleinem Temperaturgradienten: geringe Änderung der Löslichkeit beim Erhitzen (weniger geeignet)

Es gibt außerdem noch besondere Kristallisationsverfahren:

- Fraktionierte Kristallisation heißt die stufenweise durchgeführte Trennung von Substanzen durch Auskristallisieren aufgrund ihrer unterschiedlichen Löslichkeit bei verschiedener Temperatur oder Konzentration.

- Fällungskristallisation: die Substanz wird gelöst und dann ein weiteres „Lösungsmittel", das hier als Fällungsmittel eingesetzt wird, zugefügt, bis eine leichte Trübung auftritt. Anschließend läßt man bei Raumtemperatur oder im Kühlschrank auskristallisieren.

## Auswahl des Lösungsmittels

Die Wahl des Lösungsmittels ist bei der Umkristallisation entscheidend. Folgende Anforderungen sind an das Lösungsmittel zu stellen:

- Möglichst großer Temperaturgradient der Löslichkeit.
- Der Siedepunkt des Lösungsmittels sollte unter dem Schmelzpunkte der Substanz liegen (oder es darf nicht bis zum Siedepunkt erhitzt werden), sonst schmilzt sie vor dem Lösevorgang. Wenn der Schmelzpunkt der Substanz niedriger als der Siedepunkt des Lösungsmittels liegt, kann die Schmelze beim Abkühlen wieder erstarren, ohne auszukristallisieren.
- Ein niedriger Siedepunkt ist vorteilhaft für die Trocknung der Substanz.
- Inertes Verhalten gegenüber der Substanz auch bei der Siedetemperatur.

Liegt eine unbekannte Verbindung zur Umkristallisation vor, die auch keiner bestimmten Substanzklasse zugeordnet werden kann, so ist nur ein rein empirisches Vorgehen möglich. In den Fällen, in denen die Formel der Verbindung bekannt ist oder wenigstens Anhaltspunkte dafür vorliegen, wird man schematisch vorgehen. Zunächst schätzt man die hydrophoben und hydrophilen Anteile der Verbindung ab (apolare Gruppen: $-CH_2-$, $C_6H_6-$ u. a.; polare Gruppen: $-OH$, $-NH_2$, $-COOH$ u. a.), um aus der Polaritätsreihe der Lösungsmittel (s. Tabelle 1.1.1/1) das richtige Lösungsmittel auswählen zu können. Eine ausführliche Liste befindet sich im Anhang (s. Kap. 4.1).

**Tabelle 1.1.1/1** Polaritätsreihe der Lösungsmittel
(s. auch Kap. 4.1)

| | |
|---|---|
| Geringe Polarität | Petrolether |
| | Toluol |
| Mittlere Polarität | Diethylether |
| | Aceton |
| Hohe Polarität | Ethanol |
| | Wasser |

Am Beispiel des Diphenylcarbinols soll das Schema des Vorgehens erläutert werden.

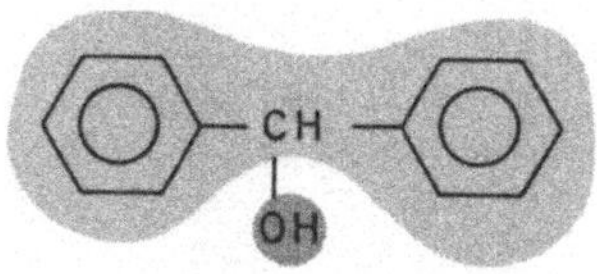


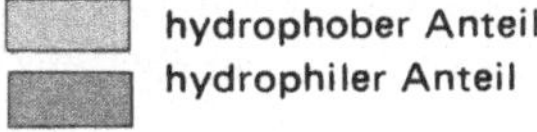

In diesem Molekül ist außer den beiden hydrophoben Phenylgruppen noch eine hydrophile Hydroxylfunktion vorhanden. Eine grobe Abschätzung ergibt daher insgesamt eine mittlere Polarität der Verbindung, die aber aufgrund der Phenylgruppen etwas zur apolaren Seite verschoben ist (Lösungsmittel: Ether/Toluol). Nach der empitischen Regel: *„Similia similibus solvuntur"* (Ähnliches löst sich in Ähnlichem) muß das zwei Aromaten enthaltende Molekül in einem aromatischen Lösungsmittel, wie z.B. Toluol, löslich sein. Da zum Umkristallisieren aber eine gute Löslichkeit erst bei hoher Temperatur, nicht aber schon bei Raumtemperatur erwünscht ist, nimmt man ein Lösungsmittel aus dem angrenzenden Bereich in der Polaritätsreihe. Dazu kommen Petrolether und Ethanol bzw. Methanol/Wasser in Frage, die sich auch tatsächlich zur Umkristallisation eignen.

Grundsätzlich dient dieses Vorgehen nur zur Orientierung, um die Zahl der Vorversuche zur Lösungsmittelermittlung gering zu halten. Andere Parameter, wie beispielsweise Dipolmoment, Dielektrizitätskonstante, Assoziationstendenz, bleiben bei dem einfachen Schema unberücksichtigt. Letztlich ist daher das Experiment entscheidend. Für viele Verbindungen sind auch in Tabellenwerken die Löslichkeiten für verschiedene Lösungsmittel und bei verschiedenen Temperaturen angegeben (s. Literatur in Kap. 1.1).

Führt ein Lösungsmittel allein nicht zum Ziel, so sind oft Lösungsmittelpaare vorteilhaft, die die Löslichkeit der Verbindung erhöhen oder vermindern. Eine Reihe von Lösungsmittelpaaren zur Umkristallisation sind in Tabelle 1.1.1/2 zusammengestellt.

**Tabelle 1.1.1/2.** Beispiele für Lösungsmittelpaare

Petrolether/Diethylether
Toluol/Petrolether
Chloroform/Petrolether
Chloroform/Tetrachlorkohlenstoff
Ethanol/Petrolether
Ethanol/Diethylether
Ethanol/Aceton
Ethanol/Wasser
Methanol/Diethylether
Methanol/Dichlormethan
Wasser/Aceton
Wasser/Essigsäure

## Apparatur

Im Normalfall wird im Rundkolben mit Rückflußkühler umkristallisiert (s. Bild 1.1.1/2), nur in Ausnahmefällen sollte die Umkristallisation provisorisch im Erlenmeyerkolben durchgeführt werden. Zur Energiezufuhr wird entweder ein Heizbad oder ein Heizpilz verwendet. Für den Mikromaßstab und für orientierende Versuche kann man ein Reagenzglas benutzen.

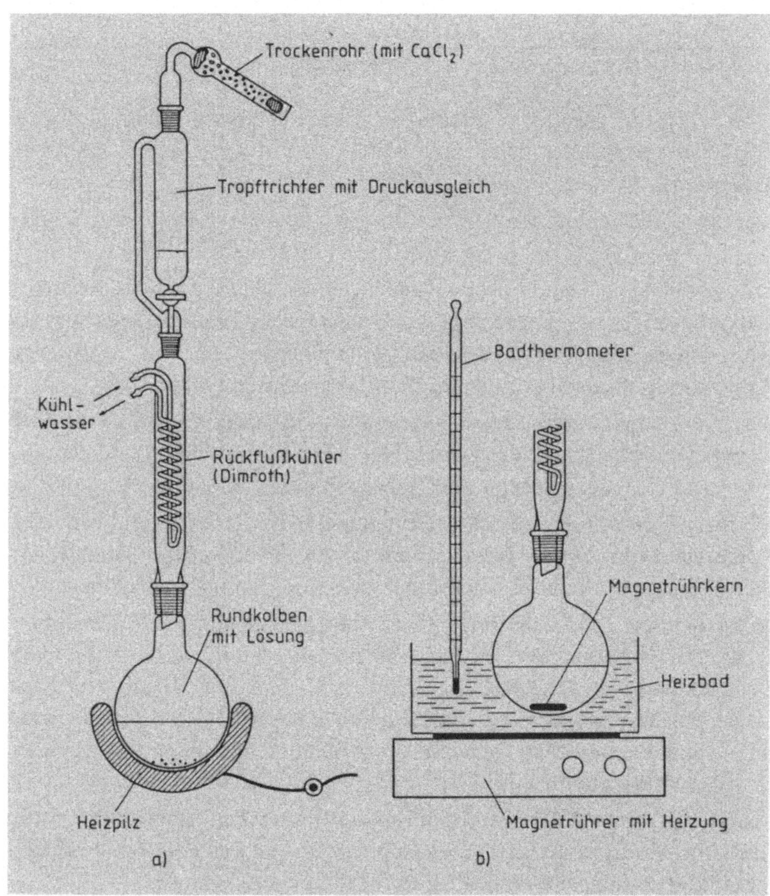


**Bild 1.1.1/2 Standardapparatur zur Umkristallisation**
(a) mit Heizpilz und (b) mit Heizbad

# Vorbereitung

- Wenn das Lösungsmittel nicht bekannt ist, wird es in der Literatur oder in Tabellenwerken nachgeschlagen; ansonsten sind Vorversuche durchzuführen.
- Jeweils eine kleine Probe der Substanz (ca. 30 bis 50 mg) im Reagenzglas mit 5 bis 10 Tropfen des Lösungsmittels (mindestens drei Lösungsmittel verschiedener Polarität sollten geprüft werden) versetzen und die Lösung zum Sieden erhitzen. Sollte nicht alles gelöst sein, weiteres Lösungsmittel bis zur vollständigen Lösung zugeben. Nach dem Abkühlen sollte möglichst viel Substanz wieder ausfallen.

## Durchführung

- Substanz in Rundkolben geeigneter Größe (maximal zur Hälfte füllen) einfüllen und etwa 80 % der geschätzten oder nach semiquantitativen Vorversuchen berechneten Lösungsmittelmenge zugeben (s. Bild 1.1.1/2).
- Nach Zugabe von Siedesteinen den Kühler aufsetzen und die Lösung zum Sieden erhitzen.
- Weiteres Lösungsmittel in kleinen Portionen durch die Kühleröffnung zugeben, bis alles vollständig gelöst ist. Empfehlenswert ist ein Tropftrichter als Kühleraufsatz, der eine sichere und bequeme Lösungsmittelzugabe erlaubt. Eventuelle unlösliche Verunreinigungen beachten, die abfiltriert werden müssen!
- Ist die Lösung nicht klar und farblos, kann sie mit Aktivkohle behandelt und heiß filtriert werden. Dazu muß die Lösung vor der Zugabe der Aktivkohle abkühlen, da es sonst zu Siedeverzügen oder Schäumen kommen kann.
- Wenn die Substanz gerade gelöst ist, stellt man die Heizung ab und läßt die Lösung langsam bei Raumtemperatur abkühlen. In vielen Fällen ist es günstig, anschließend die Lösung zur Ausbeuterhöhung in den Kühlschrank zu stellen.
- Es muß betont werden, daß insbesondere bei problematischen Kristallisationen der Faktor Zeit sehr entscheidend ist. Die Abkühlgeschwindigkeit beeinflußt die Kristallgröße und langsames Kristallwachstum verringert die Gefahr von Einschlüssen. Die Auskristallisation ist manchmal Geduldsache und kann Tage, Wochen oder Monate dauern. In den meisten Fällen ist sie aber nach wenigen Stunden mit guter Ausbeute beendet.
- Die Mutterlauge zur eventuellen Aufarbeitung aufbewahren (Abdestillieren des Lösungsmittels im Vakuum und erneutes Kühlstellen der Lösung oder vollständiges Entfernen des Lösungsmittels und erneutes Umkristallisieren).
- Für die Reproduzierbarkeit des Umkristallisierens ist es vorteilhaft, die eingesetzte Substanzmenge sowie das verwendete Lösungsmittelvolumen zu notieren.
- Aufarbeitung durch Abfiltrieren und Trocknen im Vakuum (s. Kap. 1.2).

Im folgenden sollen einige Spezialfälle behandelt werden, die oft Schwierigkeiten bereiten. Sind Verunreinigungen kalt und heiß unlöslich, so werden sie abfiltriert. Sind sie kalt und heiß gut löslich, bleiben sie nach dem Auskristallisieren der Substanz in Lösung. Bei gefärbten Verunreinigungen oder Trübungen wird etwas Aktivkohle (ca. 1 bis 2 %, bezogen auf die gelöste Substanz; gekörnt oder als Pulver) zur Lösung gegeben und dann 10 bis 15 Minuten erhitzt, aber nicht gekocht. Danach wird heiß abfiltriert oder abgenutscht, wobei doppeltes Filterpapier oder besser Spezial-Filterpapier für Aktivkohle verwendet wird. Bei unpolaren Lösungsmitteln gibt man stattdessen aktives Aluminiumoxid zu. Grundsätzlich ist eine zu große Menge an Adsorptionsmitteln zu vermeiden, da sonst Verluste durch Adsorption der Substanz auftreten können. Trübungen lassen sich auch meist durch Zugabe von Kieselgur beseitigen. In allen genannten Fällen muß die Lösung vor der Zugabe des Adsorptionsmittels unter die Siedetemperatur gekühlt werden (mindestens 10 K), da sonst heftige Siedeverzüge auftreten können.

## Mikro-Umkristallisation

Verfahren für Substanzmengen $\leq$ 100 mg. Die Probe wird in ein kleines Reagenz- oder Zentrifugenglas gefüllt, mit dem entsprechenden Lösungsmittel versetzt und erhitzt. Nach dem Abkühlen auf Raumtemperatur wird das Glas in ein Eisbad gestellt und die Mutterlauge mit einer Pasteurpipette entfernt, indem man die Spitze der Pipette durch die Kristalle drückt und die Mutterlauge langsam ansaugt (s. Bild 1.1.1/3). Das Auswaschen der Kristalle erfolgt auf die gleiche Weise. Zur Trocknung wird das Reagenzglas in einen Vakuumexsikkator gestellt. In analoger Weise kann auch zentrifugiert und dekantiert werden.

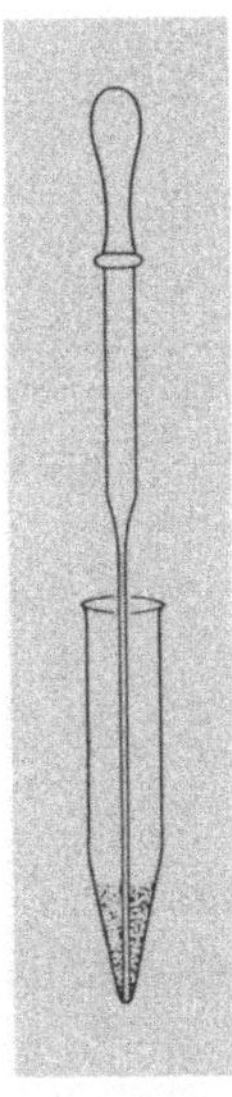

**Bild 1.1.1/3**
**Verfahren der Mikro-Umkristallisation** (Erläuterung s. Text). Nach *L. F. Fieser, K. Williamson*, Organic Experiments, Heath, Lexington/MA 1979, S. 40)

## Keine Auskristallisation

Bei ausbleibendem Kristallisieren wird zur Unterstützung der Kristallbildung je nach Schmelzpunkt der Substanz und des Lösungsmittels unterkühlt, meist auf $+4$ oder $-18\,°C$. Anschließend läßt man die Lösung langsam warm werden und gibt möglichst einen Impfkristall zu (s. auch „Ausölen").

## Ausölen

Tritt das sog. Ausölen der Substanz ein, so deutet das auf Verunreinigungen hin, die das Auskristallisieren verhindern. Nachteilig ist hierbei besonders, daß sich Verunreinigungen in dem Öl lösen können und so eine weitere Reinigung erschwert wird. Es kommt häufig bei niedrig schmelzenden Verbindungen vor. Folgende Maßnahmen können Abhilfe schaffen:

- Etwas mehr Lösungsmittel nehmen und Verfahren wiederholen.
- Aktivkohle zugeben, mit Magnesiumsulfat trocknen, filtrieren, Lösungsmittel im Vakuum entfernen und erneut umkristallisieren.

- Impfkristalle der gleichen oder einer ähnlich kristallisierenden Verbindung zugeben, am besten zur übersättigten Lösung.
- Mit dem Glasstab an der Kolbenwand kratzen oder Siedesteine zugeben.
- Öl abtrennen und aus einem anderen Lösungsmittel umkristallisieren, evtl. Lösungsmittel mehrfach wechseln.
- Konstante Erschütterung mit Schüttelapparatur oder Beschallung mit Ultraschall.
- Fällungskristallisation: Zur Lösung der Substanz langsam Fällungsmittel zugeben, bis Trübung auftritt. Dann bei Raumtemperatur stehen lassen oder in den Kühlschrank stellen.

Bei oxidationsempfindlichen Verbindungen benutzt man die klassische Apparatur und leitet Inertgas durch. Eine andere Möglichkeit ist die Verwendung einer Spezialapparatur (z. B. Schlenkrohr).

## Fehlerquellen

- Zuviel Lösungsmittel verwendet (Ausbeuteverlust oder ausbleibende Kristallisation). Abhilfe: Lösung am Rotationsverdampfer einengen.
- Schwerlösliche Verunreinigungen kristallisieren mit aus. Abhilfe: Nicht alles auflösen und heiß filtrieren oder anderes Lösungsmittel verwenden.
- Zu schnelles Abkühlen (begünstigt Einschlußverbindungen)
- Mischkristallbildung bei manchen Verbindungen beachten.
- Zu langes Erhitzen unter Rückfluß kann chemische Veränderungen bewirken.
- Dauer der Auskristallisation zu kurz: Die Kristallisierung von manchen Verbindungen dauert sehr lange.
- Schlifffett kann Kristallisation verhindern. Abhilfe: So wenig wie möglich verwenden.

## Dokumentation

Das Lösungsmittel zur Umkristallisation wird meistens im Text der Arbeitsvorschrift erwähnt oder nach dem Schmelzpunkt in Klammern angegeben (vgl. Kap. 3.1.1).

*Beispiele:*

| |
|---|
| Fp. 117 °C (Ethanol) |
| Fp. 145 °C (Ethanol/Wasser; 1:1) |

## Anwendungsbereich

- Reinigung von anorganischen und vor allem organischen Substanzen. Kontrolle: Wiederholung bis zur Konstanz des Schmelzpunkts, Dünnschichtchromatographie, NMR-Spektrometrie
- Trennung verschieden löslicher Stoffe durch Fraktionierung
- Umwandlung von Kristallformen
- Fraktionierung von Polymeren nach Molmassen (Kristallisationsfraktionierung)

## Literatur

*R. S. Tipson*, in: *A. Weissberger*, Technique of Organic Chemistry, Bd. 3/1, S. 395, Interscience, New York 1956

*A. I. Vogel*, Practical Organic Chemistry, S. 122, Wiley, New York 1956

Tabellenwerke: s. Kap. 1.1

# 1.1.2 Sublimation

Geht ein Stoff vom Festzustand direkt in den gasförmigen Zustand über, ohne dabei eine flüssige Phase zu durchlaufen, heißt der Vorgang Sublimation.

## Grundlagen

Die verschiedenen Aggregatzustände einer Verbindung hängen in bestimmter Weise von Druck und Temperatur ab. Die Art dieser Abhängigkeit läßt sich aus dem **Phasendiagramm** erkennen (s. Bild 1.1.2/1). Wird einem Feststoff bei atmosphärischem Druck ($p_a$) Wärme zugeführt (Punkt A), so schmilzt er bei Punkt B (Schmelzpunkt) und geht bei weiterem Erhitzen bei der Siedetemperatur $T_S$ (Punkt C) schließlich in den gasförmigen Zustand über (Gerade $\overline{ABC}$). Erhitzt man dieselbe Substanz bei einem Druck $p_b$, der unterhalb des Tripelpunktes T liegt, so geht sie, ohne zu schmelzen, in den gasförmigen Zustand über (Gerade $\overline{DE}$).

Prinzipiell sind eine ganze Anzahl von Substanzen sublimierbar, doch ist das meist nur unter vermindertem Druck möglich. Nur relativ wenige Verbindungen sind bei Normaldruck sublimierbar, beispielsweise Campher und einige aromatische Verbindungen (s. Tabelle 1.1.2/1). Voraussetzung für eine Anwendung der Sublimation als Trenn- und Reinigungsmethode ist neben hohem Dampfdruck der Verbindung auch eine genügend große Differenz zwischen dem Dampfdruck der Probe und dem der Verunreinigungen.

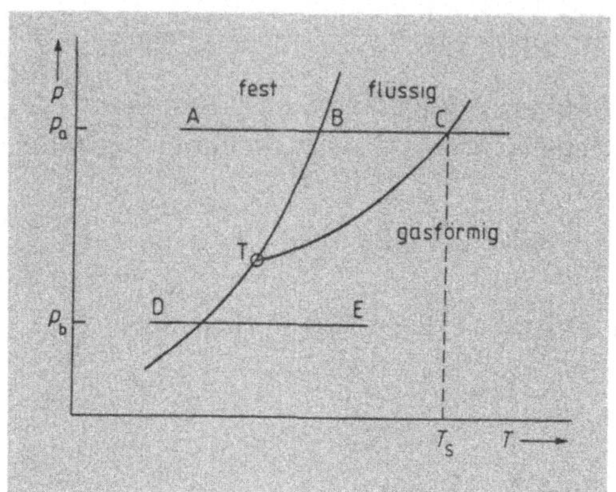


**Bild 1.1.2/1**
**Typisches Phasendiagramm** (s. Text)
$p_a$   atmosphärischer Druck
$p_b$   experimenteller Druck
B      Schmelzpunkt
T      Tripelpunkt
$T_S$  Siedetemperatur

**Tabelle 1.1.2/1**  Sublimierbare Verbindungen

| Verbindung | Siedepunkt °C | Schmelzpunkt °C | Dampfdruck bei Siedetemperatur kPa | Torr |
|---|---|---|---|---|
| Campher | 204 | 179 | 49,32 | 370 |
| Iod | 185 | 114 | 11,98 | 90 |
| Anthracen | 340 | 218 | 5,46 | 41 |
| Benzol | 79 | − 11 | 4,80 | 36 |
| Naphthalin | 218 | 82 | 0,93 | 7 |
| Benzoesäure | 132 | 122 | 0,80 | 6 |

Das Prinzip der Vakuumsublimation wird auch bei der Gefriertrocknung (s. Kap. 1.8) angewandt, jedoch ist dort nicht das Sublimat, sondern der Rückstand das gewünschte Produkt.

## Apparatur

Falls keine komplette Schliffapparatur zur Sublimation vorhanden ist, kann aus zwei Glassaugfingern entsprechend Bild 1.1.2/2 eine Sublimationsapparatur leicht selbst angefertigt werden. Für kleine Substanzmengen und für Vorversuche eignen sich auch zwei ineinander gestellte Reagenzgläser verschiedener Größe oder zwei aufeinander gelegte Uhrgläser (s. Bild 1.1.2/3).

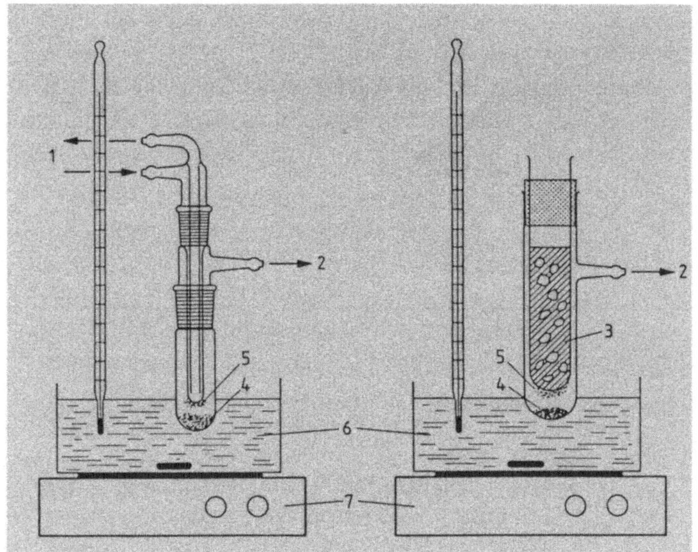

**Bild 1.1.2/2**
**Sublimationsgeräte**
**mit und ohne Schliff**

1 Kühlwasser
2 Vakuum
3 Eiswasser
4 Substanz
5 Sublimat
6 Heizbad
  mit Magnetkern
7 Magnetrührer

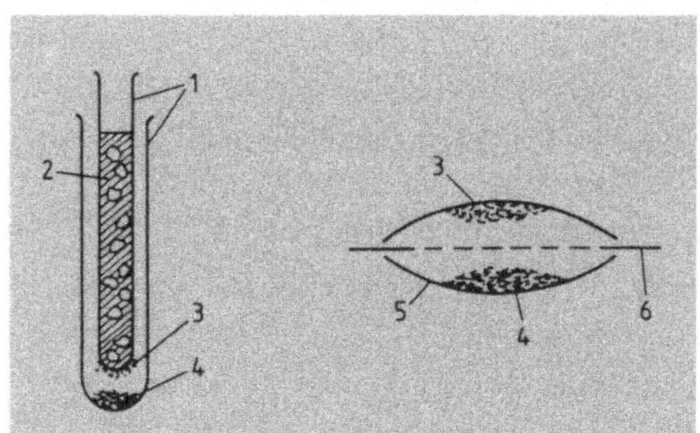

**Bild 1.1.2/3**
**Halbmikrovorrichtungen zur Sublimation**
1 Reagenzgläser
2 Eiswasser
3 Sublimat
4 Substanz
5 Uhrglas
6 perforiertes Rundfilter

# Durchführung

- Die fein zerkleinerte Substanz in den äußeren Tubus einfüllen (im Labormaßstab ist die Substanzmenge auf wenige Gramm beschränkt).
- Vakuumpumpe und Kühlwasser anstellen, dann Vakuum anlegen.
- Langsam hochheizen, bis die ersten Kristalle sichtbar sind.
- Nach Beendigung der Sublimation Heizung, Vakuum und Kühlung abstellen, Kühltubus vorsichtig entnehmen und anhaftendes Sublimat abschaben.

- Außer durch Anlegen eines Vakuums ist eine Beschleunigung der Sublimation durch Anlegen eines Inertgasstromes zu erreichen.
- Zur Prüfung der Sublimationsfähigkeit wird die Probe im Schmelzpunktapparat mit Kappillarröhrchen erhitzt (s. Kap. 3.1.1). Bei sublimierbaren Verbindungen kann man im oberen, kälteren Teil der Kapillaren einen Niederschlag des Sublimats beobachten.

## Fehlerquellen

- Kühloberfläche der Apparatur zu klein für die Probenmenge
- Zu große Entfernung zwischen Kühlfläche und Probe (maximal 1 cm)
- Zu schnelles Erhitzen
- Substanz nicht genug zerkleinert.

## Dokumentation

Die Angabe der Sublimationsdaten erfolgt in Anlehnung an die Schmelzpunktdokumentation wie folgt:

*Beispiel:*   | $Fp._{1,3}$ 87 °C (Subl.) |

Dies bedeutet, daß die Verbindung bei 87 °C bei einem Druck von 1,3 kPa (ca. 10 Torr) sublimiert.

## Anwendungsbereich

Die Sublimation ist generell eine ausgezeichnete Reinigungsmethode für kleine Probenmengen, wenn die Verunreinigungen nicht flüchtig sind. Andernfalls sind die Umkristallisation (s. Kap. 1.1.1) oder chromatographische Verfahren (s. Kap. 2) als Reinigungsmethoden vorzuziehen. Sublimierte Verbindungen sind im allgemeinen sehr rein.

## Literatur

*J. T. Davies*, Sublimation, MacMillan, New York 1948

*R. Tipson*, in: *A. Weissberger*, Technique of Organic Chemistry, Vol. IV/9, Interscience, New York 1965

Tabellenwerke: s. Kap. 1.1

# 1.1.3 **Zonenschmelzen**

Zonenschmelzen ist ein Reinigungsverfahren für thermostabile Feststoffe, die dabei durch mehrfaches Umkristallisieren aus der Schmelze von Verunreinigungen befreit werden.

## Grundlagen

Wird eine schmale Zone eines Substanzzylinders durch Energiezufuhr (elektrisch, Mikrowellen, Elektronenbeschuß) zum Schmelzen gebracht, so reichert sich der tiefer schmelzende Anteil in der Schmelzzone an (s. Bild 1.1.3/1). Wird nun die Schmelzzone durch Bewegung der Energiequelle oder der Substanz in eine Richtung bewegt, so findet eine Anreicherung der verschieden schmelzenden Anteile an den beiden Enden des Substanzzylinders statt.

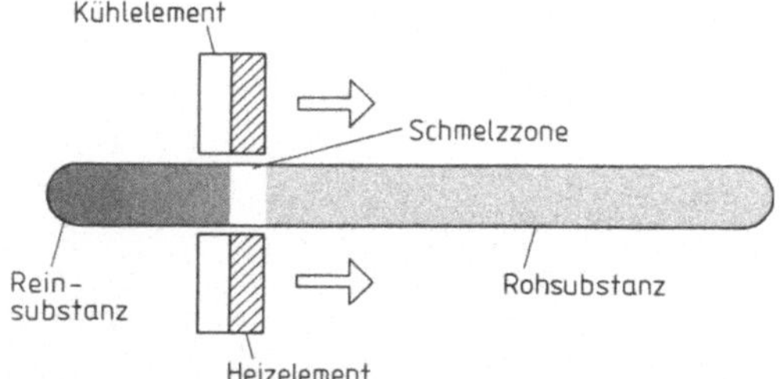


**Bild 1.1.3/1**
**Schema zum Prinzip des Zonenschmelzverfahrens**

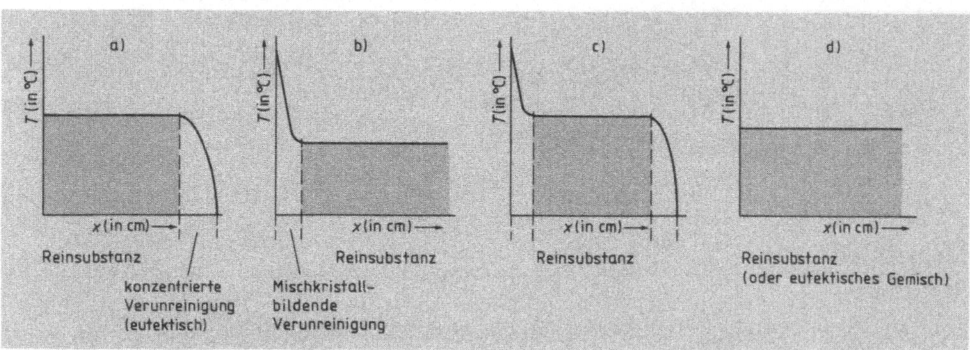


**Bild 1.1.3/2  Diagramme zum Zonenschmelzverfahren**
a) Reinsubstanz mit konzentrierter Verunreinigung (eutektisch)
b) Reinsubstanz mit Verunreinigungen, die Mischkristalle bilden
c) Reinsubstanz mit eutektischen und Mischkristall-Verunreinigungen
d) Reinsubstanz oder eutektisches Gemisch: keine Trennung durch Zonenschmelzen

In Bild 1.1.3/2 sind einige typische Diagramme dargestellt, die beim Zonenschmelzen erhalten werden. Teil a zeigt das Diagramm einer Substanz, bei der die Verunreinigung auf einer Seite konzentriert wird (eutektisch). Teil b des Bildes zeigt die Darstellung einer Reinsubstanz mit einer Verunreinigung, die Mischkristalle bildet. In Teil c der Abbildung sind beide Fälle kombiniert. Bei Teil d liegt schließlich eine reine Substanz vor oder eine eutektische Mischung, die sich nicht durch das Verfahren des Zonenschmelzens trennen läßt.

## Geräte

Die meisten Geräte zum Zonenschmelzen beruhen auf folgendem Prinzip: Die Probe wird in einem Rohr, das beidseitig verschlossen ist, durch einen Elektromotor mit entsprechender mechanischer Übersetzung langsam in eine Richtung bewegt. Je nach Gerätetyp sind dabei die Heizung oder das Probenrohr selbst beweglich angeordnet (s. Bild 1.1.3/3). Zur Erhöhung der Effektivität werden meist eine ganze Anzahl von Schmelzzonen (bis zu 50) angewandt. Die Zonen wandern dann in entgegengesetzter Richtung durch den Substanzzylinder.

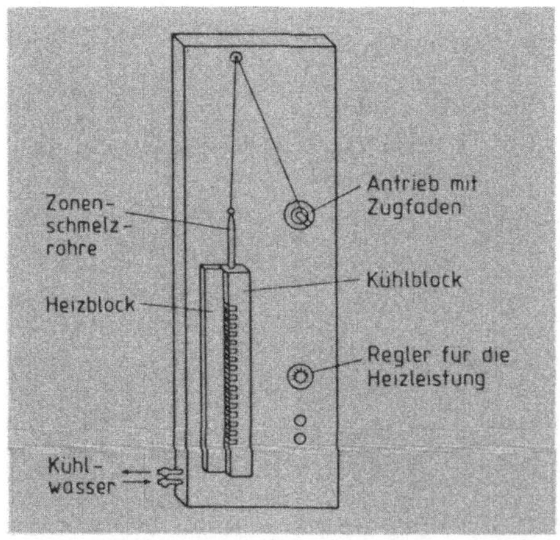


**Bild 1.1.3/3**
**Mikro-Zonenschmelzapparatur**
(Desaga GmbH, Heidelberg)

## Durchführung

Das Verfahren kann vom Mikromaßstab (wenige mg) bis zum Makromaßstab (ca. 30 g) durchgeführt werden und dauert je nach Probenmenge Stunden bis Tage.

- Die Substanz wird in ein Schmelzrohr entsprechenden Durchmessers (Glasrohr an einem Ende zugeschmolzen) gefüllt und das Rohr dann zugeschmolzen.
- Bei sehr stark verunreinigten Proben empfiehlt sich eine Vorreinigung durch Umkristallisieren (s. Kap. 1.1.1).

- Das Beschicken von dünnen Kapillarröhrchen (Mikromaßstab) ist oft schwierig. In solchen Fällen schmilzt man die Probe in einem separaten Gefäß und überführt die Substanz in flüssiger Form in die Kapillare durch Eintauchen in die Schmelze. Dann läßt man Abkühlen und schmilzt die Kapillare zu.
- Das Schmelzrohr oder die Kapillare wird in das Gerät eingeführt und fixiert. Nach Beendigung des Verfahrens wird das Rohr geöffnet und die einzelnen Fraktionen des Rohrinhalts entnommen.
- Nach Analyse der einzelnen Fraktionen werden die verunreinigten Anteile verworfen.

## Fehlerquellen

- Substanz nicht ausreichend homogen
- Probe zu stark verunreinigt
- Luftblasen im Rohr.

## Anwendungsbereich

Voraussetzungen für die Anwendung des Zonenschmelzens sind Kristallisierungsvermögen und Thermostabilität bis zur Schmelztemperatur. Der Vorteil besteht darin, daß kein Lösungsmittel verbraucht wird und damit auch kein Einschluß von Lösungsmittel in die Substanz möglich ist, wie beispielsweise beim Umkristallisieren. Außerdem treten praktisch keine Substanzverluste bei der Durchführung des Verfahrens auf.

- Reinigung von Festsubstanzen (organische Verbindungen, Salze, Metalle); besonders für kleine Mengen
- Anreicherung und Trennung von Substanzspuren aus Gemischen
- Bei Verwendung entsprechender Geräte auch für Flüssigkeiten anwendbar
- Reindarstellung von Festsubstanzen (wichtig z.B. bei sonst schwierig zu trennenden azeotropen Gemischen)
- Umgekehrt ist auch die innige und gleichmäßige Durchmischung von zwei Stoffen möglich.
- Fraktionierte Umkristallisation, auch von niedrig schmelzenden Verbindungen

## Literatur

*W. G. Pfann*, Zone Melting, John Wiley & Sons, New York 1958
*H. Schildknecht*, Zonenschmelzen, Verlag Chemie, Weinheim 1964

# 1.2 Standard- und Mikrofiltration

Als Filtration wird die Abtrennung von unlöslichen Feststoffen durch eine poröse Trennfläche bezeichnet. Für die Standardfiltration kann entweder die Schwerkraft („konventionelle Filtration") oder eine Druckdifferenz („Vakuum- oder Druckfiltration") verwendet werden. Mikrofiltration heißt die Filtration mit Filtern geringer Porenweite.

## Grundlagen

Als Standardfiltration findet neben der konventionellen Filtration vor allem die Filtration bei vermindertem Druck (sog. „Abnutschen") im Labor viel Verwendung, da sich dieses Verfahren durch Schnelligkeit und Effektivität auszeichnet. Die Druckfiltration wird seltener angewandt, bietet aber Vorteile für die Filtration unter Inertgas und von Lösungsmitteln mit hohem Dampfdruck.

Entsprechend der Partikelgröße des zu filtrierenden Stoffes werden Filter verschiedener Porenweite verwendet. Bei der Mikrofiltration liegt die Filterporenweite (0,01 bis 10 $\mu$m) zwischen der von konventionellen und der von Membranfiltern. Im Gegensatz zur Struktur der Membranfilter (s. Kap. 1.5) liegen bei Mikrofiltern echte, runde Poren vor. Eine Übersicht über die Partikelgröße und die entsprechenden Filtertrennverfahren geben Bild 1.2/1 und Tabelle 1.2/1.

**Tabelle 1.2/1** Dimensionen verschiedener Partikeltypen

| Partikel | Partikelgröße $\mu$m |
|---|---|
| Asbeststaub | $< 5$ |
| Atmosphärischer Staub | $< 10$ |
| Bakterien | $0,5 - 20$ |
| Erythrocyten | $7,5$ |
| Farbpigmente | $0,1 - 7$ |
| Kohlenstaub | $1 - 70$ |
| Meersalz | $0,03 - 0,3$ |
| Metallstaub | $0,01 - 60$ |
| Viren | $< 0,05$ |

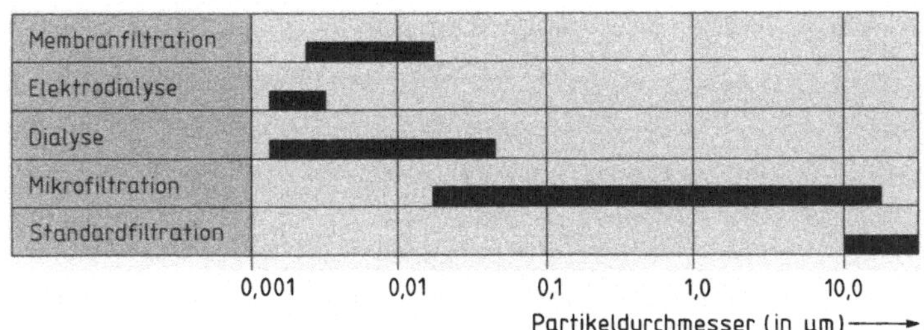


**Bild 1.2/1 Anwendungsbereiche von Filtrationstrennverfahren in Beziehung zur Partikelgröße** (Daten nach Berghof-Membrantechnik GmbH, Tübingen)

# Geräte

Im Labor finden drei Haupttypen von Trichtern Verwendung (s. Bild 1.2/2): Der Büchner-Trichter (sog. Nutsche) für große Substanzmengen, der Hirsch-Trichter für kleine Mengen und die Glasfritte, die den Vorteil geringer Substanzverluste beim Filtrieren bietet. Glasfritten werden nach der Art des Sinterglases bezeichnet (G = Jenaerglas, D = Duranglas, B = Quarzglas). Nachteilig ist, daß deren Poren leicht verstopfen. Glasfritten sind daher nach Gebrauch sofort zu reinigen, wobei am besten Unterdruck oder Druck in der entgegengesetzten Strömungsrichtung angewandt wird. Wesentlich für die erfolgreiche Filtration ist die passende Porenweite der Fritte (s. Tabelle 1.2/2). Bei kleinen Substanz-

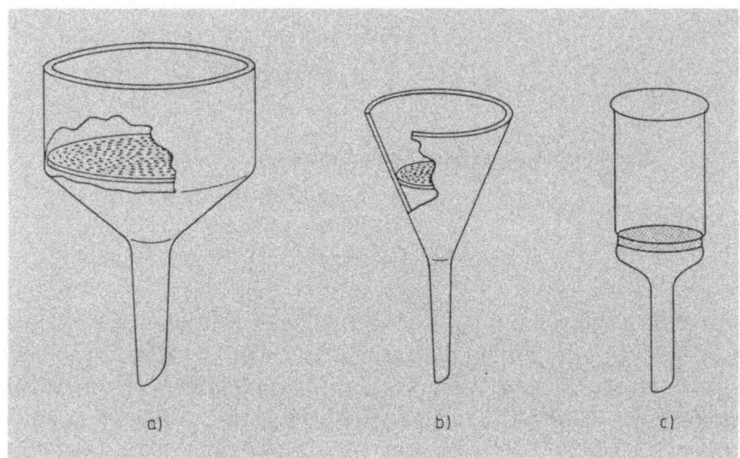


**Bild 1.2/2 Trichtertypen**
a) Büchner-Trichter b) Hirsch-Trichter c) Glasfritte

**Tabelle 1.2/2.** Filterporengröße und deren Anwendungsbereiche

| Nr. | Maximale Porengröße μm | Anwendungsbereich |
|---|---|---|
| 0 | 200 | Filtration sehr grober Partikel, Gasverteilung in Flüssigkeiten |
| 1 | 150 | Filtration grober Niederschläge, Gasverteilung in Flüssigkeiten |
| 2 | 80 | Präparative Filtration von kristallinen Niederschlägen |
| 3 | 40 | Analytische und präparative Filtration von feinen Niederschlägen |
| 4 | 14 | Analytische Filtration von sehr feinen Niederschlägen |
| 5 | 1,5 | Filtration von Bakterien (Sterilfiltration) |

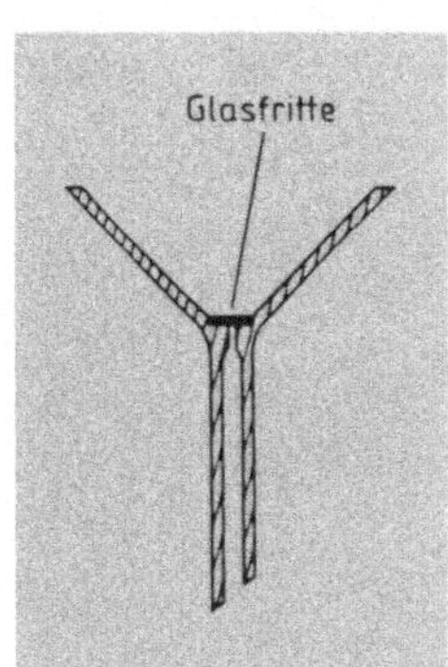


**Bild 1.2/3**
**Spezialtrichter für kleine Substanzmengen**

mengen werden Spezialtrichter eingesetzt (s. Bild 1.2/3). Zur Filtration von heißen Lösungen gibt es besondere Filtrierhilfen; im einfachsten Fall wird der Glastrichter mit einem Heizmantel umgeben (s. Bild 1.2/4). Wenn sauerstoffempfindliche Substanzen filtriert werden sollen, so kann die in Bild 1.2/5 dargestellte Apparatur zur Filtration unter Inertgas benutzt werden.

Filter sind in einer großen Anzahl verschiedener Materialien und Qualitäten mit einem großen Spektrum an Porenweiten im Handel erhältlich. Im Labor häufig verwendete Papierfilter, die auch in der Literatur zitiert werden, sind „Whatman Filter No. 1" und „Schleicher und Schuell No. 410". Wichtig ist die richtige Auswahl: Die Porenweite sollte

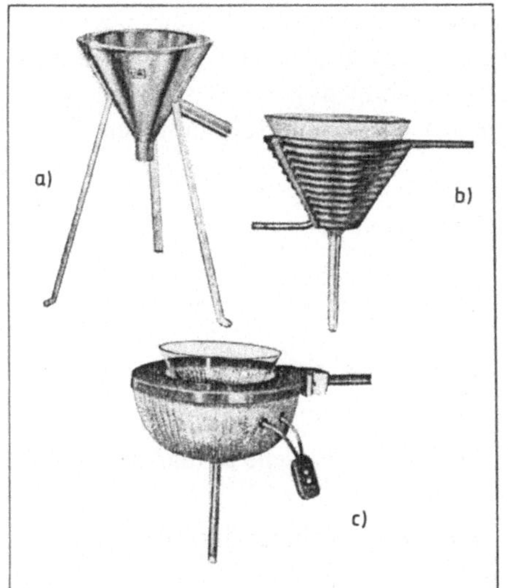

**Bild 1.2/4**
**Geräte zur Heißfiltration**

a)  Trichter mit Heißwassermantel
b)  Trichter mit Metallheizspirale
c)  Trichter mit Heizhaube

(*P. S. Diamond*, Laboratory Techniques in
Chemistry and Biochemistry, Butterworths,
London 1966, S. 52)

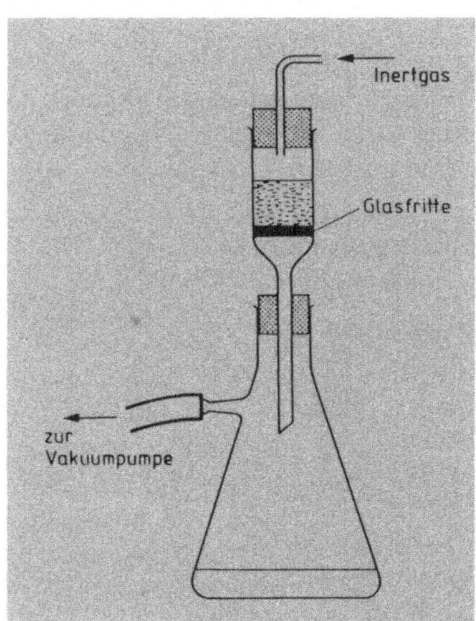



**Bild 1.2/5**

**Apparatur zur Druckfiltration oder zur Filtration
unter Inertgas**

deutlich unter der Partikelgröße liegen, so daß die Partikel nicht in die Poren eindringen
können und eine quantitative Retention erfolgt.

- Rundes Filterpapier muß gut passen und die Siebplatte des Trichters voll be-
  decken.

- Faltenfilter sind im Handel erhältlich oder können aus rundem Filterpapier
  leicht selbst gefaltet werden. Sie werden bevorzugt eingesetzt, wenn nur das
  Filtrat benötigt wird. Durch die größere Oberfläche erfolgt eine schnellere Filtration.

- Mikrofilter werden aus Polycarbonat, Polytetrafluorethylen (Teflon) oder anderen Polymeren hergestellt. Polycarbonatfilter sind gegenüber den meisten organischen Säuren und Lösungsmitteln stabil, jedoch nicht gegen Basen und halogenierte Kohlenwasserstoffe. Die hervorragende chemische Stabilität von Teflon ist bekannt.

## Durchführung

Als Beispiel wird die Filtration bei vermindertem Druck beschrieben (s. Bild 1.2/6). Sie wird wie folgt durchgeführt:

- Saugflasche mit Trichter und Filter und Woulffscher Flasche aufbauen (kleinere Saugflaschen festklammern).
- Die ganze Fläche des Filterpapiers mit einer geringen Menge des Lösungsmittels befeuchten, das auch in der Lösung vorhanden ist.
- Vakuumpumpe einschalten und sicherstellen, daß das Filter überall gleichmäßig anliegt.
- Lösung in Trichter gießen und gut absaugen, dann Apparatur belüften.
- Mit dem gleichen „Lösungsmittel" (kalt) waschen, nach kurzer Einwirkungszeit wieder evakuieren und gut trockensaugen. Hier lassen sich hochsiedende Lösungsmittel durch niedrigsiedende ersetzen, um eine schnellere Trocknung der Niederschläge zu erreichen.
- Evtl. die Substanzmasse mit Spatel oder Glasstopfen festdrücken, um möglichst viel Lösungsmittel zu entfernen (trotzdem bleiben manchmal noch 5 bis 20 % Lösungsmittel zurück!).

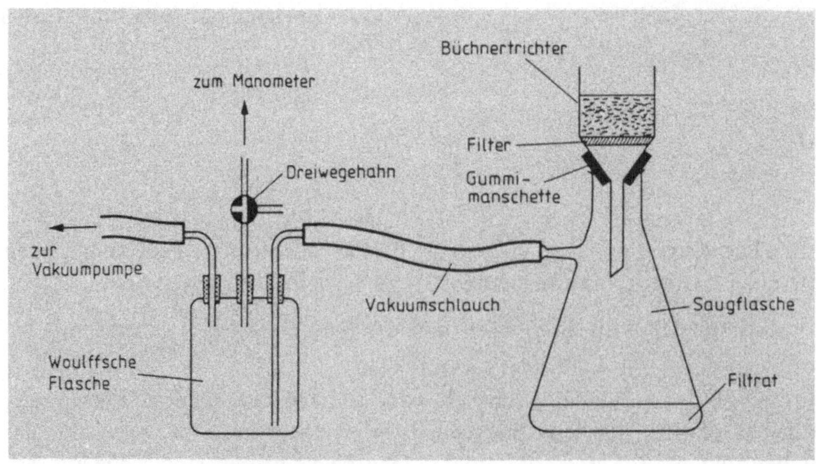


**Bild 1.2/6  Apparatur zur Filtration bei vermindertem Druck mit Woulffscher Flasche**

Die Mikrofiltration wird analog durchgeführt. Manchmal empfiehlt es sich, ein Vorfilter aus Glasfasern auf das Filter zu legen, um eine Porenverstopfung zu verhindern. Zur Entfernung sehr feiner Niederschläge, die verworfen werden können, werden Filtrierhilfsmittel wie Hyflo, Kieselgel oder Cellulosepulver verwendet. Bei Fehlschlagen der Filtrationstrennung hilft manchmal Zentrifugieren.

## Fehlerquellen

- Filterdurchmesser paßt nicht genau für Trichter (Filter entsprechend zuschneiden, sonst treten Substanzverluste auf)
- Filter liegt am Rand nicht an (Wölbung bei gestanzten Filtern beachten)
- Filterporenweite für den zu filtrierenden Stoff falsch gewählt (verstopftes Filter oder Retentionsverluste)

## Anwendungsbereich

- Trennung und Isolierung von Substanzen
- Gravimetrische Bestimmungen
- Wasser- und Luftreinigung
- Mikrofiltration: Entgasung von Flüssigkeiten, Zellanreicherung aus biologischen Flüssigkeiten, Sterilfiltration

## Literatur

Firmenschrift, Membranfilter, Fa. Berghof, Tübingen 1980
*Houben-Weyl*, Methoden der organischen Chemie, Bd. I/1, S. 135, Thieme, Stuttgart 1958
*A. Weissberger* (Hrsg.), Technique of Organic Chemistry, Vol. III, S. 485, Interscience, New York 1950

# 1.3 Destillation

## 1.3.1 Standard-Destillation

Die Standard-Destillation ist ein Trenn- und Reinigungsverfahren, bei dem flüssige oder geschmolzene Substanzen bei Normaldruck verdampft und in einem separaten Gefäß wieder kondensiert werden.

### Grundlagen

Der Dampfdruck einer Flüssigkeit nimmt mit steigender Temperatur aufgrund der Zunahme der kinetischen Energie der Moleküle zu. Hat dieser den äußeren Druck erreicht, so siedet die Flüssigkeit. Die Druckabhängigkeit des Siedepunkts bzw. der Siedetemperatur wird durch die Clausius-Clapeyronsche Gleichung beschrieben (s. Kap. 1.3.2). Eine typische Dampfdruckkurve ist in Bild 1.3.1/1 dargestellt.

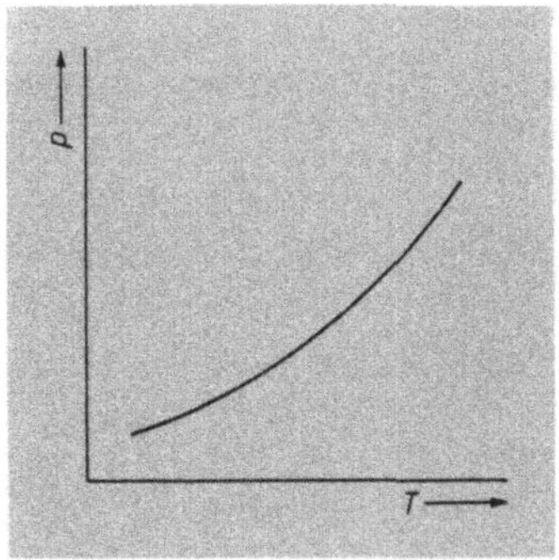


**Bild 1.3.1/1**
**Typische Dampfdruckkurve**
$p$ = Druck
$T$ = Siedetemperatur

Den Siedepunkt bezieht man normalerweise auf den Standarddruck von 101,3 kPa (760 Torr bzw. 1 at; s. Kap. 3.1.2). Befindet sich der Meßort nicht in Meereshöhe, so ist die sog. Barometerkorrektur durchzuführen (s. Labortabellenwerke). Für die üblichen Reinigungszwecke im Labor wird für Flüssigkeiten meistens die Standard-Destillation bei Normaldruck angewandt, da sie keinen besonderen apparativen Aufwand erfordert. Bild 1.3.1/2 zeigt die Destillationskurve eines Gemisches, in der die Temperatur als Ordinate und das Destillationsvolumen als Abszisse aufgetragen sind.

Bestimmte Gemische lassen sich nicht trennen, auch wenn die Komponenten verschiedene Siedepunkte haben. Dieser Fall tritt dann ein, wenn Dampf und flüssige Phase die gleiche Zusammensetzung haben. Diese Gemische heißen azeotrope Gemische oder **Azeotrope**.

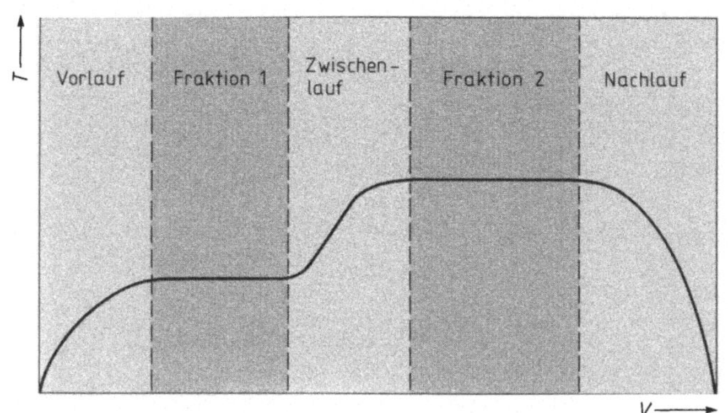


**Bild 1.3.1/2**
**Fraktionierungskurve eines**
**binären Gemisches**
$T$ = Siedetemperatur
$V$ = Destillatvolumen

Sie verhalten sich wie reine Stoffe und destillieren bei konstantem Siedepunkt über. Das sei am Beispiel des **Siedediagramms** von Ethanol/Wasser erläutert (Bild 1.3.1/3). Bei einem Gehalt von 50 % Ethanol in der flüssigen Phase (1) ist der Anteil an Ethanol in der Dampfphase wesentlich höher (2). Bei einem Gehalt von 99 % an Ethanol (3) ist jedoch in der Dampfphase der Anteil an Wasser höher (4), obwohl Wasser einen höheren Siedepunkt besitzt. Nur bei der Alkoholkonzentration von 96 % (5) ist die Zusammensetzung der flüssigen und dampfförmigen Phase gleich. Das Kondensat hat somit die gleiche Zusammensetzung wie die zu destillierende Flüssigkeit: eine Trennung ist durch Destillation nicht möglich. Gleichgültig bei welcher Ethanolkonzentration die Destillation begonnen wird, man gelangt immer zum azeotropen Punkt (5). Somit kann Ethanol durch Destillation nicht wasserfrei gemacht werden. Handelsüblicher, nicht absolutierter Ethylalkohol ist daher 96 %ig.

In Tabelle 1.3.1/1 sind eine Reihe von Azeotropen mit Zusammensetzung und Siedepunkten aufgeführt.

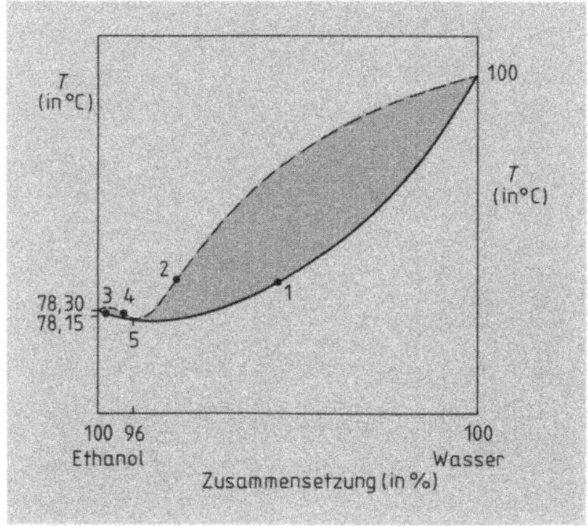


**Bild 1.3.1/3**
**Siedediagramm für Ethanol/Wasser**
(Erläuterung s. Text). Durchgezogene
Linie: Flüssigkeit, gestrichelte Linie:
Dampf. Die Abszisse gibt die
Zusammensetzung des Gemisches an.

$T$ = Temperatur

**Tabelle 1.3.1/1**  Siedepunkte und Zusammensetzung von binären und ternären
Azeotropen

| Bestandteile | Siedepunkt des Azeotrops °C | Siedepunkte der Bestandteile °C | Gewichts-% |
|---|---|---|---|
| Wasser | 39 | 100 | 2 |
| Dichlormethan | | 40 | 98 |
| Wasser | 56 | 100 | 3 |
| Chloroform | | 61 | 97 |
| Wasser | 56 | 100 | 12 |
| Aceton | | 56 | 88 |
| Ethanol | 59 | 78 | 7 |
| Chloroform | | 61 | 93 |
| Ethanol | 65 | 78 | 19 |
| Benzol | | 80 | 74 |
| Wasser | | 100 | 7 |
| Ethanol | 68 | 78 | 32 |
| Benzol | | 80 | 68 |
| Benzol | 69 | 80 | 91 |
| Wasser | | 100 | 9 |
| Ethanol | 74 | 78 | 37 |
| Wasser | | 100 | 12 |
| Toluol | | 111 | 51 |
| Ethanol | 78 | 78 | 96 |
| Wasser | | 100 | 4 |
| Toluol | 85 | 111 | 80 |
| Wasser | | 100 | 20 |

**Tabelle 1.3.1/2.**  Heizbadflüssigkeiten und deren
Temperaturbereiche

| Badflüssigkeit | Maximale Badtemperatur °C |
|---|---|
| Wasser | 80 — 100 |
| Triethylenglycol | 200 — 250 |
| Siliconöl | 150 — 350 |

## Apparatur

Die **Standard-Destillationsapparatur** (s. Bild 1.3.1/4) besteht aus Heizbad (vgl. Tabelle 1.3.1/2) oder Heizpilz, Rundkolben mit Destillationsaufsatz (Claisen-Aufsatz) und Thermometer, Kühler mit Vorstoß und Auffangkolben.

Die **Kugelrohrdestillation** (s. Bild 1.3.1/5) eignet sich für Mengen von 50 mg bis 5 g und für hochsiedende Flüssigkeiten. Die Destillation im Doppel-U-Rohr (s. Bild 1.3.1/6) findet als Mikrodestillationsmethode für Mengen von 10 bis 500 mg Verwendung.

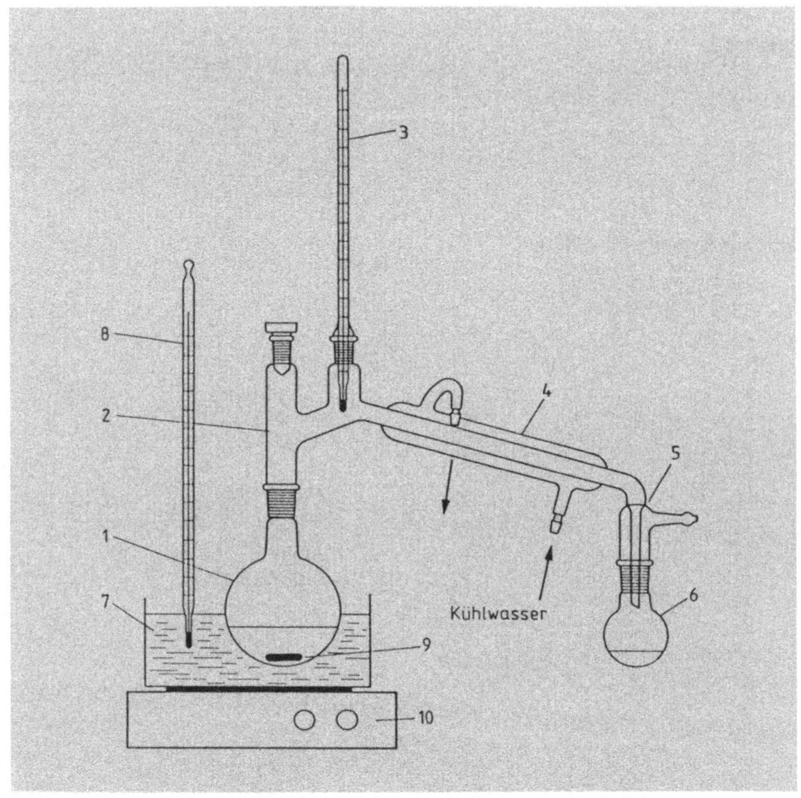


**Bild 1.3.1/4 Apparatur für die Standard-Destillation**

| | |
|---|---|
| 1 Rundkolben | 6 Auffangkolben |
| 2 Claisen-Aufsatz | 7 Heizbad |
| 3 Destillationsthermometer | 8 Badthermometer |
| 4 Kühler | 9 Siedesteine oder Rührkern |
| 5 Vorstoß | 10 Heizplatte oder Magnetrührer |

(Die Teile 2, 4 und 5 sind in der Zeichnung zu einer „Destillationsbrücke" vereinigt.)

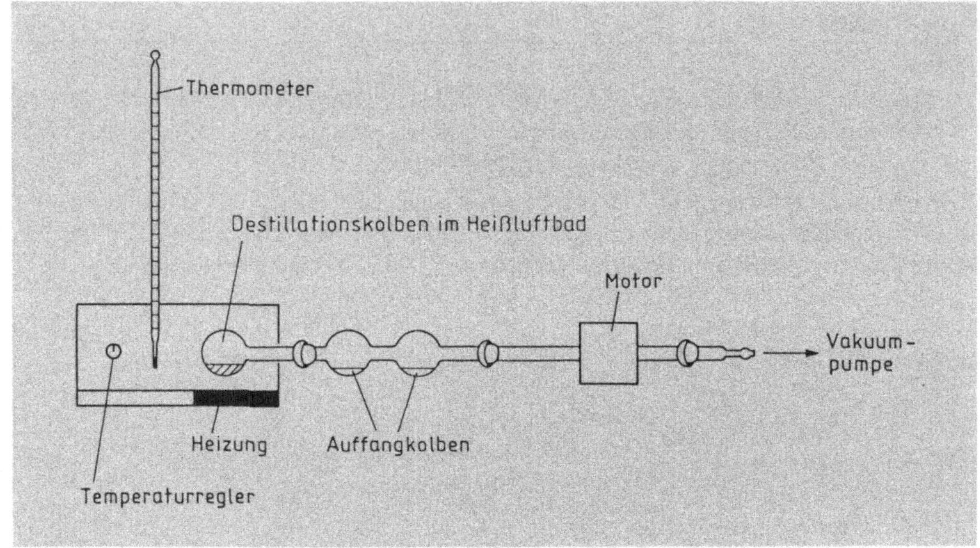



**Bild 1.3.1/5  Apparatur zur Kugelrohrdestillation**

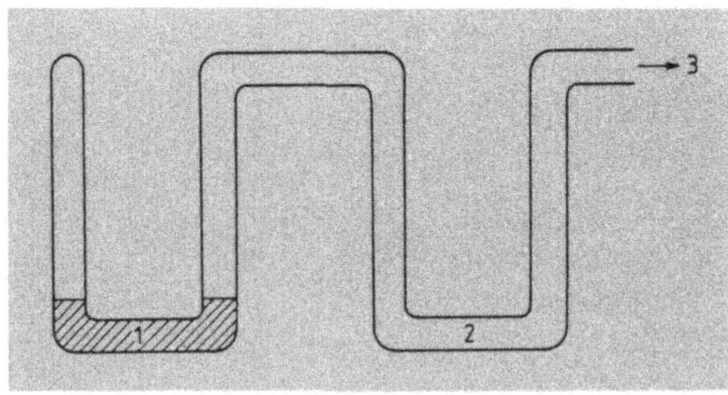



**Bild 1.3.1/6
Mikrodestillationsapparatur**
(Doppel-U-Rohr)

1  Substanz
2  Destillatteil
3  Vakuumpumpe

# Durchführung

(vgl. Bild 1.3.1/4)

- Substanz vor der Destillation wegen Azeotropbildung und Hydrolysegefahr bei höheren Temperaturen trocknen (s. Anhang); Trocknungsmittel vor der Destillation abfiltrieren.
- Substanz in Rundkolben geben (maximal 2/3 füllen), einige Siedesteine hinzufügen oder Magnetrührer verwenden (Rührkerne in Kolben und Heizbad zum

besseren Wärmeaustausch). Wenn Siedesteine verwendet werden, müssen nach jeder Abkühlung des Kolbens wieder neue zugegeben werden.

- Für Destillationen unter Feuchtigkeitsausschluß am Destillationsvorstoß ein Trockenrohr anbringen.

- Kühlwasser anstellen und Kolben mit Heizbad (oder Heizpilz) hochheizen, bis die Destillation in Gang gekommen ist (etwa 1 bis 2 Tropfen Destillat pro Sekunde).

- Die Destillation spätestens dann abbrechen, wenn nur noch ein geringer Flüssigkeitsrest im Kolben vorhanden ist. Meistens wird sie schon beendet, wenn sich der Siedepunkt des Destillats mehr als 2 bis 3 °C von dem Siedepunkt des gewünschten Produktes unterscheidet.

- Vorlauf, Hauptlauf und Nachlauf getrennt auffangen und Siedepunkte, Fraktionsvolumina sowie den Barometerdruck notieren.

## Kugelrohrdestillation

Die Substanz wird in das Ende des Kugelrohres gefüllt (maximal bis zu 1/3 des Rohrvolumens) und mit einem Heißluftbad geheizt. Das Kugelrohr wird dann mit einem Motor in Rotation oder Schwingung versetzt, um Siedeverzüge zu vermeiden. Bei Bedarf wird unter reduziertem Druck destilliert (s. Kap. 1.3.2); Substanzen mit hohem Dampfdruck destilliert man am besten bei Normaldruck. Das Destillat wird in den vorderen, kälteren Kugelteilen des Rohres aufgefangen.

## Doppel-U-Rohr

In den einen Teil des Glasgeräts wird die Substanz eingefüllt und das Ende zugeschmolzen. Der Teil des Rohres mit der Substanz wird gekühlt und dann das Rohr evakuiert. Durch Verschieben des Kältebades an den anderen, noch leeren Teil des Rohres und durch Beheizen des Rohrteiles mit der Substanz wird diese im zweiten U-förmig gebogenen Teil des Rohres kondensiert.

## Wasserabscheider

Zur Entfernung von Wasser durch azeotrope Destillation werden Wasserabscheider verwendet (s. Bild 1.3.1/7). Dazu wird vor der Destillation zu der Substanz ein sog. Schlepper gegeben, der mit Wasser ein Azeotrop bildet. Da sich dieses häufig leicht destillativ entfernen läßt, kann man so auf einfache Weise vor allem bei Gleichgewichtsreaktionen Wasser entfernen. Ein häufig verwendeter Schlepper ist Toluol (vgl. Tabelle 1.3.1/1).

## Fehlerquellen

- Substanz ist nicht vorgetrocknet.
- Quecksilberreservoir des Thermometers befindet sich nicht in richtiger Höhe und ist daher nicht vollständig von Dampf umgeben (falsche Anzeige der Siedetemperatur).

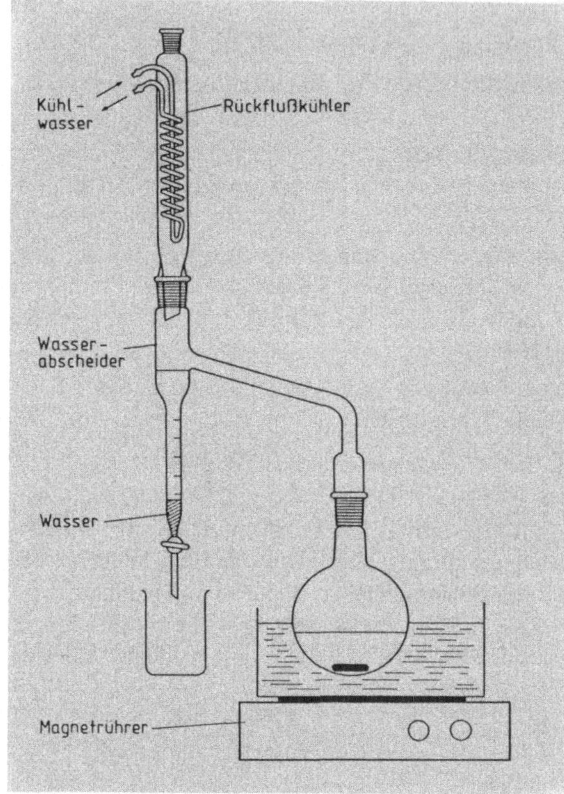


**Bild 1.3.1/7**
**Destillationsapparatur mit Wasser-
abscheider zur azeotropen Wasser-
entfernung** (Beispiel: Toluol/Wasser)

- Für hochsiedende Substanzen keine Wasser-, sondern Luftkühlung verwenden.
- Siedetemperaturbereiche von mehr als 3 bis 4 K weisen meist auf eine unreine
  Substanz oder ein Gemisch hin, das weiterer Auftrennung durch Rektifikation
  (s. Kap. 1.3.3) oder anderer Trennverfahren bedarf.


## Dokumentation

In der Versuchsbeschreibung wird die Art der Destillation und der Siedepunkt bzw. der
Siedebereich angegeben. Einzelheiten zur Siedepunktangabe s. Kap. 3.1.2.


## Anwendungsbereich

Die Standard-Destillation ist die wichtigste Methode zur Trennung und Reinigung von
Flüssigkeiten und destillierbaren Feststoffen bei Normaldruck für einen Siedetemperatur-
bereich bis ca. 180 °C.

## Literatur

*E. W. Berg*, Physical and Chemical Methods of Separation, McGraw-Hill, New York 1963

*E. Krell*, Handbook of Laboratory Distillation, Elsevier, New York 1963

*A. Weissberger*, Technique of Organic Chemistry, Bd. 4, 6, Wiley-Interscience, New York 1971

*M. van Winkle*, Distillation, McGraw-Hill, New York 1968

# 1.3.2 Destillation bei reduziertem Druck (Vakuumdestillation)

## Grundlagen

Die Beziehung zwischen Dampfdruck und Temperatur wird durch die **Clausius-Clapeyron-sche Gleichung** beschrieben und im Dampfdruck-Temperatur-Diagramm veranschaulicht (s. Bild 1.3.2/1):

**Clausius-Clapeyronsche Gleichung**

$$\frac{\mathrm{d}\ln p}{\mathrm{d}T} = \frac{\Delta H_\mathrm{V}}{R \cdot T^2}$$

Unter der Voraussetzung der Temperaturunabhängigkeit der molaren Verdampfungs-wärme erhält man nach Integration:

$$\ln p = \frac{-\Delta H_\mathrm{V}}{R \cdot T} + C$$

$p$      = Dampfdruck
$\Delta H_\mathrm{V}$ = molare Verdampfungswärme
$T$      = absolute Temperatur
$C$      = Konstante
$R$      = allgemeine Gaskonstante

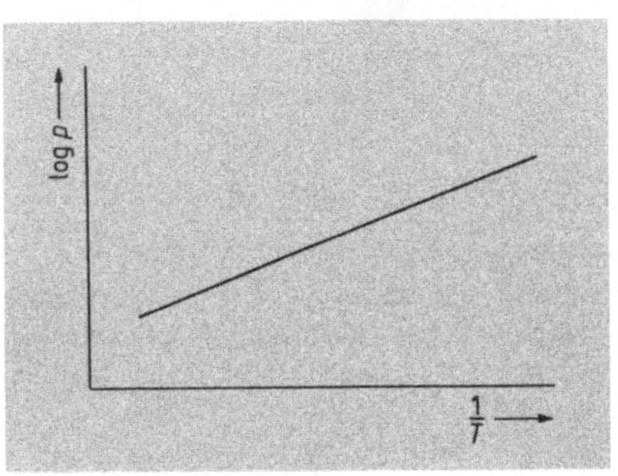


**Bild 1.3.2/1**
**Dampfdruck-Temperatur-Diagramm**

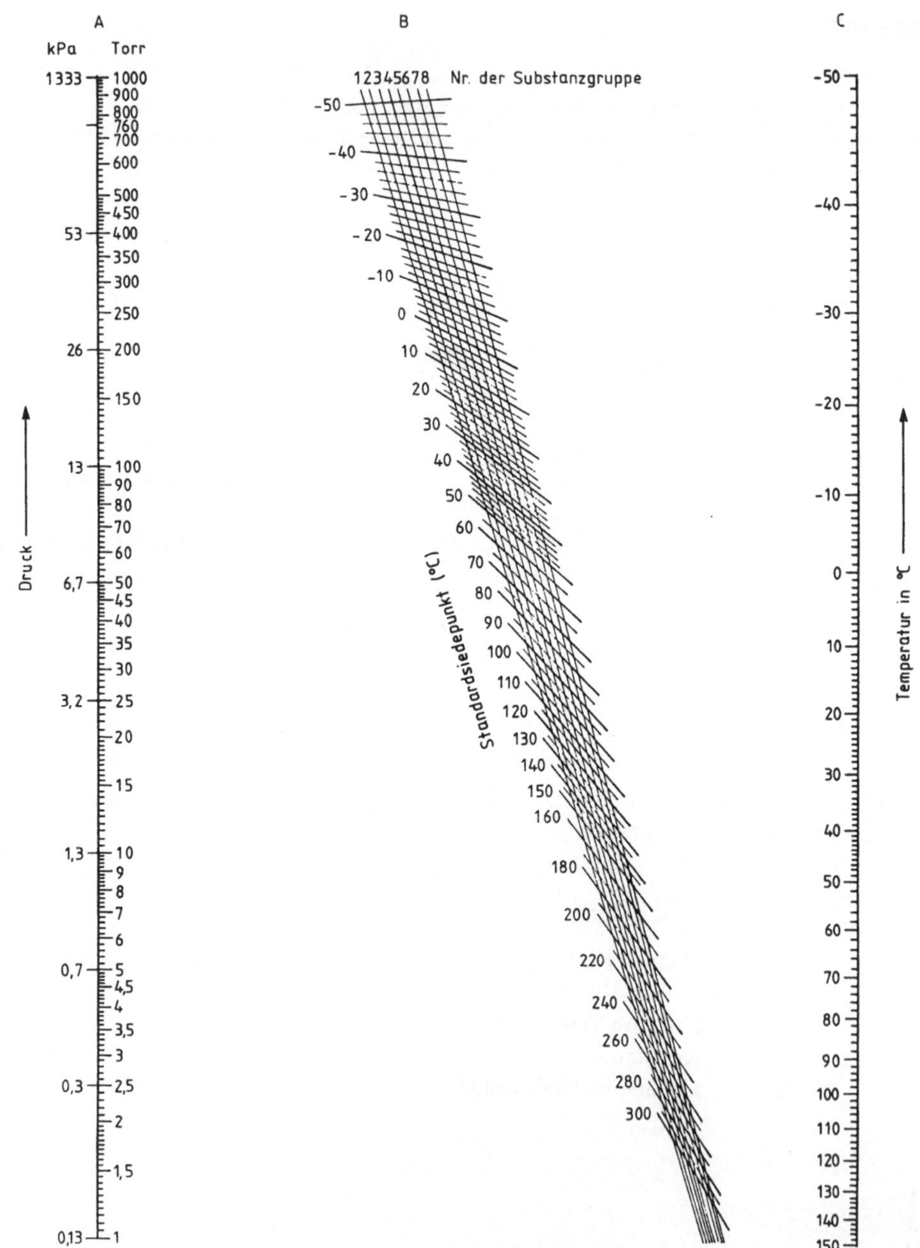


**Bild 1.3.2/2 Druck-Temperatur-Nomogramm zur Siedepunktabschätzung** (s. Tabelle 1.3.2/1).

*Beispiel:* Ist der Siedepunkt bei Normaldruck (101 kPa bzw. 760 Torr) bekannt, z. B. 200 °C (Spalte B), und der gemessene Druck beträgt 2,7 kPa bzw. 20 Torr (Spalte A), so findet man den dazugehörigen Siedepunkt, indem man eine Gerade durch diese Werte in Spalte A und B legt und in Spalte C abliest (90°). (*S. B. Lippincolt, M. M. Lyman,* Ind. Eng. Chem. **38**, 320 (1946))

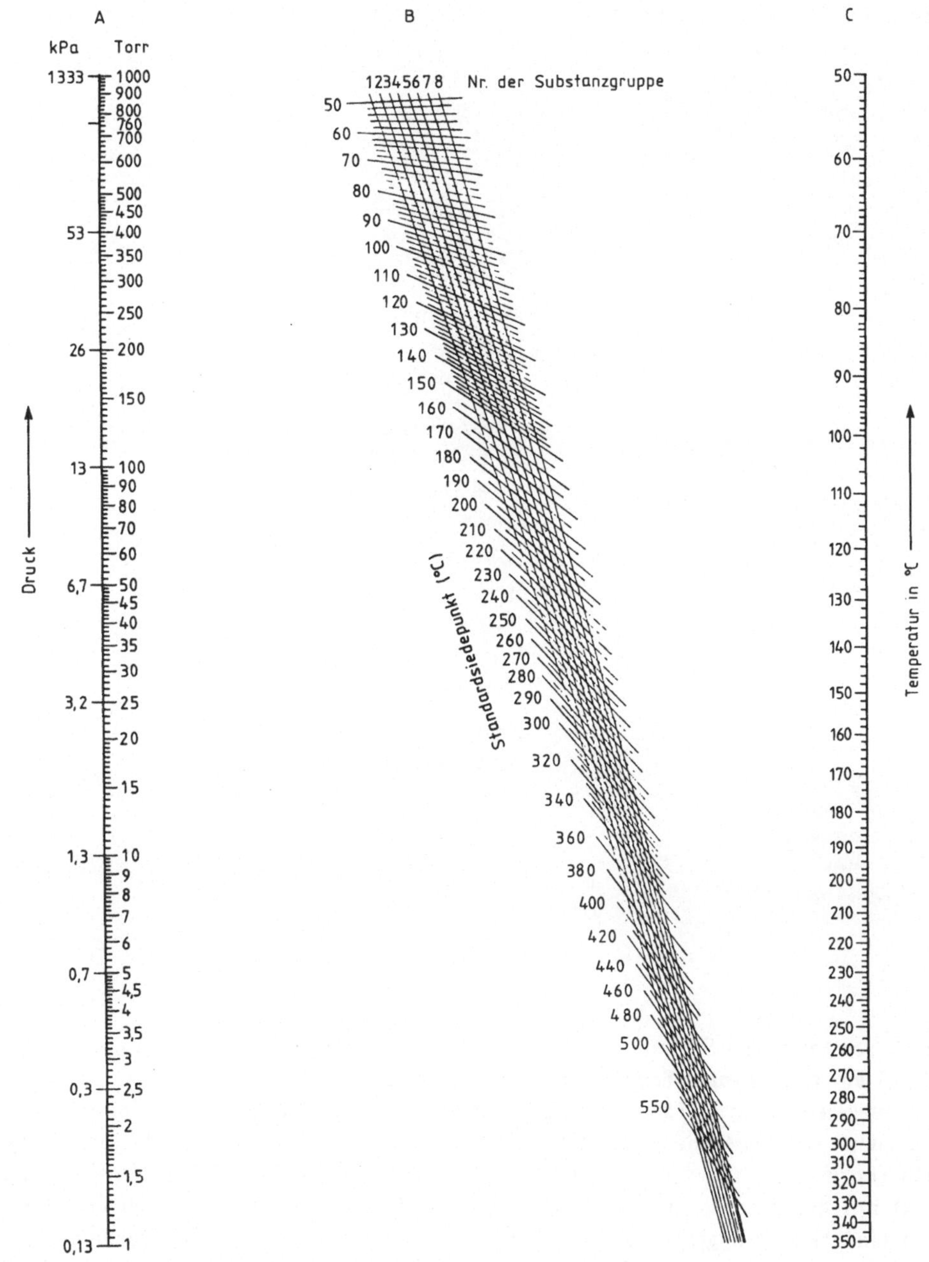


**Bild 1.3.2/3 Druck-Temperatur-Nomogramm für höhersiedende Substanzen.**
*Beispiel:* Ein beobachteter Siedepunkt von 100 °C (Spalte C) bei einem Druck von 1,3 kPa bzw. 10 Torr (Spalte A) ergibt einen Siedepunkt von 220 °C bei Normaldruck (Spalte B). (*S. B. Lippincolt, M. M. Lyman,* Ind. Eng. Chem. **38**, 320 (1946))

**Tabelle 1.3.2/1**  Substanzgruppen für das Nomogramm (s. Bilder 1.3.2/2 und 3)

| *Gruppe 1* | *Gruppe 4* |
|---|---|
| Anthracen | Essigsäure |
| Anthrachinon | Acetophenon |
| Phenanthren | Kresole |
| Trichlorethylen | Ethylamin |
| | |
| *Gruppe 2* | *Gruppe 5* |
| Benzaldehyd | Benzylalkohol |
| Benzonitril | Methylamin |
| Benzophenon | Phenol |
| Campher | Propionsäure |
| Ether | |
| Halogenkohlenwasserstoffe | *Gruppe 6* |
| Kohlenwasserstoffe | Acetanhydrid |
| Methylethylketon | Isobuttersäure |
| Nitrotoluol | Wasser |
| Chinolin | |
| | *Gruppe 7* |
| *Gruppe 3* | Benzoesäure |
| Acetaldehyd | Buttersäure |
| Aceton | Ethylenglycol |
| Amine | Methanol |
| Chloranilin | |
| Ester | *Gruppe 8* |
| Ethylenoxid | Amylalkohol |
| Ameisensäure | Ethanol |
| Naphthole | Isobutanol |
| Nitrobenzol | n-Propanol |

Zur Abschätzung des Siedepunkts bei einem bestimmten Druck ist in Bildern 1.3.2/2 und
1.3.2/3 ein **Dampfdruck-Temperatur-Nomogramm** dargestellt. Beispiele von zugehörigen
Substanzklassen sind in Tabelle 1.3.2/1 zusammengefaßt. Dem Siedepunkt entsprechend
wird zuerst eine passende Siedepunktstrecke aus der mittleren, schrägen Kolonne ausge-
sucht (horizontal) und dann der Punkt als Bezugspunkt genommen, der den Kreuzungs-
punkt mit der dazugehörigen Substanzklasse (vertikal) darstellt. An diesen Punkt wird
dann eine Gerade angelegt, die von dem auf der linken Ordinate aufgezeichneten, gemessenen oder gewünschten Druck ausgeht. Der Schnittpunkt dieser Geraden mit der
Temperaturskala zeigt die Siedetemperatur an.

## Apparatur

In Bild 1.3.2/4 ist eine Apparatur für Destillationen bei reduziertem Druck dargestellt,
zu der im Vergleich zur Standard-Destillationsapparatur (s. Bild 1.3.1/4) noch Siedekapillare oder Magnetrührkern, Sicherheitsflasche, Manometer und eine Vakuumpumpe
gehört.

### Vakuumpumpen

Die einfachste und am häufigsten verwendete Vakuumpumpe ist die Wasserstrahlpumpe,
die für Druckbereiche bis zu $1,3 - 4,4$ kPa (10 bis 30 Torr) geeignet ist (Grobvakuum).

Der erreichte Druck in der Wasserstrahlpumpe entspricht bestenfalls dem Dampfdruck des
Wassers (s. Tabelle 1.3.2/2). Der Vorteil ist, daß keine Kühlfallen erforderlich sind, nach-
teilig sind der hohe Wasserverbrauch und Inkonstanz durch Druckschwankungen im
Leitungssystem. Mit der Drehschieber-Ölpumpe (s. Bild 1.3.2/5) kann man den Druck auf

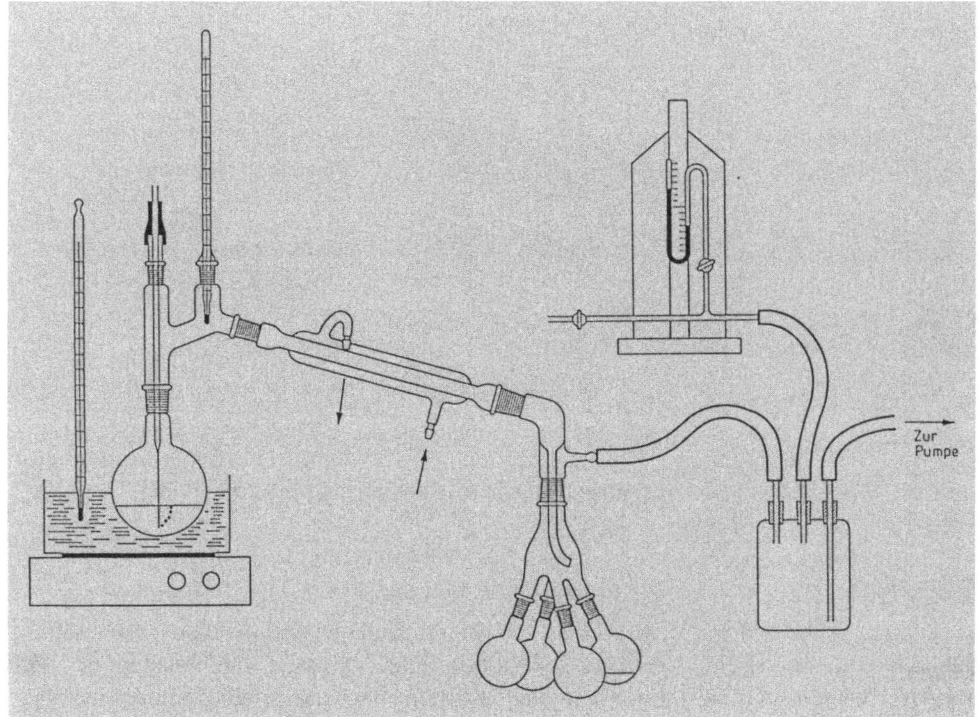


**Bild 1.3.2/4  Apparatur für Destillationen bei reduziertem Druck** (hier mit Destillationsspinne,
vgl. Bild 1.3.2/10)

**Tabelle 1.3.2/2** Wasserdampfdruck bei verschiedenen
Temperaturen

| Temperatur | Druck | |
|---|---|---|
| °C | Pa | Torr |
| 0 | 532 | 4 |
| 5 | 800 | 6 |
| 10 | 1200 | 9 |
| 15 | 1733 | 13 |
| 20 | 2400 | 18 |
| 25 | 3200 | 24 |
| 30 | 4266 | 32 |
| 35 | 5600 | 42 |

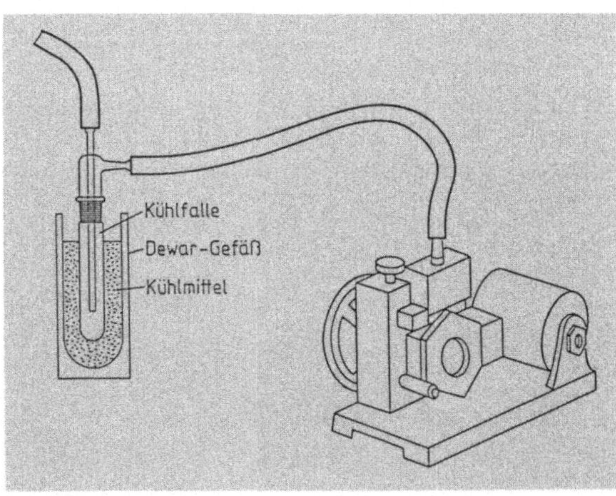


**Bild 1.3.2/5**
**Drehschieber-Ölpumpe mit**
**Kühlfalle** (nach *L. F. Fieser,*
*K. Williamson,* Organic Experiments,
Heath, Lexington/MA 1979,
S. 382)

400 bis 0,133 Pa (3 bis $10^{-3}$ Torr) reduzieren (Feinvakuum). Für hohe Anforderungen wird die Quecksilberdiffusionspumpe eingesetzt, mit der man bis zu $1,3 \cdot 10^{-6}$ Pa ($10^{-8}$ Torr) erreicht (Hochvakuum).

## Kühlfallen

Grundsätzlich ist bei der Verwendung von Drehschieber-Ölpumpen eine oder mehrere Kühlfallen mit flüssigem Stickstoff (oder Trockeneis/Aceton) vorzuschalten (s. Bild 1.3.2/6). Bei den meisten Vakuumpumpen entspricht der erreichbare Minimaldruck dem Dampfdruck des Pumpenöls. Kühlfallen verhindern eine Verunreinigung und Verdünnung des Öls mit Lösungsmitteln und damit auch eine Korrosion der Pumpe.

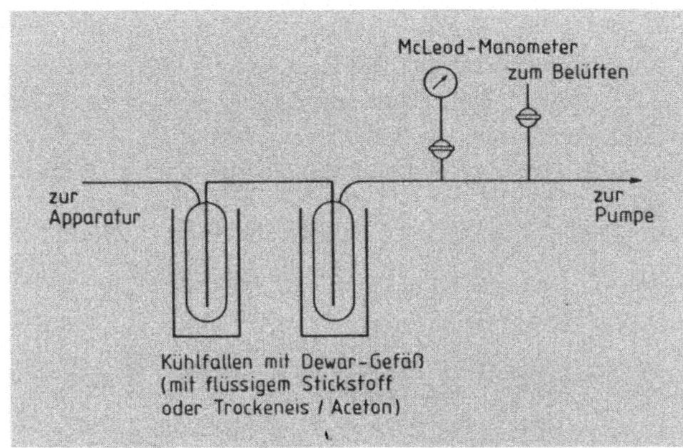


**Bild 1.3.2/6**
**Anschluß einer Vakuumpumpe**
(Drehschieber-Ölpumpe) an die
Apparatur

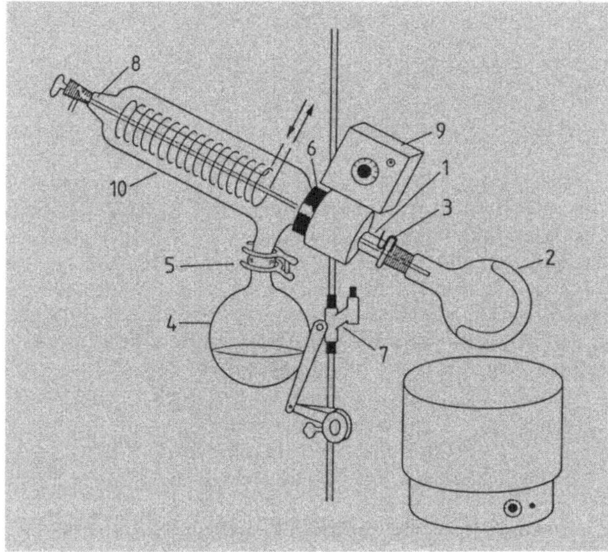


**Bild 1.3.2/7**
**Rotationsverdampfer**

1 Destillationsrohr
2 Destillationskolben
3 Verbindungsklammer
4 Auffangkolben
5 Verbindungsklammer
6 Vakuumdichtung mit Schraub-
   fassung
7 Höhenverstellung
8 Druckausgleich/Einsaugrohr
   (mit Hahn)
9 Motor mit Regler
10 Rückflußkühler (in der
   Zeichnung nur schematisch
   angedeutet)

## Rotationsverdampfer

Wenn Lösungen im Vakuum einzuengen sind, ist die Verwendung des Rotationsdampfers
sehr bequem (s. Bild 1.3.2/7). Die Vorteile sind: schnelle Verdampfung des Lösungsmittels durch die große Oberfläche, Verhinderung von Siedeverzügen durch Kolbenrota-
tion und Schonung der Substanzen durch niedrige Destillationstemperatur. Außerdem besteht die Möglichkeit eines kontinuierlichen Verfahrens durch Ansaugen der Lösung
durch einen Plastikschlauch in dem Maße, wie Lösungsmittel abdestilliert.

## Manometer

Bei Vakuumdestillationen ist zur genauen Registrierung des Druckes ein Manometer erforderlich. Üblicherweise werden im Labor meist Quecksilbermanometer verwendet. Beim Bennert-Manometer wird die Höhendifferenz der beiden Quecksilbersäulen gemessen (s. Bild 1.3.2/4). Häufig verwendet wird auch das McLeod-Manometer, mit dem Feinvakua gemessen werden können (s. Bild 1.3.2/8).

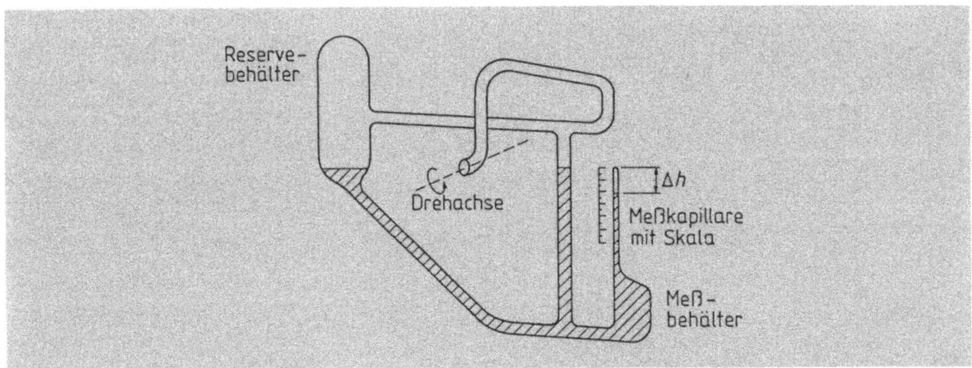


**Bild 1.3.2/8  McLeod-Manometer** (in Meßstellung). Normalerweise befindet sich das mit Quecksilber gefüllte Manometer in einer Position, die um 90° im Gegenuhrzeigersinn gedreht ist (Horizontalstellung), so daß das Quecksilber sich im Reservebehälter befindet. Zur Messung wird es dann langsam um 90° gedreht (Vertikalstellung), damit das Quecksilber den Meßbehälter füllt und in der Meßkapillare hochsteigt. Dadurch wird das darin befindliche Restgas komprimiert, bis der Druck in der Kapillare gleich der Höhendifferenz der beiden Quecksilbersäulen ist. Bei bekannten und konstanten Gerätedaten kann die Kapillare geeicht werden und der Druck ist direkt von der Skala ablesbar. Einige Minuten Wartezeit bis zur Ablesung ermöglichen eine gute Gleichgewichtseinstellung und damit eine exakte Druckanzeige.

Sollen bei der Vakuumdestillation einzelne Fraktionen getrennt aufgefangen werden, so kann der Anschütz-Thiele-Vorstoß (s. Bild 1.3.2/9) oder die sog. Spinne (s. Bild 1.3.2/10) verwendet werden. Mit der Spinne können durch Drehung drei bis vier Fraktionen getrennt aufgefangen werden, während beim Anschütz-Thiele-Vorstoß die Anzahl der Fraktionen nicht begrenzt ist. Für kleine Mengen (ca. 10 mg bis 2 g) gibt es schließlich Mikro-Vakuumdestillationsapparaturen, bei denen auf Grund eines geringen Totvolumens die Substanzverluste klein gehalten werden können.

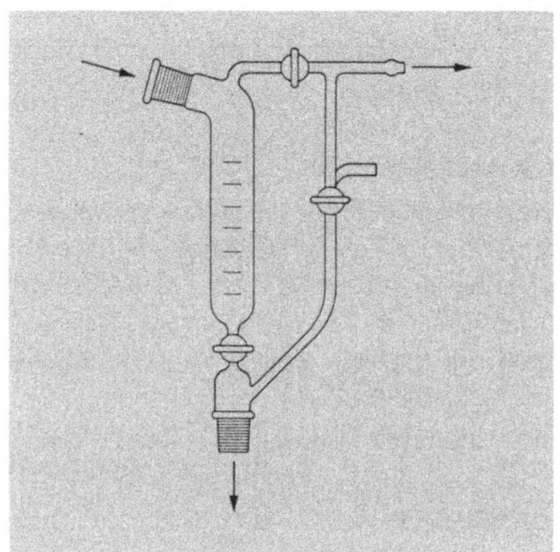

**Bild 1.3.2/9  Anschütz-Thiele-Vorstoß**

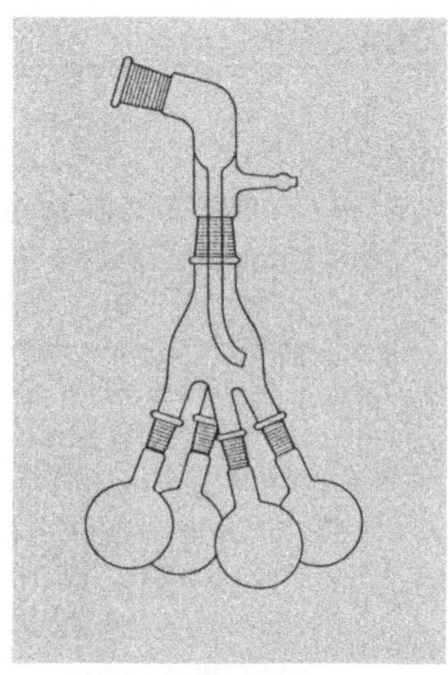

**Bild 1.3.2/10  Destillationsspinne**

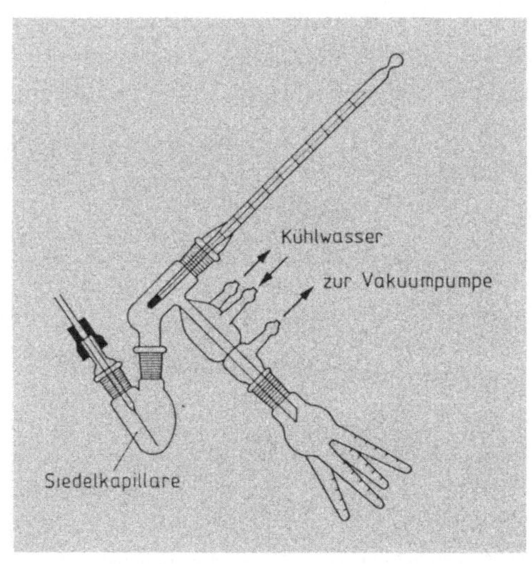


**Bild 1.3.2/11**
**Mikroapparatur zur Destillation bei**
**reduziertem Druck** (nach *L. F. Fieser,*
*K. Williamson,* Organic Experiments, Heath,
Lexington/MA 1979, S. 381)

## Durchführung

(Schutzbrille tragen!)

- Vor Beginn die Dichtigkeit der gesamten Apparatur testen.
- Substanz in Kolben füllen und Rührkern zugeben oder Siedekapillare verwenden. (Siedekapillare: sehr feine Glaskapillare, die durch mehrmaliges Ausziehen einer groben Glaskapillare mit der Brennerflamme hergestellt wird. Sie ist fein genug, wenn beim Durchblasen von Luft durch Aceton nur noch wenige Bläschen durchgehen). Siedesteine sind ungeeignet, da sie nach jeder Druckschwankung ihre Wirkung verlieren.
- Vakuum anlegen, Heizung einschalten und nach Stabilisierung des Vakuums Manometer ablesen.
- Nach Beendigung der Destillation Heizung ausschalten, Apparatur abkühlen lassen und langsam belüften.
- Bei Destillationen unter Inertgas wird zwei- bis dreimal evakuiert und dann jeweils Inertgas (Stickstoff, Kohlendioxid, Argon) eingeleitet.

## Fehlerquellen

- Apparatur undicht, da Schliffe nicht sauber oder nicht richtig gefettet sind (Schliffe sollen nach dem Fetten gerade transparent sein)
- Siedetemperatur zu niedrig (der Siedepunkt bei Normaldruck sollte mindestens 150 °C betragen)

## Dokumentation

s. Kap. 3.1.2

## Anwendungsbereich

- Für Substanzen mit Siedepunkten höher als 150 °C
- Destillation von Stoffen, die bei Normaldruck nicht unzersetzt destillierbar sind
- Destillation unter Inertgas

## Literatur

s. Kap. 1.3.1

# 1.3.3 Gegenstromdestillation (Rektifikation)

Rektifikation heißt das Destillationsverfahren, bei dem ein Teil des Kondensates kontinuierlich mit dem Dampf in Berührung gebracht wird, so daß sich ein Gleichgewicht einstellen kann. Daraus ergibt sich eine bessere destillative Trennung und es lassen sich Substanzen mit nur geringen Siedepunktunterschieden trennen.

## Grundlagen

Das Prinzip der Gegenstromdestillation wird an Hand des Siedediagramms für das Beispiel einer Mischung aus Cyclohexan und Toluol erläutert (s. Bild 1.3.3/1). Dieses Diagramm gibt Aufschluß über den Siedepunkt jeder beliebigen Mischung der beiden Komponenten. Beispielsweise hat eine Mischung aus 25 Mol-% Cyclohexan und 75 Mol-% Toluol einen Siedepunkt von 100 °C (A), während der Dampf bei der gleichen Temperatur 57 Mol-% Cyclohexan enthält (B). Dies ist der größte Trenneffekt, der mit einer einfachen Destillation erreicht werden kann. Die Gewinnung von reinem Cyclohexan als Destillat erfordert dagegen mehrere Destillationen. Kondensiert man nun den Dampf von B, so erhält man eine Flüssigkeit mit der Zusammensetzung C, die bei 90 °C siedet. Diese wiederum destilliert, ergibt einen Dampf mit einem Anteil von 85 Mol-% an Cyclohexan (D). Eine ständige Wiederholung dieses Vorgangs (E, F etc.) findet in der Rektifikations-Kolonne statt. Bei der Gleichstromdestillation (s. Kap. 1.3.1 und 1.3.2) erfolgt dagegen nur ein einmaliges Verdampfen und Kondensieren des Stoffes.

Die Effektivität einer solchen Kolonne wird durch die Zahl der **theoretischen Böden** ausgedrückt und ist abhängig von der Grenzfläche zwischen beiden Phasen. Diese Zahl entspricht näherungsweise der Zahl von einfachen Destillationen, die für den gleichen Trenneffekt an Stelle der einmaligen Destillation durch die Kolonne erforderlich wären. Voraussetzung für eine hohe Effektivität der Rektifikation ist ein intensiver Stoff- und Wärmeaustausch, damit sich zwischen flüssiger Phase und Dampf ein Gleichgewicht ein-

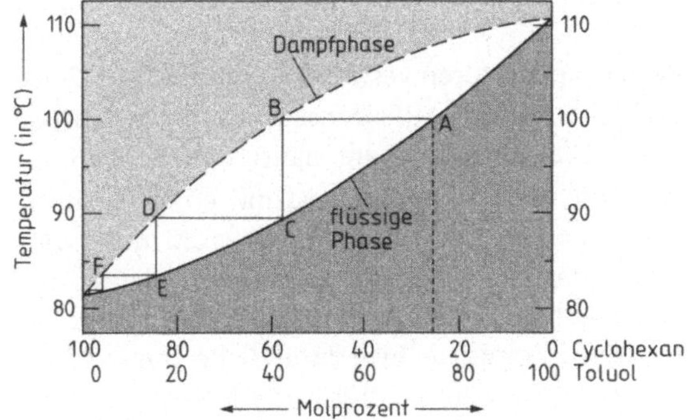


**Bild 1.3.3/1**
**Siedediagramm für eine Mischung aus Cyclohexan und Toluol** (nach *L. F. Fieser, K. Williamson*, Organic Experiments, Heath, Lexington/MA 1979, S. 17)

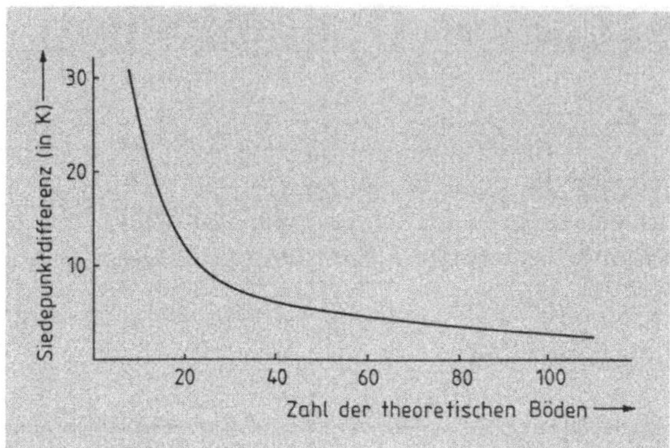

**Bild 1.3.3/2**
Abhängigkeit der erforderlichen
Anzahl *n* an theoretischen Böden von
der Siedepunktdifferenz $\Delta T$ der
Einzelkomponenten

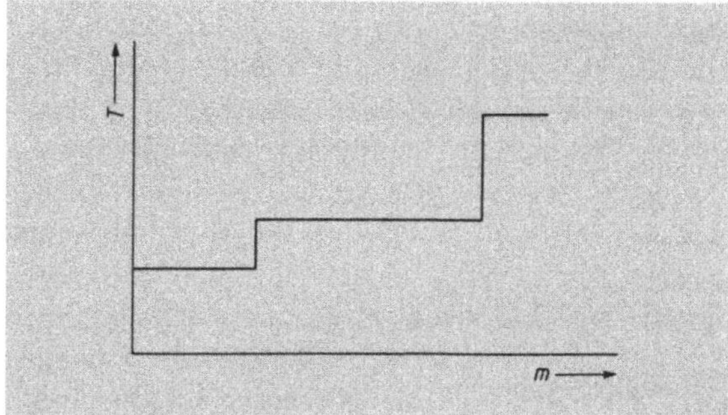

**Bild 1.3.3/3**
Destillationskurve für eine
Rektifikation mit guter Trennung
$T$ = Dampftemperatur
$m$ = Destillatmenge

stellen kann. Die erforderliche Anzahl der theoretischen Böden für ein Destillat mit maximal 1 % an Verunreinigung in Abhängigkeit von den Siedepunktdifferenzen der Komponenten läßt sich aus der Kurve in Bild 1.3.3/2 ablesen. Die Destillationskurve in Bild 1.3.3/3 veranschaulicht eine gute destillative Trennung von Einzelkomponenten.

## Apparatur

Es werden prinzipiell die üblichen Destillationsapparaturen verwendet (vgl. Bilder 1.3.1/4 und 1.3.2/4), jedoch wird zwischen Rundkolben und Destillationsaufsatz die Rektifikations-Kolonne eingesetzt (s. Bild 1.3.3/4). Die im Labor am häufigsten verwendete Kolonne ist die **Vigreux-Kolonne**, die etwa 20 bis 30 cm lang und mit einer Vakuum-Ummantelung versehen ist (s. Bild 1.3.3/4). Sie besteht aus einem Glasrohr mit vielen Ausbuchtungen zur Oberflächenvergrößerung, das zur Isolierung in ein zweites, evakuiertes Glasrohr eingebettet ist. Die Vakuumisolierung von der Umgebung begünstigt die Gleichgewichtseinstellung zwischen Dampf und Flüssigkeit. Eine zusätzliche Umwicklung mit Isoliermaterial wie Aluminiumfolie oder Asbestschnur erhöht den Isolierungseffekt

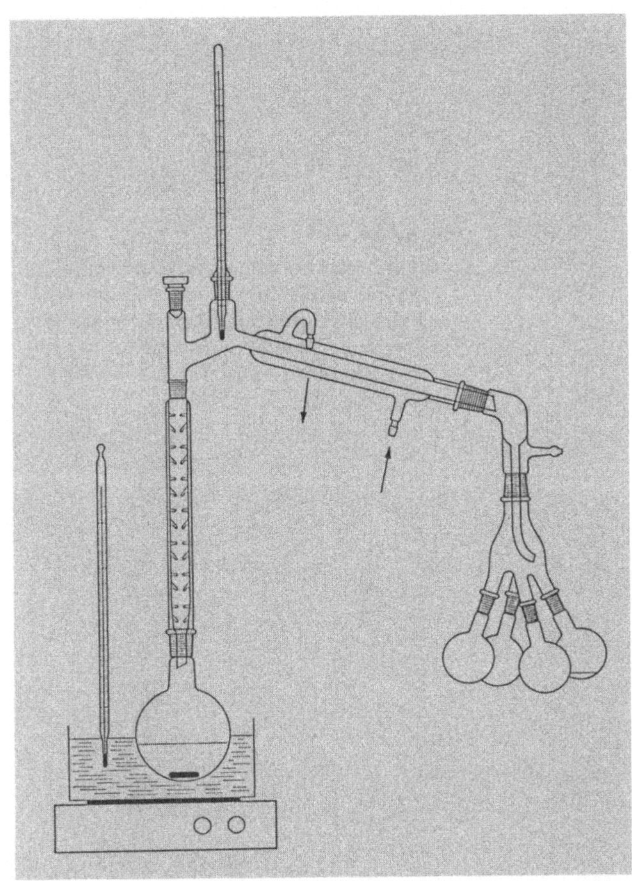

**Bild 1.3.3/4  Standardapparatur zur Rektifikation**

bei langen Kolonnen oder problematischen Trennungen. Die Vigreux-Kolonne ist bis zu Siedepunktdifferenzen von 15 bis 20 K anwendbar. Für kleine Differenzen werden besser gepackte Kolonnen oder die Drehbandkolonne eingesetzt. Verschiedene Typen von Rektifikations-Kolonnen und Kolonnen-Füllmaterialien (z. B. Raschig-Ringe) sind in Bild 1.3.3/5 dargestellt.

Die **Drehband-Kolonne** (s. Bild 1.3.3/6) ist aus einer langen, vertikal angeordneten Röhre aufgebaut, die in ihrer ganzen Länge ein Band aus Stahl, Platin oder Teflon etwas geringeren Durchmessers enthält. Während der Destillation wird das Band in schnelle Umdrehungen versetzt (bis zu 3000 pro Minute). Auf diese Weise werden Turbulenzen im Dampf erzeugt, die einen intensiven Stoff- und Wärmeaustausch ermöglichen.

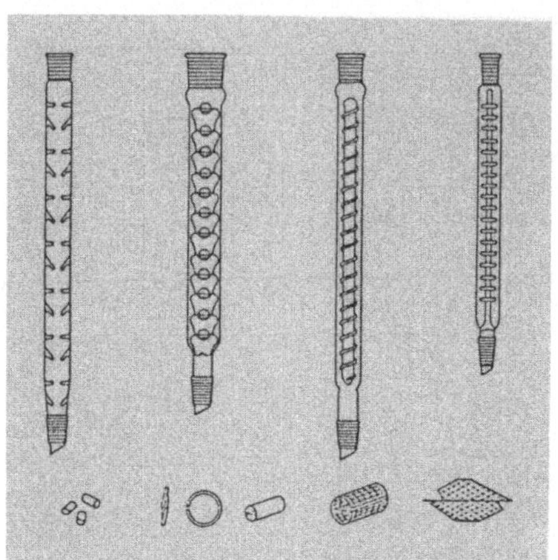

**Bild 1.3.3/5**
**Typen von Fraktionierungskolonnen
und Füllmaterialien zur Rektifikation**
(Raschig-Ringe). (Nach *P. S. Diamond*,
Laboratory Techniques in Organic
Chemistry, Butterworths, London 1966,
S. 81 und 82)

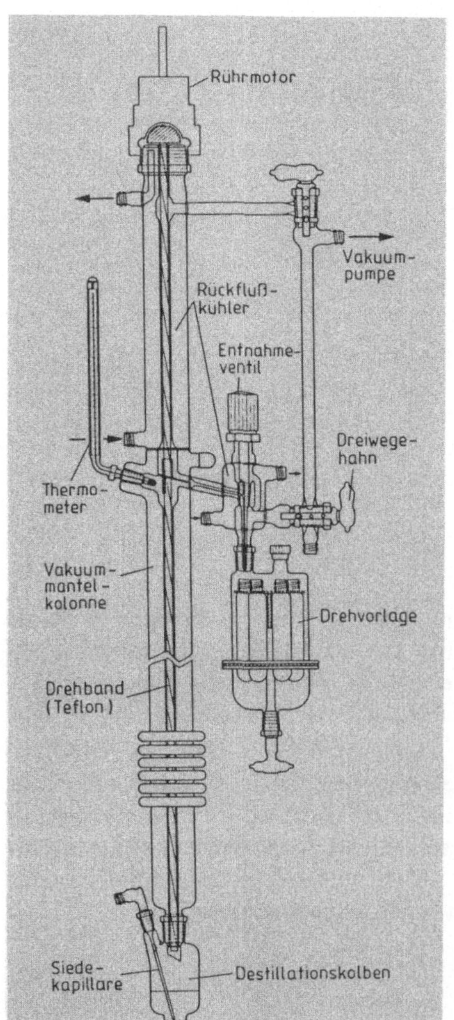



**Bild 1.3.3/6**

**Schematischer Aufbau einer Drehband-
Kolonne** (Otto Fritz GmbH, Hofheim)

## Durchführung

Die Rektifikation wird grundsätzlich in gleicher Weise wie die Standard-Destillation (s. Kap. 1.3.1) durchgeführt, es wird lediglich die Kolonne zusätzlich in die Apparatur aufgenommen. Wenn Kolonnen mit Füllmaterial zu packen sind, wird dieses in Vertikalposition der Kolonne eingefüllt. Ein zu starkes Erhitzen während der Destillation ist zu unterlassen, um das sog. Fluten in der Kolonne zu vermeiden.

## Fehlerquellen

- Kolonnentyp falsch gewählt
- Erhöhung der Siedetemperatur durch den Druckabfall in der Kolonne beachten
- Ungenügende Isolierung der Kolonne

## Anwendungsbereich

Trennung und Reinigung von Substanzgemischen mit Komponenten geringer Siedepunktdifferenz (< 40 K); insbesondere dann, wenn die einfache Destillation nicht ausreicht.

## Literatur

s. Kap. 1.3.1

# 1.3.4 Wasserdampfdestillation

Die Destillation von organischen Substanzen, die in Wasser unlöslich sind, mit Hilfe von Wasserdampf heißt Wasserdampfdestillation. Durch Einleitung von Wasserdampf in das heterogene, binäre Gemisch aus Substanz und Wasser kann man eine schonende destillative Trennung auch von hochsiedenden Verbindungen bei Temperaturen unter 100 °C bei Normaldruck erreichen.

## Grundlagen

Die Wasserdampfdestillation ist als Trägerdampfdestillation ein Spezialfall der Destillation eines Azeotrops. Sie beruht darauf, daß sich die Dampfdrucke von zwei Verbindungen addieren. Der Gesamtdampfdruck $p$ eines binären Gemisches setzt sich aus der Summe der Dampfdrucke der beiden reinen Komponenten $p_1$ und $p_2$ zusammen:

$$p = p_1 + p_2$$

Das Gemisch destilliert bei der Temperatur, bei der der Gesamtdruck gleich dem atmosphärischen Druck ist. Die Dampftemperatur einer solchen Mischung liegt unterhalb der Siedepunkte der Einzelkomponenten, während er bei mischbaren Flüssigkeiten zwischen den Siedepunkten der Einzelkomponenten liegt. So lassen sich eine Reihe von wasserunlöslichen oder wenig löslichen Substanzen unterhalb ihrer Siedepunkte verflüchtigen und mit der Wasserdampfdestillation schonend trennen.

Die Bedeutung der Wasserdampfdestillation wird am Beispiel eines Gemisches aus 2- und 4-Nitrophenol dargestellt, das so einfach nicht auf andere Weise in derselben Zeit zu trennen ist. Grundlage für die Isomerentrennung ist hier aus sterischen Gründen die Ausbildung einerseits von intramolekularen Wasserstoffbrückenbindungen, die die Wasserdampfflüchtigkeit bedingen, und andererseits von intermolekularen Wasserstoffbrückenbindungen, die eine solche verhindern.

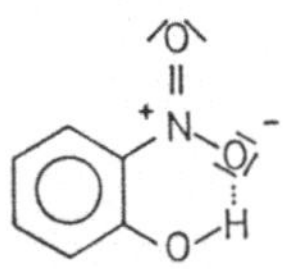

2-Nitrophenol

intramolekulare
Wasserstoffbrückenbindung,
wasserdampfflüchtig

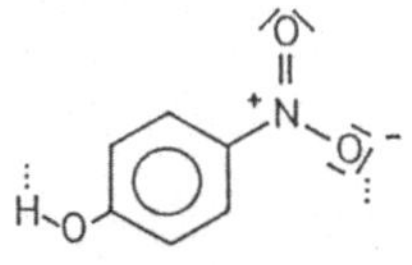

4-Nitrophenol

intermolekulare
Wasserstoffbrückenbindung,
nicht wasserdampfflüchtig

Die molare Zusammensetzung des Destillats wird durch das Verhältnis der Dampfdrucke der beiden Komponenten bei der Siedetemperatur ausgedrückt:

$$\frac{n_1}{n_2} = \frac{p_1}{p_2}$$

$n_1$, $n_2$ = Molzahlen der Komponenten 1 und 2

Meist wird aber mehr Wasser als berechnet für die destillative Trennung benötigt, da die Gleichung vollständige Nichtmischbarkeit der beiden Komponenten voraussetzt, was nur selten der Fall ist.

Beispiele für Verbindungen, die wasserdampfflüchtig sind, findet man vor allem in folgenden Verbindungsklassen: Aromatische und aliphatische Kohlenwasserstoffe, Halogenkohlenwasserstoffe, Alkohole, Aldehyde, Ketone, ungesättigte Verbindungen.

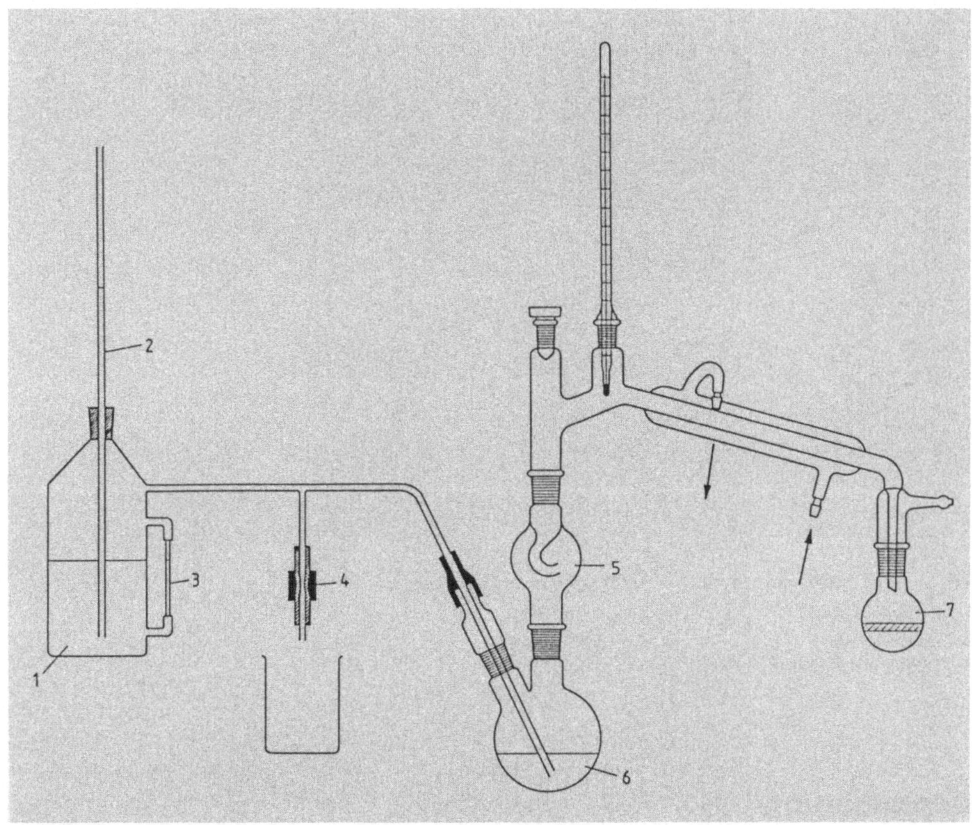

**Bild 1.3.4/1  Standardapparatur zur Wasserdampfdestillation**

| | | | |
|---|---|---|---|
| 1 | Wasserdampfkanne | 5 | Hopkin-Aufsatz |
| 2 | Steigrohr (zum Druckausgleich) | 6 | Destillationskolben |
| 3 | Wasserstandsanzeiger | 7 | Vorlage mit Destillat |
| 4 | Schlauchklemme | | |

# Apparatur

Eine typische Wasserdampfdestillationsapparatur, wie sie im Labor häufig verwendet wird, ist in Bild 1.3.4/1 dargestellt. Sie besteht aus einer Dampfkanne mit Steigrohr, dem Dampfeinleitungsrohr und der eigentlichen Destillationsapparatur. Der zusätzliche Hopkins-Aufsatz verhindert den Übertritt der Substanz in den Kühler als feste oder flüssige Phase. Bild 1.3.4/2 zeigt eine Halbmikroapparatur zur Wasserdampfdestillation.

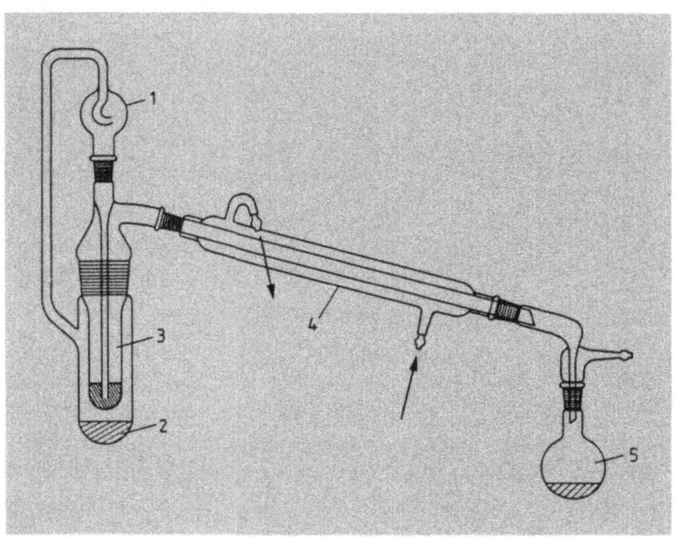

**Bild 1.3.4/2  Halbmikroapparatur zur Wasserdampfdestillation**

1   Hopkin-Aufsatz                    4   Kühler
2   Wassertubus                        5   Vorlage
3   Tubus mit Substanz


# Durchführung

Zunächst **Prüfung auf Wasserdampfflüchtigkeit**: Etwa 0,5 bis 1 ml (bzw. g) der Probe werden in einem Reagenzglas mit Kühlfinger (oder mit einem zweiten, eisgekühlten und kleineren Reagenzglas) mit 2 bis 3 ml Wasser zum Sieden erhitzt. Eine Trübung des Konden-
sats zeigt Wasserdampfflüchtigkeit an. Besser ist allerdings die Durchführung der Probe in
einer Halbmikroapparatur (s. Bild 1.3.4/2).

**Wasserdampfdestillation:**

- Substanz in Kolben (maximal zur Hälfte gefüllt) mit Wasser (ca. 1:1) vorlegen.

- Dampfkanne und Kolben aufheizen; Heizung des Kolbens abschalten, wenn ein
  kontinuierlicher Dampfstrom erreicht ist, da die überführte Verdampfungswärme
  zur Destillation ausreicht.

- Nach Ende der Destillation Verbindung zwischen Dampfkanne und Kolben
  unterbrechen und Heizung abstellen.

- Destillat in Scheidetrichter überführen und trennen; bei mit Wasser mischbaren
  Substanzen oder stabilen Emulsionen müssen die Verbindungen extrahiert werden (s. Kap. 1.4).

- Substanz in organischem Lösungsmittel aufnehmen, trocknen und dann Lösungsmittel im Vakuum entfernen (s. Kap. 1.3.2).

## Anwendungsbereich

- Isolierung, Trennung und Reinigung von Substanzen, die in Wasser wenig oder gar nicht löslich, aber wasserdampfflüchtig sind, besonders von hochsiedenden und thermolabilen Verbindungen (ätherische Öle)
- Selektive Destillation von Gemischen, falls nur bestimmte Verbindungen wasserdampfflüchtig sind.

## Literatur

s. Kap. 1.3.1

# 1.4 Extraktion

# 1.4.1 Fest-Flüssig- und Flüssig-Flüssig-Extraktion

Unter Extraktion versteht man die Trennung von Substanzen aufgrund ihrer unterschiedlichen Löslichkeit in Flüssigkeiten. Je nach Art der Durchführung unterscheidet man: Extrahieren von Feststoffen, Ausschütteln und Perforieren.

## Grundlagen

Die Verteilung einer Substanz in zwei flüssigen, aber nicht miteinander mischbaren Phasen beschreibt der **Nernstsche Verteilungssatz**:

Nernstscher Verteilungssatz

$$\frac{c_\mathrm{o}}{c_\mathrm{u}} = K$$

$c_\mathrm{o}$ = Konzentration der Substanz in der oberen (spezifisch leichteren) Phase
$c_\mathrm{u}$ = Konzentration der Substanz in der unteren (spezifisch schwereren) Phase
$K$ = Verteilungskoeffizient.

Danach ist das Verhältnis der Konzentrationen eines Stoffes, der in zwei miteinander nicht mischbaren, aber im Gleichgewicht stehenden flüssigen Phasen gelöst ist, bei konstanter Temperatur unabhängig von der absoluten Menge, also eine Konstante (**Verteilungskoeffizient** $K$). Diese Gleichung gilt exakt nur bei idealem Verhalten (kleine Konzentrationen, gleicher Aggregatzustand der Substanzmoleküle in beiden Phasen). Unter praktischen Bedingungen gilt sie nur näherungsweise.

Eine Extraktion ist dann einfach durchführbar, wenn sich nur eine Komponente des Gemisches in der einen Phase gut löst, die Begleitsubstanzen aber in der anderen Phase besser löslich sind. Je nachdem, ob die Substanz aus einer flüssigen oder festen Phase herausgelöst wird, ist die experimentelle Durchführung verschieden (s. unten). Die einfache Extraktion einer Substanz aus einer flüssigen Phase setzt voraus, daß der Verteilungskoeffizient $K > 100$ ist. Dann wird mit einem Verteilungsschritt praktisch die gesamte Substanz in die andere Phase überführt. In diesem Fall genügt das „Ausschütteln".

Bei Substanzen mit einem Verteilungskoeffizienten von $K < 100$ reicht eine einfache Extraktion nicht mehr aus. Dann muß mehrmals mit reinem Lösungsmittel extrahiert werden. Falls der Extraktionsvorgang sehr oft wiederholt werden muß, verwendet man besser Apparaturen, die kontinuierlich arbeiten (**Perforatoren**).

Häufig hat man es aber mit Gemischen zu tun, bei denen mehrere Komponenten ein ähnliches Extraktionsverhalten zeigen. Je weniger sich ihre Verteilungskoeffizienten voneinander unterscheiden, um so schwieriger wird es, die Substanzen durch Ausschütteln zu trennen, denn bei jedem Ausschüttelvorgang wird die eine Substanz gegenüber der anderen Substanz nur angereichert. Die Schwierigkeit der Trennung wird durch die Verteilungskoeffizienten der Komponenten bestimmt. Als Maß für die Trennbarkeit zweier Stoffe definiert man daher einen **Trennfaktor**

**Trennfaktor**

$$\beta = \frac{K_1}{K_2},$$

wobei das Verhältnis stets so gebildet wird, daß $\beta \geq 1$ ist. Die beiden Substanzen 1 und 2 lassen sich nur dann durch Ausschütteln befriedigend trennen, wenn $\beta \geq 100$. Für die Trennung von Gemischen mit $\beta < 100$ müssen multiplikative Verteilungsverfahren angewendet werden (vgl. Kap. 1.4.2).

Der Stoffaustausch ist bei allen Verteilungsverfahren nur an der Phasengrenzfläche möglich. Um die Einstellung des Verteilungsgleichgewichtes zu beschleunigen, ist für eine möglichst große Phasengrenzfläche zu sorgen. Daher werden flüssige Phasen geschüttelt oder durch Fritten fein verteilt, Feststoffe vor der Extraktion pulverisiert. Eine optimal große Phasengrenzfläche liegt bei der Verteilungschromatographie (vgl. Kap. 2.1.2) vor. Sie ist allerdings nur für die Trennung kleiner Substanzmengen vorteilhaft einsetzbar.

# Geräte

## Fest-Flüssig-Extraktion

Feste Stoffe werden mit dem Extraktionsaufsatz nach **Soxhlet** (Bild 1.4.1/1a) oder **Thielepape** (Bild 1.4.1/2) extrahiert. In beiden Apparaturen wird das leicht flüchtige Extraktionsmittel (z. B. Petrolether, Dichlormethan, Kohlenstofftetrachlorid oder Aceton) in einem Rundkolben zum Sieden erhitzt (Heizpilz, Siedesteine). Der Dampf gelangt durch das Dampfdurchlaßrohr (links im Bild) in den Dimrothkühler und kondensiert dort. Das Extraktionsmittel tropft in die Papphülse (Soxhlet) oder Fritte (Thielepape), in der sich das Extraktionsgut befindet. Beim Durchströmen des Feststoffs werden die löslichen Substanzen extrahiert. Dabei steigt im Soxhletaufsatz der Flüssigkeitsspiegel solange, bis die Oberkante des Heberrohres (rechts im Bild) erreicht ist. Dann fließt das gesamte Flüssigkeitsvolumen mit den extrahierten Bestandteilen ab. Dabei ist darauf zu achten, daß die Papphülse das seitliche Heberrohr um einige mm überragt, damit kein Extraktionsgut herausgeschwemmt werden kann. Trotz des automatisch ablaufenden Verfahrens handelt es sich um einen diskontinuierlichen Prozeß.

Für schwerlösliche Substanzen gibt es eine Variante des Soxhlet-Aufsatzes, den **Heißdampf-Extraktionsaufsatz** (Bild 1.4.1/1b). Hier ist das Dampfdurchlaßrohr zu einem zy-

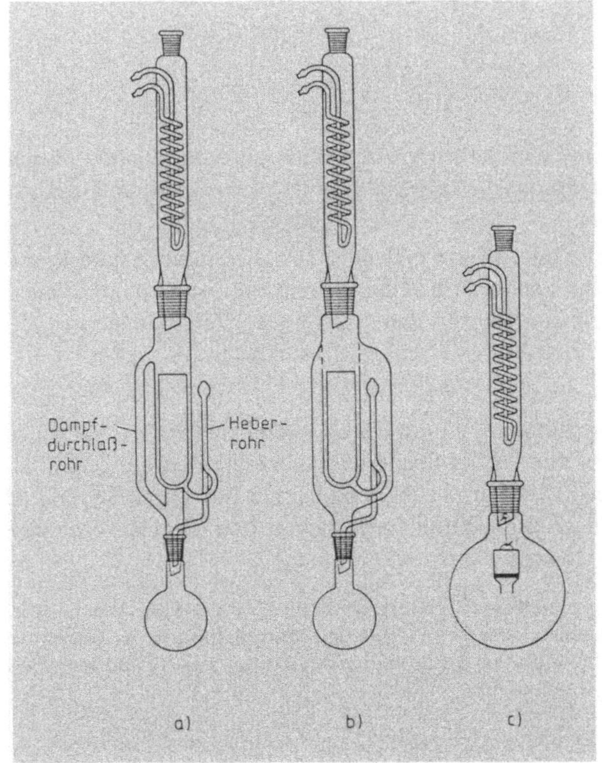


**Bild 1.4.1/1**

**Apparate zur Extraktion von Feststoffen.** a) Extraktionsaufsatz nach Soxhlet; b) Aufsatz zur Extraktion bei höherer Temperatur. Durch die im äußeren Mantel vorbeiströmenden Lösungsmitteldämpfe wird das Extraktionsgut bei im Vergleich zu a) erhöhter Temperatur extrahiert; c) Einsatz für die Extraktion kleiner Substanzmengen

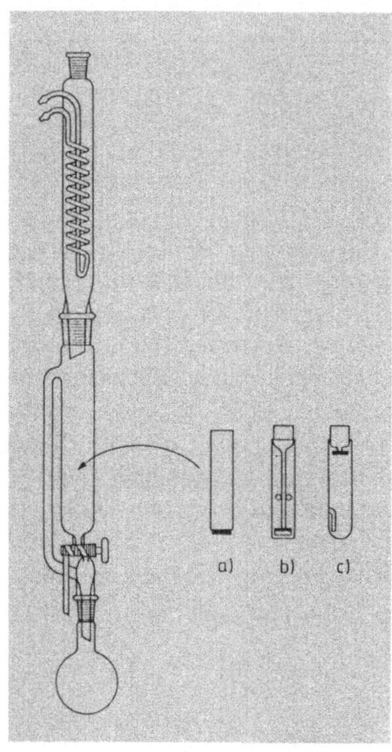

**Bild 1.4.1/2**
**Extraktionsaufsatz nach Thielepape.** Durch verschiedene
Einsätze kann der Anwendungsbereich erweitert
werden: a) Glasfritte für Feststoffe; b) Einsatz für die
Extraktion einer Flüssigkeit mit einem spezifisch
leichteren und c) mit einem spezifisch schwereren
Extraktionsmittel

lindrischen, äußeren Glasmantel umgeformt. Durch den außen vorbeiströmenden Dampf
wird das Extraktionsgut auf Siedetemperatur gehalten. Diese kann durch die Wahl des
Extraktionsmittels festgelegt werden.

Bei der Extraktion mit dem Thielepape-Aufsatz (vgl. Bild 1.4.1/2) dagegen wird kontinuierlich extrahiert. Durch den Hahn kann während der Extraktion Lösung abgenommen
werden (z. B. für Analysen oder zur Schonung von thermisch labilen Verbindungen).

## Flüssig-Flüssig-Extraktion

Zur Flüssig-Flüssig-Extraktion (**Ausschütteln**) benutzt man den Schütteltrichter (=Scheide-
trichter). Der Schütteltrichter ist so groß zu wählen, daß er höchstens zu 2/3 gefüllt ist.
Dabei soll der Flüssigkeitsanteil des Extrktionsmittels maximal 1/3 betragen (z. B. 200 ml
auszuschüttelnde, meist wäßrige Phase und 100 ml Extraktionsmittel ergeben zusammen
300 ml, also muß ein 500-ml-Schütteltrichter verwendet werden).

Beim Verwenden von leicht flüchtigen, brennbaren Extraktionsmitteln (beispielsweise Ether, Essig-
ester, Benzol) dürfen keine offenen Flammen oder heiße Geräteteile (Heizplatten) in der Umgebung
vorhanden sein. Da einige Lösungsmittel außerdem giftig und/oder cancerogen sind, wird möglichst
im Abzug gearbeitet.

## Durchführung

- Das Küken des Schütteltrichters wird mit einigen Tropfen des Extraktionsmittels oder mit Wasser befeuchtet und auf diese Weise „gefettet". Schliffett soll nicht verwendet werden, da es durch die organische Phase gelöst wird und sie somit verunreinigt.

- Nach Verschließen des Schütteltrichters wird der Stopfen festgehalten und zunächst vorsichtig geschüttelt. Dabei entsteht meist ein Überdruck. Dieser wird abgelassen, indem der Auslauf des Schütteltrichters nach oben gehalten und der Hahn langsam (!) geöffnet wird, wobei die andere Hand den Stopfen festhält. Der Hahn wird wieder geschlossen, etwa eine Minute lang gut geschüttelt und dann wieder belüftet.

- Zur Trennung der Phasen wird der Schütteltrichter in einen Stativring gehängt, der Stopfen entfernt und so lange gewartet, bis sich die Phasen getrennt haben.

- Die untere Phase läßt man durch den Auslauf abfließen, die obere Phase wird durch die obere Öffnung ausgegossen.

Im Regelfall wird die zu extrahierende Phase dreimal ausgeschüttelt. Die vereinigten organischen Extrakte werden dann mindestens dreimal mit Wasser gewaschen (gegebenenfalls unter pH-Kontrolle). Die organische Phase wird anschließend durch ein mit Natriumsulfat oder einem anderen Trocknungsmittel gefülltes Filter „trockenfiltriert" (Bild 1.4.1/3).

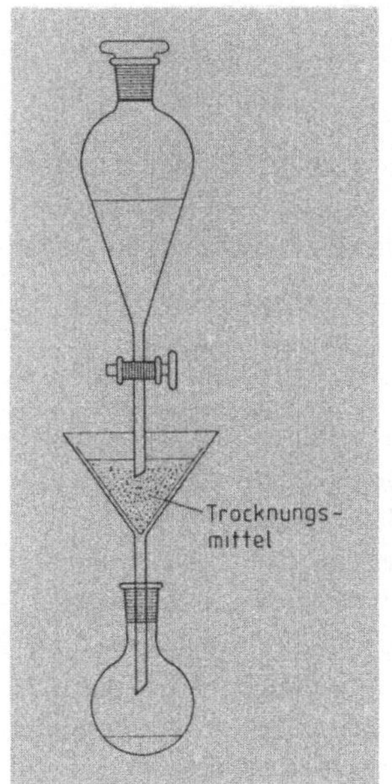



**Bild 1.4.1/3**
**Das „Trockenfiltrieren" von mit Wasser gesättigten, organischen Phasen.** Aus dem oben verschlossenen Schütteltrichter fließt solange Lösung in das mit Trocknungsmittel gefüllte Filter, bis die Flüssigkeitsoberfläche den Auslauf des Schütteltrichters erreicht hat. Damit wird der Auslauf von der Luft abgeschlossen und das Ausfließen der Lösung solange unterbrochen, bis die Flüssigkeitsoberfläche im Filter unter den Auslauf des Schütteltrichters abgesunken ist. Erst dann kann wieder Luft in den Schütteltrichter eindringen und neue Lösung in das Filter nachfließen. Dieser Vorgang wiederholt sich solange, bis die ganze Lösung filtriert und gleichzeitig getrocknet ist. Zum Schluß wird das Trocknungsmittel noch gut nachgewaschen.

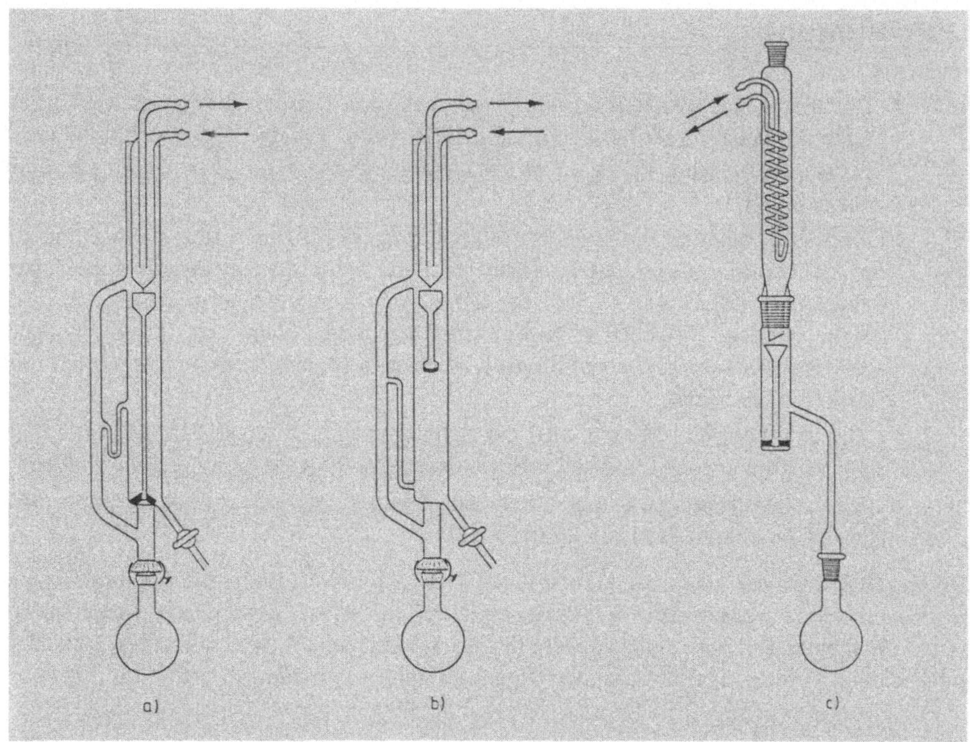

**Bild 1.4.1/4  Perforatoren zum kontinuierlichen Extrahieren von flüssigen Phasen:** a) für Extraktionsmittel geringerer Dichte und b) für Extraktionsmittel größerer Dichte; c) Halbmikroperforator nach Kutscher-Steudel (nur für Extraktionsmittel geringerer Dichte). Von diesem Typ gibt es auch Ausführungen für größere Volumina.

Das Trocknungsmittel ist noch mit organischem Lösungsmittel nachzuwaschen, da sonst erhebliche Substanzverluste auftreten können. Die getrocknete, organische Phase wird am Rotationsverdampfer eingeengt, der Rückstand durch Destillation, Kristallisation oder Chromatographie weiter gereinigt.

## Perforieren

Mit Hilfe von Perforatoren können Flüssigkeiten mit einer verhältnismäßig geringen Menge an Lösungsmittel kontinuierlich extrahiert werden. Dieses Verfahren wird bei Substanzen mit Verteilungskoeffizienten von $K < 20$ notwendig. Je nachdem, ob das Extraktionsmittel spezifisch leichter oder schwerer ist, sind verschiedene Perforatoren zu verwenden (Bilder 1.4.1/2b, c und 1.4.1/4). Das Lösungsmittel wird in einem Rundkolben ständig verdampft (Heizpilz, Siedesteine) und in einem Dimroth-Kühler kondensiert. Das kondensierte Extraktionsmittel durchströmt eine Fritte. In fein verteilter Form perlt es dann durch die zu extrahierende Phase, reichert sich dabei mit der löslichen Komponente an und fließt schließlich durch den Überlauf in den Destillationskolben zurück.

# Fehlerquellen

## Beim Ausschütteln:

- Hoher Substanzverlust nach dem Ausschütteln. Abhilfe: Mehrmaliges Ausschütteln mit kleinen Portionen des Extraktionsmittels ist effektiver als einmaliges Ausschütteln mit viel Extraktionsmittel[1]).

- Langsame Trennung bei Phasen ähnlicher Dichte. Abhilfe: Ist die organische Phase leichter, wird der wäßrigen Phase Natriumchlorid zugesetzt. Im umgekehrten Fall wird weiteres Lösungsmittel zugegeben.

- Bildung von Emulsionen. Abhilfe: Schütteltrichter nur vorsichtig umschwenken; lange Trennzeiten einhalten; unter Umständen trennen sich die Phasen schneller, wenn man sie durch ein Filter laufen läßt.

- Hoher Überdruck im Scheidetrichter entsteht beim Waschen saurer (bzw. carbonathaltiger) Phasen mit Alkalicarbonaten (bzw. Säuren) durch Entwicklung von Kohlendioxid. Abhilfe: Zunächst mit nach oben zeigendem Auslauf und geöffnetem (!) Hahn vorsichtig schütteln. Erst wenn die Säure (bzw. das Carbonat) vollständig neutralisiert ist und sich kein Kohlendioxid mehr entwickelt, wird der Hahn beim Schütteln geschlossen.

## Beim Perforieren:

- Bei der Extraktion mit Lösungsmitteln geringer Dichte darf die Unterphase nicht bis zum Überlauf eingefüllt werden, da sich die Phasen beim Erwärmen noch etwas ausdehnen.

- Bei Perforatoren für Lösungsmittel größerer Dichte muß zuerst genügend Extraktionsmittel eingefüllt werden, bevor die zu extrahierende Lösung zugegeben wird.

---

[1]) Der Vorteil, mehrmals mit kleineren Portionen des Extraktionsmittels auszuschütteln wird durch folgende Überlegung deutlich: Eine in Wasser lösliche Substanz mit der Konzentration 1 sei im Extraktionsmittel 10 mal besser löslich als in der wäßrigen Phase. Ihre Konzentration in der wäßrigen Phase beträgt nach einmaligem Ausschütteln mit dem gleichen Volumen organischer Phase noch 1/10, nach dreimaligem Ausschütteln noch 1/1000. Schüttelt man dagegen nur einmal mit dem dreifachen Volumen organischer Phase aus, dann ist die Endkonzentration in der wäßrigen Phase immer noch (1/10) · (1/3) = 1/30 der Anfangskonzentration. Mit anderen Worten, dreimaliges Ausschütteln mit kleineren Portionen wäre in diesem Beispiel 33mal effektiver gewesen.

## Anwendungsbereich

- Extraktion von Substanzen aus anorganischen oder organischen Feststoffen.
- Extraktion von Substanzen aus organischen Flüssigkeiten mit Wasser (oder umgekehrt) bei der Aufarbeitung von Synthesegemischen oder bei der Probenvorbereitung für die quantitative Analyse.

## Literatur

s. Kap. 1.4.2

# 1.4.2 Multiplikative Verteilung

Unter multiplikativer Verteilung versteht man ein Trennverfahren, bei dem das Prinzip des Ausschüttelns mit vielfachem und automatischem Phasenwechsel angewendet wird (Vielstufenextraktion). Die bekannteste Variante ist die Craig-Verteilung.

## Grundlagen

Ausschütteln ist immer dann sinnvoll, wenn nur die gewünschte Substanz in einer Phase wesentlich besser löslich ist als in der anderen. Es genügt nicht, daß die Substanz einen großen Verteilungskoeffizienten hat. Die Verteilungskoeffizienten der nicht erwünschten Substanzen müssen sich von dem Verteilungskoeffizienten der benötigten Substanz stark unterscheiden, die Trennfaktoren $\beta$ (vgl. Kap. 1.4.1) müssen groß sein ($\gg 10$).

Für die Trennprobleme, bei denen $\beta < 10$ ist, muß eine **Vielstufenextraktion (multiplikative Verteilung)** durchgeführt werden. Dabei werden zwei flüssige Phasen gegeneinander bewegt und miteinander ins Gleichgewicht gebracht. Die Phase mit dem niedrigeren spezifischen Gewicht wird als Oberphase, diejenige mit dem höheren spezifischem Gewicht als Unterphase bezeichnet. Die mit Substanz angereicherte Extraktionslösung (meistens die Oberphase) wird mit frischer Unterphase und die teilweise extrahierte Lösung mit frischer Oberphase geschüttelt. Ausschütteln und multiplikative Verteilung stehen in einem ähnlichen Verhältnis zueinander wie eine einfache Destillation zur Kolonnendestillation (vgl. Kap. 1.3).

In Bild 1.4.2/1 ist das Ergebnis der Verteilung einer Substanz nach 8 Verteilungsschritten dargestellt, die in Unter- und Oberphase gleich gut löslich ist ($K = 1$). Die Verteilungskurve ist symmetrisch und geht bei genügend vielen Verteilungsschritten ($n \rightarrow \infty$) in eine Gauß-Kurve über. Die berechneten Verteilungskurven zweier Substanzen mit den Ver-

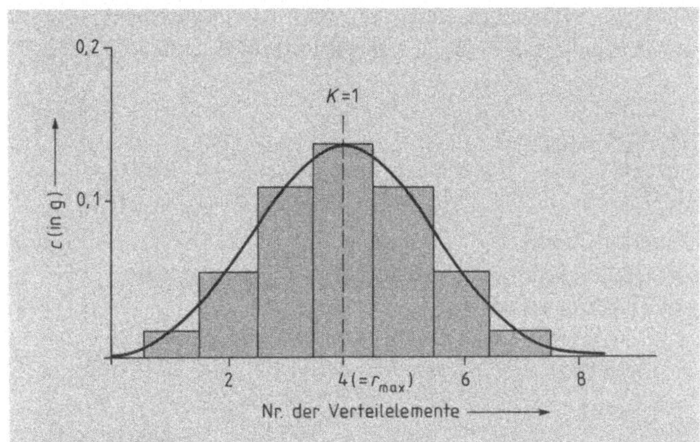


**Bild 1.4.2/1** Beispiel der Verteilung von 1 g Substanz mit dem Verteilungskoeffizienten $K = 1$ auf die einzelnen Stufen nach 8 Verteilungsschritten ($n = 8$). $r_{max}$ = Nr. des Verteilelements mit der maximalen Substanzkonzentration

teilungskoeffizienten $K = 3$ bzw. $K = 1/3$ sind in Bild 1.4.2/2 graphisch dargestellt. Die experimentell ermittelte Verteilungskurve fällt mit der durch Überlagerung beider Einzelkurven erhaltenen Kurve zusammen. In diesem Fall ($\beta = 9$) würden beide Substanzen bereits mit 8 Verteilungsschritten weitgehend getrennt.

Für die praktische Durchführung gibt es mehrere Verfahren, bei denen die beiden Phasen schubweise oder kontinuierlich transportiert werden. Das zu trennende Substanzgemisch wird entweder einmal zu Beginn der Verteilung oder portionsweise bei jedem Verteilungsschritt zugesetzt. Das oben angegebene Beispiel entspricht dem ersten Fall und wird als **Craig-Verteilung** bezeichnet. Wirksamere Trennungen lassen sich nach dem zweiten Verfahren, der **O'Keefe-Verteilung**, erreichen.

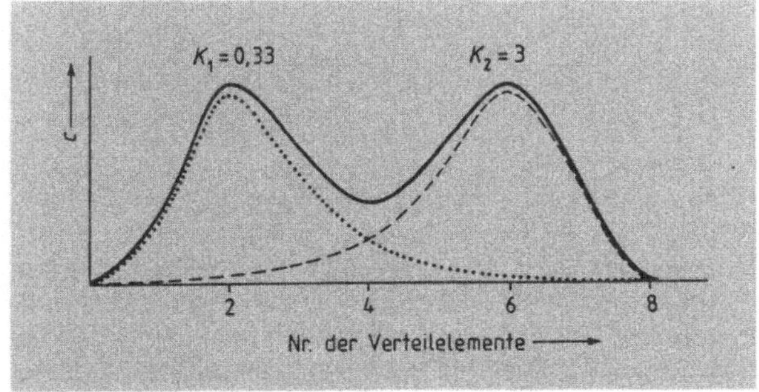


**Bild 1.4.2/2**
Verteilung von zwei Einzelsubstanzen mit $K_1 = 1/3$ (gepunktete Kurve) und $K_2 = 3$ (gestrichelt). Die Verteilungskurve des Gemisches beider Substanzen (durchgezogene Linie) ergibt sich durch Addition der beiden Einzelkurven.

Die Craig-Verteilung ist rechnerisch einfach erfaßbar. Aus der experimentell erhaltenen Verteilungskurve lassen sich die Verteilungskoeffizienten der einzelnen Substanzen nach der Näherungsformel

$$K = \frac{r_{max} + 0,5}{n - r_{max} + 0,5}$$

$K$ = Verteilungskoeffizient
$r_{max}$ = Nr. der Verteilungseinheit mit maximalem Substanzgehalt
$n$ = Zahl der Verteilungsschritte

**Tabelle 1.4.2/1** Zahl der Verteilungsschritte für verschiedene Trennfaktoren ($\beta$) und Ausbeuten an reiner Substanz (nach *E. Hecker*, Verteilungsverfahren im Laboratorium, Verlag Chemie, Weinheim 1955)

| $\beta$ | Zahl der Verteilungsschritte bei einer Ausbeute von | | | | | | | | |
|---|---|---|---|---|---|---|---|---|---|
| | 99,7% | 99,0% | 97,5% | 95,0% | 90,0% | 80,0% | 70,0% | 60,0% | 50,0% |
| 11,0 | 22 | | | | | | | | |
| 10,0 | 24 | | | | | | | | |
| 9,0 | 27 | 21 | | | | | | | |
| 8,0 | 30 | 24 | 21 | | | | | | |
| 7,0 | 35 | 28 | 24 | 21 | | | | | |
| 6,0 | 42 | 33 | 28 | 25 | 21 | | | | |
| 5,0 | 53 | 42 | 36 | 32 | 27 | 22 | | | |
| 4,5 | 61 | 48 | 41 | 36 | 31 | 25 | 21 | | |
| 4,0 | 72 | 57 | 49 | 43 | 37 | 29 | 25 | 21 | |
| 3,5 | 89 | 70 | 60 | 53 | 45 | 36 | 31 | 26 | 22 |
| 3,0 | 116 | 92 | 79 | 70 | 59 | 48 | 40 | 34 | 29 |
| 2,7 | 143 | 113 | 97 | 86 | 73 | 59 | 49 | 42 | 36 |
| 2,4 | 185 | 146 | 126 | 111 | 94 | 76 | 64 | 55 | 46 |
| 2,2 | 229 | 181 | 155 | 137 | 117 | 94 | 79 | 67 | 57 |
| 2,0 | 292 | 230 | 198 | 175 | 149 | 120 | 101 | 86 | 72 |
| 1,9 | 346 | 274 | 236 | 208 | 177 | 142 | 119 | 102 | 87 |
| 1,8 | 413 | 326 | 281 | 248 | 211 | 169 | 143 | 121 | 103 |
| 1,7 | 508 | 401 | 345 | 305 | 259 | 208 | 175 | 149 | 127 |
| 1,6 | 649 | 512 | 441 | 389 | 331 | 266 | 224 | 191 | 162 |
| 1,5 | 872 | 689 | 593 | 523 | 445 | 357 | 301 | 256 | 218 |
| 1,4 | 1268 | 1096 | 867 | 760 | 646 | 520 | 436 | 372 | 317 |
| 1,3 | 2023 | 1804 | 1428 | 1253 | 1064 | 857 | 722 | 615 | 523 |
| 1,2 | 4286 | 3741 | 2961 | 2598 | 2206 | 1777 | 1495 | 1274 | 1083 |
| 1,1 | 15652 | 13700 | 10841 | 9509 | 8078 | 6504 | 5473 | 4662 | 3966 |

berechnen. Sind die Verteilungskoeffizienten aus anderen Untersuchungen her bekannt, dann kann man bereits vor der Durchführung der Verteilung wichtige Aussagen machen:

- Berechnung des Aufenthaltortes der Substanz nach einer beliebigen Zahl von Verteilungsschritten nach der Näherungsformel

$$r_{max} = \frac{n \cdot K}{K + 1}$$

- Berechnung der Verteilungskurve. Es gibt Tabellen (s. *Hecker*), aus denen sich die Substanzmengen in den einzelnen Verteilgefäßen nach $n$ Verteilungsschritten für die jeweiligen $K$-Werte entnehmen lassen.

- Aus dem Vergleich der berechneten mit der experimentell erhaltenen Verteilungskurve leitet sich eine analytische Methode der Reinheitsbestimmung von Substanzen ab: Decken sich beide Kurven exakt, dann liegt mit hoher Wahrscheinlichkeit nur *eine* Substanz, also eine reine Substanz vor, denn es ist nahezu ausgeschlossen, daß zwei Substanzen identische Verteilungskoeffizienten besitzen.

- Aus Tabelle 1.4.2/1 kann man entnehmen, wieviele Verteilungsschritte vorgenommen werden müssen, um bei einem bestimmten Trennfaktor $\beta$ eine z. B. 99 %ige oder 90 %ige Trennung zu erreichen.

# Apparatur

## Kontinuierliche Verteilung

Mit der in Bild 1.4.2/3 abgebildeten Apparatur kann wahlweise eine kontinuierliche oder diskontinuierliche Gegenstromextraktion durchgeführt werden.

## Schubweise Verteilung nach Craig

Die vier Arbeitsabläufe Mischen, Einstellen des Verteilungsgleichgewichts, Trennung der Phasen und Transport der Oberphase geschieht in den in Bild 1.4.2/4 dargestellten Verteilelementen. Je nach der Zahl der Verteilelemente einer Apparatur sind 70 bis 280 Verteilungsschritte möglich. Die Verteilung kann auch über die Zahl der vorhandenen Verteilelemente hinaus fortgesetzt werden, wenn man entweder ein Kreislaufverfahren anwendet oder die Oberphase einphasig entnimmt. Das Kreislaufverfahren eignet sich in den Fällen, in denen nur wenige Substanzen mit kleinen Trennfaktoren zu trennen sind. Gegenüber der einphasigen Entnahme von Extraktionsmittel können beim Kreislaufverfahren beträchtliche Mengen an Lösungsmittel eingespart werden.

Die Kapazität einer Verteilungsanlage ist durch das Phasenvolumen festgelegt. Meistens werden Volumina von 2, 10 oder 50 ml je Phase verwendet. Für viele Anwendungen im Labormaßstab sind 2 ml Phasenvolumen ausreichend, zumal in modernen Apparaturen zwei Verteilungsbatterien vorhanden sind, die nicht nur hintereinander, sondern auch parallel geschaltet werden können. Auf diese Weise läßt sich die Kapazität einer Anlage verdoppeln.

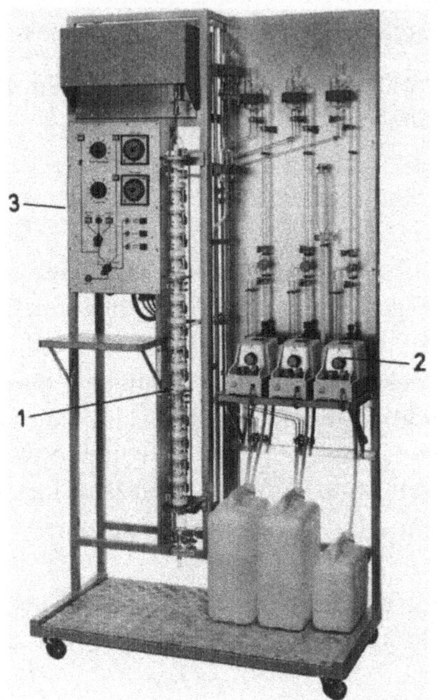

**Bild 1.4.2/3**
**Apparatur zur kontinuierlichen und diskontinuierlichen Gegenstromextraktion** (Labortec, Bubendorf/Schweiz)

1  Trennkolonne aus einzelnen Kammern, die nach dem Baukastenprinzip in unterschiedlicher Zahl zusammengesetzt werden können. Die Kammern sind voneinander durch verschließbare Teflonböden getrennt. Die Kolonne besitzt eine durchgehende Welle, die in jeder Kammer einen Flügelrührer aus Teflon trägt. Durch Heben dieser Welle werden alle Bodenscheiben gleichzeitig angehoben und die Kammern dadurch geöffnet (Transport der Phasen).

2  Membranpumpen, die die leichte und die schwere Phase sowie das Substanzgemisch in die Trennkolonne befördern.

3  Steuereinheit und Antriebsaggregat sind in einem fremdbelüfteten Gehäuse untergebracht (Explosionsschutz).

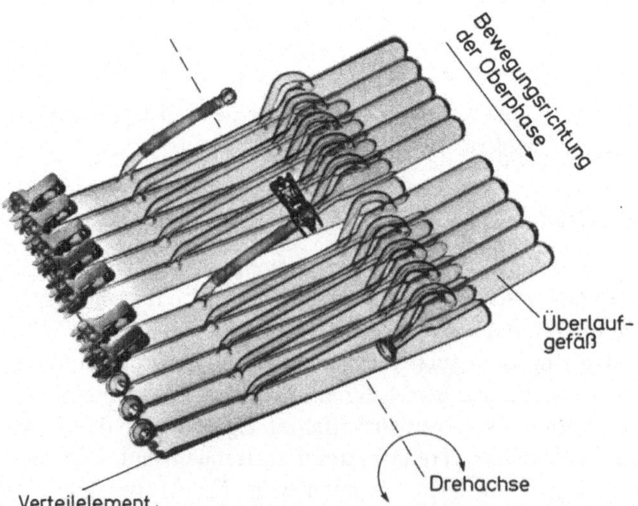


**Bild 1.4.2/4 Verteilelemente einer Apparatur für die Craig-Verteilung.** Je fünf Verteilelemente (Stufen) werden durch Teflonschläuche miteinander verbunden. Die einzelnen Gefäße sind mit Kugelschliffstopfen und Klammern verschlossen. In der abgebildeten Position befinden sich die Unter- und die Oberphase in den großen Rohren und werden durch Kippbewegungen um die Längsachse vermischt. Nach dem Trennen der Phasen werden die Verteilelemente in die senkrechte Position gebracht. Dabei verbleibt die Unterphase im jeweiligen Rohr, während die Oberphase in das Überlaufgefäß abfließt. Beim Zurückkippen in die horizontale Lage werden die Oberphasen in die nächste Stufe überführt (im Bild von links nach rechts). (Labortec, Bubendorf/Schweiz)

# Vorbereitung

### Wahl der Phasensysteme

Voraussetzung für eine effektive Trennung ist die richtige Wahl des Lösungsmittelgemisches. Es können nur solche Lösungsmittel eingesetzt werden, die nicht beliebig miteinander mischbar sind. Eine Reihe begrenzt mischbarer Lösungsmittelpaare ist in Kap. 4.1 angegeben. Oft werden auch ternäre Gemische eingesetzt, wobei die Löslichkeit ionischer Substanzen in den beiden Phasen durch Zusätze von Basen oder Säuren (beispielsweise Ammoniak bzw. Essigsäure) stark beeinflußt werden können.

In Vorversuchen werden kleine Substanzmengen (mg-Bereich) in kleinen Reagenzgläsern zwischen je 1 ml Unter- und Oberphase verteilt. Die Konzentrationen der Substanzen in den beiden Phasen können dann mit folgenden Methoden bestimmt werden:

- Dünnschichtchromatographie (vgl. Kap. 2.2.2): Abschätzen der Größe der Substanzflecken der chromatographisch getrennten Substanzen. Diese Methode eignet sich besonders bei Substanzgemischen.

- UV-Bestimmung (vgl. Kap. 3.4.1): Messen der Extinktion bei den charakteristischen Wellenlängen. Die Absorptionsbereiche der Substanzen dürfen sich nicht wesentlich überlappen.

- Eindampfen der beiden Phasen ergibt eine genaue Aussage über die Gewichtsanteile der beiden Phasen. Bei Gemischen ist keine Aussage über die Verteilung der einzelnen Substanzen möglich.

Aus den Konzentrationen der Substanzen in den Phasen lassen sich ihre Verteilungskoeffizienten berechnen (vgl. Kap. 1.4.1). Die Lösungsmittelzusammensetzungen werden mit Hilfe der eluotropen Reihe (Kap. 4.1) nach folgenden Gesichtspunkten variiert:

- Es gilt der bekannte Satz: *„Similia similibus solvuntur"*, d. h. Lösungsmittel mit ähnlichen chemischen Strukturmerkmalen, wie sie die zu trennenden Substanzen besitzen, sind meistens auch gute Lösungsmittel für diese Substanzen.

- Große Unterschiede der Dichte von Ober- und Unterphase führen zu einer schnellen Phasentrennung und somit zu erheblichem Zeitgewinn.

- Lösungsmittelgemische, die zu Emulsionsbildung neigen, sind zu vermeiden.

- Niedrige Siedetemperaturen erleichtern eine schonende Entfernung der Lösungsmittel von den getrennten Substanzen.

# Durchführung

- Füllen der Mariotte-Vorratsflasche (s. Bild 1.4.2/5) für die Unterphase. Dann wird automatisch die Unterphase in die Verteilelemente eingefüllt, wobei die Mariotte-Flasche oben luftdicht verschlossen sein muß. Nachdem doppelt so viele Zyklen durchlaufen sind, wie der benötigten Zahl an Verteilungsschritten entspricht, sind alle Gefäße mit der richtigen Menge an Unterphase gefüllt.

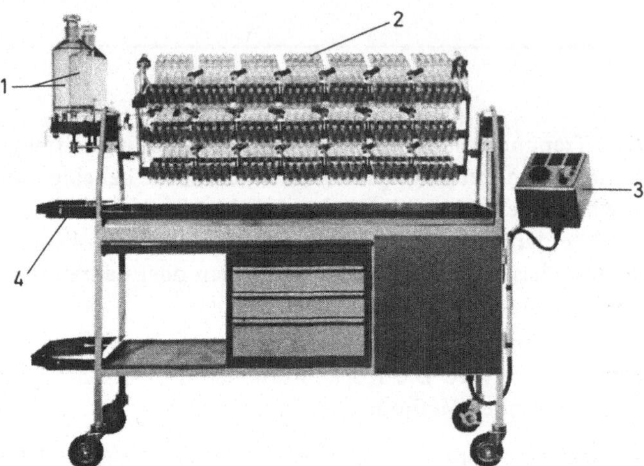

**Bild 1.4.2/5  Apparatur für die Craig-Verteilung** (Labortec, Bubendorf/Schweiz)

1  Vorratsbehälter für Unter- und Oberphase. Ihre Ausführung als Mariotteflaschen ermöglicht eine automatische Dosierung definierter Phasenvolumina nach jedem Verteilungsschritt.
2  Verteilelemente.
3  Antriebsaggregat und Steuergerät für automatischen Betrieb, Handbetrieb und Waschen sind in einem fremdbelüfteten Gehäuse untergebracht (Explosionsschutz).
4  Auffangwannen unter der Verteilerbatterie schützen vor Verlust der Substanz bei Fehlmanipulation oder Glasbruch.

- Füllen der Vorratsflasche für die Oberphase und ca. 10 Zyklen ablaufen lassen.

- Lösen des Substanzgemisches in gleichen Teilen Ober- und Unterphase. (Zu konzentrierte Lösungen sind zu vermeiden, da dann die Phasenverhältnisse geändert werden können.)

- Entleeren der für die Substanzlösung benötigten Gefäße beginnend mit Gefäß Nr. 3 mit einer Pipette oder Wasserstrahlpumpe.

- Einfüllen gleicher Volumina an Unter- und Oberphase der Substanzmischung. Hierfür eignen sich Vorratsflaschen mit Dosieraufsätzen (sogenannte Papageien).

- Einen Zyklus mit manueller Steuerung durchführen. Danach werden Schüttelintensität, Zahl der Schüttelbewegungen sowie die Trennzeit der Phasen festgelegt und 10 Zyklen mit automatischer Steuerung durchgeführt.

- Nach erfolgter Ausführung der 10 Zyklen wird die Verteilung der Substanzen kontrolliert (s. o.). Aus den bestimmten Konzentrationsverhältnissen werden für die einzelnen Substanzen die Verteilungskoeffizienten und Trennfaktoren berechnet. Mit Hilfe von Tabelle 1.4.2/1 wird die benötigte Zahl an durchzuführenden Zyklen festgelegt.

- Nach Ablauf der Verteilungszyklen wird aus jedem fünften Gefäß mit einer Mikroliterspritze eine Probe entnommen und auf ihre Zusammensetzung, wie oben beschrieben, untersucht. Bei der ersten Hälfte der Verteilelemente wird die

Probe aus der Unterphase, bei der zweiten Hälfte aus der Oberphase entnommen. Die so ermittelten Werte reichen im allgemeinen zum Zeichnen einer genügend genauen Verteilungskurve aus.

- Gefäße mit reinen Substanzen werden mit einer großen Spritze entleert, die Lösungen vereinigt und aufgearbeitet.

- Noch nicht getrennte Substanzen werden, nachdem die Apparatur mit frischer Unterphase gefüllt wurde, einer zyklischen Verteilung unterworfen. Hierzu wird die Oberphase des letzten Verteilelements wieder in das erste Verteilelement geleitet.

- Nach beendeter Verteilung wird die Apparatur mit Hilfe des Waschgangs automatisch gewaschen. Hierzu wird das Vorratsgefäß zuerst mit Aceton, dann nacheinander mit Detergens enthaltendem Wasser, destilliertem Wasser und Aceton gefüllt. Die Menge an Reinigungsflüssigkeit sollte für jeweils 20 Zyklen ausreichen. Während des Waschvorgangs wird die Apparatur kontinuierlich so gedreht, daß die Waschflüssigkeit schraubenförmig durch die Apparatur transportiert wird. Zum Schluß wird die Apparatur durch Anlegen eines Unterdrucks (Wasserstrahlpumpe) getrocknet.

## Fehlerquellen

- Falsche Menge an zugeführter Oberphase: Mariotte-Flasche nicht dicht verschlossen oder Hähne falsch eingestellt.

- Zuviel Unterphase während der Verteilung in der Apparatur: ein Teil des stationären Phasenvolumens wird mechanisch durch die Apparatur befördert, die Trennung verschlechtert sich drastisch. *Ursache:* Temperaturänderung führt zur teilweisen Entmischung der Phasen. *Abhilfe:* Unter- und Oberphasen im gleichen Raum herstellen und kurz vor der Verteilung nochmals gegeneinander sättigen. Als Notbehelf (!) kann man an einigen Stellen der Apparatur „Fallen" für die Unterphase einbauen, indem vor Beginn der Verteilung in diesen Gefäßen etwas Unterphase entfernt wird. Auch ist es zweckmäßig, die beiden ersten Gefäße nur mit Oberphase zu füllen.

- Emulsionsbildung tritt gelegentlich auf, wenn bestimmte Substanzkonzentrationen vorliegen. Daher bilden sich Emulsionen manchmal auch während der Verteilung. Abhilfe: Geringere Substanzkonzentration zu Beginn wählen, dafür mehrere Gefäße mit Substanzlösung füllen; geringere Schüttelintensität und längere Trennzeiten einstellen; nötigenfalls Lösungsmittelsystem ändern.

## Dokumentation

Wenn genügend analytische Bestimmungen durchgeführt wurden, kann die Verteilungskurve, wie in Bild 1.4.2/6 dargestellt ist, direkt wiedergegeben werden. Für die Konzentrationsangabe an der Ordinate gibt es mehrere Möglichkeiten:

- Angabe der Substanzkonzentration in Unter- *und* Oberphase
- Angabe der Substanzkonzentration in Unter- oder Oberphase
- Am besten werden kleine Stoffmengen erfaßt, wenn bis zur Mitte der Verteilung die Substanzkonzentrationen in der Unterphase und dann in der Oberphase angegeben werden. Dies muß dann aus der Legende hervorgehen.

Weitere notwendige Angaben (im Text) sind:

- Zusammensetzung oder Zubereitung der Phasen
- verwendete Phasenvolumina
- Menge der Probe und in welchen Volumina Ober- und Unterphase sie gelöst wurde
- Zahl der Verteilungszyklen
- Temperatur, falls abweichend von der Raumtemperatur gearbeitet wurde

Ein Beispiel für die Legende einer Verteilungskurve ist in Bild 1.4.2/6 gegeben.

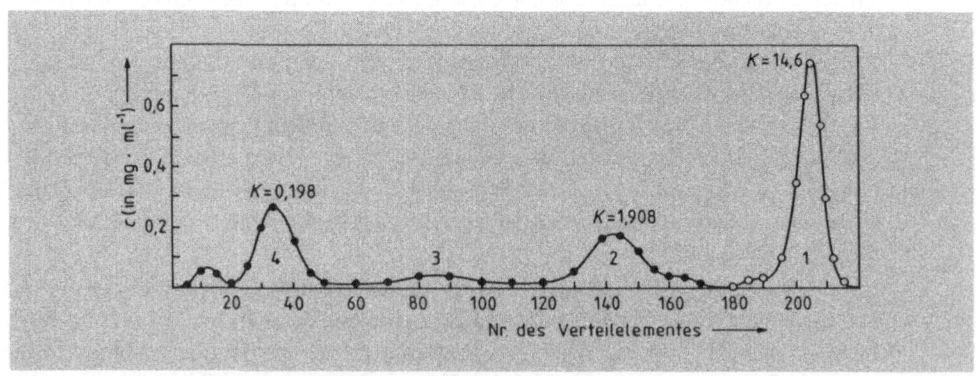


**Bild 1.4.2/6** Verteilungkurve der Umsetzungsprodukte von 250 mg Tyrocidin A mit Dinitrofluorbenzol im System Methanol/0,1 N HCl/Benzol/Chloroform 23/7/20/10. (Kurve mit vollen Kreisen:) Gleichgewichtskurve aus den Unterphasen, (Kurve mit leeren Kreisen:) Gleichgewichtskurve aus den Oberphasen; 1 = Tyrocidin A, 2 = *n*-Dinitrophenyl-tyrocidin A und 4 = *n, O*-Bis (dinitrophenyl)-tyrocidin A, 3 nicht identifiziert. (Nach *A. R. Batterby, L. C. Craig*, J. Amer. Chem. Soc. 74, 4023 (1952))

## Anwendungsbereich

Allgemein zur Isolierung empfindlicher Stoffklassen:

- Alkaloide, manche Antibiotika, Chinone, Porphyrine, Hormone, ungesättigte Kohlenwasserstoffe, Nukleinsäuren, Peptide und Proteine, Steroide, Vitamine oder Zucker)
- leicht isomerisierende Substanzen (z. B. Riechstoffe)
- oberflächenaktive Substanzen, Insektizide, Pflanzenextrakte
- anorganische Metallkomplexe

## Literatur

*A. Bittel*, Flüssig-Flüssig-Extraktion, Ullmanns Encyklopädie der technischen Chemie, 3. Aufl., Bd. II/1, S. 77 ff., Urban und Schwarzenberg, München 1961

*E. Hecker*, Verteilungsverfahren im Laboratorium, Verlag Chemie, Weinheim 1955

# 1.5 Membranfiltration

Die Membranfiltration ist ein Verfahren zur selektiven Abtrennung von Substanzen verschiedener Teilchengröße mit Hilfe von feinstrukturierten Membranen. Durch Anwendung von Druck oder Unterdruck kann das Verfahren kontinuierlich (Diafiltration) oder diskontinuierlich (Ultrafiltration) ausgeführt werden.

## Grundlagen

Bei der Diafiltration wird das Volumen der Lösung durch Zufluß von Lösungsmittel konstant gehalten, während es bei der Ultrafiltration verringert und so eine Konzentrierung der Lösung erreicht wird. Für die **Diafiltration** besteht folgender Zusammenhang zwischen Konzentration und Volumen:

$$\ln \frac{c_0}{c_f} = \frac{V_f}{V_0}$$

$c_0$ = Anfangskonzentration
$c_f$ = Endkonzentration
$V_f$ = Endvolumen
$V_0$ = Anfangsvolumen

Für die **Ultrafiltration** gilt:

$$c_f = \left(\frac{V_0}{V_d}\right)^n \cdot c_0$$

$V_d$ = Volumen nach Verdünnung

Die Membranfiltration wird mit Druck durchgeführt, wobei meist mit Überdruck im Bereich zwischen 0,2 und 1,5 MPa gearbeitet wird. Während der Filtration muß die Lösung durch Rühren gut durchgemischt werden, um eine Konzentrationspolarisation zu vermeiden. Darunter versteht man die Entstehung einer Sekundärmembran durch die Ausbildung einer Substanzschicht bei höheren Konzentrationen. Dies führt zur Veränderung der Trenngrenze und der Durchflußrate.

Die Einordnung der Membranfiltration neben den anderen Trennverfahren wie Dialyse, Mikrofiltration und konventioneller Filtration zeigt Bild 1.2/1 (s. Kap. 1.2).

## Geräte

Der Gerätetyp hängt in erster Linie von dem jeweiligen Filtrationsvolumen ab. Grundsätzlich unterscheidet man zwischen Membranfiltrationszellen (10–1000 ml) und Kapillar- oder Hohlfasersystem (> 1 Liter). Bild 1.5/1 zeigt den schematischen Aufbau eines Zellensystems, Bild 1.5/2 die Ansicht einer typischen Zellenfiltrationsapparatur und Bild 1.5/3 ein Hohlfaserfiltrationsgerät. Es gibt Ausführungen aus Plexiglas und Metall, zum Teil auch mit Teflonteilen, die sich zur Verwendung von organischen Lösungsmitteln eignen.

Die **Membranfilter** stellen dünne, folienartige und mikroporöse Trennschichten dar, die für bestimmte Molekülgrößen durchlässig sind. Der Durchgang durch die Membran (Penetration und Permeation) wird durch Druckänderung bewirkt. Die Filter haben eine

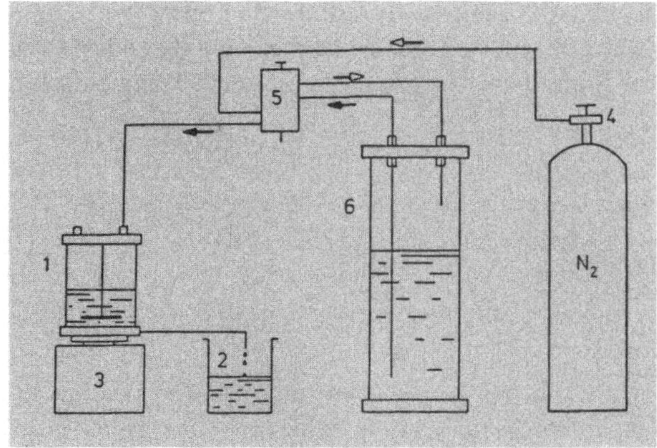


**Bild 1.5/1**
**Schema eines Zellenfiltrationssystems**

1  Filtrationszelle mit Lösung (Retentat)
2  Membranfiltrat
3  Magnetrührer
4  Ventil der Druckflasche
5  Phasenwähler (kontinuierlich/diskontinuierlich)
6  Reservoir mit Lösungsmittel

**Bild 1.5/2**
**Typische Zellenfiltrationsapparatur mit Zelle,
Vorratsgefäß und Auffanggefäß** (Amicon GmbH,
Witten)

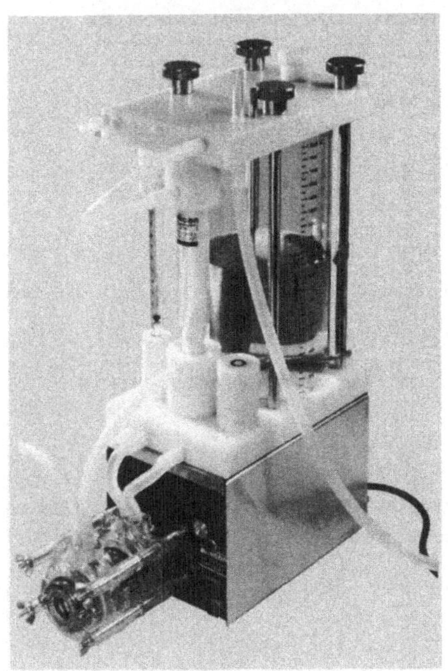

**Bild 1.5/3**
**Zellenfiltrationsgerät mit Hohlfasern** (Amicon
GmbH, Witten)

schaumartige Netzstruktur mit 60 bis 80 % Hohlraum (s. Bild 1.5/4). Zur Herstellung der
ca. 50 bis 250 μm dünnen Membranen werden häufig Cellulosederivate, Polyamide, Polyvinylchlorid, Polysulfone und Teflon verwendet. Sie sind meist asymmetrisch aufgebaut
und bestehen aus einer hochporösen Stützschicht, die oben eine dünne Trennschicht
(50 bis 150 nm) trägt.

Die **Selektionsgrenze** (Trenngrenze, Ausschlußgrenze) dient zur allgemeinen Charakterisierung des Rückhaltevermögens einer Membran. Bei dieser Größe sind außer der Molmasse auch die Molekülform sowie Adsorptionseffekte zu berücksichtigen, die die Permeabilität beeinflussen. Da diese Werte auf globuläre, ungeladene Partikel bezogen sind,
können beispielsweise lineare, statistische Polymerknäuel, die weniger kompakt sind,

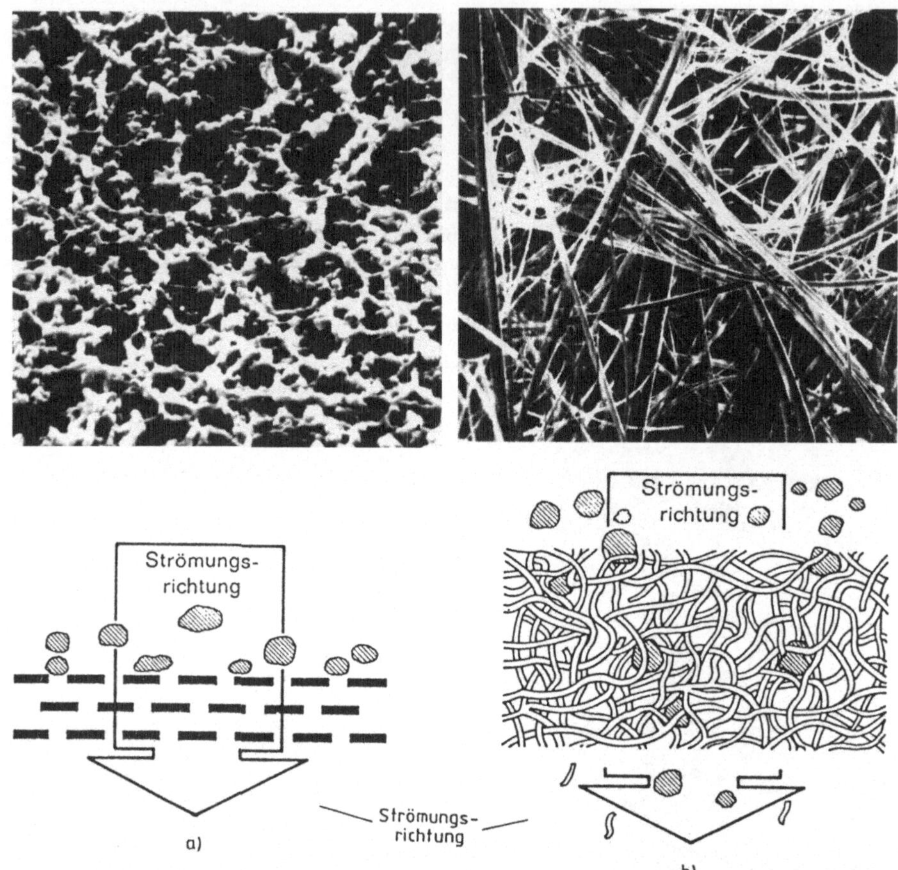


**Bild 1.5/4 Vergleich von Membran- und Normalfilter:** Während beim Membranfilter die Partikel an der Filteroberfläche zurückgehalten werden (a), bleiben sie beim Normalfilter in der Filterschicht stecken (b). (Schleicher & Schüll, Dassel)

Membranen leichter passieren. In Tabelle 1.5/1 sind die relativen Selektionsgrenzen für eine Reihe von Substanzen am Beispiel eines bestimmten Membrantyps zusammengestellt. Im Handel sind Membranen mit nominalen Selektionsgrenzen für Molmassen zwischen $10^3$ und $10^6$ g · mol$^{-1}$ verfügbar. Die im Handel befindlichen Membranfilter sind bis zu Temperaturen von 50 bis 120 °C stabil und besitzen eine Toleranz gegenüber pH-Werten von 1 bis 13 (Tabelle 1.5/2). Die Membranen sind je nach Bedingungen etwa 10 bis 20 mal ohne wesentliche Einbuße der Reproduzierbarkeit wiederverwendbar. Meist werden für die Membranfiltration wäßrige Lösungen eingesetzt, es sind jedoch auch Membranen für organische Lösungsmittel erhältlich. Hohlfaser-(Hollow-Fiber)- oder Kapillarmem-

**Tabelle 1.5/1** Relative Selektionsgrenzen einiger Substanzen für einen bestimmten Membranfiltertyp (UM 10, Fa. Amicon, Selektionsgrenze: $10^4$) bei einem Arbeitsdruck von 380 kPa.

| Substanz | Molmasse g · mol$^{-1}$ | Retention % |
|---|---|---|
| Alanin | 89 | 0 |
| Tryptophan | 204 | 0 |
| Saccharose | 342 | 25 |
| Raffinose | 594 | 50 |
| Inulin | 5000 | 60 |
| Polyvinylpyrrolidon K 15 | 10000 | 80 |
| Dextran T 10 | 10000 | 90 |
| Myoglobin | 18000 | 95 |
| Chymotrypsinogen | 24500 | 98 |
| Albumin | 67000 | 98 |

**Tabelle 1.5/2** Chemische Stabilität und Verträglichkeit verschiedener Membrantypen

+ stabil  
● teilweise stabil, Test angeraten  
− instabil  

a Nitrocellulose  
b Celluloseacetat  
c Regenerierte Cellulose  
d Poly(tetrafluorethylen)  

| Lösungsmittel | Membrantyp a | b | c | d |
|---|---|---|---|---|
| Acetonitril | − | − | + | + |
| Ammoniaklösung, wäßrig, 1 molar | + | + | + | + |
| Benzol | + | + | + | + |
| *iso*-Butanol | ● | ● | + | + |
| Chloroform | + | − | + | + |
| Dichlormethan | ● | − | + | + |
| Diethylether | ● | ● | + | ● |
| Dimethylformamid | − | − | + | + |
| Essigsäure, 10% | + | ● | + | + |
| Essigsäure, 100% | − | − | − | + |
| Ethylacetat | − | − | + | + |
| Ethanol | − | + | + | + |
| Formalin | + | ● | ● | + |
| Glycerin | + | + | + | + |
| Hexan | + | + | + | + |
| Natronlauge, 6 molar | − | − | ● | + |
| *iso*-Propanol | + | + | + | + |
| Salpetersäure, 25% | ● | ● | + | + |
| Salzlösungen | + | + | + | + |
| Salzsäure, 25% | + | + | + | + |
| Tetrachlorkohlenstoff | + | ● | + | + |
| Tetrahydrofuran | − | − | + | ● |
| Toluol | + | + | + | + |
| Wasserstoffperoxid | + | + | + | + |

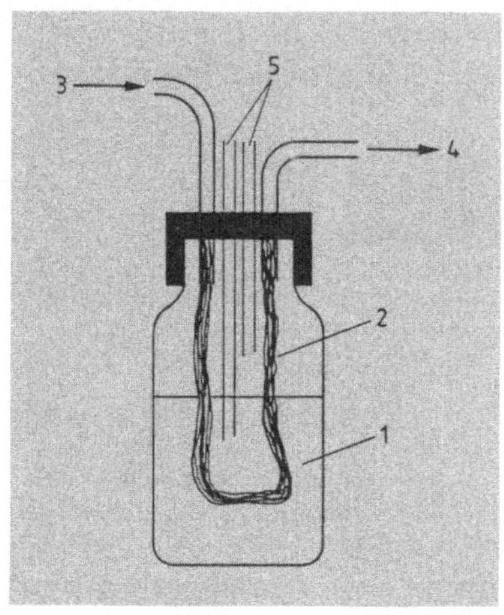

**Bild 1.5/5**
**Hohlfaserfiltrationszelle.** Die Probenlösung wird
bei der Diafiltration in das Becherglas (1) gegeben
und destilliertes Wasser bzw. die entsprechende
Lösung durch das Hohlfaserbündel (2) von 3 nach
4 geleitet. Bei der Ultrafiltration fließt die Probenlösung durch die Hohlfasern. Die Stutzen (5)
(Zu- und Ablauf) ermöglichen kontinuierlichen
Betrieb. (Spectra Por, USA)

branen sind schlauchförmige Membranfilterbündel, wobei die einzelne Hohlfaser einen
Durchmesser von 0,2 bis 1 mm hat. Sie bieten den Vorteil einer sehr großen Membran-
oberfläche und ermöglichen daher den Durchlauf großer Volumina von Lösungen in kurzer Zeit (Bilder 1.5/3 und 1.5/5). Für kleine Volumina gibt es auch Membranen in koni-
scher Form zum Einsatz in Zentrifugen.

## Vorbereitung

- Membranfolien grundsätzlich vorsichtig behandeln, da die Oberfläche sehr leicht
  beschädigt werden kann (evtl. stumpfe Pinzette benutzen).
- Vor Gebrauch die Membran gemäß Firmenvorschrift konditionieren. Allgemeine
  Konditionierung: Mindestens eine Stunde in destilliertes Wasser legen und Wasser
  mehrmals wechseln (Petrischale).
- Aufbewahrung: in 10%igem Ethanol, das nach 2 bis 4 Wochen zu wechseln ist.
- Sterilisation: Einlegen in 5%ige Formalinlösung oder in 75%iges Ethanol für 24
  Stunden, danach mehrmaliges Auswaschen mit sterilem Wasser. Autoklavieren
  bei 120 °C für 30 Minuten.
- Membranen stets feucht halten, da sie sonst schrumpfen und die Permeabilität
  verändert wird.

## Durchführung

- Lösung der Substanz herstellen (günstiger Konzentrationsbereich: 5 bis 10 %) bzw. fertige Lösung mit Trichter in Filtrationszelle einfüllen und diese verschließen.
- System mit Druck versorgen und Magnetrührer anstellen.
- Membranfiltrieren bis keine niedermolekularen Anteile mehr im Filtrat nachweisbar sind bzw. bis die gewünschte Konzentrierung erreicht ist (Faustregel: das Filtratvolumen soll bei der Diafiltration etwa das zehnfache Lösungsvolumen erreichen).
- Nach Beendigung der Filtration den Rührer abstellen, Druckausgleich durch Belüftung der Apparatur herstellen und Lösung mit Pipette entnehmen. Bei großen Volumina empfiehlt es sich, die Lösung mittels einer Vakuumpumpe in einen Rundkolben zu saugen.
- Bei quantitativer Ausführung der Membranfiltration ist für die Dokumentation die Substanzmenge im Retentat zu bestimmen (gravimetrisch, refraktometrisch, spektrometrisch).

## Fehlerquellen

- Zu geringe Filtrationsgeschwindigkeit durch falsch gewählte Selektionsgrenze oder zu hohe Konzentration der Lösung
- Zu geringer Über- oder Unterdruck
- Zu beachten ist auch, daß Molekülform und -ladung die Membranpermeabilität beeinflussen.

## Dokumentation

Es wird die Substanzmenge im Retentat in g und in % bezogen auf die Einwaage angegeben.

Beispiel:

| |
|---|
| Ausb.: 4,2 g (82 %, $\overline{M} > 10^4$, Membranfilter XY) |

Eventuell können auch der Membrandurchmesser, das Lösungsvolumen, Filtrationsvolumen und die Filtrationsdauer angegeben werden.

## Anwendungsbereich

- Anreicherung von Biopolymeren und synthetischen Polymeren
- Entsalzung von Lösungen und Umpuffern (s. Kap. 2.1.5)

- Konzentrierung: schonende Entfernung von Lösungsmittel
- Fraktionierung von Makromolekülen (Kaskadenschaltung von Filtrationssystemen)
- Klinische Anwendungen: Analysenvorbereitung, Konzentrierung von Plasma, Serum, Urin, Viren
- Kalt-Sterilisation (die meisten Bakterien werden von Porenfiltern mit 0,2 $\mu$m Porendurchmesser zurückgehalten)

Vorteilhaft gegenüber der Dialyse ist die Schnelligkeit und Effizienz der Membranfiltration, nachteilig der größere apparative Aufwand.

## Literatur

*A. R. Cooper* (Hrsg.), Ultrafiltration Membranes and Applications, Plenum Press, New York, 1980

Firmenschrift, Membranfilter-Laborkatalog, Fa. Berghof, Tübingen 1980

Firmenschrift, Ultrafiltration – Anleitung und Katalog, Fa. Amicon, Witten 1980

Firmenschrift, Literature References to the Use of Amicon Ultrafiltration Systems, Publ. No. 428E, Fa. Amicon, Lexington 1977

*N. Keller*, Membrane Technology and Industrial Separation Techniques, Noyes, Park Ridge 1976

*R. Rautenbach* und *R. Albrecht*, Membrantrennverfahren, Ultrafiltration, Umkehrosmose, Sauerländer, Aarau 1981

*H. Strathmann*, Trennung von molekularen Mischungen mit Hilfe synthetischer Membranen, Steinkopff, Darmstadt 1979

# 1.6 Dialyse und Elektrodialyse

Dialyse heißt ein auf Diffusion beruhendes Trennverfahren für Substanzen von unterschiedlicher Molekülgröße mit Hilfe einer semipermeablen Membran. Bei der Elektrodialyse werden geladene Teilchen mit Hilfe eines elektrischen Feldes durch eine Ionenaustauschmembran abgetrennt.

## Grundlagen

Die Trennvorgänge bei der Dialyse werden durch das **Ficksche Diffusionsgesetz** beschrieben:

**Ficksches Diffusionsgesetz**

$$\frac{\mathrm{d}m}{\mathrm{d}t} = -D\,\frac{\mathrm{d}c}{\mathrm{d}x}$$

$m$ = Masse der in der Zeiteinheit t diffundierenden Substanz
$t$ = Diffusionszeit
$D$ = Diffusionskonstante
$c$ = Konzentration
$x$ = Diffusionsweg

In die Diffusionskonstante $D$ gehen die Permeabilitätskonstante der Membran für eine bestimmte Substanz und die Membranfläche ein. Die pro Zeiteinheit durch eine Membran diffundierende Masse eines Stoffes ist also direkt proportional der Membranfläche und dem Konzentrationsgefälle (s. Bilder 1.6/1 und 1.6/2).

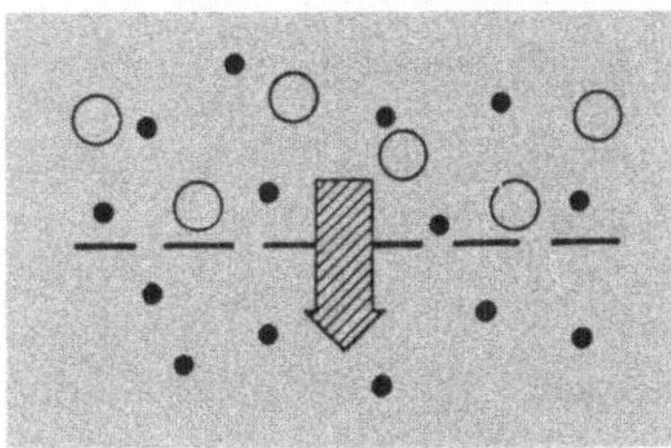

**Bild 1.6/1**
**Trennprinzip der semipermeablen Membran**

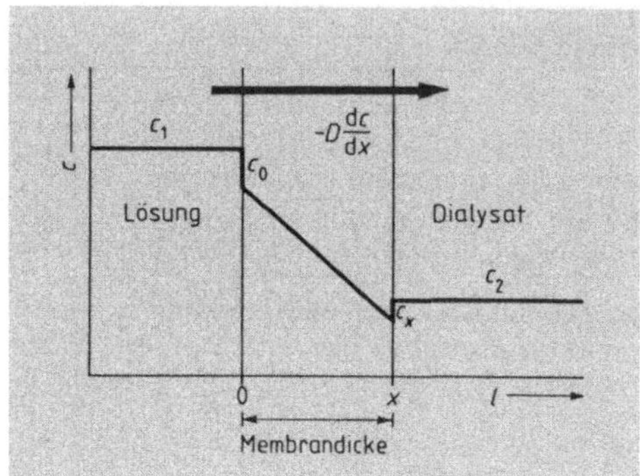


**Bild 1.6/2**
**Schema des Konzentrationsprofils einer Dialysemembran**

$c$  Konzentration
$c_1$  Konzentration der Lösung
$c_2$  Konzentration des Dialysats
$l$  Abstand
$x$  Diffusionsgrenze
$c_0$, $c_x$ Konzentrationen auf den jeweiligen Membranseiten

## Geräte

Im Labor werden für die Dialyse Folienschläuche verschiedener Durchmesser benutzt. Bild 1.6/3 zeigt eine Apparatur bestehend aus Becherglas und Magnetrührer. Noch einfacher ist die Verwendung eines Standzylinders, wobei gelegentliches Umrühren mit einem Glasstab empfehlenswert ist. Es gibt auch Multipeldialyseapparaturen (Bild 1.6/4), die für Probenvolumina von 2 bis 200 ml und Badvolumina bis zu 10 l erhältlich sind.

Die Membranen der Folienschläuche bestehen aus halbsynthetischen oder vollsynthetischen Polymeren und sind je nach Herstellungsbedingungen für verschiedene Molekülgrößen durchlässig. Verwendet werden vor allem symmetrische, poröse Folien auf Cellulosebasis (z. B. Cellophan). Die Folien mit schwammartiger Struktur haben Durchmesser von 3 bis 50 mm und sind für Trenngrenzen von $10^3$ bis $5 \cdot 10^4$ g $\cdot$ mol$^{-1}$ erhältlich (s. Tabelle 1.6/1).

**Tabelle 1.6/1**  Daten zu im Handel erhältlichen Dialyseschläuchen

| | |
|---|---|
| Breite (ungefüllt) | 10 bis 75 mm |
| Durchmesser | 6, 16, 20, 30, 50 mm |
| Länge | 10, 25 m |
| Molmassenausschlußgrenzen ($10^3$ g $\cdot$ mol$^{-1}$) | 1, 2, 4, 8, 10, 15, 25, 50 |

Für die Elektrodialyse ist das Funktionsprinzip einer kontinuierlichen Anlage in Bild 1.6/5 dargestellt. Bild 1.6/6 zeigt ein typisches Gerät für den Labormaßstab (bis ca. 5 l). Bei der Elektrodialyse befindet sich die Lösung zwischen zwei Elektroden, die durch die beiden ionenselektiven Membranen abgeschirmt sind.

Die verwendeten Ionenaustauschmembranen sind für Wasser undurchlässig, jedoch für bestimmte Ionensorten durchlässig. Dazu werden Austauscherharze mit Sulfonsäure- oder quartären Ammoniumfunktionen eingesetzt, die auf Trägerfolien aus Polyester, Polyethylen oder Polyvinylchlorid aufgebracht sind. Sie sind feucht aufzubewahren.

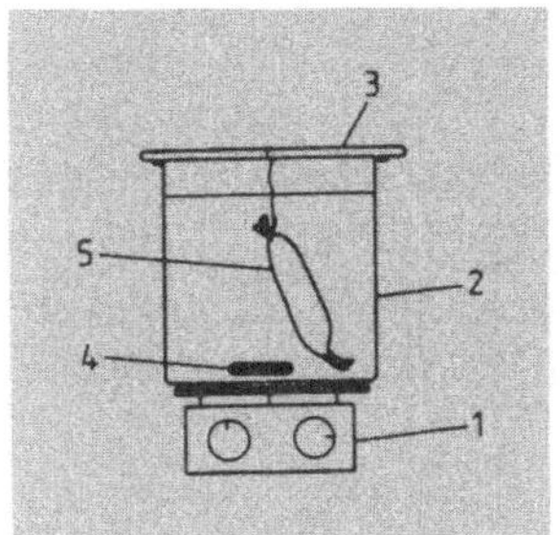

**Bild 1.6/3  Dialyseapparatur**

1  Magnetrührer
2  Becherglas mit Wasser
3  Glasstäbe
4  Magnetkern
5  Dialyseschlauch

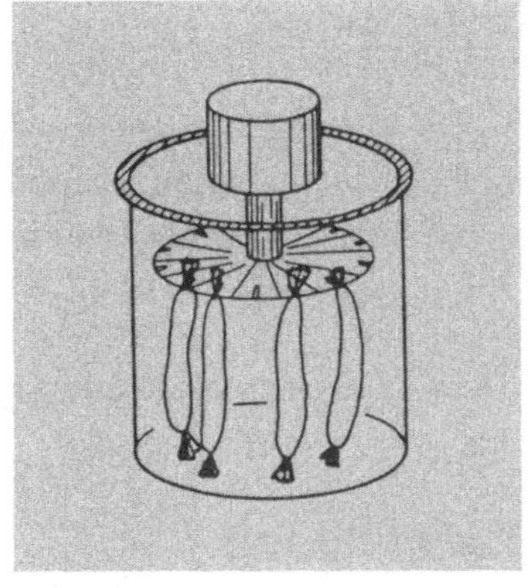

**Bild 1.6/4  Multipel-Dialysegerät mit Rotationsmotor**

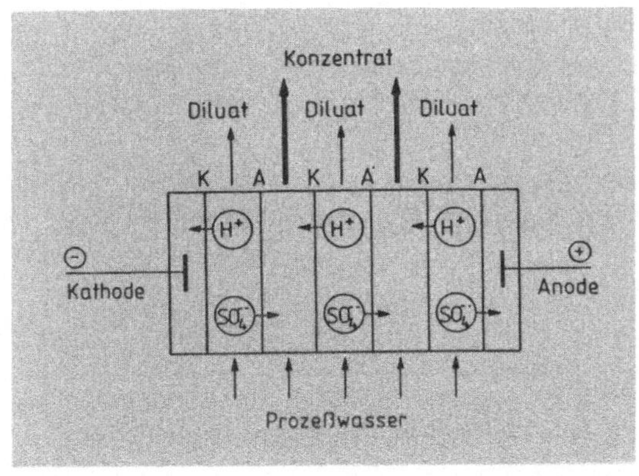


**Bild 1.6/5**
**Funktionsprinzip einer Elektrodialyseanlage zur Entsalzung von Rohwasser**

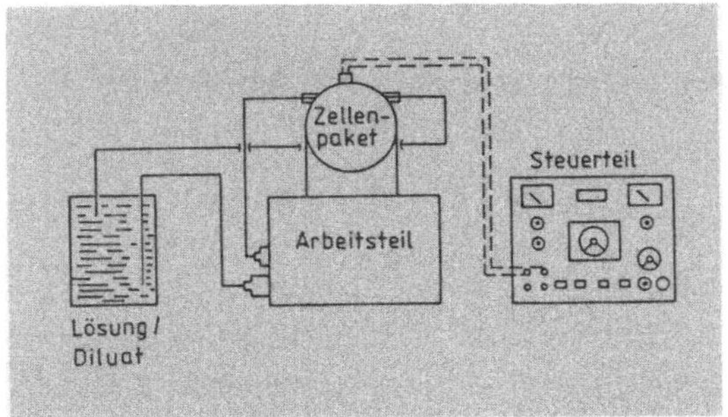


**Bild 1.6/6**
**Laborgerät zur Elektrodialyse.** Das Gerät besteht aus Zellenblock, Arbeitsteil und Steuerteil und eignet sich vor allem für orientierende Versuche. Die Pumpen für die Flüssigkeitskreisläufe im Arbeitsteil werden vom Steuerteil einzeln geschaltet. (Berghof GmbH, Tübingen)

## Vorbereitung

- Dialysierschlauch entsprechender Länge (handelsübliche Meterware) an einem Ende zuknoten oder mit Bindfaden zubinden.
- Vor Beginn der Dialyse den Folienschlauch mindestens zwei Stunden in Wasser legen und gelegentlich spülen (Quellung der Folie und Entfernung der Weichmacher).
- Dialysierschlauch stets in feuchtem Zustand halten, da er sonst brüchig wird.

## Durchführung

- Die wäßrige Lösung der Substanz in den Dialysierschlauch einfüllen und am anderen Ende verschließen. Bei kleinen Mengen empfiehlt es sich, zur Oberflächenvergrößerung ein an beiden Enden zugeschmolzenes Glasrohr miteinzuschließen.
- Den Folienschlauch mit einem Bindfaden (ca. 5 bis 10 cm lang) an einen Glasstab binden und in ein Becherglas (ca. 1 bis 5 l) hängen (s. Bild 1.6/3).
- In kürzeren Zeitabständen (eine bis mehrere Stunden) das Wasser im Becherglas wechseln (effektivere und verkürzte Dialyse).
- Es wird so lange dialysiert, bis im Dialysat keine niedermolekularen Bestandteile mehr nachweisbar sind oder bis die angestrebte Reinungsstufe erreicht ist (Stunden bis Tage).
- Bei quantitativen Dialysen wird nach Beendigung der Gehalt an Restsubstanz in der Dialysierlösung bestimmt (z. B. gravimetrisch oder spektrophotometrisch).

## Fehlerquellen

- Beschädigung der Membran (Testdialyse mit Farbstoffen, z. B. Nilblau, Kongorot oder Methylenblau)
- Dialysierschlauch nicht richtig verschlossen
- Verwendung eines Schlauches mit zu großem Durchmesser oder falsch gewählter Durchlässigkeit
- Unzureichendes Rühren
- Die Membranpermeabilität ist außer von der Molmasse auch von der Form und Ladung der Moleküle abhängig.

## Dokumentation

Es wird die retentierte Menge in Gramm und in %, bezogen auf die Einwaage der dialysierten Substanz, angegeben:

Beispiel:

> Ausb.: 4,2 g $(82\%, \overline{M} > 2 \cdot 10^3$, Dialyse, Membran XY)

## Anwendungsbereich

Dialyse:

- Trennung von nieder- und höhermolekularen Substanzen
- Entsalzung von Biopolymer-Lösungen
- Reinigung von Makromolekülen (Proteine, synthetische Polymere, etc.)
- Bindungsstudien von Pharmaka und Biopolymeren

Elektrodialyse:

- Entfernung von Salzen und Metallionen aus Lösungen (z. B. Proteinlösungen, Meerwasser)
- pH-Verschiebung von Lösungen
- Konzentrierung von Elektrolytlösungen

Die Vorteile bei der Anwendung der Elektrodialyse liegen darin, daß bei geringem Zeitaufwand (wenige Stunden) große Lösungsvolumina verarbeitet werden können und im Gegensatz zum Ionenaustauschverfahren keine Regeneration erforderlich ist.

## Literatur

*Houben-Weyl*, Methoden der organischen Chemie, Bd. I/1, S. 657, 672, Thieme, Stuttgart 1963

*H. Strathmann*, Trennung von molekularen Mischungen mit Hilfe synthetischer Membranen, Steinkopff, Darmstadt 1979

*A. Weissberger*, Technique of Organic Chemistry, Vol. 3, S. 313, Interscience, New York 1950

Firmenschriften, Membranfilter und Elektrodialyse, Fa. Berghof, Tübingen 1980

# 1.7 Gefriertrocknung

Beim Gefriertrocknen (Lyophilisieren) wird einem tiefgefrorenen Präparat das Wasser durch Sublimation im Vakuum entzogen.

## Grundlagen

Das Prinzip der Gefriertrocknung läßt sich an Hand des in Bild 1.7/1 dargestellten Phasendiagramms verstehen. Bei Temperaturen über 273,16 K (0,01 °C)[1] können beim Wasser nur der flüssige und der gasförmige Aggregatzustand nebeneinander vorliegen. Der Phasenübergang flüssig/gasförmig heißt **Verdampfen**. Bei Temperaturen unter 273,16 K liegt Wasser nur als Eis oder im gasförmigen Zustand vor. Den Phasenübergang fest/gasförmig nennt man **Sublimation** (vgl. Kap. 1.2). Nur bei 273,16 K können alle drei Phasen nebeneinander existieren, man nennt deshalb diesen Punkt „Tripelpunkt" (Kreis in Bild 1.7/1). Der Dampfdruck über Eis nimmt mit fallender Temperatur ab und beträgt bei 253 K ($-20$ °C) noch 100 Pa (Bild 1.7/1). Entfernt man nun die Wassermoleküle aus dem Dampfraum über dem Eis bzw. einer gefrorenen Probe, dann werden sie durch Wassermoleküle aus dem Eis ersetzt. Damit wird dem Eis Sublimationsenthalpie entzogen, und somit sinkt die Temperatur des Eises. Aus diesem Grund bleibt eine Probe während der ganzen Dauer der Sublimation (Trocknungsdauer) tief gefroren. Dabei wird die Temperatur der Probe durch den über ihr herrschenden Dampfdruck bestimmt. Der für die Gefriertrocknung wesentliche Prozeß besteht also darin, einen niedrigen Wasserdampfdruck in der Gefriertrocknungsanlage aufrechtzuerhalten.

Am einfachsten kann man einen niedrigen Dampfdruck in einer Gefriertrocknungsanlage mit einer Drehschieberpumpe (Ölpumpe) herstellen. Sehr wirtschaftlich ist dieses Verfahren aber nicht, denn die aus dem Präparat zu entferndende Wassermenge nimmt bei dem notwendigerweise erforderlichen niedrigen Dampfdruck ein sehr großes Volumen ein[2]. Die wirksamste „Wasserdampfpumpe" ist eine große Fläche mit möglichst tiefer Temperatur, an der der Wasserdampf kondensiert und somit aus dem Dampfraum entfernt wird **(Eiskondensator)**. Der Vakuumpumpe fällt dann nur noch die Aufgabe zu, geringe Luftmengen zu entfernen, die aus der Probe stammen oder von außen in die Apparatur eindringen. Diese Anforderung kann bereits eine Ölpumpe ausreichend erfüllen. Der Trocknungsprozeß läuft dann schnell ab, wenn der Partialdruck der nicht kondensierbaren Gase (Luft) unter 100 Pa gesenkt ist, die sonst die Wassermoleküle in ihrer Beweglichkeit behindern würden. Bei 1 Pa bewegt sich der Dampfstrom vom Präparat zum Eiskondensator ungestört.

Die Geschwindigkeit der Gefriertrocknung ist entgegen der naheliegenden Annahme beim niedrigsten erreichbaren Druck nicht am größten. Neben dem Druckgefälle zwischen dem

---

[1] Bei normalem Luftdruck liegt der Schmelzpunkt von Eis jedoch bei 273,15 K (0 °C).
[2] 1 g Wasser nimmt beim Verdampfen bei 10 Pa ein Volumen von 10 000 Liter ein!

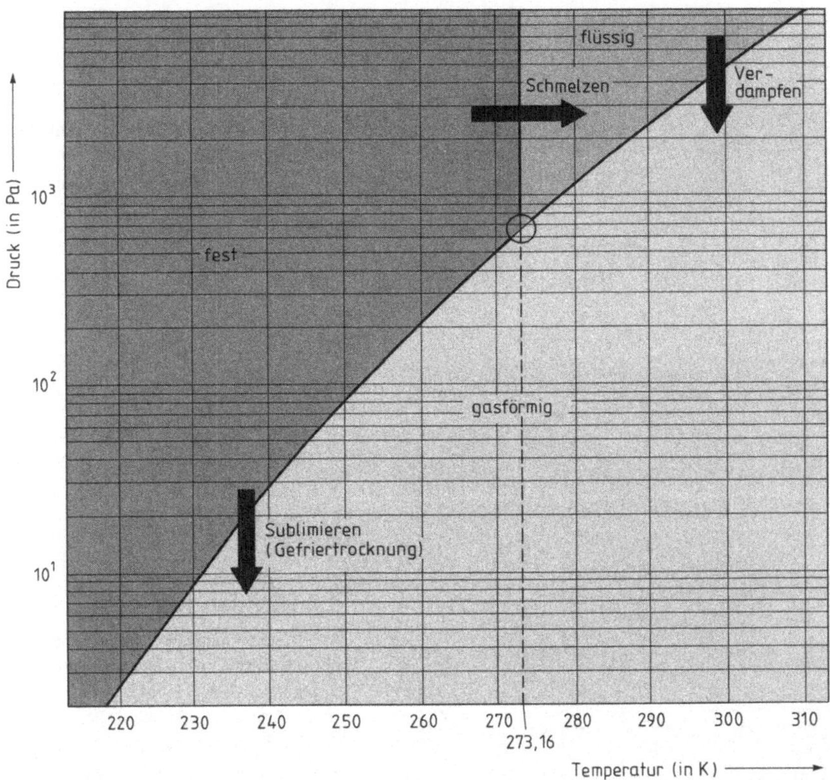



**Bild 1.7/1  Phasendiagramm für das System Eis/Wasser/Wasserdampf.** Der Kurvenast zwischen 220 und 273 K stellt die für die Gefriertrocknung wichtige Dampfdruckkurve dar.

Trocknungsgut und dem Eiskondensator spielt der die Sublimationsenthalpie kompensierende Wärmetransport von außen in die Apparatur eine wichtige Rolle. Dieser erfolgt durch direkten Kontakt, Strahlung und Konvektion. Die in der Trocknungskammer vorhandenen Wassermoleküle tragen selbst in großem Umfang zur Wärmeleitung bei, falls sie in genügender Zahl vorhanden sind (Bild 1.7/2). Der zeitliche Verlauf einer Gefriertrocknung ist schematisch in Bild 1.7/3 dargestellt und wird in drei Abschnitte eingeteilt:

- Das **Einfrieren** der Probe bis zum Erreichen der durch den Enddruck bestimmten Temperatur des eishaltigen Kerns der Probe

- Die **Haupttrocknung** (Sublimation) beginnt, sobald in der Trocknungskammer der durch die Pumpe erzeugte Enddruck erreicht ist. Sie ist beendet, wenn der letzte Rest Eis entfernt ist.

- Die **Nachtrocknung** ist nur dann notwendig, wenn das gefriergetrocknete Produkt einen zu hohen Restfeuchtigkeitsgehalt besitzt, der die Lagerfähigkeit beeinträchtigen würde. In diesem Fall wird das Produkt mit einer Diffusionspumpe (bis $10^{-5}$ Pa) oder über Phosphorpentoxid im Vakuum getrocknet.

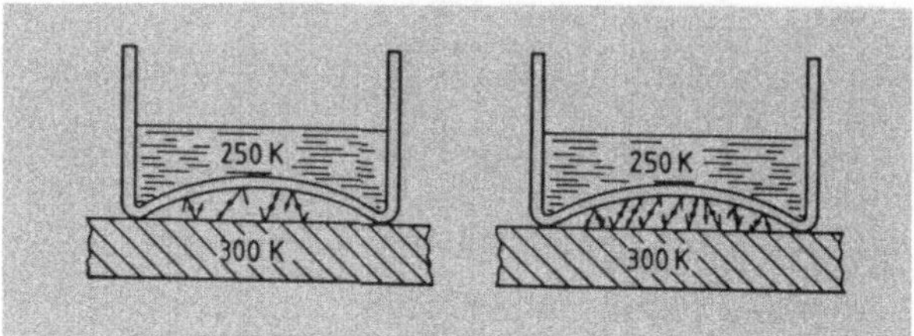

**Bild 1.7/2**
**Wärmetransport in die Trocknungskammer während der Gefriertrocknung durch die Moleküle im Dampfraum**

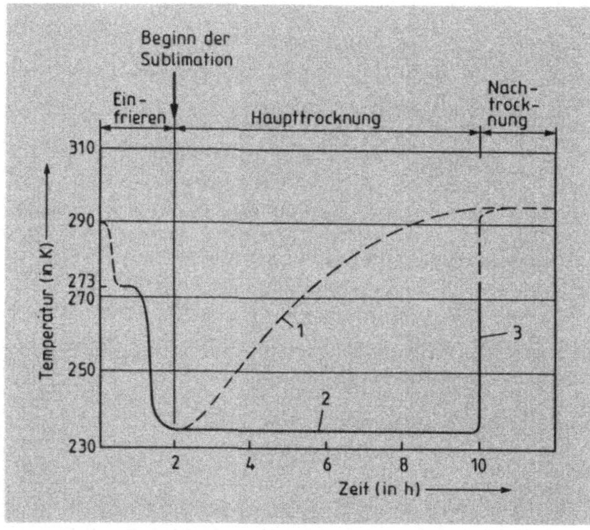



**Bild 1.7/3**
**Schematische Darstellung des zeitlichen Verlaufs einer Gefriertrocknung.** Kurvenast (1) zeigt den Temperaturverlauf in der getrockneten Außenschicht, (2) die Temperatur des eishaltigen Kerns und (3) den Temperaturanstieg nach Ende der Sublimation.

# Geräte

Gefriertrocknungsanlagen gibt es für Kolben und/oder Schalen (Bild 1.7/4). Sie bestehen aus verschiedenen Funktionseinheiten:

- **Gefriertrocknungskammer.** Sie dient zur Aufnahme von Präparaten in Schalen, Flaschen etc. und besitzt (zum Ausgleich der durch die Sublimationsenergie entzogenen Wärme) heizbare Stellflächen, die stufenlos temperierbar sein müssen (Bild 1.7/4b). Bei manchen Geräten können die Stellflächen auch gekühlt werden. Die Präparate können dann direkt in der Trocknungskammer eingefroren und anschließend ohne Ortswechsel lyophilisiert werden.

  Für die Gefriertrocknungskammer gibt es auch Aufsätze („Rechen"), an die gleichzeitig mehrere Rundkolben angeschlossen werden können (Bild 1.7/4a).

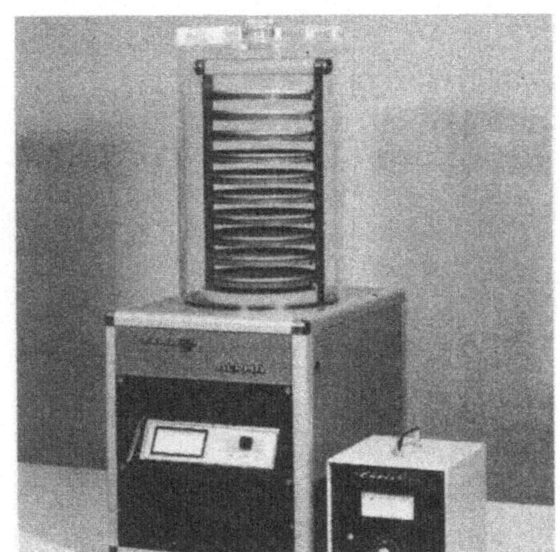



**Bild 1.7/4 Kombinierte Gefriertrocknungsanlage.** a) Trocknung in Rundkolben am „Rechen" und in offenen Gefäßen; b) Trocknung in offenen Gefäßen auf temperierbaren Stellflächen. (Christ, Osterode/ Harz)

- „Wasserdampfpumpe" (**Eiskondensator**). Die wirksamste Wasserdampfpumpe ist eine Fläche sehr tiefer Temperatur, an der sich der Wasserdampf niederschlägt. Die tiefste erreichbare Temperatur des Eiskondensators bestimmt den Wasserdampfpartialdruck und damit die Restfeuchte des Präparats. Die Größe der Kondensationsfläche bestimmt die maximal aufnehmbare Eismenge.

- **Kältemaschine.** Nur bei kleinen Laboranlagen wird der Eiskondensator mit flüssiger Luft oder Trockeneis gekühlt. Die Verwendung von Kältemaschinen ermöglicht einen kontinuierlichen Betrieb. In vielen Fällen reicht eine einstufig arbeitende Kältemaschine (maximal erreichbare Kühlung bis 230 K) aus. Für tiefere Temperaturen gibt es auch zweistufige Einheiten, die unter 200 K kühlen. Zur Ableitung der Kondensationswärme wird eine Kältemaschine mit genügend Leistung benötigt, damit der bei großen Sublimationsgeschwindigkeiten entstehende Wasserdampf vom Eiskondensator gut aufgenommen werden kann.

- **Vakuumpumpe.** Hinter dem Eiskondensator ist immer etwas Wasserdampf vorhanden. Dieser und eventuell vorhandene Fremdgase müssen mit einer Drehschieberpumpe entsprechend großer Leistung entfernt werden. Manche Gefriertrocknungsanlagen besitzen zusätzlich eine Öldiffusionspumpe, die bei der Nachtrocknung (bei abgeschaltetem Eiskondensator) den Restwassergehalt der Probe noch weiter verringert.

Eine kleine Gefriertrocknungsanlage kann mit Hilfe einer Ölpumpe auf einfache Weise selbst hergestellt werden (Bild 1.7/5). Je nach Größe der in der Ölpumpe verwendeten Kühlfallen können Proben von 50 bis 200 ml lyophilisiert werden.

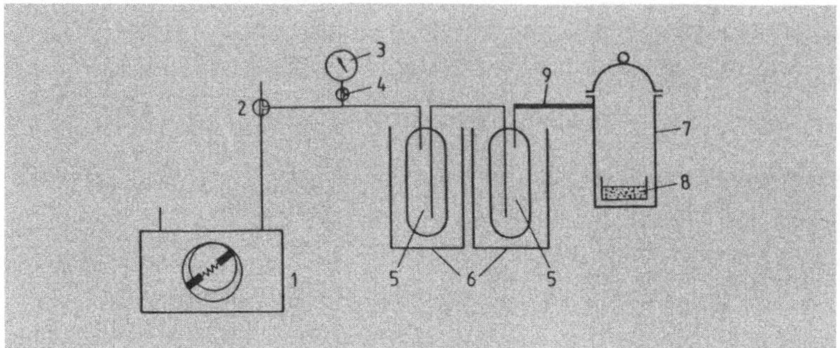

**Bild 1.7/5  Einfache Gefriertrocknungsanlage**

1   Drehschieberpumpe (Enddruck ca. 10 Pa)
2   Dreiwegehahn
3   Manometer
4   Absperrhahn
5   Kühlfallen
6   Dewar-Gefäße
7   Saugtopf, Exsikkator oder Kolben
8   Petrischale, Schnappdeckelglas o. ä. mit tiefgefrorener Probe
9   möglichst kurzer Verbindungsschlauch mit großem Innendurchmesser (7 mm)


# Probenvorbereitung

Die Eigenschaften des jeweiligen Präparats, die Form und die Größe der Gefäße, in denen
die Trocknung erfolgen soll, bestimmen die Methode des Einfrierens und die dafür erforderliche Temperatur. Je nach dem Salzgehalt der Proben kann bei dem einen Präparat
eine Einfriertemperatur von 260 K ausreichend sein, ein anderes läßt sich dagegen erst
bei einer Einfriertemperatur von 230 K gut gefriertrocknen.

Die Proben können in einem Rundkolben, einen **Lyophilisierkolben**[3] oder in offenen
Gefäßen gefriergetrocknet werden. Der Lyophilisierkolben hat gegenüber dem Rundkolben den Vorteil, daß der zu fettende Schliff außen ist. Das getrocknete Material läßt sich
später einfacher aus dem Kolben entnehmen.

Vor dem Einfrieren wird das Präparategefäß mit einem Papiertuch[4] verschlossen. Dadurch
wird verhindert, daß die aufgrund ihrer großen Oberfläche federleichten Produkte nicht in
den Eiskondensator gezogen werden:

- Bei Lyophilisierkolben wird das Tuch mit einem Spannring im Schliffkern fixiert
  und überstehendes Tuch abgeschnitten (Bild 1.7/6).

---

[3]  Rundkolben mit einem Schliffkern an Stelle der sonst üblichen Hülse (Bild 1.7/6).
[4]  z. B. Kleenex-Tuch.

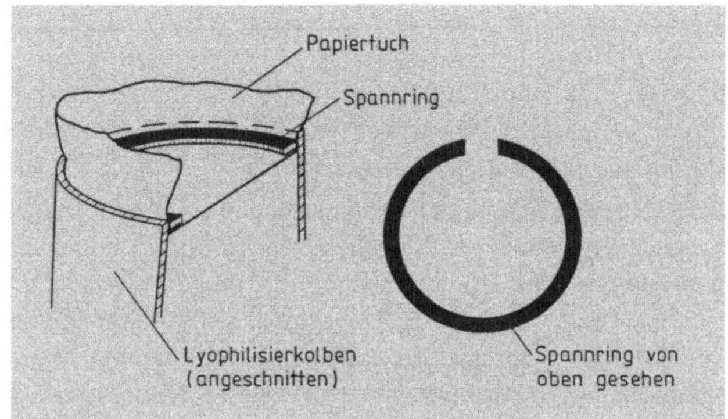


**Bild 1.7/6**
**Verschluß eines Lyophilisier-**
**kolbens mit einem Papiertuch,**
**das durch einen Spannring von**
**innen an den Schliffkern**
**gedrückt wird**

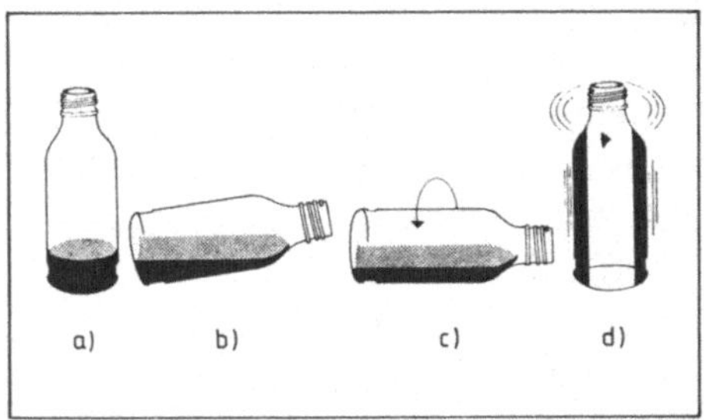


**Bild 1.7/7**
**Schematische Darstellung der wichtigsten Einfrier-**
**methoden:**
a)  stehendes Einfrieren;
b)  Einfrieren in leicht geneigt liegender Flasche;
c)  Einfrieren unter langsamem Drehen (shell-
    freezing);
d)  Einfrieren unter Einfluß der Zentrifugalkraft
    (spin-freezing)

(Leybold-Heraeus, Hanau)

- Bei Schalen, Flaschen, Becher- oder Reagenzgläsern wird das Tuch mit einem Gummiring gesichert. Die Gefäße können auch mit Parafilm (American Can Company, Greenwich, CT 06830) verschlossen werden, der dann mit einer Kanüle mehrfach perforiert wird.

Das Einfrieren der Proben erfolgt in einem externen Kältebad (flüssige Luft; Aceton/ Trockeneis) oder direkt auf den kühlbaren Stellflächen in der Trocknungskammer:

- Rundkolben werden im externen Kältebad solange gedreht („shell-freezing"), bis die Probe gut durchgefroren ist (Auftreten von Sprüngen in der Eisschicht).

- Ampullen oder Fläschchen werden in Metallschalen gestellt und maximal 2 cm hoch mit der Probelösung gefüllt. Die Metallschalen werden dann auf die Stellflächen der Trocknungskammer gestellt und dort auf 240 K abgekühlt. Ein Tiefkühlschrank erfüllt denselben Zweck.

- Mit Hilfe von speziellen Geräten werden die Gefäße mit den Proben in starke Rotation versetzt und gleichzeitig gekühlt („**spin-freezing**"). Auf diese Weise wird die Probe auf der Wandung des Gefäßes in dünner Schicht verteilt.

Die verschiedenen Möglichkeiten des Einfrierens sind in Bild 1.7/7 zusammengefaßt.

## Durchführung

- Zuerst werden die tiefgefrorenen Flaschen und Schalen in die Trocknungskammer gestellt. Nachdem der Druck unter 100 Pa gefallen ist, können bei Kombinationsgeräten auch Rundkolben an den „Rechen" angeschlossen werden.

- Rundkolben mit dem eingefrorenen Präparat werden mit einer Drehbewegung auf den dafür vorgesehenen Schliffkern des „Rechens" geschoben und leicht angedrückt (die Schliffe müssen vorher gründlich gereinigt und richtig gefettet worden sein). Erst nach dem Öffnen des Ventils (langsam!) hält der Kolben von selbst. Bevor ein weiterer Kolben angeschlossen wird, muß sichergestellt sein, daß alle bisherigen Proben die Sublimationstemperatur wieder erreicht haben (Kontrolle des Vakuummeßgeräts).

- Der Trocknungsvorgang kann in bestimmten Zeitabständen folgendermaßen kontrolliert werden: mit einem Absperrventil wird die Trocknungskammer vom Eiskondensator abgesperrt. Nach wenigen Sekunden stellt sich der Sättigungsdampfdruck der Probe ein. Zu Beginn der Gefriertrocknung wird ein deutlicher Druckanstieg festgestellt. Dieser wird mit fortschreitender Trocknung zunehmend geringer und ändert sich nach der Haupttrocknung praktisch nicht mehr.

  Auf dieselbe Weise läßt sich auch die Temperatur im eishaltigen Teil der Probe bestimmen. Aus dem nach genügend langer Absperrzeit gemessenen Druck kann die Sublimationstemperatur aus dem Dampfdruckdiagramm für Eis (Bild 1.7/2) abgelesen werden.

- Nach beendeter Haupttrocknung wird vorsichtig (!) belüftet, die Probe sofort luftdicht verschlossen oder in einem Exsikkator aufbewahrt. Aufgrund der großen Oberfläche nehmen Lyophilisate viel Luftfeuchtigkeit auf, manche Proben sind auch hygroskopisch und zerfließen an der Luft.

- Die Nachtrocknung erfolgt, falls erforderlich, in der Trocknungskammer. Die Trocknungskammer muß vom Eiskondensator abgesperrt werden, bevor die Diffusionspumpe angeschlossen wird. Weniger effektiv, aber meistens ausreichend ist die Nachtrocknung im Exsikkator über Phosphorpentoxid im Vakuum.

### Besondere Arbeitsweise

Auch in Wasser unlösliche organische Feststoffe lassen sich oft durch Gefriertrocknung in Pulver überführen. Dies ist vor allem bei kleinen Substanzmengen vorteilhaft, die sich sonst nur schlecht handhaben lassen: Die Substanz wird zunächst in möglichst wenig *n*-Butanol gelöst. Dann wird die zwei- bis dreifache Menge Wasser zugegeben, kurz umgeschüttelt und möglichst schnell eingefroren. Nach der Gefriertrocknung liegen die Substanzen oft als leichte Pulver vor, die gut in andere Gefäße umgefüllt werden können.

## Anwendungsbereich

Vorteile:

- schonende Trocknung von empfindlichen Substanzen. Sie behalten ihre ursprünglichen Eigenschaften (z. B. Struktur, Enzymaktivität, Vermehrungsfähigkeit von Bakterien)
- bessere Handhabung kleiner Substanzmengen durch Volumenvergrößerung
- gute Haltbarkeit

Daraus ergeben sich zahlreiche Anwendungsmöglichkeiten für die verschiedensten Stoffklassen:

- Klinischer Bereich: Fermentpräparate, Testpapiere oder -stäbchen, Blutplasma, Eiweißpräparate, Antigene, Antikörper, Hormonpräparate
- Biochemie: Proteine und Nukleinsäuren
- Chemie: Naturstoffe und Polymere
- Hygiene und Bakteriologie: Impfstoffe, Antitoxine, Antikörper, Seren, Blutgruppenpräparate, Bakterienkulturen
- Lebensmittelindustrie: „Instant"-Produkte wie Tee, Kaffee, Milch und Suppen

## Literatur

*E. Emblik,* Kälteanwendung, Braun, Karlsruhe 1971

Firmenschrift, Grundlagen der Gefriertrocknung, Leybold-Heraeus, Köln 1973

*J. D. Mellor,* Fundamentals of Freeze Drying, Academic Press, New York 1978

# Kapitel 2

# Chromatographische und elektrophoretische Trennmethoden

# 2.1 Trennprinzipien in der Chromatographie

Als Chromatographie bezeichnet man eine Methode zur Trennung von Substanzen, bei der sich die zu trennenden Moleküle zwischen einer unbeweglichen (stationären) und einer beweglichen (mobilen) Phase verteilen. Je nach ihren physikalischen Eigenschaften halten sich die verschiedenen Moleküle in den beiden Phasen unterschiedlich lange auf und können daher voneinander getrennt werden.

## Grundlagen

Die chromatographische Trennung findet zwischen zwei Phasen statt: einer mobilen und einer stationären Phase. Aufgrund von Diffusionsprozessen treten die zu trennenden Moleküle durch die Phasengrenzflächen hindurch und verweilen in der jeweiligen Phase je nach ihren physikalischen Eigenschaften verschieden lang und reichern sich so in der einen oder der anderen Phase an. Während die Substanzen die Trenneinrichtung durchwandern, wiederholen sich solche Phasenübergänge sehr oft, wobei jedesmal ein kleiner Trenneffekt erzielt wird. Je größer dieser Trenneffekt ist, desto effektiver erfolgt die Trennung. Je öfter ein solcher Trennvorgang wiederholt wird, um so besser werden die Substanzen voneinander getrennt, um so besser ist die „Auflösung".

In diesem Zusammenhang wird die Chromatographie oft mit der fraktionierten Destillation verglichen und das Konzept der theoretischen Böden angewandt (vgl. Kap. 1.3.3). Während man bei der Destillation die Zahl der theoretischen Böden zur Beurteilung der Trennleistung der Destillationskolonne heranzieht, verwendet man bei der Chromatographie oft besser die **Trennstufenhöhe** $H$ (auch HEPT-Wert; engl.: Height Equivalent of a **Theoretical Plate**). Die Trennstufenhöhe entspricht also dem Abstand zweier benachbarter theoretischer Böden.

Der wesentliche Vorteil der chromatographischen Verfahren liegt darin, daß oft mit einem geringen apparativen Aufwand sehr kleine Trennstufenhöhen, d. h. viele theoretische Böden erreicht werden können. Die im Labor üblichen Destillationseinrichtungen (vgl. Kap. 1.3.3) besitzen zwischen 10 und 50 theoretischen Böden. Dagegen erreicht man schon bei der sehr einfach durchführbaren Dünnschichtchromatographie (Kap. 2.2) oft einige tausend theoretische Böden.

Die Kombinationen der möglichen stationären und mobilen Phasen sind in Bild 2.1/1 zusammengestellt. Häufig werden die englischen Ausdrücke „liquid" für flüssig und „solid" für fest verwendet. Je nach dem Aggregatzustand der mobilen Phase unterscheidet man zwischen **Flüssigkeits-** und **Gaschromatographie.**

Aufgrund der verschiedenartigen Wirkungsweise der stationären Phase teilt man die Flüssigkeitschromatographie ein in:

- Adsorptionschromatographie (Kap. 2.1.1)
- Verteilungschromatographie (Kap. 2.1.2)

|                    | mobile Phase | |
|  | | flüssig | gasförmig |
| | | Flüssigkeitschroma-tographie (LC) | Gaschromatographie (GC) |
| stationäre Phase | fest | Liquid-solid (LSC) (Adsorption, Ionen-austausch, Affinität) | Gas-Solid (GSC) (Adsorption) |
| | flüssig | Liquid-Liquid (LLC) (Verteilung) | Gas-Liquid (GLC) (Verteilung) |

**Bild 2.1/1** Durch Kombination der in festem, flüssigem oder gasförmigem Aggregatzustand vorliegenden Phasen erhält man die verschiedenen Chromatographiearten

- Ionenaustauschchromatographie (Kap. 2.1.3)
- Affinitätschromatographie (Kap. 2.1.4)
- Gelchromatographie (Kap. 2.1.5)

In der Gaschromatographie lassen sich nur Adsorptions- und Verteilungschromatographie betreiben. Dabei ist die Art der mobilen Phase (Trägergas) für den Trennprozeß nur von untergeordneter Bedeutung. In der Flüssigkeitschromatographie hingegen wird der Trenn-prozeß durch die mobile Phase zusätzlich noch wesentlich beeinflußt. Es stehen sowohl mehr stationäre und außerdem noch viele verschiedene mobile Phasen zur Verfügung. So-mit ist hier die Wahrscheinlichkeit, für jedes Trennproblem ein geeignetes System zu fin-den, besonders groß. Aus praktischen Gründen ist die Gaschromatographie im wesent-lichen auf analytische Anwendungen beschränkt, während sich die Flüssigkeitschromato-graphie ohne besondere Schwierigkeiten auch im präparativen Maßstab zur Stofftrennung einsetzen läßt. Aus diesen Gründen, aber auch wegen der immer preiswerteren und besse-ren Einsatzmöglichkeiten der Mikroelektronik erlebt die moderne Flüssigkeitschromato-graphie zur Zeit einen großen Aufschwung.

## Literatur

*H.-P. Angele* (Hrsg.), Dictionary of Chromatography – English – German – French – Russian, Hüthig, Heidelberg 1984

*L. S. Ettre, A. Zlatkis,* 75 Years of Chromatography – A Historical Dialogue, Journal of Chromato-graphy Library, Bd. 17, Elsevier, Amsterdam 1979

*G. L. Hawk* (Hrsg.), Biological/Biomedical Applications of Liquid Chromatography, Chromatographic Science Series, Vol. 10, Marcel Dekker AG, Basel 1979

*G. Hesse*, Chromatographisches Praktikum, Akademische Verlagsgesellschaft, Frankfurt 1968

*J. J. Kirkland* (Hrsg.), Modern Practice of Liquid Chromatography, Wiley-Interscience, New York 1971

*O. Mikes*, Laboratory Handbook of Chromatographic and Allied Methods, Ellis Horwood, Chichester 1979

*G. Schwedt*, Chromatographische Trennmethoden, Thieme, Stuttgart 1979

*G. Schwedt*, Chromatographische Methoden in der anorganischen Analytik, Hüthig, Heidelberg 1980

*L. R. Snyder, J. J. Kirkland*, Introduction to Modern Liquid Chromatography, Wiley-Interscience, New York 1974

*B. L. Williams, K. Wilson*, Principles and Techniques of Practical Biochemistry, 2. Aufl., Edward Arnold, London 1976

# 2.1.1 Adsorptionschromatographie

Unter Adsorptionschromatographie versteht man die chromatographische Auftrennung von Substanzen einer mobilen, flüssigen oder gasförmigen Phase durch die Oberflächeneigenschaften von Säulenfüllmaterialien. Je nach dem Aggregatzustand der mobilen Phase bezeichnet man die Methode als „Liquid-Solid-Chromatographie" (LSC) oder „Gas-Solid-Chromatographie" (GSC).

## Grundlagen

Bestimmte Materialien zeichnen sich durch ihre Fähigkeit aus, verschiedene Stoffe mehr oder weniger stark zu adsorbieren. Werden sie in einer Chromatographiesäule von einem Fließmittel durchströmt, in dem Substanzen gelöst sind, dann reichern sie sich je nach der Stärke der Adsorptionskräfte an der Oberfläche des **Säulenfüllmaterials**[1] unterschiedlich stark an. Ein Beispiel aus der Praxis ist das Entfärben von Flüssigkeiten mit Aktivkohle und ihre Verwendung in den Filtern von Gasmasken.

Der Vorgang der Adsorption beruht im wesentlichen auf Dipol-Dipol-Wechselwirkungen. Sie wird häufig noch überlagert von zusätzlichen Wechselwirkungskräften wie Wasserstoffbrückenbindungen oder hydrophoben und elektrostatischen Wechselwirkungskräften. Unter gewissen Voraussetzungen lassen sie sich gezielt beeinflussen und zur Trennung von Substanzen ausnutzen. Elektrostatische Wechselwirkungskräfte z. B. werden bei der Ionenaustauschchromatographie (Kap. 2.1.3) nutzbar gemacht. Definitionsgemäß spricht man hier jedoch nicht mehr von Adsorptionschromatographie.

---

[1] Andere Ausdrücke sind **Trägermaterial** oder **Matrix**. Besitzt das Säulenfüllmaterial adsorptive Eigenschaften, wird es auch als **Sorbens** oder **Adsorbens** bezeichnet.

Je nach Art ihrer Oberfläche werden die Trennmaterialien in polare und unpolare Sorbentien eingeteilt. Polare Verbindungen werden an polare Sorbentien adsorbiert. Sie können dann durch Erhöhen der Temperatur der Trennsäule (bei der Gaschromatographie) oder durch polare Fließmittel von der Oberfläche des Sorbens verdrängt (desorbiert) werden. In der Flüssigkeitschromatographie bezeichnet man aus historischen Gründen dieses Vorgehen als Chromatographie an einer „**Normal-Phase**". Den umgekehrte Fall (unpolares Sorbens) nennt man „**Reverse-Phase"-Chromatographie**. In Tabelle 2.1.1/1 sind die Bedingungen für die beiden Chromatographiearten zusammengestellt.

**Tabelle 2.1.1/1** Einteilung und Anwendung der Adsorbentien nach ihrer Polarität

|  | **Oberfläche des Adsorbens** | |
|  | polar | unpolar |
|---|---|---|
| Elutionsmittel | wenig polar bis unpolar | polar |
| zu trennende Substanzen | wenig polar bis unpolar | eher polar |
|  | **Bezeichnung der Art der Chromatographie** Chromatographie an einer | |
|  | „Normal-Phase" | "Reverse-Phase" |
| verwendete Materialien | vor allem Kieselgel und Aluminiumoxid | vor allem oberflächenmodifizierte Kieselgele, seltener derivatisierte Agarose und Dextrane |

Hochaktive Adsorbentien zeigen auf Grund ihrer stark polarisierenden Eigenschaften und ihrer großen Oberfläche häufig katalytische Eigenschaften und verändern Substanzen während des Trennprozesses. So können beispielsweise tertiäre Alkohole dehydratisiert oder isomerisiert werden. Viele Substanzen, die normalerweise gegen Licht unempfindlich sind, werden im adsorbierten Zustand rasch durch Licht zerstört. Daher setzt man Adsorbentien oft in teilweise desaktiviertem Zustand ein.


## Materialien

### Kieselgel

Kieselgele werden aus gefällter Kieselsäure durch Sintern hergestellt. Je nach Verfahren entstehen unregelmäßig oder sphärisch geformte Partikel unterschiedlicher Körnung und Porosität. Für die Chromatographie unter Normaldruck verwendet man üblicherweise

Körnungen von 40 bis 60 $\mu$m, für die Hochdruck-Flüssigkeitschromatographie solche von 3, 5, 7 oder 10 $\mu$m. Neben der Korngröße ist der mittlere Porendurchmesser der Partikel eine wichtige Größe. Dieser wird meist als Zahl direkt nach dem Namen angegeben, z. B. Si 40 oder Kieselgel 4 000. Der mittlere Porendurchmesser beträgt 40 bzw. 4 000 Å ($10^{-10}$ m). Kieselgel 60 ist das meist verwendete Material für Molmassen bis 1000 g $\cdot$ mol$^{-1}$. Kieselgele mit größeren Porendurchmessern sind für synthetische oder Biopolymere geeignet oder für solche Fälle, in denen Kieselgel mit einer geringeren Adsorptionskraft benötigt wird.

Aus den meisten Handelsnamen ist nicht ersichtlich, daß es sich um Kieselgele handelt. Wichtige Handelsnamen für **gebrochene (= zermahlene) Materialien** sind:

- LiChrosorb und LiChroprep (Merck)
- Polygosil (Macherey-Nagel)

**Sphärische Partikel** werden vor allem für analytische Zwecke verwendet und angeboten unter den Bezeichnungen:

- LiChrospher Si (Merck)
- Nucleosil (Macherey-Nagel)
- Porasil (Waters)
- Perisorb (Merck), Corasil (Waters) und Vydac (vertrieben z. B. von Riedel de Haen). Diese bestehen aus einem massiven Siliciumdioxidkern, der von einer porösen Kieselgelschicht umgeben ist (porous layer beads).

## Aluminiumoxid

Aluminiumoxid wird außer durch die Partikelgröße noch zusätzlich als sauer, neutral oder basisch charakterisiert. Diese Bezeichnungen bedeuten, daß eine wäßrige Aufschlämmung des Aluminiumoxids sauer, neutral oder basisch reagiert. Außerdem wird Aluminiumoxid auch noch mit unterschiedlichen Aktivitätsstufen eingesetzt. Im allgemeinen wird es mit der höchsten Aktivität geliefert und vor der Benutzung nach den Angaben des Herstellers mit Wasser auf die benötigte Aktivitässtufe gebracht. Dadurch lassen sich irreversible Adsorptionen und katalytische Veränderungen mancher Substanzen vermeiden.

## Oberflächenmodifizierte Kieselgele

Direkt an die Oberfläche der Siliciumdioxidpartikel können über Si–C-Brücken organische Reste kovalent gebunden werden, z. B.:

- Kohlenwasserstoffreste mit 2 C-Atomen (RP 2), 8 C-Atomen (RP 8) und 18 C-Atomen (RP 18 oder ODS), wobei RP andeutet, daß es sich um ein Reverse-Phase-Material handelt (s. unten). ODS steht für Octadecylsilan und kennzeichnet die Länge der Kohlenstoffkette des gebundenen Kohlenwasserstoffs.
- Phenylgruppen

Durch die vollständige Belegung der Kieselgeloberfläche wird die polare Oberfläche in eine hydrophobe Oberfläche (Reverse-Phase) überführt. Die Adsorption von unpolaren und mäßig polaren Verbindungen ist in wäßrigem Milieu am stärksten. Mit zunehmendem Anteil eines organischen Lösungsmittels (meist Methanol oder Acetonitril) beginnt die Desorption. In den letzten Jahren hat sich die sogenannte „Reverse-Phase-Chromatographie" stark durchgesetzt und ist im analytischen Bereich dominierend geworden. Für präparative Anwendungen liegt der Nachteil darin, daß die zu trennenden Substanzen einerseits in Wasser oft nicht genügend löslich sind, in organischen Fließmitteln andererseits aber nicht mehr genügend absorbiert werden. Auch ist die Beladbarkeit (Kapazität) der Säulen geringer, der Preis dagegen wesentlich höher als dies bei den Kieselgelen der Fall ist.

## Derivatisierte Agarose

Sie ist unter den Bezeichnungen Octyl-Sepharose CL-4B und Phenyl-Sepharose CL-4B (Pharmacia) im Handel. Die Matrix, durch 2,3-Dibrompropanol quervernetzte Agarose, trägt über Etherbrücken gebundene Octyl- bzw. Phenylgruppen:

$$(\text{Sepharose CL-4B})-O-CH_2-\underset{\underset{OH}{|}}{CH}-CH_2-O-R$$

Octyl-Sepharose CL-4B: $-R = -(CH_2)_7-CH_3$

Phenyl-Sepharose CL-4B: $-R = -\phi$

Die hydrophoben Gruppen des sonst inaktiven Trägermaterials können mit den hydrophoben Seitenketten der Proteine in Wechselwirkung treten. Durch Erhöhen der Salzstärke des Fließmittels nimmt die Stärke der hydrophoben Wechselwirkung zu. Bei der höchstmöglichen Salzkonzentration werden Substanzen mit hydrophoben Resten adsorbiert und bei abnehmender Ionenstärke entsprechend zunehmender Hydrophobie nacheinander eluiert. Ganz allgemein wird die Elution erreicht durch:

- Wechsel zu einem Ion mit niedrigerem Aussalzeffekt ($PO_4^{3-} \rightarrow SO_4^{2-} \rightarrow CH_3COO^- \rightarrow Cl^- \rightarrow Br^- \rightarrow ClO_4^- \rightarrow SCN^-$)
- Erniedrigung der Ionenstärke
- Erniedrigung der Polarität des Eluens, z. B. durch Zusatz von Ethylenglykol
- Erhöhen des pH-Werts des Eluens.

## Weitere Adsorbentien

In der Säulenchromatographie (Kap. 2.3) seltener eingesetzt werden:

- Cellulose (meist unter den Bedingungen der Verteilungschromatographie (Kap. 2.1.2))
- Derivatisiertes Dextran, als Sephasorb HP Ultrafine (Pharmacia) im Handel, ist ein stark quervernetztes, hydroxypropyliertes Dextran hoher Matrixdichte. Aufgrund des hohen Vernetzungsgrades sind die Gelpartikel bis zu Drücken von mehr als $10^7$ Pa druckstabil. Daher können kleine Partikel (10 bis 23 $\mu$m) eingesetzt werden: die Auflösung der Trennungen ist entsprechend hoch.
- Kieselgur (s. auch die Verwendung von Kieselgur in Extrelutsäulen (Kap. 2.2.8) zur Probenvorbereitung bei klinisch-chemischen Untersuchungen)

Außerdem gibt es noch oberflächenmodifizierte Kieselgele mit speziellen Trenneigenschaften:

- OH-Gruppen:   LiChrosorb Diol (Merck)
- CN-Gruppen:   Kieselgel CN (Riedel de Haen)
  Polygosil CN und Nucleosil CN (Macherey-Nagel)
  Bondapack CN (Waters)
- $NO_2$-Gruppen:   Kieselgel $NO_2$ (Riedel de Haen)
  Polygosil $NO_2$ und Nucleosil $NO_2$ (Macherey-Nagel)
- $NH_2$-Gruppen:   Kieselgel $NH_2$ (Riedel de Haen)
  Polygosil $NH_2$ und Nucleosil $NH_2$ (Macherey-Nagel)
  LiChrosorb $NH_2$ (Merck)
  Bondapak $NH_2$ (Waters)

## Geräte

Die für die Dünnschicht- und die Gaschromatographie benötigten Geräte werden in den Kap. 2.2 bzw. 2.4 besprochen. Für die Flüssigkeitschromatographie ist in Bild 2.1.1/1 ein für die Adsorptionschromatographie geeignetes Chromatographiesystem schematisch wiedergegeben.

Fertigsäulen für die präparative und analytische Niederdruck- und Hochdruck-Flüssigkeitschromatographie sind im Handel erhältlich und werden in Kap. 2.3.1 und 2.3.2 beschrieben.

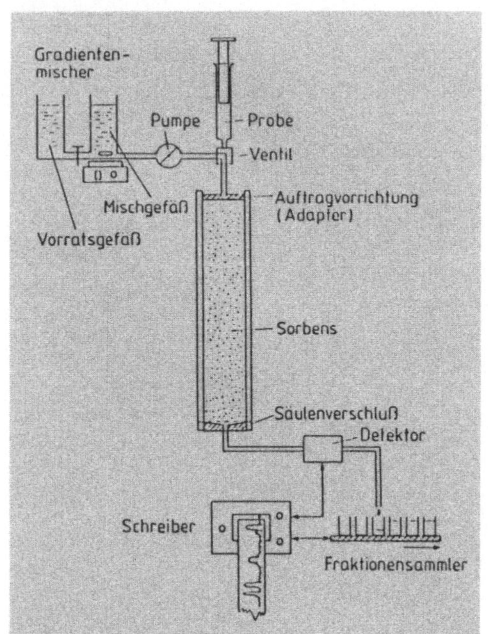


**Bild 2.1.1/1**
**Schematische Darstellung eines Chromatographiesystems für die Adsorptionschromatographie**

# Probenvorbereitung

Die jeweilige Substanzmenge wird für die Dünnschichtchromatographie in einem möglichst unpolaren Fließmittel, für die Säulenchromatographie in dem Eluens, mit dem die Chromatographie begonnen wird, gelöst. Werden Säulen mit Fritten am Säuleneingang verwendet (z. B. Lobar- oder HPLC-Säulen), muß die Probe vor dem Auftragen filtriert (4 $\mu$m-Fritte) oder zentrifugiert werden, um sämtliche Schwebeteilchen zu entfernen.

## Besondere Arbeitsweise

In der klinischen Chemie sind oft geringe Mengen organischer Verbindungen aus einem großen Volumen von Körperflüssigkeit (Urin, Liquor etc.) zu bestimmen. Die außerdem noch in ihnen enthaltenen größeren Mengen an Salzen oder Proteinen stören die nachfolgenden Untersuchungen empfindlich. In Bild 2.1.1/2 ist die konventionelle Technik der Probenaufbereitung zwei neuen Methoden gegenübergestellt, die wesentlich schneller und einfacher durchgeführt werden können.

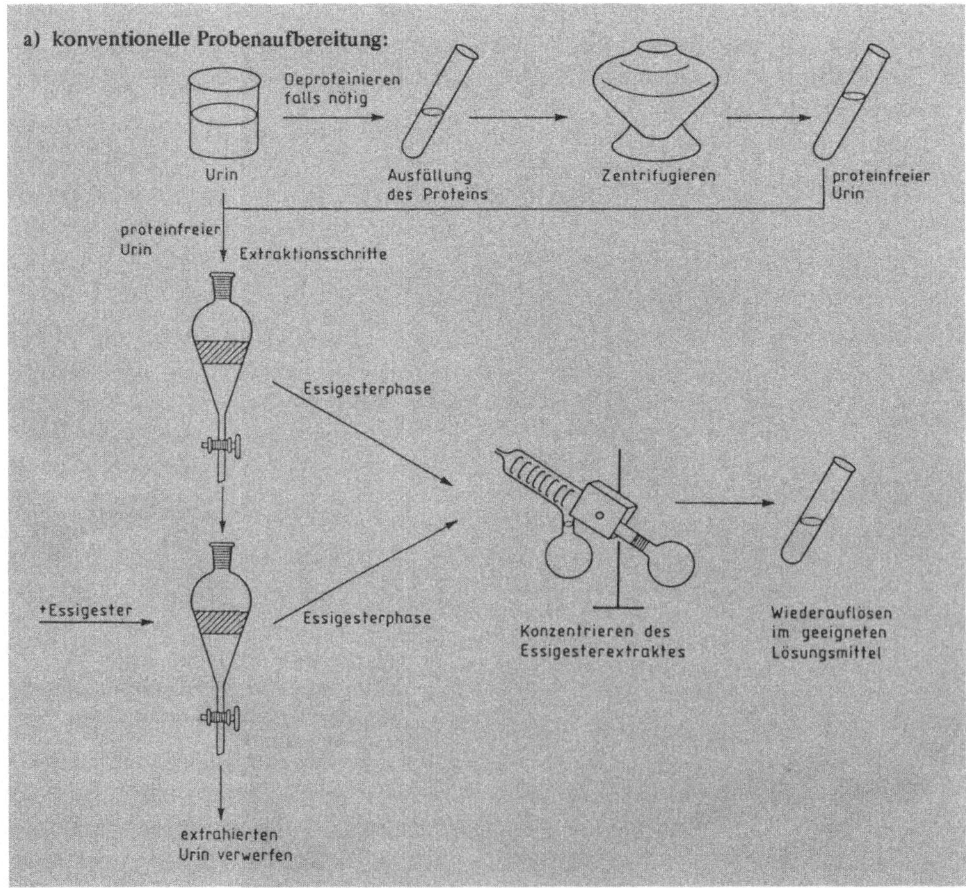

**b) Probenaufbereitung mit der Sep-Pak-Methode:**
1. Probe durch eine vorbehandelte Sep-Pak-$C_{18}$-Kartusche geben.
2. Kartusche mit einem geeigneten Lösungsmittel (z. B. 0,1 %ige wäßrige Trifluoressigsäure) spülen, um störende Substanzen zu eluieren.
3. Eluieren der gewünschten Substanzen mit 1–2 ml des geeigneten Lösungsmittels (z. B. 80 % Acetonitril und 20 % Wasser, dem 1 % Trifluoressigsäure zugesetzt wurde). Die Probe ist jetzt fertig zur Analyse (HPLC, Reverse Phase).

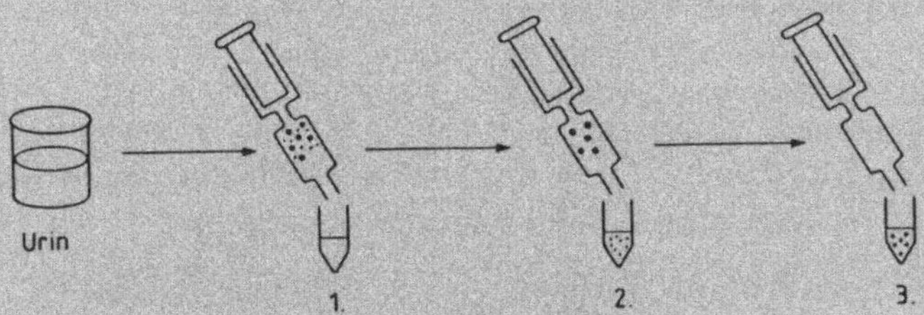


**c) Probenaufbereitung nach der Extrelut-Methode:**
1. 20 ml der wäßrigen Probe in die Säule gießen, 15 min warten.
2. 40 ml organisches Lösungsmittel (mit Wasser nicht mischbar) in die Säule gießen. Die lipophiten Anteile der Probe sind im Eluat und können direkt untersucht werden (DC, HPLC, normale Phase)

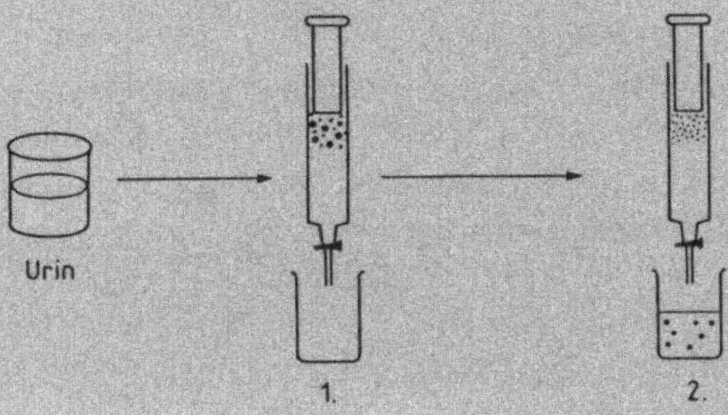


**Bild 2.1.1/2 Vergleich von konventioneller Probenvorbereitung (a) mit der Sep-Pak-Methode (b) und der Extrelut-Methode (c) am Beispiel von Urin** (a und b: Fa. Waters, Königstein/Taunus, c: Merck, Darmstadt)

- Die Sep-Pak-Methode (Waters) benutzt kleine Säulen, die mit RP 18-Material gefüllt sind und an einer Glasspritze befestigt werden. Die Abtrennung der gewünschten Substanzklasse erfolgt unter den Bedingungen der Reverse-Phase-Chromatographie.

  Dabei fallen die Proben in den für die Reverse-Phase-Chromatographie geeigneten Lösungsmitteln an. Diese Methode eignet sich deshalb für eine spätere analytische Bestimmung durch die Reverse-Phase-HPLC.

- Die Extrelut-Methode (Merck) benutzt eine mit Kieselgur gefüllte Säule. Die Anreicherung erfolgt unter den Bedingungen der Normal-Phase-Chromatographie. Die Proben fallen in verhältnismäßig unpolaren Lösungsmitteln an und können so direkt der Chromatographie an Kieselgel oder Aluminiumoxid, vor allem aber der Dünnschichtchromatographie zugeführt werden.

## Durchführung

Die Durchführung der Adsorptionschromatographie erfolgt in der Dünnschicht- und der Gaschromatographie entsprechend der allgemeinen Arbeitsmethodik und wird in den entsprechenden Kapiteln behandelt (Kap. 2.2.1 bzw. 2.4.1). Hier wird nur die säulenchromatographische Durchführung der Adsorptionschromatographie besprochen.

- **Wahl der Säulendimension.** Als Richtwert wählt man ein Verhältnis Länge: Durchmesser = 50:1 oder 50:2. Säulen sollen so kurz wie möglich sein. Je länger eine Säule ist, um so schwieriger läßt sie sich packen. Bei Gemischen unbekannter Zusammensetzung kann aufgrund von Voruntersuchungen mit der Dünnschichtchromatographie (Kap. 2.2) die benötigte Säulenlänge abgeschätzt werden.

- **Füllen der Säule.** Angaben hierfür können den Kap. 2.3.1 bzw. 2.3.2 entnommen werden. Im Allgemeinen sind die Füllmaterialien in dem Fließmittel zu quellen, mit dem die Elution begonnen wird und anschließend zu entgasen (Vakuum anlegen; bei Kieselgel auch mit Ultraschall möglich).

- **Auftragen der Probe** (in Kap. 2.3.1 genau beschrieben). Die Probe wird am besten in dem Elutionsmittel gelöst, mit dem die Elution begonnen wird. Das Probevolumen darf bei analytischen Trennungen 2 % des Säulenvolumens nicht überschreiten. Bei präparativen Trennungen dagegen wird die Kapazität der Säule maximal ausgenutzt. Dabei ist es besser, die Probe nicht zu konzentriert, sondern eher in einem größeren Volumen aufzutragen. Bei Überlastung der Säule durch eine zu hohe Konzentration der Probelösung bricht die Trennleistung der Säule zusammen.

- **Elution.** Die Polarität des Elutionsmittels übt den größten Einfluß auf die Trennung aus. Als Richtwert wird die Polarität des Fließmittels (s. Tabelle 4.1) so gewählt, daß die interessierenden Substanzen in einem Volumen eluiert werden, das dem dreifachen Säulenvolumen entspricht. Unter diesen Bedingungen ist die Auflösung am besten. Ein Fließmittelgemisch gleicher Polarität kann unter Umständen eine noch bessere Auflösung ermöglichen: Mischungen eines weniger polaren Fließmittels mit 1−2 % einer stark polaren Komponente ergeben in der Normal-Phase-Chromatographie oft sehr gute Trennleistungen.

  Eine Trennung, bei der die Fließmittelzusammensetzung immer gleich bleibt, bezeichnet man als isokratische Elution. Besteht die Probe aus sehr unterschiedlich polaren Komponenten, muß die Polarität des Fließmittels während der Elution erhöht, bei der Reverse-Phase-Chromatographie erniedrigt werden. Dies

gelingt dadurch, indem man entweder das Fließmittel gegen ein anderes aus-
tauscht (Stufenelution) oder mit Hilfe eines Gradientenmischers (Kap. 2.1.3 und
Bild 2.3.1/3) kontinuierlich ändert.

- Optimierung der Parameter (Bild 2.1.1/3).

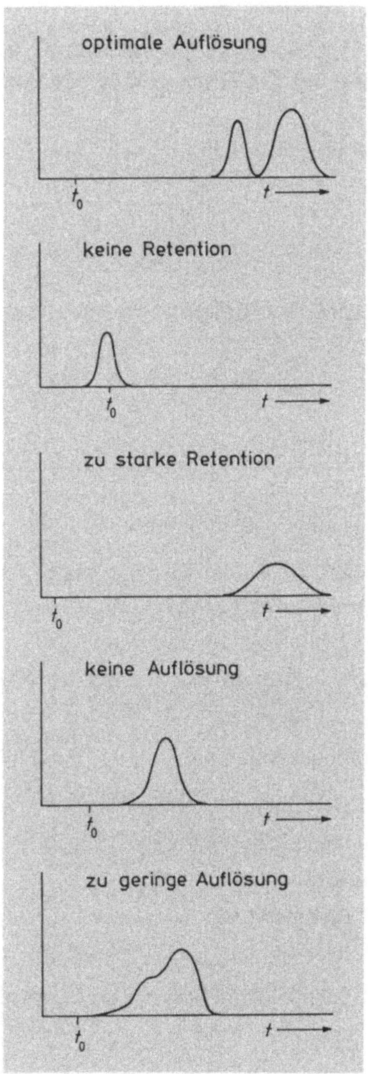


**Keine Retention**

Polarität des Fließmittels zu hoch (bei Reverse
Phase zu niedrig)
1. Stärke des Fließmittels reduzieren (bei Reverse
   Phase erhöhen)
2. Polarität des Sorbens ändern
3. Eventuell Reverse Phase in Betracht ziehen
   (falls mit Normalphase begonnen wurde) oder
   umgekehrt

**Zu starke Retention**

1. Erhöhen der Polarität des Fließmittels (bei
   Reverse Phase erniedrigen)
2. Polarität des Sorbens erniedrigen

**Keine Auflösung**

1. Fließgeschwindigkeit reduzieren
2. Längere Säule verwenden oder Recycling in
   Betracht ziehen
3. Anderes Fließmittel mit ähnlicher Polarität,
   aber anderer Wasserstoffbrückenbildungs-
   tendenz etc. verwenden
4. Anderes Sorbens mit ähnlicher Polarität,
   aber anderen funktionellen Gruppen
   einsetzen

**Zu geringe Auflösung**

1. Fließgeschwindigkeit reduzieren
2. Längere Säule oder Recycling
3. Stärke des Fließmittels verringern

**Bild 2.1.1/3 Optimierung der Adsorptionschromatographie** (Waters, Königstein/Taunus)

# Dokumentation

Folgende Angaben sind für die vollständige Beschreibung einer adsorptionschromatographischen Trennung notwendig:

- Sorbens
- Säulendimension (Länge × Durchmesser)
- Elutionsmittel (bei Gradienten: ml Fließmittel im Mischgefäß; ml Fließmittel im Vorratsgefäß). Bei einer Gradientenelution kann der Gradient auch in das Elutionsprofil eingezeichnet werden.
- Temperaturangabe, falls sie von der Raumtemperatur abweicht
- Fließgeschwindigkeit in ml/min
- Art der Detektion
- Fraktionsvolumen

Ein Beispiel, wie die Legende eines abgebildeten Elutionsprofils abgefaßt werden kann, ist in Bild 2.1.3/9 gegeben.


# Anwendungsbereich

**Kieselgel** eignet sich zur Trennung wenig polarer und unpolarer Verbindungen:

- analytische Reinheitskontrolle, fast ausschließlich durch Hochdruckflüssigkeitschromatographie mit Korngrößen von 3 bis 15 $\mu$m (s. Kap. 2.3.2)
- präparative Trennungen mit Normaldruck (Korngrößen ca. 10 bis 30 $\mu$m)
- präparative Trennungen im industriellen Maßstab (Korngrößen von 60 bis 200 und 200 bis 500 $\mu$m).

**Aluminiumoxid** wird ähnlich wie Kieselgel, aber seltener eingesetzt:

- saures Aluminiumoxid für saure Verbindungen (z. B. Phenole, Carbonsäuren)
- basisches Aluminiumoxid für basische Verbindungen (z. B. Amine)
- Absolutierung von Lösungsmitteln (s. Tabelle in Kap. 4.1)
- Entfernung von Peroxiden aus organischen Lösungsmitteln wie Ether, Tetrahydrofuran, Dioxan etc. mit basischem Aluminiumoxid

**Oberflächenmodifizierte Kieselgele** werden vor allem in der Reverse-Phase-HPLC (s. Kap. 2.3.2) eingesetzt:

- analytische und in begrenztem Umfang auch präparative Trennungen von eher polaren Verbindungen

**Derivatisierte Agarose**

- Trennung von Proteinen unter Ausnutzung ihrer hydrophoben Seitenketten. Im Gegensatz zu den Reverse-Phase-Materialien kann hier in rein wäßrigem Milieu gearbeitet werden (besonders wichtig bei leicht denaturierenden Proteinen).

## Literatur

Firmenschrift, Octyl-Sepharose CL-4B, Phenyl-Sepharose CL-4B for Hydrophobic Interaction Chromatography, Pharmacia Fine Chemicals, Uppsala, Schweden 1976

Firmenschrift, Sephasorb HP Ultrafine – Chromatography in Organic Solvents, Pharmacia Fine Chemicals, Uppsala, Schweden 1978

*K. Unger,* Porous Silica – Its Properties and Use as Support in Column Liquid Chromatography, Journal of Chromatography Library, Bd. 16, Elsevier, Amsterdam 1979

weitere Literaturangaben s. Kap. 2.1

# 2.1.2 **Verteilungschromatographie**

Bei der Verteilungschromatographie bewegt sich die mobile Phase durch ein Trägermaterial, das mit einer flüssigen stationären Phase beschichtet ist. Die zu trennenden Substanzen verteilen sich zwischen den Phasen entsprechend ihrer Löslichkeiten. Je nach dem Aggregatzustand der mobilen Phase spricht man von „Liquid-Liquid-Chromatographie" (LLC) oder „Gas-Liquid-Chromatographie" (GLC).

## Grundlagen

Der Prozeß der „**Liquid-Liquid-Chromatographie**" ist vergleichbar mit der Verteilung einer Substanz zwischen zwei nicht mischbaren Flüssigkeiten in einem Scheidetrichter (Kap. 1.4.1). Das wiederholte Ausschütteln mit Phasenwechsel (Craig-Verteilung, s. Kap. 1.4.2) führt zur Trennung von Substanzen mit unterschiedlichen Verteilungskoeffizienten. Im Vergleich zur multiplikativen Verteilung läßt sich eine verteilungschromatographische Trennung wesentlich schneller durchführen. Dies beruht auf der großen Oberfläche zwischen der mobilen und stationären Phase. Aufgrund der kurzen Diffusionswege kann sich das Verteilungsgleichgewicht sehr schnell einstellen.

Die Verteilungschromatographie folgt dem Nernstschen Verteilungssatz, daher kann die Möglichkeit, ein bestimmtes Substanzgemisch mit dieser Methode zu trennen, aus den Verteilungskoeffizienten und dem Trennfaktor (Kap. 1.4.2) vorhergesagt werden.

## Materialien

Für das Herstellen der stationären Phase auf dem unlöslichen, inerten Trägermaterial gibt es verschiedene Möglichkeiten. Entscheidend dafür ist die Art ihrer Haftung auf dem Trägermaterial:

- Adhäsionskräfte
- Adsorptionskräfte
- chemische Bindung

### Adhäsionskräfte

Die stationäre, in der mobilen Phase unlösliche Phase haftet auf der Matrix durch Adhäsion.

a) Flüchtige stationäre Phasen werden in der richtigen Menge (Angaben der Hersteller beachten) zu dem Trägermaterial gegeben, geschüttelt und längere Zeit stehen gelassen. Dabei verteilt sich die flüchtige Phase (z. B. Wasser, Nitromethan, iso-Oktan oder $\beta$, $\beta'$-Oxydipropionitril) gleichmäßig durch Oberflächendiffusion.

b) Nichtflüchtige stationäre Phasen (z. B. Polyethylenglycol, Hexadecan) werden in einem niedrig siedenden Lösungsmittel gelöst, das Trägermaterial eingerührt und das Lösungsmittel am Rotationsverdampfer entfernt.

Beide Verfahren eignen sich besonders zum „Belegen" von Säulen in der Gaschromatographie (Kap. 2.4).

*Nachteil:* Es wird immer etwas von der stationären Phase abgelöst und aus der Säule ausgewaschen. Dieses sogenannte „Bluten der Säule" führt zu einer immer geringer werdenden Trennleistung. Besonders ausgeprägt ist dieser Effekt in der Flüssigkeitschromatographie.

### Adsorptionskräfte

Verwendet man Trägermaterialien, die Adsorptionskräfte besitzen (z. B. Kieselgel, Cellulose, Dextrane), und als mobile Phase Mischungen von Fließmitteln verschiedener Polarität (z. B. Chloroform/Methanol oder Butanol/Wasser), dann reichert sich an der Oberfläche des Trägermaterials je nach seiner Polarität die eine oder andere Flüssigkeitskomponente gegenüber der mobilen Phase an. Kieselgel belegt sich immer mit der polareren Fließmittelkomponente. Führt man Flüssigkeitschromatographie mit Lösungsmittelgemischen durch, hat man es stets mit Adsorptions- *und* Verteilungschromatographie zu tun. Sehr oft ist man sich dieses Sachverhalts nicht bewußt.

### Chemische Bindung

Die stationäre Phase wird direkt an der Oberfläche des Trägermaterials gebunden. Weit verbreitet sind solche Phasen, bei denen Kohlenwasserstoffreste mit zwei, acht oder achtzehn C-Atomen an Kieselgel gebunden sind (s. Kap. 2.1.1). Durch die gebundenen Kohlenwasserstoffreste wird eine hydrophobe Oberfläche erzeugt; gleichzeitig werden die Adsorptionseigenschaften des Kieselgels weitestgehend unterdrückt. Die Polarität des Kieselgels ist also umgekehrt worden. Daher spricht man von der „Reverse-Phase-Chromatographie". Sie stellt den Übergang von der Verteilungs- zur Adsorptionschromatographie dar. Die stationäre „flüssige" Phase kann als eine chemisch gebundene monodisperse Schicht aufgefaßt werden.

## Durchführung

Die Durchführung erfolgt wie bei der Adsorptionschromatographie (Kap. 2.1.1). Mit Ausnahme der chemisch gebundenen Phasen sind einige Besonderheiten zu berücksichtigen:

- Die Elution erfolgt stets bei konstanter Zusammensetzung des Fließmittels (isokratisch). Eine Gradientenelution ist nicht sinnvoll.
- Die Probenaufgabe ist besonders kritisch. Die Moleküle der Probe verdrängen bei jeder Aufgabe einen Teil der stationären flüssigen Phase. Dies hat zwei Konsequenzen: einmal wird die Säule leicht überlastet, zum anderen ändert sich durch die Freisetzung von stationärer flüssiger Phase lokal die Zusammensetzung des Elutionsmittels. Dabei können Probemoleküle ausfallen, auch eine Phasentrennung kann auftreten. Das Resultat ist eine extreme Peakverbreiterung.
- Falls getrennte Substanzen aus dem Eluat isoliert werden sollen, dürfen aufgrund des „Blutens" der Säulen nur niedrig siedende stationäre flüssige Phasen verwendet werden.

## Dokumentation

Es sind dieselben Angaben erforderlich, wie in Kap. 2.1.1 beschrieben.

## Anwendungsbereich

- Im wesentlichen in der Analytik für alle Stoffklassen
- Wegen der großen Zahl von flüssigen stationären Phasen lassen sich auch schwierige Trennprobleme lösen.

## Literatur

*H. Engelhardt*, Hochdruck-Flüssigkeits-Chromatographie, Springer, Berlin 1975

*L. R. Snyder, J. J. Kirkland,* Introduction to Modern Liquid Chromatography, Wiley, New York 1974

*K. K. Unger,* Porous Silica – Its Properties and Use as Support in Column Liquid Chromatography, Journal of Chromatography Library, Bd. 16, Elsevier, Amsterdam 1979

# 2.1.3 Ionenaustauschchromatographie

Die Ionenaustauschchromatographie ist eine Trennmethode für Substanzen mit elektrischen Ladungen (Ionen). Die stationäre Phase besteht aus einer unlöslichen, polymeren Matrix mit chemisch gebundenen ionischen Gruppen. Die Gegenionen sind durch elektrostatische Kräfte nur locker gebunden und können gegen die zu trennenden Ionen der mobilen Phase ausgetauscht werden.

## Grundlagen

Ionenaustauscher können nach ihrem chemischen Aufbau (Matrix) in folgende Gruppen eingeteilt werden:

- Kunstharz-Ionenaustauscher auf der Basis von
      Polystyrol oder Polyacrylamid
- Sephadex-Ionenaustauscher auf der Basis von
      Dextran
- Sepharose-Ionenaustauscher auf der Basis von
      Agarose
- Cellulose-Ionenaustauscher auf der Basis von
      mikrokristalliner Cellulose oder
      vernetzter, sphärischer Cellulose
- Ionenaustauscher auf der Basis von
      oberflächenmodifizierten Kieselgelen.

Die geladenen stationären Gruppen bestimmen die Art und Stärke von Ionenaustauschern (Abkürzungen s. Tabelle 2.1.3/1):

| Ionenaustauscher | funktionelle Gruppen |
|---|---|
| schwach sauer | carboxyl- und phenolische Hydroxylgruppen (z. B. CM-Typ) |
| stark sauer | Sulfonsäuregruppen ($-SO_3^-H^+$) |
| schwach basisch | tertiäre Aminogruppen (z. B. DEAE-Typ) |
| stark basisch | quartäre Ammoniumgruppen (z. B. QAE-Typ) |

Die Ausdrücke „schwacher" oder „starker" Ionenaustauscher sind in Analogie zu den Begriffen schwache oder starke Säure bzw. Base gebildet und sagen etwas über den Dissoziationsgrad der ionischen Gruppen aus. Dieser Ausdruck darf nicht mit der Kapazität eines Ionenaustauschers verwechselt werden. Die **Kapazität** ergibt sich aus der Zahl der für den Ionenaustausch zur Verfügung stehenden, funktionellen Gruppen. Sie wird durch die absolute Zahl der Gruppen und ihre Zugänglichkeit bestimmt. Die starken Ionenaustauscher besitzen über den größten Teil des pH-Bereichs die volle Kapazität, während die schwachen Ionenaustauscher nur in bestimmten pH-Bereichen ihre volle Kapazität erreichen: Carboxymethylgruppen (CM-Typen) besitzen bei pH-Werten unterhalb 3 keine geladenen Carboxylgruppen mehr, sie haben ihre Ionenaustauschereigenschaften verloren. Erst oberhalb pH 6 erreichen sie die volle Kapazität.

Die Ionenaustauschchromatographie wird im wäßrigen Milieu durchgeführt. Ein praktisches Beispiel ist das Enthärten von Leitungswasser durch Ionenaustauscher, wobei die Calcium- und Magnesiumionen gegen Natriumionen ausgetauscht werden. Neben dem einfachen Ionenaustausch können auch verschiedene Ionenarten voneinander getrennt werden. Hierin liegt das eigentliche Anwendungsgebiet der Ionenaustauschchromatographie, vor allem bei der Trennung von Biopolymeren, die amphotere[1] Eigenschaften aufweisen, wie beispielsweise Proteine und Nukleinsäuren. Da die elektrische Gesamtladung (= Nettoladung) solcher Moleküle vom pH-Wert ihrer Umgebung abhängt, wird der pH-Wert bei der Ionenaustauschchromatographie mit Hilfe von Puffern[2] kontrolliert. In den überwiegenden Fällen wird während der Chromatographie der pH-Wert konstant gehalten.

Die Trennung verschiedener Ionenarten gelingt dann, wenn ihre elektrostatischen Wechselwirkungskräfte mit den geladenen Gruppen der Oberfläche des Ionenaustauschers etwas differieren. Durch geschickte Wahl der Konzentration der Pufferionen kann man erreichen, daß die Ionen des Puffers mit den adsorbierten Substanzen, die getrennt werden sollen, konkurrieren. Diese werden dann teilweise desorbiert und mit der mobilen Phase durch die Säule transportiert. Ionen mit höherer Gesamtladung werden stärker festgehalten als solche mit niedriger Gesamtladung. Die Komponenten einer Mischung werden somit mit steigender elektrostatischer Wechselwirkung zunehmend später eluiert.

Bei niedriger Ionenstärke werden alle Ionen im oberen Teil einer Ionenaustauschersäule vollständig absorbiert. Erhöht man nun die Ionenstärke der mobilen Phase durch Zufügen eines neutralen Salzes (z. B. Natriumchlorid) zu dem Puffer, dann konkurrieren die Salzionen mit den gebundenen Ionen. Damit werden eine oder mehrere Komponenten der Probe teilweise desorbiert und beginnen langsam durch die Säule zu wandern. Erhöht man die Salzkonzentration weiter, so wandern die Komponenten schneller durch die Säule, und die etwas stärker gebundenen Komponenten werden zusätzlich desorbiert. Je höher die Gesamtladung einer Verbindung ist, um so höher muß die Salzkonzentration sein, damit die Verbindung desorbiert wird. Bei einer bestimmten Ionenstärke sind schließlich alle Komponenten der Probe vollständig desorbiert und wandern dann mit der Geschwindigkeit der mobilen Phase durch die Säule. Die Aufgabe besteht nun darin, die optimale

---

[1] Als **amphoter** bezeichnet man solche Moleküle, die gleichzeitig positiv und negativ geladene funktionelle Gruppen besitzen. In Lösung sind diese Gruppen je nach dem pH-Wert unterschiedlich stark dissoziiert, d. h. ihre Gesamtladung hängt vom pH-Wert der Lösung ab. Beispielsweise sind Proteine bei pH-Werten unterhalb 3 positiv, oberhalb pH 9 negativ geladen.

[2] Unter dem **Puffer** versteht man eine Lösung, die in einem bestimmten Umfang Hydronium- oder Hydroxylionen abfangen kann, ohne daß sich der pH-Wert wesentlich verändert. Puffersubstanzen sind Salze schwacher Säuren (z. B. Phosphorsäure, Essigsäure) oder schwacher Basen (z. B. Ammoniumhydroxid, Pyridin).

**Tabelle 2.1.3/1** Bezeichnungsvergleich von Kunstharz-Ionenaustauschern (Merck, Darmstadt)

| Typ und Austauschergruppe | Merck Lewatit | Amberlyte und Amberlyst | Bio-Rad und Bio-Rex | Dowex | Permutit | Riedel-Permutit | Serdolit |
|---|---|---|---|---|---|---|---|
| Stark saurer Kationenaustauscher, Polystyrolharz, gelförmig, mit Divinylbenzol vernetzt. $-SO_3^-H^+$ | S 1020<br>S 1080<br>S 1080<br>(mit Farbindikator) | IR-118<br>IR-120, 122<br>IRF-66<br>CG-120 I, II, III<br>IR-124 | AG 50W-X1<br>AG 50W-X2<br>AG 50W-X4<br>AG 50W-X10<br>AG 50W-X12<br>AG 50W-X16 | 50 W-X 1<br>50 W-X 2<br>50 W-X 4<br>50 W-X 10<br>50 W-X 12<br>50 W-X 16 | Zeo Karb 225 | RS-20<br>RS-40<br>RS-60<br>RS-90, 90L,<br>120 | CS-21C, 22C<br>CS-23C, 24C<br>CS-1, 2, 3<br>11, 12<br>Serdolit Red<br>(mit Farbindikator) |
| Makroporöser Ionenaustauscher | SP 1080 | Amberlyst 15<br>" XN-1005<br>" XN-1010<br>" XN-1011<br>Amberlite 200<br>Amberlite 252 | AG MP-50 | Dowex 70 | | RSP-100-L<br>RSP-100-I-L<br>(mit Indikator) | |
| Schwach sauer Kationenaustauscher, Acryltyp, gelartig $-COO^-H^+$ | Ionenaustauscher IV | IRC-50, 84<br>CG-50 I, II, III | Bio-Rex 70 | Dowx CCR-2 | Zeo Karb 226<br>Zeo Karb 216 | C-65, 67 | CW-1 |
| Makroporöser Ionenaustauscher | CP 3050 | | | | | | |
| Stark basischer Anionenaustauscher<br><br>Polystyrolharz, gelförmig, Typ I<br>$-CH_2-N^+(CH_3)_3\ Cl^-$ | M 5020<br><br>M 5080<br>M 5080 G 3<br>(mit Indikator)<br><br>Ionenaustauscher III | IRA-904, 938<br><br>IRA-401, 402<br><br>IRA-400, 405,<br>410, 425,<br>900<br>CG-400, I, II<br><br>XE 265 | AG 1-X 1<br><br>AG 1-X 2<br>AG 1-X 4<br>AG 1-X 8<br>AG21-K<br><br>AG 1-X10 | Dowex 1-X 1<br><br>Dowex 1-X 2<br>Dowex 1-X 4<br>Dowex 1-X 8<br>Dowex21-K<br><br>Dowex 11<br>Dowex 1-X10<br>Dowex 1-X16 | Deacidite FFIP SRA 61, 62<br><br>Deacidite FFIP SRA 65, 66<br>Deacidite FFIP SRA 69, 80<br>FFDVB SRA 133<br><br>Deacidite FXIP | ESB-32-L<br>ESB-26 | AS-1, 4, 12<br>Serdolit Blue<br>(mit Indikator) |
| Makroporöser Ionenaustauscher | MP 5080 | Amberlyst A-26<br>Amberlyst A-27 | AG MP-1 | Dowex 31 | Deacidite KMP | ESB-274-L<br>ESB-274-I<br>(mit Indikator)<br>EHP-274 | AS-3 |

| | | | | | | | |
|---|---|---|---|---|---|---|---|
| Stark basischer Anionenaustauscher, Polystyrolharz, gelförmig, Typ II<br><br>$-CH_2-\overset{\underset{\displaystyle CH_2-CH_2-OH}{\mid}}{\underset{}{\overset{\displaystyle \overset{CH_3}{\mid}}{N^+}}}-CH_3\ Cl^-$ | | IRA-410 | AG 2-X 4<br>AG 2-X 8<br><br>AG 2-X 10 | Dowex 2-X 4<br>Dowex 2-X 8<br><br>Dowex 2-X10 | Deacidite NIP<br>Deacidite NX<br>Deacidite PIP | ES-26, 32 | AS-2 |
| Makroporöser Ionenaustauscher Typ II | | Amberlyst A-29 | | | | ES-274<br>ES-274-I<br>(mit Indikator) | |
| Schwach basischer Ionenaustauscher, Polystyrolharz gelförmig<br><br>$-CH_2-\overset{\underset{\displaystyle H}{\mid}}{\underset{}{N^+}}\overset{\displaystyle R_1}{\underset{\displaystyle R_1}{}}\ Cl^-$ | Ionenaustauscher II | IR-45<br>IRA 47, 68<br>XE-265<br>IR-4 B<br>CG 4 B I, II<br>CG 45 I, II | AG 3-X 4 A | | Deacidite MIP<br>Deacidite HIP<br>Deacidite HXIP | | AW-1 |
| Makroporöser Ionenaustauscher | MP 7080 | Amberlyst A-21<br>IRA-93 | | Dowex 33 | | EM-13<br>EM-13-I<br>(mit Indikator) | |
| Stark saurer Kationenaustauscher, Phenolharz $-SO_3^-\ H^+$ | | | Bio-Rex 40 | | Zeo Karb 215 | | |
| Polystyrolharz $-PO_2^{--}\ 2Na^+$ | | | Bio-Rex 63 | | | | |
| Polystyrol-Harz, komplexbildende Gruppen<br><br>$-CH_2-N\overset{\displaystyle CH_2-COOH}{\underset{\displaystyle CH_2-COOH}{}}$ | | | Chelex 100 | Dow Chelaring Resin A 1 | | | |

Ionenstärke zu ermitteln, bei der die interessierenden Ionen gut getrennt werden. In den meisten Fällen wird man bei einer einzigen Ionenstärke der mobilen Phase nicht alle Ionen nacheinander aus der Säule in einem vernünftigen Zeitraum eluieren können. Es ist daher zweckmäßig, die Salzstärke während der Chromatographie zu erhöhen und eine „Gradientenelution" durchzuführen.

# Materialien

### Kunstharz-Ionenaustauscher

In Bild 2.1.3/1 ist die Herstellung einiger wichtiger Kunstharz-Ionenaustauscher wiedergegeben. Sie werden als Perlen mit Durchmessern von 5 $\mu$m bis 2 mm angeboten. Feine Körnungen, die entsprechend teuer sind, werden für analytische Trennungen unter erhöhtem Druck (z. B. Aminosäuren- oder Zuckeranalysen), die groben Körnungen für technische Zwecke eingesetzt, also überall dort, wo es auf hohe Fließgeschwindigkeiten ankommt. Einen Überblick über die verschiedenen Kunstharz-Ionenaustauscher gibt Tabelle 2.1.3/1.

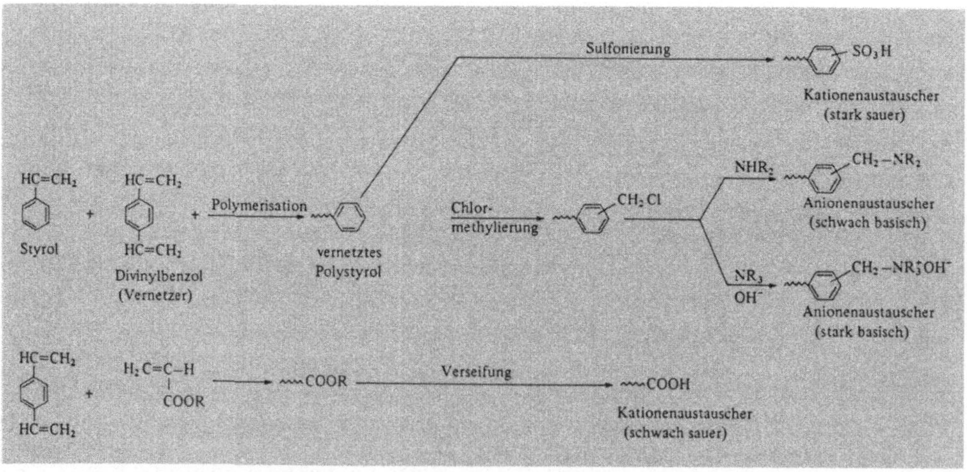

**Bild 2.1.3/1**
**Darstellung der wichtigsten Kunstharz-Ionenaustauscher** (Merck, Darmstadt)

### Sephadex-Ionenaustauscher

Sie werden durch Einführen von funktionellen Gruppen in die Sephadexgele G-25 oder G-50 (s. Kap. 2.1.5) hergestellt. Dabei sind die Anionen- und Kationenaustauscher A-25 bzw. C-25 für Ionen mit kleineren Molmassen, die A-50 bzw. C-50 Typen für Ionen mit

Molmassen bis 30 000 geeignet. Für noch größere Molmassen werden Agarose-Ionenaustauscher eingesetzt. In Tabelle 2.1.3/2 sind die funktionellen Gruppen und Eigenschaften der Sephadex-Ionenaustauscher beschrieben.

**Tabelle 2.1.3/2**  Sephadex-Ionenaustauscher

| Typ | Beschreibung | Funktionelle Gruppe | Gegenion |
|---|---|---|---|
| DEAE-Sephadex A 25 und A 50 | schwach basischer Anionenaustauscher | $Sephadex-O-CH_2-CH_2-{}^+N-H$ mit $C_2H_5$ und $C_2H_5$ am Stickstoff; Diethylaminoethyl– | $Cl^-$ |
| QAE-Sephadex A 25 und A 50 | stark basischer Anionenaustauscher | $Sephadex-O-CH_2-CH_2-{}^+N-C_2H_5$ mit $CH_2-CH(OH)-CH_3$ und $C_2H_5$ am Stickstoff; Quarternäres Aminoethyl– | $Cl^-$ |
| CM-Sephadex C 25 und C 50 | schwach saurer Kationenaustauscher | $Sephadex-O-CH_2-COO^-$ Carboxymethyl– | $Na^+$ |
| SP-Sephadex C 25 und C 50 | stark saurer Kationenaustauscher | $Sephadex-O-CH_2-CH_2-CH_2-SO_3^-$ Sulfopropyl– | $Na^+$ |

## Sepharose-Ionenaustauscher

Sie bestehen aus einem Agarosegerüst (s. Kap. 2.1.5), das mit 2,3-Dibrompropanol vernetzt ist. Als funktionelle Gruppen tragen sie Diethylaminoethyl- (DEAE-) oder Carboxymethylgruppen (CM-). Aufgrund ihrer makroporösen Struktur und der zusätzlichen Vernetzung sind sie mechanisch stabil.

## Cellulose-Ionenaustauscher

Sie gibt es auf der Grundlage mikrokristalliner oder kugelförmiger (und zusätzlich vernetzter) Cellulose. Die kugelförmige Gestalt der vernetzten Ionenaustauscher gewährleistet eine gleichmäßige Packung der Säule und gute Fließeigenschaften. Sie sind auch weniger komprimierbar. Demzufolge ändert sich die Füllhöhe der Säule während der Chromatographie nur wenig. Aus diesen Gründen sind die kugelförmigen Ionenaustauscher den mikrokristallinen überlegen.

## Oberflächenmodifizierte Kieselgele

Aufgrund der prinzipiell großen Druckstabilität der Kieselgelmatrix eignen sich diese Ionenaustauscher für die HPLC (Kap. 2.3.2). Im Handel erhältlich sind:

- schwach basische Anionenaustauscher, beispielsweise Nucleosil $5N(CH_3)_2$ und $10N(CH_3)_2$, sowie Polygosil 60-D $5N(CH_3)_2$ (Macherey-Nagel)
- stark basische Anionenaustauscher, beispielsweise Nucleosil 5SB und 10SB (Macherey-Nagel), LiChrosorb AN (Merck) und Partisil 10SAX (Whatman)
- stark saure Kationenaustauscher, beispielsweise Nucleosil 5SA und 10SA (Macherey-Nagel), LiChrosorb KAT (Meck) und Partisil 10SCX (Whatman)

Neben den porösen Ionenaustauschern sind auch Austauscher erhältlich, bei denen die Ionenaustauschergruppen an der Oberfläche sonst unporöser Glaskugeln fixiert sind (z. B. Perisorb AN und Perisorb KAT (Merck); Vydac-201 SB HPLC und Vydac-401 SA HPLC (Riedel de Haen)). Entsprechend der geringeren Oberfläche im Vergleich zu den Ionenaustauschern mit total porösen Matrices ist ihre Beladbarkeit gering und die Zahl der theoretischen Böden um den Faktor 10 kleiner. Die Vorteile solcher „pellicularer" Ionenaustauscher liegen in den größeren Fließgeschwindigkeiten und dem einfacheren Füllen von Säulen mit hoher Reproduzierbarkeit.

## Geräte

Eine für die Ionenaustauschchromatographie geeignete Niederdruckanlage ist in Bild 2.1.1/1 wiedergegeben.

Die Probelösung und das Säulenvolumen sind so aufeinander abzustimmen, daß die Probe in den oberen 1 bis 2 cm des Gelbetts adsorbiert wird. Für die meisten Fälle ist eine Füllhöhe von 20 cm ausreichend. Falls sehr komplexe Mischungen zu trennen sind, werden auch längere Säulen eingesetzt. Zum Verarbeiten größerer Probenmengen wird der Durchmesser der Säule der Substanzmenge angepaßt.

Im Gegensatz zu den meisten anderen Chromatographiearten wird bei der Ionenaustauschchromatographie die Zusammensetzung des Fließmittels während der Chromatographie fast immer verändert. Dabei wird die Salzstärke des Elutionsmittels entweder stufenweise (Stufenelution oder Stufengradient) oder gleichförmig erhöht (linearer Gradient). Die lineare Änderung der Salzkonzentration wird durch einen „Gradientenmischer" erreicht (Bild 2.1.1/1 und 2.3.1/3). Dabei wird zu Beginn der Chromatographie aus dem Mischgefäßt Elutionsmittel niedriger Salzstärke auf die Säule gepumpt. In dem Maß, wie Elutionsmittel aus dem Mischgefäß entnommen wird, fließt aus dem Vorratsgefäß Pufferlösung hoher Salzstärke in die Mischkammer, wird dort durch den Magnetrührer mit dem Elutionsmittel vermischt und somit die Salzstärke des Elutionsmittels um einen kleinen Betrag erhöht. Besitzen beide Gefäße dieselbe Geometrie, dann erhält man einen linear ansteigenden Salzgradienten. Die Elution beginnt mit der niederen Ionenstärke des Elutionsmittels im Mischgefäß. Während der Chromatographie steigt die Ionenstärke linear an und erreicht am Ende die Ionenstärke des Puffers im Vorratsgefäß. Die Steilheit des Gradienten ist durch den Unterschied der Ionenstärken der beiden Pufferlösungen gegeben, die zu Beginn der Chromatographie in den beiden Gefäßen vorliegen und durch die insgesamt für die Chromatographie zur Verfügung stehende Fließmittelmenge.

## Probenvorbereitung

- Der Salzgehalt der Probe soll möglichst niedrig sein. Falls nötig wird die Probe durch Gelchromatographie (Kap. 2.1.5) bzw. durch Dialysieren (Kap. 1.6) entsalzt.

- Bei isokratischer Elution (konstante Ionenstärke des Eluenten) darf das Probevolumen 1 bis 5 % des Bettvolumens nicht überschreiten.

- Bei einer Gradientenelution kann das Probevolumen im Prinzip beliebig groß sein — vorausgesetzt, die Kapazität der Säule reicht aus, alle Substanzen zu adsorbieren. Im Zweifelsfall wird besser etwas mehr einer verdünnten Probe aufgetragen als ein kleineres Volumen einer zu konzentrierten Probe. In diesem Fall können auch salzhaltige Proben chromatographiert werden, vorausgesetzt die Probelösung wird so stark verdünnt, daß ihre Ionenstärke eine Adsorption der Komponenten nicht mehr verhindert.

## Durchführung

**Vorbereitung des Ionenaustauschers.** Die für die Trennung notwendige Menge Ionenaustauscher läßt sich aus der vom Hersteller angegebenen Kapazität berechnen. Es sollen nur ca. 10 % der Kapazität durch die Komponenten der Probe belegt werden, da der Rest der Austauschergruppen zu ihrer Trennung benötigt wird.

Zunächst wird der Ionenaustauscher durch „Regenerierung" in die richtige Ionenform gebracht. In Tabelle 2.1.3/3 sind die Regenerierungsbedingungen für Kunstharz-Ionenaustauscher angegeben.

Ionenaustauscher auf Cellulose-, Dextran- und Agarosebasis dürfen solch drastischen Bedingungen nicht ausgesetzt werden. Die Regenerierungsbedingungen für diese Ionenaustauscher sind aus Tabelle 2.1.3/4 zu entnehmen.

Vor jedem Gebrauch muß immer der gesamte Zyklus von Be- und Entladen durchlaufen werden. Durch den Regenerierungsprozeß wird der Ionenaustauscher gleichzeitig auch in seine aktive Form überführt.

**Tabelle 2.1.3/3** Regeneriermittel für verschiedene Kunstharz-Ionenaustauscher zur Überführung in eine gewünschte Ionenform

| Ionenaustauscher-Typ | Gewünschte Ionenform | Regeneriermittel | Erforderliche Liter Regeneriermittel pro 1 Liter Ionenaustauscher |
|---|---|---|---|
| Kationenaustauscher stark sauer | $H^+$ $Na^+$ | HCl 6% NaCl 10% | 3,0 2,5 |
| Kationenaustauscher schwach sauer | $H^+$ | HCl 6% | 3,0 |
| Anionenaustauscher stark basisch | $OH^-$ $Cl^-$ | NaOH 4% NaCl 6% | 2,5 2,5 |
| Anionenaustauscher schwach basisch | freie Base | NaOH 4% | 2,0 |

**Tabelle 2.1.3/4**  Regenerierung von Sephadex- und Cellulose-Ionenaustauschern*

| Typ | erste Behandlung | Zwischen-pH-Wert | zweite Behandlung** |
|---|---|---|---|
| DEAE und QAE | 0,1 N–0,5 N HCl | 4 | 0,1 N–0,5 N NaOH |
| CM und SP | 0,1 N–0,5 N NaOH | 8 | 0,1 N–0,5 N HCl |

*)  Oft genügt Waschen mit Lösungen zunehmender Salzstärke bis zu 2 N, besonders wenn nur in
eine bestimmte Ionenform überführt werden soll.

**)  Nach der zweiten Behandlung wird solange gewaschen, bis das Filtrat nahezu neutral reagiert.
Erst dann wird mit dem eigentlichen Puffer äquilibriert.

**Füllen der Säule.** Dieser Vorgang ist in Kap. 2.3.1 ausführlich beschrieben.

**Probenaufgabe.** Ein kleines Probevolumen wird am einfachsten mit einer Spritze (s. Bild
2.3.1/9) aufgetragen. Gelegentlich sind auch Probenvolumina von einigen Litern aufzutragen. Dann wird die Probe aus einem separaten Gefäß auf die Säule aufgegeben (s. Bild
2.3.1/9) oder mit einer Pumpe in die Säule gepumpt.

**Elution.** Gelegentlich lassen sich Bedingungen finden, bei denen alle Komponenten einer
Mischung bei gleichbleibender Ionenstärke eluiert werden können. Man spricht dann von
einer „isokratischen Elution". Sie erfordert den geringsten apparativen Aufwand. Falls
alle Substanzen eluiert werden, braucht die Säule vor einer neuen Trennung nicht regeneriert werden.

In den meisten Fällen dauert die Trennung unter isokratischen Bedingungen sehr lange.
Manche Komponenten werden überhaupt nicht eluiert. Dann muß eine Gradientenelution durchgeführt werden:

- Lineare pH-Gradienten lassen sich zwar in der Mischkammer eines Gradientenmischers herstellen, aber in der Säule liegen so komplizierte Verhältnisse vor, daß
sich dort keine linearen pH-Gradienten verwirklichen lassen.

- Lineare Salzgradienten können dagegen einfach mit Hilfe eines Gradientenmischers erzeugt werden. Als Richtwert soll das gesamte Volumen des Gradienten mindestens das fünffache des Säulenvolumens betragen. Zu flache Gradienten führen zu übermäßig breiten Banden, während sich zu steile Gradienten
negativ auf die Auflösung auswirken. Komplizierte Trennprobleme lassen sich
besser durch „angepaßte Gradienten" lösen (s. Kap. 2.3.1). Werden die Dimensionen der Säule verändert, muß der Gradient den jeweiligen neuen Bedingungen
entsprechend angepaßt werden.

Wird die Chromatographie in präparativem Maßstab durchgeführt, dann liegen die isolierten Substanzen in Salzlösungen vor. Vor einer weiteren Verwendung müssen die Fraktionen daher noch entsalzt werden. Dies gelingt nach folgenden Methoden:

- Membranfiltration (Kap. 1.5) oder Dialyse (Kap. 1.6)
- Gelchromatographie (Kap. 2.1.5)

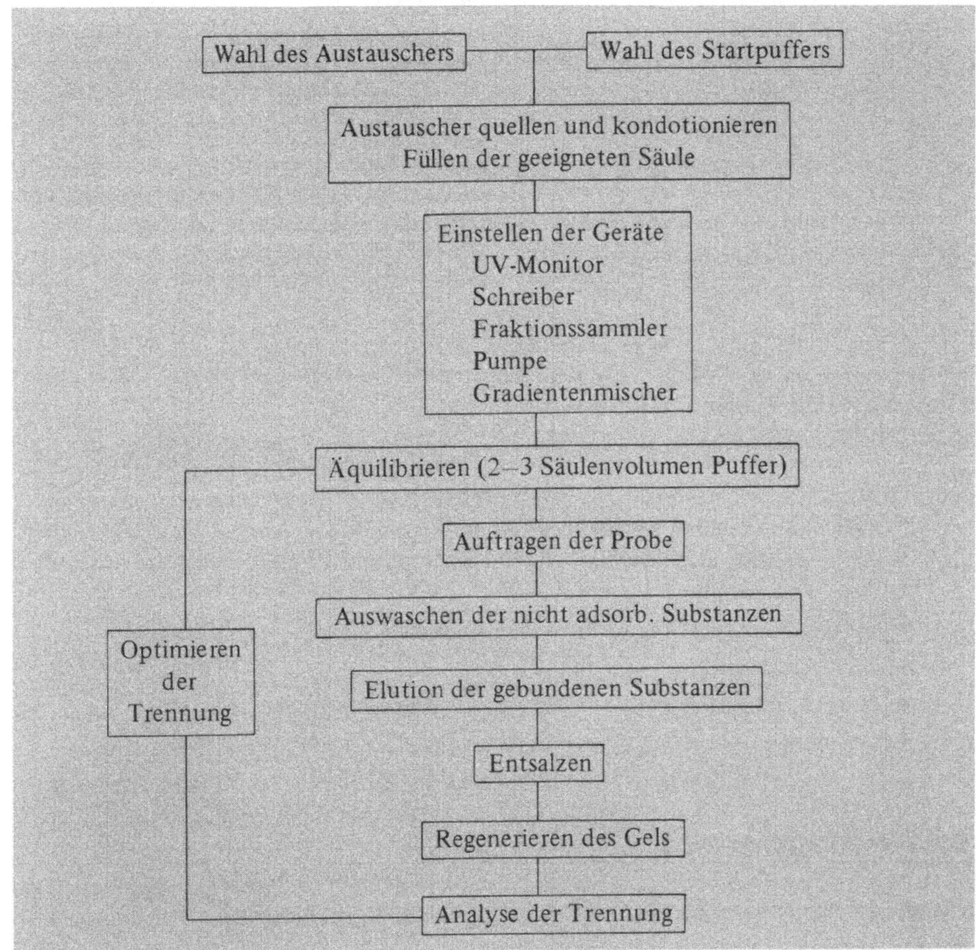


**Bild 2.1.3/2  Vorgehen bei der Ionenaustauschchromatographie**

- Verwendung von flüchtigen Puffern beispielsweise Ammonium- oder Triethyl-ammoniumhydrogencarbonat bzw. -acetat (s. auch Tabelle 2.2.7/1)

In Bild 2.1.3/2 ist das gesamte Verfahren der Ionenaustauschchromatographie übersichtlich zusammengestellt.

## Dokumentation

Im einfachsten Fall gibt man das Elutionsprofil wieder, in das der Gradient durch eine gestrichelte Linie eingezeichnet wird (Bild 2.1.3/3): An die linke Ordinate zeichnet man den Meßparameter, z. B. Skalenteile, Extinktion oder optische Dichte (vgl. Kap. 3.2.3 und

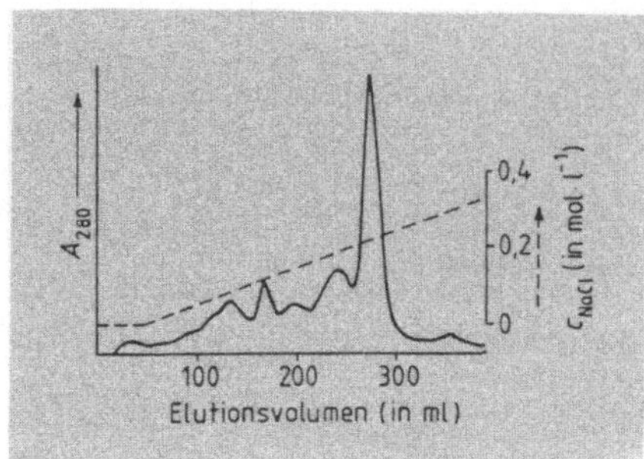


**Bild 2.1.3/3**
**Beispiel der Dokumentation einer Trennung durch Ionenaustauschchromatographie:** Bei 280 nm registriertes Elutionsprofil der säulenchromatographischen Trennung von menschlichem Serum an DEAE-Sepharose CL-6B (Pharmacia). Fließgeschwindigkeit 38 ml/h; mobile Phase: linearer Gradient (Mischgefäß 0,05 M Tris · HCl[3]) pH 8,6, 250 ml; Vorratsgefäß 0,5 M NaCl/0,05 M Tris · HCl pH 8,6, 250 ml); Säulenmaße 15 × 1,6 cm Innendurchmesser.

3.4.1), an die rechte Ordinate die Salzkonzentration und an die Abszisse das Elutionsvolumen oder die Retentionszeit.

In der Legende (ein Beispiel ist in Bild 2.1.3/3 gegeben) werden folgende Angaben gemacht:

- Säulendimension (Länge × Durchmesser)
- Angaben zum Puffersystem (die Herstellung der Puffer ist im experimentellen Teil zu beschreiben)
- bei Gradientenelution die Menge der Puffer im Vorrats- und Mischgefäß
- Fließgeschwindigkeit
- Angabe der Temperatur, falls sie von der Raumtemperatur abweicht
- bei präparativen Trennungen Angaben über die Fraktionsvolumina

## Anwendungsbereich

**Kunstharz-Ionenaustauscher für analytische Trennungen:**

- Bestimmung des Gesamtsalzgehalts von Lösungen durch Austausch und nachfolgende titrimetrische Bestimmung von $H^+$
- Entfernen störender Ionen bei anorganisch-analytischen Bestimmungsmethoden (z. B. $Fe^{3+}$ oder komplexbildende Ionen wie $Al^{3+}$, $Ni^{2+}$ oder $F^-$ etc.)
- Analyse von Hydrolysaten von Proteinen, Oligonucleotiden und Sacchariden
- Anreicherung von Ionen in der Spurenanalytik

**Kunstharz-Ionenaustauscher für präparative Trennungen:**

- Entionisieren von Wasser (das „demineralisierte" Wasser wird fälschlicherweise oft auch als destilliertes Wasser bezeichnet)

---

[3] Tris = Tris(hydroxymethyl)-aminomethan, wird durch Zusatz von HCl auf den gewünschten pH-Wert gebracht

- Entfernen von ionischen Verunreinigungen aus organischen Lösungsmitteln
- Reinigung von Biopolymeren, z. B. Abtrennung von Detergentien (Kap. 2.5.1.2) und Ampholyten (Kap. 2.5.2) aus Proteinlösungen
- Austausch von Pufferionen
- Reindarstellung von radioaktiven Isotopen
- als Katalysator bei

| | |
|---|---|
| Veresterungen | Umlagerungen |
| Verseifungen | Alkylierungen |
| Wasserabspaltungen | Cyanhydrinsynthese |
| Hydratisierungen | Acetatbildungen |
| Aldolkondensationen | Nitrierungen |
| Polymerisationen | Epoxidierungen |
| Zuckerinversion | |

**Sephadex- und Cellulose-Ionenaustauscher:**

- Trennung von Peptiden, Proteinen und Oligonukleotiden im präparativen Maßstab
- Trennung von Kohlehydraten und Lipiden, die oft auch geladene Gruppen tragen
- Immobilisierung von Enzymen

**Agarose-Ionenaustauscher:**

Sie können für dieselben Stoffklassen wie Sephadex-Ionenaustauscher eingesetzt werden, eignen sich aber zusätzlich noch für höhere Molmassen bis $10^6$ g · mol$^{-1}$.

**Oberflächenmodifizierte Kieselgele:**

Sie werden in der Hochdruckflüssigkeitschromatographie in analytischem und halbpräparativem Maßstab zur Trennung aller ionisch geladenen Moleküle eingesetzt.

## Literatur


*T. G. Cooper,* Biochemische Arbeitsmethoden, de Gruyter, Berlin 1981

*H. Engelhardt,* Hochdruck-Flüssigkeits-Chromatographie, Springer, Berlin 1975

*K. Dorfner,* Ionenaustauscher, 3. Auflg., de Gruyter, Berlin 1970

Firmenschrift, Ion Exchange Chromatography — Principle and Methods, Pharmacia Fine Chemicals AB, Uppsala 1980

*J. S. Fritz, D. T. Gjerde, C. Pohlandt,* Ion Chromatography, Hüthig, Heidelberg 1984

*J. X. Khym,* Analytical Ion-Exchange Procedures in Chemistry and Biology, Prentice Hall, Englewood Cliffs 1974

*H. G. Maier,* Lebensmittelanalytik 2: Chromatographische Methoden einschließlich Ionenaustausch, UTB, Steinkopff, Stuttgart 1975

*R. Paterson,* An Introduction to Ion Exchange, Heyden, London 1970

*W. Rieman, H. F. Walton,* Ion Exchange in Analytical Chemistry, Pergamon Press, Oxford 1970

*L. R. Snyder, J. J. Kirkland,* Introduction to Modern Liquid Chromatography, Wiley, New York 1974

# 2.1.4 Affinitätschromatographie

Die Affinitätschromatographie ist ein säulenchromatographisches Verfahren, das Enzym-Substrat-Wechselwirkungen zur Trennung ausnutzt.
Die zu reinigende Substanz wird hierbei spezifisch und reversibel durch
eine komplementäre Verbindung (Ligand) gebunden, die an einem unlöslichen Träger (Matrix) fixiert ist.

## Grundlagen

Das Prinzip der Affinitätschromatographie ist aus Bild 2.1.4/1 ersichtlich: Der Ligand L
wird an eine Matrix fixiert. Die zu isolierende Substanz S wird an den Liganden gebunden
und dadurch aus der Lösung abgetrennt. Beim Eluieren wird der Substanz-Ligand-Kom-
plex gespalten und die Substanz freigesetzt. Demzufolge muß der Ligand nach folgenden
Gesichtspunkten ausgewählt werden:

(1) Die Wechselwirkung zwischen Enyzm und Substrat muß spezifisch und reversibel
    sein. Über die Reversibilität geben die Dissoziationskonstanten Auskunft, wobei man
    in vielen Fällen auf Literaturangaben zurückgreifen kann.

(2) Der Ligand muß chemisch modifizierbare funktionelle Gruppen haben, über die er an
    die Matrix fixiert werden kann, ohne daß dabei seine Bindungsaffinität verloren geht.

    Von entscheidender Bedeutung ist, an welcher Stelle des Liganden die Immobilisie-
    rung erfolgt. Wenn mehrere funktionelle Gruppen vorhanden sind, sollte der Ligand

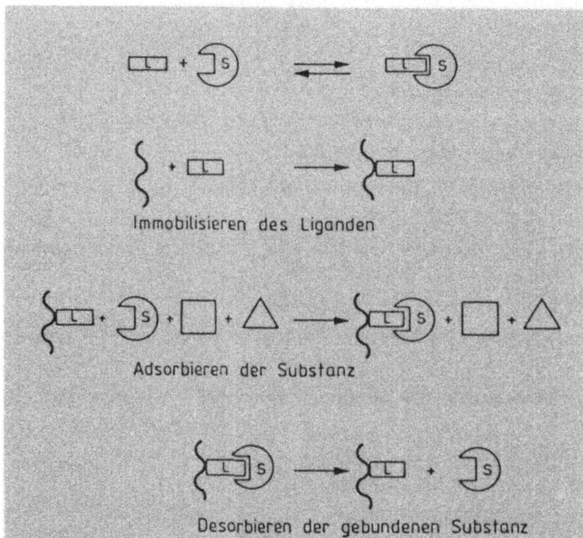


**Bild 2.1.4/1**
**Prinzip der Affinitätschromato-**
**graphie.** Zugrunde liegt das Gleichgewicht Ligand (L) + Substanz (S)
⇌ Komplex. Zuerst wird der
Ligand immobilisiert, dann die
Substanz gebunden und anschließend werden Verunreinigungen
und Nebenprodukte ausgewaschen.
Im letzten Schritt wird die Substanz
desorbiert und isoliert.

über diejenige Gruppe gebunden werden, die nicht für die spätere spezifische Wechselwirkung mit dem zu isolierenden Molekül benötigt wird. Zu beachten ist, daß das Aktivitätszentrum vieler biologisch aktiver Substanzen (beispielsweise von Enyzmen) häufig im Inneren des Moleküls liegt und daher von kleinen Liganden nicht erreicht werden kann, wenn sie direkt an die Matrix gebunden sind. Um eine möglichst starke Wechselwirkung zwischen Substanz und Ligand zu erreichen, wird in solchen Fällen ein „Spacer" zwischen Matrix und Ligand eingebaut (Bild 2.1.4/2).

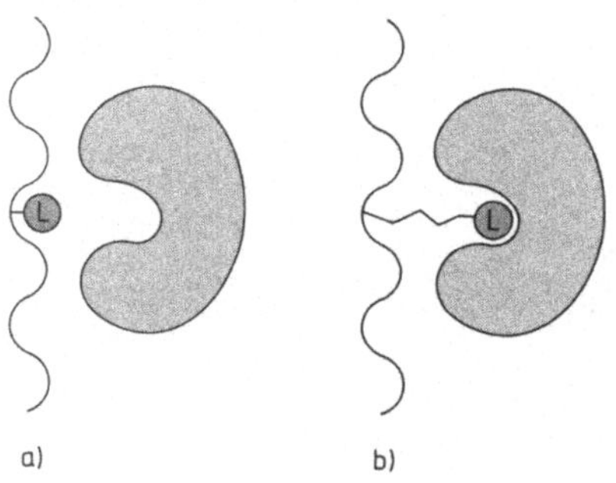

**Bild 2.1.4/2**
**Prinzip des „Spacers".** a) Ligand ist direkt an die Sepharose gebunden und für die Substanz nur schwer erreichbar. b) Durch Einführen eines „Spacers" wird der Ligand gut zugänglich.

Als Matrix sind Gele auf Agarose- oder Polyacrylamidbasis geeignet. Im Handel sind derartige Gele mit verschiedenen Gruppen erhältlich, die zur Kupplung mit dem Liganden geeignet sind. Die Struktur der Agarose (vgl. Kap. 2.1.5) und ihre Überführung in die aktivierte Form durch Bromcyan sind in Bild 2.1.4/3a dargestellt. In Bild 2.1.4/3b sind die Formeln einiger Gele aufgeführt, die direkt zur Kupplung mit dem Liganden einsetzbar sind. Die Auswahl des Gels richtet sich nach der funktionellen Gruppe des Liganden, die man zur Knüpfung der Bindung zwischen Ligand und Matrix verwenden will. In Tabelle 2.1.4/1 sind Kombinationen häufig auftretender funktioneller Gruppen zusammengestellt, die zur Fixierung von Liganden geeignet sind. Darüberhinaus gibt es noch eine Reihe von Gelen, die nur mit Hilfe eines Kupplungsreagenzes[1] zur Fixierung von Liganden eingesetzt werden können (vgl. Bilder 2.1.4/3c und 2.1.4/4).

Durch handelsübliche Adsorbienten mit gruppenspezifischen Liganden ist es möglich, eine große Zahl wichtiger biologischer Substanzen durch Affinitätschromatographie zu trennen.

Die Trennung wird stets im gepufferten wäßrigen Medium durchgeführt. Auf diese Weise werden zum einen definierte Bedingungen für die als Polyelektrolyte vorliegenden Substanzen geschaffen. Zum anderen können der pH-Bereich und die Salzkonzentration so eingestellt und aufrechterhalten werden, daß die Wechselwirkung möglichst stark ist.

---

[1]  Verwendet werden wasserlösliche Carbodiimide, z. B. $N$-Ethyl-$N'$-(3-dimethylaminopropyl)-carbodiimidhydrochlorid (EDC bzw. EDAC) oder $N$-Cyclohexyl-$N'$-2-(4'-methylmorpholinium)ethyl-carbodiimid-$p$-toluolsulfonat (CMC).

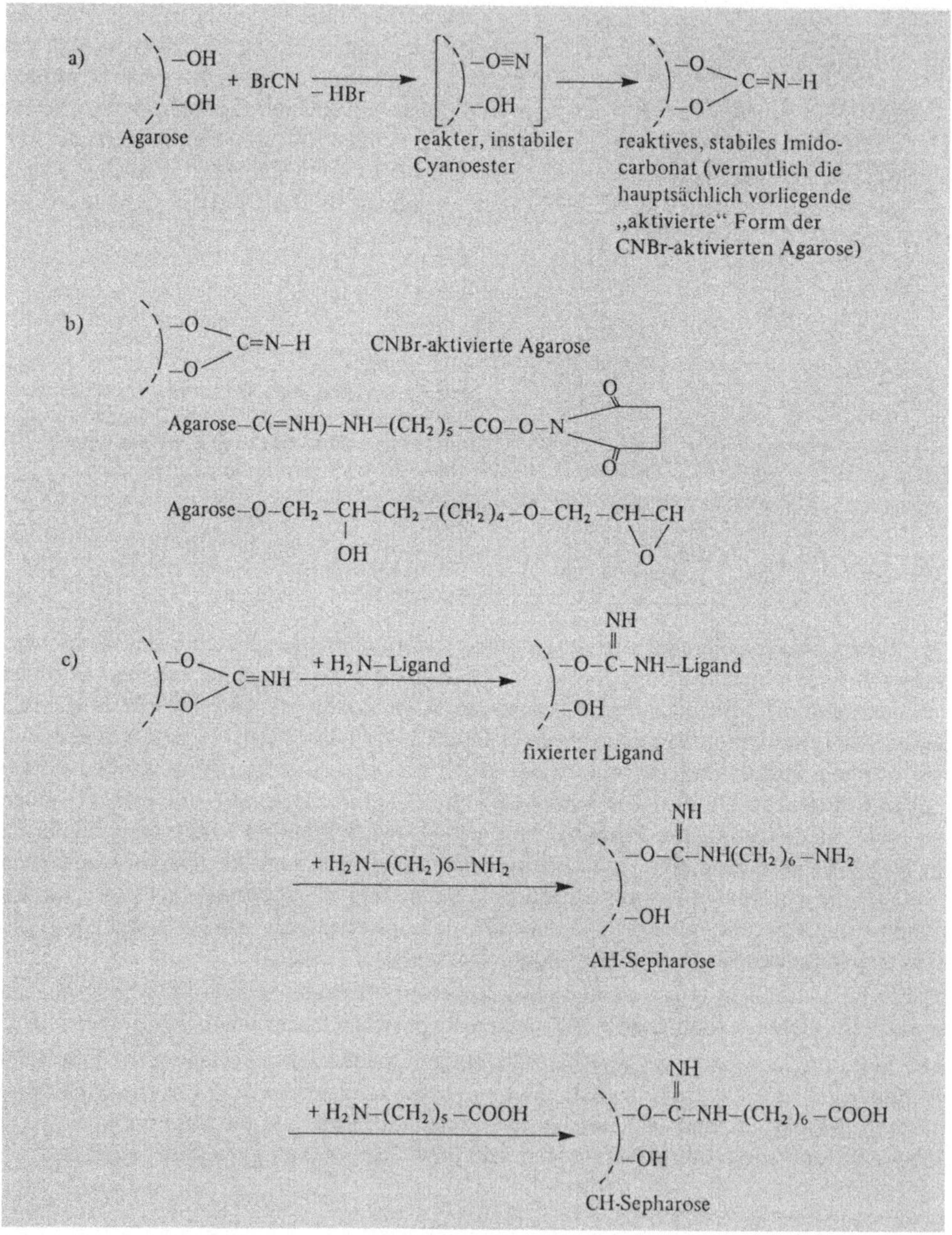

**Bild 2.1.4/3 Die Derivatisierung von Agarose führt zu Gelen mit unterschiedlichen funktionellen Gruppen**

a) Darstellung von „aktivierter" Agarose durch Bromcyan.

b) Direkt zur Kupplung mit den Liganden einsetzbare Agarosegele.

c) Die CNBr-aktivierte Agarose kann entweder direkt mit Liganden gekuppelt werden oder es können Spacer eingeführt werden, die an ihrem Ende Amino- oder Carboxylgruppen tragen.

**Tabelle 2.1.4/1** Funktionelle Gruppen von Liganden, die häufig zur Kupplung mit den Gelen verwendet werden

| Ligand | Funktionelle Gruppe | |
| --- | --- | --- |
| | des Liganden | des kupplungsfähigen Gels |
| Proteine, Peptide | Amino | Carboxyl, Bromcyan, Epoxy |
| Aminosäuren | Carboxyl | Amino |
| | Thiol | Thiopropyl, Epoxy |
| Polysaccharide | Hydroxyl | Epoxy |
| | Carboxyl | Amino |
| Polynukleotide | Amino | Bromcyan |
| | Merkurierte Base | Thiopropyl |
| Coenzyme, Cofaktoren, | Amino, Carboxyl | Carboxyl, Amino, Bromcyan, |
| Antibiotika, Steroide | Thiol, Hydroxyl | Thiopropyl, Epoxy |

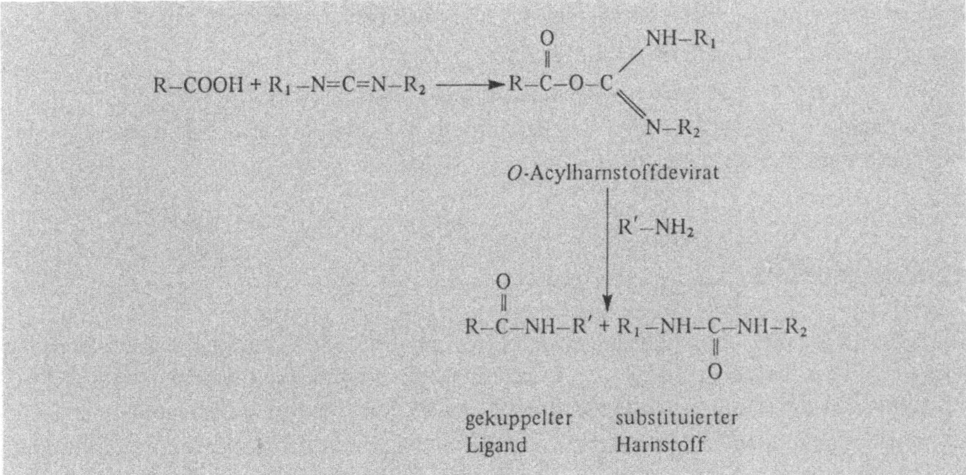


**Bild 2.1.4/4** Durch die Reaktion mit wasserlöslichen Carbodiimiden lassen sich Carboxylgruppen aktivieren, die dann mit Aminogruppen eine Peptidbindung ausbilden. Dabei kann R die Carboxylgruppe eines Agarosegels (z. B. CH–Sepharose) und R' der Ligand sein oder R' die Aminogruppe eines Agarosegels (z. B. AH–Sepharose) und R der Ligand. (Pharmacia, Uppsala/Schweden)

## Besonderheiten des Verfahrens

Der Affinitätschromatographie kommt eine herausragende Stellung innerhalb der Trennverfahren zu, da sie die einzige Technik darstellt, die die Isolierung bzw. Reinigung prinzipiell jeder Substanz auf der Grundlage ihrer biologischen Funktion ermöglicht. Ein weiterer Vorteil liegt im Konzentrierungseffekt, so daß auch große Probenvolumina verarbeitet werden können.

## Materialien

- Sepharose 4B[2]) (s. Kap. 2.1.5) ist ein häufig verwendetes Agarosegel. Die großen Poren machen die innere Oberfläche für den zu immobilisierenden Liganden zugänglich und ebenso auch für die später zu bindenden Substanzen. Diese Matrix zeigt eine nur geringe unspezifische Adsorption. Die Partikel sind wenig kompressibel und gewährleisten somit gute Fließeigenschaften.

- Sepharose CL (Pharmacia) ist eine durch kovalente Bindungen vernetzte Agarose und damit gut geeignet für die Verwendung in organischen Lösungsmitteln (z. B. für eine weitere chemische Modifizierung des bereits immobilisierten Liganden). Vorteilhaft ist sie auch bei höheren Temperaturen (z. B. im Autoklaven) und bei Verwendung von Zusätzen, die nicht-kovalente Bindungen aufbrechen (z. B. Harnstoff oder Guanidinhydrochlorid). Aufgrund der Vernetzung besitzt die Sepharose CL im Vergleich zur Speharose 4B aber eine geringere Kapazität.

- Affi-Gele (Bio-Rad Laboratories) sind Agarose- oder Polyamidgele, die mit verschiedenen funktionellen Gruppen angeboten werden.

Gele auf Polyacrylamidbasis weisen gegenüber Agarosegelen folgende Vorteile auf:

(1) geringere nicht-spezifische Adsorption
(2) biologisch inert (sie werden enzymatisch nicht angegriffen)
(3) höhere chemische Resistenz und thermische Belastbarkeit (bedingt durch die kovalente Vernetzung)


## Durchführung

Die experimentelle Durchführung einer affinitätschromatographischen Trennung ist für jede zu isolierende Substanz anders. Einige allgemeine Richtlinien sind in Tabelle 2.1.4/2 angegeben. Einzelheiten für den konkreten Fall sind der Literatur zu entnehmen.

**Elution der gebundenen Substanzen:** Sind die Substanzen sehr fest an das Gel gebunden, unterbricht man die Elution (für ca. 20 min bis 2 h), wenn der Startpuffer (s. Kap. 2.1.3) durch den Elutionspuffer (s. Kap. 2.1.3) verdrängt ist. Während dieser Zeit findet die Desorption der gebundenen Substanzen statt. Ionische Verbindungen werden durch einen ansteigenden Salzgradienten (s. Kap. 2.1.3 und 2.3.1) nacheinander eluiert. Bei sehr großen Affinitäten werden Puffer mit Ionen, die die Ausbildung von Wasserstoffbrücken verhindern ($C10_4^- < CF_3COO^- < SCN^- < CCl_3COO^-$), verwendet.

**Isolierung der Substanzen:** Da zur Elution salzhaltige Puffer eingesetzt werden, müssen die anfallenden Proben zuerst entsalzt werden. Am einfachsten gelingt dies mit Hilfe der Gelchromatographie (s. Kap. 2.1.5). Die entsalzten Lösungen können dann durch Gefriertrocknung (s. Kap. 1.7) in eine stabile Form überführt werden.

---

[2]) Das Produkt ist vergleichbar mit Bio-Gel A 15m (Bio-Rad Laboratories).

**Tabelle 2.1.4/2** Vorbereitung und Durchführung einer affinitätschromatographischen Trennung

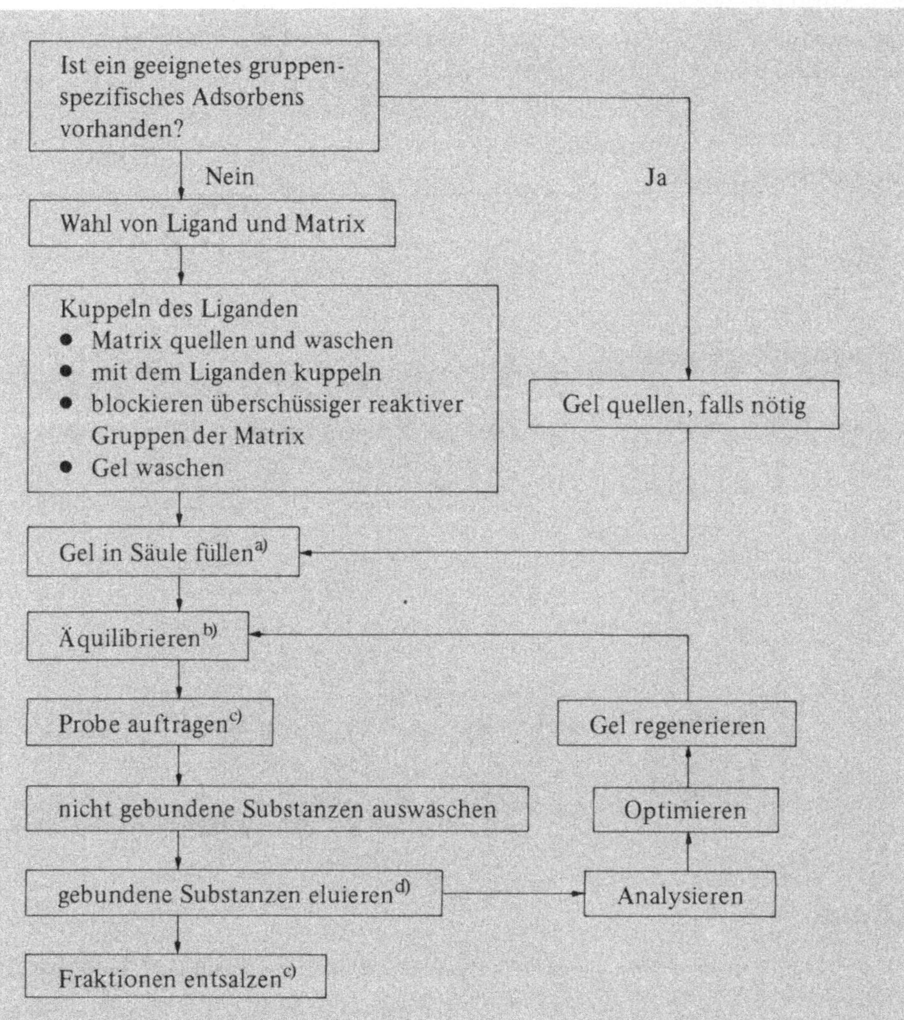


a) **Füllen der Säule** mit 2 bis 10 ml feuchtem Gel wie in Kap. 2.3.1 beschrieben.
b) **Säule äquilibrieren:** So viel Pufferlösung verwenden, wie dem dreifachen Säulenvolumen entspricht.
c) **Probe auftragen:** Falls die Probe nicht im Startpuffer gelöst vorliegt, ist ein Pufferwechsel nötig. **Pufferwechsel:** Der Fremdpuffer kann durch Entsalzen an einer kleinen Gelchromatographiesäule einfach entfernt werden (s. Kap. 2.1.5). **Probevolumen:** Werden die zu trennenden Substanzen fest gebunden, ist die Größe des Probevolumens unerheblich. Substanzen, die nur schwach gebunden werden, müssen dagegen in kleinen Volumina aufgetragen werden (ca. 5 % des Säulenvolumens).
d) **Elution** mit einem Gradienten (s. Kap. 2.3.1) durchführen.

**Regenerierung des Gels**: Das Gel wird mit 10 Säulenvolumina eines 0,1 Tris/HCl-Puffers (pH 8,5) gewaschen, der zusätzlich 0,5 mol · l$^{-1}$ Natriumchlorid enthält und dann mit dem Startpuffer wieder äquilibriert.

**Aufbewahrung**: Die Gele werden im Kühlschrank gelagert und zusätzlich mit einem bakteriostatischen Mittel (z. B. 0,02 % Merthiolat) versetzt.

## Dokumentation

s. Kap. 2.1.3

## Anwendungsbereich

Die Affinitätschromatographie eignet sich zur Reinigung folgender Substanzklassen:

| Substanzklasse | Ligand |
| --- | --- |
| Analoga von Substraten, Inhibitoren, Cofaktoren | Enzyme |
| Antigene, Viren, Zellen, | Antikörper |
| Polysaccharide, Glykoproteine, Zellen | Lectine |
| Histone, Nucleinsäurenpolymerase | Nucleinsäuren |
| Rezeptoren, Trägerproteine | Hormone, Vitamine |
| zelloberflächenspezifische Proteine, Lectine | Zellen |

## Literatur

Firmenschrift, Affinity Chromatography – Principles & Methods, Pharmacia Fine Chemicals AB, Uppsala 1979

*T. C. J. Gribnau, J. Visser, R. J. F. Nivard* (Hrsg.), Affinity Chromatography and Related Techniques, Analytical Chemistry Symposia Series, Vol. 9, Elsevier, Amsterdam 1981

*C. R. Lowe, P. D. G. Dean*, Affinity Chromatography, Wiley, London 1974

*O. Mikes* (Hrsg.), Laboratory Handbook of Chromatography and Allied Methods, S. 385–420, Ellis Horwood, Chichester 1979

*W. H. Scouten*, Affinity Chromatography: Bioselective Adsorption on Inert Matrices, Vol. 59, Chemical Analysis, *P. J. Elving* und *J. B. Wineforder* (Hrsg.), Wiley, New York 1981

*T. S. Work, E. Work*, Laboratory Techniques in Biochemistry and Molecular Biology, Vol. 7, Part II, North-Holland, Amsterdam 1979

# 2.1.5 Gelchromatographie[1]

Gelchromatographie heißt ein säulenchromatographisches Trennverfahren, bei dem Substanzen nach ihrer Molekülgröße getrennt werden.

## Grundlagen

Die Trennung von Substanzen nach ihrer Molekülgröße als zusätzlichem Trennparameter ermöglicht neben der Polarität (→ Adsorptionschromatographie), dem Löslichkeitsverhalten (→ Verteilungschromatographie) und der elektrischen Ladung (→ Ionenaustauschchromatographie) in vielen Fällen eine beträchtliche Anreicherung der gewünschten Substanz, wobei alle Verbindungen anderer Molekülgröße in einem Arbeitsgang abgetrennt werden.

Das Prinzip des gelchromatographischen Verfahrens ist in Bild 2.1.5/1 dargestellt. Als Säulenfüllmaterial werden poröse Gele verwendet, deren Porendurchmesser in einem definierten Größenbereich liegen. In Bild 2.1.5/2 sind die Verhältnisse in einer Säule schematisch dargestellt. Moleküle, die größer als die größten Poren der Matrix sind, werden durch die mobile Phase ohne Retardierung durch die Säule transportiert und im **Ausschlußvolumen** ($V_0$) eluiert. Sehr kleinen Molekülen steht zusätzlich zu $V_0$ auch noch das Volumen in den Poren (Bild 2.1.5/2e), das **Porenvolumen** ($V_i$), zur Verfügung. Sie werden also stärker retardiert. Dazwischen werden Moleküle entsprechend ihrer Molekülgröße und demzufolge näherungsweise nach ihrer Molmasse in dem **Elutionsvolumen**[2] ($V_e$) eluiert.

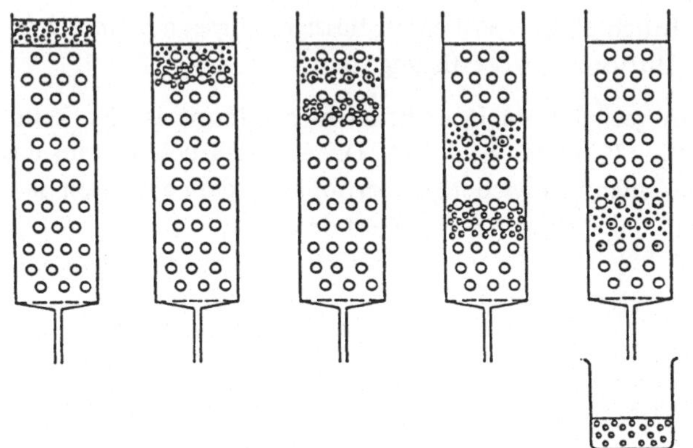

**Bild 2.1.5/1**
**Prinzip der Trennung durch die Gelchromatographie.** Die großen Moleküle können sich nur im Zwischenkornvolumen aufhalten und werden schneller eluiert als die kleinen Moleküle, die auch in die Partikel hineindiffundieren können.

---

[1] Andere Ausdrücke für dieses Trennverfahren sind **Gelfiltration** und bei Verwendung organischer Elutionsmittel **Gelpermeationschromatographie (GPC)**.

[2] Als Elutionsvolumen bezeichnet man das Volumen an Fließmittel, das bis zur Elution der maximalen Konzentration einer Substanz benötigt wird.

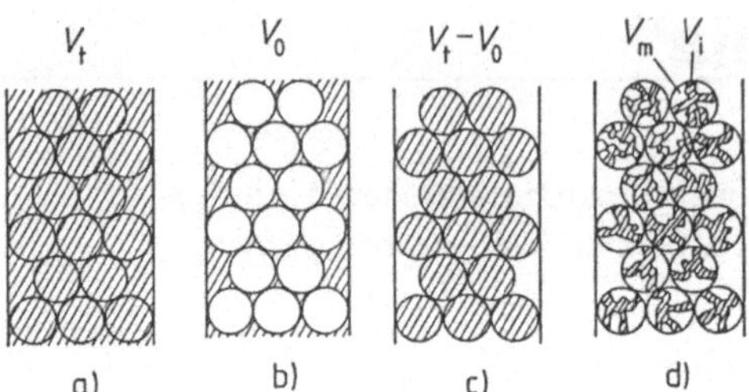



**Bild 2.1.5/2**
Schematische Darstellung der Beiträge der
einzelnen Volumina a) zum Gesamtvolumen $V_t$. b) Das Volumen zwischen
den Partikeln ist das Ausschlußvolumen
$V_0$. c) $V_t - V_0$ stellt die stationäre Phase
dar. d) Sie setzt sich aus dem Porenvolumen
$V_i$ und dem Matrixvolumen $V_m$ zusammen.

Das Gesamtvolumen des Gels (Bild 2.1.5/2a) enthält zusätzlich zu $V_0$ und $V_i$ noch das
**Volumen der Matrix** ($V_m$) und wird als **Bettvolumen** ($V_t$) bezeichnet. $V_t$ ergibt sich
demzufolge als:

**Bettvolumen**

$$V_t = V_0 + V_i + V_m$$

Durch das Elutionsvolumen $V_e$ ist das Elutionsverhalten einer Substanz noch nicht ausreichend beschrieben, da diese Größe durch das Gesamtvolumen $V_t$ maßgeblich beeinflußt wird. Analog zur Verteilungschromatographie (s. Kap. 2.1.2) definiert man einen
**Verteilungskoeffizienten** $K_d$:

**Verteilungskoeffizient**

$$K_d = \frac{V_e - V_0}{V_i}$$

$K_d$ entspricht dem Bruchteil an stationärer, flüssiger Phase, der einer gegebenen Substanz zur Diffusion zur Verfügung steht.

Für die Praxis ist diese Größe nicht geeignet, da $V_i$ nicht leicht bestimmt werden kann.
Einfach bestimmbar ist dagegen $V_t - V_0$ (Bild 2.1.5/2c). Dieser Ausdruck ist um das
Matrixvolumen größer als $V_i$[3], aber ebenfalls wieder proportional zu dem gesamten Säu-
lenvolumen $V_t$. Auf diese Weise wird der sogennante $K_{av}$-**Wert** definiert:

$K_{av}$-**Wert**

$$K_{av} = \frac{V_e - V_0}{V_t - V_0}$$

$K_{av}$ entspricht dem Bruchteil an stationärer Phase, der einer gegebenen
Substanz für die Diffusion zur Verfügung steht.

---

[3]  Die Summe der Volumenanteile $V_i$ und $V_m$ (Bild 2.1.5/2c) stellt die stationäre Phase dar. $V_i$ entspricht nur dem flüssigen Anteil der stationären Phase (Bild 2.1.5/2d).

Obwohl $K_{av}$ kein Verteilungskoeffizient im engeren Sinn ist, eignet sich dieser Wert aber gut, die Ergebnisse gelchromatographischer Trennungen unabhängig von den Säulendimensionen zu beschreiben und miteinander zu vergleichen. Andere Möglichkeiten, die Ergebnisse normalisiert darzustellen, sind die Quotienten $V_e/V_t$ und $V_e/V_0$. Diese Werte hängen aber im Gegensatz zu den $K_{av}$-Werten von der Art der Packung der Säule ab.

## Materialien

Die Matrix beeinflußt das Trennvermögen der Gele in erster Linie durch ihre Porenstruktur, dagegen ist ihr chemischer Aufbau von untergeordneter Bedeutung. Je nach dem Quellverhalten in Wasser oder organischen Lösungsmitteln werden die Säulenfüllmaterialien in hydrophile oder organophile Gele eingeteilt.

### Hydrophile Gele

**Dextrangele** kommen unter der Bezeichnung Sephadex (Pharmacia) in den Handel. Es handelt sich dabei um ein mit Epichlorhydrin vernetztes Polysaccharid Dextran. Aufgrund der vielen Hydroxylgruppen der Zuckerreste wird die Matrix durch Wasser solvatisiert. Das Quellvermögen der Gele nimmt in dem Maß ab, wie die Konzentration des Vernetzers zunimmt. Demzufolge werden Moleküle, entsprechend der Abnahme der Porengröße, mit immer kleineren Molmassen ausgeschlossen. In Tabelle 2.1.5/1 sind die Fraktionierbereiche, Partikelgrößen und das Quellverhalten der Sephadex-G-Typen zusammengestellt.

Je geringer die Vernetzung ist, um so weicher werden die Gele. Daher muß der Arbeitsdruck in der Säule entsprechend verringert werden, als Folge davon nimmt auch die Fließgeschwindigkeit immer mehr ab. Während bei Sephadex G-10 ein Überdruck von mehreren $10^5$ Pa angewendet werden kann (z. B. beim schnellen Entsalzen von Proteinlösungen), darf der Arbeitsdruck bei Sephadex G-200 nur noch $5 \cdot 10^3$ Pa betragen.

Dextrangele eignen sich wie auch die Polyacrylamidgele besonders gut zur Trennung und Reinigung von Enzymen, da die Matrix keine denaturierenden Eigenschaften aufweist (im Gegensatz zu Polystyrolgelen oder porösen Gläsern).

**Polyacrylamidgele** erhält man durch Copolymerisation von Acrylamid und dem Vernetzer $N, N'$-Methylen-bis-acrylamid. Dabei entsteht ein dreidimensionales Netzwerk mit vielen Carbonsäureamidgruppen ($-CO-NH_2$). Die polaren Gruppen bewirken die gute Solvatisierung dieser Gele durch Wasser. Je nach den Bedingungen bei der Polymerisation (Verhältnis Monomer/Vernetzer, Konzentration) erhält man kugelförmige Polymere mit unterschiedlichen Porendurchmessern. Sehr hohe Vernetzerkonzentrationen ergeben Gele, die sowohl eine hohe Porosität als auch eine hohe mechanische Stabilität aufweisen (makroporöse Gele). Solche Polyacrylamidgele sind unter der Bezeichnung Bio-Gel P (Bio-Rad Laboratories) im Handel. In Tabelle 2.1.5/2 sind die Fraktionierbereiche und die physikalischen Eigenschaften dieser Gel-Typen zusammengestellt.

**Agarosegele** erhält man aus Agarose, einem linearen Polysaccharid aus D-Galactose und 3,6-Anhydro-L-galactose. Das Gel bildet sich beim Abkühlen einer heißen Agaroselösung

**Tabelle 2.1.5/1** Eigenschaften der Sephadex G-Typen

| Sephadex-Typ | | Partikeldurchmesser (trocken) $\mu$m | Fraktionierbereich (Molmasse $\cdot$ $10^{-3}$) | | Bettvolumen ml $\cdot$ g$^{-1}$ trockenes Gel | Quellzeit in h bei | |
|---|---|---|---|---|---|---|---|
| | | | Peptide und globuläre Proteine | Dextrane | | 20 °C | 90 °C |
| G-10 | | 40–120 | < 0,7 | < 0,7 | 2–3 | 3 | 1 |
| G-15 | | 40–120 | < 1,5 | < 1,5 | 2,5–3,5 | 3 | 1 |
| G-25 | Coarse | 100–300 | 1–5 | 0,1–5 | 4–6 | 3 | 1 |
| | Medium | 50–150 | | | | | |
| | Fine | 20– 80 | | | | | |
| | Superfine | 10– 40 | | | | | |
| G-50 | Coarse | 100–300 | 1,5–30 | 0,5–10 | 9–11 | 3 | 1 |
| | Medium | 50–150 | | | | | |
| | Fine | 20– 80 | | | | | |
| | Superfine | 10– 40 | | | | | |
| G-75 | | 40–120 | 3–80 | 1–50 | 12–15 | 24 | 3 |
| | Superfine | 10– 40 | 3–70 | | | | |
| G-100 | | 40–120 | 4–150 | 1–100 | 15–20 | 72 | 5 |
| | Superfine | 10– 40 | 4–100 | | | | |
| G-150 | | 40–120 | 5–300 | 1–150 | 20–30 | 72 | 5 |
| | Superfine | 10– 40 | 5–150 | | 18–22 | | |
| G-200 | | 40–120 | 5–600 | 1–200 | 30–40 | 72 | 5 |
| | Superfine | 10– 40 | 5–250 | | 20–25 | | |

spontan. Dabei lagern sich viele Agarosefäden zusammen und es entstehen Gele mit besonders großen Poren. Da die Struktur der Agarose hauptsächlich auf der Ausbildung von Wasserstoffbrücken beruht — daher auch die Bezeichnung „Nebenvalenzgele" — ist ihr Anwendungsbereich eingeschränkt: Bei höherer Temperatur oder Anwendung von Elutionsmitteln, die Wasserstoffbrückenbindungen lösen (z. B. Harnstofflösungen), wird die Struktur dieser Gele zerstört. Ein weiterer Nachteil liegt in der mangelnden Resistenz gegenüber Mikroorganismen.

Ihren Anwendungsbereich finden Agarosegele bei der Trennung sehr großer Biomoleküle und als Matrix in der Affinitätschromatographie (s. Kap. 2.1.4). Im Handel befinden sich Agarosegele unter den Bezeichnungen Sepharose (Pharmacia) und Bio-Gel A (Bio-Rad Laboratories). In Tabelle 2.1.5/3 sind die Fraktionierbereiche und die physikalischen Eigenschaften der Agarosegele zusammengestellt.

Neuerdings gibt es Gele, die aus einem vernetzten Polyacralamidgerüst aufgebaut sind, in deren Zwischenräume sich ein Agarosegel befindet. Kleinere Partikeldurchmesser und eine höhere mechanische Stabilität lassen im Vergleich zu den Sephadex- und Bio-Gel-P-Gelen höhere Fließgeschwindigkeiten zu. Sie sind unter dem Namen Ultrogel (LKB) im Handel erhältlich. Bei der Sepharose CL (Pharmacia) ist die Agarose durch Epichlorhydrin kovalent vernetzt. Die Bezeichnungen und Fraktionierbereiche der verschiedenen Agarosegele sind in Bild 2.1.5/4 wiedergegeben.

**Sephacrylgele** (Pharmacia) sind Copolymerisate aus Allylgruppen tragenden Dextranen und $N$, $N'$-Methylen-bis-acrylamid. Die Gelpartikel sind mechanisch und chemisch stabil (zwischen pH 3 und pH 11; im Autoklaven bei pH 7 bis 120 °C sterilisierbar).

**Tabelle 2.1.5/2** Eigenschaften der Bio-Gel-P-Typen*)

| Bio-Gel | Partikeldurchmesser (gequollen) in $\mu$m | Fraktionierbereich (Molmasse $\cdot$ $10^{-3}$) für Peptide und globuläre Proteine | Bettvolumen (ml $\cdot$ g$^{-1}$) trockenes Gel |
|---|---|---|---|
| P–2 | 150–300<br>80–150<br>40– 80, < 40 | 0,1–1,8 | 3,5 |
| P–4 | 150–300<br>80–150<br>40– 80, < 40 | 0,8–4 | 5 |
| P–6 | 150–300<br>80–150<br>40– 80, < 40 | 1–6 | 8 |
| P–10 | 150–300<br>80–150<br>40– 80, < 40 | 1,5–20 | 9 |
| P–30 | 150–300<br>80–150<br>< 40 | 2,5–40 | 11 |
| P–60 | 150–300<br>80–150<br>< 40 | 3–60 | 14 |
| P–100 | 150–300<br>80–150<br>< 40 | 5–100 | 15 |
| P–150 | 150–300<br>80–150<br>< 40 | 15–150 | 18 |
| P–200 | 150–300<br>80–150<br>< 40 | 30–200 | 25 |
| P–300 | 150–300<br>80–150<br>< 40 | 60–400 | 30 |

*) Diese Gele werden in trockenem Zustand geliefert.

**Tabelle 2.1.5/3** Eigenschaften der Agarosegele Sepharose (Pharmacia) und Bio-Gel A (Bio-Rad Laboratories)

| Agarosegel-Typ | Agarose-konzentration % | Partikeldurchmesser (feucht) $\mu$m | Fraktionierbereich (Molmasse) für globuläre Proteine |
|---|---|---|---|
| Sepharose 2B | 2 | 60–200 | $7 \cdot 10^4 - 4 \cdot 10^7$ |
| Sepharose 4B | 4 | 60–140 | $6 \cdot 10^4 - 2 \cdot 10^7$ |
| Sepharose 6B | 6 | 45–165 | $10^4 - 4 \cdot 10^6$ |
| Bio-Gel A-150m* | 1 | 150–300<br>80–150 | $10^6 - > 1,5 \cdot 10^8$ |
| Bio-Gel A-50m | 2 | 150–300 | $10^5 - 5 \cdot 10^7$ |
| Bio-Gel A-15m | 4 | 150– 30<br>80–150<br>40– 80 | $4 \cdot 10^4 - 15 \cdot 10^6$ |
| Bio-Gel A-5m | 6 | 150–300<br>80–150<br>40– 80 | $10^4 - 5 \cdot 10^6$ |
| Bio-Gel A-1,5m | 8 | 150–300<br>80–150<br>40– 80 | $< 10^4 - 1,5 \cdot 10^6$ |
| Bio-Gel A-0,5m | 10 | 150–300<br>80–150<br>40– 80 | $< 10^4 - 5 \cdot 10^5$ |

*) Bei den Bio-Gel A-Typen ist die Ausschlußgrenze durch die Bezeichnung m (= Millionen) angegeben; so hat z. B. Bio-Gel A-5m eine Ausschlußgrenze von 5 000 000 g · mol⁻¹.

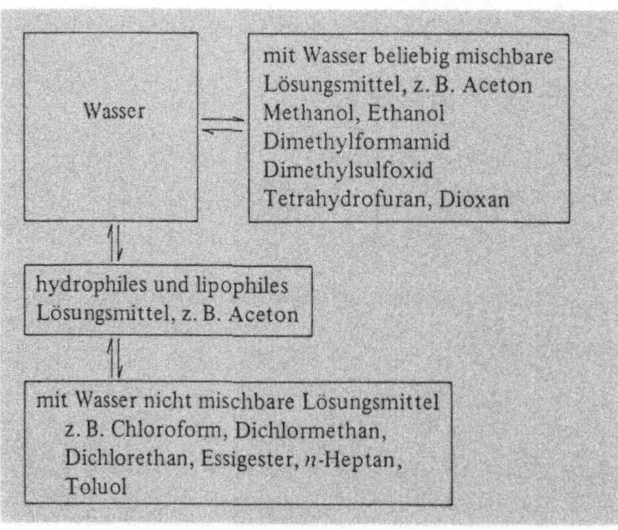


**Bild 2.1.5/3**
**Überführung von Gelen aus Wasser in organische Lösungsmittel und umgekehrt**

**Tabelle 2.1.5/4** Eigenschaften von Sephacryl S-Gelen (Pharmacia)

| Sephacryl-Typ | Partikeldurchmesser (feucht) $\mu m$ | Fraktionierbereich (Molmasse) | | Bettvolumen aus 100 ml in Wasser gequollenem Gel | | | |
|---|---|---|---|---|---|---|---|
| | | globuläre Proteine | Polysaccharide | DMF | Essigester | CHCl$_3$ | $n$-Heptan |
| S—200 Superfine | 40–105 | $5 \cdot 10^3 - 2,5 \cdot 10^5$ | $1 \cdot 10^3 - 8 \cdot 10^4$ | 100 | 70 | 70 | 65 |
| S—300 Superfine | 40–105 | $1 \cdot 10^4 - 1,5 \cdot 10^6$ | $1 \cdot 10^3 - 4 \cdot 10^5$ | 100 | 90 | 85 | 70 |

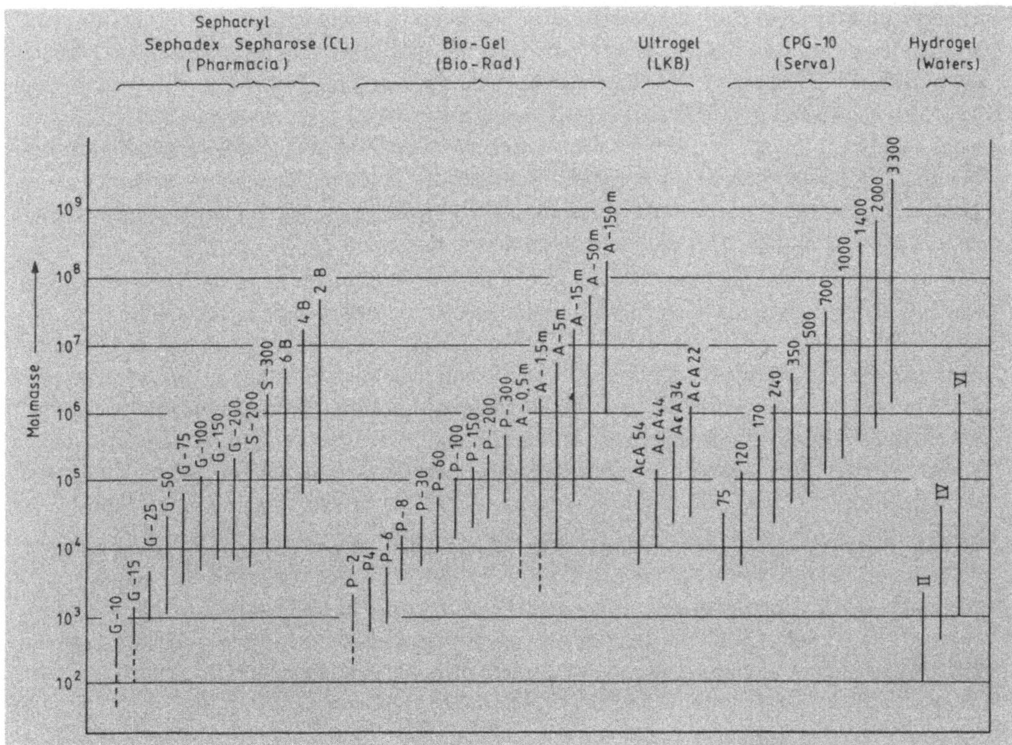


**Bild 2.1.5/4 Fraktionierbereiche für Gele und poröse Gläser in wäßrigen Systemen** (Molmasse in g · mol$^{-1}$)

Aufgrund der rigiden Gelstruktur können statt Wasser auch organische Lösungsmittel zur Elution verwendet werden. Das Gelvolumen ändert sich beim Übergang von Wasser zu den polaren organischen Lösungsmitteln, wie aus Tabelle 2.1.5/4 ersichtlich, nur wenig.

Die Überführung von Sephacryl aus Wasser in eine organische Phase ist aus Bild 2.1.5/3 ersichtlich. Dieses Verfahren gilt ganz allgemein für alle Säulenfüllmaterialien. Die Bezeichnungen und Fraktionierbereiche dieser Gele sind in Bild 2.1.5/4 zusammengefaßt.

**Hydrogele** (Waters) sind organische (vom Hersteller nicht näher charakterisierte) stark vernetzte Gele, die von Wasser benetzt werden. Sie können bis zu einem Druck von $2,5 \cdot 10^7$ Pa eingesetzt werden. Bei pH-Werten größer oder kleiner als 7 ist mit ionischer Adsorption zu rechnen. Die Fraktionierbereiche der Hydrogele sind in Bild 2.1.5/4 dargestellt.

## Organophile Gele

**Derivatisierte Dextrangele** kommen als Sephadex LH-20 und LH-60 in den Handel. Dabei wurden die Hydroxylgruppen von Sephadex G-25 bzw. G-50 durch Hydroxypropylierung verethert. Dadurch zeigt das Gel sowohl hydrophilen als auch lipophilen Charakter. In Fließmittelgemischen aus unpolaren und polaren Komponenten (z. B. Chloroform/ Methanol; $n$-Butanol/Wasser) nimmt das Gel bevorzugt die polare Fließmittelkomponente auf. Es liegen dann Verhältnisse vor, die für eine Verteilungschromatographie (s. Kap. 2.1.2) typisch sind. Die Affinität der gelösten Substanzen zur solvatisierten Matrix hängt daher sehr stark von der Zusammensetzung des Fließmittels ab. Je nach Wahl des Fließmittels lassen sich die adsorptiven Eigenschaften unterdrücken ($\rightarrow$ Trennung nach Teilchengröße) oder gezielt zur Trennung von Substanzen mit ähnlichen Molmassen ausnutzen ($\rightarrow$ Verteilungs- oder Adsorptionschromatographie).

**Polystyrolgele** eignen sich sowohl für die Gelchromatographie als auch zur Adsorption von unpolaren Substanzen und Detergentien. Sie sind unter der Bezeichnung Bio-Beads S und Bio-Beads SM im Handel (Bio-Rad Laboratories). Dabei handelt es sich um Copolymerisate mit Styrol und Divinylbenzol. Die Porendurchmesser hängen stark von der Art des Fließmittels ab. Sehr stark quellen sie in den unpolaren Lösungsmitteln Toluol und Tetrachlorkohlenstoff, die daher oft als Fließmittel verwendet werden. Da die Gele leicht komprimierbar sind, lassen sich gute Ergebnisse nur bei geringen Fließgeschwindigkeiten erzielen. In Bild 2.1.5/5 sind die Fraktionierbereiche für Polystyrolgele wiedergegeben.

Bio-Beads S eignen sich sowohl zur Trennung von Alkanen, Fetten, Fettsäuren und Polystyrolen, als auch zur Bestimmung der Molmassen dieser Verbindungen.

Bio-Beads SM-2 (identisch mit Amberlite XAD-2) ist ein mechanisch stabiles, makroporöses Gel, dessen Quellverhalten in den meisten organischen Lösungsmitteln nur wenig variiert. Es eignet sich besonders gut zur Entfernung von Detergentien und unpolaren Substanzen, auch in Spuren, aus wäßrigen Lösungen (Holloway, 1973).

Styragel (Waters) ist ein stark vernetztes, makroporöses Polystyrolgel und findet aufgrund seiner hohen mechanischen Stabilität bevorzugt in der Hochdruck-Flüssigkeitschromatographie Verwendung. Geeignete Elutionsmittel sind Tetrahydrofuran, Dimethylformamid, Dichlormethan und aromatische Kohlenwasserstoffe. Die Gele werden in gequollenem Zustand geliefert (Fraktionierbereiche s. Bild 2.1.5/5) und dürfen weder austrocknen noch mit polaren Lösungsmitteln, wie z. B. Wasser oder Methanol, in Berührung kommen.

**Poröse Gläser** (Controlled Pore Glasses, CPG) können bei allen Elutionsmitteln verwendet werden. Sie eignen sich besonders für die Hochdruck-Flüssigkeitschromatographie. Die bei den Kieselgelen sonst üblichen starken Adsorptionseigenschaften sind wesentlich vermindert und können durch geeignete Maßnahmen weitgehend verhindert werden. Trotzdem sind diese CPG-Materialien zur Chromatographie von denaturierbaren Proteinen nur mit Vorbehalt einsetzbar. Von der Denaturierung abgesehen werden Proteine mit isoelektri-

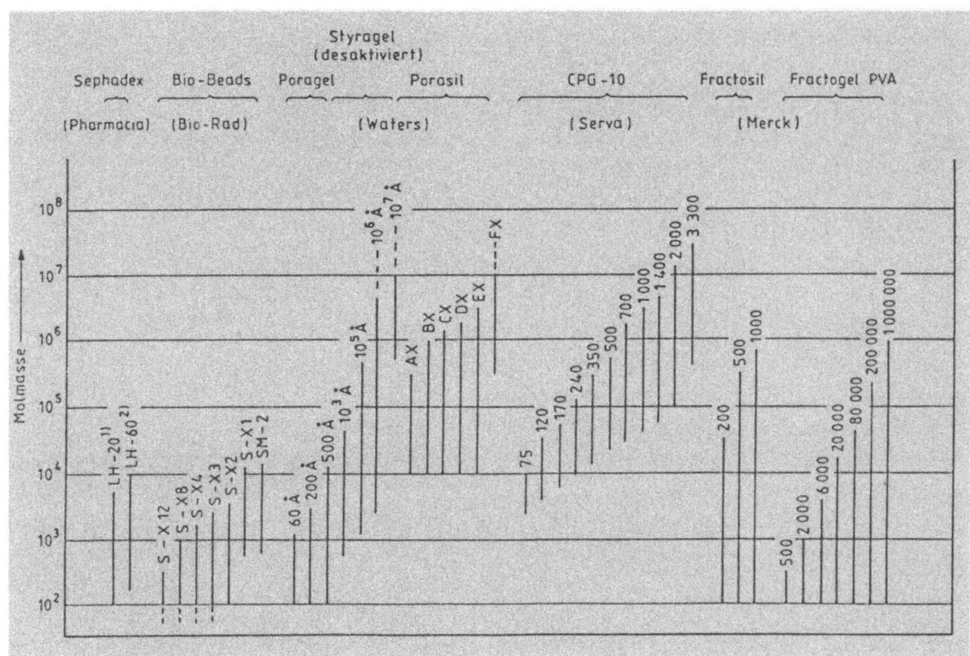


Bild 2.1.5/5  Fraktionierbereiche für Gele und poröse Gläser in organischen Lösungsmitteln (Molmasse in g · mol⁻¹)

schen Punkten (s. Kap. 2.1.3) oberhalb pH 7 an der sauren Oberfläche beträchtlich adsorbiert.

*Abhilfe:*

- Verändern der Salzkonzentration des Elutionsmittels
- Ändern der Salz- oder Pufferionen
- Erniedrigen des pH-Wertes
- Zusätze von 5 % Ethanol, 0,04 % Polyethylenglycol 20 000 oder Detergentien (z. B. 0,1 % Natriumdodecylsulfat) verwenden
- Derivatisierte Gläser (z. B. Aminoglas oder Glyceryl-Glas) verwenden.

Die Fraktionierbereiche von CPG-10 (Serva) und Fractosil (Merck) sind aus Bild 2.1.5/5 ersichtlich.

## Vorbereitung

Die **Wahl des geeigneten Gels** ist im Vergleich zu den anderen chromatographischen Verfahren verhältnismäßig einfach. Je nach Löslichkeit der zu trennenden Substanzen, in Wasser (Bild 2.1.5/4) oder organischen Lösungsmitteln (Bild 2.1.5/5), wählt man das-

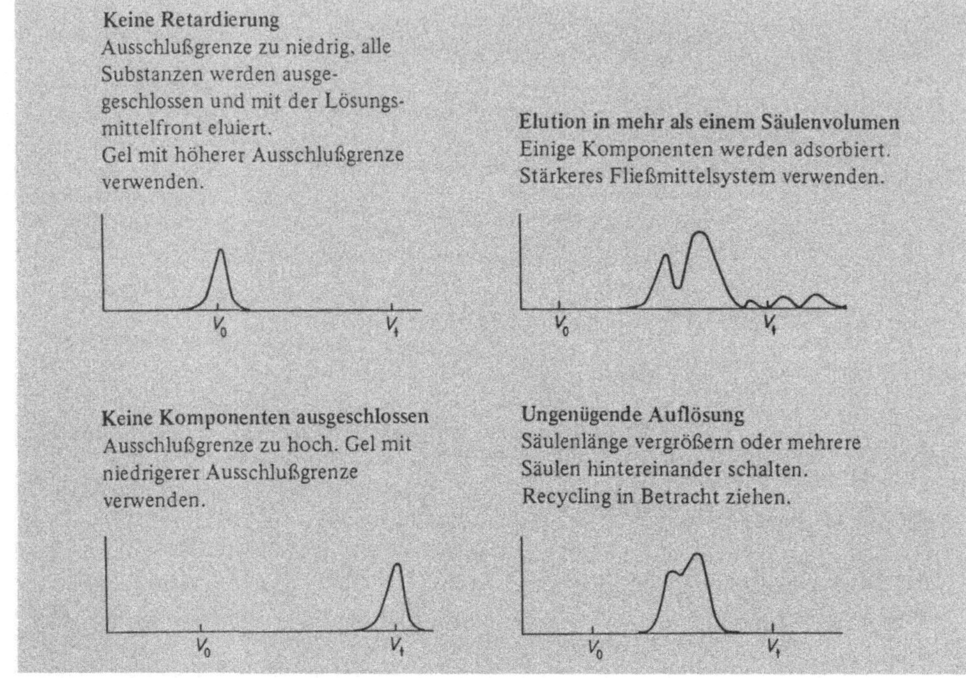


**Bild 2.1.5/6  Optimierung einer gelchromatographischen Trennung**

jenige Gel aus, dessen Fraktionierbereich in der Größenordnung der zu trennenden Substanzen liegt. Im Zweifelsfall fängt man besser bei niederen Ausschlußgrenzen an, da dann die für die weitere Optimierung (s. Bild 2.1.5/6) notwendigen Ergebnisse am schnellsten vorliegen. Erhält man trotz des richtigen Fraktionierbereichs keine befriedigende Trennung, kann noch weiter optimiert (in Kap. 2.3.4 ausführlich beschrieben) werden:

- Gel mit kleinerem Partikeldurchmesser verwenden.
- Längere Säule einsetzen und Fließgeschwindigkeit des Elutionsmittels verringern.
- Recycling in Betracht ziehen.

**Wahl der Säulendimension:** Die Größe der Trennsäule richtet sich in erster Linie nach der zu trennenden Substanzmenge. Wird eine hohe Trennschärfe (Auflösung) angestrebt, darf das Probenvolumen 1–2 % des Bettvolumens nicht überschreiten. Für Trennungen in präparativem Maßstab wird man dagegen etwas auf Trennschräfe verzichten, um einen größeren Massendurchsatz zu erreichen (s. Kap. 2.3.4). Längere Säulen als 1 m lassen sich aufgrund verstärkt auftretender Sedimentationseffekte schlecht packen. Wird eine längere Trennstrecke benötigt, schaltet man besser kürzere Säulen hintereinander. Müssen große Probenvolumina aufgetragen werden, verwendet man an Stelle von längeren Säulen gleich lange, aber dickere Säulen. Sie lassen sich besser packen und lassen eine größere Fließgeschwindigkeit zu. Als geeignet haben sich für Substanzmengen bis ca. 1 g Säulen mit den Maßen $100 \times 2,5$ cm und bis 10 g solche von $100 \times 4$ cm erwiesen.

## Durchführung

- Das Füllen der Säule wird in Kap. 2.3.1 beschrieben.
- Die Probenaufgabe erfolgt mit einer Spritze wie in den Bildern 2.3.1/9 und 2.3.1/11 dargestellt ist. Ein Auftragesystem für größere Probenvolumina wird in Kap. 2.3.1 beschrieben und ist in Bild 2.3.1/9 dargestellt.
- Die Fließgeschwindigkeit wird durch Verändern des hydrostatischen Druckes oder einfacher mit einer Pumpe reguliert. Sie ist so niedrig wie möglich zu halten: eine Bandenverbreiterung durch die Longitudinaldiffusion (s. Kap. 2.3) ist bei Molekülen mit hoher Molmasse nicht zu befürchten.

Die Art des Elutionsmittels beeinflußt die Trennung bei der Gelchromatographie nur wenig, dennoch kann es gelegentlich zu Störungen kommen:

- Adsorption durch Ionenaustausch aufgrund einiger geladener Gruppen in der Matrix. *Abhilfe:* Elutionsmittel mit geringer Salzkonzentration (ca. 0,02 molar) oder niedrigem pH-Wert (1 % Essigsäure) wählen.
- Adsorptionseffekte bei Substanzen, die aromatische Gruppen enthalten. *Abhilfe:* Zusatz von Detergentien oder 5 bis 8 Mol Harnstoff pro Liter Elutionsmittel.

**Aufbewahrung der Gele**: In Wasser oder Pufferlösungen stellen die meisten Gele gute Nährböden für Mikroorganismen dar. Während eine Säule in Betrieb ist, braucht man mit einem Befall von Mikroorganismen nicht zu rechnen. Erst bei längerem Stehenlassen von Säulen oder beim Aufbewahren von Gelmaterialien sind Vorsichtsmaßnahmen zu treffen, z. B. durch:

- Aufbewahren der Säulen im Kühlraum oder einem großen Kühlschrank bei + 4 °C,
- Zusatz von 0,05 % Trichlorbutanol (nur in schwach saurem Milieu wirksam), 0,005 % Thiomersal (z. B. Merthiolat, Pharmacia) oder 0,002 % Chlorhexidin (nicht für Agarosegele). Natriumazid sollte wegen seiner toxischen und cancerogenen Wirkung nicht mehr verwendet werden.

Zusätze von organischen Lösungsmitteln sind nicht geeignet, gefüllte Säulen zu konservieren, da die Gele entweder stark schrumpfen (bei Ethanol etc.) oder die Zusätze nur schwer wieder aus der Säule entfernt werden können (z. B. bei Toluol). Es ist darauf zu achten, daß alle Zusätze vor Gebrauch der Säule zuerst vollständig eluiert werden, da sie oft die Detektion der getrennten Substanzen unmöglich machen oder ihre spätere Aufarbeitung erschweren.


## Dokumentation

In vielen Fällen wird das Elutionsprofil direkt wiedergegeben: (Ordinate: Konzentrationsangabe des Eluats in Form von Skalenteilen (Skt.) des Schreibers, der UV-Absorption oder der optischen Dichte (s. Kap. 3.2.3) mit Angabe der vom Detektor verwendeten Wellenlänge (z.B. $A_{254}$ bzw. $OD_{280}$); Abszisse: Elutionszeit in Stunden (h) oder Minuten (min) bzw. Elutionsvolumen in ml oder als normierte Werte $V_e/V_0$ oder $K_{av}$. In der Legende sind dann noch folgende Angaben zu machen:

- Säulenmaße: Länge × Durchmesser
- Elutionsmittel
- Fließgeschwindigkeit in $ml \cdot min^{-1}$ oder in $ml \cdot cm^{-2} \cdot h^{-1}$

Ein Beispiel für die Wiedergabe und die Legende einer chromatographischen Trennung ist in Bild 2.1.5/7 gegeben. Bei präparativen Trennungen werden im experimentellen Teil noch folgende Angaben gemacht:

- Volumina der einzelnen Fraktionen
- Angabe der Fraktionen, die vereinigt und aufgearbeitet wurden

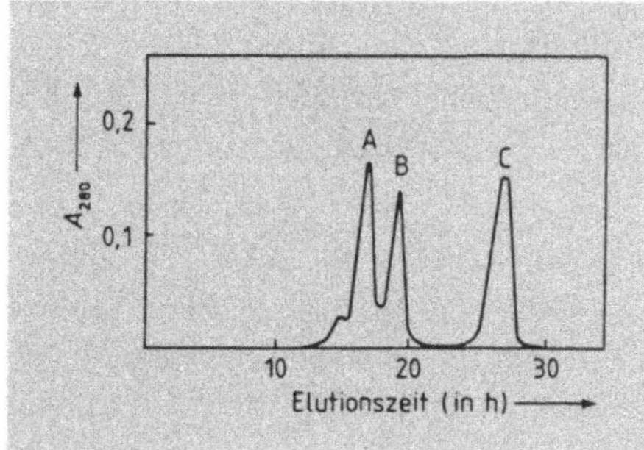


**Bild 2.1.5/7**

Trennung von IgG (A), Transferrin (B) und α-Chymotrypsinogen (C) an Sephacryl S-200 Superfine (pharmacia). Fließmittel: 0,1 M Tris-HCl/0,5 M NaCl-Puffer (pH 8); Säulendimension: 85 × 2,6 cm; Fließgeschwindigkeit: $2\ ml \cdot cm^{-2} \cdot h^{-1}$

## Anwendungsbereich

- Fraktionieren und Auftrennen nach Molmassen in wäßrigem oder organischem Milieu (bei Proteinen, Lipiden, Steroiden, Nucleinsäuren und Polymeren)
- Für Trennungen im präparativen und technischen Maßstab sehr gut geeignet: Es bereitet im allgemeinen keine Schwierigkeiten, eine Trennung vom präparativen Maßstab in die technische Dimension zu übertragen.
- Bestimmung von Molmassen: Mit Hilfe von Eichkurven können Molmassen von Substanzen auch in Mischungen bestimmt werden. Innerhalb des Fraktionierbereichs gilt:

$$V_e \sim \log M$$

$M$ = Molmasse

- Bestimmung des Polymerisationsgrades bei synthetischen Polymeren
- Trennung von Zellen, Zellpartikeln und Viren
- Pufferaustausch (= Umpufferung): Proben können in den für weitere Methoden (z.B. Ionenaustausch- und Affinitätschromatographie oder Elektrophorese notwendigen Startpuffer überführt werden.

- Entsalzen: Mit kleinen Fertigsäulen (PD-10 Säule, Pharmacia) können kleine Probenmengen (bis zu 2,5 ml) in weniger als 5 Minuten entsalzt werden.
- Abtrennung von niedermolekularen, radioaktiven Substanzen bei der Isotopenmarkierung von Biopolymeren
- Beendigung von Reaktionen zwischen großen und kleinen Molekülen (z. B. bei der chemischen Modifizierung von Proteinen)
- Bestimmung von Gleichgewichtskonstanten: Bei langsamen Reaktionen können in bestimmten Zeitabständen Reaktanten und Produkte an einer Säule getrennt und im Eluat quantitativ bestimmt werden.

## Literatur

*K. H. Altgelt, L. Segal*, Gel Permeation Chromatography, Marcel Dekker, New York 1971

*T. G. Cooper*, Biochemische Arbeitsmethoden, de Gruyter, Berlin, 1981

*H. Determann*, Gelchromatographie, Springer, Berlin 1967

Firmenschriften, Gel Filtration – Theory and Practice; Sephadex LH-20-Chromatography in Organic Solvents; Sephadex LH-60-Chromatography in Organic Solvents. Alle von Pharmacia Fine Chemicals, Uppsala 1980, 1978 und 1978

*L. Fischer*, Gel Filtration Chromatography, *T. S. Work, R. H. Burdon* (Ed.), Elsevier/North-Holland, Amsterdam 1980

*P. W. Holloway*, Anal. Biochem. **53**, 304 (1973)

*W. W. Yan, J. J. Kirkland, D. D. Bly*, Modern Size-Exclusion Liquid Chromatography, Wiley, New York 1979

# 2.2 Dünnschicht (DC)- und Papierchromatographie

Eine punkt- oder strichförmig auf eine dünne Schicht eines Trägermaterials aufgebrachte Probe wird mit Hilfe eines Fließmittels in die einzelnen Komponenten aufgetrennt.

## Grundlagen

Sowohl bei der Dünnschicht- als auch bei der Papierchromatographie handelt es sich eigentlich um dünnschichtchromatographische Verfahren. Dennoch wird üblicherweise die Papierchromatographie nicht als „Dünnschichtchromatographie" bezeichnet. Das charakteristische an der Dünnschichtchromatographie ist, daß die „dünne Schicht" auf eine Trägerplatte aufgebracht ist, während bei der Papierchromatographie das Papier gleichzeitig die Trennschicht und die Trägereinrichtung darstellt.

Der entscheidende Vorteil der Dünnschichtchromatographie liegt darin, daß mit geringstem apparativem Aufwand sehr hohe Trennleistungen in kurzer Zeit erzielt werden können.

Mußten früher die Platten selbst beschichtet werden, stehen heute für die meisten Probleme fertig beschichtete Platten als „Fertigplatten" preisgünstig zu Verfügung. Daher wird hier auf die Beschreibung der Beschichtung von Dünnschichtplatten bewußt verzichtet und auf die Monographien von *Stahl*, *Smith* und *Seakins* verwiesen (Kap. 2.2.8).

Die zur Dünnschichtchromatographie geeignete Anordnung läßt sich folgendermaßen beschreiben:

- Die **Sorptionsschicht** haftet fest auf einer Trägerplatte aus Glas, Aluminium oder Kunststoff.

- Die **Probe** wird punktförmig in 1 bis 2 cm Abstand vom unteren Rand auf die Sorptionsschicht aufgetragen.

- Die **Entwicklungskammer** begrenzt einen Gasraum, in dem die Platte entwickelt wird.

- Das **Fließmittel** befindet sich unten in der Entwicklungskammer und bewegt sich in der Sorptionsschicht der hineingestellten Platte nach oben. Dabei werden die Substanzen, die zu Beginn im Startfleck vorhanden waren, entsprechend ihren chromatographischen Eigenschaften in einzelne Flecken aufgetrennt.

Wie bei jedem chromatographischen Verfahren erfolgt die Trennung von Substanzen durch den wiederholten Durchtritt der Substanzmoleküle durch die Phasengrenze fest/flüssig oder flüssig/flüssig. Anders ausgedrückt, die Trennung wird erreicht durch wiederholtes Verteilen der Substanzmoleküle zwischen der stationären und mobilen Phase. Die stationäre Phase besteht entweder nur aus dem Sorptionsmittel (Adsorptionschromatographie) oder einer Sorptionsschicht, die mit einem Flüssigkeitsfilm (z. B. auch Wasser aus der Laborluft) überzogen ist (Verteilungschromatographie). Natürlich muß das Fließmittel entsprechend den zu trennenden Substanzen ausgewählt werden. Als Faustregel gilt: Die Auftrennung stark polarer Substanzen erfolgt in polaren Fließmitteln, weniger polare Substanzen in weniger polaren oder unpolaren Fließmitteln.

In verschiedenen Fließmitteln hat eine Substanz eine unterschiedliche Wandungstendenz. Zahlenmäßig kann sie als $R_f$-**Wert** ($R_f$ = "related to the front" oder auch "retention factor") erfaßt werden (Bild 2.2/1):

$$R_f\text{-Wert}$$
$$R_f = \frac{\text{Abstand Startpunkt} - \text{Fleckenmitte}}{\text{Abstand Startpunkt} - \text{Fließmittelfront}}$$

Der $R_f$-Wert ist weitgehend unabhängig von der Dauer der Entwicklung. Im Prinzip ist der $R_f$-Wert eine substanzspezifische Größe. Da aber eine Vielzahl von Parametern (z. B. auch der Wassergehalt der Laborluft) diesen Wert beeinflussen, stellt der $R_f$-Wert in der Regel nur einen Richtwert dar.

Die meisten Substanzen sind farblos und daher nicht ohne Hilfsmaßnahmen lokalisierbar. Zur Detektion werden geeignete physikalische oder chemische Eigenschaften ausgenutzt:

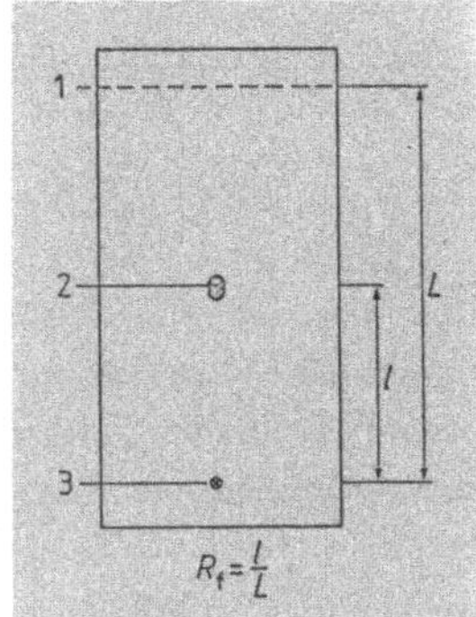

**Bild 2.2/1**
**Die Ermittlung des $R_f$-Wertes**

1  Laufmittelfront
2  Substanzfleck
3  Startpunkt
$L$  Abstand Startpunkt – Fließ-
     mittelfront
$l$  Abstand Startpunkt – Flecken-
     mitte

- **Fluoreszenz.** Viele aromatische Verbindungen zeigen im UV-Licht von 360 nm eine Eigenfluoreszenz. Beim Betrachten der Platte beobachtet man dann hell fluoreszierende Flecken auf dunklem Untergrund.

- **Absorption.** Die meisten Fertigplatten enthalten einen Fluoreszenzzusatz (= Fluoreszenzindikator, durch den Index $F_{254}$ gekennzeichnet), der beim Bestrahlen mit UV-Licht der Wellenlänge 254 nm grün-gelb fluoresziert. An denjenigen Stellen des Chromatogramms, an denen sich UV-Licht absorbierende Substanzen befinden, wird das eingestrahlte UV-Licht absorbiert und demzufolge der Fluoreszenzzusatz nicht angeregt. Man beobachtet daher dunkle Flecken auf hellem, fluoreszierendem Untergrund.

- **Chemische Reaktion.** Oft lassen sich funktionelle Gruppen der getrennten Substanzen mit Reagenzien zu farbigen Folgeprodukten umsetzen (beispielsweise die Aminogruppen in Aminosäuren und Peptiden mit Ninhydrin).

## Anwendungsbereich

Trennung von Substanzen im

- analytischen Maßstab im ng- bis $\mu$g-Bereich und
- präparativen Maßstab im mg- bis g-Bereich

Die Einsatzmöglichkeiten sind vielfältig:

- Anorganische und Organische Chemie
- Biochemie
- klinische Chemie
- Pharmazie
- Lebensmittelchemie
- Produktkontrolle

## Literatur

s. Kap. 2.2.8

# 2.2.1 **Sorptionsmittel**

Die Sorptionsmittel werden bei Fertigplatten durch ein organisches Bindemittel auf der Platte in dünner Schicht festgehalten. Die Abriebfestigkeit ist im Vergleich zu den selbstbeschichteten Platten wesentlich besser. Man kann auf ihnen mit einem weichen Bleistift (!) schreiben und Markierungen anbringen. Die Trennungen sind meist gut reproduzierbar. Die hohe Qualität der Platten kann nur dann maximal ausgenutzt werden, wenn die Platten sorgfältig aufbewahrt werden (sie adsorbieren Verunreinigungen aus der Laborluft).

Für die meisten DC-Untersuchungen sind die „**Normalplatten**" gut geeignet. Die bessere Qualität der „**HPTLC-Fertigplatten**" (HPTLC = **h**igh **p**erformance **t**hin **l**ayer chromatography, auch als HPDC bezeichnet) kommt erst beim Einsatz für die quantitative Dünnschichtchromatographie zum Tragen.

Die häufig verwendeten Sorptionsmittel und ihre Eigenschaften sind in Tabelle 2.2.1/1, die weniger oft verwendeten Sorptionsmittel in Tabelle 2.2.1/2 zusammengefaßt.

**Tabelle 2.2.1/1**  Die wichtigsten Sorptionsmittel

| Sorbens | Trenneigenschaften | Bemerkungen |
|---|---|---|
| Kieselgel | besonders für die Trennung unpolarer Substanzen geeignet; für basische Substanzen sind basische Fließmittel zu verwenden | wird am häufigsten verwendet; nicht zu polare Substanzen können unter der Bedingungen der Verteilungschromatographie getrennt werden (vgl. Kap. 2.1.2); sehr polares Trennmaterial |
| Aluminiumoxid | ähnlich wie Kieselgel; eignet sich besonders zur Trennung nicht zu polarer, basischer Substanzen | sehr polares Trennmaterial |
| oberflächenmodifizierte Kieselgele | zur Trennung polarer Verbindungen in der Reverse-Phase-Chromatographie | die Kieselgeloberfläche trägt chemisch gebundene Kohlenwasserstoffreste (vgl. Kap. 2.1.1) |
| Polyamide | geeignet zur Trennung von Substanzen, die mit den Amidbindungen des Sorptionsmittels Wasserstoffbrückenbindungen ausbilden können | die Elutionskraft des Fließmittels nimmt in folgender Reihenfolge zu: Wasser < Methanol < Aceton < Formamid < Dimethylformamid |

**Tabelle 2.2.1/2**  Weniger häufig verwendete Sorptionsmittel

| Sorbens | Trenneigenschaften | Bemerkungen |
| --- | --- | --- |
| Acetylierte Cellulose | zur Trennung von lipophilen Substanzen (z. B. polycyclische aromatische Kohlenwasserstoffe, Anthrachinonfarbstoffe) | Verteilungschromatographie unter den Bedingungen der Reverse-Phase-Chromatographie; in manchen Lösungsmitteln (z. B. Dioxan, Aceton, Ester) teilweise löslich |
| CM-Cellulose | schwach saurer Kationenaustauscher | funktionelle Gruppe: $-CH_2-C\begin{smallmatrix}\nearrow O \\ \searrow \bar{O}|^-\end{smallmatrix}$  Carboxymethyl– (= CM) |
| DEAE-Cellulose | schwach basischer Anionenaustauscher | funktionelle Gruppe: $-CH_2-CH_2-\overset{+}{N}\overset{\displaystyle H}{\underset{\searrow CH_2-CH_3}{\nearrow CH_2-CH_3}}$  Diethylaminoethyl– (= DEAE) |
| PEI-Cellulose | Anionenaustauscher; Trennung von Enzymen, Nucleotiden | funktionelle Gruppe: $(CH_2-CH_2-\overset{+}{N}H)$ $\mid$ $H$  Polyethylenimin– (= PEI) |
| ECTEOLA-Cellulose | Anionenaustauscher | schwächer basisch als DEAE-Cellulose |
| IONEX-Mischschichten | saure und basische Kunstharzionenaustauscher auf Kieselgelbasis | — |

# Literatur

s. Kap. 2.2.8

# 2.2.2 Analytische Dünnschichtchromatographie

## Grundlagen

Die Dünnschichtchromatographie stellt in der Regel eine ausgesprochen analytische Mikromethode dar, anwendbar bei Substanzmengen zwischen 1 und 10 $\mu$g, bei Verwendung von HPTLC-Platten im ng-Bereich (Nano-DC). Während der Entwicklung der Platte diffundieren die Substanzmoleküle aufgrund der Brownschen Molekularbewegung, die Flecken verbreitern sich zwangsläufig. Daher ist es wichtig, die Fleckendurchmesser beim Auftragen so klein wie möglich zu halten (vgl. aber auch Kap. 2.2.8) und nicht zu viel Substanz aufzutragen. Eine Möglichkeit, beim Auftragen kleine Flecken zu erhalten, ist in Bild 2.2.2/1 dargestellt. Soll die Probe beispielsweise an Kieselgel oder Aluminiumoxid chromatographiert werden (Adsorptionschromatographie), wird sie in einem möglichst unpolaren Lösungsmittel (z. B. Hexan) gelöst. Beim Auftragen der Probe erhält man dann einen kleinen Substanzfleck, da die Substanz direkt beim Austreten aus der Kapillare vom Sorptionsmittel adsorbiert wird.

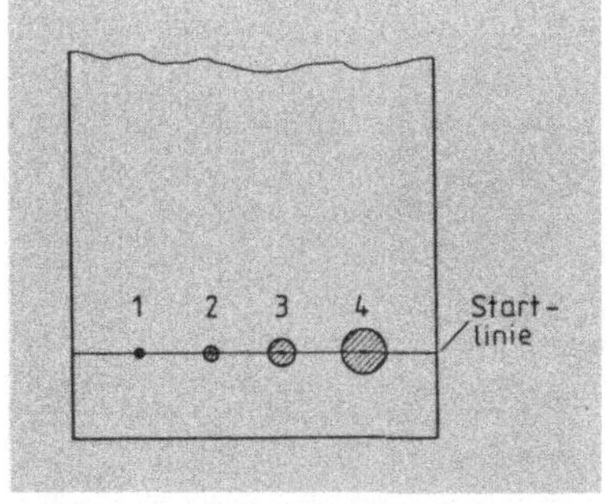


**Bild 2.2.2/1**
Einfluß verschiedener Lösungsmittel der eluotropen Reihe auf die Fleckenform beim Auftragen auf den Startpunkt am Beispiel einer nur wenig polaren Substanz für Kieselgel oder Aluminiumoxid als Trennmaterial. Es bedeuten:
1   Substanz gelöst in $n$-Hexan
2   Substanz gelöst in Benzol
3   Substanz gelöst in Chloroform
4   Substanz gelöst in Aceton
(Nach *Götz*, *Sachs* und *Wimmer*, Dünnschichtchromatographie, Gustav Fischer, Stuttgart 1978, S. 14, Abb. 6)

Oft lassen sich Substanzproben in unpolaren Fließmitteln nur teilweise lösen. Um eindeutige Aussagen über die Zusammensetzung eines Substanzgemisches machen zu können, ist es unerläßlich, daß die Probe vor dem Auftragen vollständig gelöst ist, da sonst schwer lösliche Komponenten möglicherweise nicht erfaßt werden. In Bild 2.2.2/2 ist dargestellt, wie Proben aufgetragen werden.

Bevor die Platte entwickelt wird, muß das Lösungsmittel vollständig entfernt werden. Bei temperaturempfindlichen Substanzen wird hierzu ein Föhn verwendet oder die Platte kurz im Trockenschrank getrocknet. Bei empfindlichen Substanzen kann die Platte auch

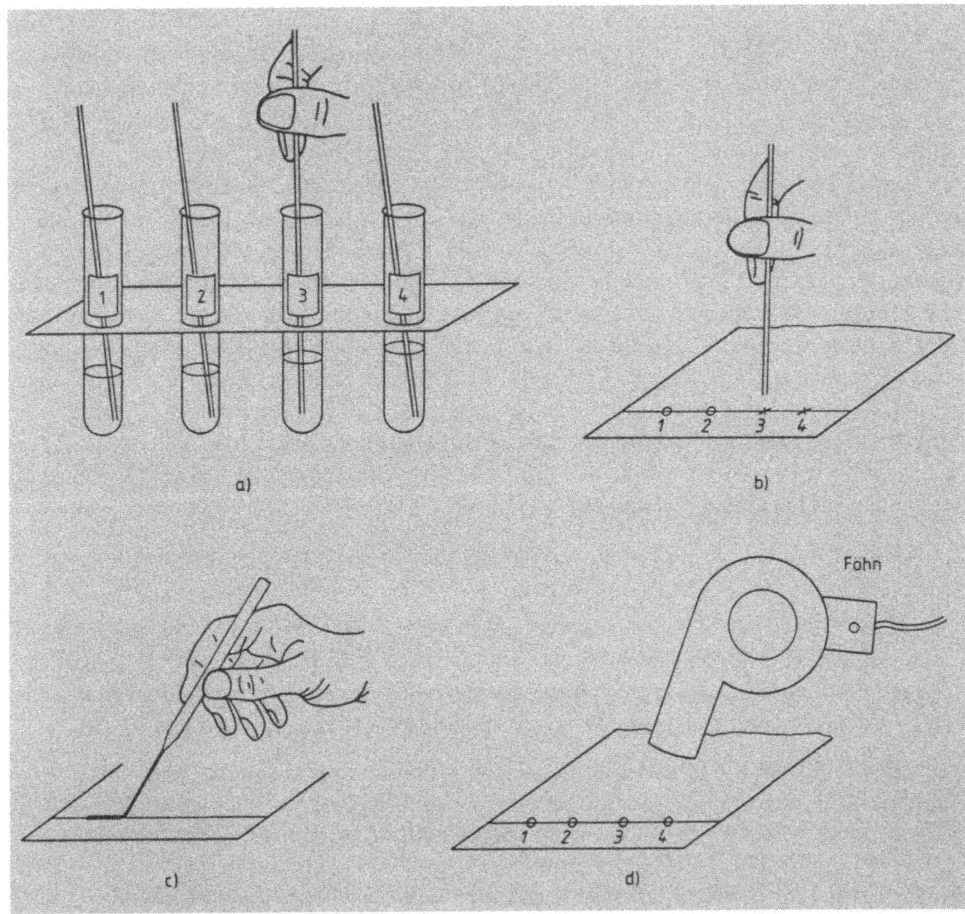



**Bild 2.2.2/2 Auftragen von Substanzen auf eine Dünnschichtplatte.** a) Entnahme der Probelösung mit einer Kapillare. Für jede Probe wird eine andere Kapillare verwendet um Verschleppungsfehler zu vermeiden. b) Punktförmige Flecken (evtl. mehrmals mit Zwischentrocknen) auftragen. c) Streifenförmiges Auftragen erhöht die Nachweisempfindlichkeit. d) Bevor die Platte in die Entwicklungskammer gestellt wird, müssen die Lösungsmittel vollständig entfernt werden. (Nach *D. Abbott, R. S. Andrews, An Introduction to Chromatography*, Longmans, Green and Co., London, Fig. 6, S. 10)

im Vakuumexsiccator getrocknet werden. Zusammenfassend ergibt sich für das optimale **Auftragen von Substanzproben:**

- möglichst geringes Auftragevolumen (ca. 1 $\mu$l)
- bei Kieselgel und Aluminiumoxid Probe in einem Lösungsmittel möglichst niedriger Polarität lösen (Bild 2.2.2/1) und enge Kapillaren verwenden (Innendurchmesser maximal 0,5 mm), oder
- langsames Auftragen in kleinen Portionen aus einer GC-Spritze
- Verwenden eines Nanoliterdosiergeräts (als Applikatoren bezeichnet) für die quantitative HPTLC.

Für das exakte Dosieren einer Probelösung für die quantitative Dünnschichtchromatographie (Kap. 2.2.4) sind spezielle Auftragegeräte, sogenannte Applikatoren, notwendig.
Für viele Zwecke sind jedoch auch Kapillar-Dosierpipetten von 1 bis 5 $\mu$l ausreichend.

Da Applikatoren verhältnismäßig teuer sind und sie sich erst bei der Routineanwendung
rentieren, wurden neue Plattenarten entwickelt, bei denen eine „Konzentrierungszone"
das aufwendige, aber notwendige „punktförmige" Auftragen übernimmt. Die **Fertigplatten mit Konzentrierungszone** bestehen aus zwei unterschiedlichen Schichten, die in
einer scharfen Grenze ineinander übergehen. Die Konzentrierungszone enthält ein synthe-
tisches, poröses Siliciumdioxid mittleren Porenvolumens mit extrem hoher Porenweite
und geringer Adsorptionskraft. Sie ist über die gesamte Breite der Platte in einer Ausdehnung von etwa 25 mm aufgebracht. Die Schichtdicke beträgt 0,15 mm, die der eigentlichen Chromatographieschicht 0,25 mm. Beim Auftragen der Probe entstehen ausge-
dehnte, kreisförmige Flecken, die beim Übergang zu der eigentlichen (stark adsorbieren-
den) Kieselgelschicht zu einem sehr schmalen Strich konzentriert werden. Nach diesem
Konzentrierungsvorgang beginnt von hier ohne Unterbrechung die chromatographische
Trennung. Vorteile dieses Verfahrens:

- Die sonst oft erforderliche Extraktion der zu chromatographierenden Wirkstoffe
  entfällt.

- Erhebliche Zeitersparnis bei der Auftragung. Bei qualitativer Anwendung entfallen teure Applikatoren.

- Bei halbpräparativem Einsatz kann das Substanzgemisch auch durch Eintauchen
  der Konzentrierungsschicht in die Probelösung aufgetragen werden.

Nach dem Einstellen der Platte in die Entwicklungskammer wird das Fließmittel durch
Kapillarkräfte nach oben gesaugt, wobei die Substanzen in Fließrichtung durch die
Schicht transportiert werden. Diesen Vorgang nennt man Entwicklung.

## Fließmittel (Laufmittel, Elutionsmittel)

Die Wahl des geeigneten Fließmittels wird nur für den Fall von polaren Sorptionsmitteln
wie Kieselgel und Aluminiumoxid besprochen. Für die Reverse-Phase-Chromatographie
gilt, was die Polarität des Fließmittels betrifft, jeweils das Umgekehrte.

In der **eluotropen Reihe** (s. Tabelle in Kap. 4.1) sind die Fließmittel nach steigender
Elutionskraft angeordnet. Dabei gelten folgende Zusammenhänge:

- Eine gegebene Substanz hat einen um so höheren $R_f$-Wert, je tiefer das Fließmittel in der eluotropen Reihe steht (d. h. je polarer das Fließmittel ist).

- Ein gegebenes Fließmittel trennt zwei Substanzen so, daß die weniger polare
  Substanz weiter wandert, also einen höheren $R_f$-Wert hat. Bei vergleichbaren
  Substanzen mit weiteren unpolaren Gruppen (beispielsweise $-CH_2-$, $-CH_3$
  usw.) erhöhen sich die $R_f$-Werte, mit weiteren polaren Gruppen erniedrigen sich
  die $R_f$-Werte in der Reihenfolge $-OR > >CO > -OH > -COOH$.

Mit nur einem Fließmittel wird man oft keine befriedigende Trennung erzielen. Besser
eignen sich Fließmittelgemische aus zwei oder mehreren Lösungsmitteln. Da Kieselgel
bevorzugt polare Substanzen adsorbiert, reichert sich an seiner Oberfläche die polarere

Komponente des Fließmittelgemisches an. Damit werden nun neben Adsorptions- auch noch Verteilungseffekte wirksam. Außerdem ändert sich in Laufrichtung des Fließmittels zwangsläufig seine Zusammensetzung, da die polarere Komponente des Fließmittels vom Sorptionsmittel bevorzugt festgehalten wird. Die Polarität des Fließmittelgemisches nimmt in Laufrichtung ab, d.h. es bildet sich zusätzlich ein Polaritätsgradient auf der Platte aus. Die Verhältnisse sind theoretisch sehr kompliziert, lassen sich aber praktisch reproduzierbar zur Trennung komplizierter Substanzgemische ausnutzen.

Substanzen mit elektrisch geladenen Gruppen (beispielsweise Amine oder Carbonsäuren) lassen sich oft nur schlecht an Kieselgel oder Aluminiumoxid chromatographieren. Das liegt daran, daß beide Sorptionsmittel in geringem Umfang selbst ionische Gruppen enthalten (beispielsweise wird Kieselgel aus gefällter Kieselsäure hergestellt). Daher muß bei der Zusammensetzung von Fließmitteln zusätzlich berücksichtigt werden:

- im Falle von Kieselgel (ein schwach saures Sorptionsmittel): Saure organische Verbindungen werden mit Fließmitteln mit einer sauren Komponente chromatographiert (z. B. Essigsäure, Ameisensäure etc.), basische Verbindungen mit Fließmittelgemischen mit einer basischen Komponente (z. B. Ammoniak).

- im Falle von Aluminiumoxid (ein schwach basisches Sorptionsmittel): Saure Substanzen können nur in einem sehr sauren Fließmittel chromatographiert werden. Basische Substanzen werden an Aluminiumoxid besser getrennt als an Kieselgel, an dem oft irreversible Adsorptionseffekte beobachtet werden.

## Entwicklungsbedingungen

Die Reproduzierbarkeit von Trennungen hängt wesentlich von den Bedingungen ab, unter denen die Entwicklung durchgeführt wurde. Je nach der verwendeten Entwicklungskammer kann die Chromatographie in einem Raum, der mit den Fließmitteldämpfen gesättigt ist, oder in Abwesenheit von Fließmitteldämpfen ausgeführt werden. Man unterscheidet daher zwischen der Entwicklung in der **gesättigten Normalkammer** (hier ist die Wand der Kammer mit Filtrierpapier ausgelegt, das einige Zeit vor der Entwicklung mit Fließmittel befeuchtet wurde) und der Entwicklung in der **ungesättigten Kammer**. Im letzteren Fall liegen die $R_f$-Werte höher, da an der Fließmittelfront aufgrund der frei werdenden Adsorptionswärme dauernd etwas Lösungsmittel verdampft. Damit werden die Substanzen weiter transportiert, die Entwicklung dauert auch entsprechend länger. Diese Methode wendet man dann an, wenn Stoffe getrennt werden sollen, die bei Kammersättigung zu niedrige $R_f$-Werte haben.

Eine andere Variante bietet die sogenannte **Sandwich-Kammer** (s. Bild 2.2.2/4), bei der auf der zu entwickelnden DC-Platte, durch einen Rahmen getrennt, eine zweite unbeschichtete Glasplatte befestigt ist. Dieses „Sandwich" kommt dann in eine normale Entwicklungskammer oder in einen dafür vorgesehenen Trog. Die Entwicklung erfolgt jetzt ohne Kammersättigung.

Über die „richtige" Entwicklungsmethode gehen die Meinungen beträchtlich auseinander, es muß daher auf die weiterführende Literatur verwiesen werden (vgl. Kap. 2.2.8).

Abschließend sei nochmals darauf hingewiesen, daß eine absolute Reproduzierbarkeit einer dünnschichtchromatographischen Trennung aus folgendem Grund nicht erreicht werden kann: Es ist unvermeidlich, daß die Sorptionsschicht in Abhängigkeit vom Feuchtigkeitsgehalt der Luft Wasser aufnimmt. Bei der Chromatographie von lipophilen Substanzen, die mit unpolaren Fließmitteln durchgeführt wird, werden die $R_f$-Werte besonders stark beeinflußt. Dies macht den Vergleich von $R_f$-Werten, die unter verschiedenen Umständen erhalten werden, zumindest fragwürdig, wenn nicht unmöglich.

## Geräte

Die gängigsten Formate der Platten und Folien sind $20 \times 20$, $10 \times 20$, $5 \times 20$ und $5 \times 10$ cm. Hochauflösende Dünnschichtplatten (HPTLC-Platten) werden in den Größen $10 \times 10$ und $20 \times 10$ cm angeboten. Das Format $20 \times 10$ ist ausschließlich in der Querform zu verwenden. Sie sind für Parallelbestimmungen mehrerer Proben gedacht. Beschichtete Folien gibt es außer als Platten auch als Rollen mit 20 cm Breite, von denen beliebig breite Streifen abgeschnitten werden können.

Die Schichten sind je nach Verwendungszweck — analytisch oder präparativ — unterschiedlich dick. Für analytische Zwecke liegen die Schichtdicken zwischen 0,1 und 0,3 mm, für präparative Anwendungen zwischen 0,5 und 2 mm. Zur Detektion von Substanzen, die UV-Licht absorbieren, enthalten manche Platten noch einen Fluoreszenzindikator (vgl. Kap. 2.2).

Zur Probenaufgabe stehen verschiedene Hilfsmittel zur Verfügung:

- dünne Schmelzpunktsröhrchen (Innendurchmesser maximal 0,5 mm), die an beiden Seiten offen sind
- $\mu$l-Spritze (GC-Spritze) mit 5 bis 10 $\mu$l Fassungsvermögen
- Dosierspritzen mit einstellbarem Volumen
- Applikatoren

Zur Entwicklung der DC-Platten werden häufig die in Bild 2.2.2/3 wiedergegebenen Entwicklungskammern eingesetzt. Sie stellen die preisgünstigste Lösung dar und sind für die meisten Fälle ausreichend. Besser reproduzierbare Ergebnisse lassen sich mit der Sandwich-Kammer erzielen (Bild 2.2.2/4). Außerdem gibt es noch weitere Kammern, wie beispielsweise für die Zirkularchromatographie, auf die hier aber nicht eingegangen wird.

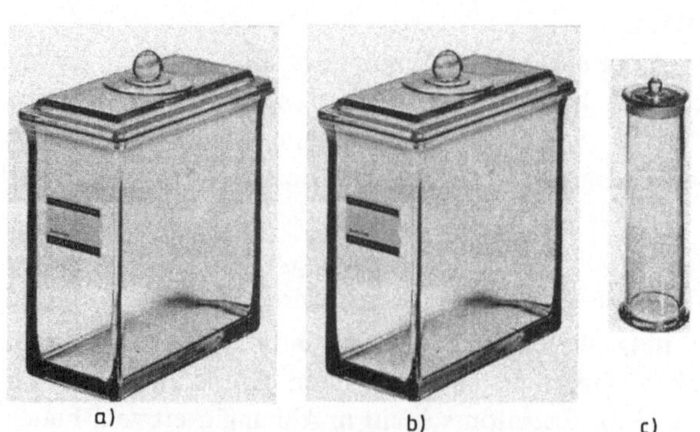


**Bild 2.2.2/3**

**Entwicklungskammern:** a) mit Knopfdeckel für $20 \times 20$-cm-Platten, b) Simultantrennkammer zur gleichzeitigen Entwicklung von bis zu 5 Platten, c) kleine Entwicklungskammer für $5 \times 20$-cm-Platten. (Desaga GmbH, Heidelberg)

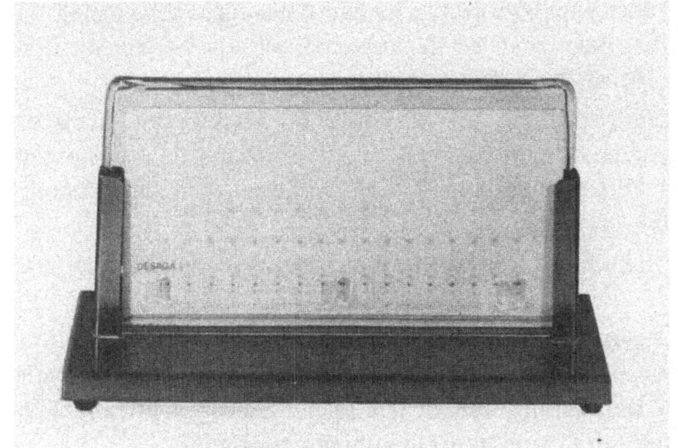

**Bild 2.2.2/4**
Sandwich-Kammer (Erläuterung
s. Text; Desaga GmbH, Heidelberg)

a)

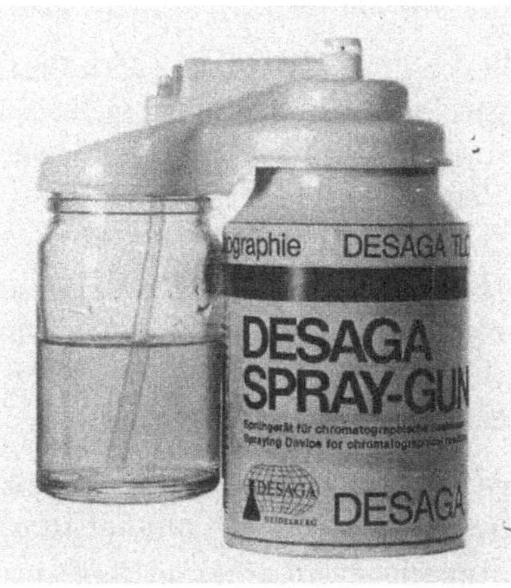


b)

**Bild 2.2.2/5 Sprühgeräte für die Dünnschicht- und Papierchromatographie.** a) Sprüher aus Glas mit Handgebläse; b) Treibgasdose, die über ein Brückenstück mit einem auswechselbaren Vorratsgefäß verbunden ist. (Desaga GmbH, Heidelberg)

Für die chemische Detektion der getrennten Substanzen werden Sprühgeräte, wie sie in Bild 2.2.2/5 wiedergegeben sind, verwendet.


# Durchführung

Auftragen der Probe und Entwicklung der Platte:

- Zur Dosierung der erforderlichen Probemenge (1 bis 5 $\mu$l) wird eine Schmelzpunktskapillare in die Probelösung eingetaucht. Durch Kapillarkräfte wird sie in die Kapillare hineingezogen.

- Nach der Herausnahme der Kapillare wird die überschüssige Probelösung an einem Wischtuch abgetupft. Bequemer ist die Verwendung von GC-Spritzen, in die direkt die gewünschte Menge Probelösung aufgezogen wird.

- Die Kapillare wird langsam von oben auf dem mit einer Markierung (Bleistift) versehenen Startpunkt genähert. Beim ersten Kontakt fließt die Probelösung in die Sorptionsschicht und bildet einen runden Fleck. Dieser darf einen Durchmesser von 2 mm nicht überschreiten.

- Das Lösungsmittel wird mit einem Luftstrom abgeblasen und vollständig entfernt.

- Die mit Filtrierpapier ausgelegte Entwicklungskammer wird etwa 1 cm hoch mit Fließmittel gefüllt und das Filtrierpapier durch Umschwenken der Kammer mit dem Fließmittel getränkt. Der Dampfraum ist bei leicht flüchtigen Fließmitteln nach 10 bis 15 Minuten mit den Lösungsmitteldämpfen gesättigt.

- Die Platte wird in die Entwicklungskammer gestellt. Dabei ist zu beachten, daß die Startflecken *nicht* in das Fließmittel eintauchen.

Ist die Löslichkeit der Probe nicht hoch genug, dann müssen so lange nacheinander Probemengen von 1 bis 2 $\mu$l aufgetragen werden, bis genügend Probe aufgetragen ist. Bei schwerer flüchtigen Lösungsmitteln wird zwischendurch mit einem Föhn getrocknet (s. Bild 2.2.2/2d).

Ist die Fließmittelfront 10 bis 15 cm hoch gestiegen, wird die Platte aus der Entwicklungskammer genommen und die Front sofort (!) markiert (Bleistift). Danach läßt man die Lösungsmittel in einem Abzug verdunsten.

## Detektion

Neben den bereits erwähnten physikalisch-chemischen Methoden (Kap. 2.2) können die Substanzflecken oft auch durch Farbreaktionen sichtbar gemacht werden.

Zur Anfärbung von Substanzflecken durch eine chemische Reaktion wird das Reagenz möglichst gleichmäßig auf die Schicht aufgesprüht. Hierzu verwendet man eines der in Bild 2.2.2/5 dargestellten Sprühgeräte. Das Besprühen von Chromatogrammen muß in einem gut ziehenden Abzug vorgenommen werden, damit die meist toxischen oder cancerogenen Aerosole nicht in die Atemwege oder auf die Haut gelangen. Am besten stellt man eine Sprühbox in den Abzug und besprüht die Platte aus einem Abstand von 30 cm mäanderförmig (Bild 2.2.2/6). Darüber hinaus schützt eine solche Sprühbox den Abzug vor Verschmutzung durch die Reagenzien.

Für die quantitative DC ist eine gleichmäßige Verteilung des Reagenzes besonders wichtig. Die fest haftenden Schichten der Fertigplatten erlauben auch das Eintauchen der Platte in Reagenzienlösungen.

Oft erfolgt die Farbreaktion nicht spontan, sondern erst bei höherer Temperatur. In diesem Fall wird die Platte in einen Trockenschrank gelegt. Für qualitative Untersuchungen ist dies völlig ausreichend. Die für eine quantitative Bestimmung von Substanzen erforderliche reproduzierbare Farbreaktion ist jedoch nur durch eine kontrollierte Wärmezuführung zur Platte gewährleistet. Hierfür gibt es speziell entwickelte Geräte, sogenannte

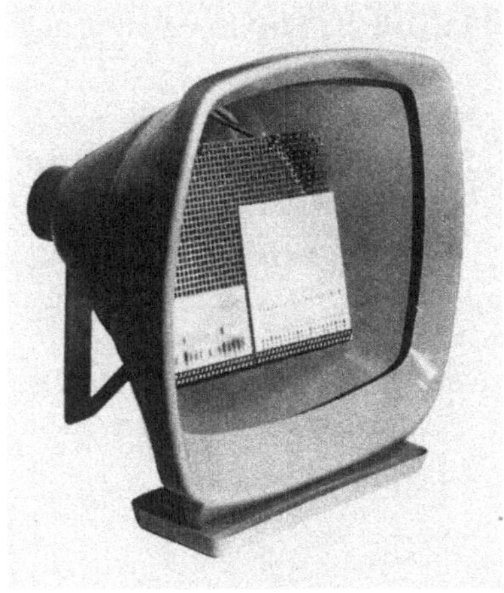

**Bild 2.2.2/6**
**Besprühen einer DC-Platte in einer Sprühbox.** Die toxischen und verschmutzenden Aerosole bleiben auf einen kleinen Raum beschränkt. (Desaga GmbH, Heidelberg)

Plattenheizer. Man kann dann auch die Ausbildung der Farbflecken laufend beobachten und die Reaktion durch Abnahme der Platte von dem Heizapparat nach einer festgelegten Zeit abbrechen.

## Identifizierung von Substanzen

Bereits aus einer eventuell vorhandenen Eigenfluoreszenz oder UV-Absorption lassen sich Rückschlüsse auf die Art der Substanz ziehen. Weitere Aufschlüsse über vorhandene funktionelle Gruppen ergeben sich aus der Anwendung verschiedener gruppenspezifischer Sprühreagenzien (s. Literatur in Kap. 2.2.8).

Gelegentlich stört das in den Platten enthaltene Bindemittel die Farbreaktion. In diesem Fall kann nur der Wechsel zu Platten eines Herstellers empfohlen werden, die ein Bindemittel enthalten, das die Nachweisreaktion nicht nachteilig beeinflußt.

## Dokumentation

Am einfachsten wird das Chromatogramm abgezeichnet (Transparentpapier) oder fotokopiert. Insgesamt müssen folgende Angaben festgehalten werden:

- Art des Sorptionsmittels und der Hersteller der Platte
- Fließmittelzusammensetzung (evtl. auch Angaben zur Kammersättigung)
- Startflecken, Substanzflecken (möglichst mit Wiedergabe der relativen Intensitäten und Farbe) und Fließmittelfront
- Art der Detektion (UV, Reagenz etc.).

Für Veröffentlichungen wird das Ergebnis folgendermaßen wiedergegeben:

> Die Substanz X erwies sich als chromatographisch rein ($R_f$ = 0,5. Chloroform/Methanol 7:3 (v, v), Kieselgel).

Die Angabe v, v steht für Volumen/Volumen und bedeutet, daß die Fließmittelmischung aus den angegebenen Volumina der Lösungsmittel hergestellt wurde.

Darüber hinaus muß im „Experimentellen Teil" der Veröffentlichung noch die Herkunft der Platte und die Art der Detektion angegeben werden. Falls zur Entwicklung der Platte keine Angaben gemacht werden, wird angenommen, daß die Entwicklung in einer mit Lösungsmitteldampf gesättigten Entwicklungskammer durchgeführt wurde.

Die größte Beweiskraft hat eine Fotographie oder ein Diapositiv der Platte. Für Farbbilder eignet sich eine Polaroid-Kamera besonders gut, da hier das Ergebnis unmittelbar vorliegt und die farbliche Wiedergabe direkt beurteilt werden kann. Eine ausführliche Beschreibung der fotographischen Dokumentation von Dünnschichtchromatogrammen findet man bei *K. H. Scholtz.*

## Literatur

s. Kap. 2.2.8.

# 2.2.3 Präparative Dünnschichtchromatographie

## Grundlagen

Bevor ein Substanzgemisch präparativ getrennt wird, sollte die Trennung zuerst im analytischen Maßstab durchgeführt und optimiert werden. Einer der großen Vorteile der präparativen Dünnschichtchromatographie liegt darin, daß die Trennung problemlos vom analytischen in den präparativen Maßstab übertragen werden kann. Als Sorptionsmittel wird fast ausschließlich Kieselgel, gelegentlich auch Aluminiumoxid (beide mit Schichtdicken bis 2 mm) oder Cellulose (Schichtdicke 0,5 mm) verwendet.

Die Probe wird strichförmig in der Größenordnung von einigen ml aufgetragen. Am wenigsten aufwendig (allerdings wird einiges Geschick vorausgesetzt) ist das Auftragen mit Lineal und Pipette. Mit Hilfe von Mikroapplikatoren und Breitbandpipetten lassen sich Proben schneller und einfacher auftragen (Bild 2.2.3/1). Recht gute Ergebnisse lassen sich auch mit dem „Tauchverfahren" erzielen, vor allem dann, wenn verdünnte Lösungen chromatographiert werden sollen. Am bequemsten erfolgt das Auftragen jedoch mit automatisch arbeitenden Applikatoren (Bild 2.2.3/2).

Zur Entwicklung von 20 × 20 cm Platten genügt eine normale Entwicklungskammer. Größere Substanzmengen werden auf 20 × 100 cm Platten durchgeführt, entsprechend größer sind dann die Entwicklungskammern, in denen auch mehrere Platten gleichzeitig entwickelt werden können. Da von der Oberfläche der dicken Schicht Lösungsmittel verdampft, laufen die Substanzen an der Oberfläche schneller als in den tieferen Schichten.

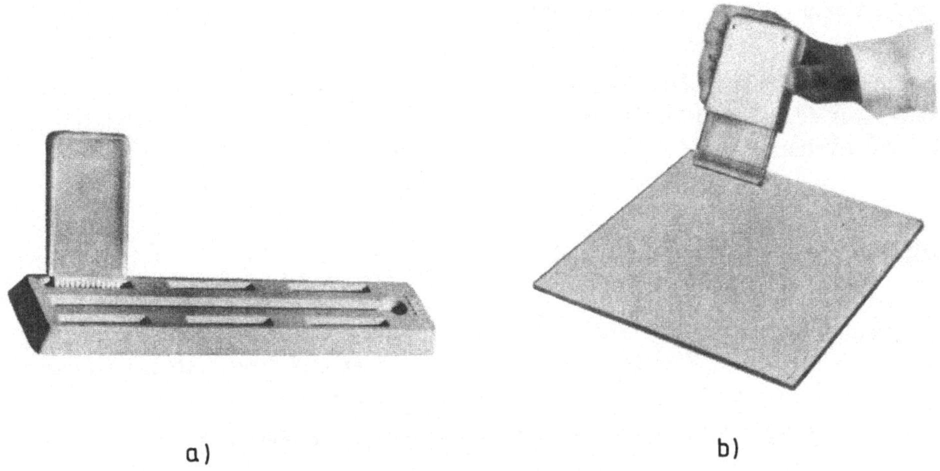

a)　　　　　　　　　　　　　　b)

**Bild 2.2.3/1 Hilfsmittel zum strichförmigen Auftragen von Probelösungen.** a) Mikroapplikatoren für wäßrige oder organische Probelösungen von 10 bis 50 $\mu$l Probevolumen; b) Breitbandpipette zum Auftragen von ca. 40 $\mu$l Probelösung als ein 60 mm langes Band. (Desaga GmbH, Heidelberg)

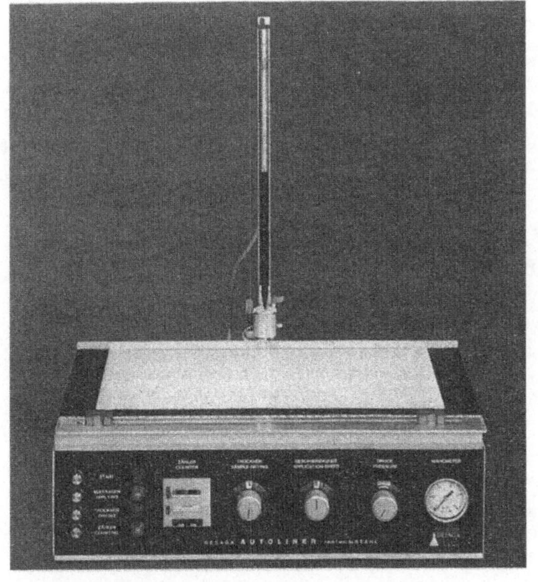

**Bild 2.2.3/2**
Automatisch arbeitender Applikator
(Autoliner 75, Desaga), geeignet
zum qualitativen und präparativen
Auftragen von Substanzlösungen
in Punkt- oder Strichform von
1 bis 5 ml Probevolumen. (Desaga
GmbH, Heidelberg)

Somit können sehr nahe benachbarte Zonen leicht überlappen. Dieser Effekt kann klein gehalten werden, indem man auf eine möglichst vollständige Kammersättigung achtet. Vorteilhaft ist ein großer Unterschied in den $R_f$-Werten. Daher muß die Zusammensetzung des Fließmittels sorgfältig optimiert werden.

Die Lokalisierung von Substanzen ist dann einfach, wenn sie UV-Licht absorbieren oder eine Eigenfluoreszenz besitzen (Platten mit Fluoreszenzindikator verwenden). Falls dies nicht der Fall ist, wird ein schmaler Streifen der Platte zur chemischen Detektion verwendet.

Das Isolieren der Substanzen gelingt einfach durch Auskratzen der jeweiligen Substanzzonen. Aus dem Sorptionsmittel wird dann mit einem Fließmittel hoher Elutionskraft die Substanz herausgelöst.

## Geräte

Die gängigste Plattengröße beträgt 20 × 20 cm mit Schichtdicken bis zu 2 mm. Als Fertigplatten erhältlich sind Kieselgel-, Aluminiumoxid- oder Cellulose-Platten. Im industriellen Bereich werden auch Platten von 20 × 100 cm eingesetzt.

Die Probenlösungen können mit folgenden Hilfsmitteln aufgetragen werden:

- Pipette und Lineal
- Mikroapplikatoren und Breitbandpipetten (Bild 2.2.3/1)
- automatisch arbeitenden Applikatoren (Bild 2.2.3/2)

Zur Entwicklung der Platten eignen sich je nach Plattengröße:

- Normalkammern für 20 × 20-cm-Platten (Bild 2.2.2/3a und b)
- Spezialkammern für größere Platten (20 × 100 cm)

Wenn nur selten eine präparative Trennung durchgeführt wird, genügt ein Spatel zum Auskratzen der Flecken bzw. Substanzzonen. Das ausgekratzte Trägermaterial wird in eine kleine Chromatographiesäule überführt und dort die adsorbierte Substanz mit einem geeigneten Fließmittel eluiert. Bequemer und mit weniger Verlust verbunden sind die Absaugvorrichtungen, wie sie in Bild 2.2.3/3 dargestellt sind. Mit ihnen wird das Sorptionsmittel direkt in einer kleinen Glasfilternutsche aufgefangen.

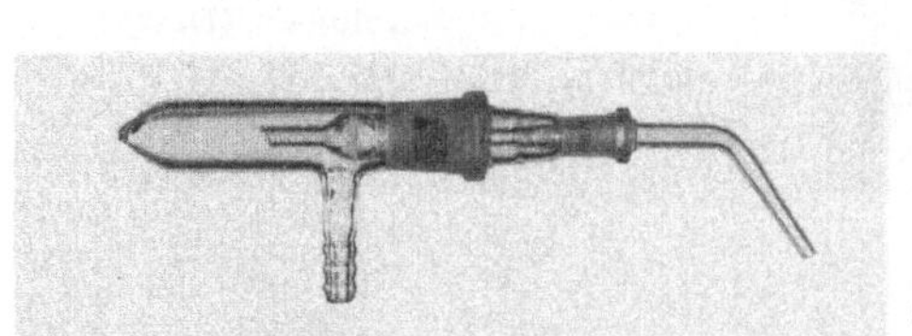
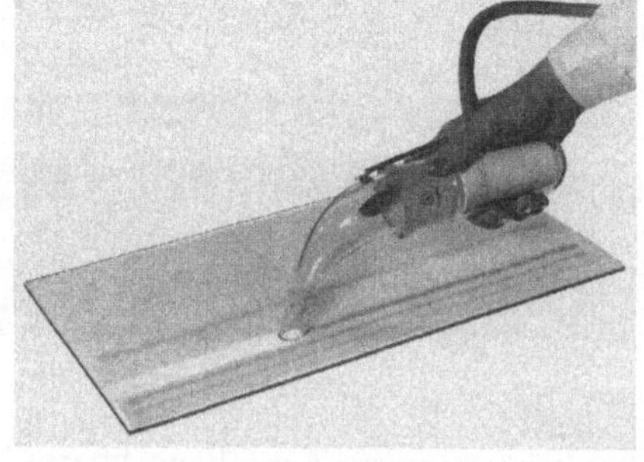


**Bild 2.2.3/3 Absaugvorrichtungen zum Isolieren von Substanzen.** a) Der Flecken-Eluator ist ein „Mikrostaubsauger" zum Absaugen und anschließenden Eluieren von Substanzflecken oder nicht zu großen Substanzzonen. Das Sorptionsmittel wird durch das Vakuum auf die Glasfritte des Eluators gesaugt, aus dem die Substanz mit einem geeigneten Fließmittel eluiert werden kann. b) Mit einem „Zonenkollektor" lassen sich bandenförmige Zonen mit Vakuum in eine Extraktionshülse saugen. In einem Soxhlet-Extraktor (vgl. Kap. 1.4.1) kann die Substanz dann aus dem Sorptionsmittel extrahiert werden. (Desaga GmbH, Heidelberg)

## Durchführung

Die Durchführung der präparativen Dünnschichtchromatographie erfolgt im wesentlichen wie in Kap. 2.2.2 bereits beschrieben, mit Ausnahme des Tauchverfahrens:

- Unterkante der Platte 1 mm tief in die Probelösung eintauchen.
- Probelösung etwa 2 cm hochsteigen lassen, dann die Platte herausnehmen und mit einem Föhn trocknen.
- Platte erneut in die Probelösung stellen und den Vorgang so oft wiederholen, bis die gewünschte Probemenge auf der Platte in einem 2 cm breiten Streifen untergebracht ist.
- Plattenunterseite sehr vorsichtig gerade eben in ein polares Fließmittel (im Fall von polaren Sorptionsmitteln), beispielweise Methanol oder Aceton, eintauchen und Substanzgemisch an der Fließmittelfront konzentrieren. Vorgang eventuell wiederholen.
- Fließmittel entfernen und Platte mit dem geeigneten Fließmittel entwickeln.

Die Detektion wird nach der Entwicklung je nach den physikalischen Eigenschaften der zu isolierenden Substanzen entweder mit UV-Licht (254 nm bei Platte mit Fluoreszenzindikator oder 365 nm, falls die Substanzen selbst fluoreszieren) oder durch eine chemische Reaktion vorgenommen. Im letzteren Fall wird die Platte bis auf die beiden senkrechten Randzonen vollständig abgedeckt. Die Randstreifen können dann mit (eventuell verschiedenen) Reagenzien besprüht und die Substanzen auf diese Weise sichtbar gemacht werden. Die Substanzzonen auf der restlichen Platte werden mit einem Bleistift markiert und wie oben beschrieben aufgearbeitet.

## Anwendungsbereich

- Isolierung von Substanzen aller Art in mg bis 10-g-Mengen
- Isolierung kleiner Substanzmengen aus Reaktionsgemischen zur analytischen Untersuchung mit physikalisch-chemischen Methoden (UV, IR, NMR etc.)

Ein wesentlicher Vorteil dieser Methode liegt darin, daß die Probe, im Gegensatz z. B. zur Säulenchromatographie, nicht vorbehandelt zu werden braucht.

## Literatur

s. Kap. 2.2.8.

# 2.2.4 Quantitative Dünnschichtchromatographie

Bei der quantitativen Dünnschichtchromatographie werden zwei Arbeitsschritte miteinander kombiniert, nämlich die Auftrennung eines Substanzgemisches und die anschließende quantitative Bestimmung der einzelnen Komponenten mit einer physikalisch-chemischen Methode (meist Remissionsmessung von Licht im sichtbaren oder ultravioletten Bereich).

## Grundlagen

Die quantitative Bestimmung einer chemisch reinen Substanz bereitet im allgemeinen keine Schwierigkeiten. Liegt sie aber in einer komplexen Mischung vor, muß sie vor der Bestimmung normalerweise quantitativ, oder zumindest reproduzierbar, isoliert werden, um anschließend quantitativ bestimmt werden zu können. Das dünnschichtchromatographische Verfahren kombiniert beide Schritte zu einem Arbeitsgang. Daher ist der Materialbedarf sehr gering ($\mu$g- bis ng-Bereich). Die Trennung der Substanzen erfolgt unter sehr schonenden Bedingungen und ermöglicht somit die Bestimmung von empfindlichen Substanzen, die bei langwierigen Trennoperationen zerstört würden. Wenn zudem eine halbquantitative Bestimmung ausreicht, — und dies ist oft der Fall —, ist sowohl der apparative Aufwand als auch der Zeitbedarf, im Vergleich zu anderen Methoden, minimal. Die exakte quantitative Anwendung der Dünnschichtchromatographie erfordert allerdings teure Applikatoren und Auswertegeräte.

Beim Auftragen der Proben können in der quantitativen Dünnschichtchromatographie beträchtliche Fehler gemacht werden, denn ein Fehler bei der Dosierung der Probelösung wird bei einer Absolutbestimmung direkt auf das Ergebnis übertragen. Die Anwendung von Applikatoren ist daher notwendig, denn

- jede Vergrößerung des Startflecks hat eine Verschlechterung der Trennung und gleichzeitig eine Erhöhung der Nachweisgrenze zur Folge. Hier gelten die bereits in Kap. 2.2.2 erwähnten Richtlinien zum optimalen Auftragen ganz streng. Das Auftragevolumen soll bei normalen Platten 0,5 bis 2 $\mu$l, bei HPTLC-Platten 0,1 $\mu$l nicht überschreiten.

- Die aufzutrennende Probemenge ist gering zu halten, da eine lokale Überladung der Platte die Trennung wesentlich verschlechtern kann (vgl. Kap. 2.2.8). Bei der normalen DC liegt die obere Grenze bei 0,5 bis 2 $\mu$g je Fleck, bei der HPTLC bei 0,1 bis 0,5 $\mu$g/Fleck.

Für die Entwicklung gibt es eine optimale Steighöhe: bei DC-Platten 10 bis 15 cm, bei HPTLC-Platten 3 bis 5 cm. Eine Vergrößerung der Laufstrecke führt zu einer Verschlechterung der bereits erzielten Trennung, da Diffusionseffekte den Gewinn durch mehr theoretische Böden überkompensieren.

## Geräte

- Zum Auftragen der Proben werden entweder Spritzen mit exakt dosierbaren Volumina im Bereich von 100 nl bis 1 $\mu$l oder Applikatoren benötigt.
- Hochauflösende Dünnschichtplatten für die HPTLC (= High Performance Thin Layer Chromatography). Platten mit Konzentrierungszone ersetzen teilweise die teuren Applikatoren, vorausgesetzt daß reproduzierbare Probenvolumina aufgetragen werden können.
- Dünnschicht-Scanner (= Densitometer), möglichst mit Einrichtung zur Computerauswertung der Chromatogramme.
- Ersatzweise Gerätschaften für die Line-Elution-Technik (s. Bild 2.2.4/2).

## Durchführung

Üblicherweise wird die Platte mit einem strichförmigen Lichtstrahl „abgefahren" (Bild 2.2.4/1a). Die Wellenlänge wird zuvor auf das Absorptionsmaximum der zu messenden Substanz eingestellt. Die Spalthöhe (= Spurbreite) ist so zu wählen, daß nur die Substanzflecken, nicht aber die Randzonen der Flecken von mitchromatographierten weiteren Proben erfaßt werden. Da außerdem das Nutzsignal mit zunehmender Spalthöhe kleiner wird, ist diese so klein wie möglich einzustellen. Daraus leiten sich zwei Forderungen ab:

- Möglichst kleine Flecken durch optimales Auftragen und möglichst kurze Laufstrecke (hier sind HPTLC-Platten besonders vorteilhaft)
- Startflecken weit genug voneinander entfernt auftragen.

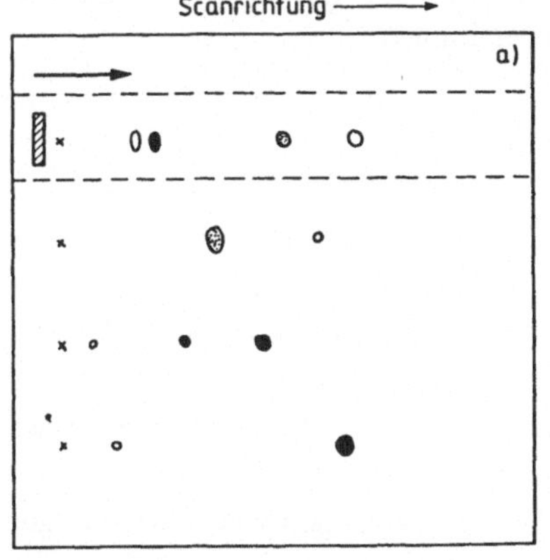


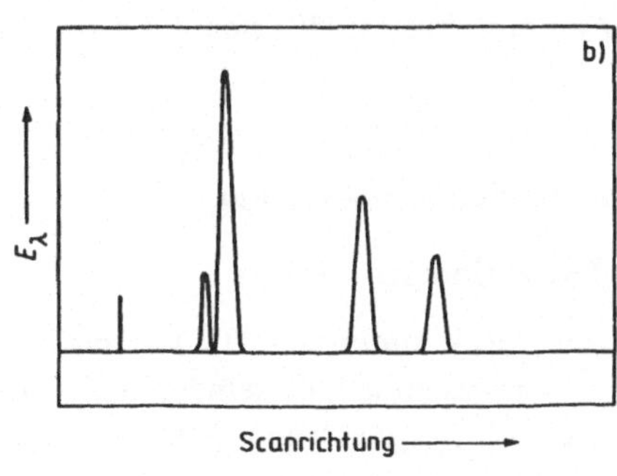


**Bild 2.2.4/1 Auswertung von Dünnschichtplatten mit dem Dünnschicht-Scanner.** a) „Abfahren" der Platte in Entwicklungsrichtung mit einem spaltförmigen Lichtstrahl; b) Das vom Schreiber aufgezeichnete Absorptionsprofil des Chromatogramms. Die Flächen unter den Peaks stehen in Beziehung zu den Substanzmengen der vermessenen Flecken.

Auch die Spaltbreite sollte so klein wie möglich gewählt werden. Damit ist zwar das Nutzsignal kleiner, aber die Auflösung dafür größer. Dies gilt besonders bei Verwendung von HPTLC-Platten mit Konzentrierungszone, da hier aufgrund der hohen Trennleistung und der Konzentrierung der Substanzflecken in der Konzentrierungszone sehr dicht aufeinanderfolgende Flecken erhalten werden. Eine zu große Spaltbreite würde die hervorragende Trennleistung wieder zunichte machen.

## Halbquantitative Auswertung

**(1) Bestimmung nach der Vergleichsmethode:**

- Verdünnungsreihe (z. B. $1, 2, 4, 8 \ldots$ mg $\cdot$ ml$^{-1}$) herstellen.
- 2 $\mu$l je Fleck auftragen und dazwischen jeweils 1 Fleck der zu bestimmenden Probelösung setzen.
- Nach der Entwicklung Intensität und Fleckengröße vergleichen und die Konzentration der Probelösung abschätzen.

**(2) Bestimmung der Fleckengröße:**

Bei gleich großen Startflecken ist nach der Entwicklung die Wurzel aus der Fleckengröße ($F$) proportional zu dem Logarithmus der Substanzkonzentration ($c$):

$$\sqrt{F} \sim \log c$$

Nach der Entwicklung legt man zur Auswertung ein durchsichtiges Millimeterpapier auf die Platte und bestimmt die Fleckengröße in mm$^2$. Genauere Ergebnisse erhält man durch Umfahren der Flecken mit einem Planimeter. Der Fehler dieser Methode liegt zwischen 4 und 10 % und kann bei Mehrfachmessungen noch verringert werden. Man zieht die Quadratwurzel aus den Flecken mit bekannter Substanzkonzentration und trägt die Werte gegen die Substanzmenge $M$ in halblogarithmischem Maßstab auf. Die Konzentration der unbekannten Lösung läßt sich dann einfach graphisch bestimmen.

## Quantitative Auswertung

**(1) Extraktion der Flecken:**

- Fleck unter die UV-Lampe (254 nm) legen und mit einem weichen Bleistift etwas außerhalb seines Randes umrahmen.
- Sorptionsmittel des Flecks mit einem Spatel abkratzen und mit Hilfe eines Trichters in ein Zentrifugenglas überführen.
- Substanz mit einer definierten Menge eines polaren Lösungsmittel versetzen, gut durchmischen und zentrifugieren.
- Überstand in eine Küvette pipettieren und photometrisch vermessen (Kap. 3.4.1).

Bequemer ist die Verwendung eines „Mikrostaubsaugers" (Bild 2.2.3/3a) an Stelle des Auskratzens der Flecken mit einem Spatel. Ein andere Verfahren, die Line-Elution-Technik, ist in Bild 2.2.4/2 dargestellt:

- Probe mit einem Applikator quantitativ strichförmig auf eine DC-Folie auftragen.
- Wie üblich chromatographieren.
- Folie unter die UV-Lampe legen (254 bzw. 360 nm) und die Substanzzonen mit einem Bleistift umranden.
- Etwas größere Stücke mit einer Schere ausschneiden und in speziellen Elutoren, bei denen das Eluens oben direkt auf den Streifen fließt, eluieren.
- Eluat mit der geeigneten Methode (z. B. Photometrie, Mikrotitration, Polarographie etc.) bestimmen.

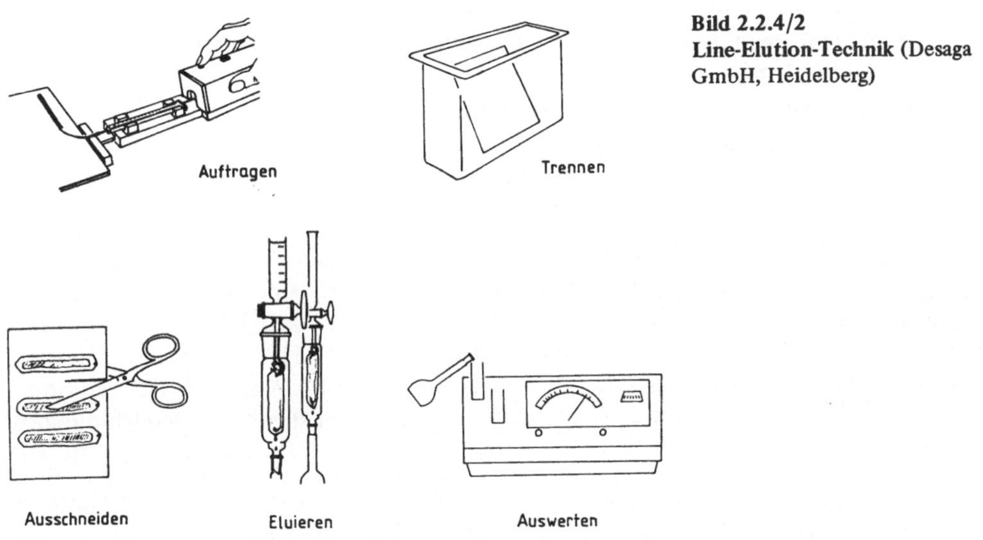


**Bild 2.2.4/2**
**Line-Elution-Technik (Desaga GmbH, Heidelberg)**

Durch das strichförmige Auftragen gelingt es, Substanzmengen bis in den mg-Bereich hinein gut zu trennen. Diese Mengen reichen für eine spektrometrische Auswertung völlig aus.

Wenn sehr kleine Substanzmengen zu bestimmen sind, muß jeweils eine Vergleichsprobe des Sorptionsmittels, das frei von Substanz ist, aber möglichst nahe bei dem zu bestimmenden Fleck liegt, zusätzlich isoliert werden. Die daraus hergestellte Lösung wird als Blindwert benutzt. An dieser Stelle sei vor einer Überschätzung der Elutionsmethode gewarnt. Beim Trocknen der Platte tritt teilweise eine irreversible Adsorption auf, wodurch die Wiederfindungsrate manchmal unter 90% sinkt. Die Reproduzierbarkeit dieser Methode liegt bei ca. 5%.

**(2) Optische (Direkt-)Auswertung der Substanzflecken:**

Bei diesem Verfahren kommt neben der Dosiergenauigkeit beim Auftragen der Qualität der Platten eine wesentliche Bedeutung zu:

- Einheitliche Schichtdicke über die ganze Fläche (ist bei Fertigplatten weitgehend erreicht).

- Möglichst gleichförmige Oberfläche verringert das Rauschen des Untergrunds. Hier bieten die HPTLC-Platten wesentliche Vorteile.

- Saubere Sorptionsschicht. Platten absorbieren Verunreinigungen aus der Luft. Sie können durch Entwickeln der Platte in Methanol in eine schmale Zone nahe dem oberen Rand transportiert werden (unter Umständen wird mehrmals „gewaschen"). Die Platte wird dann im Exsikkator unter Vakuum von Lösungsmittelresten befreit und bis zum Gebrauch dort aufbewahrt.

- Nur saubere Fließmittel verwenden (Lösungsmittel bei Bedarf vorher an einer Säule mit Aluminiumoxid reinigen; vgl. Tabelle in Kap. 4.1).

- Schicht beim Auftragen nicht verletzen (führt später zu starker Deformierung der Flecken).

- Beim Auftragen auf gleich große Startflecken achten.

- Bei chemischer Detektion muß das Reagenz gleichmäßig auf die Platte aufgebracht werden (am einfachsten durch Eintauchen der Platte in die Reagenzienlösung).

Grundsätzlich sind vier verschiedene optische Verfahren der Auswertung von Flecken möglich, die mit sogenannten „Dünnschicht-Scannern" (= Densitometer) durchgeführt werden. Zunächst unterscheidet man zwei Meßanordnungen, je nachdem ob in Remission (Messung des von der Plattenoberfläche reflektierten Lichts) oder Transmission (Messung des durch die Platte hindurchgehenden Lichts) gemessen wird. Wegen der starken Streuung des UV-Lichts können Transmissionsmessungen nur im sichtbaren Bereich durchgeführt werden.

- **Messung in Transmission.** Die Schwächung des Lichts an der Stelle der Platte, an der sich die Substanz befindet, wird verglichen mit einer Stelle, die nur die Sorptionsschicht, aber keine Substanz, enthält (Bild 2.2.4/3a).

- **Messung in Remission.** Das von der Plattenoberfläche zurückgestrahlte (remittierte) Licht wird von einem Photomultiplier gemessen. Stellen mit Substanz remittieren, entsprechend der Substanzkonzentration, weniger Licht (Bild 2.2.4/3b). Diese Meßart ist bei streuenden Medien – wie bei Dünnschichtchromatogrammen – besonders bei UV-Licht besser geeignet und kann bis zu Wellenlängen von 200 nm eingesetzt werden.

- **Messung in Remission und Transmission.** Bei entsprechendem apparativem Aufwand (Bild 2.2.4/3c) werden beide Meßmethoden zu einer Simultanbestimmung kombiniert. Meßsignale, die von Unterschieden in der Sorptionsschicht herrühren, kompensieren sich weitgehend, während sich substanzspezifische Signale addieren. Auf diese Weise erzielt man ein höheres Meßsignal bei geringerem „Rauschen" des Untergrunds.

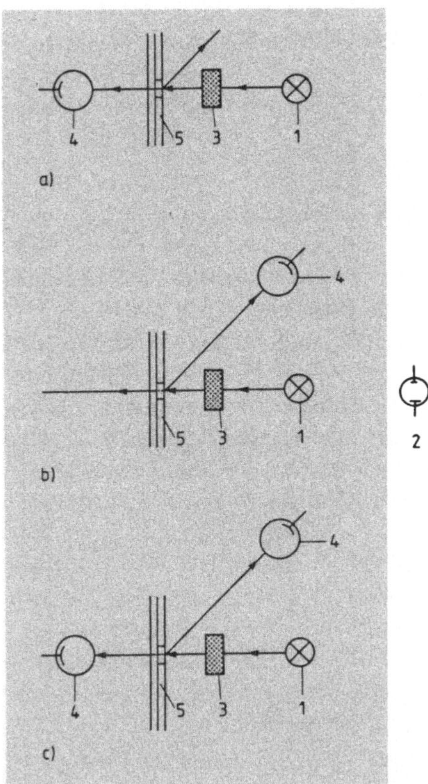


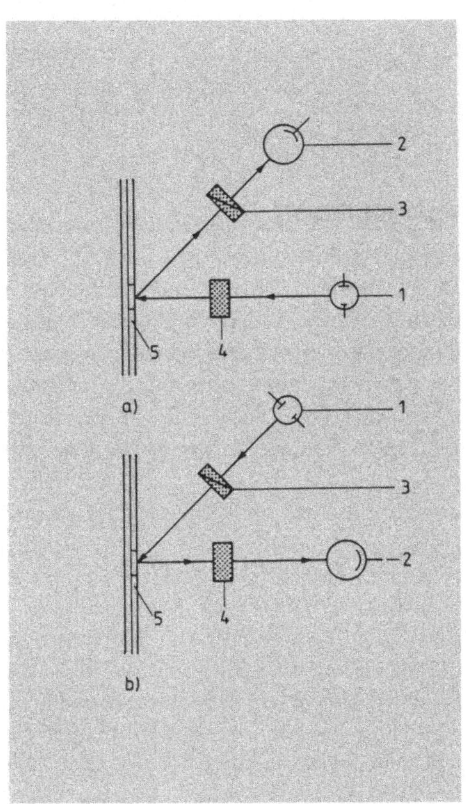


**Bild 2.2.4/3** Schematische Darstellung der Meßanordnung für die Messung der Lichtschwächung durch einen Substanzfleck a) in Transmission; b) in Remission; c) Simultanmessung.

1 Wolframlampe
2 Quecksilber- oder Deuteriumlampe
3 Monochromator
4 Photomultiplier
5 Sorptionsschicht

**Bild 2.2.4/4** Schematische Darstellung der Meßanordnung für die Messung.
a) der Floreszenz und b) der Floreszenzminderung

1 Quecksilber- oder Xenonlampe
2 Photomultiplier
3 Kantenfilter
4 Monochromator
5 Sorptionsschicht

- **Messung der Fluoreszenz.** Durch UV-Licht geeigneter Wellenlänge können Substanzen, die fluoreszierende Gruppen (= Fluorophore) besitzen, oder in die nachträglich solche Gruppen eingeführt wurden, zur Fluoreszenz angeregt werden. Sie lassen sich durch die in Bild 2.2.4/4 wiedergegebene Meßanordnung bestimmen. Diese Meßmethode ist wesentlich empfindlicher und oft weniger störanfällig als die vorher genannten.

- **Messung der Fluoreszenzminderung.** Sie erfolgt genau so wie die Messung der Fluoreszenz. Voraussetzung ist, daß die Platte einen Fluoreszenzindikator enthält (Anregungswellenlänge liegt meist bei 254 nm) und daß die Substanz in diesem Absorptionsbereich Licht absorbiert. Gemessen wird im Maximum der Emissionsbande des Fluoreszenzindikators. Die Empfindlichkeit der Messung der Eigenfluoreszenz wird jedoch nicht erreicht. Eine uneinheitliche Verteilung des Fluoreszenzindikators in der Schicht kann zusätzlich noch Fehler hervorrufen.

## Auswertung

Da im allgemeinen kein linearer Zusammenhang zwischen Substanzmenge und Meßsignal besteht, müssen zunächst Eichkurven aufgestellt werden. Fährt man — wie in Bild 2.2.4/1a dargestellt — ein Chromatogramm mit einem Scanner ab, wird auf dem Schreiberpapier ein entsprechendes Konzentrationsprofil aufgezeichnet. Dabei hängt die Fläche unter einem Peak (Bild 2.2.4/1b) von der Konzentration der Substanz in dem entsprechenden DC-Fleck ab. Trägt man verschiedene, aber genau bekannte Konzentrationen (am besten mehrmals) auf eine Platte auf und fährt nach der Entwicklung der Platte die einzelnen Substanzflecken mit dem Scanner ab, erhält man eine Serie von Peaks. Die Peakflächen (bzw. bei Mehrfachbestimmungen die Mittelwerte der Peakflächen), die z. B. durch Ausschneiden und Wiegen, Planimetrie oder geometrische Verfahren ermittelt werden können, trägt man nun gegen die Konzentration auf. Damit erhält man eine Eichkurve, wie sie in Bild 2.2.4/5 dargestellt ist. Durch Auftragen eines definierten Probevolumens und Ausmessen der Peakfläche kann auf diese Weise der Gehalt der Substanz in der aufgetragenen Probe und somit auch in der ursprünglichen Lösung sehr einfach graphisch ermittelt werden. Diese Arbeiten können heute auch Computer durchführen.

Neben der spaltförmigen Abtastung werden auch Chromatogramm-Spektral-Photometer mit punktförmiger Abtastung angeboten.

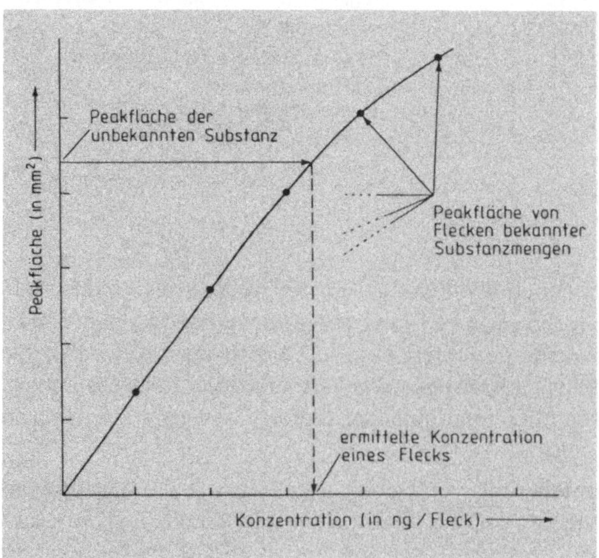


**Bild 2.2.4/5**
**Graphische Ermittlung von Substanzkonzentrationen mittels einer Eichgeraden.** Dieses Verfahren ist immer dann notwendig, wenn kein linearer Zusammenhang zwischen der Peakfläche und dem Meßsignal besteht. Aus der experimentell ermittelten Peakfläche einer Probe unbekannter Konzentration kann die Konzentration der Substanz ermittelt werden (Pfeil an der Abszisse).

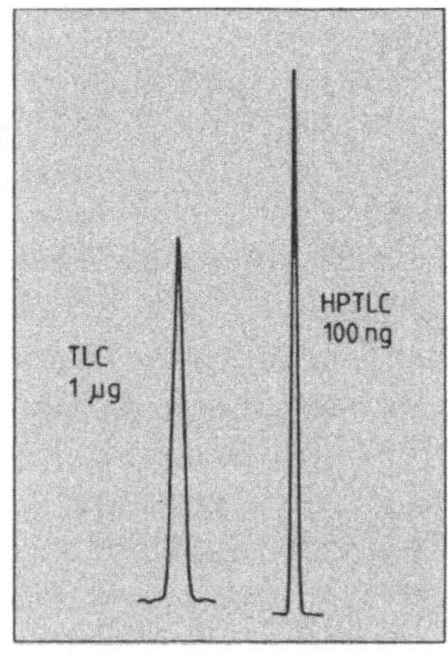


**Bild 2.2.4/6**
Vergleich der Signale von Coffein, die bei der densito-
metrischen Auswertung von einer Normalplatte und einer
HPTLC-Platte erhalten wurden (Remission bei 275 nm).
Trotz der zehnfach geringeren Substanzmenge bei der
HPTLC-Platte ist das Meßsignal höher als im Fall der
Normalplatte (Merck, Darmstadt).

Bild 2.2.4/6 zeigt deutlich die Überlegenheit der HPTLC-Platten für die optische Direkt-
auswertung. Man sieht, daß das Meßsignal trotz einer zehnfach kleineren Substanzmenge
höher ist. Außerdem ist die Basisbreite nur halb so groß, d. h. die Auflösung ist ebenfalls
wesentlich besser.

## Anwendungsbereich

Quantitative Bestimmung einzelner Komponenten aus meist komplexen Mischungen vor
allem in der:

- klinischen Chemie
- Lebensmittelchemie
- Produktchemie

Der Vorteil des Verfahren liegt darin, daß viele Proben gleichzeitig untersucht werden
können.

## Literatur

s. Kap. 2.2.8.

# 2.2.5 Besondere Arbeitsmethoden

## Zirkularchromatographie

Die Proben werden abwechselnd mit den Standards kreisförmig um den Mittelpunkt einer HPTLC-Platte (5 × 5 oder 10 × 10 cm) aufgetragen. Die Entwicklung erfolgt in der in Bild 2.2.5/1 abgebildeten U-Kammer. Mit einer Pumpe wird das Fließmittel der Trennschicht im Mittelpunkt der Platte zugeführt. Im Gegensatz zu der linearen Entwicklung, bei der die Flecken mit zunehmenden $R_f$-Werten größer werden, vergrößern sich hier die Flecken nicht, sondern sie werden schmaler und zu einem dünnen, kreisförmig gebogenen Strich auseinandergezogen. Gleichzeitig werden Flecken mit kleinen $R_f$-Werten besser aufgelöst und mit zunehmender Laufstrecke etwas gestaucht. Wie aus dem Diagramm in Bild 2.2.5/2 zu erkennen ist, können so mehr Substanzen getrennt werden als bei vergleichbarer linearer Chromatographie. Im Unterschied zu der sonst üblichen Bezeichnung „$R_f$-Wert" wird bei der Zirkularchromatographie manchmal der „$RR_f$-Wert" verwendet.

Für die quantitative Anwendung gibt es sowohl Applikatoren als auch Densitometer.

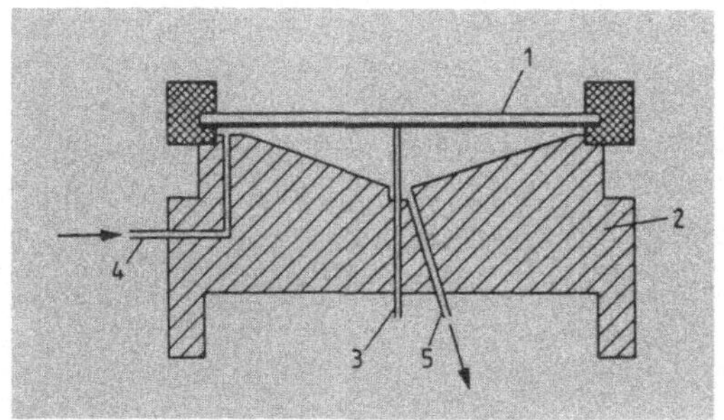

**Bild 2.2.5/1**
**Schema der U-Kammer** (nach Fa. Camag, Muttenz/Schweiz)
1  HPTLC-Platte (Schicht zeigt nach unten)
2  Körper der U-Kammer
3  Zentralkapillare für die Fließmittelzufuhr
4  Zuleitung für einen Gasstrom zum Spülen der Kammer beispielsweise mit Luft, die mit Fließmitteldämpfen gesättigt ist
5  Ableitung des Gasstroms

## DC-IR-Transfertechnik

Dieses Verfahren kombiniert die Dünnschichtchromatographie mit der Infrarotspektrometrie und bietet die Möglichkeit, geringe Substanzmengen unbekannter Verbindungen identifizieren zu können, denn die Infrarotspektrometrie (Kap. 3.2.2.1) eignet sich besonders zur Erkennung funktioneller Gruppen. Die DC-IR-Transfertechnik gestattet es, das Probenmaterial nach vorausgegangener dünnschichtchromatographischer Trennung nahezu quantitativ in Kaliumbromid zu überführen und direkt für die Aufnahme des IR-Spektrums zu verwenden. Dies gelingt mit Hilfe von sogenannten Kaliumbromid-Pyramiden (Merck):

- Mit einer Pinzette wird eine Kaliumbromid-Pyramide in eine spezielle Glasküvette gestellt.

- Das von der Platte oder Folie abgekratzte Sorptionsmittel mit der zu analysierenden Substanz mit einem Trichter wird um die Basis der Pyramide verteilt.

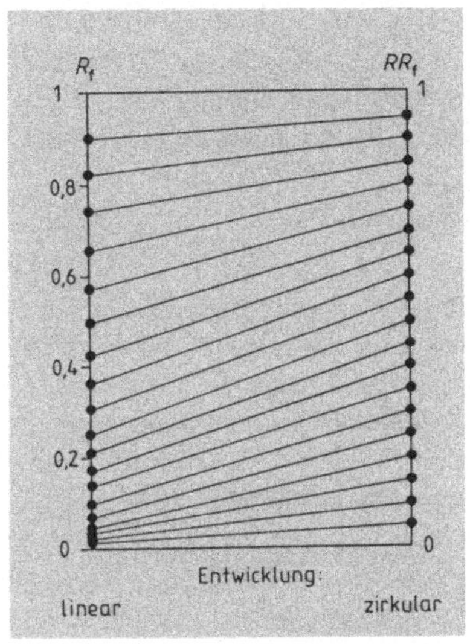


**Bild 2.2.5/2 Vergleich von linearer und zirkularer Entwicklung.** Die bei der linearen Entwicklung üblicherweise ungleich verteilten Flecken werden bei der Zirkularchromatographie gleichmäßig verteilt und somit besser aufgetrennt. [Nach *J. Blome*, High Performance Thin Layer Chromatography, hrsg. von *A. Zlatkis* und *R. E. Kaier*, in J. of Chromatography Library **9**, 63 (1977)]

- Dann werden 2 bis 3 Tropfen eines geeigneten, spektralreinen Lösungsmittels dazugegeben.

- Die Küvette wird mit einem Edelstahldeckel, der in der Mitte ein Loch hat, abgedeckt. Das Lösungsmittel steigt in der Kaliumbromid-Pyramide hoch, transportiert dabei die Substanz in die Spitze, von wo aus es in 20 bis 30 Minuten verdunstet. Alle niedermolekularen und kolloidalen Verunreinigungen aus der DC-Platte (besonders bei polaren Lösungsmitteln) werden von der Kaliumbromid-Pyramide zurückgehalten.

- Nachdem das Lösungsmittel vollständig verdunstet ist, werden etwa 1 bis 2 mm der Pyramidenspitze abgebrochen und gut in einem Achatmörser zerrieben.

- Zum Schluß wird die Probe im Vakuum oder mit einer Rotlichtlampe getrocknet und zu einem KBr-Preßling verarbeitet (vgl. Kap. 3.2.2.1).

Um Mißerfolge zu vermeiden, sind alle in der Spurenanalytik üblichen Regeln zu befolgen. Das Kaliumbromid ist in der vorliegenden Form besonders aktiv und muß daher vor Dämpfen (Lösungsmittel, Ammoniak, Luftfeuchtigkeit) geschützt werden (im Exsikkator aufbewahren). Auch eine Berührung mit Kunststoff muß unterbleiben, um eine Kontaminierung mit Weichmachern oder anderen niedermolekularen Anteilen zu verhindern. Selbstverständlich dürfen die Pyramiden nur mit einer Pinzette manipuliert werden.

## Durchlauf-Dünnschicht-Chromatographie

Diese Technik wird dann angewendet, wenn bei einer normalen dünnschichtchromatographischen Entwicklung eine Laufstrecke von ca. 17 cm zur Trennung nicht ausreicht. Bei der Durchlauf-Dünnschicht-Chromatographie wird die Platte in einer Spezialvorrichtung (beispielsweise in der Desaga-BV-Kammer) mit der Schichtseite nach unten horizontal eingespannt. Eine Filzauflage führt das Fließmittel zur Schicht, das durch einen Fil-

trierpapierstreifen aus einem Trog nachgefördert wird. Am anderen Ende der Trenneinrichtung steht die Platte etwas über die Deckplatte hervor, wodurch das Fließmittel
kontinuierlich verdampfen kann. Das Verdampfungsvorgang kann durch Heizelemente
noch beschleunigt werden. Auf diese Weise können Flecken im unteren $R_f$-Bereich besser
getrennt werden.

## Gradienten-Dünnschicht-Chromatographie

Mit speziellen Streichgeräten lassen sich Gradienten in der Zusammensetzung der Sorptionsschicht herstellen. Diese können entweder durch zwei verschiedene Sorptionsmittel
(z. B. Kieselgur/Kieselgel) oder verschiedene Imprägnierungsmittel oder pH-Werte erzeugt
werden. Die Entwicklung kann „quer zum" oder „im" Gradienten vorgenommen werden.
Chromatographiert man quer zum Gradienten (T-Gradient), kann die geeignete Zusammensetzung zweier Sorptionsmittel bzw. der Imprägnierungsmittel oder der geeignete
pH-Wert in einem Arbeitsgang ermittelt werden.

Mit einem Gradienten lassen sich Mischungen mit Komponenten stark verschiedener
Polarität in einem Lauf trennen, was sonst nur durch eine zweidimensionale Entwicklung oder die weiter unten erwähnte Stufentechnik möglich ist. Im allgemeinen sind
polare Substanzen mit niedrigen $R_f$-Werten im unteren Teil der Platte zusammengedrängt.
Stellt man eine Platte her, bei der beispielsweise eine inaktive Kieselgur- in eine aktive
Kieselgelschicht übergeht, werden im inaktiven Teil der Platte auch die polaren Substanzen aufgetrennt. Gleichzeitig werden die Flecken in schmale Banden zusammengestaucht.

## Gradienten-Elution

Hierbei steht die Dünnschichtplatte in dem Entwicklungsgefäß auf einer Siebplatte, unter
der mit einem Magnetrührer durch ständigen Zufluß eines polaren zu einem weniger polaren Lösungsmittel ein Polaritätsgradient hergestellt wird. Dabei wird der Flüssigkeits-
pegel durch einen Überlauf, der sich unterhalb der Startflecken befindet, konstant gehalten.

## Stufentechnik

Dies bezeichnet eine Methode, bei der die Platte nacheinander mit verschiedenen Fließmitteln entwickelt wird, wobei zwischen jedem Fließmittelwechsel die Platte getrocknet
wird. Hierbei lassen sich Substanzgemische, deren Komponenten stark unterschiedliche
Polaritäten besitzen, besser auftrennen.

## TAS-Verfahren

Die Methode des TAS (= Thermomikro-Abtrenn-, Transfer- und Auftrageverfahren von
Substanzen) nach Stahl ist aus Bild 2.2.5/3 ersichtlich und kann auf verdampfbare und
thermisch stabile Substanzen angewendet werden. Die Probe wird in eine Glaspatrone gebracht, die in eine Kapillare ausläuft und in einen vorgeheizten, thermostatisierten Ofen
gebracht. Unter diesen Bedingungen werden die flüchtigen Stoffe auf die Dünnschichtplatte aufgedampft und als kleiner Startfleck adsorbiert. Das TAS-Verfahren ersetzt damit die sonst übliche Probenvorbereitung: Extrahieren der Substanzen, Einengen des
Extrakts und Auftragen der Probe.

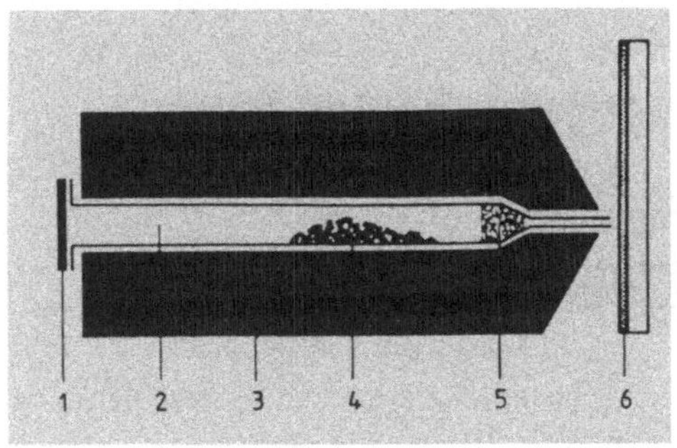

**Bild 2.2.5/3 Prinzip des TAS-Verfahrens.** Die Probe wird in der Glaspatrone erhitzt. Die verdampfenden Substanzen gelangen durch die Kapillare auf die Dünnschichtplatte und werden dort in einem kleinen Fleck adsorbiert. (Desaga, Heidelberg)

1  Abdichtung
2  Glaspatrone
3  Heizblock (Ofen) zum Erhitzen der Probe
4  Probe
5  Quarzwolle
6  DC-Schicht

## TRT-Technik

Viele Substanzen sind im adsorbierten Zustand wesentlich labiler als im gelösten oder festen Zustand. Dies führt zur Bildung von Artefakten, die die Auswertung von Dünnschichtchromatogrammen beeinträchtigen. Diesen Nachteil kann man aber in einen Vorteil umkehren und gleichzeitig die Aussagekraft eines Chromatogramms erhöhen: man chromatographiert das in einer Ecke der Platte aufgetragene Substanzgemisch zunächst in einer Richtung. Dann wird die DC-Platte mit einer Glasplatte bis auf einen Streifen mit den Substanzflecken abgedeckt. Die chemische Reaktion wird nun auf dem freigebliebenen Streifen durchgeführt (durch Begasen oder Besprühen). Anschließend wird − im Gegensatz zur zweidimensionalen Entwicklung − mit dem gleichen Fließmittel senkrecht dazu ein zweites Mal gleich lange entwickelt. Daher kommt die Bezeichnung TRT (= Trennung-Reaktion-Trennung). Nach der zweiten Entwicklung liegen alle unveränderten Substanzen auf einer Diagonale. Chemisch modifizierte Substanzen wandern bei der zweiten Entwicklung entsprechend ihrer veränderten Polarität weniger weit oder weiter.

Zur Derivatisierung ist grundsätzlich jede chemische Reaktion geeignet. Zu bevorzugen sind Reaktionen hoher Selektivität (z. B. photochemische Reaktion durch Bestrahlen mit UV-Licht, Hydrolyse, Acetylierung, Addition von Halogenen oder auch destruktive Reaktionen beispielsweise mit Ozon). Viele Beispiele für die TRT-Technik können bei Schütz und Ebel nachgelesen werden (Kap. 2.2.8).

## Zweidimensionale Entwicklung

Die in Kap. 2.2.7 bei der Papierchromatographie ausführlich beschriebene Methode der zweidimensionalen Entwicklung läßt sich auch bei der Dünnschichtchromatographie in gleicher Weise durchführen. Die Entwicklung mit zwei verschiedenen Fließmitteln senkrecht zueinander ermöglicht die Trennung komplexer Mischungen, die bei einmaliger Entwicklung nicht getrennt werden können. In der zweiten Richtung kann an Stelle der Verwendung eines anderen Fließmittels auch ein elektrophoretisches Verfahren (vgl. Kap. 2.5.1) durchgeführt werden.

# 2.2.6 Übertragung dünnschichtchromatographischer Ergebnisse auf die Säulenchromatographie

Ergebnisse, die mit der Dünnschichtchromatographie erhalten werden, lassen sich auch dann nicht einfach auf die Säulenchromatographie (s. Kap. 2.3) übertragen, wenn in beiden Fällen das gleiche Trennmaterial und Fließmittel verwendet wird. Bei der trocken eingesetzten DC-Platte bildet sich bei der Verwendung von Fließmittelgemischen ein komplizierter Gradient aus, wobei sich die polare Komponente im unteren Teil der Platte anreichert. Der obere Teil der Platte wird dadurch mit einem Fließmittelgemisch abnehmender Polarität entwickelt. Das Trennmaterial einer Säule dagegen ist normalerweise mit dem Fließmittel äquilibriert, die stationäre Phase besteht im wesentlichen aus der polaren Komponente des Fließmittels. Obwohl die stationäre Phase einer Säule sich demnach von der einer DC-Platte unterscheidet, lassen sich dennoch für die Chromatographie an Kieselgel und Aluminiumoxid einige Richtlinien aufstellen:

- Die Ergebnisse dünnschichtchromatographischer Trennungen können dann auf eine Säule übertragen werden, wenn die Säule mit dem trockenen Sorptionsmittel gefüllt und vor der Trennung nicht mit dem Fließmittel äquilibriert wird (= Trockensäulenchromatographie). Unterschiede in der Selektivität beruhen zum Teil auf der Verwendung von Bindemitteln bei den DC-Platten, während diese bei den Säulenmaterialien fehlen.

- Wird ein Fließmittel verwendet, das aus nur einem Lösungsmittel besteht, lassen sich die Ergebnisse einer dünnschichtchromatographischen Trennung bedingt auf eine Säule übertragen. Die $R_f$-Werte der zu trennenden Substanzen sollen auf einer DC-Platte bei ca. 0,3 liegen. Bei höheren $R_f$-Werten werden die Substanzen auf der Säule zu wenig retardiert, während sie bei niedrigeren $R_f$-Werten zu lange festgehalten werden. Entsprechend höher ist der Verbrauch an Fließmittel, und desto breiter und flacher sind die eluierten Peaks.

- Ergebnisse, die mit Fließmittelgemischen bei der Dünnschichtchromatographie erhalten werden, lassen sich nicht direkt auf die Säule übertragen. Bei der Säule muß die polare Komponente des Fließmittels auf wenige Prozent reduziert werden.

Zu beachten ist, daß sich der Einfluß von Feuchtigkeit auf die Trennung bei der Säulenchromatographie wesentlich stärker auswirkt als bei der Dünnschichtchromatographie. Auch enthalten einige Lösungsmittel kleine Mengen anderer organischer Lösungsmittel, wie beispielsweise Chloroform, das 1 % Ethanol (sehr polar) als Stabilisator enthält. Deshalb ist es ratsam, für die Herstellung der Fließmittelgemische nur gereinigte Lösungsmittel (z. B. mit Aluminiumoxid; vgl. Tabelle in Kap. 4.1) zu verwenden.

## Literatur

*F. Geiss,* Die Parameter der Dünnschichtchromatographie, S. 249 ff., Vieweg, Braunschweig 1972
s. auch Kap. 2.2.8.

# 2.2.7 Papierchromatographie

Papierchromatographie ist ein Trennverfahren, mit dem Substanzgemische auf Streifen eines speziellen Papiers einfach und schnell getrennt werden können.

## Grundlagen

Bei der Papierchromatographie erfolgt die Trennung nach dem Prinzip der Verteilungschromatographie, wobei die hydratisierte Cellulose des Papiers die stationäre Phase bildet. Das Fließmittel muß deshalb einen bestimmten Anteil Wasser enthalten.

Die Wanderungsgeschwindigkeit vieler Substanzen ist in solchen Fließmitteln wegen des geringen Wasseranteils gering. Dieses Problem kann durch Zusatz einer weiteren Komponente zum Fließmittel umgangen werden. Oft werden Säuren (z. B. Essigsäure, Ameisensäure, Salzsäure) oder Basen (z. B. Pyridin, Ammoniak) zugesetzt. Solche „ternäre Fließmittel" sind weit verbreitet. Eine Auswahl von Fließmitteln ist in Tabelle 2.2.7/1 zusammengestellt.

Nach dem Mischen der organischen und wäßrigen Komponente entstehen oft zwei Phasen. Die organische Phase wird zur Trennung verwendet, die wäßrige Phase verworfen. Auf diese Weise ist sichergestellt, daß die organische Phase mit Wasser gesättigt ist. Bequemer

**Tabelle 2.2.7/1** Lösungsmittelgemische für die Papierchromatographie und die Dünnschichtchromatographie auf Celluloseplatten

| Komponenten | Volumenverhältnisse |
|---|---|
| **a) basische Fließmittel:** | |
| *n*-Butanol, Ethanol, 2 N Ammoniak | 3:1:1 |
| Pyridin, Wasser | 9:1 |
| **b) saure Fließmittel:** | |
| *n*-Butanol, Eisessig, Wasser | 6:1:2 |
| Essigester, Eisessig, Wasser | 9:2:2 |
| Isobuttersäure, konz. Ammoniak, Wasser | 66:1:33 |
| Methylethylketon, Essigsäure, Isopropanol | 2:2:1 |
| Aceton, konz. Salzsäure, Wasser | 17:2:1 |
| Phenol, Wasser | 9:1 |
| **c) neutrale Fließmittel:** | |
| Ethanol, Wasser, gesättigte Ammoniumsulfatlösung | 3:15:2 |
| Ethanol, 1 M Ammoniumacetat | 7:3 |
| Toluol, Dioxan | 6:1 |

ist es, einphasige Fließmittelgemische herzustellen. Man muß dann aber die vorgeschriebenen Volumenverhältnisse genau einhalten und die Komponenten gut vermischen.

## Wahl der Entwicklungstechnik

Die Entwicklung kann auf zwei Arten durchgeführt werden:

- Die absteigende Methode (Bild 2.2.7/1).
  Dabei wird das Papier in einen mit Fließmittel gefüllten Trog eingehängt. Unter der Einwirkung von Schwerkraft und von Kapillarkräften wandert das Fließmittel von oben nach unten und tropft dann, wenn es unten am Papierrand angekommen ist, ab. Damit das Fließmittel gleichmäßig abtropft, wird das untere Ende des Papiers mit einer speziellen Schere zackenförmig abgeschnitten (Bild 2.2.7/1b).
- Die aufsteigende Methode (Bild 2.2.7/2).
  Diese Entwicklungstechnik entspricht derjenigen von Dünnschichtplatten (vgl. Kap. 2.2.2). Aufgrund seiner geringeren Festigkeit wird das Papier an einem Glaseinsatz befestigt.

Bei der aufsteigenden Methode dringt das Fließmittel durch Kapillarkräfte bis zum oberen Rand des Papiers vor. Dabei bleiben natürlich alle aufgetragenen Substanzen auf dem Papier. Das ist dann vorteilhaft, wenn die Wanderungstendenzen der Substanzen

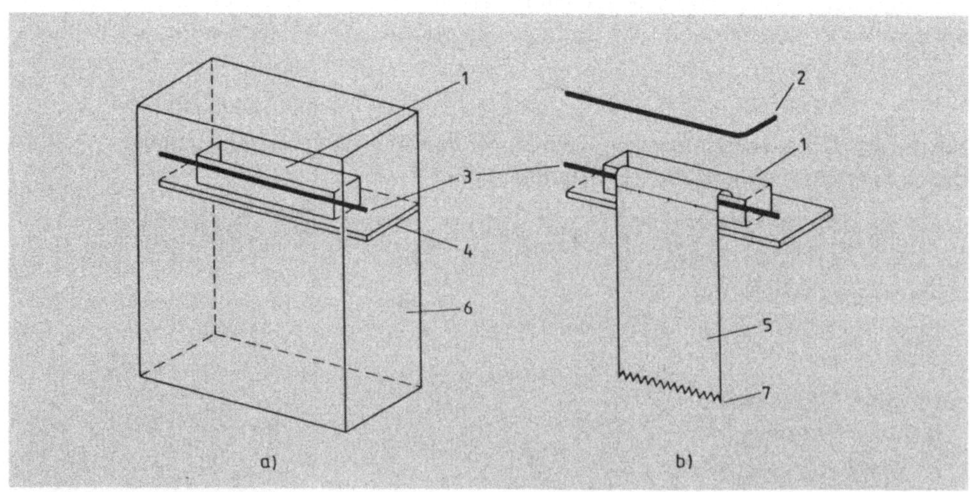


**Bild 2.2.7/1 Absteigende Papierchromatographie.** a) Chromatographie-Tank; b) Einlegen des Papiers.
1  Trog für Fließmittelvorrat
2  Glasstab zum Beschweren des Papiers
3  Anti-Siphon-Stab (zum Verhindern des „Anklatschen" des Papiers)
4  Unterlage für den Trog
5  Papier
6  Glastank
7  zackenförmig abgeschnittenes Papier sorgt für gleichmäßig abtropfendes Fließmittel

(Nach *D. Abbott, R. S. Andrews,* An Introduction to Chromatography, Longmans, Green & Co., London 1965, Fig. 7 und 8)

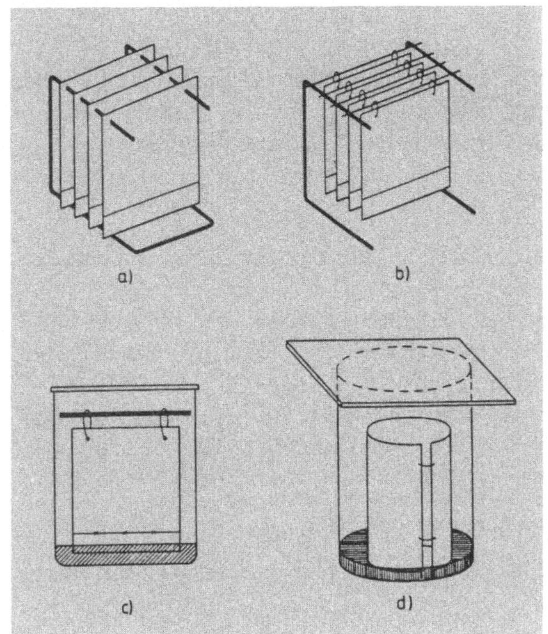

**Bild 2.2.7/2**
**Vorrichtungen für die aufsteigende Papierchromatographie.** In den Abbildungen a) und b) wurde der Glastank der Übersichtlichkeit halber weggelassen. (Nach *D. Abbott, R. S. Andrews,* An Introduction to Chromatography, Longmans, Green & Co., London 1965, Fig. 9)

nicht bekannt sind. Es lassen sich in diesem Fall auch einfach $R_f$-Werte angeben (vgl. Bild 2.2/1). Der Nachteil dieses Verfahrens liegt in der oft unvollständigen Auftrennung langsam wandernder Substanzen.

Dieses Problem läßt sich mit der absteigenden Methode lösen, die ja ein Durchlaufverfahren darstellt. Die Entwicklung kann beliebig lange ausgedehnt werden. Auf diese Weise lassen sich langsam wandernde Substanzen weiter auf dem Papier transportieren und möglicherweise besser auftrennen. Allerdings können nun die $R_f$-Werte nicht mehr direkt angegeben werden. Für die Dokumentation (s. unten) muß ein (möglichst farbiger) Standard mitchromatographiert werden.

## Detektion

Sobald das Fließmittel die vorgesehene Strecke gewandert ist, wird das Papier aus dem Chromatographietank entnommen, die Fließmittelfront mit einem Bleistift gekennzeichnet und das Papier mit einem Föhn getrocknet. Da die meisten Substanzen nicht farbig sind, müssen sie auf andere Weise sichtbar gemacht werden. Hierfür gibt es neben der Detektion radioaktiv markierter Substanzen im wesentlichen zwei Möglichkeiten:

- **Fluoreszenz.** Manche Substanzen zeigen bei Betrachtung im UV-Licht bei 360 nm Eigenfluoreszenz.
- **Chemische Reaktion.** Farblose Substanzen können in vielen Fällen durch gruppenspezifische Reagenzien in farbige Reaktionsprodukte umgewandelt werden (z. B. ergeben Aminosäuren und Peptide mit Ninhydrin violette Substanzflecken; vgl. Kap. 2.2.2).

**Präparative Papierchromatographie**

Für präparative Isolierungen verwendet man dickes Papier. Nach der Entwicklung können die Substanzflecken direkt ausgeschnitten und aufbewahrt werden, oder die Substanz wird durch ein geeignetes Lösungsmittel aus den Papierstücken herausgelöst.

## Materialien und Geräte

Für die Papierchromatographie gibt es speziell hergestellte Papiersorten mit unterschiedlichen Papierdicken. Für analytische Trennungen eignen sich beispielsweise die Papiere Whatman No. 1 und No. 3 oder Schleicher & Schüll 2316 B 6. Für die präparative Papierchromatographie gibt es dicke Papiere wie Whatman 3 MM, Macherey-Nagel MN 827, MN 866 und Schleicher & Schüll 2616.

Neben diesen Papiersorten gibt es noch Spezialtypen:

- entfettetes Papier für die präparative Papierchromatographie
- acetyliertes Papier für die Verteilungschromatographie an einer weniger polaren stationären Phase.

Die Entwicklung wird in sogenannten Tanks durchgeführt. In Bild 2.2.7/1 ist ein Entwicklungstank für die absteigende und in Bild 2.2.7/2 die Anordnung für die aufsteigende Methode wiedergegeben.

## Probenvorbereitung

Zum Auftragen werden die Proben in einem möglichst geringen Volumen eines geeigneten Lösungsmittels gelöst. Die Anwesenheit von Ionen bewirkt oft eine Streifenbildung der Substanzflecken im Chromatogramm. Die Ionen können vorher auf verschiedene Weise entfernt werden:

- durch Fällungsmittel (z. B. $SO_4^{2-}$ mit $BaCO_3$)
- durch Ionenaustauscher (vgl. Kap. 2.1.3)
- durch Gelchromatographie (vgl. Kap. 2.1.5) im Fall von Molmassen $> 500\,g \cdot mol^{-1}$

## Durchführung

**Probenaufgabe**

- Papier an einer Seite, die quer zur Fließrichtung liegt, mit einer speziellen Schere zackenförmig abschneiden (Bild 2.2.7/1b).
- Mit einem Bleistift (!) auf der gegenüberliegenden Seite in 3 bis 5 cm Abstand vom Rand eine Linie ziehen (s. Bild 2.2.2/2).

- Auf dieser Linie in Abständen von 3 cm Markierungen entsprechen der Zahl der Proben anbringen.
- Papier so weit über die Tischkante schieben, daß die Startlinie frei liegt.
- 10 bis 20 $\mu$l von jeder Probelösung mit einer Pipette so auftragen, daß die Flecken einen Durchmesser von 1 cm nicht überschreiten.

Bei verdünnten Probelösungen wird wiederholt auf denselben Startfleck aufgetragen, bis genügend Substanz aufgebracht ist. Zum Zwischentrocknen wird der Föhn in ein Stativ eingespannt. Sobald die Startflecken trocken sind, ist das Papier fertig zur Entwicklung.

## Entwicklung

**(1) Absteigende Methode** (Bild 2.2.7/1):

- Fließmittel in den Trog (für die Entwicklung des Papiers) und auf den Boden des Tanks (für die Sättigung der Atmosphäre mit Lösungsmitteldampf) geben.
- Papier im Trog mit einem Glasstab beschweren (Bild 2.2.7/1b). Der „Anti-Siphon-Stab" verhindert das Zustandekommen eines zusätzlichen Flüssigkeits-stroms, der sich ausbildet, wenn das Papier an der Trogwand anliegt.
- Tank vollständig verschließen.

**(2) Aufsteigende Methode** (Bild 2.2.7/2):

- Fließmittel in den Tank einfüllen.
- Papier am Glaseinsatz befestigen (Bild 2.2.7/2a–c) oder einen Papierzylinder herstellen (Bild 2.2.7/2d).
- Einsatz oder Papierzylinder in die Kammer geben und kontrollieren, ob das Papier genügend tief in das Fließmittel eintaucht.
- Tankdeckel vollständig schließen.

Nach der Entwicklung wird das Papier aus dem Tank entfernt und im Abzug mit einem Föhn getrocknet. Zur chemischen Detektion der Substanzflecken wird das Papier, wie in Bild 2.2.7/3 gezeigt, aufgehängt und unten mit einem Gewicht beschwert. Dann wird das Papier mit einem Sprühgerät mit der Reagenzienlösung (Abstand etwa 30 cm) gleich-mäßig besprüht, so daß es feucht, aber nicht naß wird.

## Präparative Papierchromatographie

Der Arbeitsablauf ist in Bild 2.2.7/4 schematisch dargestellt.

Nach der Entwicklung und der Detektion werden die Substanzzonen ausgeschnitten und entweder in dieser Form aufbewahrt oder die Substanzen werden mit einem Lösungs-mittel herausgelöst. Hierfür gibt es zwei Verfahren:

(1) In einem kleinen Chromatographietank werden die Substanzen absteigend eluiert und in einem Becherglas aufgefangen (Bild 2.2.7/5a)

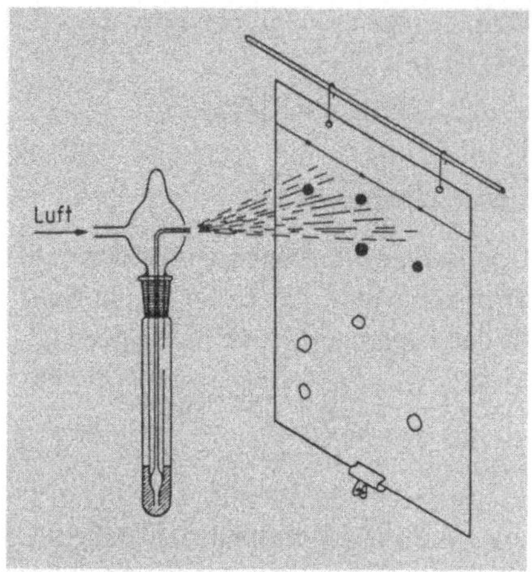



**Bild 2.2.7/3**
Besprühen eines Papierchromatogramms

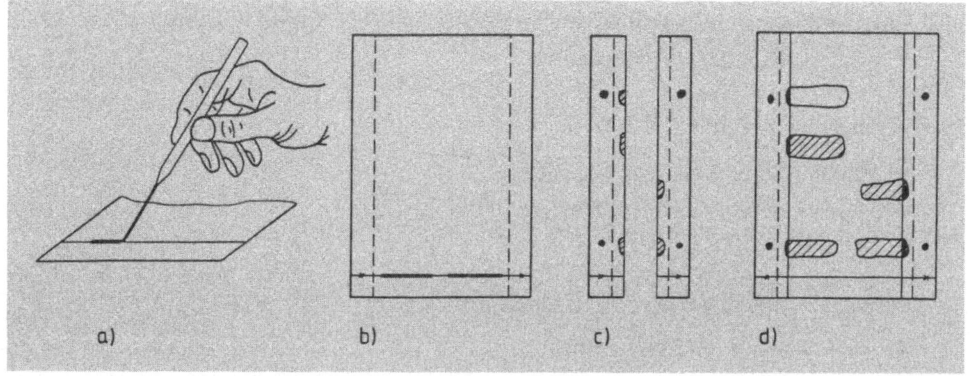



**Bild 2.2.7/4 Präparative Papierchromatographie.** a) Am Rand werden Vergleichssubstanzen in Punktform, die Probenlösung in Strichform mit einer Pipette aufgetragen. b) Papier vor der Entwicklung. c) Die Detektion der Substanzzonen erfolgt auf den abgeschnittenen Seitenstreifen. d) Die Substanzzonen werden mit einem Bleistift umrandet und ausgeschnitten.
(Nach *D. Abbott, R. S. Andrews*, An Introduction to Chromatography, Longmans, Green & Co., London 1965, Fig. 6c und 14−16)

(2) Bei diesem Verfahren wird die Substanz in konzentrierter Form erhalten:

- Die Substanzzone wird so ausgeschnitten, daß an einer schmalen Seite eine Spitze entsteht (Bild 2.2.7/5b), und aufsteigend chromatographiert. Dabei wird die Substanz mit der Fließmittelfront in der Spitze zusammengedrängt und konzentriert.

- Das Papier wird zusammengerollt und mit der Spitze nach unten in ein Zentrifugenglas hineingeschoben. Das überstehende Papier wird umgeschlagen und mit

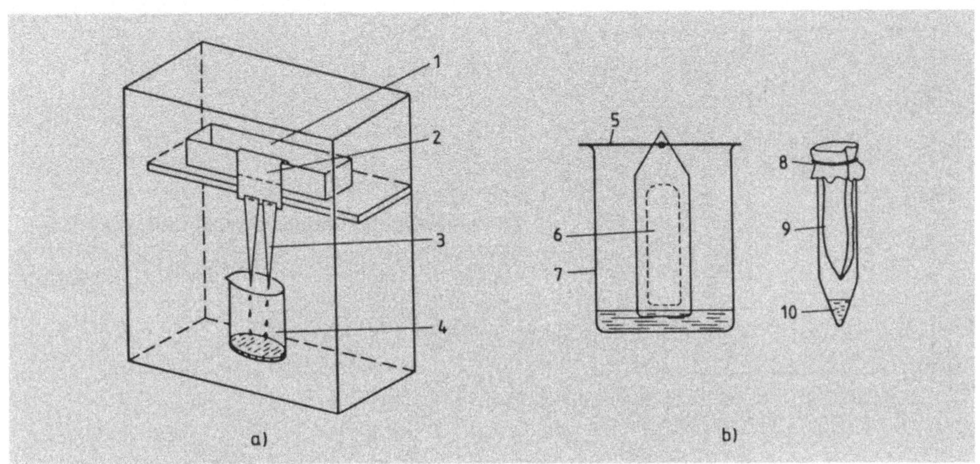


**Bild 2.2.7/5 Elution der getrennten Substanzen aus den ausgeschnittenen Papierstreifen.** a) Die Substanz wird durch absteigende Chromatographie eluiert. b) Elution mit gleichzeitiger Konzentration von Substanzflecken (Erklärung s. Text)

| | |
|---|---|
| 1 kleiner Trog mit Elutionsmittel | 5 Glaskapillare (z. B. Schmelzpunktsröhrchen) |
| 2 Substanzzonen | 6 Substanzzone |
| 3 ausgeschnittene Filtrierpapier-spitzen werden mit Heftklammern angeheftet und das Papier eluiert | 7 Becherglas |
| | 8 Gummiring |
| | 9 zusammengerolltes Papier |
| 4 Becherglas zum Auffangen des Eluats | 10 Zentrifugenglas enthält nach dem Zentrifugieren die eluierte Substanz |

[a]: Nach *D. Abbott, R. S. Andrews,* An Introduction to Chromatography, Longmans, Green & Co., London 1965]

einem Gummiring so fixiert, daß die Papierspitze etwa 2 cm vom Boden des Zentrifugenglases entfernt ist.

- Das Eluat wird mit einer Tischzentrifuge aus dem Papier herausgeschleudert.

Falls die Lösung der Substanz nicht direkt weiterverarbeitet wird, wird sie im Tiefkühlschrank eingefroren oder gefriergetrocknet (vgl. Kap. 1.7).

## Zweidimensionale Chromatographie

Komplexe Mischungen können oft in einem Lauf nicht genügend getrennt werden. In diesem Fall wird nur eine Bahn, d. h. nur ein Teil des Papiers, ausgenutzt. Wesentlich mehr Komponenten lassen sich trennen, wenn das Papier nicht nur in seiner Länge (= erste Dimension) sondern auch in seiner Breite (= zweite Dimension) ausgenutzt wird. Hierzu wird in der linken unteren Ecke des quadratisch zugeschnittenen Papierbogens die zu untersuchende Lösung punktförmig aufgetragen (Bild 2.2.7/6). Zuerst wird das Papier mit dem Fließmittel I bis zur Linie I entwickelt. Dann wird das Papier getrocknet und senkrecht dazu mit einem anderen Fließmittel, das die Komponenten anders auf-

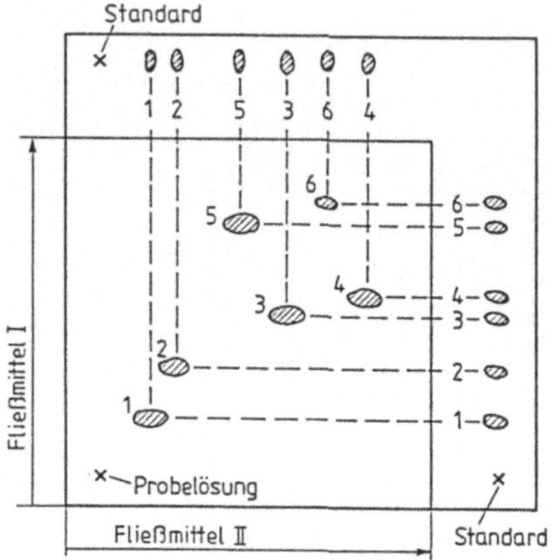


**Bild 2.2.7/6**
**Zweidimensionale Chromatographie mit Vergleichs-
substanzen** (nach *Götz, Sachs* und *Wimmer*, Dünnschichtchromatographie, Gustav Fischer, Stuttgart
1978, Abb. 8, S. 17)

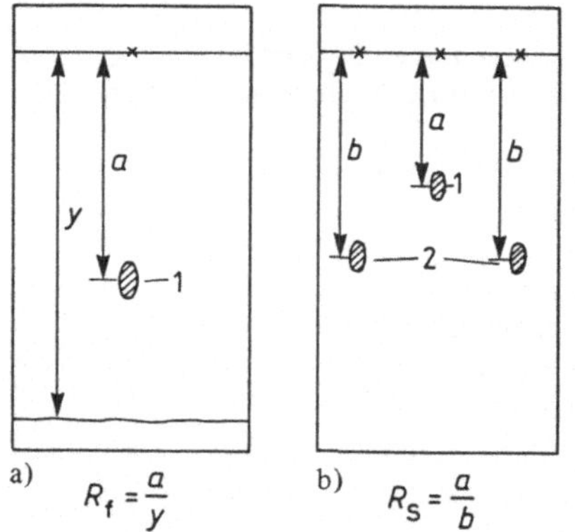


a) $R_f = \dfrac{a}{y}$   b) $R_S = \dfrac{a}{b}$

**Bild 2.2.7/7**
$R_f$- und $R_S$-Werte dienen zur eindeutigen
Zuordnung von Substanzflecken in Chromatogrammen. Unter gewissen Voraussetzungen sind
sie substanzspezifische Größen.
1 Substanzfleck
2 Standard
$y$ = Abstand Startlinie – Fließmittelfront
(Nach *D. Abbott, R. S. Andrews,* An Introduction to Chromatography, Longmans, Green
& Co., London 1965, Fig. 12)

trennt, ein zweites Mal bis zur Linie II entwickelt. Den Substanzen steht somit im Vergleich zur eindimensionalen Entwicklung wesentlich mehr „Trennmaterial" zur Verfügung. Darüber hinaus werden verschiedene Selektivitäten der Fließmittel ausgenutzt.

Die Auflösung der Trennung nach dieser Technik übertrifft diejenige der eindimensionalen Entwicklung beträchtlich. Ein solches Bild einer zweidimensionalen Chromatographie nennt man deshalb auch einen „finger-print". Man will damit zum Ausdruck
bringen, daß Substanzproben verschiedenen Ursprungs auch verschiedene Fleckenmuster
ergeben, genau so, wie der Fingerabdruck eines jeden Menschen einmalig ist.

# Dokumentation

In manchen Fällen kann das Papier direkt aufbewahrt werden. Dann schreibt man auf das
Papier (mit Bleistift) die Herkunft des Papiers und der Probe, das verwendete Fließmittelsystem und eventuell die Detektion der Substanzen.

Für Publikationen charakterisiert man die Wanderungstendenz der einzelnen Substanzen durch den $R_f$-Wert, falls die Fließmittelfront nicht über das Papier hinausgelaufen ist (Bild 2.2.7/7a). Hat die Fließmittelfront bei der absteigenden Methode das Papier verlassen, wird die Wanderungstendenz der Substanz mit derjenigen eines Standards (wenn möglich farbig) verglichen. Man kommt so zur **relativen Mobilität** $R_S$ (Bild 2.2.7/7b):

$$\text{relative Mobilität } R_S$$

$$R_S = \frac{\text{Entfernung Startfleck} - \text{Substanzfleck}}{\text{Entfernung Startfleck} - \text{Standardfleck}}$$

Falls der Standard langsamer als die Substanz läuft, können auch Werte erhalten werden, die größer als 1 sind. Zu einer eindeutigen Beschreibung eines Chromatogramms gehören in diesem Fall neben der Art des Papiers und des Fließmittels auch noch Angaben über den Standard.

## Anwendungsbereich

Zur Trennung polarer, meist wasserlöslicher Stoffe; überwiegend zur präparativen Trennung von Naturstoffen wie Peptiden und vor allem Nucleotiden. Die Papierchromatographie kann heute oft durch die Hochdruck-Flüssigkeitschromatographie ersetzt werden.

## Literatur

*I. M. Hais, K. Macek,* Handbuch der Papier-Chromatographie, Bd. 1–3, VEB Gustav Fischer Verlag, Jena 1963

*F. Cramer,* Papier-Chromatographie, Verlag Chemie, Weinheim 1965

*D. Abbott, R. S. Andrews,* An Introduction to Chromatography, Longmans, London 1965

*I. Smith, J. W. T. Seakins,* Chromatographic and Electrophoretic Techniques, Vol. I, Heinemann, 4. Aufl., London 1976

*O. Mikes,* Hrsg., Laboratory Handbook of Chromatographic and Allied Methods, S. 64–146, Ellis Horwood, Chichester 1979

# 2.2.8 Fehlerquellen

Oft kann man bereits auf den ersten Blick erkennen, daß eine Trennung nicht so ausgefallen ist, wie zu erwarten wäre:

- Keine Trennung, die Substanzen sind ineinander verschmiert.
- Flecken sind nicht rund, sondern „schmieren" (kometenartige Schwanzbildung).
- Falsche Farbtöne bei der Detektion von Substanzen durch Farbreaktionen.

Werden die folgenden vier Punkte beachtet, lassen sich einige Probleme vermeiden:

## (1) Probenvorbereitung

- Veränderung der Probelösung durch chemische Reaktionen (z. B. Hydrolyse, Oxidationsprozesse). *Abhilfe:* Proben jedesmal neu auflösen.
- Konzentrationsänderungen
  a) Verlust von leicht flüchtigen Komponenten. *Abhilfe:* keine Schnappdeckelgläser oder Kunststoffbehälter, sondern Glasflaschen mit Schliffstopfen verwenden.
  b) Aufnahme von Verunreinigungen aus dem Aufbewahrungsgefäß (z. B. Weichmacher, Schliff-Fett). *Abhilfe:* wie unter a)
- Biologische Veränderungen durch Mikroorganismen und Enzyme (vor allem bei Biopolymeren). *Abhilfe:* Proben bei 4 °C, falls möglich, bei − 18 °C lagern; Zusatz von keimtötenden Wirkstoffen.

Vorteilhaft sind möglichst kurze Wege von der Probenahme bis zur Entwicklung der Platte. Hier können Extrelut-Säulen oder Sep-Pak-Kartuschen (vgl. Kap. 2.1.1) die sonst üblichen Extraktionsmethoden ersetzen.

## (2) Zu hoher Proteingehalt (beispielsweise bei der Untersuchung von Körperflüssigkeiten (Bild 2.2.8/1). Möglichkeiten zur Entfernung von Proteinen sind:

- Fällung durch Säuren (beispielsweise Pikrinsäure, Trichloressigsäure, Sulfosalicylsäure): Das Fällungsmittel muß anschließend wieder entfernt werden, da es beim Auftragen der Probe die Substanzen zerstören kann und außerdem die Trennung negativ beeinflußt.
- Fällung durch Lösungsmittel: Zusatz von Aceton oder Ethanol führt zur teilweisen Fällung von Proteinen. Vorteilhaft ist, daß diese Lösungsmittel bei der nachfolgenden Chromatographie nicht stören. Nachteilig ist die geringe Löslichkeit von basischen Aminosäuren.
- Membranfiltration (Kap. 1.5): Sehr schonendes, aber zeitaufwendiges Verfahren, nur für große Probenvolumina sinnvoll. Die abgetrennten niedermolekularen Bestandteile fallen dabei in großer Verdünnung an und müssen wieder konzentriert werden.
- Gelchromatographie (Kap. 2.1.5): schnell und einfach durchführbar.

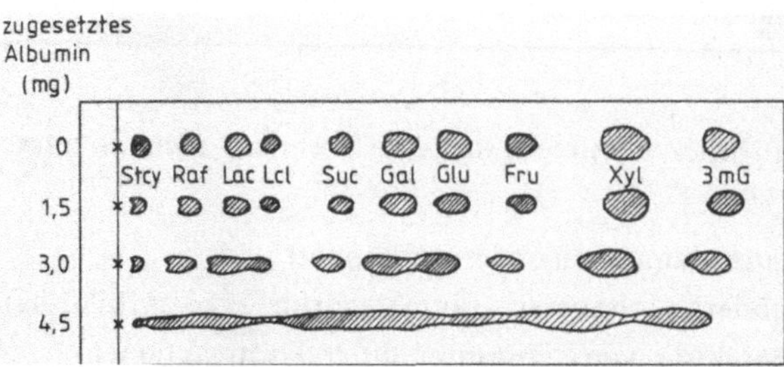


**Bild 2.2.8/1**
**Einfluß des Proteingehalts auf die Trennung verschiedener Zucker** (schematisch, nach *I. Smith, J. W. T. Seakins,* Chromatographic and Elektrophoretic Techniques, Vol. 1, Heinemann, London, 4. Auflage 1976, Fig. 4.7, S. 67)

Zu beachten ist, daß Fällungsmethoden immer zu Substanzverlust führen, da auch die interessierenden Substanzen teilweise mitgefällt werden.

**(3) Hoher Salzgehalt der Probe.** Verringerung durch:

- Elektrolytische Entsalzung: Diese Methode ist zur Probenvorbereitung neutraler Verbindungen (z. B. Kohlenhydrate) gut geeignet.
- Ionenaustauscher: Zur Vorbereitung von Proben neutraler Verbindungen sind gemischte Kationen-/Anionenaustauscher am besten geeignet.
- Gelchromatographie: Haben die zu trennenden Substanzen größere Molmassen als die abzutrennenden Salze, bietet die Gelchromatographie wesentliche Vorteile. So kann beispielweise an Sephadex G-10 in 10 bis 20 Minuten eine Entsalzung durchgeführt werden.

Bei der quantitativen Auswertung der Dünnschichtchromatographie ist in jedem Fall die Wiederfindungsrate (beispielsweise durch Zusatz von Standardverbindungen) zu bestimmen.

**(4) Falsches Auftragen der Probe**

- Zu großer Fleck. *Abhilfe:* mehrmaliges Auftragen mit Zwischentrocknen (falls möglich Föhn verwenden).

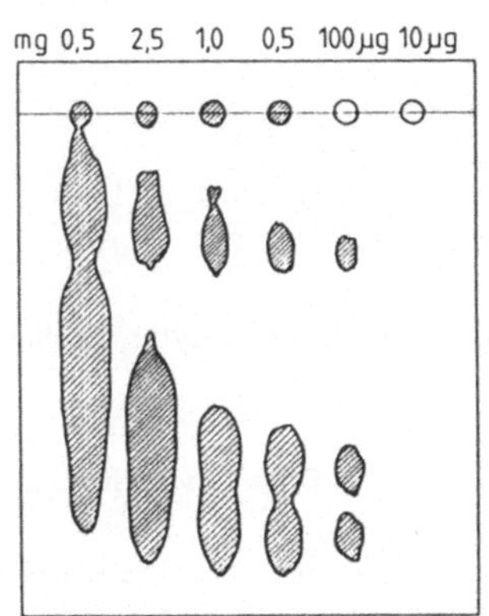


**Bild 2.2.8/2 Einfluß des Überladens auf die Auflösung.** Die Proben wurden alle als gleich große Flecken aufgetragen. (schematisch, nach *I. Smith, J. W. T. Seakins, loc. cit.,* Fig. 4.5, S. 65)

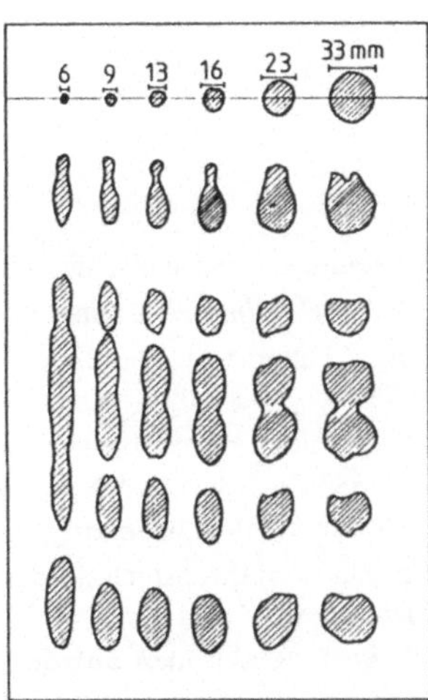


**Bild 2.2.8/3 Lokale Überladung führt zu einer schlechten Auftrennung.** Es wurde jeweils dieselbe Probemenge aufgetragen. Kleinere Flecken sind nur sinnvoll, wenn die Substanzmenge entsprechend reduziert wird. (schematisch, nach *I. Smith, J. W. T. Seakins, loc. cit.,* Fig. 4.6, S. 66)

- Platte durch zuviel Substanz überladen (Bild 2.2.8/2) oder lokale Überladung (Bild 2.2.8/3). *Abhilfe:* für kleine Substanzflecken muß auch die aufzutragende Substanzmenge entsprechend verringert werden.

- Kleine Substanzmengen werden nicht mehr erfaßt oder zu geringe Auflösung bei niedrigen $R_f$-Werten. *Abhilfe:* Probe streifenförmig auftragen (Bild 2.2.8/4).

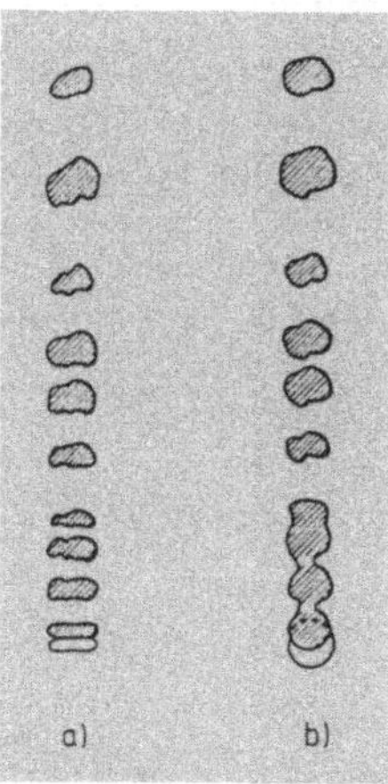

**Bild 2.2.8/4**
**Einfluß der Form des Startflecks auf die Auflösung.** In beiden Fällen wurde dieselbe Substanzmenge eines Gemisches verschiedener Zucker aufgetragen: a) streifenförmig = bessere Auflösung von Substanzen mit niedrigen $R_f$-Werten; b) punktförmiges Auftragen. Kleinere Startflecken würden zu lokaler Überladung führen (s. Bild 2.2.8/3). (Schematisch, nach *J. Smith, J. W. T. Seakins, loc. cit.,* Fig. 4.7, S. 67)

# Literatur

*F. Geiss,* Die Parameter der Dünnschichtchromatographie, Vieweg, Braunschweig 1972

*W. Götz, A. Sachs, H. Wimmer,* Dünnschichtchromatographie, Gustav Fischer Verlag, Stuttgart 1978

*O. Mikes,* Hrsg., Laboratory Handbook of Chromatographic and Allied Methods, Ellis Horwood, Chichester 1979

*G. Pataki,* Dünnschichtchromatographie in der Aminosäure- und Peptidchemie, de Gruyter, Berlin 1966

*K. Randerath,* Dünnschicht-Chromatographie, Verlag Chemie, Weinheim 1962

*K. H. Scholtz,* Zur Verfahrenstechnik der photographischen Dokumentation von Dünnschichtchromatogrammen, Dt. Apoth.-Ztg. 114, 589–592 (1974)

*H. Schütz, S. Ebel,* Reaktionen auf der Dünnschichtplatte, Pharmazie in unserer Zeit 9, 139–151 (1980)

*I. Smith, J. W. T. Seakins,* Chromatographic and Electrophoretic Techniques, Vol. 1, 4. Aufl., Heinemann, London 1976

*E. Stahl,* Dünnschichtchromatographie, 2. Aufl., Springer, Berlin 1967

*A. Zlatkis, R. E. Kaiser,* Hrsg., HPTLC High Performance Thin Layer Chromatographie, Journal of Chromatography Library, Vol. 9, Elsevier, Amsterdam 1977

# 2.3 Säulenchromatographie

Mit dem Verfahren der Säulenchromatographie (Tswett, 1906) können Substanzgemische in großen und kleinsten Mengen getrennt werden. In einem Rohr eingeschlossen befindet sich eine stationäre Phase. Die Lösung mit dem zu trennenden Substanzgemisch wird mittels der mobilen Phase durch die Säule transportiert, wobei die Komponenten des Gemischs je nach ihren physikalischen Eigenschaften unterschiedlich stark festgehalten werden, so daß sie die Säule unterschiedlich schnell passieren. Die Komponenten verlassen die Säule dann nacheinander und können getrennt aufgefangen werden.

## Grundlagen

Der Erfolg einer chromatographischen Trennung hängt neben der Auswahl des richtigen Trennprinzips (Adsorptions-, Verteilungs-, Ionenaustausch- oder Gelchromatographie) von mehreren Faktoren ab:

- Selektivität des Systems Säulenfüllmaterial/Elutionsmittel
- Betriebsbedingungen (Fließgeschwindigkeit, Temperatur, Viskosität des Elutionsmittels)
- Konstruktion und Dimension der Säule
- Belastbarkeit der Säule (Probemenge)
- Güte der Säulenpackung
- Korngröße und Korngrößenverteilung des Füllmaterials
- Mittlerer Porendurchmesser der Partikel
- Konstruktionsmerkmale der gesamten Chromatographieanlage:
  - Probenaufgabesystem
  - Totvolumina in den Verbindungsschläuchen und der Detektorzelle
- Probenvorbereitung

Die Güte einer Trennung (Trennleistung der Säule) hängt außer von der Homogenität der Säulenpackung wesentlich von der raschen Einstellung des Adsorptions-/Desorptionsgleichgewichts bzw. des Verteilungsgleichgewichts ab. Ein Maß für die Trennleistung ist die **Zahl der theoretischen Böden** $N$ einer Säule (= Trennstufenzahl). Da dieser Wert direkt von der Säulenlänge abhängt, lassen sich verschiedene Säulen nicht direkt miteinander vergleichen. Eine bessere Größe stellt die in Kap. 2.1 eingeführte **Trennstufenhöhe** $H$ dar. Je kleiner $H$ ist, desto besser ist die Trennleistung. Sie kann aber auch durch die Selektivität des Trennsystems Säulenfüllmaterial/Elutionsmittel entscheidend beeinflußt werden.

In Bild 2.3/1 sind die wesentlichen Größen, die in der Flüssigkeitschromatographie benötigt werden, dargestellt. Zur Beurteilung und quantitativen Beschreibung einer Trennung dient die **Auflösung** $R$ zweier benachbarter Banden (Bild 2.3/1) $B_1$ und $B_2$. In der

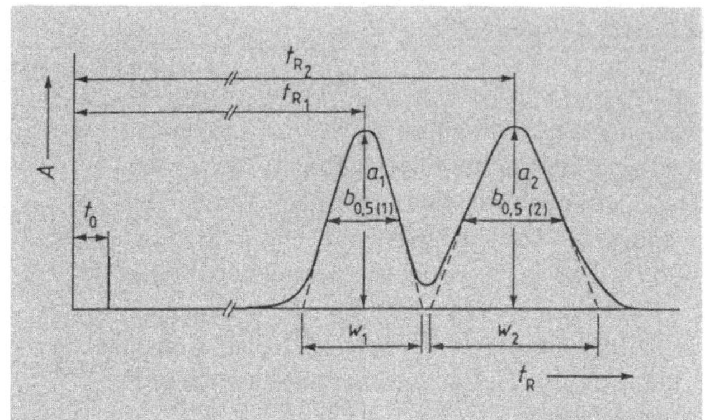


**Bild 2.3/1**

**Die Auflösung zweier benachbarter Banden B₁ und B₂**

$t_0$ = Totzeit

$t_R$ = Bruttoretentionszeit

$t_{R_1}, t_{R_2}$ = Bruttoretentionszeiten der Komponenten 1 bzw. 2

$a$ = Peakhöhe

$b_{0,5}$ = Peakbreite in halber Höhe

$w$ = Basisbreite

HPLC (**H**igh **P**erformance **L**iquid **C**hromatography = Hochleistungs- bzw. Hochdruck-Flüssigkeitschromatographie) und Gaschromatographie verwendet man **Retentionszeiten** $t_R$ an Stelle der in der Niederdruck-Flüssigkeitschromatographie oft verwendeten **Elutionsvolumina** $V_e$ – dies ist aber kein prinzipieller Unterschied. Bringt man die Wendetangenten der Banden mit der Abszisse zum Schnitt, dann bezeichnet man die Abszissenabschnitte als **Basisbereiten** $w_1$ buw. $w_2$. Die **Auflösung** $R$ ist dann definiert als

$$\textbf{Auflösung}$$
$$R \equiv R_{2,1} = \frac{2(t_{R_2} - t_{R_1})}{w_1 + w_2}$$

Die Auflösung $R$ ist somit eine dimensionslose Zahl. Treffen sich die beiden Basisbreiten genau, dann ist die Auflösung $R = 1$. Da der tatsächliche Kurvenverlauf zu breiteren Banden führt, ist eine Trennung für $R = 1$ noch nicht vollständig. Für eine quantitative Bestimmung der Flächeninhalte $F_i$ genügt aber diese Auflösung, wenn man zur Berechnung der Peakflächen $F_i$ nicht die Basisbreiten $w_i$, sondern die Peakbreiten in halber Peakhöhe, $b_{0,5\,(i)}$, sowie die Peakhöhen $a_i$ heranzieht.

$$F_i = a_i \cdot b_{0,5\,(i)}$$

Die Auflösung $R$ hängt eng mit der **effektiven Trennstufenzahl** $N_{eff}$ zusammen. Sie läßt sich einfach aus dem Elutionsprofil bestimmen:

$$\textbf{effektive Trennstufenzahl}$$
$$N_{eff} = 16\left(\frac{t'_R}{w}\right)^2$$

$t'_R$ = Nettoretentionszeit

$w$ = Basisbreite

Die **Nettoretentionszeit** $t'_R$ ergibt sich aus der **Bruttoretentionszeit** $t_R$ durch Substraktion der Zeit, nach der ein nicht retardierter Peak eluiert wird (**Totzeit** $t_0$):

$$t'_R = t_R - t_0$$

Die **Selektivit** $r_{2,1}$ (auch als relative Retention oder Trennfaktor $\alpha$ bezeichnet) wird definiert als

**Selektivität**
$$\alpha \equiv r_{2,1} = \frac{r'_{R_2}}{t'_{R_1}} = \frac{t_{R_2} - t_0}{t_{R_1} - t_0}$$

und gibt die relative Position benachbarter Peaks an. Der Zusammenhang von Selektivität, Auflösung und Trennstufenzahl geht aus Tabelle 2.3/1 hervor.

**Tabelle 2.3/1** Zahl der erforderlichen Trennstufen $N_{eff}$ für eine Auflösung $R = 1$ in Abhängigkeit von der Selektivität $\alpha$

| $\alpha$ | $N_{eff}$ | $\alpha$ | $N_{eff}$ |
|---|---|---|---|
| 1,01 | 163 216 | 1,25 | 400 |
| 1,02 | 41 056 | 1,50 | 144 |
| 1,05 | 7 056 | 2,00 | 64 |
| 1,10 | 1 036 | | |

Um eine Auflösung von $R = 1$, also eine beinahe vollständige Trennung zweier benachbarter Peaks zu erreichen, werden je nach der Selektivität des Trennsystems eine unterschiedliche Zahl von Trennstufen benötigt. Bei einer sehr schlechten Selektivität von $\alpha = 1,01$ würden für die Trennung der beiden Substanzen ca. 165 000 Trennstufen benötigt. Wird die Selektivität des Trennsystems durch Optimieren der Elutionsbedingungen auf $\alpha = 1,25$ gebracht, genügen für dieselbe Trennung bereits 400 Trennstufen. Daraus ergibt sich, daß eine hohe Selektivität für eine Trennung wichtiger ist als eine große Trennstufenzahl.

Die Trennstufenhöhe einer Säule ist keine für die Säule charakteristische Größe, denn sie hängt von den Betriebsbedingungen und von den getrennten Substanzen ab.

Das Verhältnis der Aufenthaltszeiten einer Substanz i in der stationären und mobilen Phase bezeichnet man als Kapazitätsverhältnis oder in Anlehnung an den englischen Ausdruck "capacity factor" auch als **Kapazitätsfaktor** $k'$:

**Kapazitätsfaktor**
$$k'_i = \frac{t_{R_i} - t_0}{t_0}$$

Wie in der Gelchromatographie verwendet man nicht den Verteilungskoeffizienten $K_d$, für den die schwer bestimmbaren Phasenverhältnisse $V_{mobil}/V_{stat}$ genau bekannt sein müssen, sondern das Kapazitätsverhältnis, wenn man die Resultate verschiedener Experimente miteinander vergleichen will. Als relative Größe ist das Kapazitätsverhältnis weitgehend unabhängig von der Säulendimension und der Fließgeschwindigkeit. Der

**Tabelle 2.3/2** Die wichtigsten Größen in der Chromatographie

| Bezeichnung der Größe | Einheit | Symbole | | |
| --- | --- | --- | --- | --- |
| | | *Kirkland*[a] | ASTM E-19[b] | Chromatographie[b] |
| Retentionszeit einer nicht retardierten Substanz oder Totzeit | s | $t_0$ | $t_M$ | $t_m$ |
| Bruttoretentionszeit (vom Start gemessen) | s | $t_R$ | $t_R$ | $t_{m+s}$ |
| Nettoretentionszeit | s | $t'_R = t_R - t_0$ | $t'_R = t_R - t_M$ | $t_s = t_{m+s} - t_m$ |
| Basis- oder Bandenbreite | s | $w$ | $y_t$ | $w_b$ |
| Auflösung | – | $R_s = 2\left(\dfrac{t'_{R_2} - t'_{R_1}}{w_2 + w_1}\right)$ | $R_{ji} = 2\left(\dfrac{t'_{R_j} - t'_{R_i}}{y_{tj} + y_{ti}}\right)$ | $R_s = 2\left(\dfrac{t''_{m+s} - t'_{m+s}}{w''_b + w'_b}\right)$ |
| Selektivität, Trennfaktor oder relative Retention | – | $\alpha = \dfrac{k'_2}{1} = \dfrac{t'_{R_2}}{R_1}$ | $r_{ji} = \dfrac{t'_{R_j}}{t'_i}$ | $r = \dfrac{t''_s}{t'_s}$ |
| Kapazitätsverhältnis oder Kapazitätsfaktor | – | $k' = \dfrac{t'_R}{t_0}$ | $k = \dfrac{t'_R}{t_M}$ | $k = \dfrac{t_s}{t_m}$ |
| Anzahl der theoretischen Böden oder Trennstufenzahl | – | $N = 16\left(\dfrac{t_R}{w}\right)^2$ | $n = 16\left(\dfrac{t_R}{y_t}\right)^2$ | $n = 16\left(\dfrac{t_{m+s}}{w_b}\right)^2$ |
| Anzahl der effektiven Böden oder Trennstufenzahl | – | $N_{eff} = 16\left(\dfrac{t'_R}{w}\right)^2$ | $n_{eff} = 16\left(\dfrac{t'_R}{y_t}\right)^2$ | $n_{eff} = 16\left(\dfrac{t_s}{w_b}\right)^2$ |
| Länge der Trennsäule | cm | $L$ | $L$ | $L$ |
| Trennstufenhöhe | cm oder mm | $H = \dfrac{L}{N}$ | $H = \dfrac{L}{n}$ | $h = \dfrac{L}{n}$ |
| effektive Trennstufenhöhe | cm oder mm | $H_{eff} = \dfrac{L}{N_{eff}}$ | $H_{eff} = \dfrac{L}{n_{eff}}$ | $h_{eff} = \dfrac{L}{e_{eff}}$ |
| Teilchendurchmesser des Trägermaterials | µm | $d_p$ | – | – |

a) *J. J. Kirkland* (Hrsg.), Modern Practice of Liquid Chromatography, Wiley, New York 1971
b) *B. Versino, F. Geiß*, Beilage in: Chromatographia 3, 1970

Quotient der Kapazitätsverhältnisse zweier benachbarter Peaks 1 und 2 führt wieder zur Selektivität:

$$\frac{k_2'}{k_1'} = \frac{t_{R_2} - t_0}{t_{R_1} - t_0} = \alpha$$

Die Bestimmung der **Totzeit** $t_0$ einer Säule setzt voraus, daß die Testsubstanz keine Wechselwirkung mit dem Sorbens eingeht und daß sie in die Hohlräume der Partikel des Säulenfüllmaterials beliebig eindringen kann. Diese Voraussetzung ist nicht immer füllt. In Tabelle 2.3/2 sind die wichtigsten chromatographischen Größen zusammengestellt.

Die Trennstufenzahl von HPLC-Säulen liegen im Bereich von 10 000 bis 40 000, während mit Niederdrucksäulen Trennstufenzahlen von einigen hundert erreicht werden können (s. Tabelle 2.3/3).

Charakteristisch für jede chromatographische Trennung ist eine Bandenverbreiterung mit zunehmender Elutionszeit. Grund dafür sind verschiedene Diffusionseffekte, die durch die Fließgeschwindigkeit $u$ des Elutionsmittels und den Durchmesser der Partikel des Trennmaterials $d_p$ (englisch: diameter of the particle) beeinflußt werden:

(1) **Eddy-Diffusion.** Sie kommt zustande durch unterschiedliche Weglängen, die die Substanzmoleküle zwischen den Partikeln des Trennmaterials zurücklegen. Der Einfluß dieses Diffusionseffektes auf die Trennstufenhöhe ist proportional zum Partikel-

**Tabelle 2.3/3** Die Selektivität $\alpha$ entscheidet, welche Trennungen mit der Niederdruck-Flüssigkeitschromatographie noch möglich sind, bzw. welche Trennungen nur mit der Hochdruck-Flüssigkeitschromatographie erreicht werden können.

| | | Angaben zur Säule | | |
|---|---|---|---|---|
| Teilchendurchmesser in $\mu$m | | 10 | 10 | 37– 75 |
| Durchmesser $\times$ Länge in mm | | 4 $\times$ 300 | 8 $\times$ 300 | 8 $\times$ 2400 |
| ca. Säulenvolumen in ml | | 3 | 12 | 96 |
| Selektivität $\alpha$ | Schwierigkeitsgrad der Trennung | trennbare Menge in mg | | |
| 4 | sehr leicht | < 100 | < 500 | < 10 g |
| 2 | leicht | 50–100 | 200–400 | 5– 10 g |
| 1,5 | mäßig (mit DC noch möglich) | 12– 25 | 50–100 | 1,2–2,5 g |
| 1,2 | schwierig (nur mit HPLC möglich) | 2– 5 | 8– 20 | 200–400 |
| 1,1 | sehr schwierig (nur mit HPLC möglich) | 1– 2 | 4– 10 | – |

durchmesser $d_\mathrm{p}$; für den Beitrag dieses Effekts zur Bandenverbreiterung spielt die Güte der Packung eine große Rolle (Packungsfaktor).

(2) **Massentransfer durch die stehende (stagnierende) mobile Phase.** In den Poren der Partikel des Säulenfüllmaterials bewegt sich das Fließmittel praktisch nicht. Moleküle, die in diese Bereiche hineindiffundieren, bleiben hinter denen außerhalb der Poren zurück. Da die Aufenthaltsdauer der Substanzen in den Poren unterschiedlich ist, kommt es zu einer Diffusionsverbreiterung. Höhere Fließgeschwindigkeiten vergrößern diesen Effekt. Er hängt auch von der Größe der Partikel des Trägermaterials, d.h. von der Porentiefe, ab. Der Einfluß dieses Diffusionseffektes auf die Bandenverbreiterung ist proportional zu $d_\mathrm{p}^2 \cdot u$.

(3) **Massentransfer durch die mobile Phase.** An jeder Oberfläche ist die Strömungsgeschwindigkeit Null und nimmt mit zunehmendem Abstand zu. Die Ausbildung eines „Strömungsprofils" in der Nähe der Oberfläche der Partikel des Säulenfüllmaterials führt zu einer Bandenverbreiterung und ist ebenfalls proportional zu $d_\mathrm{p}^2 \cdot u$.

(4) **Longitudinaldiffusion.** Alle Teilchen unterliegen der Brownschen Molekularbewegung und diffundieren in verschiedene Richtungen. Zur Bandenverbreiterung tragen nur die Geschwindigkeitsvektoren in der Längsachse der Säule bei. Je länger die Aufenthaltsdauer der Substanzen in der Säule ist, je niedriger also die Fließgeschwindigkeit bei gegebener Säulenlänge ist, um so größer ist dieser Beitrag. Der Einfluß der Longitudinaldiffusion auf die Bandenverbreiterung ist im Gegensatz zu den beiden vorher beschriebenen Effekten proportional zu $1/u$.

Die mathematische Behandlung dieser Zuammenhänge führt zur **van-Deemter-Gleichung**:

$$\text{van-Deemter-Gleichung}$$

$$H = \underbrace{\cfrac{1}{\cfrac{1}{c_\mathrm{e} \cdot d_\mathrm{p}} - \cfrac{D_\mathrm{m}}{c_\mathrm{m} \cdot d_\mathrm{p}^2 \cdot u}}}_{(1)\qquad(2)} + \underbrace{\frac{c_\mathrm{m} \cdot d_\mathrm{p}^2 \cdot u}{D_\mathrm{m}}}_{(3)} + \underbrace{\frac{c_\mathrm{d} \cdot D_\mathrm{m}}{u}}_{(4)}$$

$H$ = Trennstufenhöhe in mm  
$d_\mathrm{p}$ = Durchmesser der Partikel des Säulenfüllmaterials in mm  
$u$ = Fließgeschwindigkeit in cm $\cdot$ s$^{-1}$  
$D_\mathrm{m}$, $c_\mathrm{d}$, $c_\mathrm{e}$ und $c_\mathrm{m}$ sind unter den gegebenen Bedingungen konstante Größen

Die in den Klammern angegebenen Zahlen bezeichnen den jeweiligen Beitrag der oben beschriebenen Diffusionsvorgänge zur Trennstufenhöhe.

Für den Einfluß der Partikelgröße des Säulenfüllmaterials auf die Trennstufenhöhe $H$ gilt: Je kleiner die Partikel sind und je enger die Korngrößenverteilung ist, um so kleiner ist $H$, und um so größer ist die Trennleistung der Säule. Dabei ist eine enge Korngrößenverteilung ebenso wichtig wie die absolute Korngröße.

Die oben angegebene Gleichung läßt sich für eine bestimmte Partikelgröße des Säulenfüllmaterials in eine einfache Gleichung umformen, die den Einfluß der Fließgeschwindigkeit $u$ auf die Trennstufenhöhe $H$ wiedergibt:

$$H = A + C_\mathrm{s} \cdot u + C_\mathrm{m} \cdot u + \frac{B}{u}$$

Die Beiträge der einzelnen Diffusionseffekte zur Trennstufenhöhe $H$ sind in Bild 2.3/2 wiedergegeben. Die Abhängigkeit der Trennstufenhöhe $H$ von der Fließgeschwindigkeit $u$ wird allgemein als „**van-Deemter-Kurve**" bezeichnet. Die wesentliche Erkenntnis aus diesem Zusammenhang ist: Es gibt eine optimale Fließgeschwindigkeit (Minimum der Kurve). In der Flüssigkeitschromatographie ist der Beitrag der Longitudinaldiffusion (4) aufgrund des verhältnismäßig kleinen Diffusionskoeffizienten $B$ gegenüber den Beiträgen der anderen Diffusionseffekte (bei Molekülen mit Molmassen kleiner als ca. 1000) vernachlässigbar. In der Gaschromatographie erhält dieser Beitrag jedoch beträchtliches Gewicht. Der Grund liegt in der geringeren Viskosität von Gasen, wodurch sich die Beiträge der anderen Diffusionseffekte verringern, während sich der Beitrag der Longitudinaldiffusion erhöht.

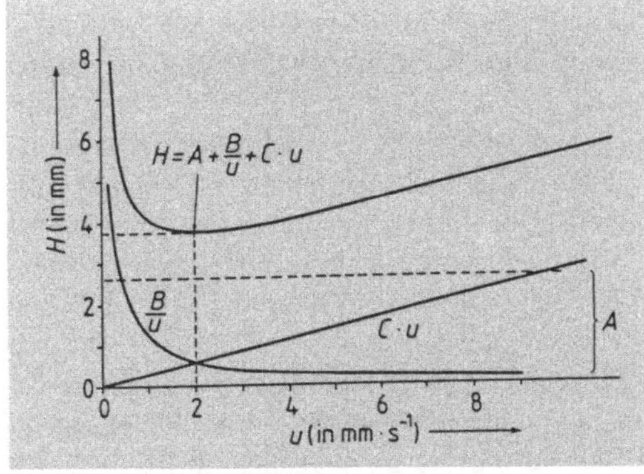


$H$ = Trennstufenhöhe (Abstand zweier theoretischer Böden)
$A$ = Packungsfaktor (Eddy-Diffusion)
$B$ = Longitudinaldiffusion
$C$ = Massentransfer durch die mobile und die stationäre Phase

Der Pfeil kennzeichnet die Fließgeschwindigkeit, bei der die Trennstufenhöhe am kleinsten, die theoretische Bodenzahl am größten ist.

(Nach *H. Engelhard*, Hochdruck-Flüssigkeits-Chromatographie, Springer, Berlin 1975, Abb. II.3, S. 18)

**Bild 2.3/2** Abhängigkeit der Peakverbreiterung vom linearen Fluß $u$ (van-Deemter-Kurve)

Die Viskosität des Fließmittels geht in die Diffusionskoeffizienten in gleicher Weise wie bei Gasen ein. Die Beiträge der Diffusionseffekte (2) und (3) lassen sich klein halten, wenn Fließmittel mit möglichst niedriger Viskosität (s. Kap. 4.1) gewählt werden.

Es lassen sich folgende Richtlinien für eine optimale Trennung in der Flüssigkeitschromatographie angeben:

- Kleine Partikel des Säulenfüllmaterials mit einem möglichst engen Bereich der Korngrößenverteilung verwenden,
- möglichst niedrige Fließgeschwindigkeit,
- geringe Viskosität des Fließmittels, damit eine schnelle Einstellung der Diffusionsgleichgewichte gewährleistet ist,
- eventuell höhere Temperatur in Betracht ziehen.

## Literatur

s. Kap. 2.1

# 2.3.1 Niederdruck-Flüssigkeitschromatographie

Bei der Niederdruck-Flüssigkeitschromatographie werden die Komponenten einer Mischung säulenchromatographisch unter normalem (hydrostatischem) oder leicht erhöhtem Druck getrennt.

## Grundlagen

Flüssigkeitschromatographie mit komprimierbaren Säulenfüllmaterialien, wie Sephadex, Bio-Gel, Agarose und vielen Polystyrolgelen, muß unter Normaldruck durchgeführt werden. Sie ist apparativ wenig aufwendig und erlaubt eine bequeme und ökonomische Aufarbeitung größer Flüssigkeitsvolumina, falls die hohe Auflösung der Hochdruck-Flüssigkeitschromatographie nicht erforderlich ist. In vielen Fällen läßt sich eine ausreichende Auflösung durch eine große Selektivität des Systems Sorptionsmittel/Elutionsmittel erzielen (vgl. Kap. 2.3). Um eine große Fließgeschwindigkeit des Elutionsmittel zu erreichen, dürfen die Partikel des Säulenfüllmaterials nicht zu klein sein. Für Trennungen im üblichen Labormaßstab werden Partikelgrößen von ca. 40 bis 60 $\mu$m und im technischen Maßstab solche von ca. 100 bis 200 $\mu$m oder größer eingesetzt. Verwendet man Säulenfüllmaterialien mit Partikeln $> 40 \mu$m, kann allein durch einen hydrostatischen Druck eine genügend große Fließgeschwindigkeit erzielt werden. Der Vorteil der im Vergleich zur Hochdruck-Flüssigkeitschromatographie einfacheren Apparatur wird durch eine weniger gute Trennung und eine längere Trennzeit erreicht.

## Geräte

Ein vollständiges Chromatographiesystem für die Niederdruck-Flüssigkeitschromatographie (Bild 2.1.1/1) besteht aus:

- Vorratsgefäß oder Gradientenmischer
- Pumpe zum einfachen Regulieren der Fließgeschwindigkeit
- Probenaufgabesystem
- Säule mit Stempeln
- Detektor zum Erfassen einer Substanz im Eluat
- Schreiber zum Aufzeichnen des Elutionsprofils
- Fraktionensammler zum automatischen Auffangen getrennter Komponenten

### Vorratsgefäße für Elutionsmittel und Gradientenmischer

Als Vorratsgefäße eignen sich graduierte Erlenmeyerkolben. Sie sind groß genug zu wählen, damit die Säule während der Chromatographie nicht „trocken-laufen" kann. Beim

Arbeiten mit hydrostatischem Druck wird das Gefäß an einem langen Stativ so hoch oben befestigt, daß eine genügend große Fließgeschwindigkeit erreicht wird.

Während der Chromatographie sinkt das Flüssigkeitsniveau im Vorratsgefäß ständig, wodurch sich der hydrostatische Druck und als Folge davon auch die Fließgeschwindigkeit ändert. In vielen Fällen ist dieser Effekt vernachlässigbar. Falls nur geringe Arbeitsdrücke verwendet werden dürfen und falls der Niveauunterschied an sich schon gering ist, ist es zweckmäßig, eine Mariotte-Flasche zu verwenden (Bild 2.3.1/1). Der hydrostatische Druck entspricht dem Höhenunterschied zwischen dem unteren Ende des Lufteinlaßrohres der Mariotte-Flasche und dem Ende des Abschlußschlauches, unabhängig davon, ob das Fließmittel die Säule von oben nach unten oder umgekehrt durchströmt.

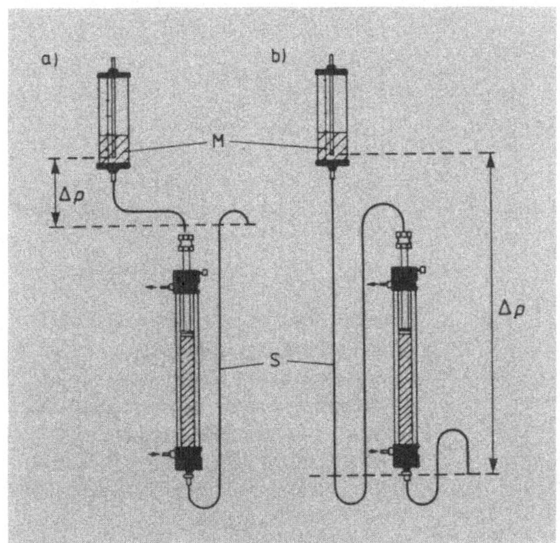


**Bild 2.3.1/1**

**Chromatographie unter konstantem Druck.** Der hydrostatische Druck $\Delta p$ ergibt sich aus dem Höhenunterschied zwischen dem unteren Ende des Luftzuführungsrohrs der Mariotte-Flasche (M) und dem Auslauf. a) Anordnung für geringen hydrostatischen Druck, die Säule liegt tiefer als der Auslauf. b) Anordnung für hohen hydrostatischen Druck. In beiden Fällen verhindert die „Sicherheitsschleife" (S) ein „Trockenlaufen" der Säule. (Pharmacia, Uppsala/ Schweden)

Falls das Elutionsprofil bei isokratischer Elution (also bei konstanter Fließmittelzusammensetzung) zu weit auseinandergezogene Peaks ergibt, legt man zweckmäßigerweise einen Gradienten (Kap. 2.1.3) an. Einige handelsübliche Gradientenmischer sind nur für wäßrige Fließmittel und kleine Volumina geeignet. Zwei einfache Gradientenmischer sind in Bild 2.3.1/2 gezeigt. Die Wirkungsweise dieser Apparaturen ist in Kap. 2.1.3 beschrieben.

## Schlauchverbindungen

Als Verbindungen zwischen den einzelnen Geräten nimmt man am besten Kapillarschläuche aus Teflon mit einem äußeren Durchmesser von 1,6 mm und einen Innendurchmesser von 0,3 oder 0,5 mm. Durch falsch gewählte Schlauchverbindungen können von der Säule bereits getrennte Fraktionen wieder völlig vermischt werden (Bild 2.3.1/3).

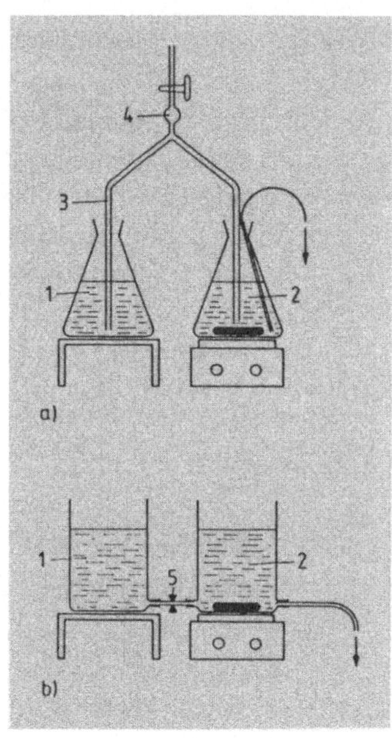

**Bild 2.3.1/2**

**Einfache Gradientenmischer.** a) Vorrats- (1) und Mischgefäß (2) sind durch einen Heber (3) nach Art kommunizierender Gefäße miteinander verbunden. Die kugelförmige Aufweitung des Hebers (4) unterhalb des Hahns nimmt eventuell sich abscheidende Luftblasen auf und sorgt somit dafür, daß die Flüssigkeitsverbindung zwischen den Gefäßen nicht unterbrochen wird. b) An Bechergläser geeigneter Größe sind unten Glaskapillarrohre (2 mm Innendurchmesser) angeschmolzen. Die Verbindung wird durch dünnwandige Teflonschläuche hergestellt, die durch Druck und Drehen in die Kapillarrohre hineingesteckt werden. Mit einer Schlauchklemme (5) kann die Verbindung zum Füllen der Gefäße unterbrochen werden.

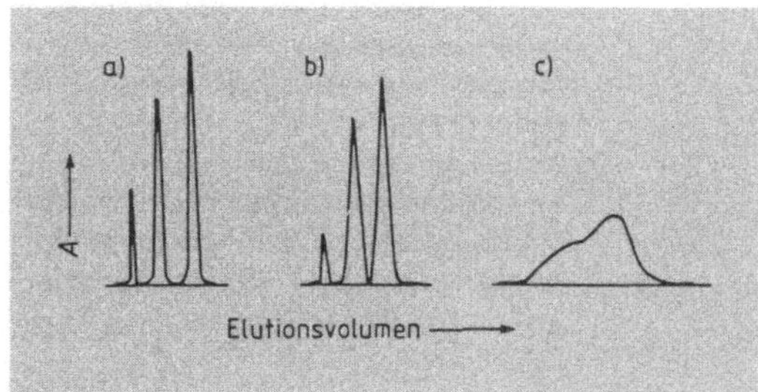


**Bild 2.3.1/3**

**Einfluß von Durchmesser und Länge von Verbindungsschläuchen auf die Auflösung.** a) Die Säule ist direkt an den Detektor angeschlossen. In b) und c) sind zwischen Säule und Detektor zusätzlich 2 m Schlauch mit 0,3 bzw. 0,8 mm Innendurchmesser angebracht. Eine Auftrennung kann demnach durch einen falsch gewählten Schlauch völlig zunichte gemacht werden.

In Bild 2.3.1/4 sind einige Möglichkeiten angegeben, wie Schläuche miteinander verbunden werden können. Die einfachste Möglichkeit, zwei Schläuche miteinander zu verbinden, ist in Bild 2.3.1/4a und 4b dargestellt, wobei zwei Teflonschläuche entweder in einem kurzen Stück eines Silikongummischlauches zusammengesteckt werden (a) oder direkt ineinander geschoben werden (b), nachdem das Ende eines Schlauches etwas aufgeweitet wurde. Die Schlauchverbindung (b) ist für alle Lösungsmittel und mäßige Drücke geeignet, aber gegen Zug an den Schläuchen empfindlich. Mechanisch sehr stabil ist die in Bild 2.3.1/4c dargestellte Schlauchverschraubung. Falls das Anschlußstück (A) und die Kupplung aus Delrin, Polypropylen oder Teflon angefertigt sind, können alle Lösungsmittel verwendet werden. Dickwandige Teflonkapillarschläuche lassen sich nicht mehr anflanschen. Sie werden daher mit konisch zugeschnittenen „Ferrules" aus Teflon zusammengepreßt [(F) in Bild 2.3.1/4d].

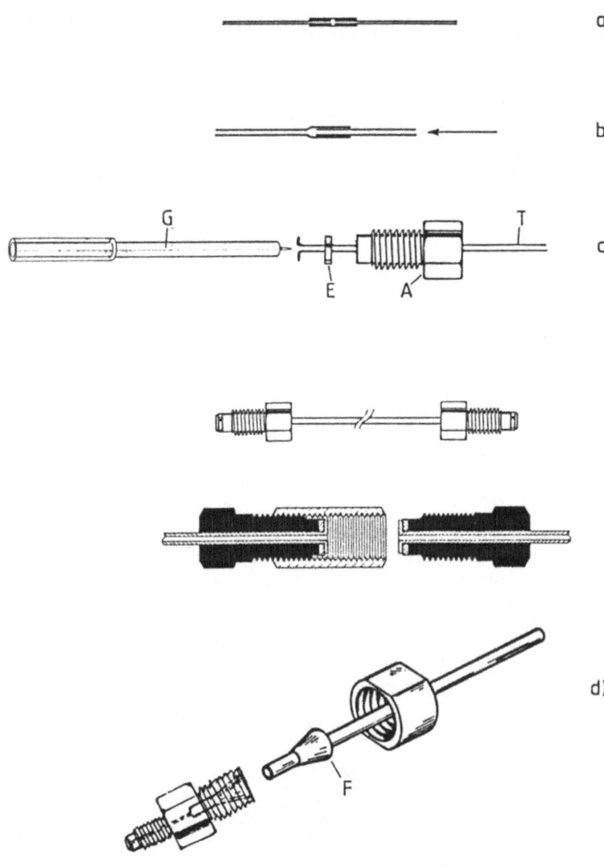


**Bild 2.3.1/4**
**Schlauchverbindungen.** a) Zwei Teflon-Kapillarschläuche werden mit einem Silikongummischlauch zusammengehalten. Diese Schlauchverbindung kann für Wasser und organische Lösungsmittel bei Normaldruck verwendet werden. b) Zwei Kapillarschläuche werden direkt miteinander verbunden, indem das Ende eines Schlauches etwas aufgeweitet wurde. Strömt das Fließmittel in Pfeilrichtung, hält die Verbindung auch bei organischen Lösungsmitteln bis mindestens 1 MPa. c) Schlauchverschraubung. Der Teflonschlauch (T) wird mit dem erhitzen Dorn des Flanschgeräts (G) zu einem Flansch aufgeweitet. Zwischen dem Anschlußstück (A) und dem Teflonflansch befindet sich noch ein Edelstahlring (E). Diese Schlauchverbindung ist für alle Fließmittel und Drücke bis 4 MPa geeignet. d) Die Verbindung von dickwandigen Teflon-Kapillarschläuchen mit einem „Ferrule" (F) und Überwurfmutter ist ebenfalls für alle Lösungsmittel und Drücke bis 4 MPa verwendbar.

## Pumpen

Der Einsatz von Pumpen in der Chromatographie bietet sich für folgende Zwecke an:

- Packen von Säulen
- Chromatographie unter erhöhtem Druck
- einfache Veränderung der Fließgeschwindigkeit (z. B. beim Regenerieren der Säule).

**Schlauchpumpen** (Bild 2.3.1/5) sind im biochemischen Bereich, wo oft Spuren von Metallionen empfindlich stören können, weit verbreitet. Bei diesem Pumpentyp kommt das Elutionsmittel mit Metalloberflächen nicht in Berührung. Bei älteren und billigeren Schlauchpumpen wird durch Rollen ein Schub auf die Schläuche ausgeübt. Durch dieses Walken wird der Schlauch bald abgenutzt und muß erneuert werden. Die Verwendung von Schlauchpumpen mit Planetengetrieben bieten in dieser Hinsicht Vorteile. Dieser Antriebstyp bewirkt einen gegenläufigen Antrieb der Andruckwalzen zur Abrollumlaufbahn. Damit entfällt das sonst zwangsläufige Dehnen und Entspannen der Schläuche, und ihre mechanische Abnutzung ist wesentlich geringer. Trotzdem haben Schlauchpumpen einige Nachteile:

- Sie sind für Drücke über 200 kPa nicht einsetzbar.
- Die Schläuche müssen häufig ausgewechselt werden.

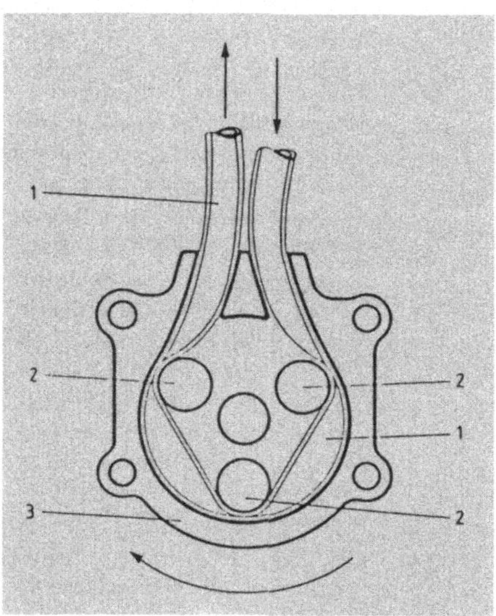

**Bild 2.3.1/5**
**Schlauchpumpe.** Ein elastischer Schlauch (1) wird mit Rollen (2) an die Gehäusewand (3) angedrückt. Wenn sich die Rollen in der angegebenen Richtung über den Schlauch bewegen, wird die Flüssigkeit zwischen zwei benachbarten Rollen in Bewegung versetzt. (Reichelt Chemietechnik, Heidelberg)

**Kolbenmembranpumpen** sind als Magnetpumpen robust, wartungsfrei und preiswert. Pumpenköpfe aus Edelstahl sind vielseitig einsetzbar und für alle Lösungsmittel gleich gut geeignet. Falls Spuren von Metallionen stören, gibt es auch Pumpenköpfe aus anderen Materialien (z. B. Keramik oder Teflon). Bei diesem Pumpentyp können die Hubhöhe des Kolbens und die Hubfrequenz getrennt geregelt werden. Dabei ist zu beachten, daß bei hoher Hubfrequenz und kleiner Hubhöhe die Flußkonstanz besser ist als im umgekehrten Fall. Je nach Bauart der Pumpe sind maximale Gegendrücke bis 3,5 MPa erzielbar. Für die Chromatographie muß der pulsierende Fluß erst noch durch ein „Dämpfungsglied" geglättet werden. Die in Bild 2.3.1/6 abgebildete kombinierte Dosierpumpe enthält bereits eine Dämpfungseinrichtung und kann für Drücke bis 600 kPa eingesetzt werden.

Bei Verwendung von wäßrigen Fließmitteln und bei Drücken nicht wesentlich höher als 100 kPa genügt eine billige, kleine Magnetkolbenmembranpumpe ohne Dämpfungsglied, wenn man die in Bild 2.3.1/7 angegebene Schlauchkombination verwendet. Dabei nimmt ein elastischer Silikonschlauch den Druckstoß von der Pumpe auf und gibt das Fließmittel über einen Teflon-Kapillarschlauch langsam an die Säule ab. Damit ist für viele Fälle eine genügende Dämpfung erreicht. Der Nachteil der Kolbenmembranpumpen liegt in der Abnahme der Förderleistung mit steigendem Gegendruck.

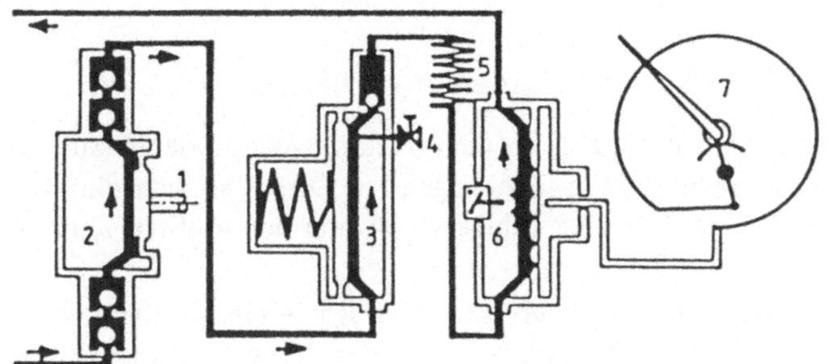

**Bild 2.3.1/6  Elektromagnetische  Kolbenmembranpumpe**  (Schematische  Darstellung).  Bei  jedem
elektrischen  Impuls  zieht  ein  Magnet  (nicht  abgebildet)  einen  Stahlkern  (1)  an.  Die  mit  ihm  ver-
verbundene  Dosiermembrane  verdrängt  das  Fließmittel  aus  dem  Dosierkopf  (2)  in  Pfeilrichtung  in
die  Kammer  des  Dämpfers  (3).  Im  Dämpfer  nimmt  die  hinter  der  Dämpfungsmembrane  liegende
Feder  den  Dosierstoß  auf  und  gibt  ihn  durch  ein  federbelastetes  Kugelventil  geglättet  ab.  Die  Ent-
lüftungsschraube  (4)  ermöglicht  das  Entfernen  von  Luft  aus  der  Dosiereinrichtung  und  einen  raschen
Lösungsmittelwechsel.  Vom  Dämpfer  wird  das  Fließmittel  über  das  Kapillarrohr  (5)  als  kontinuierlicher  Strom  in  die  Kammer  (6)  vor  dem  Manometer  (7)  geleitet.  Von  dort  gelangt  es  über  einen
Kapillarnippel  nach  außen,  auf  den  ein  Teflonschlauch  aufgesteckt  werden  kann,  der  die  Pumpe  mit
der  Säule  verbindet.  Alle  Hohlräume  in  der  Pumpe  werden  von  unten  nach  oben  durchströmt,  so  daß
sich  keine  Luftsäcke  bilden  können  und  es  beim  Lösungsmittelwechsel  keine  toten  Winkel  gibt.
(Chemie  und  Filter  GmbH,  Heidelberg)

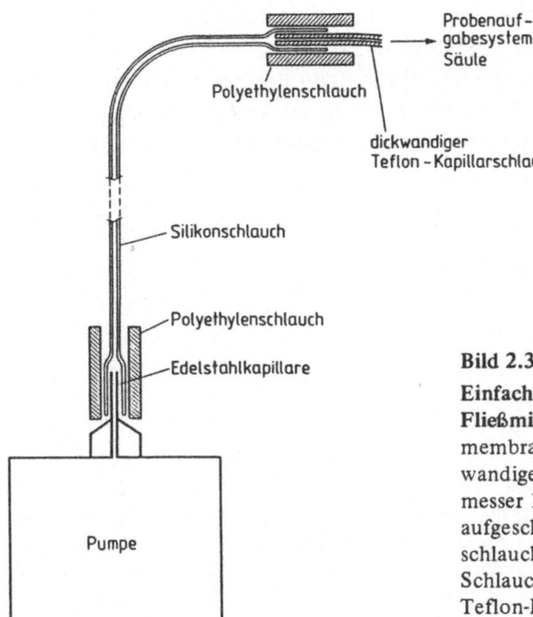


**Bild 2.3.1/7**

**Einfaches Schlauchdämpfungssystem für wäßrige
Fließmittel.** Auf die Edelstahlkapillare der Kolbenmembranpumpe wird ein ca. 1 m langer, dick-
wandiger Silikongummischlauch (Außendurchmesser 1,5 mm, Innendurchmesser 0,3 mm)
aufgeschoben und mit einem Stück Polyethylenschlauch fixiert. Am anderen Ende wird der
Schlauch auf einen ca. 5 cm langen, dickwandigen
Teflon-Kapillarschlauch (Außendurchmesser 1,5 mm,
Innendurchmesser 0,3 mm) geschoben und fixiert.

## Probenaufgabesysteme

Für die Aufgabe von Substanzproben gibt es verschiedene Möglichkeiten:

- direkte Probenaufgabe mittels einer Pipette oder Teflonkapillare, deren Auslauf ca. 3 mm vor dem Ende rechtwinklig umgebogen ist. Dieses an sich einfache Verfahren (Bild 2.3.1/8) erfordert eine ruhige Hand und den größten Zeitaufwand.

- Unterschichten des Fließmittels mit einer spezifisch schwereren Probenlösung. Auch dieses Verfahren erfordert eine ruhige Hand, der Zeitaufwand ist jedoch etwas geringer und man muß nicht das „Trockenlaufen" der Säule befürchten.

- Probenaufgabe mit Ventil und Spritze (Bild 2.3.1/9a). In ein spezielles Anschlußstück des Ventils wird eine Spritze direkt hineingeschoben. Je nach der Spritzengröße können unterschiedliche Probenmengen einfach aufgegeben werden. Wenn eine hohe Reproduzierbarkeit nicht erforderlich ist, ist dies das bequemste und variabelste Einlaßsystem. Mit zunehmend größerem Strömungswiderstand der Säule muß der Durchmesser der Spritze verringert werden, um die Probe mit nicht zu großem Kraftaufwand noch auftragen zu können. Bei einem großen Strömungswiderstand darf der Durchmesser der Spritze maximal 5 mm betragen.

  Zu beachten ist, daß bei einem zu raschen Entleeren der Spritze das Gelbett komprimiert werden kann.

Zur Aufgabe von größeren Probenvolumina für präparative Zwecke sind die bisher beschriebenen Methoden weniger geeignet. In solchen Fällen kommt die Verwendung eines Probenreservoirs in Betracht:

- Die Spritze in Bild 2.3.1/9a wird einfach durch eine große Spritze ohne Stempel ersetzt, und die in ihr enthaltene Probelösung durch das Ventil auf die Säule geleitet. Nach dem Umschalten des Ventils fließt dann das Elutionsmittel auf die Säule. Diese Methode eignet sich vor allem bei leicht komprimierbaren Gelen; allerdings muß der richtige Moment zum Umschalten des Ventils abgewartet werden, da sonst die Säule „trocken-läuft".

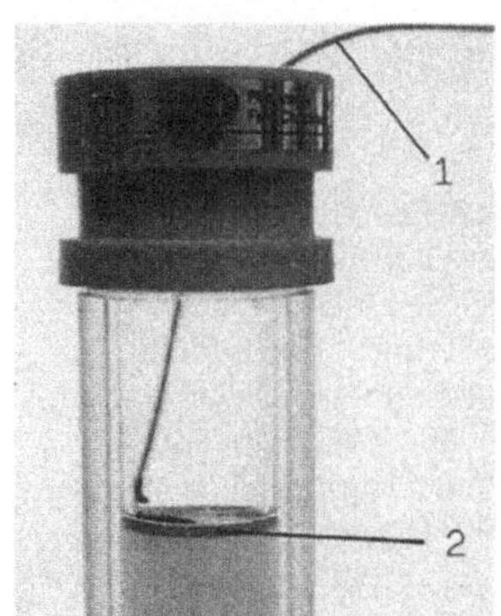

**Bild 2.3.1/8**

Probenaufgabe mit einem gebogenen Kapillarschlauch (1) auf die Oberfläche des Säulenfüllmaterials. Ein direkt über dem Gelbett liegendes und durch den Spannring (2) fixiertes Netz verhindert auf Aufwirbeln der Geloberfläche. (Pharmacia, Uppsala/ Schweden)

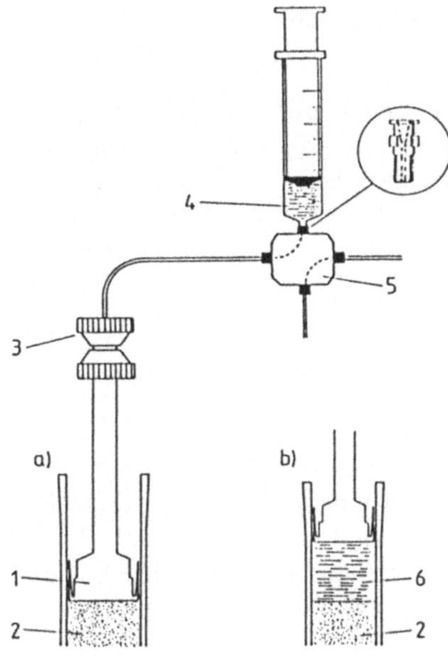

**Bild 2.3.1/9**

**Probenaufgabe von größeren Flüssigkeitsvolumina mit einem beweglichen Stempel.** a) Der Stempel (1) liegt auf dem Gelbett (2) auf und ist durch Drehen des Feststellrads (3) leckdicht, aber noch beweglich festgeschraubt. Der Spritzeninhalt (4) wird über das Ventil (5) in die (unten verschlossene) Säule gedrückt. Dabei wird der Stempel hydraulisch nach oben geschoben. b) Nach der Probenaufgabe befindet sich die spezifisch schwerere Probelösung (6) zwischen dem Geltbett und dem Stempel. Durch Umschalten des Ventils wird jetzt das Lösungsmittelreservoir mit der Säule verbunden. Das spezifisch leichtere Elutionsmittel spült die Probelösung, ohne sie zu vermischen, in das Gelbett. Vor einer neuen Trennung wird der Stempel wieder bis zum Gelbett hineingeschoben.

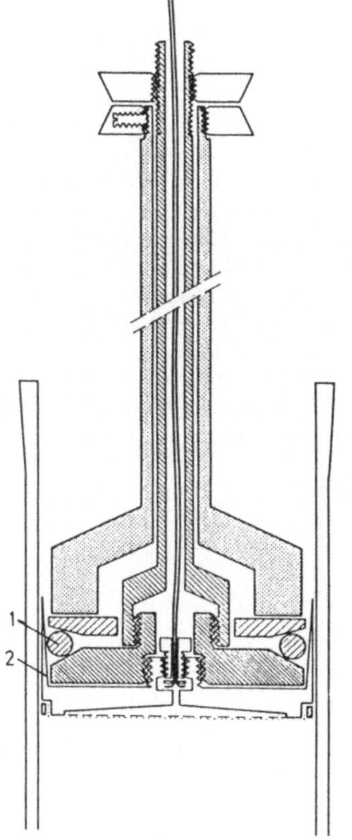

**Bild 2.3.1/10**

**Schematische Darstellung des beweglichen Stempels.** Der O-Ring (1) preßt die Teflonlamelle (2) leckdicht gegen das Glasrohr. Bei niedrigem Anpreßdruck ist der Stempel im Chromatographierohr noch beweglich und kann durch Erhöhen des Anpreßdrucks bei Bedarf fixiert werden.

Für alle nicht oder nur wenig komprimierbaren Säulenfüllmaterialien ist das folgende Auftragsverfahren besser geeignet:

- Probenaufgabe mit Hilfe eines beweglichen Stempels (Bild 2.3.1/10). Bei geringem Anpreßdruck wird der Stempel durch die mit der Spritze in die Säule hineingedrückte Probelösung hochgeschoben und zwischen dem Stempel und der Geloberfläche „gespeichert" (s. Bild 2.3.1/9b). Durch das spezifisch leichtere Fließmittel wird die Probe in die Säule gespült. Bei einem sorgfältig gearbeiteten Stempel ist das System bis 500 kPa leckfrei.

Die Verwendung eines beweglichen Stempels eignet sich für präparative Trennungen aller Art, besonders aber für das Entsalzen von Protein- und Nucleinsäurelösungen unter Normaldruck.

- Aufgabe mit Hilfe einer Probeschleife (Bild 2.3.1/11). Diese Methode der Probenaufgabe ist für kleine Probenvolumina vor allem bei höheren Drücken (bis 3,5 MPa) geeignet. Mit diesem System können Probenvolumina sehr gut reproduzierbar aufgegeben werden. Für exakte analytische Trennungen können auch die in der Hochdruck-Flüssigkeitschromatographie verwendeten Ventile mit Probeschleifen eingesetzt werden (vgl. dazu Kap. 2.3.2).

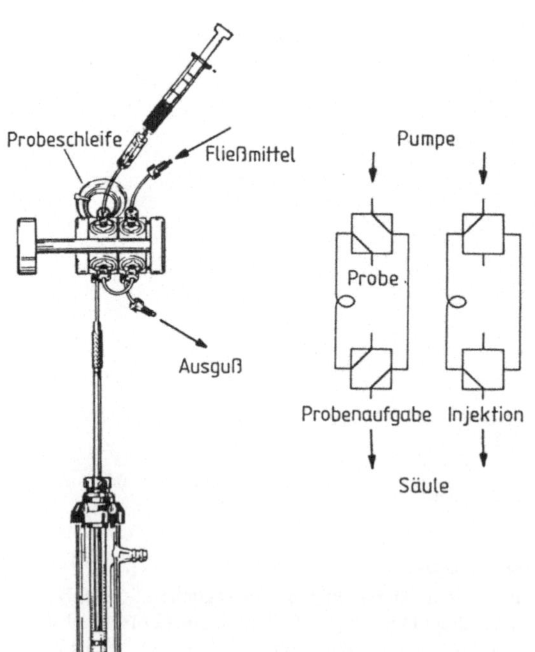


**Bild 2.3.1/11**

**Probenaufgabe mit einem Schieberventil und einer Probeschleife.** Das Schieberventil ist in der Position „Probenaufgabe" so geschaltet, daß das Elutionsmittel von der Pumpe über einen Bypass direkt zur Säule geleitet wird. Die Probeschleife kann jetzt unter Normaldruck gefüllt werden. Nach dem Umschalten fließt das Elutionsmittel durch die Probeschleife und befördert die Probe auf die Säule. (Latek Labortechnik-Geräte GmbH, Heidelberg)

## Säulen und Adapter[1])

Die Konstruktion einer Säule ist entscheidend für eine gute Trennung. Die Verwendung
von Säulen mit Verteilerstempeln zusammen mit einem Probenaufgabeventil erleichtert
die Arbeit beträchtlich und gibt bessere Resultate im Vergleich zu einfachen Säulen mit
Glasfritte und Teflonhahn als Säulenabschluß. Beim Einsatz organischer Lösungsmittel
dürfen Materialien, die mit dem Fließmittel in Berührung kommen, grundsätzlich nur aus
Glas, Teflon oder Edelstahl bestehen. In Bild 2.3.1/12 sind einige handelsübliche Säulen
für analytische und präparative Trennungen wiedergegeben. Die in Bild 2.3.1/13 dargestellte Säule dient zur Trennung im technischen Maßstab. Die Säule befindet sich in einem
Drehgestell und kann somit im gekippten Zustand leicht entleert werden. Manche Ionenaustauscher quellen und schrumpfen während des Pufferwechsels. In diesen Fällen werden
keine Adapter verwendet, damit sich das Gel in der Säule ungehindert ausdehnen kann.
kann.

Für die Adsorptions- und Reverse-Phase-Chromatographie bei niederen Drücken sind
Fertigsäulen im Handel erhältlich. Sie sind ausgezeichnete Hilfsmittel für denjenigen, der

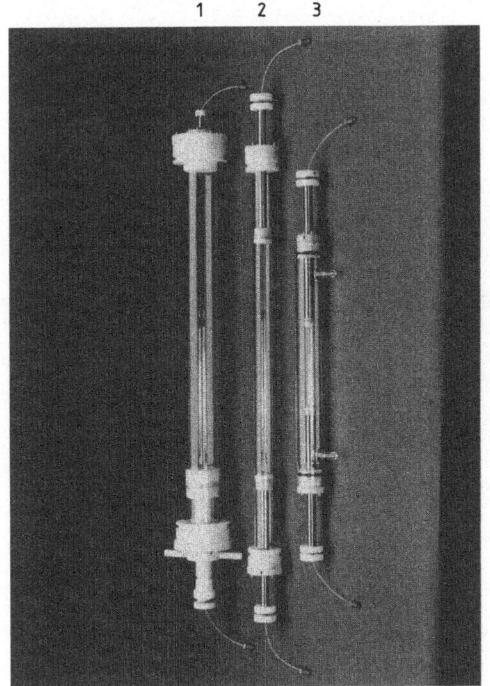


**Bild 2.3.1/12**
Glassäulen mit Verteilerstempeln aus Edel-
stahl (2 und 3) und Teflon (1). Die Säule
(3) besitzt zusätzlich einen temperierbaren
Mantel. (Latek Labortechnik-Geräte GmbH,
Heidelberg)

---

[1]) Adapter (= Verteilerstempel) sind bewegliche Stempel in einer Säule, die durch Verschieben der
Füllhöhe angepaßt (adaptiert) werden können.

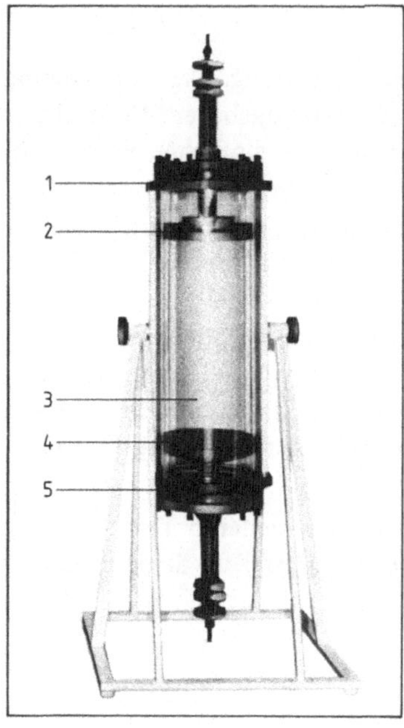

**Bild 2.3.1/13**

**Säule für Trennungen im technischen Maß-
stab** (Reichelt Chemietechnik, Heidelberg)

1  Abschlußplatte, am Flansch des Säulen-
   körpers befestigt
2  oberer Verteilerstempel
3  Säulenkörper
4  unterer Verteilerstempel
5  Abschlußplatte

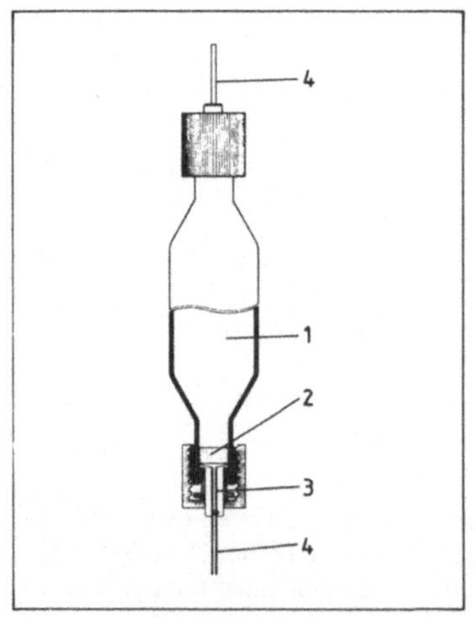

**Bild 2.3.1/14  Aufbau einer Lobar-Fertig-
säule** (Merck, Darmstadt). Der aus Glas
bestehende Säulenkörper (1) verjüngt sich
an beiden Enden konisch in ein kurzes
Teilstück mit engerem Durchmesser, das
einen Filterverteiler (2) aus keramischem
Material und ein Verschlußsystem (3) aus
Teflon und Edelstahl enthält. Auf die
Edelstahlkapillaren (4) (Außendurchmesser
1,5 mm, 20 mm Länge) werden die
Verbindungsschäuche aufgeschoben

ohne größeren apparativen Aufwand und spezielle Techniken Niederdruck-Flüssigkeitschromatographie betreiben will. In Bild 2.3.1/14 ist der Aufbau einer Lobar-Fertigsäule
(Merck) schematisch wiedergegeben. In Tabelle 2.3.1/1 sind die verschiedenen Größen
und die ungefähren Probenmengen, die aufgegeben werden können, zusammengestellt.

Die aufzugebende Probe muß frei von kolloidalen oder anderen Schwebeteilchen sein,
da sonst während der Probenaufgabe der Filterverteiler verstopft wird (*Abhilfe:* Probe
filtrieren oder zentrifugieren). Spülen der Säule in Gegenrichtung macht sie zwar unter
Umständen wieder einsatzfähig, beträchtliche Substanzverluste sind aber die Folge.

**Tabelle 2.3.1/1** Dimension, Korngrößenbereich (Kieselgel 60) und ungefähre Probenmengen der Lobar-Fertigsäulen (Meck). Die Größen A und B sind auch mit RP 8-Materialien erhältlich.

| | Gesamtlänge (ohne Kanüle) mm | Innendurch- messer mm | Außendurch- messer mm | Korngrößen- bereich $\mu$m | Probemenge (Richtwert) g     ml |
|---|---|---|---|---|---|
| Größe A | 240 | 10 | 13 | 40– 63 | 0,2  0,3–1 |
| Größe B | 310 | 25 | 28 | 40– 63 | 1      1–5 |
| Größe C | 440 | 37 | 42 | 63–125 | 3      2–10 |

Fertigsäulen sind für analytische und präparative Trennungen für Drücke bis 600 kPa gut geeignet. Die durch sie erhaltenen Trennungen besitzen eine wesentlich bessere Auflösung im Vergleich zu selbst gepackten Säulen und haben zudem eine lange Lebensdauer, richtige Probenvorbereitung vorausgesetzt.

## Detektoren

Mit einem Detektor wird das aus der Säule austretende Eluat kontinuierlich auf seine Zusammensetzung überprüft. Eine Einteilung in Detektoren für die Niederdruck- oder Hochdruck-Flüssigkeitschromatographie ist wenig sinnvoll. Sie werden daher in einem gesonderten Kapitel (Kap. 2.3.3) besprochen.

## Fraktionensammler

Beim präparativen Arbeiten müssen die durch die Säule getrennten Substanzen gesammelt werden, nachdem sie die Säule verlassen haben. Hierzu wird das Eluat in einzelnen Fraktionen getrennt aufgefangen. Dies geschieht mit einem Fraktionensammler, in dem nach einer festgesetzten Tropfenzahl, Zeitspanne oder (seltener) Flüssigkeitsmenge die Vorlage (z. B. Reagenzglas oder Szintillationsfläschchen) gewechselt wird. Aufgrund unterschiedlicher Konstruktionsprinzipien, die im Laufe der Zeit entwickelt wurden, bietet sich die Einteilung in drei verschiedene Generationen von Fraktionensammlern an:

- Die älteste Generation sind Fraktionensammler mit einer kreisförmigen Anordnung von Reagenzgläsern, die mäander- oder kreisförmig nacheinander gefüllt werden. Eine Fraktionierung des Eluats ist nur nach Zeit oder eventuell nach Volumen möglich. Sie benötigen viel Platz.

- Die zweite Generation sind kompakte Geräte mit Reihen von je 10 Reagenzgläsern in einem Gestell, das als „Rack" bezeichnet wird. Dadurch beanspruchen sie nur wenig Platz. Die Gestelle können, nachdem die Reagenzgläser gefüllt sind, weggenommen und durch neue Gestelle ersetzt werden. Man bezeichnet diese Ausführung auch als Endlosfraktionensammler. Mittels einer Tropfenstation wird das Fraktionsvolumen nach Zeitintervall, Tropfenzahl oder Volumen festgelegt. Nach einer vor der Trennung festgelegten Zahl von Reagenzgläsern schaltet das Gerät automatisch ab. Bei manchen Typen können auch periphere Geräte wie beispielsweise Pumpen oder Magnetventile gesteuert werden.

- Die dritte und jüngste Generation von Fraktionensammlern ist mikroprozessorgesteuert und kann verschieden programmiert werden, beispielsweise für unterschiedliche Fraktionsvolumina und verschieden große Auffanggefäße während desselben Laufs oder Peakseparation (s. u.). Diese Art von Fraktionensammler eignet sich besonders für die Chromatographie radioaktiv markierter Stoffe, da bei diesen Geräten die Elektronik an der Seite oder über den Reagenzgläsern angebracht ist. Im Gegensatz zu den vorher erwähnten Arten von Fraktionensammlern wird beispielsweise beim Überlaufen eines Reagenzglases nicht die Elektronik kontaminiert, sondern nur eine Auffangwanne. Wenn außerdem noch Magnetventile (zwischen Säule und Tropfenstation) verwendet werden, die vor jedem einzelnen Fraktionswechsel schließen, läßt sich die Kontamination auf ein Minimum beschränken.

Bei den modernen Fraktionensammlern lassen sich Racks für verschieden große Reagenzgläser oder auch Szintillationsfläschchen beliebig aneinanderreihen. Wenn radioaktiv markierte Substanzen direkt in Scintillationsfläschchen gesammelt werden, sind Detektoren vorteilhaft, welche die Fraktionenwechsel über Schwellwerte steuern (s. u.). Das Eluat zwischen den Peaks kann dann in eine Sammelflasche geleitet werden, wodurch sich die Zahl der zu untersuchenden Fraktionen entscheidend verringert.

## Automatisierung

Eine Automatisierung der Chromatographie, auch schon in bescheidenem Umfang, erleichtert das Arbeiten beträchtlich. Sie kann an verschiedenen Stellen während des Ablaufs einer chromatographischen Trennung erfolgen:

- Verschließen der Säule nach der Trennung durch ein Magnetventil, das durch den Fraktionensammler gesteuert wird. Die Säule kann dann nicht „trockenlaufen". Ein ähnlicher Effekt kann auch mit wenig technischem Aufwand durch Einbau von „Sicherheitsschleifen" (Bild 2.3.1/1) in die Zu- bzw. Ableitungsschläuche erreicht werden.

- Automatische Umschaltung des Empfindlichkeitsbereichs durch den Detektor erlaubt die Ausdehnung des dynamischen Meßbereichs. Beim Erreichen des Vollausschlags des Schreibers wird die Empfindlichkeit automatisch um einen bestimmten Faktor verringert. Diese Einrichtung ist dann zweckmäßig, wenn Mischungen von Substanzen unbekannter Konzentrationen chromatographiert werden sollen oder wenn kleine Substanzmengen in Gegenwart von großen Mengen anderer Substanzen zu bestimmen sind.

- Steuerung einer Stromquelle für externe Geräte (Pumpe, Magnetrührer, Ventile usw.) durch den Fraktionensammler.

- Steuerung des Fraktionensammlers durch das Elutionsprofil:
  a) Peakseparation nach Erreichen eines bestimmten Schwellwerts. Manche Fraktionensammler lassen sich so steuern, daß immer dann kleine Fraktionen gesammelt werden, wenn ein Peak eluiert wird. Dann können auch nicht völlig ge-

trennte Peaks weitgehend getrennt aufgefangen werden. Das Eluat zwischen den Peaks wird in große Reagenzgläser aufgefangen.

b) Peakseparation bei Änderung der Neigung des Elutionsprofils. Diese Variante der Peakseparation erlaubt auch die Trennung von „angetrennten" Peaks, zwischen denen der Schwellwert nicht unterschritten wird. Kombiniert mit Zeitfenstern werden nur die gewünschten Substanzpeaks gesammelt, das nicht benötigte Eluat wird in eine Standflasche oder in den Ausguß geleitet (Bild 2.3.1/15). Beide Verfahren eignen sich immer dann, wenn gleiche Substanzgemische oft hintereinander chromatographiert werden müssen (z.B. für das Entsalzen von Protein- oder Nucleinsäurelösungen oder für die Anreicherung von Substanzen).

c) Simultane Registrierung des Elutionsprofils bei zwei verschiedenen Wellenlängen. Diese Möglichkeit läßt sich vorteilhaft einsetzen, wenn eine Peakidentifizierung aufgrund des Absorptionsverhältnisses $A_{280}/A_{254}$ möglich ist (vgl. Kap. 3.4.1.1).

Eine vollständige Automatisierung ist aufgrund des hohen Preises im wesentlichen der Hochdruck-Flüssigkeitschromatographie vorbehalten. Selbstverständlich können die entsprechenden Geräte, oder einzelne Bausteine davon, auch für die Niederdruck-Flüssigkeitschromatographie eingesetzt werden.

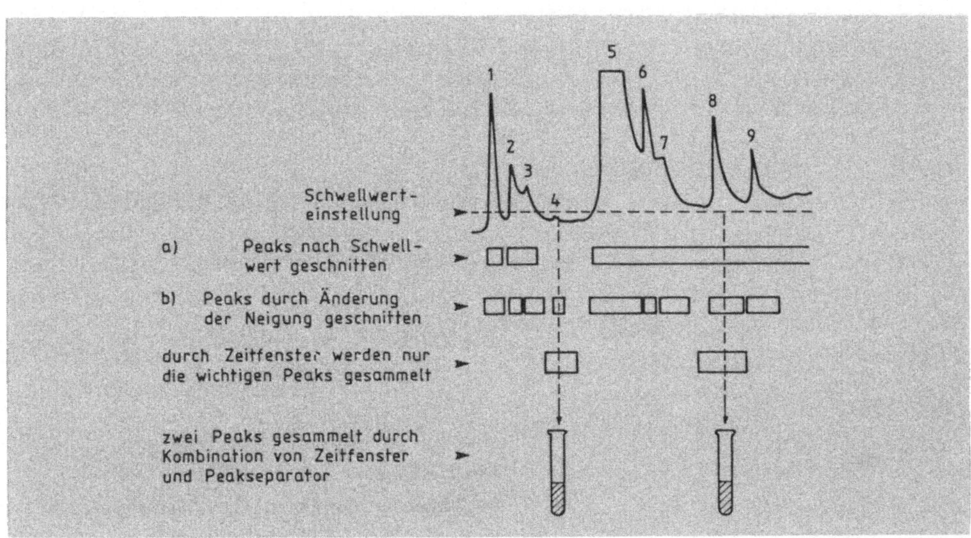


**Bild 2.3.1/15 Sammeln einzelner Peaks mit Peakseparatoren** (ISCO, Lincoln/USA). a) Durch Schwellwerteinstellung wird immer dann eine neue Fraktion gebildet, wenn der Schwellwert überschritten wird. die gebildeten Fraktionen sind im Bild durch die umrandeten Felder angedeutet. Peak 4 wird nicht erfaßt. b) Bei der Fraktionierung nach Änderung der Neigung werden auch Peaks getrennt, deren Tal oberhalb des Schwellwerts liegt, beispielsweise die Peaks 2 und 3 oder 5, 6 und 7 sowie 8 und 9. Jetzt wird auch Peak 4 erfaßt

# Durchführung

## Packen von Säulen

Die Säulenfüllmethode ist für die jeweiligen Korngrößenbereiche des Packungsmaterials und seiner Vorbehandlung verschieden. Alle Füllmethoden haben dasselbe Ziel: Eine Sedimentation des Füllmaterials soll während des Füllvorganges auf ein Mindestmaß beschränkt werden. Daher muß möglichst schnell ein stabiles und homogen gepacktes Gelbett erzielt werden.

a) **Füllen der Säule mit einer Gelsuspension:**

- Die berechnete Menge trockenes Säulenfüllmaterial in eine Saugflasche geben.

- So viel Suspensionsflüssigkeit zugeben, daß nach dem Quellen eine Suspension entsteht, aus der Gasblasen noch entweichen können. Im allgemeinen verwendet man als Suspensionsflüssigkeit dasjenige Fließmittel, mit dem die Trennung begonnen wird. Für Kieselgel und Aluminiumoxid genügen kurze Quellzeiten (ca. 15 min), für Ionenaustauscher und Gele für die Gelchromatographie sind die vom Hersteller angegebenen Quellzeiten einzuhalten.

- Saugflasche mit einem Gummistopfen verschließen und Vakuum anlegen. Bei längerem Evakuieren kühlt sich die Suspension ab. Bevor die Säule gefüllt wird, muß die Umgebungstemperatur wieder erreicht sein.

- Die mit einem Detergens gereinigte und getrocknete Säule, auf die ein Verlängerungsrohr oder Reservoir (Bild 2.3.1/16) aufmontiert ist, wird genau (!) senkrecht in ein langes Stativ eingespannt und an einem Ort aufgestellt, der vor direkter Sonneneinstrahlung und Zugluft geschützt ist.

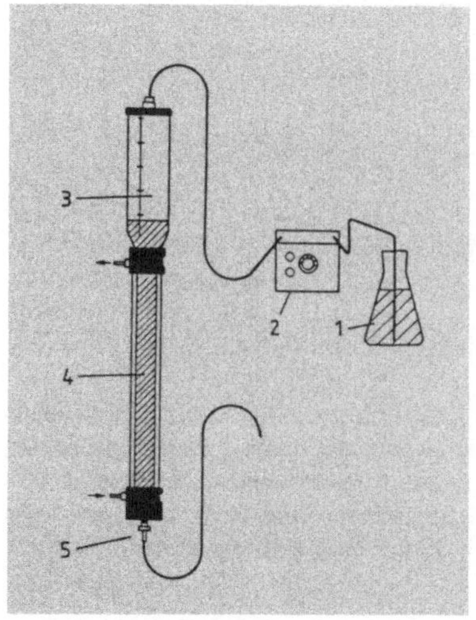

**Bild 2.3.1/16**

**Das Füllen von Säulen mit einer Gelsuspension**
(nach Pharmacia, Uppsala/Schweden)

1  Vorratsgefäß mit Elutionsmittel
2  Schlauchpumpe zum schnellen Packen der Säule unter leicht erhöhtem Druck
3  Reservoir für die Gelsuspension
4  Gelbett
5  Säulenauslaß

- Von unten her wird mit einer Spritze etwas Elutionsmittel in die Säule gedrückt, um die Luft unter dem Netz oder der Fritte zu verdrängen. Dann wird der Säulenauslaß verschlossen.

- Gelsuspension gut aufschlämmen und so in die Säule füllen, daß möglichst wenig Luftblasen mitgerissen werden. Das gesamte benötigte Gel muß in einem Guß in die Säule bzw. das Reservoir gegeben werden. Schlecht gepackte Säulen erhält man, wenn das Füllmaterial etappenweise eingefüllt wird. Auch eine zu dünnflüssige Gelsuspension führt aufgrund von Sedimentationseffekten zu einer schlechten Säulenpackung.

- Sofort nach dem Einfüllen wird der Säulenauslaß geöffnet. Falls möglich wird mit einer Schlauchpumpe Elutionsmittel in das Reservoir gepumpt (Bild 2.3.1/16). Anfangs wird die Säule leicht von allen Seiten geklopft, damit mitgerissene Luftblasen leichter entweichen können.

- Säulenauslaß schließen, Reservoir entfernen und vorsichtig Elutionsmittel in die Säule füllen, so daß ein positiver Meniskus entsteht (Bild 2.3.1/17a).

- Stempel schräg in die Säule einführen, so daß keine Luftblase eingeschlossen wird (Bild 2.3.1/17b), und etwa 1 cm weit in das Chromatographierohr hineinschieben.

- Stempel mit der Pumpe oder dem Vorratsgefäß verbinden und bis zum Gelbett hineinschieben. Dabei wird die Luft aus den Schlauchverbindungen entfernt.

- Stempel durch Drehen des Feststellrads (Bild 2.3.1/17c) fixieren, Säulenauslaß öffnen und Pumpe einschalten. Falls sich das Gelbett noch ändern sollte, wird der Stempel nachgestellt.

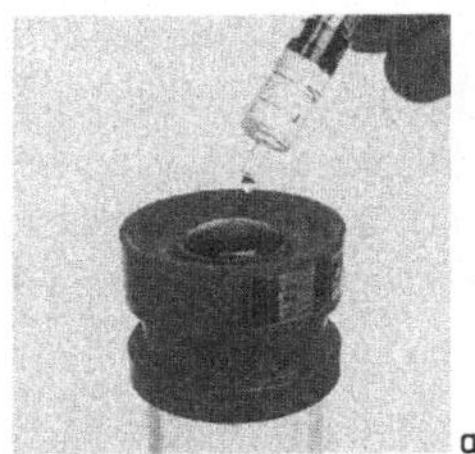

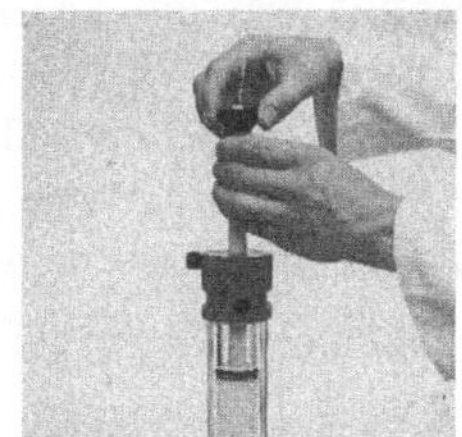


**Bild 2.3.1/17 Einsetzen des Stempels in die gefüllte Säule.** a) Die Säule wird bis oben mit Fließmittel gefüllt, so daß ein positiver Meniskus entsteht. b) Der Stempel wird schräg aufgesetzt und c) bis zum Gelbett in die Säule hineingeschoben und durch Drehen des Stellrads fixiert. (Pharmacia, Uppsala/ Schweden)

**b) Trocken-Packen von Säulen durch „Stampfen und Klopfen".** Starre Teilchen (wie Kieselgel oder Aluminiumoxid) mit einem Durchmesser von 20 bis 40 $\mu$m lassen sich trocken in Säulen packen:

- Säule mit heißem Detergens waschen, mit Wasser und Aceton spülen, trocknen und unten verschließen.

- Säule senkrecht halten und Sorbens einfüllen, bis eine Füllhöhe von etwa 1 cm erreicht ist.

- Säule 40 bis 80 mal rasch hintereinander aus 1 cm Höhe senkrecht auf die Tischoberfläche aufstoßen lassen (eventuell ein durchbohrtes Brett verwenden, um den Kapillarschlauch des Säulenabschlusses nicht zu beschädigen). Dabei wird die Säule langsam gedreht. Gleichzeitig wird leicht an die Seite der Säule in Höhe der Packungsoberfläche geklopft.

- Nicht mehr an die Seite klopfen, aber die Säule noch mehrmals leicht auf die Tischfläche aufstoßen lassen.

- Nächste Portion Füllmaterial zugeben und wie oben weiter verfahren, bis die gewünschte Füllhöhe erreicht ist.

- Zum Schluß die Säule nur noch auf dem Tisch aufstoßen lassen.

- Stempel einsetzen, leicht festdrehen, bis zum Gelbett hineinschieben und festdrehen.

- Entgastes Fließmittel durch die Säule pumpen, bis keine Gasblasen mehr entweichen.

Vibratoren, wie sie für das Füllen von GC-Säulen verwendet werden, dürfen nicht benutzt werden. Seitliches Vibrieren führt zur Trennung in verschiedene Korngrößen quer zur Säule und somit zu einer schlechten Packung. Das oben beschriebene seitliche Klopfen ist nur für dünne Säulen erforderlich, damit sich das Gel beim Nachfüllen nicht schon oberhalb des Gelbettes verdichtet.

## Prüfung der Säulenpackung

Bevor eine Trennung durchgeführt wird, sollte die Säulenpackung auf ihre Homogenität überprüft werden. Hierzu chromatographiert man einen Farbstoff, der nicht merklich retardiert wird. Für die Adsorptionschromatographie werden verschiedene Testfarbstoffe im Handel angeboten. Für die Gelchromatographie in wäßrigem Milieu eignet sich beispielsweise eine 2%ige Lösung von Dextranblau 2000 (Pharmacia). Ionenaustauscher-Säulen können so nicht überprüft werden, da Farbstoffe von Ionenaustauschern fast immer stark oder irreversibel adsorbiert werden.

## Probenaufgabe

Im wesentlichen stehen drei Möglichkeiten zur Verfügung:

a) **direktes Auftragen auf die Geloberfläche:**

- Der größte Teil des Überstands wird abgesaugt, den Rest läßt man ablaufen und verschließt die Säule rechtzeitig (Säule nicht „trocken-laufen" lassen!).

- Mit einer rechtwinklig gebogenen Pipette, Kanüle oder Teflonkapillare trägt man die Probe vorsichtig direkt über dem Gelbett auf (Bild 2.3.1/18), ohne die Geloberfläche aufzuwirbeln (vorher mit Fließmittel ohne Probe üben).

- Auslauf öffnen und Probe einsickern lassen, Säule schließen.

- Auf die gleiche Weise restliche Probelösung mit wenig Fließmittel von der Glaswand abspülen und ebenfalls einsickern lassen. Diesen Vorgang gegebenenfalls wiederholen.
- Das Gelbett vorsichtig 5 cm hoch mit Fließmittel überschichten und die Säule mit dem Fließmittelreservoir verbinden.

Bei keiner Operation darf die Säule „trocken-laufen" oder die Gelschicht aufgewirbelt werden. Um ein Aufwirbeln des Gels zu verhindern, kann ein Netz mit einem Spannring direkt über dem Gelbett fixiert werden (Bild 2.3.1/8).


**b) Unterschichten des Fließmittels mit der Probelösung:**

- Probe in wenig Fließmittel lösen.
- Das spezifische Gewicht der Probelösung wird bei wäßrigen Lösungen mit 1 bis 2 % Saccharose- oder Natriumchloridlösung, bei organischen Fließmitteln mit einigen Tropfen Kohlenstofftetrachlorid erhöht.
- So viel Fließmittel in die Säule geben, bis das Gelbett etwa 5 cm hoch überschichtet ist.
- Probelösung mit einer Spritze aufnehmen und langsam (!) durch eine umgebogene Kanüle etwa 5 mm oberhalb des Gelbetts ausdrücken. Die Probelösung bildet dann eine scharfe Zone.
- Auslauf öffnen und Probe einziehen lassen. Erst wenn die Probelösung vollständig in das Gelbett eingesickert ist, darf die Säule mit dem Fließmittelreservoir verbunden werden.


**c) Probenaufgabe mit einer Spritze:** Die dafür geeigneten Probenaufgabensysteme sind oben ausführlich beschrieben. In jedem Fall benötigt man Säulen, bei denen das Gelbett durch einen Stempel abgeschlossen ist.

## Elution

Nach der Probenaufgabe wird die Säule mit dem geeigneten Fließmittel (vgl. Kap. 2.1.1–2.1.5) eluiert. Im Zweifelsfall ist es immer besser, die erste Trennung mit einem Fließmittel hoher Elutionskraft durchzuführen, denn nur so ist man sicher, die wesentlichen Substanzen auch tatsächlich eluiert zu haben. Dann wird die Zusammensetzung des Fließmittels solange variiert, bis die gewünschten Substanzen genügend getrennt sind.

Falls das Elutionsprofil bei isokratischer Elution zu weit auseinandergezogene Peaks ergibt, wird zweckmäßigerweise mit einem Fließmittelgradienten eluiert (vgl. Kap. 2.1.3).

Die geeignete Fließgeschwindigkeit richtet sich nach dem Säulenfüllmaterial und der Art der zu trennenden Substanzen. Während bei der Adsorptions- (Kap. 2.1.1) und Ionenaustauschchromatographie (Kap. 2.1.3) verhältnismäßig hohe Fließgeschwindigkeiten noch brauchbare Trennungen ergeben, dürfen sie bei der Gelchromatographie nicht wesentlich über $10 \ cm \cdot h^{-1}$ liegen, d.h. die Fließmittelfront bewegt sich in einer Stunde um 10 cm in der Säule fort[2]. Für eine Säule mit 1 cm Innendurchmesser sind dies 30 ml Fließmittel je Stunde. Bei der Trennung von Molekülen mit großen Molmassen sollte die Fließgeschwindigkeit um den Faktor 10 verringert werden. In der Niederdruck-Flüssigkeitschromatographie gilt allgemein: je niedriger die Fließgeschwindigkeit ist, um so höher ist die Auflösung (s. Kap. 2.3).

## Fehlerquellen

s. Kap. 2.3.5

## Dokumentation

Beispiele für die Dokumentation von säulenchromatographischen Trennungen sind in den Kap. 2.1.1, 2.1.3 und 2.1.5 angegeben.

## Anwendungsbereich

- für alle Chromatographiearten
- vor allem für präparative Trennungen von anorganischen (Ionenaustausch), organischen (Adsorption und Verteilung) und biopolymeren Stoffen (Ionenaustausch und Gelchromatographie)

## Literatur

s. Kap. 2.1

---

[2] Diese Größe wird als lineare Fließgeschwindigkeit bezeichnet und ist von der Säulendimension unabhängig.

# 2.3.2 Hochdruck-Flüssigkeitschromatographie (HPLC)

Unter Hochdruck-Flüssigkeitschromatographie versteht man die Chromatographie von Substanzgemischen an Trennmaterialien mit kleinen Partikeldurchmessern ($< 15$ $\mu$m) unter hohem Druck. Aufgrund der kleinen Teilchengröße der Trennmaterialien sind sehr gute Trennungen in kurzer Zeit möglich.

## Grundlagen

Die **Hochdruck-Flüssigkeitschromatographie** (auch als **schnelle Flüssigkeitschromatographie, moderne Flüssigkeitschromatographie** oder **HPLC** = High Performance (Pressure) Liquid Chromatographie bezeichnet) unterscheidet sich von der Niederdruck-Flüssigkeitschromatographie nicht prinzipiell. Aufgrund der wesentlich kleineren Partikelgrößen des Säulenfüllmaterials ($< 15$ $\mu$m) und gleichzeitig engerer Korngrößenverteilung ist das Trennvermögen gegenüber dem von Partikeln mit größeren Korngrößenbereichen wesentlich besser. Durch den gleichzeitig beträchtlich gestiegenen Druckabfall (bis $4 \cdot 10^7$ Pa) unterscheidet sich die HPLC von der Niederdruck-Flüssigkeitschromatographie jedoch in der Apparatetechnik.

Die van-Deemter-Gleichung gibt einen Zusammenhang zwischen der Trennstufenhöhe $H$, der Partikelgröße und der Fließgeschwindigkeit (Kap. 2.3). Die wichtigste Schlußfolgerung daraus ist: Je kleiner die Partikelgröße des Trennmaterials, desto kleiner ist die Trennstufenhöhe und desto besser ist die Auflösung. Die Herstellung von Teilchen mit 5 $\mu$m Durchmesser und einer Streubreite von maximal $\pm 1$ $\mu$m hat zu einer dramatischen Verbesserung des Auflösungsvermögens geführt. Die untere Grenze der Partikel dürfte bei ca. 3 $\mu$m erreicht sein, weil dann die Oberflächeneigenschaften immer stärker in den Vordergrund treten und zunehmend Konglomerate gebildet werden, die sich nicht mehr voneinander trennen lassen. Bereits bei Teilchendurchmessern unter 20 $\mu$m lassen sich stabile Suspensionen der Füllmaterialien, wie sie zum Packen der Säulen benötigt werden, nur noch durch Ultraschallbehandlung herstellen. Die Verwendung kleiner Partikel führt zu einer Reihe von Vorteilen:

- Je kleiner die Partikel sind, um so geringer ist die Abhängigkeit der Trennstufenhöhe von der Fließgeschwindigkeit (Bild 2.3.2/1). Im Gegensatz zur Niederdruck-Flüssigkeitschromatographie kann die Fließgeschwindigkeit bei der HPLC wesentlich höher gewählt werden, ohne daß ein allzu großer Verlust an Auflösung in Kauf genommen werden müßte. Es lassen sich somit gute Trennungen in sehr kurzer Zeit durchführen.

- Eine hohe Auflösung bedeutet aber auch, daß mit kürzeren Säulen eventuell auch schon eine brauchbare Trennung erzielt werden kann. Dies führt zu einer noch weitergehenden Zeitersparnis und zudem zu einem geringeren Verbrauch an Lösungsmitteln.

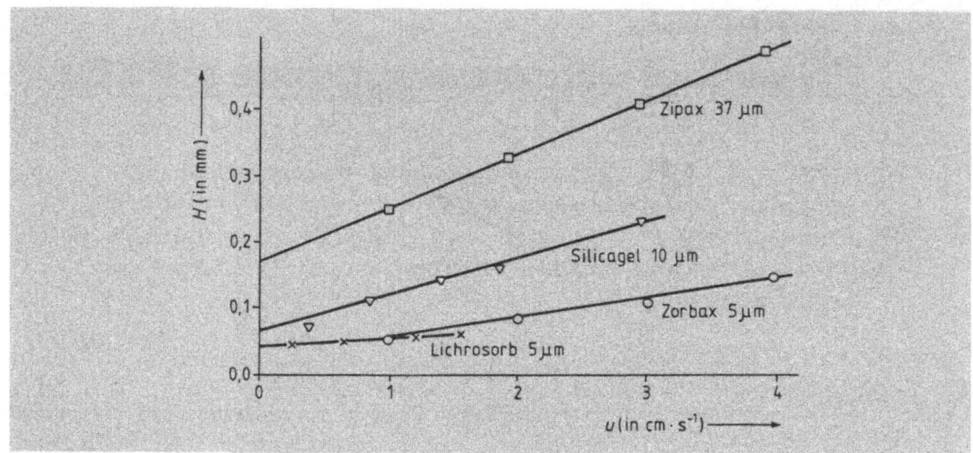


**Bild 2.3.2/1 Auswirkung der Partikelgröße des Säulenfüllmaterials auf die Trennstufenhöhe** $H$ **bei großen Fließgeschwindigkeiten** $u$. Es ist nur der Verlauf der van-Deemter-Kurve rechts von der optimalen Fließgeschwindigkeit angegeben, die Kurvenäste fallen links von der optimalen Fließgeschwindigkeit praktisch mit der Ordinate zusammen. Mit zunehmender Fließgeschwindigkeit ändert sich die Trennstufenhöhe bei kleinen Partikelgrößen (LiChrosorb und Zorbax) wesentlich weniger als bei großen Partikeln (Zipax). (Nach *J. J. Kirkland*, J. Chrom. Sci. **10**, 539 (1972); *R. M. Cassidy* et al., Anal. Chem. **46**, 340 (1974))

Zu beachten ist: Die hohe Auflösung kann nur bei guter apparativer Ausstattung erzielt werden. Ein gutes Probenaufgabesystem, minimale Totvolumina in den Verbindungskapillaren und ein minimales Volumen der Meßzelle im Detektor sind unabdingbare Voraussetzungen.

Auch an die Fließmittel sind einige Anforderungen zu stellen:

- Die hohe Meßempfindlichkeit erfordert besonders reine Lösungsmittel.
- Es dürfen keine Schwebestoffe enthalten sein. Daher wird auf der Ansaugseite ein Metallfilter (Porengröße $< 4\ \mu$m) angebracht.
- Möglichst hohe Selektivität
- Geringe Viskosität (s. Tabelle Kap. 4.1)
- Kompatibilität mit dem Detektor. Bei UV-Detektoren darf das Fließmittel im Meßbereich nicht absorbieren (s. Tabelle Kap. 4.1).
- Komplexierende Ionen (z. B. Halogenid- oder höhere Konzentrationen an Acetat-Ionen) sind nach Möglichkeit zu vermeiden, da sie den Edelstahl der Pumpen angreifen können.

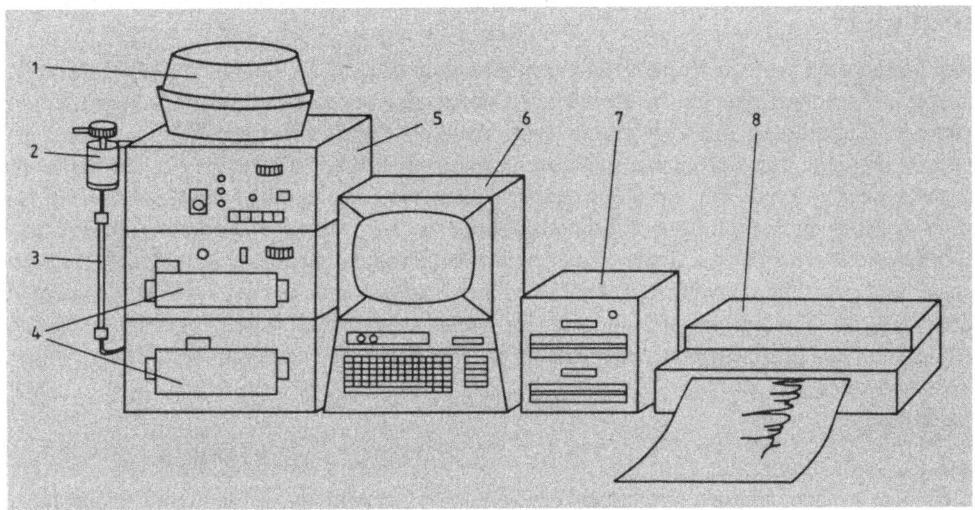

**Bild 2.3.2/2 Bausteine eines modernen Hochdruck-Flüssigkeitschromatographen**

| | | | |
|---|---|---|---|
| 1 | Automatischer Probenwechsler | 6 | Mikroprozessor zum Steuern der Pumpen, |
| 2 | Einspritzventil | | Integrieren und zur Datenverarbeitung (Postrun-Analyse) |
| 3 | Trennsäule | 7 | Diskettenlaufwerke |
| 4 | Pumpen | 8 | Print/Plotter |
| 5 | Detektor | | |

# Geräte

Die einzelnen Komponenten eines optimal ausgestatteten HPLC-Systems sind in Bild 2.3.2/2 wiedergegeben und erläutert. Die minimalen Anforderungen an eine HPLC-Anlage sind:

- Pumpe mit mindestens $200 \cdot 10^5$ Pa Arbeitsdruck
- Manometer bis $400 \cdot 10^5$ Pa
- Kapillarverbindungen aus Edelstahl (1,5 mm Außendurchmesser und 0,3 mm Innendurchmesser)
- Kupplungen mit geringem Totvolumen
- Probenaufgabeventil
- gepackte Säulen (eventuell Fertigsäulen)
- empfindlicher Detektor (UV-Detektor oder Differential-Refraktometer-Detektor (RI-Detektor; s. Kap. 2.3.3) mit einem kleinen Küvettenvolumen (maximal 8 $\mu$l)
- Schreiber mit hoher Ansprechgeschwindigkeit (d. h. Erreichen des Endausschlags in weniger als 0,5 s) und variablem Papiervorschub (11 bis 200 cm $\cdot$ h$^{-1}$).

## Gradienten

Am einfachsten werden Fließmittel-Gradienten (vgl. Kap. 2.3.1) auf der Niederdruckseite hergestellt, indem man die in Bild 2.3.1/2 wiedergegebenen Gradientenmischgefäße verwendet. Eleganter ist die Verwendung von Ventilen, die durch einen Mikroprozessor gesteuert werden. Der Vorteil ist, daß bereits mit einer Hochdruckpumpe ein Gradient hergestellt werden kann. Für die Routineanwendung besser geeignet ist die Verwendung von zwei Pumpen in Verbindung mit einem Mikroprozessor, der ihre Steuerung übernimmt. Der Gradient wird dann auf der Hochdruckseite gebildet. Mit dieser Anordnung kann im Gegensatz zur oben erwähnten Methode der Gradient genauer gebildet werden. Auch brauchen die Fließmittel nicht mit Argon entgast werden. Einmaliges Entgasen durch Evakuieren der Elutionsmittel nach ihrer Herstellung genügt in den meisten Fällen.

## Spritzen

Die Proben werden heute nur noch selten über ein Septum direkt in die Säulen injiziert. Meistens werden Ventile mit einer Probeschleife verwendet, da dann die Probe nicht gegen den Arbeitsdruck injiziert werden muß. Somit werden typische Hochdruck-Spritzen, die besonders druckdicht sein müssen, nicht benötigt. Lediglich die Kanüle muß an das Probenventil angepaßt sein (für das häufig verwendete Rheodyne-Ventil 5 cm lang und plangeschliffen, Außendurchmesser 22 ga = 0,56 mm). In Bild 2.3.2/3 sind zwei Spritzentypen wiedergegeben. Mit der in Bild 2.3.2/3b dargestellten Spritze mit „Repro-Adapter" lassen sich beliebig einstellbare Probenvolumina reproduzierbar injizieren.

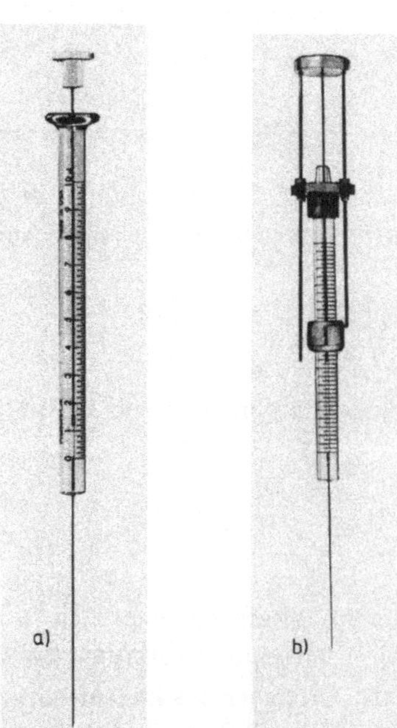


**Bild 2.3.2/3**

**Spritzen für die Hochdruck-Flüssigkeitschromatographie.**
a) Mikrospritze mit Teflonkolben bis 1,5 MPa; b) Mikrospritze mit „Repro-Adapter". (Latek Labortechnik-Geräte GmbH, Heidelberg)

## Probenaufgabeventile

Die Probenaufgabe erfolgt im allgemeinen über eine Probeschleife. Sie erlaubt eine exakte Dosierung von 1 bis 2 000 $\mu$l. In Bild 2.3.2/4 ist das weit verbreitete Rheodyne-Ventil mit dem dazugehörenden Spritzentyp abgebildet.

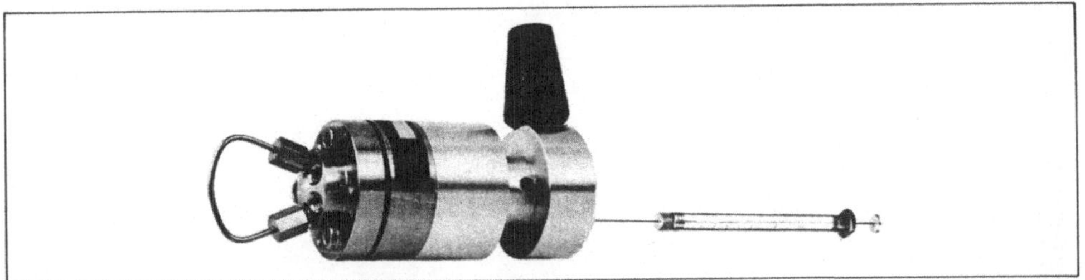

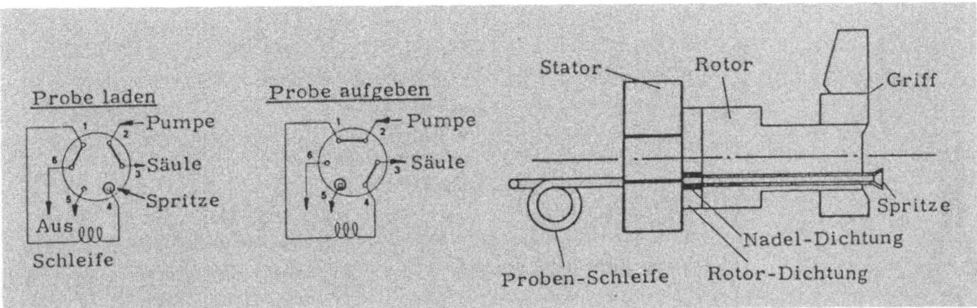


**Bild 2.3.2/4 Probenaufgabeventil** a) mit Probeschleife und Spritze; b) schematische Darstellung; c) Schaltungen für „Probe laden" und „Probe aufgeben". In beiden Stellungen ist die Pumpe ständig mit der Säule verbunden und hält den Betriebsdruck aufrecht. (Latek Labortechnik-Geräte GmbH, Heidelberg)

## Säulen

Die Säulen bestehen aus Edelstahlrohren mit einer polierten Präzisionsbohrung. Übliche Dimensionen sind:

- Für analytische Trennungen 4 × 250 oder 4 × 125 mm. Die kürzere Säule wird immer mehr bevorzugt, da mit den neuen Trennmaterialien (Teilchendurchmesser von 5 $\mu$m oder kleiner) bereits mit kurzen Säulen oft gute Trennungen erzielt werden können.
- Für präparative Trennungen 8, 10 und 16 mm Innendurchmesser und 250 oder 500 mm Länge.

In Bild 2.3.2/5 ist eine analytische HPLC-Säule mit dem dazugehörenden Kapillaranschluß dargestellt.

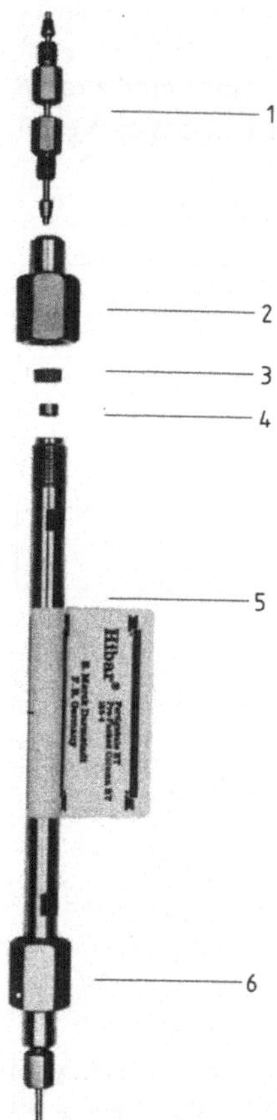

**Bild 2.3.2/5**

**Fertigsäule für die HPLC** (Merck, Darmstadt)

1  Kapillaranschluß (Edelstahl, 1/16″)
2  Reduzierverschraubung (Edelstahl) mit Totvolumen-freier
   Bohrung für den Kapillaranschluß 1/16″
3  Ringdichtung aus Teflon (PTFE)
4  Fritte
5  Edelstahlrohr (4 mm Innendurchmesser) mit Außengewinde
6  Kombination der Teile 1−5 in betriebsfertigem Zustand

## Sorptionsmittel

Mit Ausnahme der Affinitätschromatographie gibt es für alle Probleme der HPLC geeignete Trennmaterialien. Die einzelnen Sorbienten sind in den Kap. 2.1.1−2.1.3 und 2.1.5 beschrieben. Irreguläre und sphärische Partikel von 5 bis 10 $\mu$m lassen sich gut reproduzierbar packen. Schwierig gestaltet sich dagegen bei kleineren Partikeln die Herstellung der für das Packen benötigten stabilen Suspensionen.

Eine gute Reproduzierbarkeit der Säulenfüllung erreicht man auch mit "Porous Layer Beads" (abgekürzt PLB; massiver Kern mit einer porösen Oberfläche) von 20 bis 30 $\mu$m mit Hilfe der Trockenfülltechnik (Kap. 2.3.1). Aufgrund der geringen Oberfläche sind die PLB nur für analytische Trennungen geeignet.

## Säulenfüllgeräte

Zum Füllen von Säulen mit HPLC-Materialien gibt es zwei Möglichkeiten:

- Auf die Trennsäule wird die in Bild 2.3.2/6 dargestellte Füllvorrichtung aufgeschraubt. Es ist ein größer als die Trennsäule dimensioniertes Rohr, das die Suspension des Säulenfüllmaterials aufnehmen kann.

  Diese Säulenfüllvorrichtung eignet sich nur für das Füllen von Säulen nach der "Balanced-density-" und der "High-viscosity-Methode" (s. Durchführung).

- Für Trennmaterialien, die nach den oben erwähnten Methoden nicht gepackt werden können, bietet sich die in Bild 2.3.2/7 dargestellte Säulenfüllvorrichtung an.

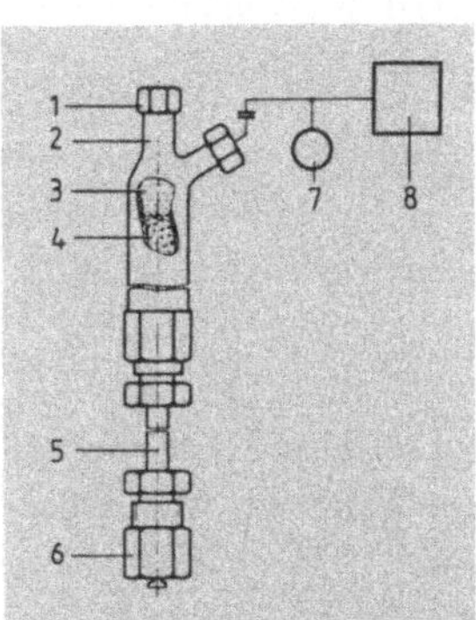

**Bild 2.3.2/6**

**Säulenfüllgeräte für die „Balanced-density-Methode".** Die Säule (6) ist mit dem Lösungsmittel höchster Dichte gefüllt. Das Reservoir enthält die spezifisch leichtere Schwebesuspension (4), die mit Heptan (sehr geringe Viskosität) überschichtet ist (3). Die Hochdruckpumpe (8) fördert ebenfalls Heptan und sorgt für ein schnelles Packen. Das Ende des Packvorgangs wird durch einen starken Druckabfall (7) angezeigt. (Siemens, München)

| | | | |
|---|---|---|---|
| 1 | Überwurfmutter | 5 | Trennsäule |
| 2 | Einfüllstutzen für die Suspension | 6 | Trennsäulenabschluß |
| 3 | Druckflüssigkeit | 7 | Manometer |
| 4 | Schwebe-Suspension des Füllmaterials | 8 | Hochdruckpumpe |

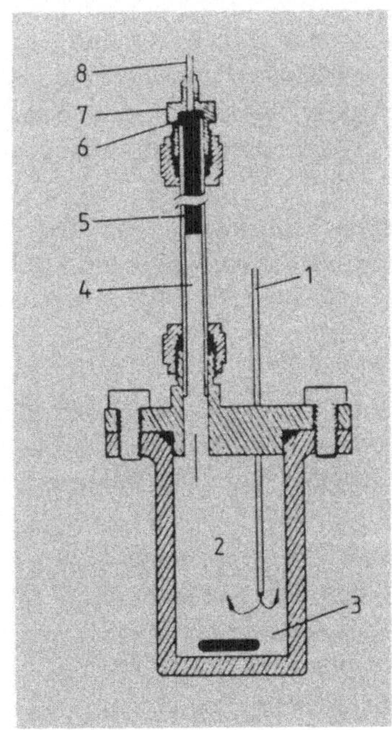

**Bild 2.3.2/7**

**Füllgerät für säureempfindliche oder kompressible Trennmaterialien.** Durch dauerndes Rühren während des Packvorgangs wird eine Sedimentation des Füllmaterials verhindert. (Micrometrics, Norcross, GA 30093, USA)

1  Einlaß, mit der Hochdruckpumpe verbunden
2  Suspendiertes Säulenfüllmaterial
3  Magnetrührer
4  Trennsäule
5  bereits gepacktes Bett
6  Siebe und Filter
7  Trennsäulenabschluß
8  Auslaß

Sie besteht aus einer Art Autoklav als Vorratsgefäß, auf den die Trennsäule aufgeschraubt ist. Mit Hilfe des Magnetrührers wird das Füllmaterial während des Packvorgangs in Suspension gehalten und nach und nach in die Säule hineingespült und dort verdichtet. Da störende Sedimentationseffekte somit weitgehend vermieden werden, spielt die Dichte oder die Viskosität des Fließmittels nur eine untergeordnete Rolle.

## Probenvorbereitung

Die Probe wird im Elutionsmittel aufgenommen und vor dem Einspritzen von eventuell vorhandenen Schwebeteilchen durch Zentrifugieren oder Filtrieren (Glasfilternutsche, Porengröße $< 4$ $\mu$m) befreit. Wird diese Vorsorgemaßnahme unterlassen, verstopft die Säule nach kurzer Zeit.

## Durchführung

### Packen von Säulen

Das Ziel aller Säulenfüllmethoden ist, unerwünschte Sedimentationseffekte so gering wie möglich zu halten. Dies geschieht entweder durch eine geschickte Wahl der Suspendierflüssigkeit (gleiche Dichte von Fließmittel und Säulenfüllmaterial = "Balanced-density-Methode"; hohe Viskosität des Fließmittels = "High-viscosity-Methode") oder durch dauerndes Rühren der Suspension (Bild 2.3.2/7):

- **"Balanced-density-Methode"**, bei der das Säulenfüllmaterial (z. B. Kieselgel) in einer Suspendierflüssigkeit (z. B. Tetrabromethylen/Dioxan/Kohlenstofftetrachlorid 20/15/15) schwebt. Diese Methode ist nicht für säureempfindliche Trägermaterialien geeignet, da Tetrabromethan etwas Bromwasserstoff abspaltet.

- **"High-viscosity-Methode"**, bei der die unerwünschte Sedimentation durch die hohe Viskosität der Suspendierflüssigkeit (z. B. Isopropanol, Dioxan) zurückgedrängt wird.

Das **Packen von Säulen** geht in folgenden Schritten vor sich:

- Säule mit Dichlormethan entfetten, mit Wasser spülen und mit einem heißen Detergens (5 %ige Lösung) und einer Flaschenbürste reinigen (Innenwand nicht zerkratzen). Säule mit Wasser, dann mit Methanol spülen und an einem staub- und ölfreien Ort trocknen lassen.

- Fritte bzw. Filter, Strömungsverteiler und Dichtringe in der vom Hersteller vorgeschriebenen Reihenfolge in den Säulenabschluß einlegen und mit einer Verschraubung mit weiter Bohrung verschließen. (Der Kapillaranschluß wird erst später eingesetzt).

- Das andere Säulenende wird mit dem Füllgerät verschraubt

- Säulenfüllmaterial in der Suspensionsflüssigkeit aufschlämmen und ca. 10 Minuten mit Ultraschall dispergieren und entgasen.

- Reservoir mit der Suspension füllen und verschließen (keine Luftblasen einschließen); Einlaß mit der Pumpe verbinden.

- Vorratsgefäß bei der "Balanced-density-Methode" mit Heptan (führt nach beendigtem Packvorgang zu einem starken Abfall des Arbeitsdruckes), bei der "high-viscosity-Methode" mit der Suspensionsflüssigkeit auffüllen.

- Suspension mit möglichst hohem Druck in die Säule einschlämmen.

- Nach Beendigung des Packvorgangs Pumpe abschalten und Säule abschrauben.

- Überschüssiges Füllmaterial mit einem Spatel entfernen und Säule entsprechend ihrer Bauart mit Fritte, Filter, Strömungsverteiler, Dichtungen und Kapillaranschluß verschließen.

- Säule vor Gebrauch mit dem Elutionsmittel äquilibrieren. Die Verwendung von entgastem Elutionsmittel verhindert eine Blasenbildung im Detektor.


## Fehlerquellen

- Schlechte Peakform durch schlecht gepackte Säule. *Abhilfe:* Schnelles Packen der Säule verringert störende Sedimentationseffekte. Deshalb muß die Förderleistung der Pumpe möglichst hoch sein (mindestens $1\,000\ \text{ml} \cdot \text{h}^{-1}$ bei einem Gegendruck von $5 \cdot 10^7$ Pa). Falls die mechanische Stabilität des Füllmaterials nicht genügend groß ist, kann das in Bild 2.3.2/7 angegebene Verfahren angewendet werden.

- Mangelnde Reproduzierbarkeit wird oft durch ungenügende Konditionierung von Säulen und Fließmittel verursacht. *Abhilfe:* Vorsäule mit großem Volumen und grobkörnigem Material zwischen Pumpe und Probeneinlaß schalten.

- Hoher Rückdruck wird oft durch verstopfte Filter am Säulenkopf verursacht. *Abhilfe:* Filter im Säulenkopf wechseln. Manche Säulen können auch rückwärts freigespült werden (back-flush). Fließmittel und Probenlösung von Schwebeteilchen freihalten.

- Besondere Vorsicht ist bei der Gradientenelution geboten. Kleine Verunreinigungen der Fließmittel führen leicht zu „Geisterpeaks": Die Verunreinigungen werden zunächst am Säuleanfang absorbiert und im Verlauf des ansteigenden Gradienten später desorbiert und eluiert. Ihre Peaks können dann als „Substanzpeaks" mißgedeutet werden. *Abhilfe:* Nur gereinigte Lösungsmittel verwenden.

# Dokumentation

In vielen Fällen wird das Elutionsprofil direkt wiedergegeben (Bild 2.3.2/8). Der gemessene Wert (z. B. UV-Absorption in Extinktionseinheiten oder in „AUFS" (= Absorption Units Full Scale) wird an der Ordinate aufgetragen. Die Größe AUFS ergibt sich aus der Empfindlichkeitseinstellung des Detektors. Steht sie beispielsweise auf 0,02 Extinktionseinheiten, dann erreicht der Schreiber bei dieser Absorption seinen Vollausschlag. Die Angaben in Bild 2.3.2/8 beschreiben ein Elutionsprofil vollständig.

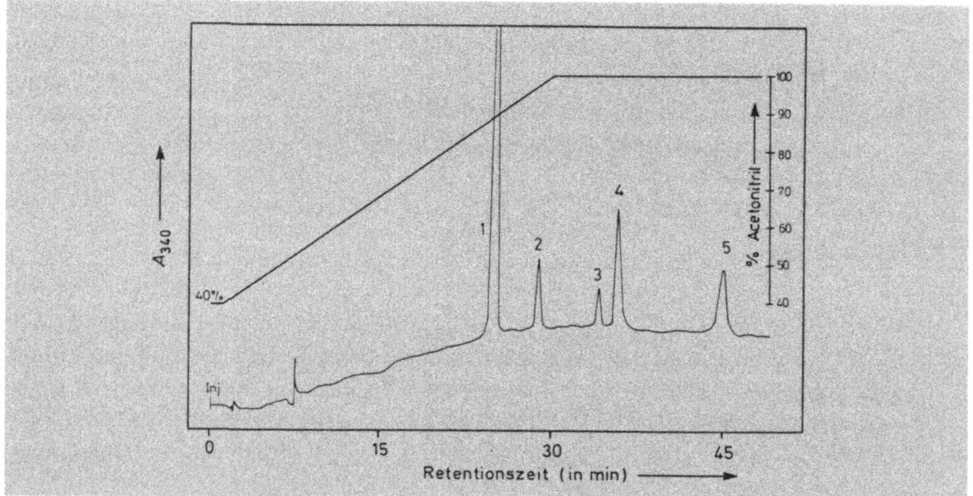



**Bild 2.3.2/8**

**Beispiel für die Dokumentation eines HPLC-Chromatogramms:** Trennung von polycyclischen Aromaten an Nucleosil C18 (5 $\mu$m). (1) Coronen, (2) Benzo(a)coronen, (3) nicht identifiziert, (4) Anthracenol[2,3-a]coronen und (5) nicht identifiziert. Säulendimension 200 × 4 mm; Mobile Phase: Gradient, 40% Acetonitril/Wasser bis 100% Acetonitril in 30 min; Fließgeschwindigkeit: 1 ml · min$^{-1}$; Druck: 11,6 MPa; Detektion (340 mm): 0,2 AUFS; Temperatur: 50 °C; Probevolumen: 10 $\mu$l. (Nach *R. Thomas, M. Zahnder*, Z. Anal. Chem. **282**, 443 (1976))

# Anwendungsbereich

- Zur schnellen Analyse von Mischungen (hohe Auflösung) mit hoher Nachweisempfindlichkeit (Spurenanalyse) und guter Reproduzierbarkeit (Routineanalytik)
- Für präparative Trennungen nur bei kleinen Substanzmengen geeignet (mg- bis g-Bereich).

## Literatur

*H. Engelhardt*, Hochdruck-Flüssigkeits-Chromatographie, Springer, Berlin 1975

*J. F. K. Huber*, Hrsg., Instrumentation for High Performance Liquid Chromatography, Journal of Chromatography Library, Bd. 13, Elsevier, Amsterdam 1978

*O. Mikes*, Hrsg., Chromatographic and Allied Methods, Ellis Horwood, Chichester 1979

*L. R. Snyder, J. J. Kirkland*, Introduction to Modern Liquid Chromatography, Wiley, New York 1974

# 2.3.3 Detektoren

Der Detektor mißt eine physikalische Größe des aus der Trennsäule austretenden Eluats, die von einem Schreiber aufgezeichnet wird.

## Grundlagen

Ein in der Flüssigkeitschromatographie eingesetzter Detektor hilft dem Operator im wesentlichen zwei Aufgaben zu bewältigen:

- Charakterisierung und Identifizierung der getrennten Substanzen durch ihr Elutionsvolumen oder ihre Retentionszeit
- quantitative Aussage über die eluierte Substanzmenge (durch Vergleich der Peakflächen)

Um diese Aufgaben erfüllen zu können, muß ein Detektor mehreren Anforderungen genügen:

- geringes Volumen der Meßzelle (maximal 8 $\mu$l für die HPLC)
- hohe Empfindlichkeit bei geringem Rauschen
- großer dynamischer Meßbereich bei möglichst linearer Anzeige
- geringe Empfindlichkeit gegen Druck-, Strömungs- und Temperaturschwankungen in der Meßzelle
- hohe Langzeitstabilität

Für die Niederdruck-Flüssigkeitschromatographie sind die Ansprüche an einen Detektor naturgemäß geringer. Es können einfache und somit billige Geräte eingesetzt werden. Eine allzu hohe Empfindlichkeit ist hier, wo überwiegend präparative Trennungen durchgeführt werden, eher von Nachteil.

Zwei Detektoren sind für die Bestimmung der meisten Substanzen geeignet:

- der **UV/VIS-Detektor** (VIS = visible, sichtbarer Bereich) mißt die Absorption von sichtbarem oder ultraviolettem Licht

- **RI-Detektor** (Differential-Refraktometer) mißt die Differenz der Brechungsindices zwischen der reinen mobilen Phase und der mobilen Phase mit der gelösten Substanz. Die Abkürzung RI steht für refractive index.

Weniger häufig eingesetzt werden:

- **Fluoreszenzdetektoren,** für alle Substanzen mit einem (meist erst für die chromatographische Detektion eingeführten) Fluorophor. Dieser Detektor ist im allgemeinen empfindlicher als ein UV-Detektor.
- **Elektrochemische Detektoren,** die ein elektrochemisches Signal messen. Hierzu gehören:

  - pH-Durchflußmeßzellen
  - Ionensensitive Elektroden zur Detektion bestimmter Ionenarten
  - Leitfähigkeits-Durchflußmeßzellen
  - Voltametrische Detektoren
  - Amperometrische Detektoren, meist als elektrochemische Detektoren (ELCD) bezeichnet, finden in neuerer Zeit einen immer größeren Anwendungsbereich und sind zugleich die preiswertesten Detektoren. Sie können allerdings nur für elektrochemisch oxidierbare Substanzen eingesetzt werden.

- **Radiochemische Detektoren** messen die Intensität der $\beta$- und $\gamma$-Strahlung radioaktiv markierter Substanzen
- **Reaktionsdetektoren** (für spezielle analytische Bestimmungsmethoden)

Bei den Reaktionsdetektoren wird dem Eluat einer Säule ein chemisches Reagenz zugemischt. In einer „reaction-coil", einem zu einer Spirale aufgewickelten Teflonschlauch bestimmter Länge, dem eigentlichen Reaktor, findet eine chemische Reaktion statt, bei der ein farbiges oder zur Fluoreszenz anregbares Reaktionsprodukt entsteht, das in einem nachfolgenden UV/VIS- bzw. Fluoreszenz-Detektor quantitativ gemessen wird. Beispiele für solche Detektoren sind:

- Phenole + $Ce^{4+} \longrightarrow Ce^{3+}$ (Fluoreszenz)
- Aminosäuren + Ninhydrin $\longrightarrow$ violettes Reaktionsprodukt (Photometer,
  570 bzw. 440 nm für Prolin)
  + Fluorescamin $\longrightarrow$ fluoreszierendes Produkt (Fluoreszenz-
  Detektor)
  + $o$-Phtaldialdehyd (OPA) $\longrightarrow$ fluoreszierendes Produkt (Fluoreszenz-Detektor)
- Katecholamine $\xrightarrow{\text{Oxidation}}$ Trihydroxyindole (Fluoreszenz-Detektor)
- $N$-Nitrosoamide + Sulfanilsäure
  + 2-[Naphthyl-(1)-amino]ethylamin $\longrightarrow$ farbiges Produkt (Photometer, 550 nm)

## Geräte

### UV-Detektoren

UV-Detektoren werden am häufigsten eingesetzt. Es gibt sie als Einstrahl- oder Zweistrahlgeräte:

- Filter- oder Gitterphotometer mit fest eingestellten Wellenlängen bei 254 und/ oder 280 nm. Mit manchen Geräten kann durch geeignete Filter auch bei anderen Wellenlängen gemessen werden. Detektoren, die im Bereich von 200 bis 220 nm messen können, sind zur Detektion solcher Substanzen geeignet, die bei 254 oder 280 nm keine meßbare Absorption aufweisen (z.B. Aminosäuren, Zucker). Es können dann aber nur noch sehr wenige Fließmittel (z.B. Wasser, Acetonitril) verwendet werden, die bei 210 nm kein UV-Licht absorbieren (s. Tabelle in Kap. 4.1).
- Spektralphotometer mit variabler Wellenlänge, von ca. 200 bis 600 nm beliebig einstellbar, sind besonders für quantitative Bestimmungen vorteilhaft. Es wird dann diejenige Wellenlänge eingestellt, bei der die zu bestimmende Substanz ein Absorptionsmaximum hat, oder eine Wellenlänge, bei der störende Begleitsubstanzen keine Absorption aufweisen.
- Detektoren mit automatischer Empfindlichkeitsumschaltung sind für die präparative Niederdruckchromatographie sehr nützlich.
- Dioden-Array-Detektoren nehmen in kurzen Zeitabständen hintereinander das gesamte Lichtabsorptionsspektrum des Eluats auf. Es lassen sich auch dann noch Substanzen quantitativ bestimmen, wenn sie nur andeutungsweise getrennt wurden. Allerdings erfordert die enorme Datenmenge, die verarbeitet werden muß, einen erheblichen Aufwand an Computertechnik.

In Bild 2.3.3/1 ist der Aufbau eines UV-Detektors dargestellt. Mit manchen Geräten lassen sich zwei Wellenlängen simultan registrieren. In einigen Fällen (z.B. bei Nukleotiden) kann dann die eluierte Substanz direkt aus dem Extinktionsverhältnis identifiziert werden (vgl. Kap. 3.4.1.1). Für präparative Trennungen sind jedoch Einstrahl-UV-Detektoren mit festen Wellenlängen fast immer ausreichend.

### RI-Detektoren

Differential-Refraktometer eignen sich zur Detektion von Substanzen, die keine Absorption im sichtbaren oder ultravioletten Bereich zeigen, der Brechungsindex des Eluats wird dabei kontinuierlich in einer Meßzelle gemessen. Falls eine Substanz eluiert wird, deren Brechungsindex sich von dem des Fließmittels unterscheidet, ändert sich der Brechungsindex des Eluats. Diese Änderung des Meßwerts wird vom Schreiber als (positives oder negatives) Signal registriert. Für einen maximalen Meßeffekt müssen die Brechungsindices zwischen den gelösten Substanzen und dem Elutionsmittel möglichst groß sein.

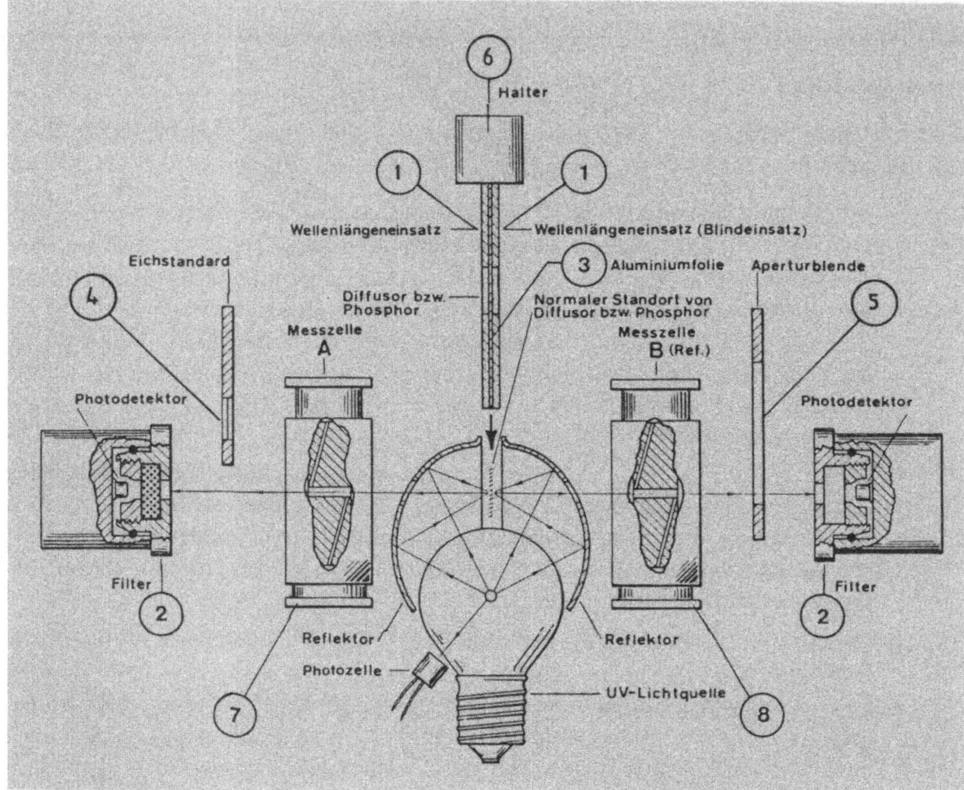



**Bild 2.3.3/1 Beispiel eines Zweistrahl-UV-Detektors.** Das UV-Licht der Quecksilberniederdrucklampe wird im Reflektor auf die Wellenlängeneinsätze gestrahlt. Dort wird entsprechend dem Gitter (1) des Wellenlängeneinsatzes nur das Licht einer bestimmten Wellenlänge, beispielsweise 254 nm, durch die Meßzellen A (7) und B (8) zu den Photodetektoren gestrahlt. Die Filter (2) lassen Licht von der Wellenlänge durch, das durch die Gitter der Wellenlängeneinsätze erzeugt wird, um eine Verfälschung der Messung durch eventuell einfallendes Streulicht zu verhindern. Der Z-förmige Verlauf des Eluentenstroms in den Meßzellen sorgt für eine gute Strömungscharakteristik. (ISCO, Lincoln, NE/USA)

Schwierigkeiten treten bei der Gradientenelution (vgl. Kap. 2.1.3) auf, da die sonst für die Herstellung des Gradienten verwendeten Lösungsmittel praktisch immer verschiedene Brechungsindices besitzen. Daher wählt man möglichst solche Lösungsmittel, die sich wenig in ihren Brechungsindices unterscheiden (s. Tabelle in Kap. 4.1). Ein weiterer Nachteil der RI-Detektoren gegenüber den UV-Detektoren ist ihre geringere Empfindlichkeit.

## Literatur

s. Kap. 2.3.2

# 2.3.4 **Optimierung der Systeme**

## Grundlagen

Im ersten Schritt der Entwicklung eines chromatographischen Systems ist das Trennproblem festzulegen:

- Wird nur eine Substanz benötigt, oder sollen alle Komponenten getrennt werden?
- Präparative oder analytische Trennung (mit oder ohne quantitativer Auswertung)?
- Einmaliges Trennproblem oder Routine-Methode?
- Wird ein „fingerprint" (d. h. nur der Informationsgehalt des Elutionsprofils) der Probe benötigt, oder müssen die Substanzen für weitergehende Untersuchungen isoliert werden?
- Worin unterscheiden sich die Substanzen (Molmasse, funktionelle Gruppen, Strukturisomere etc.)?

### Wahl des Trennprinzips

Je mehr Informationen über die Komponenten vorliegen, um so einfacher läßt sich das Trennproblem angehen. Schon aus dem Löslichkeitsverhalten lassen sich wichtige Schlüsse ziehen (Tabelle 2.3.4/1).

Liegen bereits Informationen über die zu trennenden Substanzen vor, lassen sich aus Bild 2.3.4/1 weitere Hinweise auf das günstigste Trennprinzip entnehmen.

### Wahl des Elutionsmittelsystems

- **Gelchromatographie.** Hier gibt es keine besonderen Schwierigkeiten. Die Substanz muß im Elutionsmittel genügend löslich und die Viskosität sowohl des Elutionsmittels als auch der Probelösung möglichst niedrig sein. Falls unerwünschte Adsorptionseffekte auftreten, können sie durch Zusätze zum Elutionsmittel verringert werden (Einzelheiten s. Kap. 2.1.5).
- **Ionenaustauschchromatographie.** Die Einflüsse von pH-Wert und Ionenstärke auf die Selektivität von Ionenaustauschern ist in Kap. 2.1.3 behandelt. Es sei an dieser Stelle nochmal darauf hingewiesen, daß die Selektivität nicht nur von der Ionenstärke, sondern auch von der Art der Gegenionen abhängt.
- **Adsorptionschromatographie** (Kap. 2.1.1). Das Entwickeln eines Systems für die Chromatographie an unpolaren Phasen (Reverse-Phase) ist im allgemeinen etwas einfacher als für die Chromatographie an polaren Phasen (Normal-Phase, z. B. Kieselgel). Oft kommt man mit einem der Fließmittelsysteme Methanol/Wasser oder Acetonitril/Wasser aus. Falls möglich, ist Acetonitril dem Methanol vorzuziehen, da die Viskosität des Elutionsmittels mit zunehmendem Gehalt an Acetonitril abnimmt. Bei Methanol/Wasser-Mischungen ist die Viskosität höher

**Tabelle 2.3.1/1.** Wahl des Trennprinzips und des Säulenfüllmaterials nach der Löslichkeit der Probe

| Löslichkeit in | Trennprinzip | Packungsmaterial | |
|---|---|---|---|
| | | Niederdruck | Hochdruck |
| Wasser (ausschließlich) | Ionenaustauscher | Dowex-, Sephadex-, Cellulose-Ionenaustauscher | Ionenaustauscher auf Kiegelgelbasis |
| | Gelchromatographie*) | Sephadex G, Biogel, Hydrogel, Sephacryl, Agarose | Controlled Pore Glasses (CPG), TSK-Säulen |
| Wasser und Ethanol | Adsorption (Reverse-Phase) | nur RP 8 erhältlich | RP-2, RP-8, oder RP-18 (= ODS) Materialien |
| | Verteilung | Cellulose oder modifizierte Dextrane (Sephadex LH) Elutionsmittel: wenig polare + stark polare Komponente | Kieselgele |
| | Gelchromatographie*) | Sephadex LH | Poragel, Porasil, CPG |
| Ethanol und Dichlormethan | Adsorption oder Verteilung | Kieselgel, Sephadex LH | modifizierte Kieselgele ($-OH$, $-NO_2$, $-CN$, RP-18) |
| | Gelchromatographie*) | Sephadex LH | Polystyrolgele (z.B. Styragele) |
| Dichlormethan und Heptan | Adsorption oder | Kieselgel, Aluminiumoxid | Kieselgel |
| | Gelchromatographie*) | Polystyrolgele (z.B. Bio-Beads) | Polystyrolgele (z.B. Styragel) |

*) Nur für Molmassen über $500\ \mathrm{g} \cdot \mathrm{mol}^{-1}$

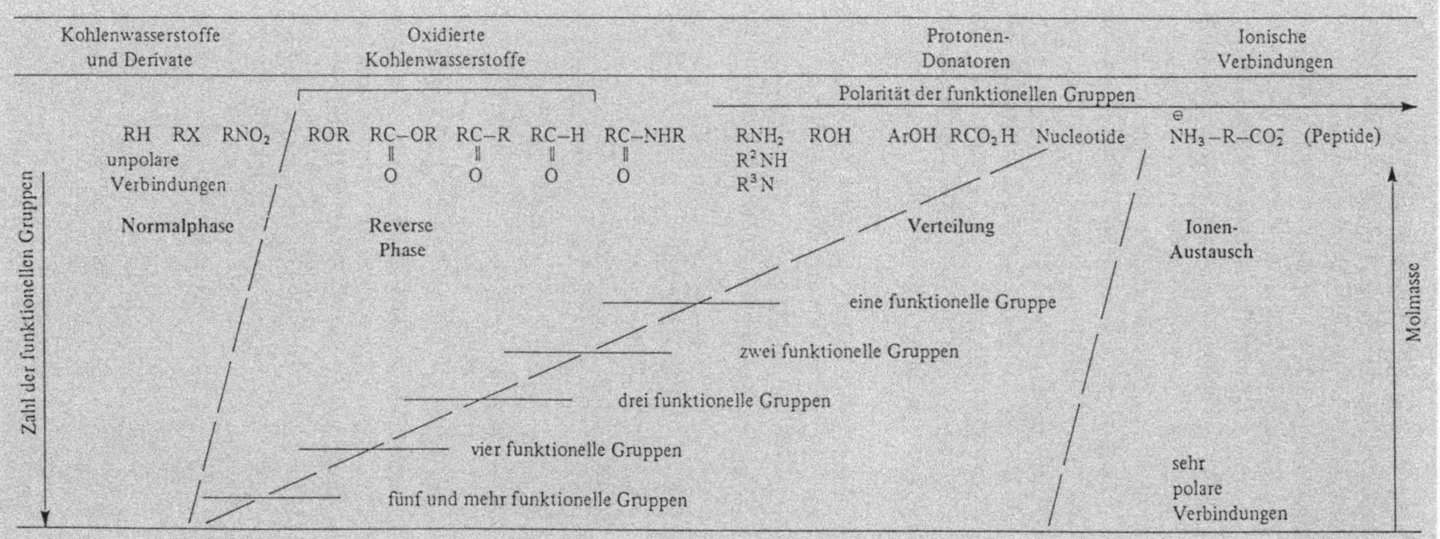



**Bild 2.3.4/1  Auswahl des geeigneten Trennprinzips.** In diesem Schema sind die Substanzen nach der Polarität (von links nach rechts) und nach der Zahl der funktionellen Gruppen (von oben nach unten) eingeteilt. Normal-Phasen-Chromatographie ist demnach nur für unpolare Verbindungen die optimale Methode. Verbindungen, die zum Beispiel nur eine Säureamidgruppe tragen, werden bevorzugt unter Reverse-Phase-Bedingungen getrennt. Trägt das Molekül mehr als zwei Säureamidgruppen, wird es besser durch Verteilungschromatographie getrennt werden können. Verbindungen mit ionischen Gruppen können sowohl durch Verteilungs- als auch durch Ionenaustauschchromatographie getrennt werden. Mit zunehmender Zahl von geladenen Gruppen, also für sehr polare Verbindungen, ist die Ionenaustauschchromatographie die Methode der Wahl. Mit zunehmender Molekülgröße (bzw. Molmasse, im Schema von unten nach oben), wird jedoch der polare bzw. ionische Einfluß abgeschwächt. Solche Verbindungen sind dann eher dem linken als dem rechten Gebiet zuzuordnen.

als die der reinen Lösungsmittel. Dies führt zu einem wesentlich höheren Rückdruck als bei Verwendung von Acetonitril/Wasser-Mischungen.

Ist für die Chromatographie an einer Normal-Phase ein brauchbares Fließmittelsystem gefunden, lassen sich die Selektivität und die Peakform oft noch merklich verbessern, wenn man ein etwas weniger polares Fließmittel wählt und ihm 1 bis 2 % eines sehr polaren Fließmittels (z. B. Methanol, Essigsäure etc.) zusetzt. Die Konditionierung der Lösungsmittel ist besonders wichtig. Schon geringe Feuchtigkeitsmengen können die Selektivität unpolarer Fließmittelsysteme stark beeinflussen, wie aus Bild 2.3.4/2 ersichtlich ist.

Man sieht auch, daß absolute Lösungsmittel durchaus nicht die beste Trennung ergeben müssen. Zu beachten ist, daß handelsübliches Chloroform 1 % Ethanol als Stabilisator enthält, das die Trennung merklich beeinflußt. Organische Fließmittel sind grundsätzlich zuerst über Aluminiumoxid und/oder Kieselgel zu chromatograpieren (Angaben s. Tabelle in Kap. 4.1). Molekularsiebe dürfen nicht als Trockenmittel verwendet werden, da der immer vorhandene Abrieb später die Säule verstopft. Fließmittel mit definierten Feuchtigkeitsgehalten lassen sich durch Mischen mit wassergesättigten Fließmitteln im gewünschten Verhältnis herstellen.

- **Verteilungschromatographie.** Hier gibt es die größte Variationsbreite der Kombination von mobilen und stationären flüssigen Phasen (vgl. Kap. 2.1.2). Durch die Entwicklung der derivatisierten Kieselgele mit einer Vielzahl an gebundenen Phasen hat die Verteilungschromatographie beträchtlich an Bedeutung verloren.

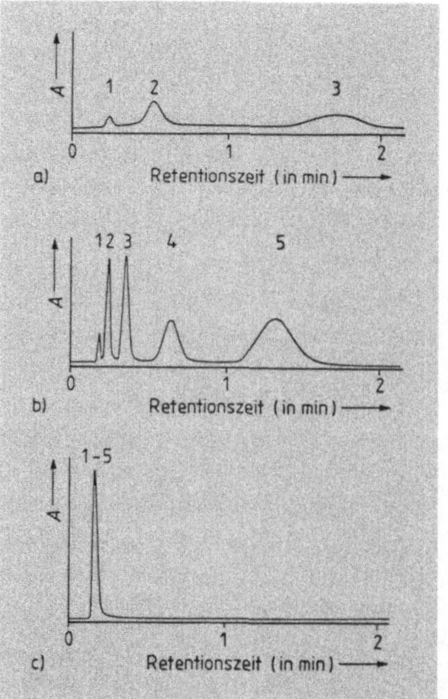

**Bild 2.3.4/2**

**Abhängigkeit einer Trennung vom Wassergehalt des Fließmittels.** Angaben zur Säule: Säulenfüllmaterial Perisorb A; Fließmittel n-Heptan a) trocken; b) zu 1/3 mit Wasser gesättigt; c) mit Wasser gesättigt; Fließgeschwindigkeit 300 ml · h⁻¹ bei 5,6 MPa; Säule 500 × 2 mm; Komponenten (1) Benzol, (2) Biphenyl, (3) m-Terphenyl, (4) m-Quarterphenyl, (5) m-Quinquephenyl. Die Peakhöhen in b) sind wesentlich höher als in a), die Nachweisempfindlichkeit ist somit besser. (Merck, Darmstadt)

## Wahl der Korngröße

Hier sind drei Gesichtspunkte besonders zu beachten:

- Je kleiner die Korngröße, desto besser ist die Auflösung der Trennung (Bild 2.3.4/3), aber desto größer ist auch der Druckabfall (Bild 2.3.4/4).
- Je einheitlicher die Korngröße des Trennmaterials, um so besser sind die Fließeigenschaften der Säule. Auch dies hat eine bessere Auflösung der Trennung zur Folge.

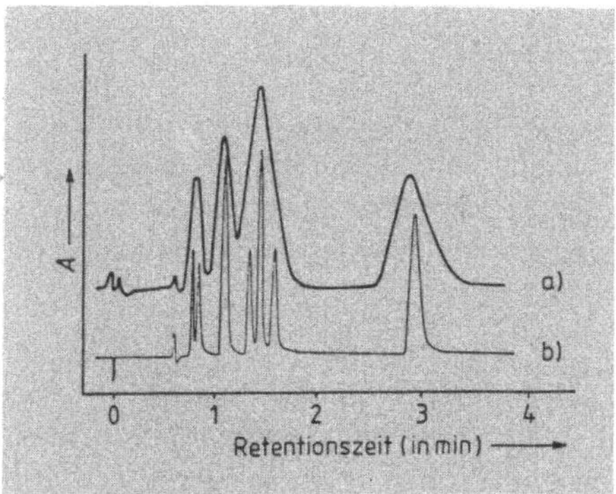


**Bild 2.3.4/3**
**Einfluß der Korngröße des Trennmaterials auf die Auflösung bei hoher linearer Fließgeschwindigkeit.** Mittlere Korngröße a) 30 $\mu$m; b) 5 $\mu$m. Beide Elutionsprofile wurden unter sonst gleichen Bedingungen erhalten. Säule 190 × 3 mm (LiChrosorb Si 100); Fließmittel n-Heptan; Fließgeschwindigkeit 2 ml · min$^{-1}$. (Merck, Darmstadt)

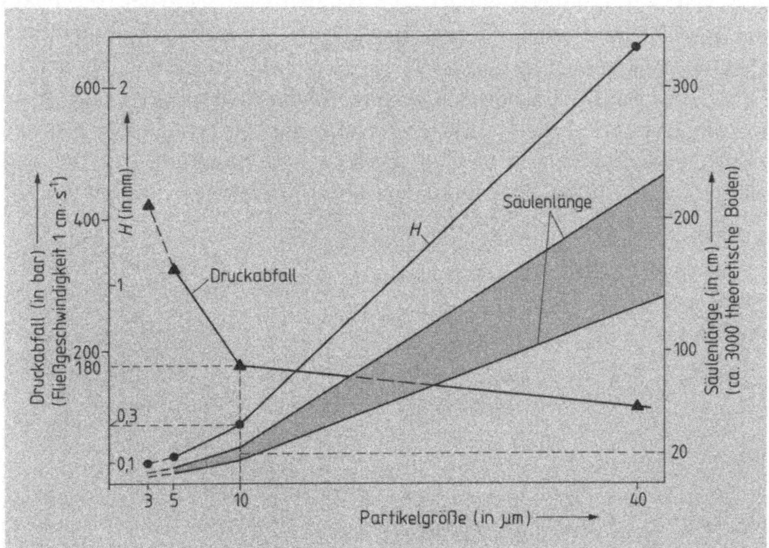


**Bild 2.3.4/4 Zusammenhang zwischen Säulenlänge, Partikelgröße und Arbeitsdruck** (bei 3 000 theoretischen Böden). *Beispiel:* Bei einer Partikelgröße von 10 $\mu$m müßte die Säule etwa 20 cm lang sein, um 3 000 theoretische Böden zu erhalten. Der Druckabfall wäre 180 bar und die Trennstufenhöhe $H$ betrüge 0,3 mm.

Das Packen von Säulen mit Säulenfüllmaterialien der Korngrößen unter 10 $\mu$m ist schwieriger, gleichzeitig steigt der Arbeitsdruck stark an, will man dieselbe Fließgeschwindigkeit aufrecht erhalten (Bild 2.3.4/4). Für orientierende Versuche, aber auch für die Routineanwendung sind 7 oder 10 $\mu$m-Materialien optimal.

## Wahl der Trennbedingungen

Liegen Trennprinzip, Elutionsmittel und Partikelgröße des Trennmaterials fest, sind noch folgende Punkte zu klären:

- Welche Auflösung muß erreicht werden?
- Wieviel Substanz muß getrennt werden?
- Spielt der Zeitfaktor bei der Trennung eine Rolle?

In der Praxis können die einzelnen Punkte nicht unabhängig voneinander optimiert werden. Sie hängen voneinander ab, und jede Verbesserung in die eine Richtung verschlechtert das Trennergebnis im Hinblick auf die anderen beiden Trennbedingungen. Die Zusammenhänge lassen sich durch das in Bild 2.3.4/5 wiedergegebene „magische Dreieck der Chromatographie" darstellen.

Eine maximale Auflösung ist durchaus nicht immer wünschenswert. In der Analytik genügt oft eine Auflösung von 1 oder weniger, eine Basislinientrennung ist nicht erforderlich (vgl. Kap. 2.3). In Bild 2.3.4/2 sind die Elutionsprofile einer Trennung von Polyphenylenen unter verschiedenen Bedingungen wiedergegeben. Das in a) dargestellte Elutionsprofil zeigt die höchste Auflösung. Nach einer Minute Trennzeit sind erst zwei Verbindungen eluiert, dafür aber weit voneinander getrennt. Im Elutionsprofil b) sind in derselben Zeit bereits vier Verbindungen eluiert. Die Banden sind schmaler, die Peaks entsprechend höher. Das Probevolumen könnte bei gleicher Detektorempfindlichkeit noch reduziert werden, was die Auflösung bei gleichem Zeitbedarf noch verbessern würde. Darüber hinaus ließe sich die Säulenlänge noch halbieren, da die Auflösung für eine quantitative Auswertung immer noch genügen würde. Gleichzeitig würde der Proben- und Fließmittelbedarf entsprechend verringert werden. Dabei ist zu beachten, daß bei sehr kurzen Säulen die Totvolumina insgesamt, besonders aber im Detektor, stärker ins Gewicht fallen.

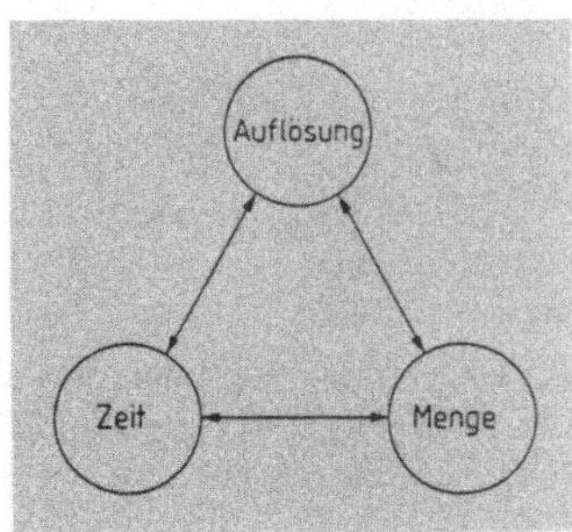


**Bild 2.3.4/5**

**Das magische Dreieck der Chromatographie.** Eine chromatographische Trennung kann nicht auf nur einen der drei Parameter hin optimiert werden: Auflösung der Trennung, Schnelligkeit der Trennung und pro Zeiteinheit trennbare Substanzmenge.

## Optimierung für präparative Trennungen

Vor jeder präparativen Trennung muß das System zuerst im analytischen Maßstab ausgearbeitet und auf maximale Auflösung hin optimiert werden. Dabei ist zu berücksichtigen, daß die Löslichkeit der Probe im Lösungsmittel möglichst groß sein soll, eine Bedingung, die bei analytischen Trennungen praktisch nie beachtet werden muß. Das Übertragen vom analytischen in den präparativen Maßstab ist dann kein Problem mehr.

Fast alle präparativen Trennprobleme lassen sich auf drei Fälle zurückführen (Bilder 2.3.4/6−9 nach Snyder und Kirkland):

(1) Das Ausarbeiten einer präparativen Trennungen für den ersten Fall (Hauptpeak = benötigte Substanz) ist in Bild 2.3.4/7 aufgezeigt:

- Ausarbeiten der analytischen Trennung
- Erhöhen der Auflösung (z. B. durch Verbessern der Selektivität)
- Beladungsgrenze festlegen (Beginn der Überlappung benachbarter Peaks)
- Überladung der Säule führt zu einem hohen Massendurchsatz. Dabei darf die Säule nicht überlastet werden (s. u.).

(2) Im zweiten Fall sind zwei nur wenig unterschiedlich retardierte Hauptprodukte zu trennen. Hier führt nur Rechromatographieren (= wiederholtes Chromatographieren) zum Ziel (Bild 2.3.4/8), falls die Auflösung und die Säulendimensionen nicht mehr vergrößert werden können:

- Große Probemengen auftragen und alle Verunreinigungen abtrennen (Bild 2.3.4/8a).
- Die Randfraktionen des Hauptpeaks (A + B) enthalten die reinen Substanzen A und B, die direkt abgetrennt werden.
- Die Zwischenfraktion enthält A + B (Bild 2.3.4/8b) und kann entweder gesammelt, eingeengt und wieder auf die Säule aufgetragen oder aber automatisch eine geeignete Ventilschaltung (s. besondere Arbeitsweise: Recycling-Chromatographie) auf den Säulenanfang zurückgeführt werden.

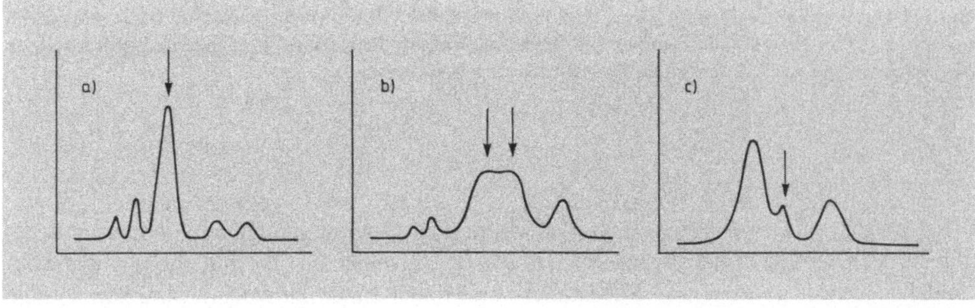



**Bild 2.3.4/6  Grundprobleme präparativer, säulenchromatographischer Trennungen.** a) Hauptpeak enthält die gewünschte Substanz; b) zwei nur schlecht trennbare Substanzen müssen isoliert werden; c) die benötigte Substanz ist nur in geringer Menge in der zu trennenden Mischung enthalten und wird zudem nicht abgetrennt.

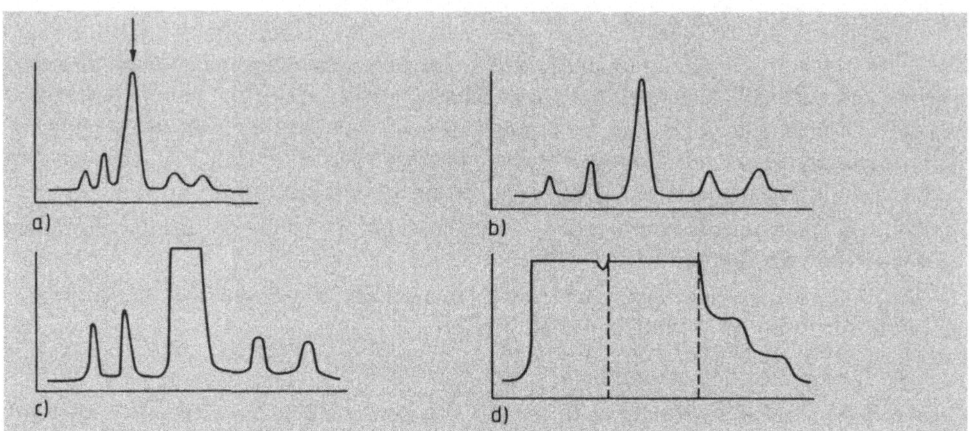

**Bild 2.3.4/7  Übertragung einer analytischen Trennung in den präparativen Maßstab.** a) Der Hauptpeak enthält die benötigte Substanz; b) Erhöhen der Selektivität; c) Beladungsgrenze ermitteln; d) Säule überladen, um die Ausbeute zu erhöhen.

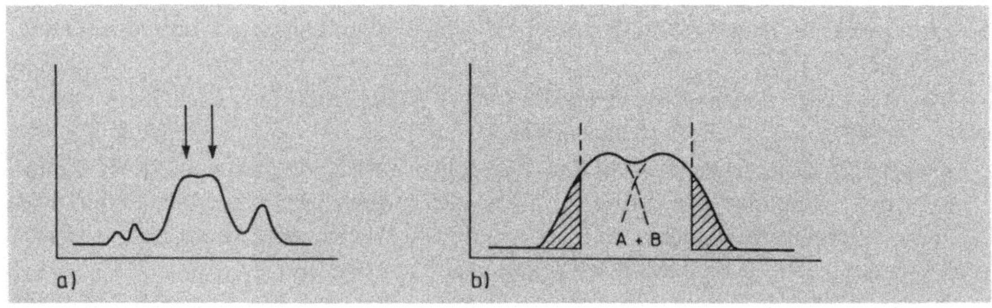


**Bild 2.3.4/8  Präparative Trennung von zwei Hauptprodukten durch Rechromatographieren oder durch Recycling.** a) Im ersten Lauf werden alle Begleitsubstanzen abgetrennt; b) in nachfolgenden Läufen wird dann jeweils ein Teil der reinen Produkte A und B gewonnen.

Es ist besser, eine große Probemenge auf einmal zu chromatographieren, wobei zunächst nur die Verunreinigungen abgetrennt werden, als in vielen Läufen mit nur geringen Substanzmengen die gewünschten Substanzen direkt auftrennen zu wollen. Sind nämlich die Verunreinigungen erst einmal entfernt, kann in den nachfolgenden Läufen beim Erscheinen des zweiten Peakmaximums bereits wieder die vorgereinigte Hauptfraktion aufgetragen werden. Dies ist möglich, da ja Verunreinigungen, die später eluiert werden könnten, nicht mehr vorhanden sind.

(3) Eine geringe Menge einer Komponente ist neben großen Mengen anderer Substanzen zu isolieren (Bild 2.3.4/9a):

- Säule überladen (Bild 2.3.4/9b), aber nicht überlasten (s. u.)
- Eluat im Bereich der Produktpeaks in viele Einzelfraktionen auftrennen (Bild 2.3.4/9c)
- Produktfraktionen vereinigen und in einem zweiten Lauf weiter reinigen (Bild 2.3.4/9d). Damit ist das Problem auf Fall (1) zurückgeführt.

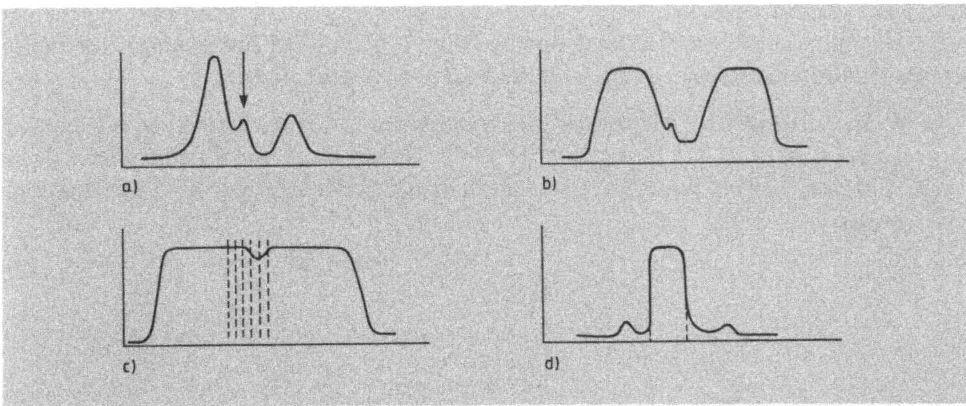

**Bild 2.3.4/9 Präparative Isolierung einer geringen Substanzmenge in Gegenwart von großen Mengen anderer Substanzen.** a) Analytische Trennung; b) Beladungsgrenze ermitteln; c) Säule überladen und kleine Fraktionen sammeln; d) Fraktionen mit der gewünschten Substanz rechromatographieren.

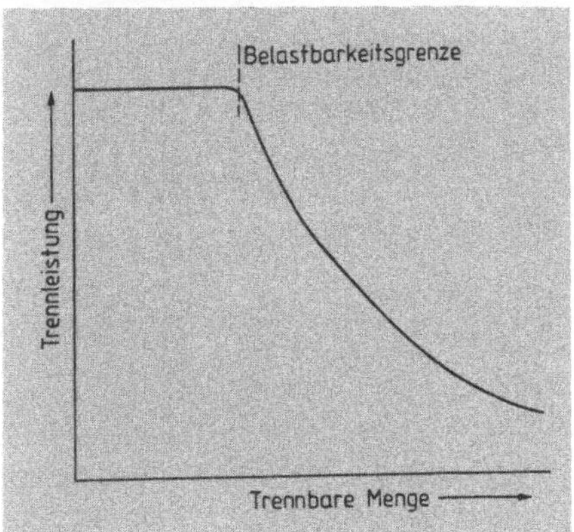


**Bild 2.3.4/10**

**Die Trennleistung geht oberhalb einer bestimmten Substanzmenge dratisch zurück (Belastbarkeitsgrenze)**

Zu beachten ist, daß die Probe nicht beliebig konzentriert werden darf. Bis zu einer bestimmten Grenze bleibt die Trennleistung der Säule voll erhalten, um dann bei Aufgabe noch konzentrierterer Probelösungen sehr stark abzunehmen (Bild 2.3.4/10).

Dabei sind die Begriffe **Überladen** und **Überlasten** auseinanderzuhalten. Beim Überladen werden die Peaks nur sehr breit, die Trenncharakteristik der Säule bleibt dabei unverändert (steiler Abfall der Peakflanken). Beim Überlasten einer Säule werden keine einzelnen Peaks mehr erhalten, alle Komponenten sind über weite Bereiche „verschmiert". Daher führt die Chromatographie eines größeren Probevolumens mit geringerer Konzentration oft zu einer besseren Trennung, als die eines kleineren Probenvolumens höherer Konzentration.

## Besondere Arbeitsweisen

**Recycling-Chromatographie.** Diese Variante wird dann eingesetzt, wenn zwei Substanzen nur wenig unterschiedlich retardiert werden (Bild 2.3.4/8a). Die Anordnung einer hierfür geeigneten Chromatographieanlage ist in Bild 2.3.4/11 wiedergegeben.

- In einem ersten Lauf werden alle Komponenten von den beiden zu isolierenden Substanzen A und B abgetrennt (Bild 2.3.4/8a); die A und B enthaltenden Fraktionen werden vereinigt, etwas konzentriert und wieder auf die Säule aufgetragen.

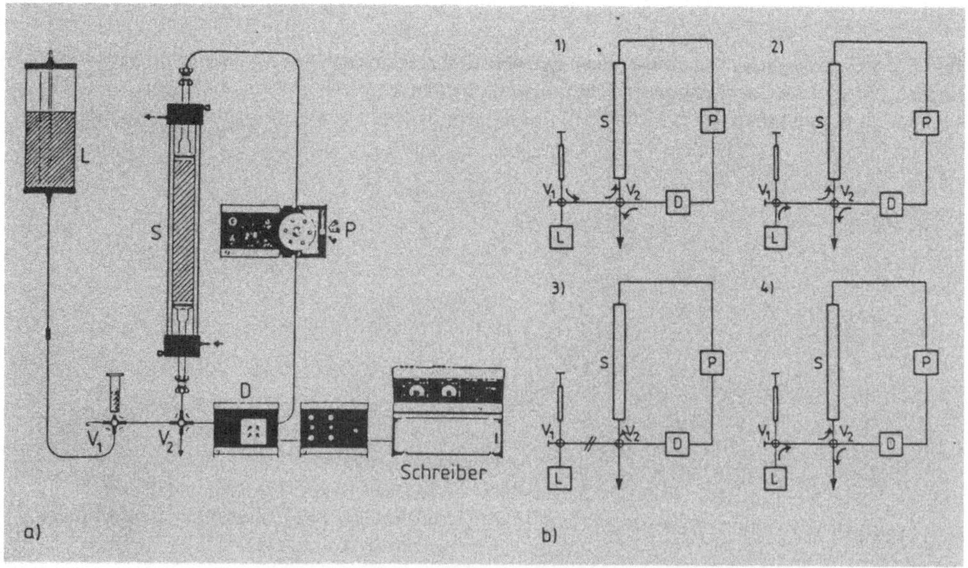


**Bild 2.3.4/11 Recycling-Chromatographie.** a) Apparativer Aufbau einer Niederdruckanlage zur Recycling-Chromatographie (nach Pharmacia); b) Schaltungen und Arbeitsabläufe: (1) die Pumpe (P) ist abgestellt und die Probe aufgegeben, Ventil $V_1$ wird geschaltet; (2) die Pumpe fördert Elutionsmittel aus dem Vorratsgefäß (L) durch die Säule (S),bis im Detektor (D) Substanz angezeigt wird, Ventil $V_2$ wird geschaltet; (3) das Elutionsmittel wird so lange im Kreislauf gepumpt, bis der Detektor eine genügend große Auflösung anzeigt (Bild 2.3.4/12), Ventil $V_2$ wird geschaltet; (4) das Elutionsmittel fließt aus L durch die Säule, das Eluat wird (z. B. in einem Fraktionensammler) gesammelt.

- Beim ersten Anstieg des Meßwerts des Detektors wird das Ventil so geschaltet, daß das Eluat nicht mehr abgeleitet, sondern an den Säulenanfang zurückgeleitet wird (Bild 2.3.4/11b, 3)).
- Mit dieser Ventilstellung wird so lange kreisförmig chromatographiert, bis die Peaks genügend getrennt sind (Bild 2.3.4/12).
- Das Ventil wird in seine anfängliche Stellung zurückgeschaltet und das Eluat mit dem jeweiligen Peak getrennt aufgefangen.

Man kann auch die Flanken am Anfang und am Ende des Doppelpeaks bei jedem Durchgang ableiten und getrennt auffangen und nur die Zwischenfraktion im Kreislauf halten. Dieses in Bild 2.3.4/8b dargestellte Verfahren nennt man "shaving recycling chromatography". An die Chromatographieanlage sind besondere Anforderungen zu stellen:

- Geringes Volumen in der Pumpe (bei der Niederdruck-Flüssigkeitschromatographie kann eine Schlauchpumpe verwendet werden), sonst werden die Peaks beim Durchgang durch die Pumpe zu stark verbreitert.
- Die Meßzelle im Detektor muß dem Arbeitsdruck (Hochdruck-Flüssigkeitschromatographie) standhalten und soll ein möglichst kleines Volumen besitzen. Eine geringe Schichtdicke ist ausreichend, da meistens eine genügend große Substanzmenge vorhanden ist.
- Eine weitgehende Automatisierung (Schwellwert-Schaltung) verringert den Arbeitsaufwand erheblich.

Die Recycling-Chromatographie bietet neben der Tatsache, daß manche Substanzen anders nicht getrennt werden können, auch noch weitere Vorteile:

- Hohe Trennstufenzahl trotz kürzerer Säule im Vergleich zu einer Trennung an einer langen Säule. Außerdem lassen sich kurze Säulen besser packen als eine lange.
- Geringerer Arbeitsdruck durch kürzere Säule
- Weniger Trennmaterial führt bei speziell hergestellten Trennmaterialien zu Kostenersparnis.

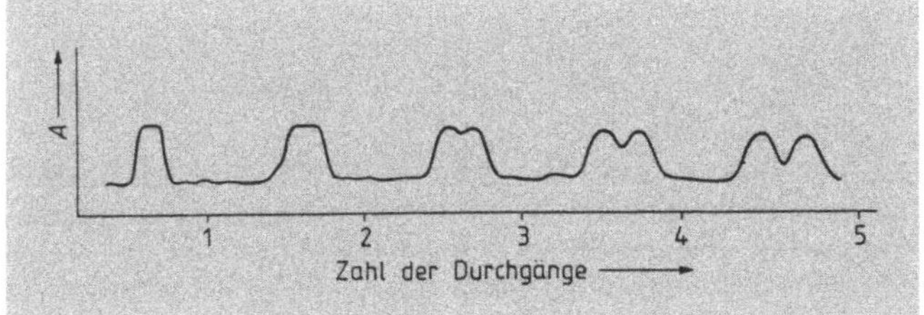


**Bild 2.3.4/12  Präparative Trennung zweier sehr ähnlicher Substanzen (Bild 2.3.4/8b) durch die Recycling-Chromatographie.** Im ersten Durchlauf ist keine merkliche Trennung zu beobachten, erst nach dem fünften Durchlauf sind beide Substanzen getrennt.

**Säulenumschalttechnik.** Die maximal mögliche Auflösung bei der Trennung von Substanzen läßt sich nur unter isokratischen Elutionsbedingungen erzielen. Liegen in einem Analysengemisch Verbindungen mit sehr unterschiedlichen Kapazitätsverhältnissen $k'$ vor, ist eine isokratische Elution der Substanzen aufgrund des großen Bedarfs an Zeit und Elutionsmittel nicht sinnvoll. Man verwendet dann üblicherweise die Methode der Gradientenelution. Die dabei auftretenden Probleme im Hinblick auf die Reproduzierbarkeit bei der routinemäßigen Bestimmung von Substanzen lassen sich mit der Säulenumschalttechnik elegant umgehen. Hierzu verwendet man zwei oder mehrere in Reihe geschaltete Säulen. Substanzen mit sehr hohen $k'$-Werten ($k' > 10$) würden in einer langen Säule erst sehr spät und als breite Peaks mit geringer Peakhöhe (großer Fehler bei quantitativer Bestimmung) eluiert. Kombiniert man mehrere kurze Säulen, dann kann man mit Hilfe von Ventilen zwischen den Säulen je nach dem Trennverhalten der Substanzen die „Säulenlänge" während der Chromatographie ändern (Bild 2.3.4/13). Mit dieser, vor allem auch

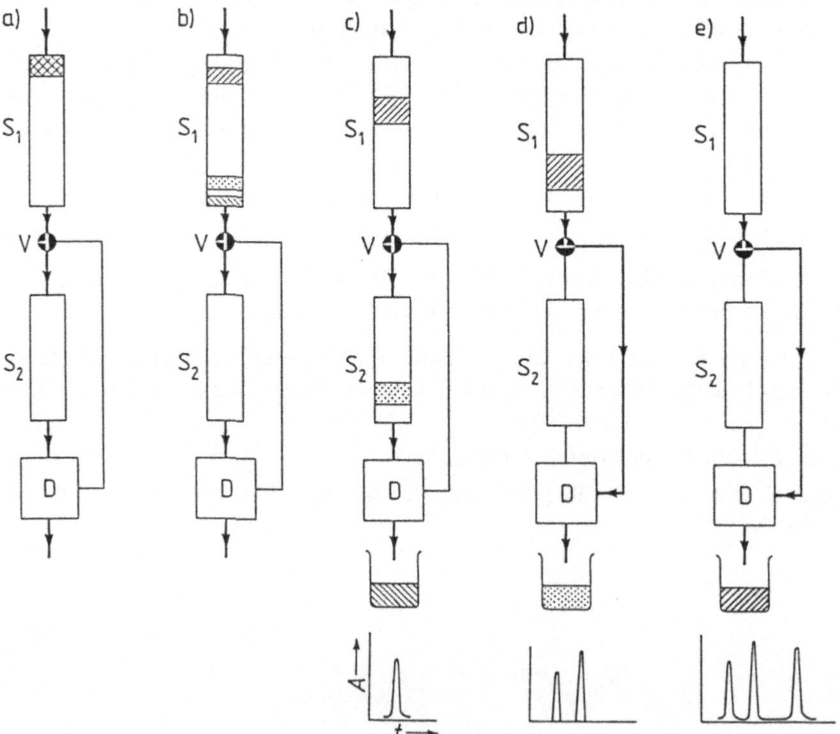

**Bild 2.3.4/13  Schematischer Aufbau und Betrieb eines Mehrfachsäulensystems für die Säulenumschalttechnik.** a) Eine Probe mit drei Substanzen (2 Substanzen mit niedrigen $k'$-Werten und eine Substanz mit einem hohen $k'$-Wert) wird aufgetragen. Fließmittelstrom $S_1 \rightarrow S_2 \rightarrow$ Detektor (D); b) die beiden Substanzen mit niedrigen $k'$-Werten sind beim Verlassen der Säule $S_1$ noch nicht gut getrennt und werden in die Säule $S_2$ transportiert; c) in $S_2$ werden die Substanzen vollständig getrennt und nacheinander eluiert; d) sobald die zweite Substanz die Säule $S_2$ verlassen hat, wird das Ventil V geschaltet, der Fließmittelstrom fließt jetzt von der Säule $S_1$ direkt zum Detektor; e) die langsam wandernde Substanz wird trotz starker Retention aufgrund der kürzeren Laufstrecke mit einer nicht zu langen Retentionszeit ebenfalls als schmale Bande eluiert

in der Gaschromatographie häufig verwendeten Umschalttechnik lassen sich lange Analysenzeiten erheblich verkürzen, gleichzeitig erhöht sich die Nachweisgrenze der stark retardierten Substanzen.

## Anwendung

Für die **Recycling-Chromatographie**:

- Bevorzugt für präparative, schwierige Trennungen
- In der synthetischen Naturstoffchemie, wo oft Gemische von Stereoisomeren oder Diastereomeren mit sehr ähnlichen physikalisch-chemischen Eigenschaften anfallen.
- Isolierung von Biopolymeren mit nur wenig verschiedenen Molekülgrößen mit Hilfe der Gelchromatographie

Für die **Säulenumschalttechnik**:

- In der Routineanalytik bei Reihenbestimmungen

### Literatur

*R. E. Kaiser, E. Oelrich*, Optimization in HPLC, Hüthig, Heidelberg 1981
*L. R. Snyder, J. J. Kirkland*, Introduction to Modern Liquid Chromatography, Wiley, New York 1974

# 2.3.5 Fehlerquellen

Das Zusammenspiel vieler Faktoren, besonders auch die anspruchsvolle experimentelle Seite der Flüssigkeitschromatographie, führt zu entsprechend vielen Möglichkeiten, Fehler zu machen. Die häufigsten Fehlerquellen lassen sich oft schnell herausfinden und beheben:

- **Breite Peaks:** schlecht gepackte Säule; zu hohe Fließgeschwindigkeit.
- **Breite, stark asymmetrische Peaks:** Säule überlastet durch zu hohe Konzentration der Probelösung; schlechte Strömungscharakteristik in den Verbindungsstücken oder in der Küvette des Detektors; großes Totvolumen im Säulenkopf durch nachträglich zusammengesacktes Gelbett (als Notbehelf mit kleinen Glasperlen auffüllen); Fehler im Fließmittelsystem (z. B. Entmischung des Elutionsmittels in der Säule, falscher pH-Wert).
- **„Geisterpeaks":** Luftblasen im Detektor ergeben Spikes (künstliche, extrem scharfe Peaks) oder eine plötzlich sehr hohe Basislinie (Rückdruck erhöhen durch Einbau einer Kapillare nach dem Detektor, Fließmittel entgasen); kleine

Verunreinigungen im Elutionsmittel bei Gradientenelution: Die Verunreinigungen sammeln sich zunächst am Säulenanfang und werden dann bei einer bestimmten Polarität bzw. Ionenstärke als „Peaks" eluiert (reine Lösungsmittel verwenden).

- **Drift** (langsame Änderung innerhalb eines längeren Zeitraumes) in der Basislinie: langsam wachsende Luftblase im Detektor; bei hoher Detektorempfindlichkeit und nach Lösungsmittelwechsel: Reste von vorher verwendetem Lösungsmittel werden noch eluiert; Temperaturschwankungen im Detektor oder ungenügend lange Einbrennzeit der Lichtquelle.

- **Mangelnde Reproduzierbarkeit**: ungenügende Konditionierung des Säulenfüllmaterials oder des Elutionsmittels (Säule genügend lange äquilibrieren und ausreichenden Fließmittelvorrat bereitstellen).

- **Detektor zu unempfindlich**: zu starke Absorption des Elutionsmittels; Küvettenfenster verunreinigt; Ablagerung kleiner Partikel des Säulenfüllmaterials in der Küvette bei frisch gepackten Säulen.

- **Kein Fluß durch die Pumpe**: Luft in der Pumpe (lautes Schlagen der Ventilkugeln bei Kolbenpumpen, Luft mit einer Spritze von der Hochdruckseite her entfernen); Ventile durch auskristallisierte Substanzen blockiert (Lösungsversuche, sonst Pumpe zerlegen); Kapillarverbindungen auf Durchlässigkeit überprüfen.

- **Kein Fluß durch die Säule oder zu hoher Rückdruck**: Fritte in der Säule verstopft durch Schwebeteile im Elutionsmittel oder in der Probelösung (immer Filterelement der Pumpe vorschalten bzw. Probelösung filtrieren oder zentrifugieren, nötigenfalls kleine Vorsäule einbauen und regelmäßig wechseln); kristalline Abscheidungen in der Säule durch zu hohe Konzentration in der Probelösung oder falsch durchgeführter Wechsel des Fließmittelsystems (z. B. Salzpuffer/organisches Fließmittel an Stelle von Salzpuffer/Wasser/Methanol/ organisches Fließmittel).

# 2.4 Gaschromatographie (GC)

Gaschromatographie ist ein Verfahren zur Trennung verdampfbarer Stoffe. Die stationäre Phase ist ein festes Trägermaterial mit oder ohne Flüssigkeitsschicht (gepackte Säule) oder ein Flüssigkeitsfilm auf der Innenseite einer Kapillare (Kapillar-Säule). Die mobile Phase ist ein Gas (Trägergas), das die zu trennenden Substanzen durch die Säule transportiert. Die Auftrennung in die einzelnen Komponenten kommt durch ihre unterschiedlichen Verweilzeiten in der stationären Phase zustande.

# Grundlagen

Die Flüssigkeits- und die Gaschromatographie (GC) unterscheiden sich nicht grundsätzlich. Die für beide Trennmethoden geltenden Zusammenhänge sind in Kap. 2.3 beschrieben. Der Unterschied zur Flüssigkeitschromatographie liegt nur in den wesentlich höheren Diffusionsgeschwindigkeiten von Gasen und ihrer Kompressibilität. Die in Bild 2.3/2 wiedergegebene **van-Deemter-Kurve** gilt auch in der Gaschromatographie:

$$H_{eff} = A + \frac{B}{u} + C \cdot u$$

$H_{eff}$ = effektive Trennstufenhöhe  
$u$ = Strömungsgeschwindigkeit des Trägergases  
$A$ = Güte der Packung (Packungsfaktor)  
$B$ = Anteil der durch die Brownsche Molekularbewegung hervorgerufene Bandenverbreiterung (Longitudinaldiffusion)  
$C$ = Anteil der Bandenverbreiterung aufgrund der nicht optimalen Einstellung der Diffusionsgleichgewichte

Der Ausdruck $A$, der durch die unterschiedlichen Weglängen, die die Substanzmoleküle zwischen den Partikeln des Trennmaterials zurücklegen zustande kommt, ist bei Kapillarsäulen vernachlässigbar, da hier die Trennung nur in einem Flüssigkeitsfilm stattfindet. Dem Ausdruck $B/u$ kommt in der Gaschromatographie ein wesentlich größeres Gewicht zu als in der Flüssigkeitschromatographie. Die Lage des Minimums der van-Deemter-Kurve und somit die höchste Trennleistung einer Säule wird durch folgende Säulenparameter beeinflußt:

- Menge der stationären Phase (Belegung, Schichtdicke)
- Korngröße und Korngrößenbereich des Trägermaterials
- Säulendurchmesser
- Viskosität des Trägergases (und somit auch durch die Temperatur)

Je nach Art der Trennphasen unterscheidet man **Gas-Fest-Chromatographie** (Gas-Solid-Chromatography, GSC) und **Gas-Flüssig-Chromatographie** (Gas-Liquid-Chromatography, GLC). Die Art der stationären Phasen, die der Trennung zugrunde liegenden Trennvorgänge und die Einsatzmöglichkeiten beider Trennmethoden sind in Tabelle 2.4/1 zusammengestellt.

Für die quantitative Auswertung gaschromatographischer Trennungen (Kap. 2.4.1) spielt die Peakform eine große Rolle. Die Symmetrie eines Peaks hängt vom Löslichkeitsverhalten der Komponente in der flüssigen (stationären) Phase ab. Dieses wiederum wird durch die Abhängigkeit des Dampfdrucks der gelösten Substanz von seiner Konzentration in der flüssigen Phase bestimmt. Bei konstanter Temperatur bezeichnet man diese Abhängigkeit als **Isotherme** (Bild 2.4/1). Nimmt der Dampfdruck einer in der flüssigen Phase gelösten Substanz mit steigender Konzentration linear zu, spricht man von einer linearen Isotherme (Bild 2.4/1a). In diesem, für die quantitative Auswertung günstigsten Fall, erhält man einen symmetrischen Peak. Er tritt immer dann ein, wenn die zu tren-

**Tabelle 2.4/1**  Die Einteilung der Gaschromatographie in Gas-Fest- und Gas-Flüssig-Chromatographie erfolgt aufgrund der unterschiedlichen Art der Trennphasen

|                                              | stationäre Phase                                  | Trennvorgang | Einsatzmöglichkeiten                                              |
| -------------------------------------------- | ------------------------------------------------- | ------------ | ---------------------------------------------------------------- |
| Gas-Fest (Solid)-<br>Chromatographie<br>(GSC) | Trägermaterial                                    | Adsorption   | Trennung von Gasge-<br>mischen und verdampf-<br>baren Flüssigkeiten |
| Gas-Flüssig (Liquid)-<br>Chromatographie<br>(GLC) | Flüssigkeitsfilm<br>auf inertem<br>Trägermaterial | Verteilung   | wie oben, aber größere<br>Flexibilität wegen einer<br>Vielzahl von Trenn-<br>flüssigkeiten |

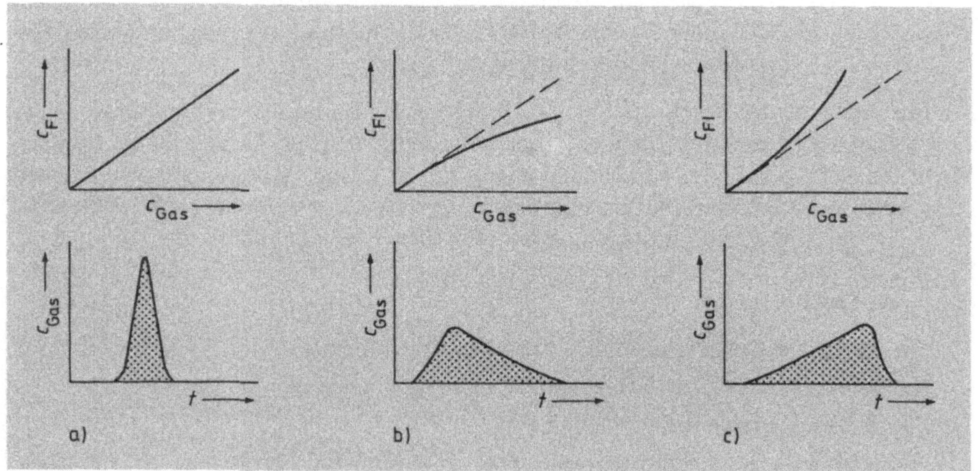

**Bild 2.4./1  Einfluß der Isothermenkrümmung auf die Peakform.** a) lineare Isotherme → symmetrischer Peak; b) konvexe Isotherme → "tailing"; c) konkave Isotherme → "leading" (auch als "fronting" bezeichnet).

$c_{Fl}$  Konzentration der Komponente in der flüssigen stationären Phase
$c_{Gas}$ Konzentration der Komponente in der Gasphase
(Nach *G. Schomburg*, Gaschromatographie, Verlag Chemie, Weiheim 1977, Abb. 4, S. 9)

nende Substanz derselben Stoffklasse angehört wie die stationäre flüssige Phase (ideale Mischbarkeit). Abweichungen von der idealen Mischbarkeit führen zu gekrümmten Isothermen und gleichzeitig auch zu unsymmetrischen Peaks (Bild 2.4/1b bzw. c). Dieses Phänomen bezeichnet man als **"tailing"** oder **"leading"** (= **fronting**). Solche Effekte treten besonders bei größeren Probemengen in Erscheinung.

Die Retentionszeit hängt von der Aufenthaltswahrscheinlichkeit der Substanz in der mobilen Phase ab. Daher werden Substanzen mit hohem Dampfdruck bzw. geringer Lös-

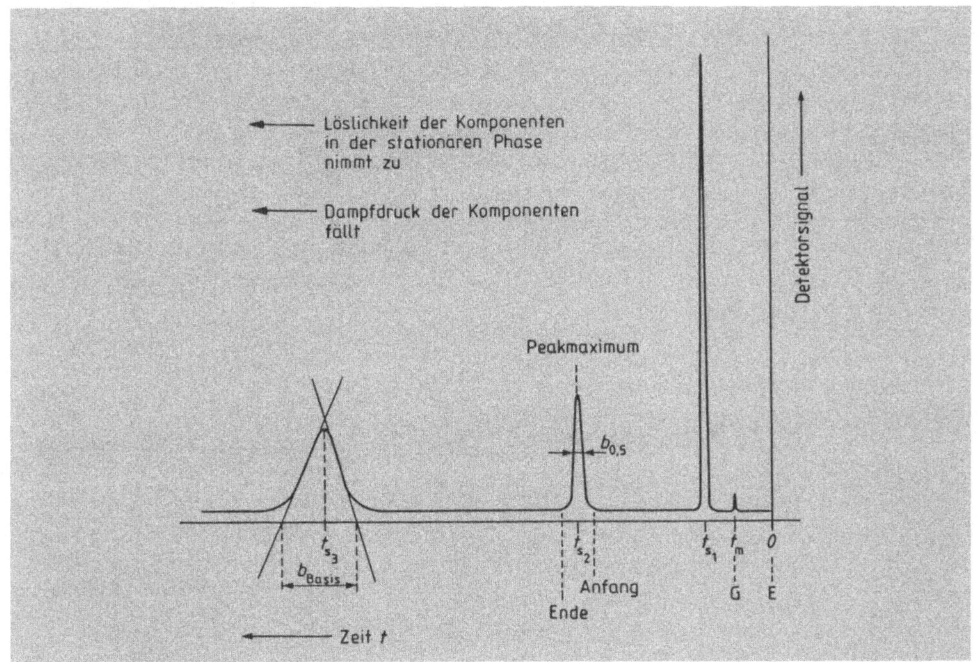


**Bild 2.4/2  Isothermes Gaschromatogramm**

E       Einspritzpunkt
G       Gaspeak (z. B. Luft)
$t_m$      Totzeit
$t_{s_1}$      Nettoretentionszeit der Komponente 1
$b_{Basis}$ Basisbreite (Abstände der Schnittpunkte der Tangenten in den Wendepunkten eines Peaks mit
        der Basislinie)

(Nach *G. Schomburg*, Gaschromatographie, Verlag Chemie, Weinheim 1977, Abb. 6, S. 13)

lichkeit in der stationären Phase früher eluiert. Entsprechend werden Substanzen mit
niedrigem Dampfdruck und hoher Löslichkeit später eluiert.

Bild 2.4/2 zeigt ein bei konstanter Temperatur erhaltenes (isothermes) Gaschromatogramm, in dem die wesentlichen Begriffe zusammenfassend erklärt sind. Wird die Temperatur während der Trennung erhöht, spricht man von temperaturprogrammierter
Gaschromatographie. Die in der Gaschromatographie verwendeten Größen sind in Tabelle
2.3/2 zusammengefaßt. Im allgemeinen werden in der Gaschromatographie die in der
letzten Spalte der Tabelle aufgeführten Symbole verwendet.

## Durchführung, Anwendungsbereich und Literatur

s. Kap. 2.4.1 bzw. 2.4.2

# 2.4.1 **Analytische Gaschromatographie**

## Geräte

Der Aufbau eines GC-Geräts ist prinzipiell einfacher als der eines HPLC-Geräts, da an Stelle von teuren Hochdruckpumpen billige Gasflaschen für den Transport des Eluenten durch die Trennsäule sorgen. In Bild 2.4.1/1 ist der schematische Aufbau eines einfachen GC-Geräts wiedergegeben.

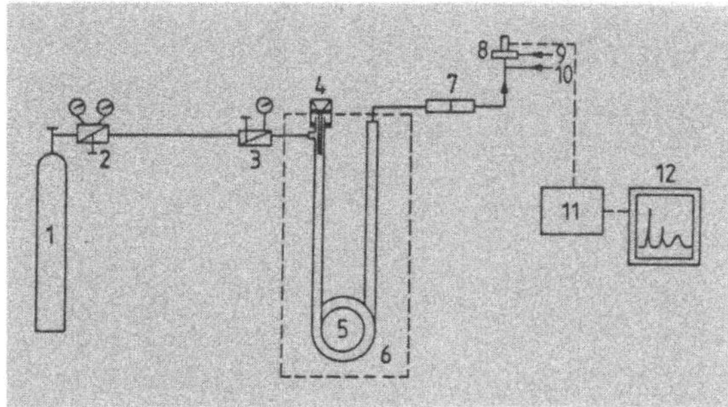

**Bild 2.4.1/1**

**Schematischer Aufbau eines Gaschromatographen**

  1 Trägergasvorrat
  2 Druckminderer
  3 Feinregler für die Strömungs-
    geschwindigkeit des Trägergases
  4 Probeneinlaßteil
  5 Trennsäule
  6 Säulenofen
  7 Strömungsmesser
  8 Detektor (Flammenionisations-
    detektor, FID)
  9 und 10 Zuführung von Wasser-
    stoff und Luft für den FID
 11 elektronische Verarbeitung des
    Meßsignals
 12 Schreiber

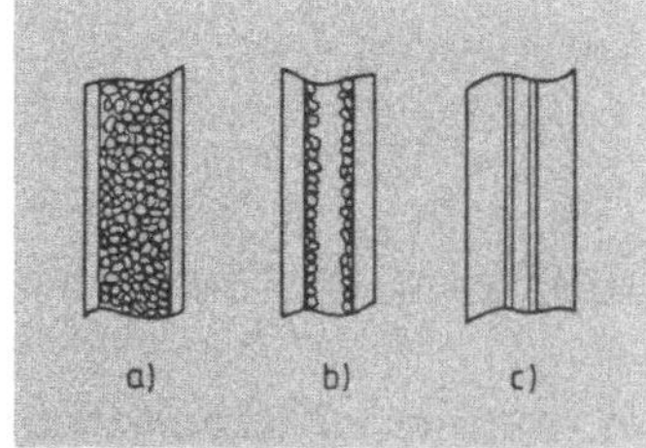

**Bild 2.4.1/2**
**Säulentypen:** a) Trennsäule; b) SCOT- (= support coated open tubular) oder Dünnschichttrennsäule; c) Dünnfilm- oder Kapillarsäule

## Säulen

Gaschromatographie kann an den in Bild 2.4.1/2 abgebildeten drei Säulentypen erfolgen:

- Für **gepackte Säulen** (Bild 2.4.1/2a) verwendet man Glas- oder Metallrohre, die U-förmig gebogen oder zu einer Wendel aufgerollt sind. Metallsäulen sind zwar mechanisch sehr stabil, an der Metalloberfläche können aber katalytische Reaktionen ablaufen. Unerwünschte Adsorptionseffekte an der Oberfläche von Glassäulen können durch eine spezielle Behandlung (Silanisieren) verhindert werden.

Ein Vorteil der gepackten Säulen ist ihre große innere Oberfläche und die dadurch erreichte hohe Trennkapazität. Auf der anderen Seite führt der Strömungswiderstand des Säulenfüllmaterials zu einem Druckabfall in der Säule, was aufgrund der Kompressibilität der Gase zu unterschiedlichen Strömungsgeschwindigkeiten in der Säule führt. Nach der van-Deemter-Kurve gibt es nur bei einer bestimmten Strömungsgeschwindigkeit eine optimale Trennstufenhöhe. Je länger die Säule ist, um so größer werden diejenigen Bereiche, bei denen die Strömungsgeschwindigkeit des Trägergasstroms vom optimalen Wert deutlich abweicht. Obwohl theoretisch zwar die Bodenzahl mit zunehmender Säulenlänge linear zunimmt, lassen sich aber wegen der gleichzeitigen Zunahme des Druckabfalls beim Verwenden immer längerer Säulen nicht beliebig viele theoretische Böden erreichen. Üblicherweise werden gepackte Säulen mit einer Länge von 0,5 bis 10 m bei einem Innendurchmesser von 1 bis 5 mm verwendet.

- **Dünnschicht-Trennkapillaren** (Bild 2.4.1/2b), auch als SCOT-Trennkapillaren bezeichnet (SCOT = support coated open tubular column). Sie bilden den Übergang von gepackten zu Kapillarsäulen. Durch die an der Glasoberfläche sitzenden, mit einer stationären Flüssigkeit getränkten Partikel kann etwas mehr Probe aufgegeben werden als bei den Kapillarsäulen, die hohe Trennstufenzahl pro Meter wird aber nicht erreicht. Sie liegt dennoch höher als die von gepackten Säulen, da der Druckabfall in den SCOT-Trennsäulen geringer ist. Der Innendurchmesser liegt üblicherweise zwischen 0,3 und 0,5 mm, die Säulenlänge kann bis zu 200 m betragen.

- **Kapillarsäulen** aus Glas oder Stahl (Bild 2.4.1/2c) besitzen eine hohe Permeabilität. Der Druckabfall innerhalb eines bestimmten Säulenabschnitts ist wesentlich geringer als bei den gepackten Säulen. Die sehr hohe Bodenzahl ergibt sich aus der Möglichkeit, sehr lange Kapillarsäulen (bis zu 200 m Länge bei einem Innendurchmesser zwischen 0,1 und 0,5 mm) einsetzen zu können. Da aber im Vergleich zur Gasphase nur wenig stationäre flüssige Phase in der Trennsäule vorhanden ist, können nur sehr kleine Probemengen chromatographiert werden. Zur Dosierung müssen Probeneinlaßteile mit einem Strömungsteiler (Eingangssplitter) verwendet werden (Bild 2.4.1/4), da eine direkte Dosierung der kleinen Probemenge nur mit speziellen Techniken möglich ist.

  Die entsprechend kleinen Peakvolumina erfordern empfindliche Detektoren mit einem geringen Totvolumen. Der Flammenionisationsdetektor eignet sich hierfür besonders gut.

## Probeneinlaßteile

Der Probeneinlaß muß der Art der Probe (flüssig oder gasförmig) und der Säule (gepackte oder Kapillarsäule) angepaßt sein:

- Ein Direktaufgabesystem mit Septum (Bild 2.4.1/3) ist für die Trennung von Flüssigkeiten oder gelösten Proben an gepackten Säulen geeignet.

- Probenaufgabe mit einem Strömungsteiler (Eingangssplitter, Bild 2.4.1/4) findet bei wenig belastbaren Säulen, vor allem bei Kapillarsäulen, Anwendung.

- Probenaufgabe mit Dosierschleife eignet sich besonders für die automatische Analyse von Gasgemischen. Je nach Art des Probeneinlaßteiles wird die Schleife zuerst evakuiert und dann mit der Gasprobe gefüllt oder durch Spülen mit der Probe gefüllt.

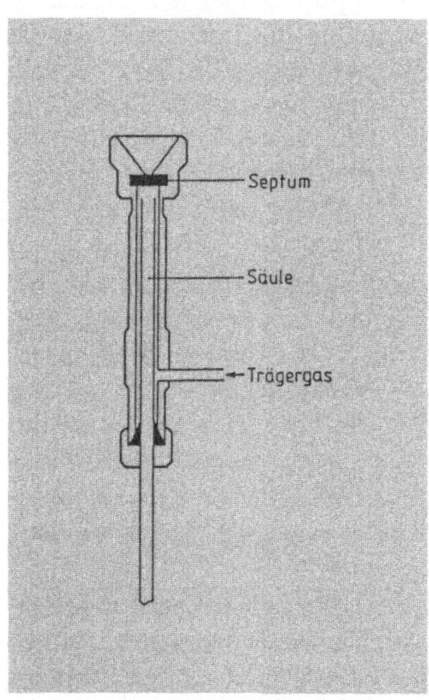


**Bild 2.4.1/3  Gepackte Säule mit Probeneinlaß.** Das seitlich eintretende Trägergas strömt an dem Septum vorbei in die Säule. Zur Probenaufgabe wird die Kanüle einer GC-Spritze in den Probeneinlaß eingeführt, das Septum (Scheibe aus Silikongummi) durchstochen und die Kanüle in die Trennsäule hineingeschoben. Beim Entleeren der GC-Spritze wird die Probe mit dem Trägergas direkt in die Trennsäule gespült.

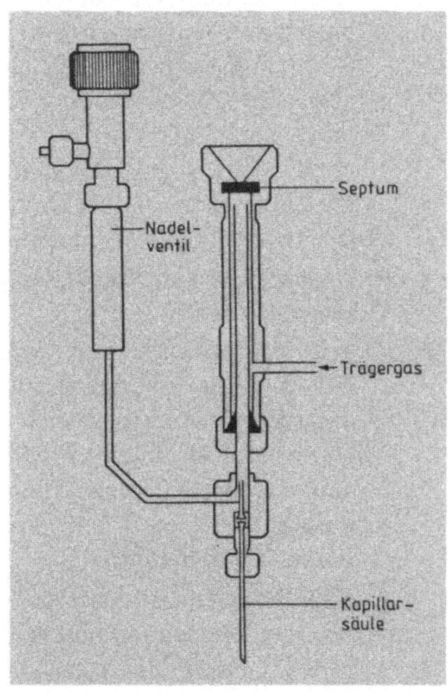


**Bild 2.4.1/4  Kapillarsäule mit Probeneinlaßsystem (Eingangssplitter).** Die Probe wird mit einer GC-Spritze durch das Septum in den Gasraum über der Kapillarsäule eingespritzt und nach dem Verdampfen durch das Trägergas verdünnt. Durch das Nadelventil (Drossel) kann der Bruchteil des Trägergases und der Probe, der in die Säule gelangen soll, eingestellt werden.

## Detektoren

Zwei Detektortypen sind weit verbreitet:

(1) **Flammenionisationsdetektor (FID).** Das Bauprinzip ist in Bild 2.4.1/5 wiedergegeben. Dem Trägergasstrom wird am Säulenende Wasserstoff und Luft zugemischt und diese Mischung beim Ausströmen durch eine Düse verbrannt. Die durch die Flamme hervorgerufene Ionisation der Verbrennungsgase wird durch zwei Elektroden (Brennerdüse und Elektrode über der Flamme) gemessen und elektronisch verarbeitet. Fließt nur Trägergas

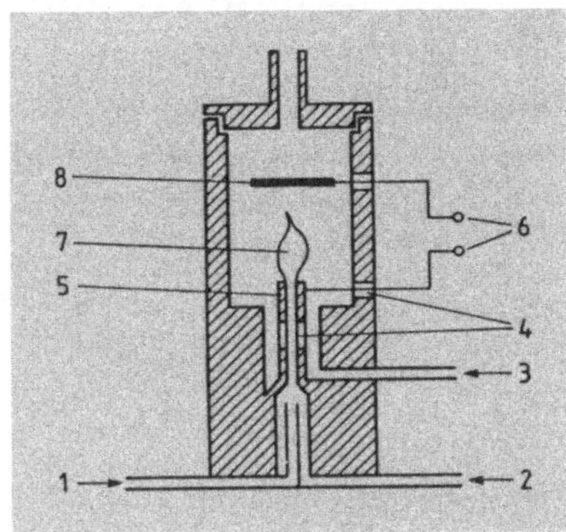

**Bild 2.4.1/5**
**Flammenionisationsdetektor (FID)**

1  Trägergas
2  Wasserstoff
3  Luft
4  Isolierung
5  Düse
6  Saugspannung
7  Flamme
8  Elektrode

(Nach *G. Schomburg*, Gaschromatographie, Verlag Chemie, Weinheim 1977, Abb. 20, S. 44)

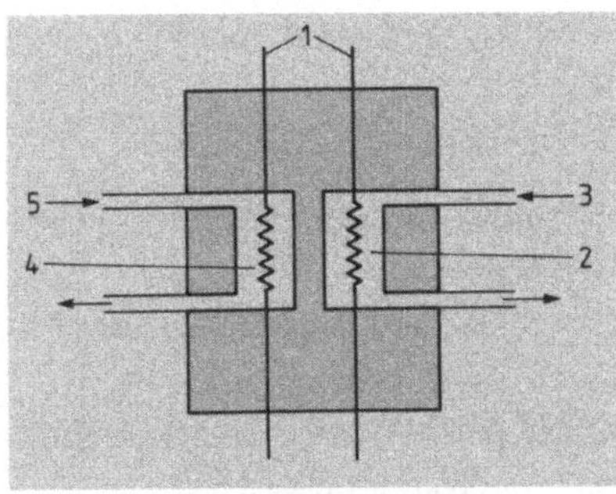

**Bild 2.4.1/6**
**Wärmeleitfähigkeitsdetektor (WLD)**

1  Hitzdrähte
2  Meßzelle
3  Trägerstrom von der Säule (Eluat)
4  Referenzzelle
5  reines Trägergas

(Nach *G. Schomburg*, Gaschromatographie, Verlag Chemie, Weinheim 1977, Abb. 18, S. 42)

in die Flamme, wird kein Ionenstrom gemessen. Sobald kohlenstoffhaltige Substanzen eluiert werden, steigt der Ionenstrom stark an. Der FID zeichnet sich aus durch:

- hohe Empfindlichkeit
- kurze Ansprechzeit
- linearer Bereich über $10^7$ Konzentrationseinheiten
- kleines Totvolumen, daher auch für die Kapillar-Gaschromatographie geeignet
- keine Thermostatisierung nötig

Störungen treten auf, wenn bei der Verbrennung der Substanzen feste Rückstände gebildet werden, die sich an der Elektrode ablagern. Schwer flüchtige Substanzen dürfen nicht zwischen dem Säulenende und der Brenndüse kondensieren. Dies wird durch eine Zusatzheizung verhindert.

**(2) Wärmeleitfähigkeitsdetektor (WLD).** Der schematische Aufbau eines Wärmeleitfähigkeitsdetektors ist in Bild 2.4.1/6 gegeben. Die Wärmeleitfähigkeit des Trägergases und des Säuleneluats wird nach der Hitzdrahtmethode gemessen. Die Gase leiten die in den Hitzdrähten entwickelte Wärme ab, wobei sich der elektrische Widerstand der Drähte ändert. Diese Änderung des Widerstands der Hitzdrähte in der Meß- und Vergleichszelle wird durch eine Wheatstonesche Brückenschaltung kontinuierlich gemessen und mit einem Schreiber aufgezeichnet. Verwendet man als Trägergas Wasserstoff oder Helium (hohe Wärmeleitfähigkeit), so verringern alle Substanzen im Trägergasstrom die Wärmeleitfähigkeit und können erfaßt werden.

Vorteil des WLD:

- universell anwendbar

Nachteile:

- geringere Empfindlichkeit im Vergleich zum FID
- hohe Ansprechzeit und großes Totvolumen, daher normalerweise für die Kapillar-Gaschromatographie nicht anwendbar
- sorgfältige Temperaturregelung notwendig, da thermische Effekte gemessen werden

Beide Detektoren sind massenspezifische Detektoren, da das Meßsignal massenabhängig ist. Sie sind damit für die quantitative Analyse gut geeignet.

Darüber hinaus gibt es auch noch verschiedene elementspezifische Detektoren:

- **Halogen-, Stickstoff- und Phosphor-Flammenionisationsdetektoren**, zeigen hologen-, stickstoff- bzw. phosphorhaltige Verbindungen an
- **Flammenphotometrischer Detektor**, zeigt phosphor- und schwefelhaltige Verbindungen an
- **"Electron-capture"-Detektor (Elektroneneinfangdetektor)**, zeigt spezifisch funktionelle Gruppen hoher Elektronenaffinität des jeweiligen Moleküls an
- **Massenspektrometrischer Detektor**, verwendet ein Massenspektrometer (Kap. 3.2.9) mit fester Masseneinstellung. Dabei wird das Massenspektrometer auf einen charakteristischen $m/e$-Wert im Massenspektrum der interessierenden Substanz eingestellt (**Massenfragmentographie**).

Für die quantitative Analyse sind zwei Forderungen besonders wichtig:

- Reproduzierbarkeit. Dies erfordert eine ausreichende Konstanz der Detektorparameter (Brückenstrom, Temperatur für WLD bzw. Wasserstoff-/Eluatstrom-Verhältnis und Saugspannung beim FID).
- Richtigkeit der Anzeige durch möglichst geringe Abhängigkeit des Detektorsignals von der substanzbedingten Ansprechempfindlichkeit (Response).

Unter dem Begriff **"Response"** faßt man alle Einflüsse der Molekülstruktur auf die Anzeige des Detektors zusammen. *Beispiel:* Der FID zeigt den Kohlenstoff organischer Verbindungen an. Mit zunehmender Zahl von Heteroatomen sinkt der prozentuale Kohlenstoffanteil des Moleküls, dementsprechend wird auch das auf die Substanzmenge bezogene Detektorsignal kleiner. Dieser Einfluß wird im "Responsefaktor" berücksichtigt.

## Trägermaterialien

Für die Adsorptions-Gaschromatographie (GSC) werden die Trägermaterialien direkt, also ohne flüssige stationäre Phase, verwendet. Die GSC eignet sich praktisch nur zur Trennung von Gasen oder niedrig siedenden Verbindungen und zur Anreicherung von Gasspuren z. B. aus der Luft. Als Trennmaterialien werden eingesetzt:

- besonders zubereitete Aktivkohle oder graphitisierter Kohlenstoff (Carbopack C)
- poröse, synthetische Polymere (z. B. Tenax, Porapak, Chromosorb)
- poröse anorganische Materialien (Molekularsiebe)

**Tabelle 2.4.1/1**  Trägermaterialien für die Gas-Flüssigkeitschromatographie

| Trägermaterial | physikal. Eigenschaften | Aufnahme an Trennflüssigkeit | Anwendung |
|---|---|---|---|
| **Kieselgurbasis** | | | |
| Chromosorb G | hart, weißlich-gelb, geringer Abrieb, geringe Oberfläche | wenig | analytisch |
| Chromosorb P | hart, weiß, mechanisch stabil, große Oberfläche | bis zu 30 % | analytisch und präparativ; für polare Substanzen |
| Chromosorb W | weiß, mechanisch stabil | bis zu 15 % | analytisch; für mittelpolare Substanzen |
| Chromosorb A | große Oberfläche | viel | präparativ |
| Gas-Chrom Q | stark desaktiviert | keine Angabe | inert; für empfindliche Substanzklassen (z. B. Steroide, Alkaloide) |
| **Teflonbasis** | | | |
| Chromosorb T | feine Teflonfasern; max. 220 °C | bis 20 % | für stark polare und reaktionsfähige Substanzen wie Hydrazin, $SO_2$, Halogene |
| **Kohlenstoffbasis** | | | |
| Carbopak C | graphitisierter Kohlenstoff, sehr labil | bis 1 % | für polare Substanzen wie $H_2S$, $SO_2$, Alkohole, Phenole |

Die bei der Gas-Flüssigkeitschromatographie (GLC) verwendeten Trägermaterialien haben die Aufgabe, die stationäre flüssige Phase aufzunehmen, selbst aber den Trennprozeß nicht zu beeinflussen. Einige wichtige Vertreter sind in Tabelle 2.4.1/1 zusammengestellt.

### Trennflüssigkeiten

In der Literatur sind ca. 1000 Trennflüssigkeiten als stationäre Phase beschrieben. Der größte Teil der Trennprobleme kann aber bereits mit einigen wenigen Standardsäulen gelöst werden. Als erster Anhaltspunkt für die Wahl der geeigneten Trennflüssigkeit gilt die Regel:

- Unpolare Substanzen werden an unpolaren Phasen und polare Substanzen an polaren Phasen getrennt.

Diese Regel ist heute durch die Angabe von *Rohrschneider-* und *McReynolds-Konstanten* wesentlich verbessert worden. Mit ihrer Hilfe lassen sich Retentionsdaten vorausberechnen.


# Probenvorbereitung

Eine falsche Probenahme und Fehler bei der Probenvorbereitung können Analysenergebnisse stark verfälschen:

- Verflüssigte Gase werden aus der auf den Kopf gestellten Druckflasche in flüssiger Form entnommen, in einem geeigneten Gefäß verdampft und das Gas analysiert. Es ist sicherer, die verdampfte Flüssigkeit zu verwenden, da sich die Zusammensetzung der überstehenden Gasphase der Druckflasche möglicherweise von der flüssigen Phase unterscheidet.

- Die Analyse von Gasen über Flüssigkeiten oder Feststoffen (beispielsweise von Blutalkohol) wird als **Head-Space-Analyse** bezeichnet. Die benötigte Gasmenge kann mit speziellen Vorrichtungen direkt aus den jeweiligen Behältern (z. B. aus Konservendosen) entnommen werden. Alternativ dazu können Gase mit Hilfe von Luft in eine Kühlfalle gespült und dort ausgefroren werden. Eine dritte Möglichkeit besteht darin, die Gase bei niedriger Temperatur in einer kurzen Trennsäule zu adsorbieren, aus der sie dann bei höherer Temperatur wieder desorbiert und in die eigentliche Trennsäule überführt werden.

- Bei feuchten Gasproben muß der Wassergehalt berücksichtigt und eine Kondensatbildung im GC-Gerät vermieden werden (Probe vortrocknen oder Wasser abscheiden).

- Feststoffe können aus Aerosolen durch Waschflaschen oder Filterpatronen abgeschieden werden.

- Bei Flüssigkeiten mit Komponenten stark unterschiedlicher Siedepunkte muß eine destillative Vortrennung im Einspritzblock vermieden werden (Einspritzblock genügend aufheizen, thermische Zersetzung aber vermeiden).

# Durchführung

**Vorbereiten der Säule:**

- Säule mit Methylenchlorid, dann mit Aceton reinigen.
- Glassäulen zusätzlich mit Salzsäure waschen.
- Mit staub- und ölfreier Luft trocknen.
- Innere Oberfläche von Glassäulen anschließend mit einem Desaktivierungsmittel desaktivieren (silanisieren).

**Beladen des Trägermaterials mit der flüssigen Phase:**

Für das Packen guter Säulen ist viel Erfahrung erforderlich. Werden einige einfache Regeln beachtet, lassen sich die schlimmsten Fehler vermeiden:

- Die stationäre Phase muß gleichmäßig über das Trägermaterial verteilt werden.
- Die Partikel des Trägermaterials dürfen beim Beladen mit der stationären Phase nicht beschädigt werden (Abrieb).
- Die stationäre Phase darf während der Herstellung nicht oxidiert, hydrolysiert oder verdampft werden.

Zum Beladen des Trägermaterials mit der flüssigen Phase wird es in einer Lösung der Trennflüssigkeit in einem leicht flüchtigen Lösungsmittel (z. B. Aceton) aufgeschlämmt (das Trägermaterial muß vollständig mit Flüssigkeit bedeckt sein). Nach schonender Durchmischung wird das Lösungsmittel, möglichst unter Ausschluß von Sauerstoff, entfernt (Rotationsverdampfer). Das Material muß schließlich trocken sein und darf nicht klumpen.

**Füllen von Säulen:**

- Das Ende der Leersäule wird mit Glaswatte verschlossen und über eine Woulfesche Flasche an eine Wasserstrahlpumpe angeschlossen.
- Säulenfüllmaterial vom anderen Ende her mit einem Trichter in kleinen Portionen unter leichtem Klopfen (Holzstück) einfüllen. Die Verwendung eines Vibrators führt oft nicht zu dem erwarteten Ergebnis.
- Beide Enden mit (desaktivierter, silanisierter) Glaswolle verschließen.
- Säule mit Säulenofen mit einem Gasstrom (Argon, Helium, Stickstoff) ausheizen, ohne sie an den Detektor anzuschließen. Grenztemperatur (s. Angaben des Herstellers) nicht überschreiten.
- Säule mit dem Detektor verbinden.

Zu beachten ist, daß heiße Säulen nicht aus dem Gaschromatographen ausgebaut werden dürfen (Gefahr der Oxidation des Füllmaterials).

## Probenaufgabe

Flüssige Proben können direkt, feste Proben in Lösung aufgegeben werden. Gase können ebenfalls direkt aufgegeben werden, besser geeignet sind spezielle Gasprobeneinlaßteile.

Die auftragbare Probemenge richtet sich nach der Art und Füllung der Säule:

- Gepackte oder Kapillarsäule?
- Menge der stationären Phase in der Säule (Belegung)?
- Löslichkeit der zu bestimmenden Substanz in der stationären Phase?
- Temperatur des Säulenofens?

Zu große Probemengen führen zur Überlastung der Säule. Man beobachtet dann asymmetrische Peaks (Bild 2.4/1b).

**Probenaufgabemenge:**

- Gepackte Säulen: 0,1 bis 1 $\mu$l je Komponente in der Probe; bei 5 Komponenten also 0,5 bis 5 $\mu$l. Der Fehler bei Verwenden von $\mu$l-Spritzen ist kleiner als 10 %.
- Kapillarsäulen: ca. 20 bis 1000 mal weniger als bei gepackten Säulen. Ein Strömungsteiler im Einlaßsystem (Eingangssplitter) sorgt dafür, daß nur ein kleiner Bruchteil der Probenmenge in die Trennsäule gelangt (Bild 2.4.1/4).

### Einspritzen der Probe

Bevor eine Trennung begonnen wird, muß die Nullinie konstant sein. Dann werden folgende Schritte durchgeführt:

- Mikroliterspritze reinigen (Aceton) und eventuell trocknen.
- Probemenge einziehen.
- Septum (Silikongummi) durchstechen und Nadel der Spritze ganz einführen.
- Probe eingeben und gleichzeitig auf dem Schreiber eine Markierung anbringen.
- Nach wenigen Sekunden die Spritze wieder herausziehen.

Die Silikongummischeiben des Probeneinlasses sind nach 30 bis 40 Injektionen zu wechseln. Bei ständiger Temperatur des Einspritzblocks von mehr als 150 °C muß das Septum öfter gewechselt werden.

### Besondere Arbeitsweisen

**Pyrolyse.** Substanzen, die sich nicht unzersetzt verdampfen lassen, können unter Umständen dennoch gaschromatographisch untersucht werden. Dazu werden sie thermisch gespalten und die verdampfenden Spaltprodukte analysiert. Man nutzt dabei die Beobachtung aus, daß manche strukturellen Molekülgruppen bestimmte Pyrolysemuster geben.

Die Pyrolyse wird in einer Pyrolyse-Einheit an einem beheizbaren Platindraht oder in einem Silicatschiffchen durchgeführt.

**GC-MS-Kopplung.** Die Kombination Gaschromatographie und Massenspektrometrie (MS, Kap. 3.2.9) hat sich zur Analyse sehr komplexer Mischungen als besonders geeignet erwiesen. Die Probe wird dabei zunächst gaschromatographisch getrennt und die einzelnen Peaks dann "on-line", d. h. ohne zwischendurch isoliert zu werden, direkt in ein Massenspektrometer überführt und an Hand ihrer Massenspektren identifiziert. Stellt man das Massenspektrometer auf eine bestimmte Masse ein, dann kann man es als extrem selektiven Detektor einsetzen (Massenfragmentographie).

## Auswertung

Die quantitative Auswertung über die Peakfläche gelingt einfach durch Auswertung von Hand, wenn das Detektorsignal proportional der Konzentration der eluierten Probemenge ist. Außerdem muß der Peak symmetrisch sein. Eine Peakasymmetrie führt zu großen Fehlern. Bei der elektronischen Auswertung ist die Kurvenform weit weniger wichtig. In allen Fällen müssen die stoffspezifischen Korrekturfaktoren (Responsefaktoren), die aus Tabellen zu entnehmen sind, mit berücksichtigt werden.

- **Handauswertung:** Als erste Näherung des Peakflächeninhalts verwendet man das Produkt:

  Peakhöhe $\times$ Halbwertsbreite

  Bei einer idealen Gaußkurve werden so 94 % der tatsächlichen Peakfläche erfaßt. Haben alle Peaks dieselbe Form, ist dieser Fehler vernachlässigbar. Die Peakflächen müssen über den Papiervorschub und die Abschwächung in genügender Größe registriert werden.

- **Planimeterauswertung:** Sie bringt nur Vorteile, wenn stark verzerrte Peaks ausgewertet werden sollen.

- **Ausschneiden und Wiegen der Peaks:** Hierzu wird zunächst das Chromatogramm kopiert. Aus der Kopie werden die Peaks ausgeschnitten und die einzelnen Papierstücke mit einer Analysenwaage gewogen. Der relative Fehler hängt nur von der absoluten Peakfläche ab. Die Peakfläche ist durch die Wahl des richtigen Papiervorschubs und der richtigen Abschwächung zu optimieren.

- **Elektronische Integration:** Sie bietet eine Reihe von Vorteilen:
  a) bei peakreichen Chromatogrammen in der Routineanalytik,
  b) subjektive Fehler bei der Auswertung entfallen;
  c) die Notwendigkeit der Wahl der richtigen Peakabschwächung besteht nicht.

Elektronische Integratoren übernehmen also eine Reihe von Aufgaben:

- Bestimmung von Peakanfang, -maximum, -ende und Peakfläche
- weitgehende Korrektur von Änderungen in der Basislinie über größere Zeiträume (Drift)
- Ausdrucken der Ergebnisse mit Peakposition und Peakflächeninhalt (Analysenreport)

Nachteil der bisher beschriebenen Verfahren ist die mangelhafte Bestimmung sich teilweise überlappender Peaks oder kleiner Peaks auf der abfallenden Flanke von sehr großen Peaks — ein Fall, der in der Spurenanalyse häufig auftritt. Diese Probleme lassen sich durch die Computerauswertung lösen: Das Chromatogramm wird punkt- oder scheibchenweise erfaßt und gespeichert (Rohdatenerfassung). Der Rechner ermittelt aus diesen Daten die Peakpositionen und -flächeninhalte. Darüber hinaus bietet die Computerauswertung weitere Vorteile:

- langzeitige Änderungen der Basislinie und Aufsitzer-Peaks werden erfaßt.
- Weiterverarbeitung und Speicherung der Peakpositionen und -flächen (beispielsweise können Korrekturfaktoren in die Auswertung mit einbezogen werden).

# Fehlerquellen

- „Geisterpeaks" können bei Temperaturgradienten auftreten. Die Ursache sind hochsiedende Substanzen aus dem Septum, die sich in der zunächst kalten Säule niederschlagen und dann bei der entsprechenden Säulentemperatur als Substanz eluiert werden. *Abhilfe:* Septum in Hexan quellen lassen und Lösungsmittel mehrmals wechseln. Septum anschließend bei 100 °C, dann zwei Stunden bei 200 °C trocknen lassen; Einspritzblock reinigen.

- Schwankungen in der Basislinie durch instabile Strömungsregelung und Detektortemperatur bei WLD bzw. Instabilität des Verstärkers beim FID; Elution von Komponenten bzw. Zersetzungsprodukten von vorausgegangenen Trennungen (*Abhilfe:* Säule ausheizen); Verunreinigungen des Trägergases machen sich bei Temperaturprogrammierung bemerkbar.

- Rauschen und extrem scharfe Peaks („Spikes") haben elektronische Ursachen, können aber auch durch Verunreinigungen im Trägergas verursacht werden.

- Peakasymmetrie wie in Bild 2.4.1/1b dargestellt („**Tailing**"): a) entstanden durch Adsorptionseffekte. *Abhilfe:* Trennsäule mit höherer Polarität der stationären Phase verwenden; Desaktivieren des Trägermaterials; Glassäulen sind meist besser geeignet als Metallsäulen; b) durch Gerätefehler: zu kalter Einspritzblock, Adsorption von Substanzen am Septum; viel zu große Probemenge (vor allem bei Spurenanalysen); mangelhafte Einspritztechnik („Nachkleckern der Probe"); zu große Totvolumina stören besonders bei Dünnfilmkapillaren.

- Peakasymmetrie wie in Bild 2.4.1/1c dargestellt ("**Leading**") durch zu hohe Konzentration der Probe. *Abhilfe:* Verringern der Probemenge; Säulen mit mehr stationärer Phase oder dickere Säule verwenden; höhere Säulentemperatur.

- Peakasymmetrie durch thermische oder katalytische Umwandlung tritt auf, wenn die Umwandlung der Substanzen mit vergleichbarer Geschwindigkeit wie die Trennung abläuft. Schnelle Zersetzungen im Einspritzblock können nicht erkannt werden. *Abhilfe:* möglichst niedrige Arbeitstemperaturen; möglichst kurze Trennsäule verwenden.

- Einzelne breite Peaks in einem normalen Gaschromatogramm entstehen durch Überlappung verschiedener Komponenten aufgrund unzureichender Trennleistung der Säule (*Abhilfe:* Säulenparameter oder Trennphase ändern) oder durch Elution von Peaks vorausgegangener Trennungen (Wiederholung derselben Trennung führt zu nicht reproduzierbaren Elutionsprofilen).

- Alle Peaks im Chromatogramm sind zu schmal und nicht genügend voneinander getrennt. Ursache kann sein:
  a) ungeeignete oder zu wenig stationäre Phase,
  b) zu kurze Säule,
  c) zu hohe Temperatur oder zu hohe Strömungsgeschwindigkeit des Trägergases,
  d) zu steiler Temperaturgradient.

- Alle Peaks sind zu breit durch
  a) zu niedrige Strömungsgeschwindigkeit in der Säule, möglicherweise durch undichte Stellen in den Zuleitungen bei richtig eingestelltem Säulendruck,
  b) Inhomogenitäten in der Belegung.
- Mangelhafte Reproduzierbarkeit kann zustande kommen durch:
  a) nicht konstante Temperatur oder Strömungsgeschwindigkeit,
  b) Veränderung der stationären Phase durch Verdampfen der Trennflüssigkeit (*Abhilfe:* niedrigere Arbeitstemperatur wählen), Zersetzung der stationären Phase; Adsorption von Zersetzungsprodukten der Probe in der Trennflüssigkeit;
  c) zu hohe Konzentration einzelner Komponenten.

## Dokumentation

Zur Dokumentation gibt man am einfachsten das Gaschromatogramm (Bild 2.4.1/7) mit den notwendigen Angaben in der Bildunterschrift wieder.

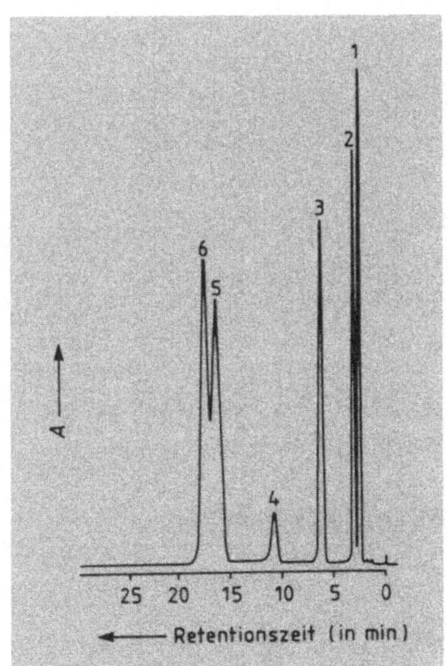


**Bild 2.4.1/7**
**Beispiel für die Dokumentation von Gaschromatogrammen:**
Gaschromatographische Trennung von cyclischen Verbindungen (1) *trans*-Dekalin, (2) *cis*-Dekalin, (3) Tetralin, (4) nicht identifiziert, (5) 1-Methylnaphtalin und (6) 2-Methylnaphtalin. Säule 2 m lang, 3 mm Innendurchmesser; 2,5 % Silicon XE 60 auf Chromosorb G, AW-DCMS, 0,15–0,18 mm; Trägergasströmung 25 ml · min$^{-1}$ Stickstoff; Temperaturprogramm 130–140 °C mit 3 °C · min$^{-1}$; Papiervorschub 10 mm · min$^{-1}$; Detektor: FID

## Anwendungsbereich

- Für alle verdampfbaren Substanzen, die thermisch genügend stabil sind. Nicht flüchtige Substanzen können in vielen Fällen durch geeignete Derivatisierung in eine flüchtige Form überführt werden.
- Trennung und Identifizierung von anorganischen und organischen Substanzen
- Untersuchung von makromolekularen Verbindungen nach vorheriger Pyrolyse
- Enantiomerenanalyse:
  a) an optisch aktiven Phasen. Die Kapillarsäule ist mit einer optisch aktiven Trennflüssigkeit belegt. Die in der Mischung enthaltenen Enantiomeren gehen mit der optisch aktiven Phase unterschiedlich starke Komplexbindungen ein und werden dadurch aufgetrennt;
  b) durch Derivatisierung. Die zu trennenden Enantiomeren werden mit einem optisch aktiven Reagenz derivatisiert. Die dabei entstehenden Diastereomeren unterscheiden sich physikalisch und können daher wie üblich getrennt werden.

## Literatur

*V. G. Berezkin, V. R. Alishoev, I. B. Nemirovskaya,* Gas Chromatography of Polymers, Elsevier, Amsterdam 1977

*G. J. Dickes, P. V. Nicholas,* Gas Chromatography in Food Analysis, Butterworths, London 1962

*L. S. Ettre, A. Zlatkis,* The Practice of Gas Chromatography, Wiley, New York 1968

*L. R. Grob* (Hrsg.), Modern Practice of Gaschromatography, Wiley, New York 1977

*W. Jennings,* Gas Chromatography with Glass Capillary Columns, Academic Press, New York 1978

*E. Leibnitz, H. G. Struppe,* Handbuch der Gas-Chromatographie, Verlag Chemie, Weinheim 1984

*G. Schomburg,* Gaschromatographie, Verlag Chemie, Weinheim 1977

*E. Schulte,* Praxis der Kapillar-Gas-Chromatographie, Springer, Berlin 1983

*H. A. Szymanski* (Hrsg.), Biomedical Applications of Gas Chromatography, Plenum Press, New York 1964

## 2.4.2 Präparative Gaschromatographie

Die präparative Gaschromatographie ist ein diskontinuierliches Trennverfahren, bei dem vier Arbeitsschritte zyklisch so oft durchlaufen werden, bis genügend Substanz isoliert ist:

- Injektion der Probemenge
- Verdampfen der Probe
- Trennen der Probe
- Auffangen der getrennten Substanzen in Kühlfallen.

## Grundlagen

Bis zur Entwicklung der modernen Flüssigkeitschromatographie war die Trennleistung der Gaschromatographie unangefochten. Es lag nahe, die Gaschromatographie auch zur präparativen Isolierung von verdampfbaren Substanzen einzusetzen. Das Hauptproblem bei der präparativen Anwendung der Gaschromatographie liegt darin, eine kleine Substanzmenge von einer großen Trägergasmenge abzutrennen. Viele Substanzen lassen sich heute einfacher und schonender durch die Flüssigkeitschromatographie isolieren.

Zur Trennung größerer Stoffmengen ist ein präparativer Gaschromatograph unter Umständen Tage und Wochen lang kontinuierlich in Betrieb. Daher arbeiten diese Apparate weitgehend automatisch. An ihre Zuverlässigkeit und die der Trennsäule sind hohe Anforderungen zu stellen.

Wie in der Flüssigkeitschromatographie gilt auch in der Gaschromatographie das „magische Dreieck der Chromatographie" (Bild 2.3.4/5). Es besagt, daß Auflösung, Geschwindigkeit und getrennte Substanzmenge so zueinander in Beziehung stehen, daß eine Optimierung auf eine der drei Größen hin zwangsläufig auf Kosten der beiden anderen geht. Das Ziel bei der Ausarbeitung von präparativen Trennungen besteht nicht darin, möglichst viel Substanz in einem Lauf zu trennen, sondern einen maximalen Durchsatz pro Zeiteinheit zu erreichen.

Im Gegensatz zur analytischen Gaschromatographie können flüssige Probemengen jetzt nicht mehr direkt in die Säule injiziert werden, sondern müssen vorher in die Gasphase überführt werden. Für die Probemenge $V$, bei der die Peakbreite eines eluierten Peaks noch nicht von der Menge der Probe beeinflußt wird, gilt nach van Deemter:

$$V < \frac{V_R}{2 \cdot \sqrt{n}}$$

$V$ = Gasvolumen, das benötigt wird, um die Substanz in die Säule zu transportieren
$V_R$ = Retentionsvolumen
$n$ = theoretische Bodenzahl

Unter den in der Gaschromatographie sonst üblichen Betriebsbedingungen können auf einer Säule von 20 mm Innendurchmesser und 2 m Länge 100 bis 200 mg Substanz getrennt werden. In der Praxis wird man aber die Säule so stark überladen, daß die Peaks gerade noch getrennt werden. Für die Effektivität der Trennung ist es am besten, wenn die verdampfte Substanz vor der Säule nicht durch das Trägergas verdünnt wird. In diesem Fall ist aufgrund des Henryschen Gesetzes die Löslichkeit der Substanz in der stationären Phase maximal.

Außer den für die Gaschromatographie allgemein wichtigen Bedingungen sind für ihre präparative Anwendung folgende Punkte zusätzlich zu beachten:

- Es gibt einen Grenzwert für die maximal trennbare Substanzmenge; wird dieser überschritten, nimmt die Trennleistung der Säule rapide ab (vgl. Bild 2.3.4/10).

- Die Probemenge muß so gewählt werden, daß sie in 5 bis 10 Sekunden verdampft ist.

- Die Probe soll vor dem Erreichen der Säule nicht mit Trägergas verdünnt werden.
- Die Art der Probenaufgabe ist für schnell eluierende Komponenten wichtiger als für stärker retardierte Stoffe.

Je geringer die Löslichkeit der zu trennenden Substanz in der stationären Phase ist, um so genauer müssen die ersten drei Punkte eingehalten werden.

## Geräte

### Säulen

Im Gegensatz zur Flüssigkeitschromatographie sind Säulen mit großen Durchmessern schwerer zu packen als Säulen mit kleinem Durchmesser. Die Durchmesser der Säulen können nicht beliebig groß gewählt werden. Umso wichtiger ist demzufolge die Optimierung des Verfahrens (hoher Durchsatz pro Zeiteinheit) durch die richtige Wahl des Trägermaterials, der Trennflüssigkeit sowie der Betriebsbedingungen der Trennsäule.

Einige bewährte Trägermaterialien sind in Tabelle 2.4.1/1 aufgelistet; Trennflüssigkeiten sind so auszuwählen, daß sie auch bei höheren Temperaturen möglichst fest auf dem Trägermaterial haften. Säulen, die langsam ihre stationäre Phase verlieren („bluten"), können nicht verwendet werden, weil dann die getrennten Substanzen mit Trennflüssigkeit verunreinigt würden. Daraus ergibt sich auch die Forderung, die Trennung bei möglichst tiefer Temperatur durchzuführen (200 K unter dem Siedepunkt der Trennflüssigkeit).

### Detektoren

Der Flammenionisations (FID)- und der Wärmeleiterfähigkeitsdetektor (WLD) sind für präparative Trennungen gut geeignet, wobei dem FID oft der Vorzug gegeben wird. Da das Eluat in diesem Detektor verbrannt wird und die getrennten Substanzen damit zerstört würden, leitet man nur einen kleinen Teil des Eluats in den Detektor. Wenn der Detektor eine Substanz anzeigt, leitet man den Hauptstrom in die Kühlfalle, wo die abgetrennte Substanz kondensiert wird. Auch beim WLD ist eine solche Strömungsteilung notwendig, da der Detektor bei den hohen Substanzkonzentrationen nicht mehr linear anzeigt.

## Durchführung

### Injektion

Kleinere Substanzmengen kann man von Hand einspritzen. Für länger dauernde Trennoperationen sind automatisch arbeitende Probeneinlaßsysteme besser geeignet.

## Auffangen der getrennten Substanzen

Neben der eigentlichen Trennung liegt das technische Problem im Auffangen der getrennten Substanzen. Zunächst muß der Gasstrom in die einzelnen Auffanggefäße geleitet werden. Dies geschieht mit einem Drehventil, das entsprechend des Elutionsprofils manuell oder automatisch gesteuert wird.

Die Kondensation der Substanzen aus dem Trägergasstrom gelingt nicht durch einfaches Durchleiten des Eluats durch eine Kühlfalle, da sich beim Abkühlen oft Aerosole bilden. Die hohe Oberflächenspannung und eine sich häufig ausbildende elektrostatische Aufladung des Aerosols verhindern eine Tröpfchenbildung. Folgende Maßnahmen helfen, diese Schwierigkeiten auf ein Minimum zu beschränken:

- Richtige geometrische Konstruktion des Sammelgefäßes mit einer möglichst großen Oberfläche (Bild 2.4.2/1)

- Möglichst tiefe Temperatur des Kältebads (Aceton/Trockeneis, flüssiger Stickstoff)

- Verwendung von Adsorbentien, wie beispielsweise Aluminiumoxid, Kieselgel, Molekularsiebe oder Aktivkohle. Die adsorbierten Substanzen können dann bei höherer Temperatur wieder desorbiert werden.

- Verwendung von Flüssigkeiten zur Absorption der Substanzen. Sie müssen allerdings später destillativ leicht abtrennbar sein.

- Trägergase wie Argon oder Kohlendioxid können zusammen mit den Substanzen durch flüssigen Stickstoff kondensiert und später destillativ wieder entfernt werden.

- Elektrostatische Abscheidung der Aerosole (besonders in technischen Anlagen)

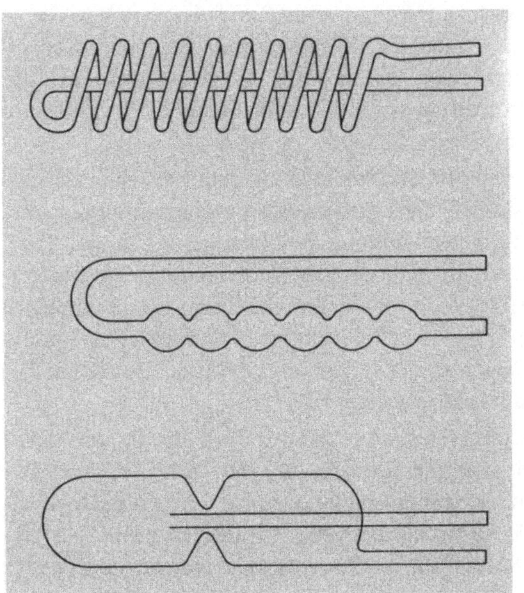

**Bild 2.4.2/1**
**Sammelgefäße für die präparative**
**Gaschromatographie.** (Nach *A. Zlatkis,*
*V. Pretorius* (Eds.), Preparative Gas
Chromatography, Wiley, New York 1972,
Fig. 4.6, S. 150)

## Anwendungsbereich

- Für viele physikalisch-chemische Untersuchungsmethoden ist eine vorherige Anreicherung reiner Substanzen unumgänglich.
- In der Geruchstoff-Forschung zum Anreichern der oft nur im ppb-Bereich vorliegenden Substanzen
- In der Biochemie und klinischen Chemie zur Anreicherung von Metaboliten für weitergehende Untersuchungen. In diesem Bereich wird die GC allerdings zunehmend durch die Hochdruck-Flüssigkeitschromatographie ersetzt.

## Literatur

*A. Zlatkis, V. Pretorius*, (Hrsg.), Preparative Gas Chromatography, Wiley, New York 1971

# 2.5 Elektrophoretische Methoden

Elektrophorese ist eine Trennmethode, bei der die Wanderung elektrisch geladener Moleküle im elektrischen Feld zur Trennung ausgenutzt wird.

## Grundlagen

Die elektrophoretischen Methoden lassen sich in die drei in Bild 2.5/1 dargestellten Gruppen einteilen. Unter Elektrophorese versteht man im allgemeinen die zonenelektrophoretischen Methoden (ZE) Papier-, Dünnschicht-, Platten- und Gelelektrophorese. Die beiden anderen elektrophoretischen Methoden werden als isoelektrische Fokussierung (IEF) und Isotachophorese (ITP) bezeichnet.

Elektrophorese kann grundsätzlich auf alle Stoffe angewendet werden, die unter den gegebenen Bedingungen geladen sind und sich in ihrer elektrophoretischen Beweglichkeit voneinander unterscheiden. Durch Änderung der äußeren Bedingungen (z.B. pH-Wert, Temperatur, Feldstärke, Art und Konzentration der Puffersubstanzen oder Trägermaterialien) lassen sich fast immer Bedingungen finden, unter denen eine Trennung möglich ist. Aufgrund der Tatsache, daß während der Trennung nur elektrostatische Kräfte auf die Teilchen einwirken, ist die Elektrophorese eine sehr schonende Methode und daher besonders für die Trennung empfindlicher Substanzen geeignet.

Obwohl die Elektrophorese auch in einer trägerfreien Lösung durchgeführt werden kann, wird sie wegen der unvermeidlichen Erwärmung der Lösung und der damit verbundenen thermischen Konvektion in der Regel auf Trägermaterialien durchgeführt, die den Konvektionsströmungen entgegen wirken. Die Verwendung von Trägermaterialien führt infolge von Nebeneffekten (Adsorption, Ausschluß großer Moleküle von den Poren des Trägermaterials) zu Einschränkungen des Anwendungsbereichs.

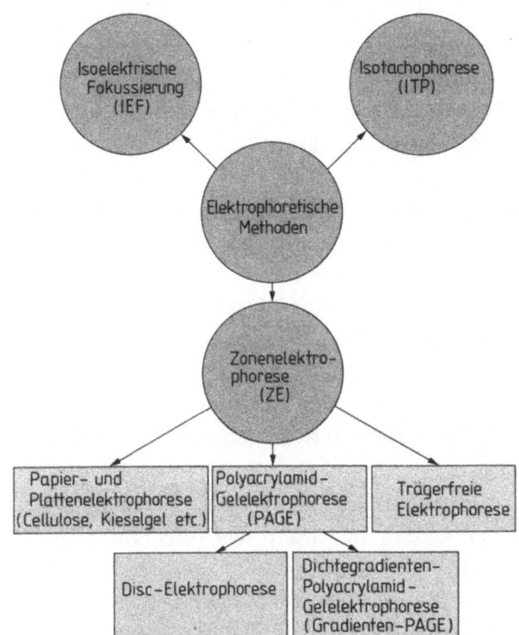


**Bild 2.5/1**
**Einteilung der elektrophoretischen Methoden**

Diese Eigenschaften der Träger lassen sich andererseits auch geschickt zur Trennung ausnutzen, beispielsweise bei Polyacrylamid-Gradientengelen, bei denen nicht mehr nach
elektrophoretischen Beweglichkeiten, sondern nur noch nach Molekülgrößen getrennt
wird.

## Literatur

s. Kap. 2.5.1, 2.5.2 und 2.5.3.

# 2.5.1 Zonenelektrophorese (ZE)

Die Zonenelektrophorese (ZE) ist ein Verfahren zur Trennung elektrisch
geladener Teilchen im elektrischen Feld unter solchen Bedingungen,
daß sich Teilchen mit verschiedenem Ladungs/Masse-Verhältnis unterschiedlich schnell in getrennten Substanzzonen bewegen.

# Grundlagen

Je nach Ladung wandern Substanzen im elektrischen Feld zur Anode oder Kathode (Bild 2.5.1/1). Das Ergebnis einer Elektrophorese ist — in Analogie zum Chromatogramm — das Elektropherogramm.

Früher war es üblich, im Träger und in den Elektrodengefäßen denselben Puffer zu verwenden. In diesem Fall verläuft die Trennung in einem **kontinuierlichen Puffersystem**. Dies ist auch heute noch das übliche Verfahren in der Papier- und Plattenelektrophorese. Später hat man gefunden, daß die mit **diskontinuierlichen Puffersystemen** (verschiedene Puffer in den Elektrodengefäßen und im Träger) erhaltenen Elektropherogramme wesentlich schärfere Banden der schneller wandernden Substanzen aufweisen. Dieses Verfahren wird vor allem in der Gelelektrophorese verwendet. Die Zonenelektrophorese wird praktisch durchgeführt als Papier-, Platten- oder Gelelektrophorese im gepufferten, wäßrigen System.

Während des Stromtransports kommt es an den Elektroden zur Elektrolyse und als Folge davon zu einer Veränderung des Puffers. Daher werden die Elektroden vom Träger räumlich getrennt und die Verbindungen zwischen den Elektrodengefäßen und der Trenneinrichtung (Platte, Gel) mit Papierstreifen hergestellt. Bei der Elektrophorese werden jeweils zwei Elektrodengefäße eingesetzt, die durch zusätzliche Papierstreifen miteinander verbunden werden (Bild 2.5.1.2/1). Durch entsprechend große Puffervolumina in den Kammern oder durch Umpumpen des Puffers zwischen Anode und Kathode lassen sich auch bei Zweikammersystemen Pufferkonzentration und pH-Wert konstant halten. Behelfsweise werden nach jeder Elektrophorese die Elektroden umgepolt.

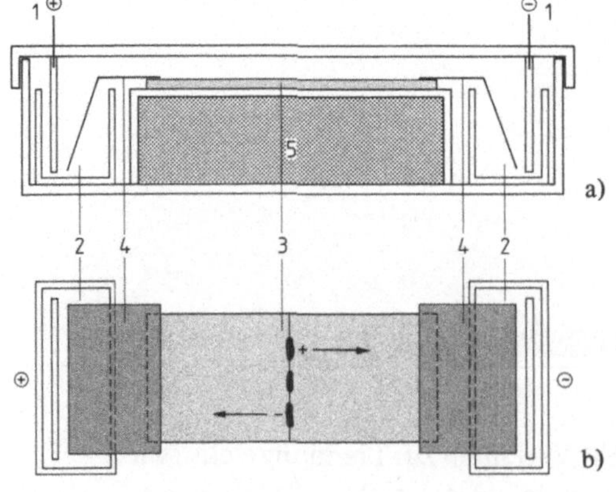

**Bild 2.5.1/1**

**Gerät für die Zonenelektrophorese,** a) im Querschnitt, b) in Aufsicht. Die Elektroden (1) tauchen in das mit Puffer (2) gefüllte Elektrodengefäß. Die Strombrücke zur Platte oder Gelschicht (3) wird durch die mit Puffer getränkten Filterpapiere (4) hergestellt. Um die während des Stromdurchganges entstehende Wärme abzuleiten, liegt der Träger (3) auf einem mit Wasser gekühlten Metallblock (5). Die auf der Startlinie in der Mitte des Trägers aufgetragenen Substanzen wandern je nach ihrer elektrischen Ladung entweder gar nicht, oder zur Anode bzw. Kathode.

**Trägermaterialien**

Die Trägermaterialien lassen sich in zwei Gruppen einteilen:

- Papier, Cellulose, Celluloseacetat, Agarose und Dünnschichtmaterialien (z. B. Kieselgel)
- Stärke und Polyacrylamid

Die Trennung hängt nicht nur von der Nettoladung, sondern auch von der Größe der Teilchen ab. So kann ein großes Molekül mit einer hohen Nettoladung möglicherweise gleich weit transportiert werden wie ein kleines Teilchen mit einer niedrigeren Nettoladung, aber gleichem Ladung/Masse-Verhältnis.

Trägermaterialien der ersten Gruppe sind verhältnismäßig inert und beeinflussen die Trennung nur unwesentlich. Die Trennung erfolgt überwiegend nach dem Ladung/Masse-Verhältnis der einzelnen Komponenten. Dagegen beeinflussen die Trägermaterialien der zweiten Gruppe die Trennung durch ihre Porenstruktur, wenn die Poren in der Größenordnung der zu trennenden Teilchen sind. In diesem Fall können Teilchen gleicher Nettoladung, aber unterschiedlicher Molekülgröße (wie sie beispielsweise bei der Ionenaustausch-Chromatographie anfallen) getrennt werden.

**pH-Wert**

Das meiste Interesse findet die Trennung von amphoteren Substanzen (z. B. Aminosäuren, Proteine). Amphotere Stoffe nehmen im sauren Bereich Protonen auf und liegen als Kationen vor; im alkalischen Bereich geben sie Protonen ab und gehen in Anionen über. Am **isoelektrischen Punkt** (pI) hat das Molekül die Nettoladung null (Zwitterion). Der pI ist eine für die jeweilige Molekülart charakteristische physikalische Größe. Die Nettoladung solcher Substanzen läßt sich durch den pH-Wert in einem weiten Bereich beeinflussen. Je nach seiner Wahl kann die Wanderungstendenz aufgehoben oder sogar umgekehrt werden:

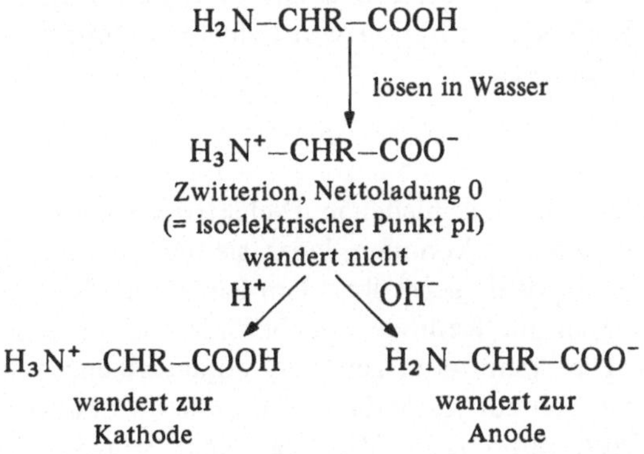


In Bild 2.5.1/2 sind die Konzentrationsverhältnisse der jeweiligen Ionenarten bei den verschiedenen pH-Werten am Beispiel von Glycin dargestellt. Bei pH 2,34 und 9,60 sind die Konzentrationen von $H_3N^+-CH_2COOH$ und $H_3N^+-CH_2COO^-$ bzw. $H_3N^+-CH_2COO^-$

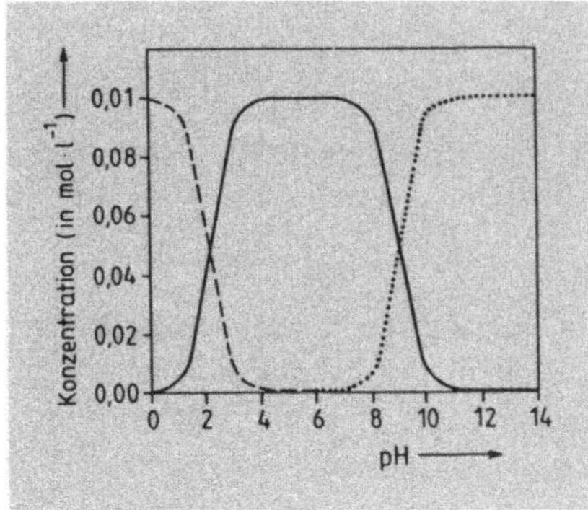

**Bild 2.5.1/2**

Konzentrationen von $H_3N^+-CH_2-COOH$ (gestrichelte Linie), $H_3N^+-CH_2-COO^-$ (durchgezogene Linie) und $H_2N-CH_2COO^-$ (gepunktete Linie) einer 0,1 M Glycinlösung in Abhängigkeit des pH-Wertes

und $H_2N-CH_2-COO^-$ gleich groß. Diese pH-Werte bezeichnet man als $pk_a$ bzw. $pk_a'$. Für Aminosäuren und Peptide gilt als Richtwert für die zu erwartende Nettoladung:

- pH > 9,5: die Peptide sind negativ geladen und wandern zur Anode.
- pH < 3:   die Peptide sind positiv geladen und wandern zur Kathode.
- 3 < pH < 9,5: die Peptide wandern je nach ihrem isoelektrischen Punkt zur Anode oder Kathode. Stimmen pH-Wert des Puffers und isoelektrischer Punkt überein, ist die Nettoladung null und die Substanz bleibt auf der Startlinie.

## Puffer

Je konzentrierter der Puffer ist, desto langsamer wandern die zu trennenden Substanzen. Dies liegt daran, daß der Strom von *allen* anwesenden Ionen transportiert wird. Je mehr Pufferionen vorhanden sind, um so größer ist ihr Anteil am Gesamtstrom, um so langsamer wandern die anderen Substanzen. Hinzu kommt noch, daß die Substanzionen durch entgegengesetzt geladene Pufferionen umgeben sind. Mit zunehmender Pufferkonzentration werden die Ionen der Probe stärker abgeschirmt, sie wandern somit langsamer. Eine höhere Pufferkonzentration wirkt sich also doppelt stark auf die Verringerung der Mobilität der Ionen aus.

## Elektroosmose

Wenn zwei Materialien mit verschiedenen Dielektrizitätskonstanten (z. B. Papier und Wasser) miteinander in Kontakt kommen, laden sie sich relativ zueinander auf. In diesem Fall lädt sich das Wasser positiv gegenüber dem Papier auf. Im elektrischen Feld strömt daher das Wasser langsam zur Kathode und befördert gleichzeitig alle in ihm gelösten Substanzen mit sich. Dies kann unter gewissen Voraussetzungen sogar dazu führen, daß auch negativ geladene Ionen zur Kathode — also in die falsche Richtung — wandern. Will man die absolute elektrophoretische Mobilität einer Substanz bestimmen, kann eine ungeladene Substanz, z. B. Harnstoff oder Glucose, mitaufgetragen werden. Nach der Elektrophorese kann diese Bande dann als die „wahre" Startlinie gelten. Diesen Effekt, durch den auch neutrale Verbindungen im elektrischen Feld transportiert werden, nennt man **Elektroosmose.**

## Geräte

Die Anforderungen, die an ein Spannungsversorgungsgerät gestellt werden müssen, sind je nach Elektrophoreseart verschieden. Die Mindestanforderung ist ein Gerät mit einer variabel einstellbaren Spannung bis 500, besser 1200 Volt.

Optimale Trennungen erfordern eine gleichmäßige Temperaturverteilung im Träger (besonders bei Gelblöcken in der Gelelektrophorese). Neben einer wirksamen Wärmeabführung ist eine Kontrolle der zugeführten elektrischen Leistung durch spannungs- oder besser stromstabilisierte Netzgeräte unumgänglich. Während der Elektrophorese ändert sich der Widerstand des Trägers durch Verdunstung von Wasser, der Strom steigt an. Dies führt zu einer immer stärkeren Verdunstung und schließlich bei Verwendung von Papier als Träger zur Verkohlung. Bei Papier- und Plattenelektrophorese spielen diese Effekte bei Spannungen unter 300 Volt noch keine Rolle. Bei der Hochspannungs- und bei der Gelelektrophorese ist es besser, die Stromstärke und somit näherungsweise auch die Wärmeentwicklung konstant zu halten.

## Dokumentation

Sie erfolgt durch Angabe der relativen Wandungsgeschwindigkeit, Abzeichnen oder Abphotographieren wie bei der Dünnschichtchromatographie (Kap. 2.2) beschrieben.

## Anwendungsbereich

s. Kap. 2.5.1.2 bis 4.

## Literatur

*T. G. Cooper*, Biochemische Arbeitsmethoden, de Gruyter, Berlin 1981

Firmenschrift, Polyacrylamide Gel Electrophoresis – Laboratory Techniques, Pharmacia Fine Chemicals AB, Uppsala 1980

*B. Hames, R. Rickwood*, Hrsg., Gel Electrophoresis of Proteins: A Practical Approach, IRL Press Ltd., Oxford 1981

*O. Mikes*, Chromatographic and Allied Methods, Ellis Horwood, Chichester 1979

*D. Rickwood, B. Hames*, Hrsg., Gel Electrophoresis of Nucleic Acids: A Practical Approach, IRL Press, Oxford 1981

*I. Smith*, Hrsg., Chromatographic and Electrophoretic Techniques, Bd. II, Heinemann, London 1976

# 2.5.1.1 **Papierelektrophorese**

## Grundlagen

Bei dieser weitverbreiteten Methoden wird Papier als Trägermaterial, das sich durch folgende Eigenschaften auszeichnet, benutzt:

- gute mechanische Eigenschaften
- nimmt große Probe- und Elektrolytmengen auf
- Substanzen lassen sich leicht durch Ausschneiden von Flecken isolieren und aufbewahren
- ähnlich einfache Detektion der Substanzen wie bei der Papierchromatographie (Kap. 2.2.7)
- zweidimensionale Trennung einfach durchführbar

Während der Elektrophorese verbreitern sich die Zonen aufgrund von Diffusionseffekten. Diese treten besonders bei rasch diffundierenden kleinen Molekülen auf und können durch Erhöhen der angelegten Spannung verringert werden. Die vermehrt entwickelte Wärme muß dann gleichzeitig abgeführt werden. Bei der Hochspannungselektrophorese geschieht dies durch einen flüssigen Wärmeaustauscher, der zugleich als Isolator eingesetzt ist.

## Materialien und Geräte

In Bild 2.5.1.1/1 sind die Möglichkeiten der Anordnung des Papiers schematisch dargestellt. Eine praktische Ausführung ist die in Bild 2.5.1.1/2 wiedergegebene Hochspan-

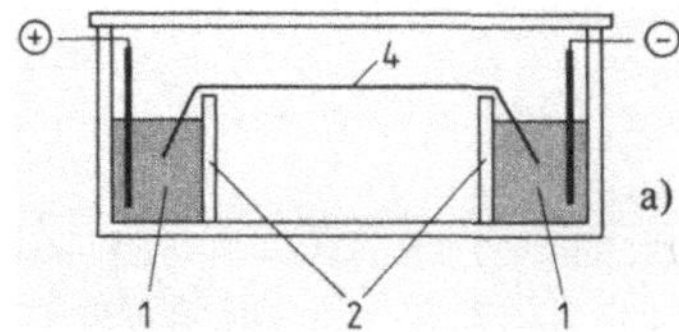

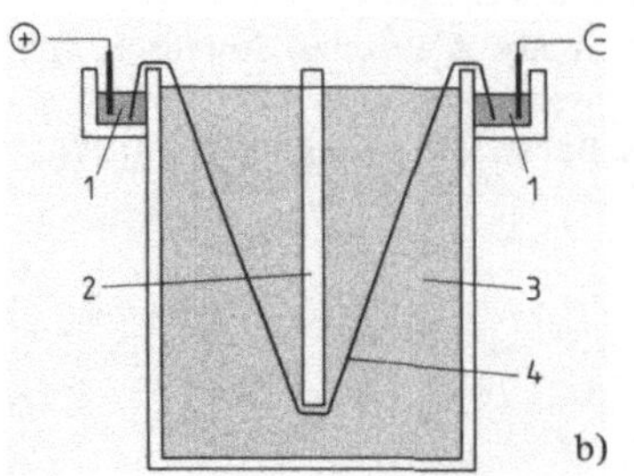

**Bild 2.5.1.1/1**

**Schematischer Aufbau von Elektrophoreseapparaturen für die Papierelektrophorese.** a) Übliche, horizontale Anordnung für die Niederspannungselektrophorese; b) dachförmige Anordnung für die Hochspannungselektrophorese mit einem Potentialgradienten von 20 bis 35 Volt · cm$^{-1}$. Die inerte Flüssigkeit (Isolator) dient zur raschen Ableitung der Joulschen Wärme.

1   Elektrodenpuffer
2   Glasabtrennung
3   Isolationsflüssigkeit
4   Elektrophoresepapier

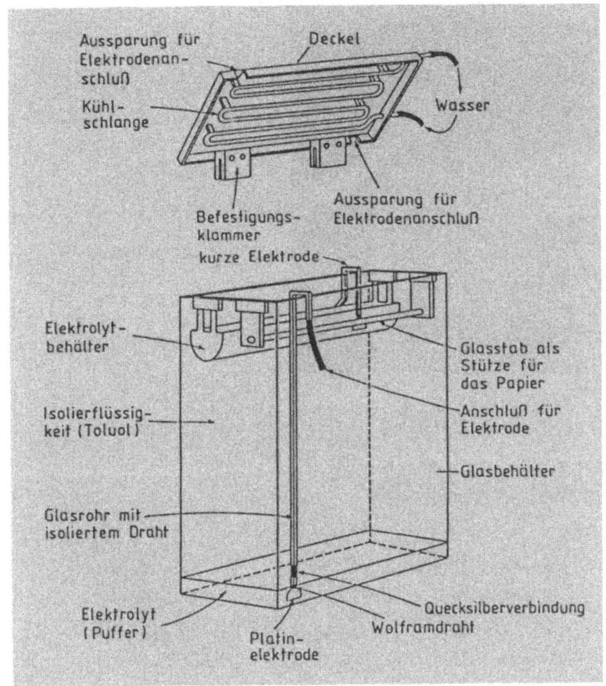



**Bild 2.5.1.1/2**
**Hochspannungselektrophorese-Apparat nach Michel.** Das Papier (der Übersichtlichkeit wegen nicht abgebildet) wird senkrecht in einen Tank mit einer Isolierflüssigkeit eingetaucht. Diese Flüssigkeit wird durch die Kühlschlangen im Deckel gekühlt. Geeignet für Spannungen bis maximal 5 kV. (Nach *I. Smith*, Ed., Chromatographic and Electrophoretic Techniques, Vol. II, Heinemann, London 1976, Fig. 3.6, S. 40)

nungselektrophoreseapparatur nach Michel. Solche Geräte werden mit Spannungen von 3 kV und Stromstärken von etwa 200 mA betrieben. Als Isolatorflüssigkeit und Wärmeaustauscher werden beispielsweise Heptan, Chlorbenzol und Toluol verwendet. Da diese Lösungsmittel toxisch und feuergefährlich sind, müssen die notwendigen Schutzvorkehrungen getroffen werden. Mindestanforderungen sind ausreichende Lüftung und Auffangwanne bei Glastanks.

Neben diesen Hochspannungselektrophoresegeräten werden auch Flachbett-Apparaturen eingesetzt (Bild 2.5.1.1/3). Auch sie können mit Hochspannung betrieben werden, wenn das Papier zur Isolation zwischen Isolationsfolien gelegt wird. Wie aus Bild 2.5.1.1/4 hervorgeht, müssen die Isolationsfolien bis in die Pufferkammern reichen. Polyethylenfolien von 0,03 mm Dicke sind hierfür völlig ausreichend. Vor jedem Gebrauch sind sie sorgfältig zu reinigen, um Verunreinigungen mit früher getrennten Substanzen und unerwünschte Strombrücken zu vermeiden.

## Puffer

Einige Puffer haben sich für die Papierelektrophorese besonders bewährt und sind in Tabelle 2.5.1.1/1 zusammengestellt. In manchen Fällen sind flüchtige Puffer (Tabelle 2.5.1.1/2), die leicht vom Papier entfernt werden können, vorteilhafter. Störungen bei der Detektion mit Hilfe von Anfärbemethoden oder bei der Isolierung der getrennten Substanzen sind dann nicht zu befürchten. Auch eine zweidimensionale Entwicklung (s. u.) kann so problemlos durchgeführt werden.

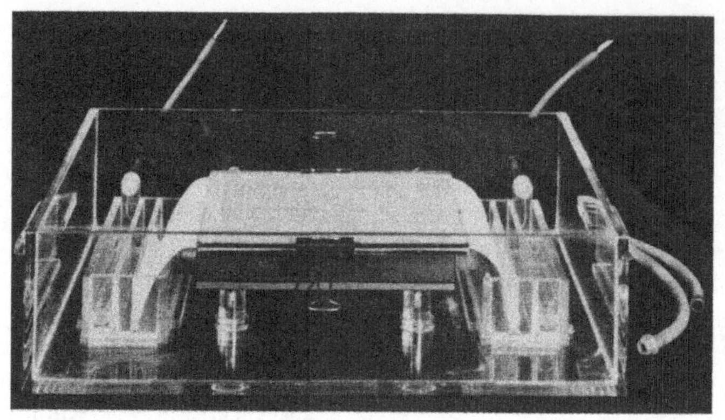

a)

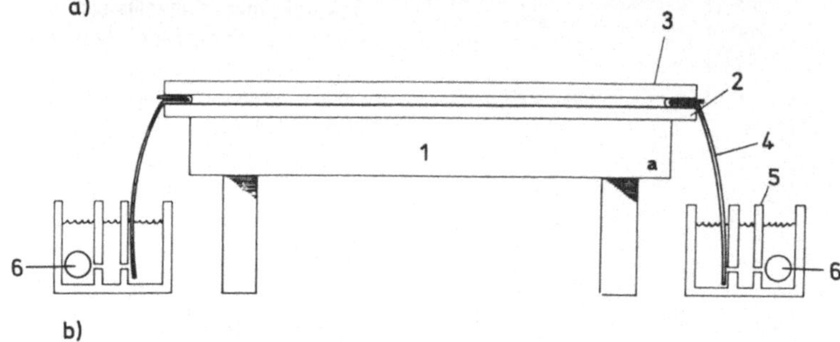

b)

**Bild 2.5.1.1/3 Flachbett-Elektrophoresekammer.** a) Zusammengesetzte
Kammer; b) schematische Darstellung. (*I. Smith,* Ed., Chromatographic
and Electrophoretic Techniques, Vol. II, Heinemann, London 1976,
Fig. 3.3., S. 36)

| | | | |
|---|---|---|---|
| 1 | Kühlplatte | 4 | Papierverbindung (Strombrücke) mit umgefaltetem Rand |
| 2 | Papier | 5 | Elektrodengefäß mit drei Segmenten |
| 3 | Abdeckplatte | 6 | Elektroden |

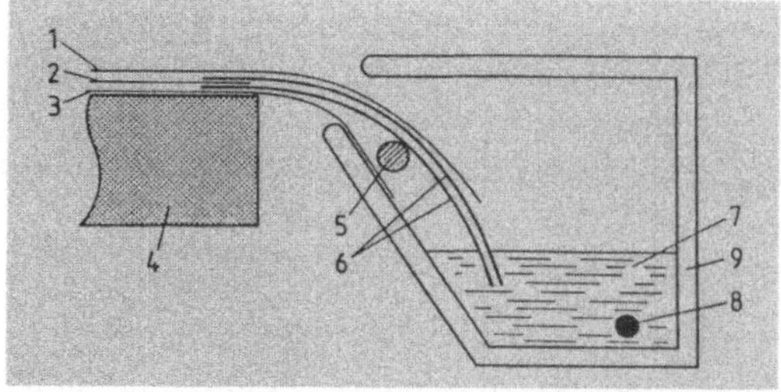

**Bild 2.5.1.1/4**

**Schematische Darstellung der Strom-
brücke für die Flachbett-Hoch-
spannungselektrophorese mit Filtrier-
papieren und ihre Isolation mit
Isolierfolien**

| | | | |
|---|---|---|---|
| 1 | obere Isolierfolie | 6 | Filtrierpapier (Strombrücke) |
| 2 | Papier | 7 | Puffer |
| 3 | untere Isolierfolie | 8 | Elektrode |
| 4 | Kühlblock | 9 | Puffergefäß |
| 5 | Glasstab | | |

**Tabelle 2.5.1.1/1** Puffer für die Papierelektrophorese. Die Komponenten werden in dest. Wasser gelöst und auf 1000 ml gebracht.

| pH-Wert | Bezeichnung des Puffers | Komponenten | Menge |
|---|---|---|---|
| 4,0 | Acetatpuffer | Natriumacetat $\cdot$ 3H$_2$O<br>Essigsäure | 13,61 g |
| 7,0 | Sørensen-Phosphatpuffer | KH$_2$PO$_4$<br>Na$_2$HPO$_4$ $\cdot$ 12H$_2$O | 363 g<br>143 g |
| 8,6 | Veronal-Puffer | Natriumdiethyl-barbiturat<br>Barbitursäure | 10,3 g<br>1,84 g |
| 8,9 | Tris-Puffer | Trishydroxymethyl-aminoethan (Tris)<br>Ethylendiamintetra-essigsäure (EDTA)<br>Borsäure | 60,5 g<br>6,0 g<br>4,6 g |

**Tabelle 2.5.1.1/2** Flüchtige Puffer für die Papierelektrophorese von Aminosäuren und Peptiden. Die Komponenten werden in dest. Wasser gelöst und auf 1000 ml gebracht.

| pH-Wert | Komponenten | ml | pH-Wert | Komponenten | ml |
|---|---|---|---|---|---|
| 1,0 | Ameisensäure<br>Essigsäure | 26<br>58 | 7,0 | Collidin<br>Essigsäure | 18,8<br>5,5 |
| 3,1 | Ameisensäure (90%)<br>Ammoniaklösung (Dichte 0,88) | 40<br>16 | 10,0 | Triethylamin<br>Essigsäure | 13,2<br>4,5 |
| 5,3 | Pyridin<br>Essigsäure | 20<br>8 | 10,4 | Triethylamin<br>Essigsäure | 14,0<br>3,7 |
| 6,5 | Pyridin<br>Essigsäure | 100<br>4 | | | |

## Durchführung

Zur Durchführung der Papierelektrophorese hat sich das Papier Whatman No. 3 MM oder No. 1 als geeignet erwiesen, das in Streifen von 4 cm verwendet wird.

Auftragen der Probe (für die Flachbett-Papierelektrophorese):

- Der Papierstreifen wird in den Puffer getaucht, auf einem Filtrierpapier abgepreßt und in das Gerät eingelegt.

 

- Probe (ca. 4 $\mu$l) strichförmig auftragen und Strom sofort einschalten.
- Die geeignete Konzentration durch Testläufe ermitteln.

Zur Reinheitskontrolle sollte mindestens so viel Substanz aufgetragen werden, daß auch noch die in geringen Konzentrationen vorhandenen Begleitsubstanzen erfaßt werden können.

Zur Kontrolle des Fortganges der Elektrophorese ist es zweckmäßig, eine farbige Leitsubstanz als internen Standard zuzusetzen (beispielsweise für Aminosäuren und Peptide $N^{\epsilon}$-Dinitrophenyllysin, für Serum Bromphenolblau).

Es ist empfehlenswert, bei der ersten Trennung die Spannung (ca. 200 bis 400 Volt) nur eine Stunde oder noch kürzer anzulegen und dann die Trennung zu prüfen. Bei zu langen Elektrophoresezeiten können leichtbewegliche Substanzen die Laufstrecke verlassen und werden so der späteren Detektion entzogen. Sind die Mobilitäten relativ zur Leitsubstanz bekannt, kann man die optimale Trennzeit und Spannung abschätzen.

Ist die Trennung beendet, wird das Papier aus der Apparatur entnommen und sofort getrocknet, um Diffusionseffekte möglichst gering zu halten.

## Detektion

In manchen Fällen kann man auf Sprühreagenzien zurückgreifen, wie sie bei der Dünnschichtchromatographie (Kap. 2.2.2) und Papierchromatographie (Kap. 2.2.7) verwendet werden. Für viele Stoffklassen gibt es spezielle Anfärbemethoden.

## Besondere Arbeitsweise

Die Kombination von zwei unterschiedlichen Trennprinzipien, wie beispielsweise Elektrophorese und Chromatographie, führt zu einer beträchtlichen Steigerung der Trennleistung. Besonders gut lassen sich Papierelektrophorese und Papierchromatographie miteinander kombinieren. Man bezeichnet ein solches Verfahren als eine zweidimensionale Entwicklung. Dabei wird die Probe punktförmig in der linken unteren Ecke des Papiers aufgetragen und der Elektrophorese unterworfen (Entwicklung in der ersten Dimension). Anschließend wird das Papier getrocknet, um 90° gedreht und senkrecht zu der ersten Richtung eine Papierchromatographie durchgeführt (Entwicklung in der zweiten Dimension). Die verschiedenen Komponenten der Mischung sind nun auf die gesamte Papierebene verteilt. Es leuchtet ein, daß ein Gemisch aus vielen Komponenten bei der richtigen Wahl der Entwicklungsbedingungen auf diese Weise wesentlich besser in die Komponenten aufgetrennt werden kann als bei einer Entwicklung in nur einer Richtung.

Eine spezielle Anwendung findet die zweidimensionale Entwicklung bei der „Fingerprint"-Technik. Hierbei werden enzymatisch erhaltene Partialhydrolysate von Proteinen oder Nukleinsäuren in ihre einzelnen Komponenten aufgetrennt. Die erhaltenen Fleckenmuster sind für jedes Protein oder Polynukleotid ähnlich spezifisch, wie der Fingerabdruck (finger print) für einen Menschen typisch ist.

## Anwendungsbereich

wie bei der Dünnschichtelektrophorese (Kap. 2.5.1.2).

## Literatur

s. Kap. 2.5.1

# 2.5.1.2 Dünnschichtelektrophorese

## Grundlagen

Die im Vergleich zu Papierstreifen bequemere Handhabung von Glasplatten, die mit einem Trägermaterial beschichtet sind, hat zur Dünnschichtelektrophorese geführt. Ein weiterer Vorteil liegt in dem geringeren apparativen Aufwand der Elektrophoresegeräte. Verwendet man Kieselgel als Trägermaterial, lassen sich auch aggressive Chemikalien zur Detektion von Substanzen verwenden.

## Geräte

Verwendet wird ein Flachbettgerät wie es in den Bildern 2.5.1/1 und 2.5.1.1/3 wiedergegeben ist. Das Spannungsversorgungsgerät sollte von 0 bis 1000 Volt regelbar sein (Stromstärke bis 200 mA). Die Platte liegt auf einem isolierten Aluminiumblock, der durch Leitungswasser gekühlt wird. Um ein Austrocknen der Trägerschicht während der Elektrophorese zu verhindern, wird die Dünnschichtplatte mit einer Glasplatte abgedeckt. Die Papierstreifen, die die Strombrücke zu den Puffertrögen herstellen, dienen gleichzeitig als Abstandshalter. Übliche Plattendimensionen sind 10 cm × 20 cm und 20 cm × 20 cm.

Als Trägermaterialien werden vorzugsweise Fertigplatten, wie sie auch bei der Dünnschichtchromatographie eingesetzt werden, verwendet: Kieselgel-, Kieselgur- und Celluloseplatten mit oder ohne Fluoreszenzdetektor. Für die elektrophoretische Trennung eignen sich flüchtige Puffer, wie sie in Tabelle 2.5.1.1/2 zusammengestellt sind. Es gibt so keine unerwünschten Nebenreaktionen bei der späteren Detektion der Substanzflecken mit Hilfe von Sprühreagenzien. Auch ist dann eine mikropräparative Isolierung von salzfreien Stoffen möglich.

# Durchführung

**Auftragen der Probe:**

- Die Substanzen werden auf die trockene Platte in kleinen Flächen (Durchmesser maximal 2 mm) mit einer Kapillare (1 bis 5 $\mu$l) aufgetragen. Um genügend Substanz auf den Startfleck zu bekommen, muß unter Umständen mehrmals aufgetragen werden, wobei mit einem Föhn zwischendurch das Lösungsmittel weggeblasen wird. Dabei dürfen die Substanzen nicht überhitzt werden.
- Mit einem Sprühgerät (Bild 2.2.2/11) wird die Platte gleichmäßig mit dem Puffer besprüht, so daß die Oberfläche gerade transparent wird. Nach dem Besprühen muß die Platte matt aussehen (Pufferlösung nicht im Überschuß verwenden).

**Elektrophorese:**

- Aus Filtrierpapier geschnittene Streifen werden in die Pufferlösung getaucht, zwischen Filtrierpapier abgepreßt und wie in Bild 2.5.1.1/3b gezeigt, auf der Platte mit einer Abdeckplatte fixiert und in die Puffertröge eingetaucht.
- Der Deckel wird aufgelegt, die Kühlung eingeschaltet und für ca. 15 min eine Spannung von 900 bis 1000 Volt angelegt.
- Nach dem Abschalten der Spannung wird die Platte rasch getrocknet und die Substanzen mit dem geeigneten Reagenz sichtbar gemacht.

Entsprechend dem Ergebnis der Trennung werden dann die optimalen Bedingungen (Spannung, Trennzeit) festgelegt. Wandern die Substanzen alle in dieselbe Richtung, ist es günstiger, die Startlinie in die Nähe der entgegengesetzten Elektrode zu verlegen.

Bei wärmeempfindlichen Substanzen werden die Platten nach der Elektrophorese gefriergetrocknet. Hierzu wird die Platte im Tiefkühlschrank eingefroren. In einem gut schließenden Exsikkator kann die Platte dann im Vakuum getrocknet werden (Ölpumpe und kurze Schläuche mit großen Innendurchmesser). Auf diese Weise wird gleichzeitig eine Bandenverbreiterung, wie sie während des sonst üblichen Trockungsvorganges erfolgt, verhindert.


# Anwendungsbereich

- Analyse von Fraktionen, die bei der Säulenchromatographie erhalten werden
- Analyse von enzymatischen Proteinhdydrolysaten
- Untersuchung von Metaboliten
- Trennung von Aminen, Aminosäuren, Peptiden und Proteinen, Nucleotiden, Phenolen, Naphtolen, Phenolcarbonsäuren, Farben und auch anorganischen Substanzen.

## Dokumentation

s. Kap. 2.5.1.1.

## Literatur

s. Kap. 2.5.1.

# 2.5.1.3 Gelelektrophorese

## Grundlagen

An Stelle von starren Trägermaterialien wie Kieselgel oder Cellulose kann Elektrophorese auch in weichen Gelen betrieben werden. Im Schema sind die einzelnen Schritte einer Gelelektrophorese wiedergegeben:

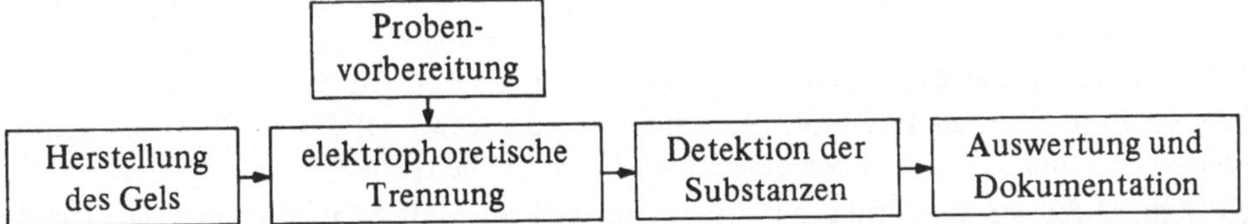


Von den vielen verschiedenen Geltypen werden im wesentlichen nur zwei eingesetzt, Agarose- und Polyacrylamid-Gele. Die Verwendung von Agarose dehnt den Anwendungsbereich der Gelelektrophorese in den Bereich besonders großer Moleküle (z. B. Enzymkomplxe, Lipoproteine, DNA und RNA) aus. Trotz der geringen Agarosekonzentration (maximal 0,2 %), die zum Erzielen großer Poren notwendig sind, sind diese Gele mechanisch genügend stabil.

Je nach der Herstellungsart der Gele und der verwendeten Puffersysteme unterscheidet man:

- Polyacrylamid-Gelelektrophorese (PAGE)
- Disc-Polyacrylamid-Gelelektrophorese (Disc-PAGE), bei der unterschiedliche (engl. discontinuous) Puffer in den Elektrodengefäßen und im Gel verwendet werden.
- SDS-Polyacrylamid-Gelelektrophorese (SDS-PAGE), bei der die Elektrophorese in Gegenwart von einem Detergens, beispielsweise Natriumdodecylsulfat (engl. sodium dodecylsulfate), durchgeführt wird.

• Gradienten-Polyacrylamid-Gelelektrophorese (Gradient-PAGE) wird in Gelen durchgeführt, deren Poren sich in Laufrichtung der Substanzen kontinuierlich verengen.

## Polyacrylamid-Gelelektrophorese (PAGE)

Die Polyacrylamid-Gelelektrophorese ist eine der effektivsten Methoden zur Trennung und Charakterisierung von Biopolymeren. Ihre Fähigkeiten, Mischungen von Polypeptiden, Proteinen und Nucleinsäuren aufzutrennen, sind unangefochten.

Elektrophorese in Polyacrylamid wird in Gelschichten oder -stäben ausgeführt, die senkrecht in einer Elektrophoresekammer fixiert sind. Obwohl Stabgele einfacher herzustellen und handzuhaben sind, werden Schichtgele oft bevorzugt, da der direkte Vergleich verschiedener Proben möglich ist.

Bei der vertikalen Elektrophorese befinden sich die Pufferkammern übereinander, wie in Bild 2.5.1.3/1 schematisch dargestellt ist.

## Disc-Polyacrylamid-Gelelektrophorese (Disc-PAGE)

Die Disc-Elektrophorese wird in Gelschichten oder -stäben durchgeführt, die aus Bereichen unterschiedlicher Porengröße, dem **großporigen Sammelgel** und dem **kleinporigen Trenngel**, bestehen.

Disc-Gele werden in zwei Schritten hergestellt. Zunächst wird das Trenngel gegossen und polymerisiert. Dieses wird mit einer zweiten Polymerlösung überschichtet (ca. 1 cm), die auf einen höheren pH-Wert gepuffert ist, und polymerisiert. Die Puffer der Elektrodengefäße, im Folgenden als Reservoir bezeichnet, werden etwa auf den pH-Wert des Trenngels eingestellt und enthalten noch eine schwache Säure, beispielsweise Glycin.

Nach dem Auftragen der Probe auf das Sammelgel wird die Spannung angelegt. Damit beginnen alle Anionen (Chloridionen des Puffers und Proteine), im Probenpuffer zur Anode zu wandern. Wenn nun Glycinationen aus dem Puffer des Reservoirs in den Probenpuffer und das Sammelgel hineinwandern, gelangen sie in einen pH-Bereich, der nahe am isoelektrischen Punkt des Glycins liegt, d.h. die Glycinationen werden weitgehend entladen. Somit verarmt diese Zone an Ionen, die Leitfähigkeit sinkt dratisch, und

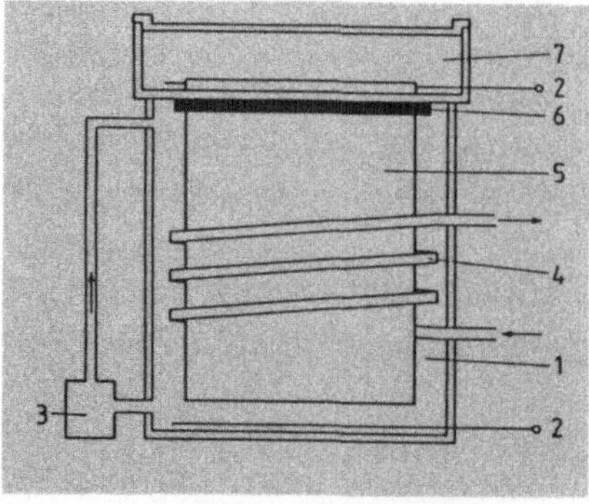


**Bild 2.5.1.3/1**

**Elektrophoresegerät für die Vertikal-Gelelektrophorese**

1  Elektrophoresekammer (unteres Pufferreservoir)
2  Elektroden
3  Umwälzpumpe
4  Kühlschlange für externe Kühlung
5  Gelschicht, zwischen zwei Glasplatten fixiert und im oberen Pufferreservoir befestigt
6  Isolation
7  oberes Pufferreservoir

es entsteht ein hoher Spannungsabfall, wodurch die Proteine stark beschleunigt werden. Die Chloridionen wandern wegen ihrer höheren Beweglichkeit noch schneller als die Proteine, die Proteinzone verarmt zusätzlich an Ionen, der Spannungsabfall in der Probenzone wird extrem hoch und die Proteine werden noch stärker beschleunigt. Dringen sie in die Chloridionenzone ein, gelangen sie wegen der dort herrschenden hohen Ionenkonzentration in ein schwächeres elektrisches Feld und werden abgebremst. Dies führt insgesamt zu einer Konzentrierung der Proteine zwischen der Front der Chloridionen und den Glycinationen. Im Trenngel liegt der pH-Wert wieder niedriger, das Gleichgewicht Glycin $\rightleftharpoons$ Glycin $\cdot$ H$^+$ ist stark nach rechts verschoben, d. h. der Mangel an Ionen ist aufgehoben. Die Trennung erfolgt jetzt unter den bei der Elektrophorese üblichen Bedingungen.

## SDS-Polyacrylamid-Gelelektrophorese (SDS-PAGE)

Das allgemein anerkannte Kriterium für die Reinheit von Proteinen ist, daß das Protein als eine Bande in der SDS-Elektrophorese läuft. Bei diesem Verfahren werden Proteine streng nach ihrer Molekülgröße getrennt. Dies wird durch den Zusatz eines Detergens erreicht, welches die Proteine denaturiert, in Lösung hält und gleichzeitig dafür sorgt, daß alle Proteine in derselben Sekundärstruktur vorliegen. Natriumdodecylsulfat (SDS) hat sich hierfür als gut geeignet erwiesen, da dann Polypeptide Strukturen annehmen, die eine konstante Ladung pro Masseneinheit des Proteins besitzen. Das bedeutet, daß sich die elektrophoretische Mobilität der Proteine unter diesen Bedingungen direkt proportional zu ihrer Molmasse verhält. Mit dieser Methode läßt sich somit die Molmasse von Peptiden sehr genau und zudem mit geringem experimentellem Aufwand bestimmen. Im Handel sind zahlreiche Standardsubstanzen mit verschiedenen Molmassen erhältlich. Werden diese in den Bahnen rechts und links von der des unbekannten Proteins mit aufgetragen, kann dessen Molmasse aus den nach der Elektrophorese ermittelten elektrophoretischen Mobilitäten durch Extrapolation ermittelt werden.

## Gradienten-Gelelektrophorese (Gradient-PAGE)

Die Porengröße von Polyacrylamid-Gelen wird in erster Näherung von der absoluten Konzentration des Acrylamids in der Polymerisationslösung beeinflußt. Durch einen Acrylamid-Konzentrationsgradienten beim Herstellen der Polymerisationslösung werden nach der Polymerisation Gele erhalten, deren Poren in Laufrichtung der Substanzen kontinuierlich kleiner werden. Mit solchen Gradienten-Gelen, die im Handel erhältlich sind, lassen sich Substanzen mit Molmassen im Bereich von $5 \cdot 10^4$ bis $5 \cdot 10^6$ g $\cdot$ mol$^{-1}$ entsprechend ihrer Molekülgröße und damit auch — zumindest gilt dies näherungsweise — entsprechend ihrer Molmasse aufgetrennt. Ihre elektrophoretischen Beweglichkeiten spielen dabei eine untergeordnete Rolle. Besonders scharfe Zonen werden bei einer hohen Spannung erhalten, da dann die elektrisch geladenen Substanzen durch die hohe Spannung in die kleiner werdenden Poren hineingedrückt werden. Einer Bandenverbreiterung durch die Brownsche Molekularbewegung wird dadurch entgegen gewirkt.

Dieses Verfahren kann für native und denaturierte Biopolymere eingesetzt werden. Die einzige Voraussetzung ist, daß die Substanzen unter den Bedingungen der Elektrophorese gleichartig geladen sind.

# Geräte

Für das Herstellen der Gele benötigt man außer einem Gel-Gießgestell nur noch die entsprechenden Glasplatten bzw. -röhrchen. Für Gradienten-Gele außerdem noch eine Schlauchpumpe und einen Gradientenmischer. Anstatt die Gele selbst herzustellen, kann man auch auf käufliche Gele zurückgreifen.

### Elektrophoresegeräte

Die Schichtgele können sowohl in Flachbett- (Bild 2.5.1.1/3) als auch in Vertikal-Elektrophoresegeräten (Bild 2.5.1.3/1) verwendet werden. Für Stabgele gibt es spezielle Geräte, sie können aber auch in die Vertikal-Elektrophoresekammern eingesetzt werden. Die wesentlichen Bauteile einer Vertikal-Elektrophoresekammer sind:

- Das Gehäuse. Es stellt gleichzeitig das untere Elektrodengefäß (= unteres Pufferreservoir) dar. Eine außen angebrachte Umwälzpumpe sorgt für eine gleichmäßige Temperatur in der Elektrophoresekammer.
- Die Kühlschlange. Sie führt die in der Elektrophoresekammer freiwerdenden (Joulsche) Wärme ab.
- Das obere Pufferreservoir. Es wird oben in die Elektrophoresekammer eingesetzt und ist elektrisch vom unteren Pufferreservoir isoliert. Hier werden die Gele in Halterungen eingesetzt.

### Stromversorgungsgeräte

Ein Gerät, das Spannungen bis 500 Volt und Stromstärken bis 400 mA abgeben kann, ist völlig ausreichend.

### Gel-Entfärbegerät

Zur Detektion der getrennten Substanzen wird das Gel angefärbt. Da die hierfür verwendeten Farbstoffe Ionen sind, kann der überschüssige Farbstoff durch Elektrophorese bei niedriger Spannung ($<$ 50 Volt) in kurzer Zeit effektiv aus dem Gel entfernt werden (Bild 2.5.1.3/5). Die Substanzen können dann als farbige Flecken auf dem transparenten Gel spektrophotometrisch ausgewertet werden.

### Plattengel-Trockner

Nach einem Schrumpfungsprozeß in wäßrigem Ethanol oder Aceton werden die Gele in Cellophan-Membranen in der Wärme im Vakuum getrocknet.


# Probenvorbereitung

Die besten Ergebnisse lassen sich erzielen, wenn die Probe in dem für die Elektrophorese verwendeten Puffer gelöst ist. Zur einfacheren Probenaufgabe wird die Dichte der Probelösung durch Zugabe einer 40 %igen Saccharose- oder Glycerinlösung erhöht.

# Durchführung

## Probenaufgabe

- Das Gel wird mit dem Applikator versehen (Bild 2.5.1.3/2a) und in das obere Puffergefäß des Elektrophoreseapparates eingesetzt (Bild 2.5.1.3/2b).
- Sowohl fertige als auch selbst hergestellte Gele müssen vor der eigentlichen Elektrophorese zuerst mit dem Elektrophoresepuffer äquilibriert werden (20 min, 70 Volt).
- Die Probenaufgabe erfolgt mit einer Pipette in die Öffnungen des Applikators (Bild 2.5.1.3/3).

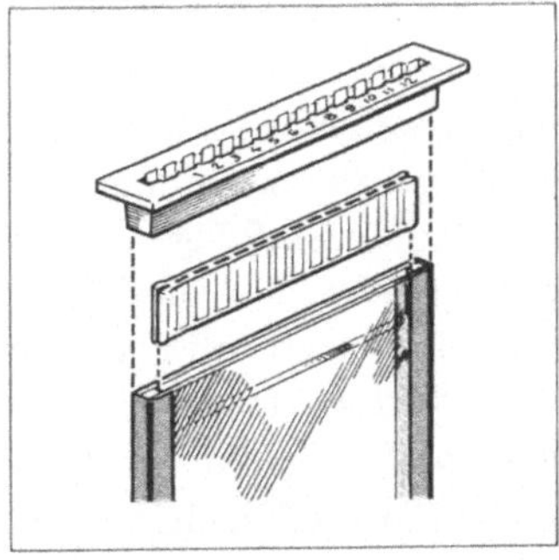
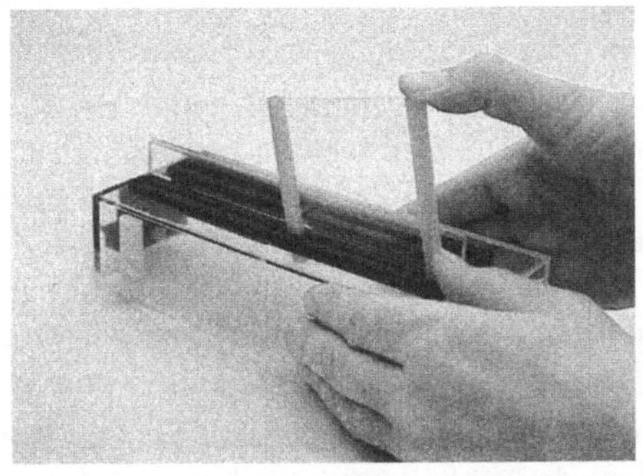

a)           b)

**Bild 2.5.1.3/2 Vorbereitung der Elektrophorese.**
a) Zuerst wird der Applikator in das Gel eingesetzt;
b) dann wird die Kassette (= Gelschicht zwischen zwei Glasplatten) in das obere Pufferreservoir der Gelelektrophoreseapparatur eingesetzt. (Pharmacia, Uppsala/ Schweden)

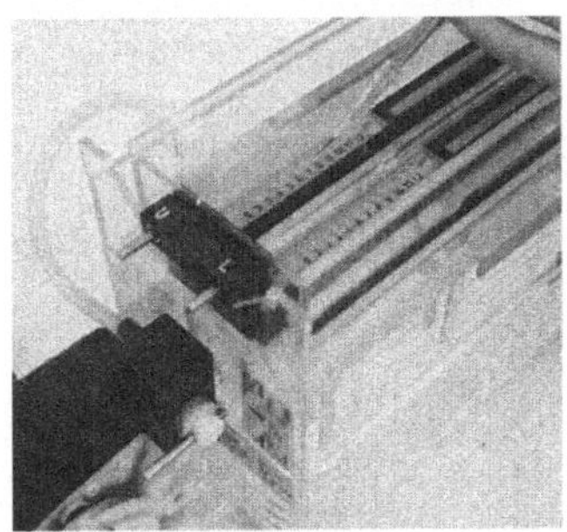

**Bild 2.5.1.3/3**
**Probenaufgabe** (Pharmacia, Uppsala/ Schweden)

## Elektrophorese

- Elektrophorese 15 bis 20 min bei 70 Volt betreiben, bis die Probe in das Gel hineingewandert ist.

- Endgültige Spannung anlegen. Bei der Gradienten-Gelelektrophorese werden mindestens 2000 Voltstunden benötigt (beispielsweise 15 Stunden lang eine konstante Spannung von 150 Volt).

Für schnellere Trennungen bei höherer Spannung (bis 500 Volt) muß der Puffer auf 4 °C vorgekühlt werden und während der Elektrophorese bei 10 °C gehalten werden. Dann genügen Elektrophoresezeiten von 4 bis 5 Stunden.

## Detektion

- Das Ablösen der Gelschichten wird, wie in Bild 2.5.1.3/4 gezeigt, vorgenommen. Das Gel wird dann entweder zum Fixieren in ein Fixierbad (10%ige Sulfosalicylsäure, 30 min) gelegt oder direkt gefärbt (Bild 2.5.1.3/4c).

- Die Anfärbemethode richtet sich nach der Art der nachzuweisenden Substanzen. In den meisten Fällen werden unspezifisch färbende Reagenzien wie Coomassie-Blau, Amidoschwarz oder Bromphenolblau verwendet (0,1 bis 0,5%ige Lösung des Farbstoffs in einem Fixativ, beispielsweise 7%ige Essigsäure, für 1 bis 2 Stunden). Eine neue Methode verwendet silberhaltige Reagenzien zum Anfärben von Proteinen und Nucleinsäuren ("Silver Staining"). Diese Nachweismethode ist 10 bis 50 mal empfindlicher als diejenige mit Coomassie-Blau.

- Entfärben der Gele (Bild 2.5.1.3/5). Der überschüssige Farbstoff kann am einfachsten, dafür aber unter großem Zeitaufwand, durch Diffusion aus dem Gel entfernt werden. Wesentlich schneller lassen sich die elektrisch geladenen Farbstoffmoleküle elektrophoretisch in einem Gel-Entfärbeapparat (Bild 2.5.1.3/5b) aus dem Gel herausholen.

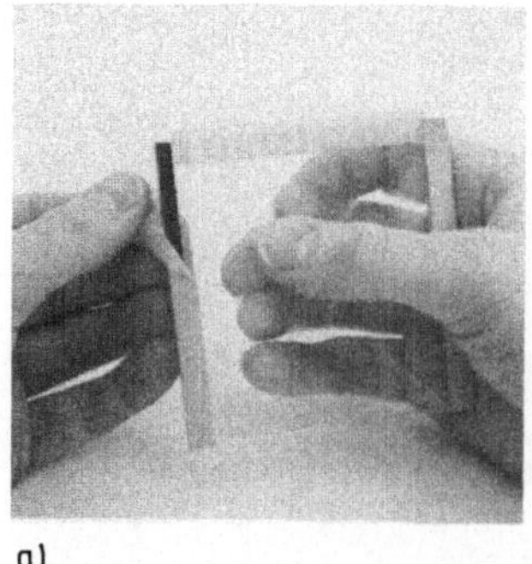
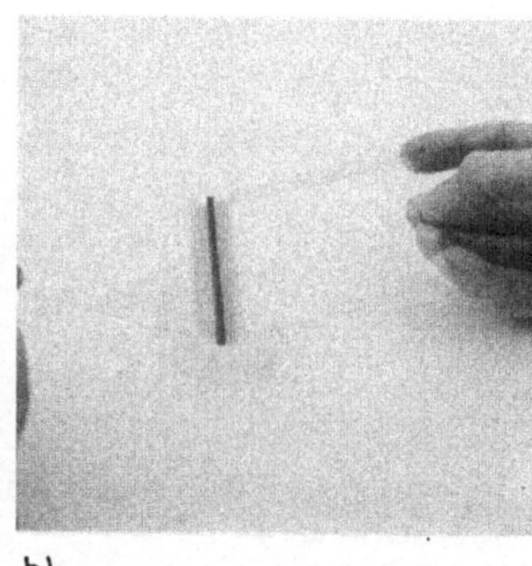

a)                              b)                              c)

**Bild 2.5.1.3/4  Ablösen der Gelschicht nach der elektrophoretischen Trennung.** a) Das Klebeband wird an einer Seite abgezogen; b) die Kassette wird wie ein Buch geöffnet, das Gel herausgenommen und c) in ein Färbebad gelegt. Das Gel kann auch vor dem Entfärben noch fixiert werden. (Pharmacia, Uppsala/Schweden)

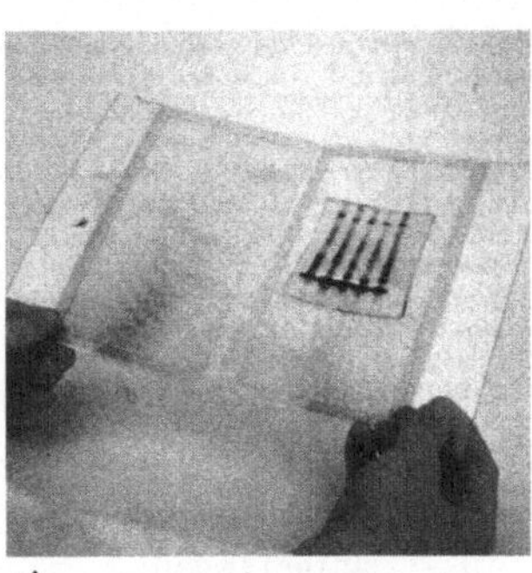

a)                                   b)                                   c)

**Bild 2.5.1.3/5 Entfärben der Gele.** a) die Gelplatte wird in den Gelhalter eingelegt und b) in das Gelentfärbegerät gesteckt. c) Nach dem Entfärben wird das Gel noch getrocknet und kann dann, zwischen Folien geschützt, aufbewahrt werden. (Pharmacia, Uppsala/Schweden)

## Konservierung

Zur Auswertung und zur Dokumentation werden die Schichtgele zunächst in wäßrigem Aceton oder Methanol teilweise entwässert und anschließend in einem Gel-Trocknungsapparat in der Wärme und im Vakuum getrocknet.

# Auswertung

Die Gele können nach dem Entfärben direkt oder mit einem Densitometer ausgewertet werden. Die getrockneten Gele sind in diesem Zustand beliebig lange haltbar.

# Anwendungsbereich

- Trennung praktisch aller geladener Teilchen, z. B. Proteine, Enzymkomplexe, Viren, Oligonucleotide und Nucleinsäuren
- Bestimmung der Molmassen von Biopolymeren durch SDS-Polyacrylamid-Gelelektrophorese oder Gradienten-Gelelektrophorese
- Bestimmung von geringen Proteinkonzentrationen (als Antigene in der quantitativen Immunelektrophorese).

# Literatur

s. Kap. 2.5.1.

# 2.5.1.4 **Trägerfreie Elektrophorese**

Bei der trägerfreien Elektrophorese bewegt sich der Elektrolyt (Puffer)
senkrecht zum angelegten elektrischen Feld. Geladene Teilchen bewegen
sich aufgrund ihrer Ladung senkrecht zur Fließrichtung des Puffers auseinander und werden gleichzeitig mit dem Puffer durch die Apparatur
befördert. Sie verlassen die Trenneinrichtung je nach ihrer elektrophoretischen Mobilität an verschiedenen Stellen und werden dort getrennt
aufgefangen.

## Grundlagen

Das Prinzip dieser Methode ist eine kontinuierliche Zonenelektrophorese, bei der sich der
Elektrolyt (Puffer) senkrecht zum elektrischen Feld bewegt (Bild 2.5.1.4/1). Die not-
wendige Stabilisierung der getrennten Substanzzonen wird durch einen gleichmäßigen
Fluß einer genügend dünnen Elektrolytschicht erreicht.

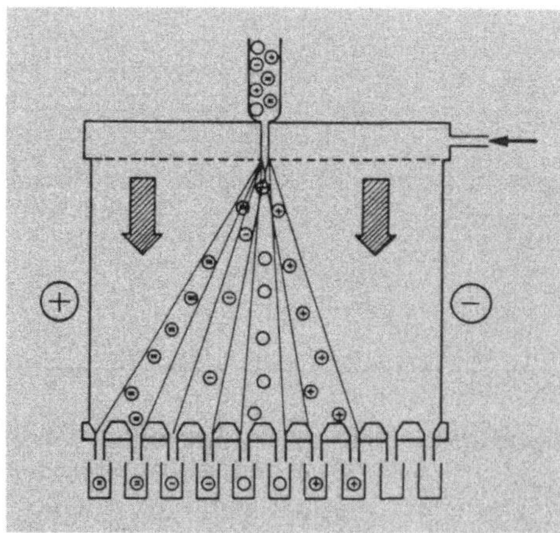

**Bild 2.5.1.4/1**

**Schematische Darstellung der trägerfreien
Elektrophorese**

1  Trenneinrichtung
2  Pufferzuführung
3  Substanzgemisch
4  Fließrichtung des Elektrolyten
5  Elektroden
6  Auffanggefäße

## Geräte

Die trägerfreie Elektrophorese kann in der in Bild 2.5.1.4/2 wiedergegebenen Apparatur
nach Hannig durchgeführt werden. Das zu trennende Substanzgemisch wird oben kontinuierlich in den langsam nach unten strömenden Elektrolyten eingespeist. Die Komponenten der Mischung wandern unter dem Einfluß des elektrischen Feldes entsprechend

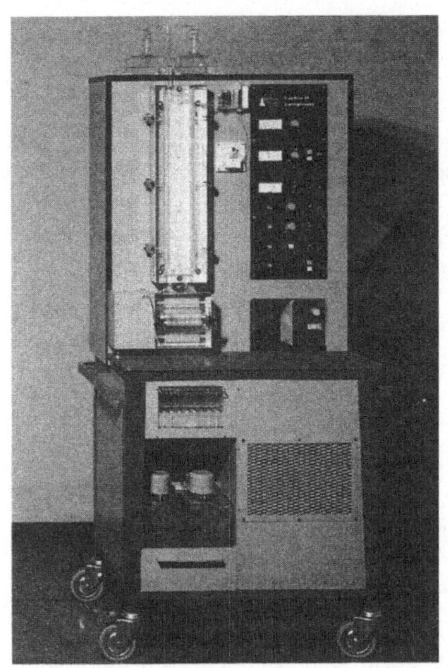

**Bild 2.5.1.4/2**

**Apparatur zur trägerfreien Elektrophorese nach Hannig.** Zwischen zwei gekühlten Glasplatten fließt ein 0,6 mm starker Pufferfilm. Dieser wird nach dem Verlassen des elektrischen Feldes in 48 Fraktionen geteilt, die getrennt aufgefangen werden. (Desaga GmbH, Heidelberg)

ihrer Nettoladung in Richtung auf die beiden Elektroden. Gleichzeitig werden sie durch den senkrecht zum elektrischen Feld strömenden Elektrolyten nach unten bewegt. Dort wird der austretende Elektrolyt, in einzelne Flüssigkeitsströme getrennt, aufgefangen. Die einzelnen Komponenten treten immer an denselben Stellen aus der Apparatur aus und können somit kontinuierlich gesammelt werden.

## Anwendungsbereich

Es können außer löslichen, elektrophoretisch mobilen Substanzen auch kolloidale Teilchen, subzelluläre Partikel und Zellen effektiv und in präparativem Maßstab getrennt werden.

## Literatur

s. Kap. 2.5.1.

# 2.5.2 Isoelektrische Fokussierung (IEF)

Die isoelektrische Fokussierung (IEF; auch Elektrofokussierung genannt) nutzt die unterschiedlichen isoelektrischen Punkte (pI) der Proteine als Trennparameter aus. In einer Trenneinrichtung, bei der in Längsachse ein stabiler pH-Gradient vorliegt, wandern Proteine im elektrischen Feld an diejenige Stelle des pH-Gradienten, an der der pH-Wert gleich dem isoelektrischen Punkt ist.

## Grundlagen

Die isoelektrische Fokussierung unterscheidet sich von der Zonenelektrophorese dadurch, daß die Trennung nicht in einem Träger konstanten pH-Werts erfolgt, sondern in einem **linearen pH-Gradienten**. Der niedrigste pH-Wert dieses Gradienten liegt auf der Anodenseite, der höchste pH-Werte auf der Kathodenseite der Trenneinrichtung.

Bei hohem pH-Wert sind Aminosäuren und Proteine negativ geladen und wandern im elektrischen Feld in Richtung Anode und dabei gleichzeitig in Bereiche mit niedrigem pH-Wert. Dabei werden sie zunehmend protoniert und erreichen schließlich den pH-Wert, in dem ihre Nettoladung null ist. Jetzt wandert das Proteinmolekül (als Zwitterion) nicht mehr. An dieser Stelle entspricht der pH-Wert seinem isoelektrischen Punkt. Befindet sich dasselbe Molekül im sauren pH-Bereich, dann wandert es aufgrund seiner positiven Gesamtladung in Richtung Kathode. Mit steigendem pH-Wert verliert das Molekül seine positive Ladung und kommt im gleichen pH-Bereich wie im ersten Fall zur Ruhe.

Aus seiner Position kann sich das Molekül jetzt nur noch durch Diffusion entfernen. In diesem Fall lädt es sich aber zwangsläufig wieder elektrisch auf und wird vom elektrischen Feld an seinen vorherigen Ort zurücktransportiert (Bild 2.5.2/1). Je höher die elektrische Spannung ist, um so stärker wird einer Diffusion entgegengewirkt und um so schärfer werden die Banden.

Einer der wichtigsten Vorteile der isoelektrischen Fokussierung liegt in dem konzentrierenden (= fokussierenden) Effekt.

### Bildung des stabilen pH-Gradienten

Um Substanzen durch isoelektrische Fokussierung trennen zu können, braucht man einen stabilen, linearen Gradienten. Da Proteine selbst amphotere Substanzen sind, könnten sie den pH-Wert während der Trennung beeinflussen. Die Trägerampholyte, also diejenigen Substanzen, die den pH-Gradienten bewirken, müssen starke Puffereigenschaften aufweisen, um die Einflüsse der zu trennenden Substanzen kompensieren zu können. Bei den Ampholyten handelt es sich um Mischungen von vielen isomeren und homologen aliphatischen Polyaminopolycarbon-, -sulfon- oder -phosphonsäuren, deren isoelektrische Punkte innerhalb eines bestimmten pH-Bereichs variieren. Einige handelsübliche Trägerampholyte sind in Tabelle 2.5.2/1 zusammengestellt.

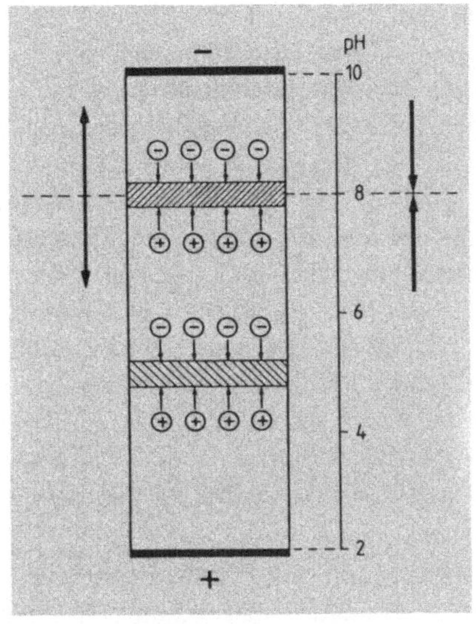


**Bild 2.5.2/1  Zustandekommen des konzentrierenden Effekts bei der isoelektrischen Fokussierung.** Die beiden Proteine mit den isoelektrischen Punkten pI = 5 bzw. 8 werden an den Stellen des pH-Gradienten in schmalen Zonen fokussiert, an denen der pH-Wert des pH-Gradienten mit dem pI-Wert des jeweiligen Proteins übereinstimmt. Der fokussierende Effekt wirkt der Diffusion entgegen.

**Tabelle 2.5.2/1**  Handelsnamen, prinzipieller Aufbau und Herstellerfirmen einiger wichtiger Trägerampholyte für die isoelektrische Fokussierung

| Handelsname | prinzipieller Aufbau | Hersteller |
|---|---|---|
| Ampholine | Polyaminopolycarbonsäuren | LKB Produkter, Bromma, Schweden |
| Pharmalyte | Copolymerisate aus Glycin, Glycylglycin, Aminen und Epichlorhydrin | Pharmacia Fine Chemicals Uppsala, Schweden |
| Servalyte | Copolymerisate mit Amino-, Sulfonsäure-, Phosphonsäure-, Carboxyl- und Guanidogruppen | Serva, Heidelberg, Deutschland |
| Bio-Lyte | Polyaminopolysulfonsäuren | Bio-Rad Laboratories, Richmond, Cal., USA |

In Abwesenheit des elektrischen Feldes hat eine Lösung eines Trägerampholyten beispielsweise einen pH-Wert von 7. Wird ein elektrisches Feld angelegt, ordnen sich die Ampholyte entsprechend ihrer isoelektrischen Punkte so an, daß sich die Molekülsorte mit dem niedrigsten pI (höchste negative Ladung) direkt am Übergang zur anodischen, sauren Elektrodenlösung befindet. Würden die Moleküle in die Elektrodenlösung übertreten, würden sie positiv geladen und wieder zurücktransportiert. Aufgrund seiner hohen Pufferkapazität zwingt das Molekül seiner Umgebung einen pH-Wert auf, der seinem pI entspricht. Die Molekülsorte mit dem nächst höheren pI schließt sich direkt an und bewirkt ihrerseits einen etwas höheren pH-Wert in ihrer Umgebung. Dieser Vorgang wiederholt sich solange, bis sich die Molekülsorte mit dem höchsten pI am Übergang zur basischen, kathodischen Elektrodenlösung anordnet. Somit nimmt der pH-Wert von der Anode zur Kathode im Idealfall linear zu. Diffundieren die Ampholytmoleküle aus ihrer Position weg, werden sie durch das elektrische Feld wieder an ihren Platz zurücktransportiert. Aus diesem Grund bleibt der pH-Gradient erhalten, solange das elektrische Feld angelegt ist.

Die Kenntnis der isoelektrischen Punkte für die zu trennenden Proteine ist für die Wahl des pH-Gradienten vorteilhaft, aber nicht Voraussetzung. Im Zweifelsfall beginnt man mit einem Gradienten über den gesamten pH-Bereich von 2 bis 11, ohne dabei höchste Auflösung anzustreben. Auf diese Weise können die pI-Werte der einzelnen in der Probe enthaltenen Substanzen ermittelt werden. Je nach der Lage der einzelnen pI-Werte legt man dann für eine zweite isoelektrische Fokussierung den minimal möglichen pH-Bereich fest. Unter günstigen Voraussetzungen können zwei Substanzen voneinander getrennt werden, deren pI-Werte sich nur um 0,01 unterscheiden.

Der Einfluß verschiedener pH-Gradienten auf die Auflösung der Substanzen ist in Bild 2.5.2/2 dargestellt. Der fokussierende Effekt ist im engen pH-Bereich geringer als in einem weiten, da eine Substanz sich weiter von „ihrem" Ort durch Diffusion entfernen kann, bis die elektrische Ladung so groß geworden ist, daß sie durch das elektrische Feld wieder zurücktransportiert wird. Im flachen pH-Gradienten werden daher die Proteinzonen breiter. Dieser Nachteil wird teilweise dadurch ausgeglichen, daß eine größere Proteinmenge aufgetragen werden kann. Dies ist besonders für die präprative Anwendung der isoelektrischen Fokussierung von Bedeutung.

## Stabilisierung des pH-Gradienten

Während ein Strom durch das Trennmedium fließt, wird Wärme erzeugt. Die dadurch entstehenden Konvektionsströmungen würden den sich ausbildenden pH-Gradienten wieder zunichte machen. Aufgabe des stabilisierenden Mediums ist es, diese thermische Vermischung zu verhindern. Hier für gibt es mehrere Möglichkeiten:

- Stabilisierung durch Gelschichten (Agarose- oder Polyacrylamidgele)
- Stabilisierung durch granulierte Gele (beispielsweise Sephadex IEF, Ultrodex, Bio-Lyte Electrofocusing Gel, Agarose).
- Stabilisierung durch einen Dichtegradienten (beispielsweise mittels Saccharose, Glycerin, Ethylenglycol)

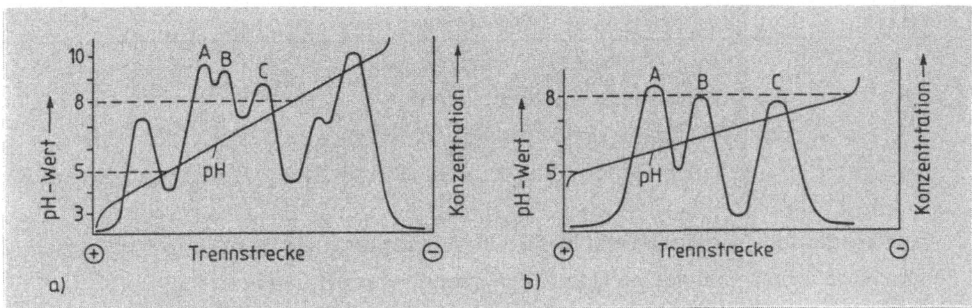


**Bild 2.6.2/2 Auflösung bei der isoelektrischen Fokussierung.** a) Im weiten pH-Bereich von 3 bis 10 bleiben alle Substanzen im Gel, die Komponenten A, B und C sind aber nicht getrennt. b) Im engeren pH-Bereich von 5 bis 8 sind nur noch die Substanzen A, B und C im Gel zu finden. Sie sind jetzt besser getrennt als vorher. Die restlichen Substanzen sind in die Elektrodenlösungen gewandert.

Die beiden letztgenannten Methoden werden überwiegend zur präparativen isoelektrischen Fokussierung eingesetzt.

Neuerdings werden auch immobilisierte pH-Gradienten beschrieben, bei denen der pH-Gradient in ein Polyacrylamidgel einpolymerisiert wird. Die Handhabung dieser Gele ist zwar bequemer, der experimentelle Aufwand bei der Herstellung aber größer.

## Elektrodenlösungen

Den anodischen und kathodischen Elektrodenlösungen kommen zwei Aufgaben zu:

- Verhinderung von elektrolytischen Oxidations- und Reduktionsreaktionen der Ampholyte und Substanzen
- Entladung der Ampholyte mit niedrigstem bzw. höchstem pI-Wert

## Materialien

Im wesentlichen werden folgende Materialien benötigt:

- Gelschichten aus a) Polyacrylamid (für Molmassen bis $10^5$ g · mol$^{-1}$), b) Agarose (für Molmassen $> 10^5$ g · mol$^{-1}$) und c) granulierte Gele (für die präparative isoelektrische Fokussierung)
- Dichtegradienten aus Saccharose, Glycerin oder Ethylenglycol (für die isoelektrische Fokussierung in Säulen)
- Trägerampholyte (s. Tabelle 2.5.2/1)
- Elektrodenlösungen sowie Reagenzien zum Fixieren und Färben der Proteine (s. Kap. 2.5.2.1 und 2.5.2.2)
- Elektrodenstreifen

# Geräte

- Träger- und Deckplatten für Gelschichten
- Flachbettapparat für die isoelektrische Fokussierung in Gelschichten oder
- spezielle Glassäulen für die isoelektrische Fokussierung in Dichtegradienten (s. Kap. 2.5.2.2)
- Spannungsversorgungsgerät (bis 2000 Volt, optimal mit konstanter Leistung)
- Oberflächen-Glaselektrode (zur Bestimmung des pH-Gradienten)

Anstatt sich die Gele selbst herzustellen, ist es wesentlich einfacher, die von mehreren Herstellern in unterschiedlichen Schichtdicken und für verschiedene pH-Bereiche angebotenen Fertiggele zu verwenden.

# Probenaufgabe

Die Probenaufgabe kann zu verschiedenen Zeitpunkten erfolgen (Bild 2.5.2/3):

- In einer Zone vor der Ausbildung des pH-Gradienten (Bild 2.5.2/3a)
- in einer Zone, nachdem der pH-Gradient ausgebildet ist, möglichst nahe der endgültigen Position des Proteins im pH-Gradienten
- im gesamten Gel oder Dichtegradienten verteilt (Bild 2.5.2/3c), vor der Ausbildung des pH-Gradienten (besonders bei der präparativen isoelektrischen Fokussierung)

In allen Fällen findet man die Substanzen nach der Trennung an den Stellen der Trenneinrichtung wieder, an denen ihr pI-Wert mit dem pH-Wert des Gradienten übereinstimmt (Bild 2.5.2/3b).

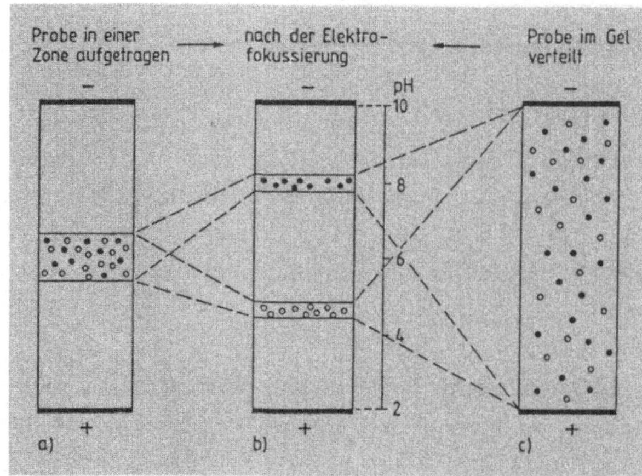


**Bild 2.5.2/3**
**Verschiedene Methoden des Auftragens von Proben.** a) Probe in einer Zone aufgetragen; b) nach der isoelektrischen Fokussierung; c) Probe gleichmäßig im Gel verteilt. Gleichgültig, an welchem Ort sich die Moleküle der Probe vor Beginn der isoelektrischen Fokussierung befinden — während der Fokussierung wandern sie an diejenigen Stellen im pH-Gradienten, die ihren isoelektrischen Punkten entsprechen.

## Literatur

*J. P. Arbuthnot, J. A. Beeley,* Hrsg., Isoelektric Focussing, Butterworth 1975

Firmenschriften: Electrofocusing Seminar Notes (Teil 1: Basic Principles, Teil 2: Analytical, Teil 3: Preparative), LKB Produkter AB, Bromma, Schweden 1979

Polyacrylamide Gel Electrophoresis – Laboratory Techniques, Pharmacia Fine Chemicals, Uppsala, Schweden 1980

*I. Smith,* Chromatographic and Electrophoretic Techniques, Bd. 2, Heinemann, London 1976

# 2.5.2.1 Analytische isoelektrische Fokussierung

Die analytische isoelektrische Fokussierung ist ein Trennverfahren für amphotere Verbindungen, vor allem Proteine, die in dünnen Schichten eines Polyacrylamid- oder Agarosegels in einem pH-Gradienten nach ihren isoelektrischen Punkten (pI) getrennt werden.

## Grundlagen

Bei der isoelektrischen Fokussierung benötigt man eine möglichst hohe Spannung bei gleichzeitig niedriger Ionenstärke. Gerade unter solchen Bedingungen tritt der Effekt der Elektroosmose stark in Erscheinung. Auch wirken sich alle geladenen Substanzen, die als Verunreinigungen mit den verwendeten Chemikalien eingeschleppt werden, als nachteilig aus. Es dürfen daher für die isoelektrische Fokussierung nur besonders reine Chemikalien bei der Herstellung der Gele verwendet werden. Polyacrylamidgele haben sich wegen ihrer elektroosmotischen Eigenschaften als besonders günstig erwiesen.

Die Zeitdauer der Fokussierung wird von der Höhe der angelegten Spannung und der Steilheit des Gradienten beeinflußt. Im steilen Gradienten sind die Proteine auch in der Nachbarschaft des ihrem pI-Wert entsprechenden pH-Wertes deutlich geladen und werden dort noch schnell bewegt. In einem flachen pH-Gradienten sind die Nettoladungen der Proteine auch in größerer Entfernung von dem ihrem pI-Wert entsprechenden pH-Wert nur gering, entsprechend langsam wandern sie auf ihre endgültigen Positionen zu. Daher ist die Fokussierungszeit für flache pH-Gradienten etwa doppelt so lange (3 h) wie für steile Gradienten (1,5 h).

## Probenvorbereitung

Die Probenmenge richtet sich nach Art und Menge der zu trennenden Proteine, der Empfindlichkeit der Nachweismethode und der Dicke der Gelschicht. Als Richtwert gilt 0,1 mg Protein für eine 1 mm dicke Gelschicht und Coomassie-Blau als Färbereagenz.

# Durchführung

## Herstellen der Gelplatten

Wurden früher Gelschichten zwischen 1 und 3 mm verwendet, finden heute zunehmend dünnere Gelschichten Verwendung (Ultradünnschicht-Isoelektrische-Fokussierung, UIF). Die Schichtdicken bewegen sich zwischen 0,05 und 0,25 mm. Sie werden durch die in Bild 2.5.2.1/1 und Bild 2.5.2.1/2 dargestellte „Klapptechnik" hergestellt. Der wichtige Kniff liegt darin, daß das Polymerisat auf der einen Plattenseite haften bleibt, während die andere Platte leicht entfernbar sein muß. Dies gelingt, wenn man die Oberfläche der entsprechenden Glasplatte mit einem bestimmten Reagenz „silanisiert" (beispielsweise mit Silane A 174, Pharmacia oder Polyfix-1000, Desaga). Dabei wird die Glasoberfläche hydrophob gemacht, und das Gel bleibt an ihr haften.

- Glasplatten oder Polyesterfolien mit starken Laugen vorbehandeln und dann silanisieren.

- Auf die nicht silanisierte Grundplatte werden am Rand mehrere Lagen eines Klebebandes aufgeklebt (Bild 2.5.2.1/1a).

- Polymerisation des Gels: Vorratslösung aus 24,3 g Acrylamid, 0,75 g Bisacrylamid und 2,5 g Amberlite MB-6 in 250 ml destilliertem Wasser durch einstündiges Rühren herstellen. (Die Lösung kann im Kühlschrank etwa eine Woche aufbewahrt werden). Für eine 230 mm $\times$ 115 mm $\times$ 0,2 mm Gelplatte werden 4,5 ml der Vorratslösung mit 0,6 ml des Trägerampholyten (für den erforderlichen pH-Bereich) und 11,2 ml Glycerin versetzt, mit destilliertem Wasser auf 9 ml gebracht und im Vakuum entgast. Dann werden 60 $\mu$l einer Ammoniumpersulfatlösung (22,8 g $\cdot l^{-1}$) zugegeben. Die nun folgenden Schritte müssen rasch hintereinander ausgeführt werden.

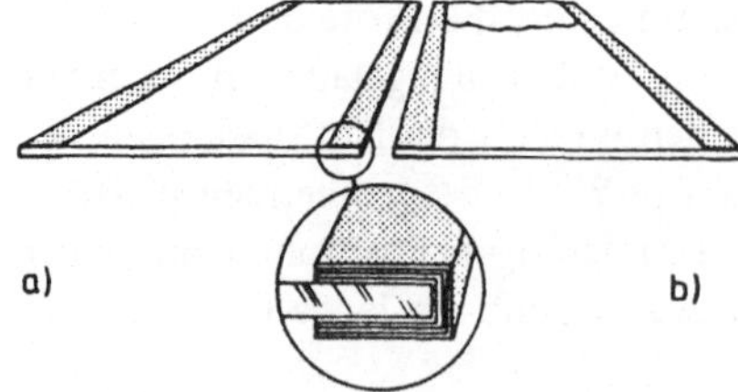


**Bild 2.5.2.1/1**

a) Schichten eines wasserfesten Klebebandes von 50 $\mu$m Dicke werden um die Kanten der nicht silanisierten Glasplatte geklebt. b) Die Polymerisationslösung wird an dem Ende der Glasplatte aufgetragen. (Pharmacia, Uppsala/Schweden)

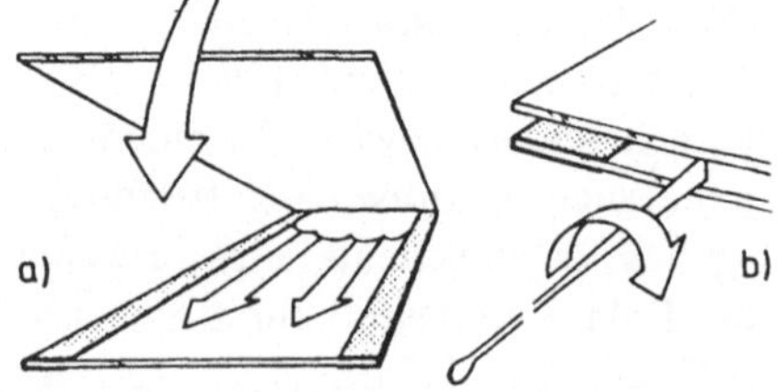


**Bild 2.5.2.1/2**

a) Die silanisierte Platte wird vorsichtig auf die nicht silanisierte Glasplatte geklappt. b) Ein Spatel hilft, die endgültige Lage der Glasplatten herzustellen. (Pharmacia, Uppsala/Schweden)

- Die Polymerisationslösung wird auf das eine Ende der nicht silanisierten Platte gegossen (Bild 2.5.2.1/1b), die silanisierte Platte wird langsam vom Ende her auf die untere Platte geklappt, wobei keine Luftblasen eingeschlossen werden dürfen (Bild 2.5.2.1/2).
- Die Platten werden durch Klammern zusammengehalten, die Enden brauchen nicht verschlossen zu werden.
- Nach der Polymerisation (etwa 1 Stunde) werden die Klammern entfernt, die ultradünne Gelschicht haftet an der silanisierten Deckplatte und wird mit ihr abgehoben.
- Die Gelplatten können nun direkt verwendet oder nach Umwickeln mit einer Folie [z. B. Parafilm (American Can Company, Greenwich, CT 06830)], etwa eine Woche im Kühlschrank aufbewahrt werden.

Fertigschichten sind inzwischen sowohl für die Ultradünnschicht-Fokussierung als auch für die Fokussierung in 1 mm Gelschichten im Handel erhältlich.

## Vorbereitung der Platten

In Bild 2.5.2.1/3 sind die einzelnen Arbeitsschritte beschrieben. In Tabelle 2.5.2.1/1 ist eine Auswahl von verschiedenen Elektrodenlösungen zusammengestellt.

**Tabelle 2.5.2.1/1**  Elektrodenlösungen für die isoelektrische Fokussierung

| pH-Bereich (Ampholyt) | Anodenlösung (−) | Kathodenlösung (+) |
| --- | --- | --- |
| 2,5– 5,0 | 0,1 M $H_2SO_4$ | 0,3 M Histidin oder 0,1 M NaOH |
| 4,0– 6,5 | 0,04 M Glutaminsäure | 0,2 M Histidin |
| 5,0– 8,0 | 0,04 M Glutaminsäure | 1 M NaOH oder 0,1 M NaOH für 230 mm lange Gele |
| 6,5–10,5 | 0,25 M 2-[4-(2-Hydroxyl-ethyl)-1-piperazinyl]-ethansulfonsäure | 1 M NaOH |
| 3,0–10,0 | 0,04 M Asparaginsäure | 1 M NaOH |

## Auftragen der Probe

Im Gegensatz zu anderen Dünnschichtmethoden braucht die Probe bei der isoelektrischen Fokussierung nicht in einer möglichst schmalen Zone aufgebracht werden, da ja ohnehin ein Fokussierungseffekt auftritt. Für das Auftragen der Proben gibt es mehrere Möglichkeiten (Bild 2.5.2.1/4):

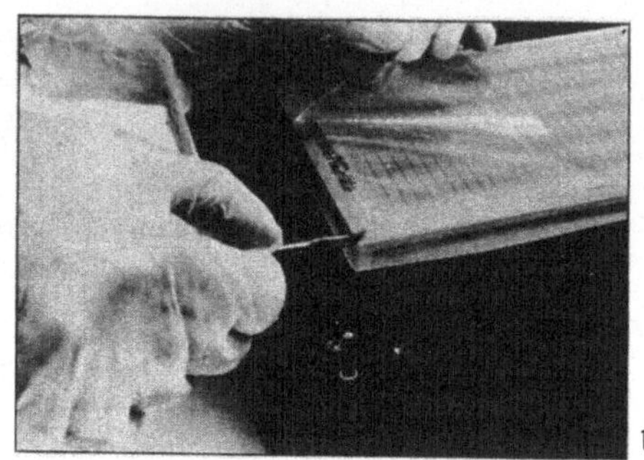
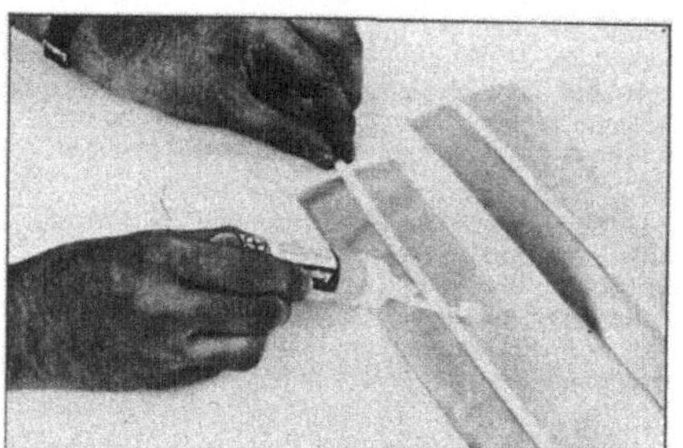

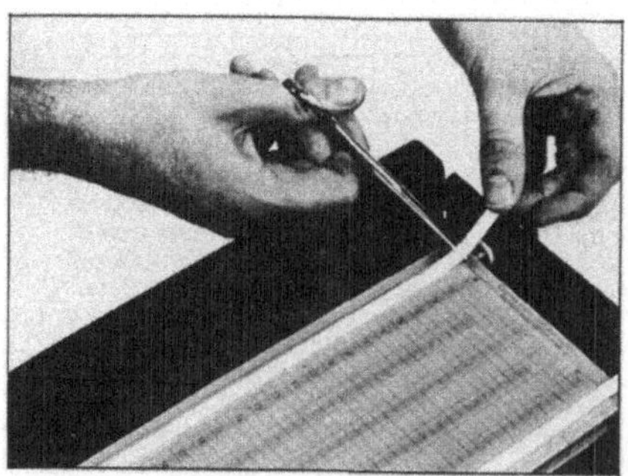

**Bild 2.5.2.1/3 Vorbereitung der Gelplatten.** a) Die Trägerplatte mit der Gelschicht wird so auf die Kühlplatte des Elektrophoresegeräts gelegt, daß sich dazwischen ein dünner Film einer isolierenden Flüssigkeit (Kerosin oder dünnflüssiges Paraffinöl) befindet. Es dürfen keine Luftblasen eingeschlossen werden. b) Falls das Gel mit einer Deckfolie versehen ist, wird sie jetzt abgezogen. c) Die Elektrodenstreifen werden, bis auf 2 cm an jedem Ende, mit den Elektrodenstreifen getränkt. Mit einem Filtrierpapier wird die überschüssige Elektrodenlösung abgepreßt. d) Die Elektrodenstreifen werden auf die entsprechenden Stellen der Gelplatte gelegt. Dabei ist auf guten Kontakt zu achten. e) Jetzt werden die Elektrodenstreifen so abgeschnitten, daß sie einige mm kürzer als die Gelschicht sind. (LKB Produkter AB, Bromma/Schweden)

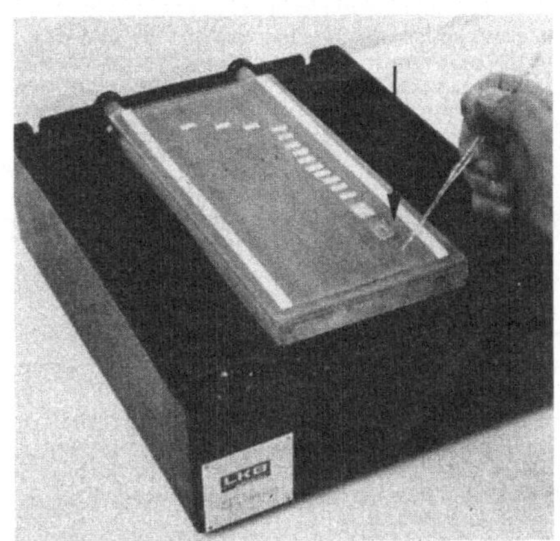

**Bild 2.5.2.1/4**
**Das Auftragen der Proben.** Die Probenaufgabe erfolgt durch rechteckige Filtrierpapierstücke, die vorher in die Probelösung getaucht wurden. Größere Probenvolumina werden mit Hilfe eines Kunststoffrahmens (Pfeil) aufgetragen. Ganz rechts ist die tropfenförmige Probenaugabe gezeigt. (LKB Produkter AB, Bromma/Schweden)

- in Form rechteckig zugeschnittener, kleiner Filtrierpapierstreifen, die mit der Proteinlösung getränkt werden (nicht empfohlen für Ultradünnschichtgele)
- als Tropfen von 10 bis 15 $\mu$l; bei Ultradünnschichtgelen (0,2 mm Dicke) etwa 4 $\mu$l
- Mit einem Kunststoffrahmen, der auf die Gelschicht gelegt wird, lassen sich verdünnte Proteinlösungen bis zu 0,3 ml auftragen.

Die Probe kann vor oder nach der Ausbildung des pH-Gradienten aufgetragen werden. Letztere Möglichkeit ist für labile Proteine vorteilhaft, da sie dann kürzer den eventuell denaturierenden Bedingungen ausgesetzt sind.

Für ultradünne Gele wird immer zuerst der pH-Gradient ausgebildet (500 Voltstunden, 3 Watt) und dann erst die Probe aufgetragen.

## Fokussierung

Die beweglichen Elektroden werden so eingestellt, daß sie genau auf die Elektrodenstreifen treffen. Die anzulegende Spannung richtet sich nach der Kapazität des Kühlsystems, mit dem die sich entwickelnde Wärme abgeleitet werden muß. Bei dickeren Gelschichten (etwa 1 mm) können 30 Watt angelegt werden, bei dünneren Gelen entsprechend weniger (bei 0,2 mm etwa 6 Watt). Nach 300 bis 400 Voltstunden ist die Trennung meistens vollständig. Für ein Gel mit einem Elektrodenabstand von 9 cm ist dies nach 1,5 bis 2 Stunden der Fall. Die Anzahl der Voltstunden gilt für alle Schichtdicken und ist daher die geeignete Angabe, um Ergebnisse von verschieden dicken Schichten vergleichen zu können.

Wegen der geringen Schichtdicke und der damit verbundenen guten Wärmeabführung können Ultradünnschichtgele mit höherer relativer Leistung entwickelt werden; entsprechend kürzer ist die Fokussierzeit.

**pH-Messungen**

Die Lage der Proteinzonen nach der Fokussierung hängt wesentlich von Steilheit, aber auch von der Linearität des pH-Gradienten ab. Erst wenn der pH-Wert am Ort der Proteinbande genau bekannt ist, läßt sich eine eindeutige Aussage über den pI-Wert des Proteins machen und damit das Protein eindeutig charakterisieren. Für die Bestimmung des pH-Gradienten gibt es zwei Methoden:

- Messung des pH-Werts mit einer Oberflächen-Glaselektrode. (Nach der Messung muß nochmals fokussiert werden, um zwischenzeitlich aufgetretene Diffusionseffekte wieder rückgängig zu machen.)

- Verwendung von Eichsubstanzen mit genau bekannten pI-Werten. Der pI-Wert des Proteins wird dann durch lineare Extrapolation von den am nächsten liegenden Eichsubstanzen aus ermittelt.

**Detektion**

- Fixierung der Proteine: Hierzu wird das Gel in ein Fixierbad gelegt. Als Fixierungsmittel verwendet man:
  a) für normale Gele 5 % Trichloressigsäure. Nach fünfmaligem Wechsel des Fixierungsmittels sind die Trägerampholyte, die Nachweisreaktionen stören können, entfernt;
  b) für Ultradünnschichtgele werden 5 % Sulfosalicyl- oder 10 % Trichloressigsäure (20 min) empfohlen.

- Färbung der Proteine (s. Tabelle 2.5.2.1/2). Es gibt einige Färbemethoden, bei denen Trägerampholyte nicht stören.
  In den meisten Fällen sollen alle Proteine erfaßt werden. Dies erreicht man mit unspezifischen Färbemethoden. Darüber hinaus gibt es auch chemische und immunologische spezifische Nachweismethoden.

- Entfärben der Gele bis das überschüssige Färbereagenz entfernt und der Untergrund weitgehend farbfrei ist.

## Auswertung

Die Auswertung kann qualitativ visuell oder quantitativ densitometrisch, wie in Kap. 2.2.4 beschrieben ist, erfolgen.

## Fehlerquellen

- Salzeffekte. Natriumchlorid- oder Phosphat-Puffer führen in höheren Konzentrationen zu starken Verzerrungen der Banden; Tris-Puffer stört weniger. *Abhilfe:* Probe in der Nähe der Kathode auftragen oder entsalzen (s. Kap. 1.5, 1.7 und 2.1.5).

**Tabelle 2.5.2.1/2** Direkte Färbemethoden für Proteine bei der isoelektrischen Fokussierung in Gelschichten (Daten aus *I. Smith,* Chromatographic and Electrophoretic Techniques, Vol. 2, Heinemann, London 1976)

| Farbstoff (Konzentration) | Farbmenge je Gel (1 mm) | Zusammensetzung der Farblösung | Färbe-bedingungen | Lösung zum Entfärben |
|---|---|---|---|---|
| Bromphenolblau (0,2 %) | 0,5 g | 125 ml Ethanol<br>112 ml Wasser<br>12 ml Essigsäure | 1 h, 20 °C | 300 ml Ethanol<br>650 ml Wasser<br>50 ml Essigsäure |
| Fast Green FCF (0,2 %) | 0,5 g | 100 ml Ethanol<br>100 ml Wasser<br>40 ml Glycerin<br>2 ml Essigsäure | 3 h, 20 °C | 250 ml Ethanol<br>700 ml Wasser<br>50 ml Essigsäure |
| Coomassie Brilliant Blau R 250 (0,1 %) | 0,3 g | 75 ml Methanol<br>180 ml Wasser<br>9 g Sulfosalicylsäure<br>30 g Trichloressigsäure | 15 min, 60 °C | 250 ml Ethanol<br>650 ml Wasser<br>80 ml Essigsäure |
| Coomassie Brilliant Blau R 250<br>1) (0,5 %)<br>2) (0,01 %) | 1) 10 ml einer 1 % wäßrigen Lösung<br>2) 2 ml einer 1 % wäßrigen Lösung | 65 ml Methanol<br>160 ml Wasser<br>25 ml Essigsäure<br>250 mg Kupfersulfat | 4 h, 20 °C | 100 ml Ethanol<br>800 ml Wasser<br>100 ml Essigsäure |

- Teilweise irreversible Adsorption von Substanz an der Auftragestelle, die später die Detektion stört. *Abhilfe:* Probenaufgabe in einem Bereich der Platte vornehmen, in dem nach der Fokussierung keine Substanzen auftreten; Proben an verschiedenen Stellen auftragen und fokussieren. Man kann dann außerdem erkennen, ob Proteine in bestimmten pH-Bereichen nicht stabil sind.

- Löslichkeitsschwierigkeiten. Manche Proteine sind nur in höheren Salzkonzentrationen löslich. *Abhilfe:* Zusatz von 1 % Glycin, da Glycin als Zwitterion zwar die Ionenstärke erhöht, aber den pH-Gradienten nicht ändert.

- Fällung von Proteinen während der Fokussierung. Ursache ist die prinzipiell geringe Löslichkeit von Proteinen am isoelektrischen Punkt. *Abhilfe:* dem Gel nichtionische Detergentien, z. B. Harnstoff, zusetzen.

## Dokumentation

- Abphotographieren der Gele mit einer Polaroid-Kamera
- Präparieren der Gele.

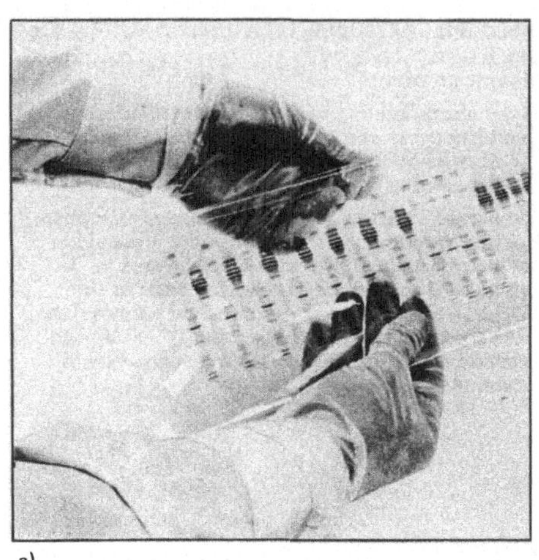
a)

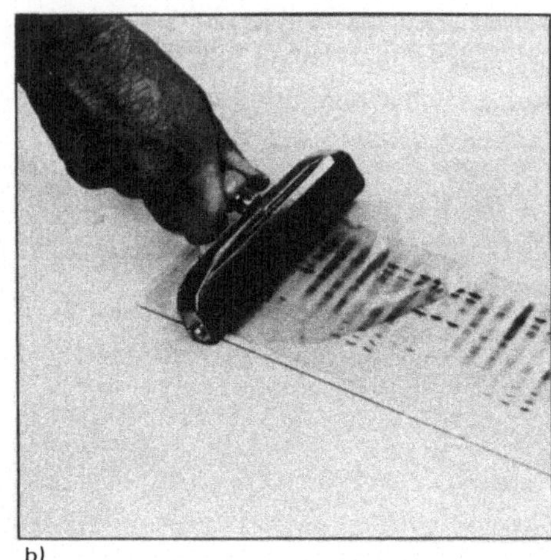
b)

**Bild 2.5.2.1/5  Konservieren der Gele.** a) Bei Fertigplatten wird eine präparierte Folie aufgewalzt. b) Selbsthergestellte Gele auf Glasplatten werden in die präparierte Folie eingewickelt und anschließend getrocknet. (LKB Produkter AB, Bromma/Schweden)

Wenn die Gele richtig präpariert werden, kann man sie beliebig lange aufbewahren. Für Gele auf Kunststoffolien wird folgendes Verfahren vorgeschlagen:

- Gel 1 h in eine 5 %ige Glycerinlösung legen und langsam über Nacht trocknen lassen.
- Cellophanfolie aufwalzen und umschlagen.

Auf Fertigplattengele wird die Cellophanfolie, die zuvor einige Minuten in die Konservierungsflüssigkeit eingetaucht wurde, direkt aufgewalzt (Bild 2.5.2.1/5a). Selbst hergestellte Gele werden ganz in die Cellophanfolie eingewickelt (Bild 2.5.2.1/5b). Dabei dürfen keine Luftblasen eingeschlossen werden. Die eingewickelten Gele werden dann bei Raumtemperatur oder bei 50 °C in einem gut belüfteten Trockenschrank getrocknet.

## Anwendungsbereich

Routineuntersuchung geladener, amphoterer Verbindungen (hauptsächlich Proteine) vor allem in der

- klinischen Chemie
- forensischen Pathologie
- Lebensmittelchemie und
- Biochemie

## Literatur

s. Kap. 2.5.2.

# 2.5.2.2 Präparative isoelektrische Fokussierung

## Grundlagen

Die präparative isoelektrische Fokussierung kann sowohl in Säulen in einem Dichtegradienten als auch in dicken Schichten mit Trägerampholyten vorgenommen werden. Wird die isoelektrische Fokussierung bereits in einem frühen Stadium der Proteinreinigung eingesetzt, lassen sich der Konzentrierungseffekt und die hohe Auflösung besonders gut ausnutzen. Obwohl die Fokussierung in Schichten vielleicht einfacher durchzuführen ist, bietet die Fokussierung in Säulen einen wesentlichen Vorteil: nach der Fokussierung kann die Säule entleert, das Elutionsprofil mit einem Schreiber aufgezeichnet und das Eluat mit einem Fraktionensammler aufgefangen werden. Zur Stabilisierung des pH-Gradienten verwendet man einen Dichtegradienten aus Saccharose, Glycerin oder Ethylglykol.

Für die präparative isoelektrische Fokussierung in Gelschichten werden granulierte Gele als Trägermaterialien eingesetzt, in denen sich im elektrischen Feld durch die Trägerampholyte ein stabiler pH-Gradient ausbildet. Die Fokussierung in granulierten Gelen hat gegenüber der Fokussierung in Dichtegradienten von Säulen einige Vorteile:

- kürzere Trennzeiten durch größere Kühlfläche
- hohe Kapazität (bis zu einigen Gramm Probe)
- während der Reinigung ausfallende Proteine bleiben im Gelbett und stören die weitere Trennung nicht
- vergleichsweise geringer apparativer Aufwand, das Gelbett kann mit geringem Zeitaufwand hergestellt werden

Die Dauer einer isoelektrischen Fokussierung wird wesentlich von der Abführung der Jouleschen Wärme bestimmt, die durch den elektrischen Strom entsteht. Da die Leitfähigkeit des Elektrolyten während der Ausbildung des pH-Gradienten beträchtlich abnimmt (am Ende der Fokussierung liegen die Trägerampholyte als Zwitterionen vor und tragen somit nicht mehr zum Ladungstransport bei), muß die maximale Leistung der Kühlkapazität angepaßt werden. Eine zusätzliche Komplikation tritt dadurch auf, daß die Leitfähigkeit entlang des pH-Gradienten nicht konstant ist. In Zonen geringer Leitfähigkeit wird leicht zu viel Wärme entwickelt. Dies führt zur Bildung sogenannter "hot spots". Um den Zusammenbruch des Dichtegradienten in diesen Bereichen zu vermeiden, muß die Spannung entsprechend begrenzt werden. Mit modernen Spannungsversorgungsgeräten kann mit konstanter, hoher Leistung fokussiert werden, bis die „Hot-spot-Grenze" erreicht ist. Ab diesem Zeitpunkt wird mit konstanter Spannung weiter fokussiert.

## Geräte

Die für die isoelektrische Fokussierung in Säulen benutzte Apparatur muß so konstruiert sein, daß folgende Bedingungen erfüllt sind:

- genügender Temperaturausgleich

- gasförmige Produkte, die an den Elektroden entwickelt werden, müssen entweichen können, ohne den pH-Gradienten zu beeinflussen

- die getrennten Substanzzonen müssen ohne wesentliche Verdünnung aus der Säule abgelassen werden können.

Der apparative Aufbau läßt sich am **U-Rohrapparat** gut zeigen (Bild 2.5.2.2/1):

- Zunächst sind beide Rohre zur Hälfte mit einer 1%igen Ethanolaminlösung (= kathodische Elektrodenlösung), die 40% Saccharose und 1,5% des Trägerampholyten (beispielsweise für einen pH-Bereich von 3 bis 10) enthält, gefüllt.

- Das linke Rohr wird dann in elf Schritten mit Lösungen abnehmender Saccharose- und Trägerampholytenkonzentration aufgefüllt. Die Proteinprobe (1 bis 3 mg) wird in einigen Lösungen mittlerer Dichte gelöst und in das System eingebracht. Die einzelnen Flüssigkeitsmengen sind so zu wählen, daß zum Schluß beide Rohre gefüllt sind.

- Der Dichtegradient im linken Rohr wird dann mit 1 bis 2 ml einer 2%igen Schwefelsäurelösung überschichtet (= anodische Elektrodenlösung).

- Die Elektroden werden mit dem Spannungsversorgungsgerät verbunden und die Spannung angelegt.

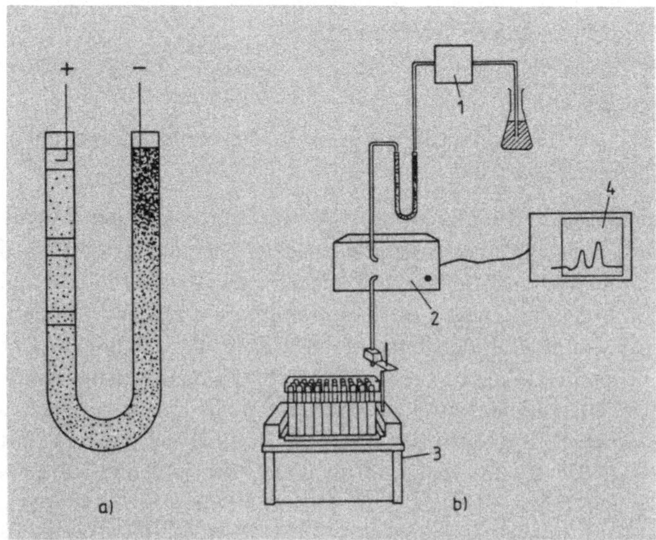


**Bild 2.5.2.2/1  Einfache Apparatur zur isoelektrischen Fokussierung im Dichtegradienten.** a) Im elektrischen Feld bildet sich im Dichtegradienten der pH-Gradient aus, in dem dann die Proteine „ihre" Stelle entsprechend ihres pI-Wertes aufsuchen. b) Nach der Fokussierung wird der Dichtegradient durch eine Schlauchpumpe (1) aus der Apparatur verdrängt, gegebenenfalls durch einen Detektor (2) geleitet und in einem Fraktionensammler (3) in Fraktionen getrennt aufgefangen. Das Elutionsprofil wird mit Schreiber (4) aufgezeichnet.

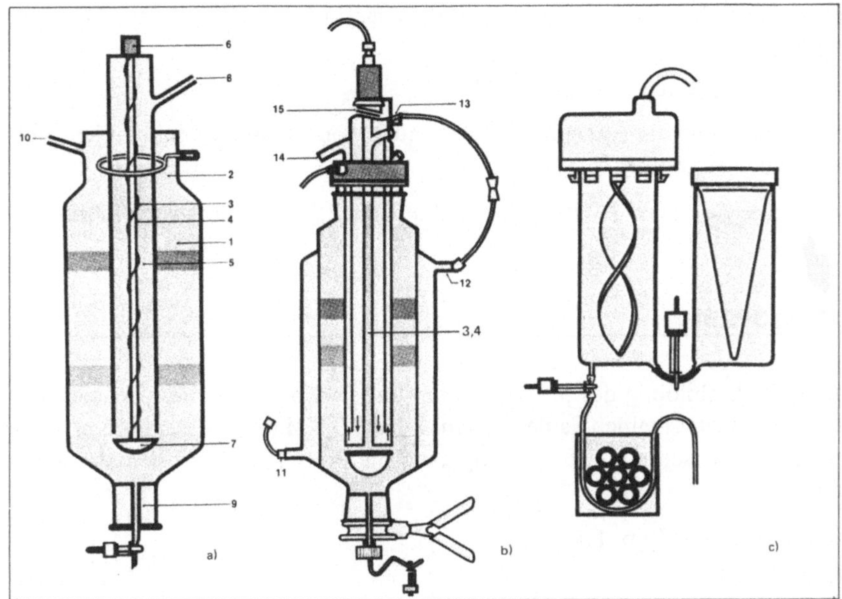

**Bild 2.5.2.2/2 Die Elektrofokussiersäule.** a) Vereinfachte Darstellung der Apparatur; b) vollständige Apparatur; c) spezieller Gradientenmischer zur Herstellung des Dichtegradienten. Im linken Gefäß wird während des Füllens der Säule der Dichtegradient hergestellt, im rechten Gefäß befindet sich die Lösung mit der niedrigsten Dichte. (LKB Produkter AB, Bromma/Schweden)

| | | |
|---|---|---|
| 1 | äußerer Zylinder | |
| 2 | obere Elektrode | |
| 3 | zentrale Elektrode | |
| 4 | Platindraht | |
| 5 | innerer Zylinder | |
| 6 | oberer Säulenabschluß | |
| 7 | Ventil mit Gummidichtung | |
| 8 | Öffnung zum Füllen des inneren Zylinders | |
| 9 | Säulenverschluß | |

10 Öffnung zum Füllen des äußeren Zylinders
11 Zulauf für Kühlflüssigkeit
12 Verbindung des Kühlkreislaufs mit 13
13 Zulauf für Kühlflüssigkeit in den inneren Zylinder
14 Ablauf der Kühlflüssigkeit
15 Feder, die bei Bedarf die Gummidichtung des Ventils (7) gegen den inneren Zylinder drückt

Für Demonstrationszwecke sind farbige Proteine wie Hämoglobin, Myoglobin oder Cytochrom C gut geeignet.

**Die Versterberg- und Svensson-Säule (LKB).** Eine vereinfachte Darstellung zeigt Bild (2.5.2.2/2a), die tatsächliche Ausführung (Bild 2.5.2.2/2b) und den dazu benötigten Gradientenmischer (Bild 2.5.2.2/2c). Dieser ist so konstruiert, daß aus gleichen Volumina zweier Flüssigkeiten, deren Dichten sich um 0,1 bis 0,2 g · ml$^{-1}$ unterscheiden, ein linearer Dichtegradient gebildet wird. In dem Maß, wie die Flüssigkeit hoher Dichte aus dem Mischgefäß abgepumpt wird, fließt aus dem Vorratsgefäß die Flüssigkeit niedriger Dichte in das Mischgefäß nach, wird dort mit der vorhandenen Flüssigkeit gemischt und erniedrigt somit deren Dichte. Die Dichte der abgenommenen Flüssigkeit ändert sich kontinuierlich und erreicht schließlich die Dichte der Lösung niedriger Dichte.

Für die isoelektrische Fokussierung in granulierten Gelen kommen im wesentlichen zwei Gelarten in Betracht:

- Gele auf Dextranbasis
- Gele auf Agarosebasis (geeignet zur Trennung von Molekülen sehr hoher Molmassen oder Zellpartikeln)

Alle weiter benötigten Geräte und Materialien sind in Kap. 2.5.2.1 bereits aufgeführt.


## Probenvorbereitung

Salzionen stören die Ausbildung des pH-Gradienten und verlängern so die Fokussierzeit. Der Salzgehalt sollte bei der kleinen Säule (110 ml Inhalt) 0,5 M und bei der großen Säule (440 ml) 1,5 M nicht überschreiten. Falls nötig kann die Probe mit folgenden Verfahren entsalzt werden:

- Membranfiltration (Kap. 1.5)
- Dialyse (Kap. 1.6)
- Gelchromatographie (Kap. 2.1.5)


## Durchführung

### Fokussierung in Säulen

**Füllen der Säule** (Bild 2.5.2.2./3). Zuerst sind der Glasschliff der inneren Säule und die Gummidichtung des Ventils (7) mit Schliffett zu schmieren. Die Säule wird senkrecht eingespannt und die Kühlung (ca. + 4 °C) eingeschaltet. Bei geöffnetem Ventil (7) wird soviel der Elektrodenlösung mit hoher Dichte mit einer Pipette durch die Öffnung 9 eingefüllt, bis der äußere Zylinder (1) zur angegebenen Höhe gefüllt ist (Bild 2.5.2.2/3a). Dann sind folgende Arbeitsschritte durchzuführen:

- Gradientenmischer mit Schlauchpumpe verbinden.
- Polyethylenschlauch der Schlauchpumpe so durch die Öffnung 10 der Säule einführen, daß die Flüssigkeit an der Glaswand herablaufen kann (Bild 2.5.2.2/3b).
- In die Mischkammer des Gradientenmischers wird die Lösung hoher Dichte und in das Vorratsgefäß die Flüssigkeit niedriger Dichte eingefüllt. Beide Lösungen enthalten noch den Trägerampholyten des benötigten pH-Bereichs.
- Rührer der Mischkammer und Schlauchpumpe einschalten. Die Lösung mit linear abnehmender Dichte wird damit in den äußeren Zylinder (1) gepumpt (Fließgeschwindigkeit 60 bis 120 ml $\cdot$ h$^{-1}$).
- Überschichten mit der spezifisch leichteren Elektrodenflüssigkeit (in diesem Fall mit 1 % Ethanolamin).

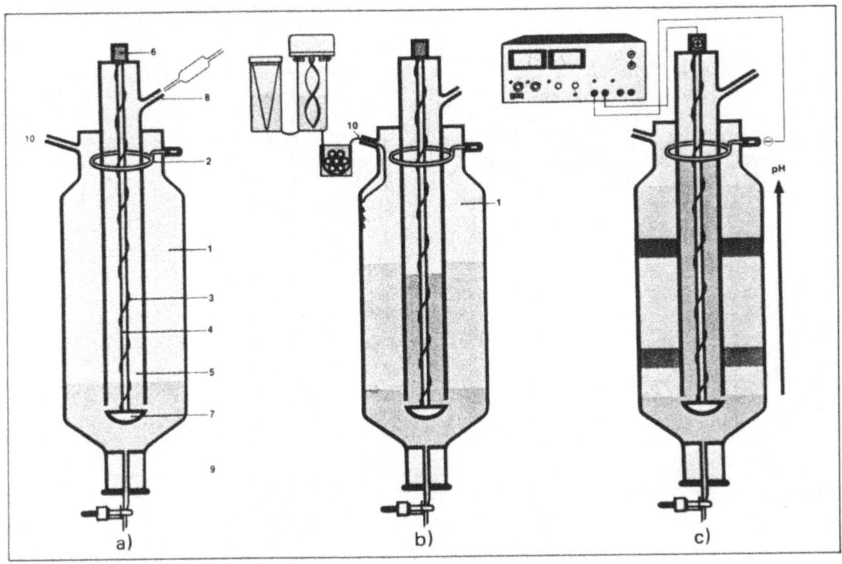

**Bild 2.5.2.2/3 Füllen und Betrieb der Elektrofokussiersäule.** a) Einfüllen der Elektrodenflüssigkeit hoher Dichte durch die Öffnung 8. b) Einfüllen des linearen Dichtegradienten mit abnehmender Dichte. c) Ausbildung des pH-Gradienten im elektrischen Feld. (LKB, Bomma/Schweden)

- Überschichten der Lösung hoher Dichte in Zylinder 5 mit 0,5 %iger Schwefelsäure.
- Gerät an das Spannungsversorgungsgerät anschließen (Bild 2.5.2.2/3c).

Im elektrischen Feld bildet sich dann der pH-Gradient aus. Bei dieser Anordnung nimmt der pH-Wert von unten nach oben zu.

**Probenaufgabe.** In Bild 2.5.2.2/4 sind die drei üblichen Verfahren der Probenaufgabe schematisch dargestellt:

- Die Probe ist im gesamten Bereich des Dichtegradienten verteilt.
- Die Probe wird während des Füllens in eine beliebige Position gebracht.
- Die Probe wird erst in die Säule gebracht, nachdem der pH-Gradient ausgebildet ist.

Die erste Methode (Bild 2.5.2.2/4a) ist am einfachsten durchzuführen. Sie wird bevorzugt, wenn eine große Substanzmenge gereinigt werden soll. Hierzu wird die Probe, bevor die Säule gefüllt wird, in beiden Gefäßen des Gradientenmischers verteilt.

Bei der zweiten Methode (Bild 2.5.2.2/4b) wird die Probe als enge Zone in den Dichtegradienten eingefüllt:

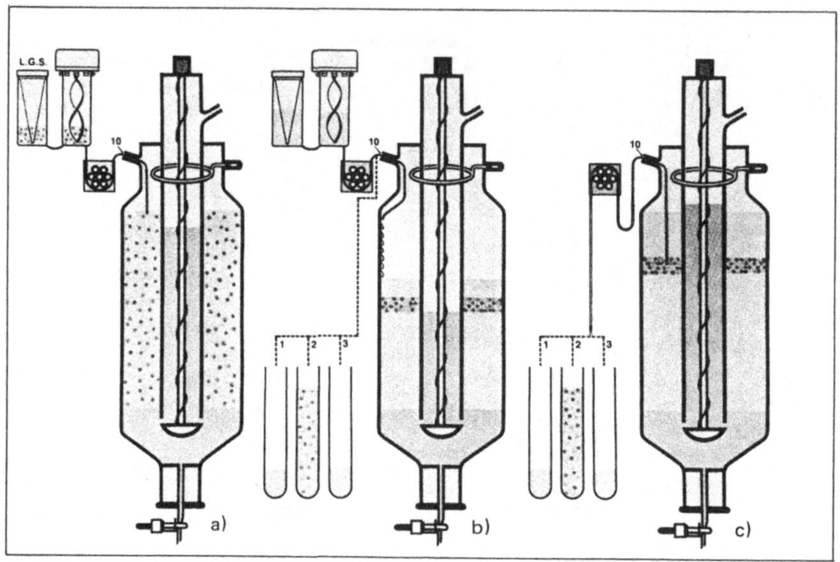


**Bild 2.5.2.2/4 Die drei verschiedenen Möglichkeiten der Probenaufgabe** (Erläuterung im Text; LKB, Bromma/Schweden)

- Säule bis zu der gewünschten Höhe des Dichtegradienten füllen.
- Schlauch der Pumpe aus der Apparatur ziehen und 0,5, 3,0 bzw. 0,5 ml Gradientenflüssigkeit in die drei Reagenzgläser einfüllen.
- Probe im zweiten Reagenzglas zugeben.
- Ursprüngliche Dichte durch Zugabe von konzentrierter Saccharoselösung wiederherstellen: Ein Tropfen aus Reagenzglas 2 muß in Reagenzglas 1 absinken und in Glas 3 oben bleiben.
- Inhalt von Reagenzglas 2 in die Säule pumpen.
- Gradientenmischer wieder an die Schlauchpumpe anschließen und Säule füllen.

Diese Methode bietet dann Vorteile, wenn die Proteine in bestimmten pH-Bereichen denaturieren. In diesem Fall legt man die Auftragestelle in einen günstigen pH-Bereich.

Im dritten Fall wird zuerst der pH-Gradient ausgebildet und dann die Probe möglichst nahe an die Stelle gebracht, an der der pH-Wert dem pI-Wert des interessierenden Proteins am nächsten liegt (Bild 2.5.2.2/4c);

- Spannung abschalten.
- Polyethylenschlauch in den Bereich des gewünschten pH-Wertes in die Säule einführen. Ein Teil des Dichtegradienten wird in die Reagenzgläser herausgepumpt.
- Probe im zweiten Reagenzglas zugeben.
- Ursprüngliche Dichte wiederherstellen (s. oben).

- Inhalt von Reagenzglas 2 in die alte Position zurückpumpen (Fließgeschwindigkeit 10 bis 20 ml · h$^{-1}$).

- Spannung erneut anlegen, bis die Zonen wieder fokussiert sind.

Diese etwas umständliche Methode ist für die Trennung labiler Proteine geeignet, da in diesem Fall die Fokussierzeit kurz gehalten werden kann.

**Fokussierung.** Die Fokussierung wird zunächst mit niedriger Spannung begonnen, da die Leitfähigkeit zu diesem Zeitpunkt noch groß ist. Mit fortschreitender Fokussierung nimmt die Leitfähigkeit ab, die Spannung wird daher erhöht. Die Leistung darf bestimmte Grenzen zu keinem Zeitpunkt überschreiten. Für eine Fokussiersäule mit 110 ml (bzw. 440 ml) Inhalt liegt die Grenze der Leistung bei 15 W (30 W) und die maximale Spannung bei 1600 V (2000 V). Unter diesen Bedingungen dauert die isoelektrische Fokussierung 10 bis 20 Stunden. Bei engeren pH-Bereichen muß die Zeit verlängert werden.

**Entleeren der Säule** (Bild 2.5.2.2/5):

- Spannung abschalten, Ventil 7 schließen und Elektrodenflüssigkeit des äußeren Zylinders mit einer Pipette entfernen (Bild 2.5.2.2/5a).

- Mit Hilfe der Schlauchpumpe Dichtegradienten im äußeren Zylinder (1) mit Wasser überschichten und die Luft völlig verdrängen.

- Schlauchpumpe dicht mit dem Stutzen 10 verbinden, Schlauchklemme des Säulenverschlusses öffnen (Bild 2.5.2.2/5b).

- Schlauchpumpe einschalten und Dichtegradienten mit einer Fließgeschwindigkeit von 60 bis 80 ml · h$^{-1}$ aus der Säule verdrängen.

- Fraktionen von 0,5 bis 3 ml im Fraktionensammler auffangen. Falls die Proteine eine UV-Absorption aufweisen, kann ein UV-Detektor zwischengeschaltet werden.

- Der pH-Gradient läßt sich einfach ermitteln, indem man den pH-Wert der einzelnen Fraktionen mit einer Glaselektrode mißt.

**Detektion.** In den meisten Fällen weisen Proteine eine genügende UV-Absorption auf, um mit einem UV-Detektor gemessen werden zu können. Mehr Aufschluß geben immunoelektrophoretische Techniken.

**Aufarbeiten der Fraktionen.** Nach der Fokussierung liegen die Proteine in wäßriger Lösung vor, die noch Trägerampholyte und die die Dichte erzeugende Substanz (Saccharose, Glycerin, Ethylenglykol etc.) enthält. Die meisten Bestimmungsmethoden werden dadurch nicht beeinträchtigt. Sollen die Proteine isoliert werden, müssen die Begleitsubstanzen (niedrige Molmassen) durch eines der folgenden Trennverfahren abgetrennt werden:

- Trennung aufgrund unterschiedlicher Molekülgröße: Dialyse (Kap. 1.6) oder Gelchromatographie (Kap. 2.1.5)

- Trennung aufgrund unterschiedlicher Ladung: Ionenaustausch-Chromatographie (Kap. 2.1.3)

- Fällung des Proteins mit Ammoniumsulfat

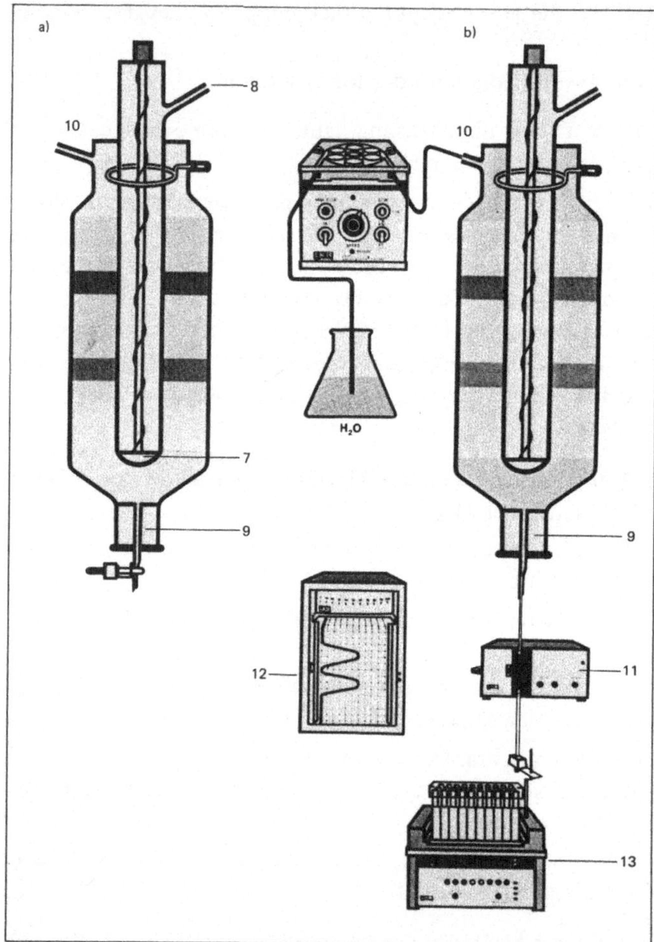


**Bild 2.5.2.2/5  Entleeren der Fokussiersäule.** a) Bei geschlossenem
Ventil (7) wird der äußere Zylinder mit Wasser aufgefüllt. b) Bei
geöffnetem Säulenverschluß (9) wird der Inhalt des äußeren
Zylinders durch den Detektor (11) zum Fraktionensammler (13)
geleitet und dort in kleinen Fraktionen gesammelt. Der Schreiber
(12) zeichnet das Elutionsprofil auf. (LKB, Bromma/Schweden)

## Fokussierung in granulierten Gelen

**Herstellen des Gelbetts und Probenaufgabe** nach dem in Bild 2.5.2.2/6 dargestellten
„LKB-Verfahren":

- Wahl des geeigneten Trägerampholyten. Der pI-Wert des interessierenden Proteins sollte im mittleren Bereich des pH-Gradienten liegen.

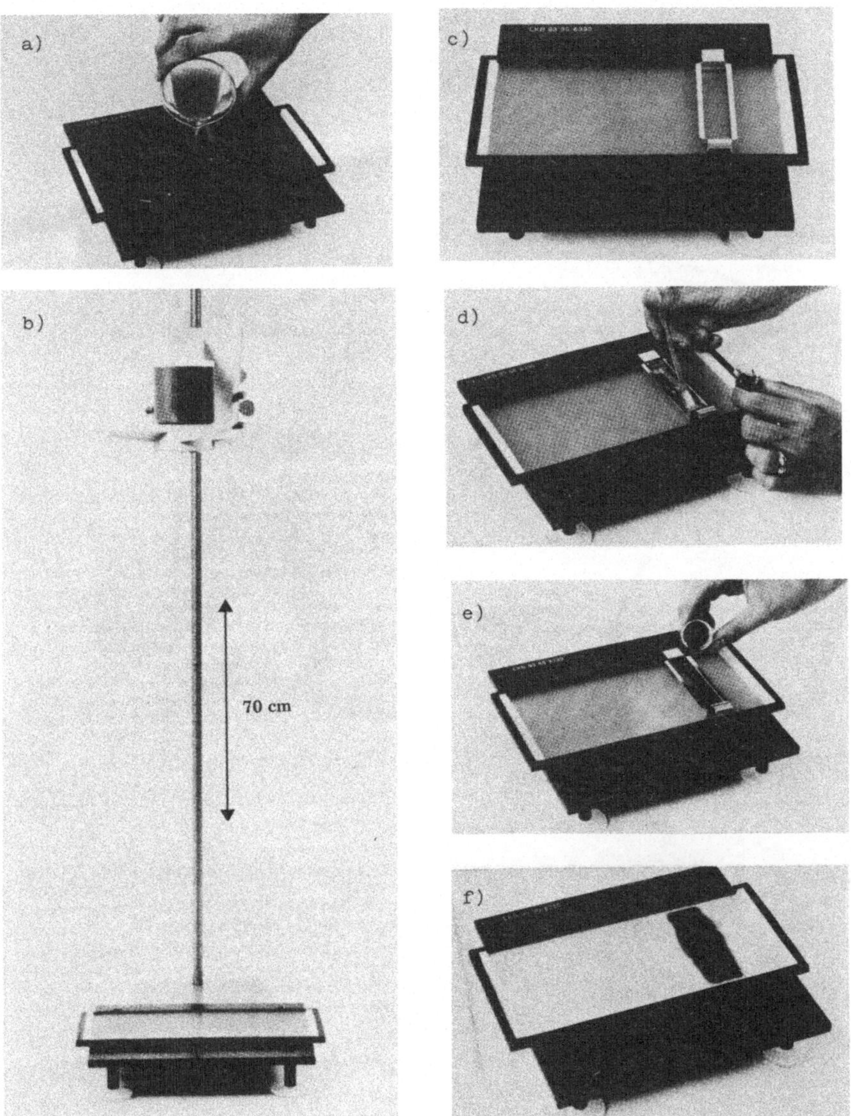


**Bild 2.5.2.2/6 Herstellen des Gelbetts und Probenaufgabe.** a) Die Gelsuspension wird auf die Glasplatte gegossen. Die aufzugebende Probe kann bereits im gesamten Gel verteilt sein. b) Die Gelschicht wird bis zu einem bestimmten Grad getrocknet. c) Aufsetzen des Applikators; d) Auskratzen des Gels; e) Vermischen des ausgekratzten Gels mit der Probenlösung und wieder Einfüllen; f) Proteinzone nach Herausnahme des Applikators. (LKB, Bromma/Schweden)

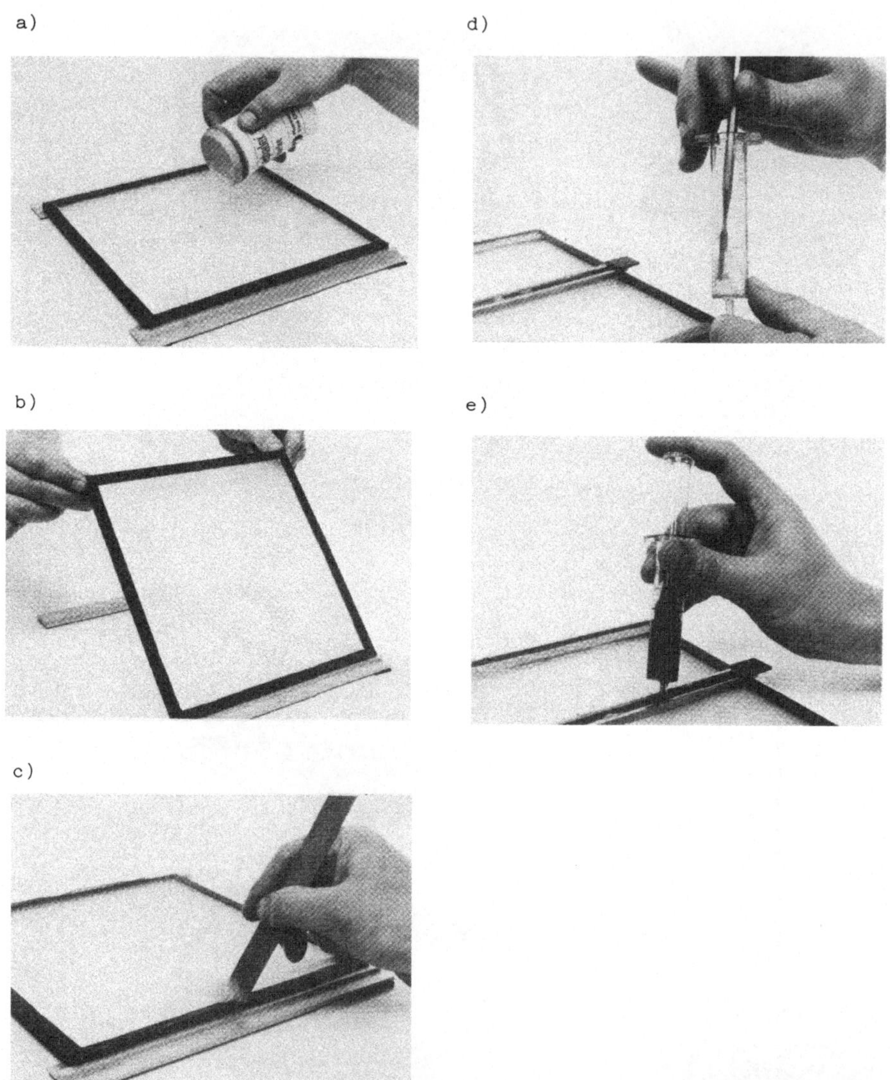

**Bild 2.5.2.2/7 Vereinfachte Durchführung der präparativen isoelektrischen Fokussierung.** Zunächst wird das Geld, wie in Bild 2.5.2.2/6a demonstriert ist, gegossen. a) Trockenes Gel wird solange auf die Gelschicht gestreut, bis sie die richtige Konsistenz erreicht hat. Die Vorratsflasche für das trockene Gel wird dabei mit einer feinen Gaze abgedeckt und das Gel auf diese Weise gesiebt. b) Prüfung der Konsistenz durch Anheben der Platte um 45°. c) Abkratzen von 1 cm breiten Streifen auf gegenüberliegenden Seiten, in die später die Elektrodenstreifen eingelegt werden. d) Der Applikator wird in das Gel eingedrückt, die Gelzone in eine Einmalspritze überführt, dort mit der Probelösung vermischt und e) wieder in den Applikator eingefüllt. (Pharmacia, Uppsala/Schweden)

- Sechs Elektrofokussierstreifen werden auf die Länge der Elektrodenstreifen geschnitten und mit Trägerampholytlösung befeuchtet. Je drei Streifen werden an gegenüberliegenden Plattenenden aufeinander gelegt und dienen als Unterlage für die später anzubringenden Elektrodenstreifen.

- Zur Herstellung der Gelsuspension werden 4 g Ultrodex langsam zu 100 ml der Trägerampholytlösung gegeben (nicht umgekehrt) und gut vermischt. Bei dieser Methode kann bereits jetzt die Proteinlösung in die Gelsuspension eingebracht werden (6a). Die Suspension wird auf die vorher gewogene (s. u.) Trägerplatte gegossen und unter leichtem Klopfen gleichmäßig verteilt.

- Gel mit einem Föhn trocknen (Bild 2.5.2.2/6b), bis der Wassergehalt um den vom Hersteller angegebenen Betrag vermindert ist (Gewichtsabnahme der Platte durch Wiegen feststellen).

- Die Probenaufgabe kann jetzt in einer schmalen Zone erfolgen (Bild 2.5.2.2/6c–f).

Eine einfachere Methode wird für die Herstellung eines Gelbetts mit Sephadex IEF (Pharmacia) vorgeschlagen. Bei diesem in Bild 2.5.2.2/7 dargestellten Verfahren entfällt der Trocknungsvorgang.

**Fokussierung.** Die Elektrodenstreifen werden mit der entsprechenden Elektrodenlösung (s. Tabelle 2.5.2.1/1) befeuchtet und auf die bereits vorhandenen Elektrofokussierstreifen gelegt. Die Fokussierzeit beträgt bei 8 Watt konstanter Leistung 14 bis 16 Stunden, bei 30 bis 60 Watt 4 bis 6 Stunden.

**Detektion.** Nach der Fokussierung können die Gele durch die „Abklatschtechnik" (= Replika-Technik) lokalisiert werden (Bild 2.5.2.2/8a).

Hierzu wird ein Filtrierpapier auf die passende Größe zurecht geschnitten und so auf das Gel aufgelegt, daß keine Luftblasen eingeschlossen werden. Nach 2 Minuten wird das Papier vorsichtig abgezogen, getrocknet und mit einer der für Proteine üblichen Nachweismethoden angefärbt. Der in den Proteinzonen herrschende pH-Wert kann durch Eintauchen einer Oberflächenglaselektrode in die Gelschicht direkt bestimmt werden.

a)

b)

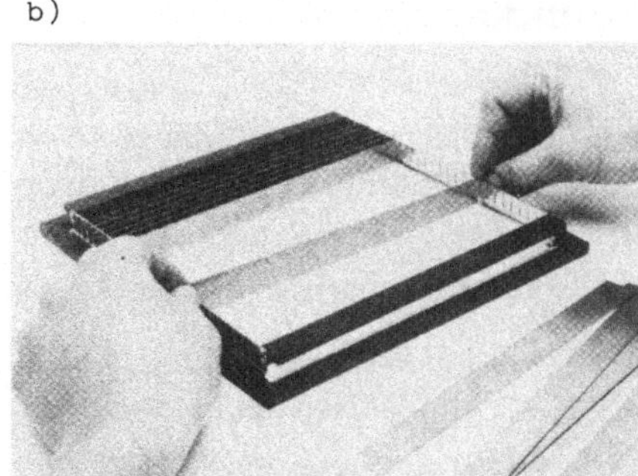

**Bild 2.5.2.2/8** a) Replika-Technik, um einen Abdruck der Proteinverteilung zu erhalten. b) Zur Isolierung der Proteinbanden wird das Gel durch Stanzstreifen so zerteilt, daß jede Proteinbande zwischen zwei Streifen liegt. (Pharmacia, Uppsala/Schweden)

**Isolierung der getrennten Proteine:**

- Stanzstreifen in eine Schablone (Bild 2.5.2.2/8b) so einlegen, daß die Proteinzonen entsprechend dem Papierabdruck voneinander getrennt werden.

- Gel der jeweiligen Zone in eine kleine Säule überführen. (Für kleine Gelmengen lassen sich gut Einmalspritzen, die mit Glaswolle verschlossen sind, verwenden.)

- Gel in genügend Elutionspuffer suspendieren, Puffer ablassen und auffangen.

- Gel mit genügend Puffer nachwaschen.

- Proteingehalt der einzelnen Gelzonen, beispielsweise durch Ultraviolettspektrometrie, bestimmen.

- Begleitsubstanzen (im wesentlichen Trägerampholyte) entfernen (s. o.).

## Literatur

s. Kap. 2.5.2.


# 2.5.3 Isotachophorese (ITP)

Die Isotachophorese (ITP) ist ein Verfahren zur Trennung von Ionenarten unterschiedlicher Beweglichkeit im elektrischen Feld. Unter den Bedingungen der Isotachophorese bewegen sich alle Ionenarten in direkt aufeinander folgenden Zonen mit gleicher Geschwindigkeit (iso = gleich, tachos = Geschwindigkeit).


## Grundlagen

Mit der Isotachophorese können sowohl Kationen als auch Anionen getrennt werden. Im Folgenden wird nur die Trennung von Kationen beschrieben. Falls die Polarität des elektrischen Feldes umgekehrt wird, gelten dieselben Betrachtungen auch für Anionen.

Ein isotachophoretisches System besteht aus drei verschiedenen Elektrolyten:

- Ein **Leitelektrolyt** mit Ionen höchster elektrophoretischer Beweglichkeit ($u_{max}$) befindet sich am kathodischen Ende des Trennsystems;

- ein **Terminatorelektrolyt** besitzt Ionen geringer elektrophoretischer Beweglichkeit ($u_{min}$) und befindet sich am anodischen Ende des Trennsystems;

- die **Elektrolytmischung** der zu trennenden Ionen unterschiedlicher elektrophoretischer Beweglichkeiten ($u_i$), die zwischen $u_{max}$ und $u_{min}$ liegen.

Alle Elektrolyten besitzen dasselbe Gegenion.

Wenn durch ein solches System ein elektrischer Strom fließt, dann ordnen sich die Ionen entsprechend ihrer elektrophoretischen Beweglichkeit so an, daß die jeweiligen Komponenten mit höchster elektrophoretischer Beweglichkeit sich am nächsten zur Kathode (Leitelektrolyt), und diejenigen mit der niedrigsten elektrophoretischen Beweglichkeit am nächsten zur Anode (Terminatorelektrolyt) befinden. Alle übrigen Komponenten liegen in Zonen mit scharfen Konzentrationsgrenzen dazwischen.

Dem Trennprozeß liegt das **Kohlrauschsche Gesetz** zugrunde:

**Kohlrauschsches Gesetz**

$$\sum_i \frac{c_i}{u_i} = \text{konstant.}$$

$c_i$ = Konzentration der Substanz $i$
$u_i$ = elektrophoretische Beweglichkeit der Substanz $i$

Danach ist die Summe aller Konzentrations/Geschwindigkeits-Verhältnisse konstant. Da sich die Grenzen zwischen den einzelnen Zonen der Kationen alle gleich schnell in Richtung Kathode bewegen, müssen die Gegenionen solche Geschwindigkeiten annehmen, daß der Ladungstransport durch den Querschnitt an jedem Punkt gleich groß ist (Prinzip der Elektroneutralität). Somit kommt es innerhalb der einzelnen Zonen zu einem Konzentrationseffekt. Wenn die Gleichgewichtseinstellung erfolgt ist, nehmen die Konzentra-

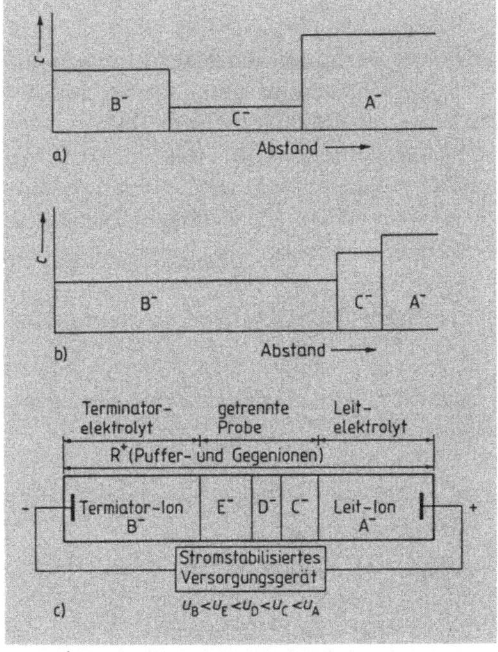


**Bild 2.5.3/1**
**Prinzip der Isotachophorese.** a) Ausgangsbedingungen einer Isotachophorese, nachdem eine Substanz C⁻ zwischen dem Leitelektrolyten (A⁻) und dem terminierenden Elektrolyten (B⁻) in einem großen Volumen niedriger Konzentration zugegeben wurde. b) Während der Isotachophorese haben sich die Ionen C⁻ an der Grenze zu A solange angereichert, bis die Konzentration von C⁻ dem Kohlrauschschen Gesetz entspricht. Dabei ist gleichzeitig ein Konzentrierungseffekt aufgetreten. c) Verhältnisse in der Trenneinrichtung, nachdem das isotachophoretische Gleichgewicht erreicht ist. Die Ionen der Probelösung C⁻, D⁻, und E⁻ besitzen elektrophoretische Beweglichkeiten, die zwischen denen der Leitionen A⁻ und der Terminatorionen B⁻ liegen. Alle fünf negativ geladenen Ionen haben R⁺ als gemeinsames Gegenion. Nach der Gleichgewichtseinstellung bewegen sich die Grenzen B/E, E/D, D/C und C/A mit gleicher Geschwindigkeit zur Anode (+). (Nach *Haglund*)

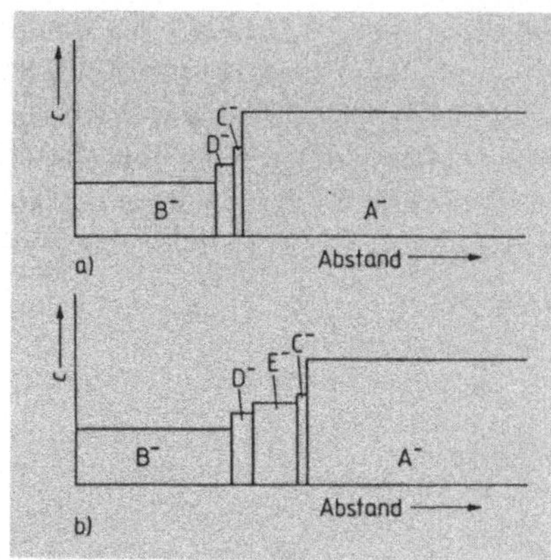


**Bild 2.5.3/2**
**Die Verwendung von Spacern bei der Isotachophorese.** a) Gleichgewichtsbedingungen für eine so geringe Substanzmenge, daß ihre Isolierung trotz vollständiger Trennung nur schwer möglich ist. b) Zusatz eines Spacerions $E^-$, dessen elektrophoretische Beweglichkeit zwischen der von $C^-$ und $D^-$ liegt, führt zur Trennung von $C^-$ und $D^-$. (Nach *Haglund*)

tionen der einzelnen Ionen in Richtung Kathode zu. Die Breite der einzelnen Zonen entspricht der absoluten Substanzmengen der jeweiligen Komponente. Die Zusammenhänge sind in Bild 2.5.3/1 dargestellt.

Da die einzelnen Substanzzonen direkt aufeinander folgen, sind schmale Zonen nur schlecht oder gar nicht von einander zu trennen (Bild 2.5.3/2a). Setzt man der Pufferlösung noch Ionen $E^-$ mit einer elektrophoretischen Beweglichkeit, die zwischen denen von $D^-$ und $C^-$ liegt, zu, dann schieben sich diese dazwischen und halten die beiden Zonen auf Abstand. Solche Ionen nennt man wegen ihrer Funktion „**Spacerionen**". Dann lassen sich die Substanzen C und D leicht isolieren. Die für die isoelektrische Fokussierung verwendeten Ampholyte (Kap. 2.5.2) können hierfür gut eingesetzt werden.

Ein Vorteil dieses Trennverfahrens liegt darin, daß die Auftrennung der Diffusion entgegen wirkt. Bewegt sich beispielsweise ein Teilchen $C^-$ nach A, so befindet es sich dort in einem Bereich niederer Feldstärke, es wird langsamer und bleibt zurück, bis es wieder in der Zone C in seine vorherige, höhere Feldstärke kommt. Diffundiert umgekehrt ein Teilchen $A^-$ nach C, dann kommt es in einen Bereich höherer Feldstärke. Es wird so lange beschleunigt, bis es wieder in Zone A zurücktransportiert ist. Dieses Phänomen trägt zu einer Auflösung bei, die derjenigen der isoelektrischen Fokussierung gleich kommt oder sogar überlegen ist.

Als Ergebnis einer Isotachophorese können mit einem Schreiber drei Meßwerte aufgezeichnet werden (Bild 2.5.3/3):

- **Integrale Wärme.** Der Abstand $L$ entspricht dem Temperatursprung zwischen zwei Zonen und ist ein Maß für den Unterschied der Feldstärken und somit der elektrophoretischen Beweglichkeiten der jeweiligen Komponente.

- **Differentielle Wärme.** Der Abstand $M$ zwischen zwei Peaks kennzeichnet eine Substanzzone und ist ein Maß für die Menge der Substanz.

- **UV-Absorption.** Der Abstand $N$ entspricht der Extinktion der jeweiligen Substanz. Bei Kenntnis der molaren Extinktionskoeffizienten läßt sich die absolute Menge und somit die Konzentration der Komponente bestimmen.

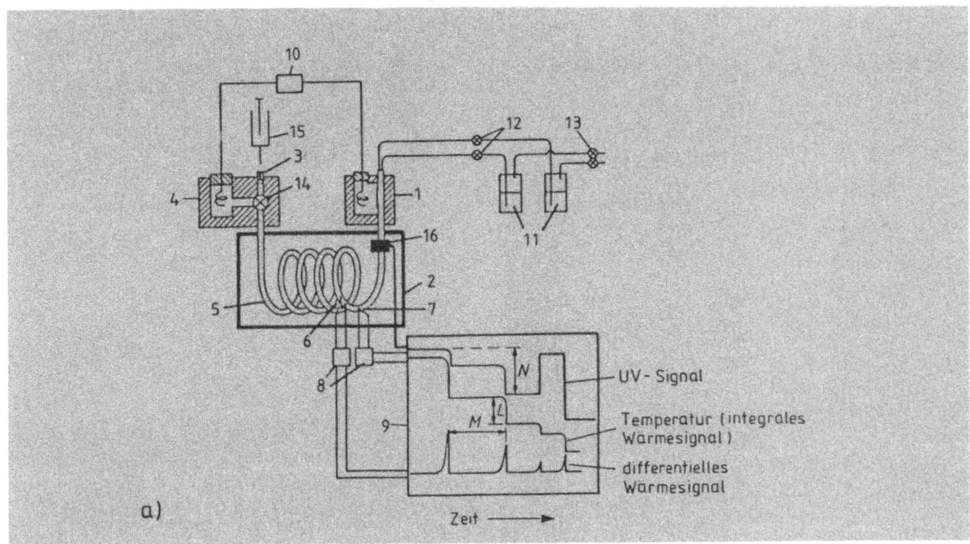

**Bild 2.5.3/3 Die analytische Isotachophorese.** a) Schematische Darstellung eines Kapillarröhren-Geräts. b) Die Trennung findet in dem zu einer Spirale aufgewickelten Kapillarrohr aus Teflon (0,5 mm Innendurchmesser, bis 1 m Länge) ohne stabilisierendes Medium statt. (Nach *Haglund*)

| | |
|---|---|
| 1 Kammer mit Elektrode und Leiterelektrolyt | 9 Diagramme des Schreibers |
| 2 Thermostat | 10 Stromstabilisiertes Versorgungsgerät |
| 3 Probeneinlaß | 11 Vorratsgefäß für Wasser (zum Spülen) und den Leitelektrolyten |
| 4 Kammer mit Elektrode und Terminatorelektrolyt | 12 Ventile |
| 5 Kapillarrohr (in b) im Original abgebildet) | 13 Ventile für Druckluft zum Spülen der Kapillaren mit Wasser oder Leitelektrolyt |
| 6 Differentialthermoelement, beide Enden sind mit der Kapillarwand verbunden | 14 Ventil |
| 7 Integrales Thermoelement, nur ein Ende ist mit der Kapillarwand verbunden | 15 Spritze zum Einspritzen der Probe |
| 8 Verstärker für die Signale der Thermoelemente | 16 UV-Detektor |

## Geräte

- Die analytische Isotachophorese wird in dem in Bild 2.5.3/3 dargestellten Kapillarröhren-Gerät durchgeführt. Die Trennung findet in einer Teflonkapillare (Innendurchmesser 0,5 mm) statt. Es wird kein stabilisierendes Medium, wie beispielsweise bei der isoelektrischen Fokussierung, verwendet.

- Die präparative Isotachophorese erfolgt in einer mit einem Polyacrylamidgel gefüllten Säule (Bild 2.5.3/4).

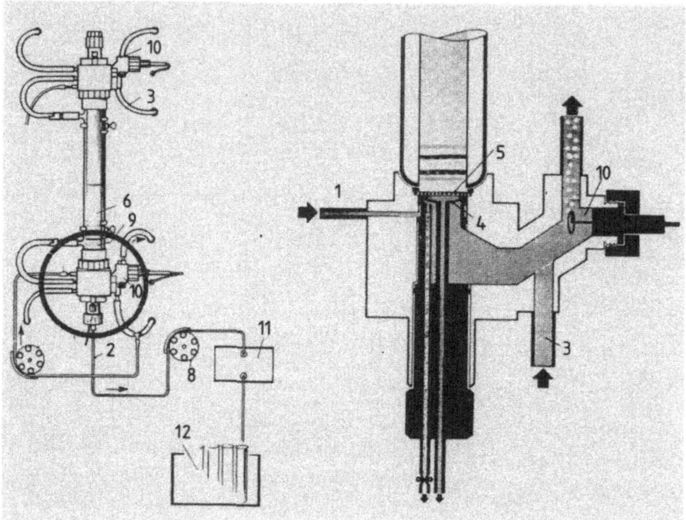

**Bild 2.5.3/4  Uniphorsäule für die präparative Isotachophorese** (LKB, Produkter AB, Bromma/Schweden). Die Komponenten einer Probelösung wandern im elektrischen Feld durch das Polyacrylamid der Säule (6) nach unten und trennen sich in Substanzzonen (9) auf, die durch Spacerionen voneinander getrennt sind. Die Substanzzonen (9) verlassen die Säule durch die Trägermembran (5) und gelangen in die Elutionskammer, die durch die Membranen (4) und (5) gebildet wird. Eine Schlauchpumpe (7) drückt Elektrodenpuffer mit einer Fließgeschwindigkeit von 5 ml · m⁻¹ durch das Rohr (1) in die Kammer. Eine zweite Schlauchpumpe (8) saugt den Elektrodenpuffer mit einer Geschwindigkeit von 15 ml · m⁻¹ aus der Elutionskammer in den Schlauch (2). Ein effektiver Flüssigkeitsstrom von 10 ml · h⁻¹ fließt von unten durch die Membran (4) in die Elutionskammer, spült die durch (5) austretenden Substanzen durch Schlauch (2) in einen UV-Detektor (11) und anschließend in den Fraktionensammler (12). Der Meßwert des Detektors wird von einem Schreiber (im Bild nicht eingezeichnet) aufgezeichnet. Während der Trennung strömt Pufferlösung durch die Elektrodenkammern (10), die durch Schläuche untereinander und mit einem (nicht abgebildeten) Pufferreservoir verbunden sind.

Zur Detektion des Eluats verwendet man einen UV-Detektor. Die getrennten Substanzen können bei Bedarf in einem Fraktionensammler aufgefangen werden. Beide Trenneinrichtungen benötigen stromstabilisierte Versorgungsgeräte mit Spannungen bis 30 kV für analytische Trennungen und 1,6 kV für präparative Zwecke.

## Probenvorbereitung

- Probe (bis zu 250 mg) im Terminatorelektrolyten auflösen oder gegen ihn dialysieren.

- Vor dem Auftragen Ampholytlösung als Spacer zusetzen (beispielsweise 1 ml 40%ige Ampholine pH 6 bis 8 mit 3 % Saccharose).

Bei präparativen Trennungen wird die Geloberfläche der Säule später mit dieser Probelösung überschichtet.

# Durchführung

## Vorbereiten der präparativen Trennsäule

- Polymerisationslösung von 3,4 % Acrylamid und 2,9 % Bisacrylamid herstellen und mit Essigsäure auf 0,03 M bringen.
- Mit Tris(hydroxymethyl)aminomethan (= Tris) auf pH 4 einstellen.
- Riboflavin als Initiator für die Polymerisation zusetzen.
- Polymerisationslösung in die Säule über die Trägermembran (5 in Bild 2.5.3/4) gießen und mit Licht polymerisieren.

## Probenaufgabe

- Die Oberfläche der polymerisierten Gelsäule mit Probelösung überschichten.
- Die Probelösung mit Terminatorelektrolyt, z. B. Tris/Glycin pH 8,5 mit 0,22 M Glycin) überschichten.

## Trennung

Nach dem Anlegen der elektrischen Spannung ordnen sich die zu trennenden Ionen (z. B. Proteine) und die Ampholytmoleküle im elektrischen Feld entsprechend ihrer elektrophoretischen Beweglichkeit und wandern in die Säule hinein. Beim Austreten der Proteinmoleküle aus der Trennsäule werden sie mit einem Elutionspuffer aus der Elutionskammer herausgewaschen und durch den Detektor geleitet. Eine analytische Trennung dauert bei 30 kV 20 bis 40 Minuten. Die präparative Trennung wird mit 500 V begonnen und endet mit maximal 1600 V. Dabei steigt die Stromstärke von 7 auf 10 mA an. Die Trennzeit beträgt unter diesen Bedingungen 15 bis 20 Stunden.

## Isolieren der Substanzen

Die eluierten Proteine enthalten neben den Pufferionen auch noch Spacerionen. Sie können mit Hilfe der Gelchromatographie (Kap. 2.1.5) abgetrennt werden. Die reinen Proteinfraktionen werden dann entweder tiefgefroren oder gefriergetrocknet (Kap. 1.7).

# Dokumentation

Das Elutionsprofil wird direkt wiedergegeben als

- Temperatur-Zeit-Diagramm (Bild 2.5.3/5), eventuell zusammen mit dem differentiellen Temperatur-Zeit-Diagramm (Bild 2.5.3/3a), oder als
- UV-Absorption ($A$) aufgetragen gegen die Zeit (Bild 2.5.3/3a und Bild 2.5.3/5)

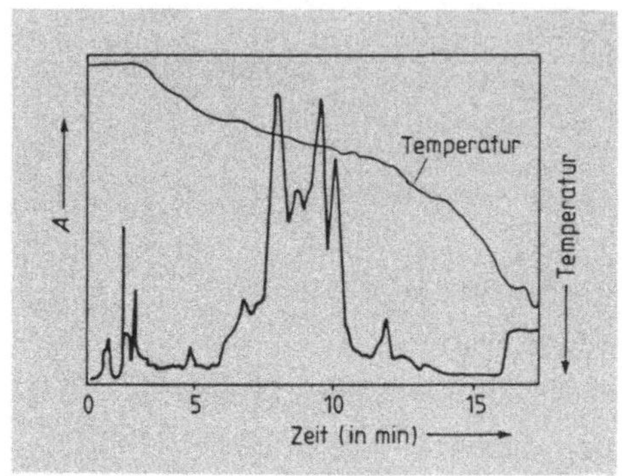


**Bild 2.5.3/5**
**Beispiel für die Dokumentation einer elektrophoretischen Trennung** (nach Haglund):

Trennung von Hämoglobin. Probelösung: 1 µl Hämoglobin (4 %ige Lösung) und 4 µl einer 1:50 verdünnten Ampholinelösung (pH 6−8); Kapillare 43 cm, Temp. 20 °C; Stromstärken: während der Startphase 40 µA, während der Detektion (bei 254 nm) 20 µA; Endspannung 21 kV. Die erste Zone erscheint nach 25 Minuten. Die Signale des Thermodetektors und des UV-Detektors sind um etwa 1 Minute gegeneinander verschoben.

Weitere Angaben:

- Polymerisationsbedingungen bei präparativen Trennungen
- Angaben zur Zusammensetzung der Puffer
- Spannung und Stromstärken
- Angaben über Probevolumen und verwendete Spacer

Ein Beispiel für die Dokumentation ist in Bild 2.5.3./5 gegeben.


# Anwendungsbereich

- Analytische Trennungen (µg-Bereich) von Peptiden, Proteinen, Nucleotiden, organischen Säuren, Metallionen (zum Teil auch Isotopen) mit hoher Auflösung
- präparative Trennungen von Proteinen im Gramm-Maßstab möglich
- wegen des Konzentrierungseffekts können µg-Mengen aus großem Volumina in scharfe Zonen konzentriert werden
- Bestimmung von elektrophoretischen Beweglichkeiten


# Literatur

*H. Haglund*, Science Tools, LBK Instrument Journal 17, No. 1, S. 2−13 (1970)

*O. Mikes*, Laboratory Handbook of Chromatographic and Allied Methods, Ellis Horwood, Chichester 1979

*I. Smith*, Chromatographic and Electrophoretic Techniques, Bd. II, 4. Aufl., Heinemann, London 1976

# 2.6 Planung einer Trennung von Stoffen biologischer Herkunft

Der erste Schritt jeder Trennung biologisch aktiver Substanzen ist eine Extraktion in irgendeiner Art. Dabei fallen große Flüssigkeitsmengen eines Gemisches aus vielen Komponenten an. Die darauf folgenden Trenn- und Reinigungsmethoden müssen mehrere Voraussetzungen erfüllen:

- schnelle Abtrennung des Produkts von abbauenden Begleitproteinen (beispielsweise Proteasen, Hydrolasen etc.)
- hoher Anreicherungsfaktor
- große Flüssigkeitsvolumina müssen gut verarbeitet werden können

Zwei Verfahren erfüllen diese Bedingungen:

- **Fällung am isoelektrischen Punkt** bei hoher Ionenstärke (z. B. mit Ammoniumsulfat). Sie ist einfach auch bei großen Substanzmengen durchführbar. Eine Fällung gelingt nicht bei Komponenten mit niedrigen Molmassen, da sie unter diesen Bedingungen zu gut löslich sind.
- **Adsorption.** Hierzu eignen sich Ionenaustauscher im „Batch-Verfahren", d. h. der Ionenaustauscher wird in der aktivierten Form in die Lösung eingerührt, nach dem Äquilibrieren abfiltriert, gut nachgewaschen und die gewünschten Substanzen (allerdings nicht frei von Begleitproteinen) mit einem Puffer hoher Ionenstärke (oder geeignetem pH-Wert) desorbiert (vgl. Kap. 2.1.3). Hierbei tritt ein starker Konzentrierungseffekt auf. Allerdings muß die Proteinlösung anschließend entsalzt werden.

  Viele Proteine werden auch in starken Puffern von hydrophoben Gelen adsorbiert (z. B. Octyl- oder Phenyl-Sepharose) und können dann mit Wasser desorbiert werden (vgl. Kap. 2.1.1). Auch mit dieser Methode kann eine beträchtliche Anreicherung erreicht werden.

Im zweiten Schritt schließt sich eine gelchromatographische Trennung an (vgl. Kap. 2.1.5), da mit ihr ein großer Teil von Begleitsubstanzen bereits in einem chromatographischen Lauf abgetrennt werden kann. Wenn Anhaltspunkte über die Molmasse der zu isolierenden Substanz vorliegen, können die chromatographischen Bedingungen verhältnismäßig einfach festgelegt werden. Die im ersten Schritt erhaltenen, konzentrierten Probelösungen werden direkt auf die Säule aufgetragen. Falls das Volumen nicht zu groß ist, können auch große Substanzmengen verarbeitet werden. Im Eluat werden die interessierenden Fraktionen vereinigt und gleichzeitig alle Begleitsubstanzen mit anderen Molmassen ausgeschieden. Das Rohprodukt liegt anschließend in einer verdünnten Lösung niedriger Ionenstärke vor und kann direkt der Ionenaustausch-Chromatographie zugeführt werden.

Die Kombination Gelchromatographie/Ionenaustausch-Chromatographie ist besonders vorteilhaft, da die gewünschte Substanz schnell und in reiner Form oder zumindest stark angereichert erhalten wird. Anhaltspunkte über den isoelektrischen Punkt (pI) der interessierenden Komponenten erleichtert das Auffinden der optimalen Trennbedingungen.

Die bei der Gelchromatographie anfallenden Lösungen werden beim Auftragen auf den Ionenaustauscher adsorbiert. Durch Elution mit einem Salz- oder pH-Gradienten werden die Substanzen meist in konzentrierter Lösung erhalten.

Vor der weiteren Verarbeitung oder analytischen Kontrolle muß der Puffer entfernt werden. Hierfür eignen sich zwei Verfahren:

- Membranfiltration (Kap. 1.5) und Dialyse (Kap. 1.6) für große Volumina
- Gelchromatographie (Kap. 2.1.5) auch für kleine Volumina

Die Methode der weiteren Verarbeitung bzw. der analytischen Kontrolle richtet sich nach der Molekülgröße der zu isolierenden Substanz. Für Molmassen < 3000 können dünnschicht- oder papierchromatographische bzw. elektrophoretische Methoden in Betracht gezogen werden. Für Moleküle mit Molmassen > 3000 eignen sich die Polyacrylamid-Gelelektrophorese (Kap. 2.5.1.3) oder die isoelektrische Fokussierung (Kap. 2.5.2)

Zur Isolierung müssen die Substanzen in wäßriger Lösung oder in einem flüchtigen Puffer vorliegen. Dann können sie bis zur weiteren Verwendung bei − 30 °C eingefroren oder für eine längere Lagerzeit gefriergetrocknet werden (Kap. 1.7). In Bild 2.6/1 ist dieser Trennungsgang schematisch wiedergegeben.

Parallel dazu kann die hochselektive Methode der Affinitätschromatographie (Kap. 2.1.4) eingesetzt werden. Voraussetzung allerdings ist, daß geeignete Trennmaterialien bereits vorhanden sind.

In neuerer Zeit wird auch vermehrt die Hochdruck-Flüssigkeitschromatographie angewendet. Zwar haben sich für niedermolekulare Substanzen gute Ergebnisse erzielen lassen, für hochmolekulare Substanzen liegen aber noch nicht genügend geeignete Trennmaterialien vor, so daß hier bevorzugt elektrophoretische Methoden eingesetzt werden.

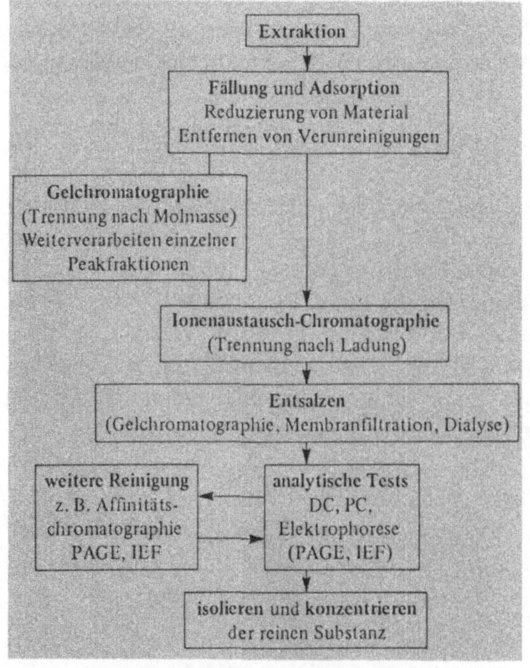


**Bild 2.6/1**

**Trennungsgang für Substanzen biologischer Herkunft.** Abkürzungen: DC = Dünnschichtchromatographie, PC = Papierchromatographie, PAGE = Polyacrylamid-Gelelektrophorese, IEF = isoelektrische Fokussierung

# Kapitel 3

# Analytische Methoden

Als analytische Methoden werden die Untersuchungsverfahren bezeichnet, die zur qualitativen oder quantitativen Bestimmung von Verbindungen oder deren Eigenschaften geeignet sind.

Die Auswahl der analytischen Methoden richtet sich nach der Art der Probe, Probenmenge und Zielsetzung (vgl. die Übersicht im Inhaltsverzeichnis). Die Vorgehensweise bei der Analyse von Substanzen ist in folgendem Schema dargestellt:

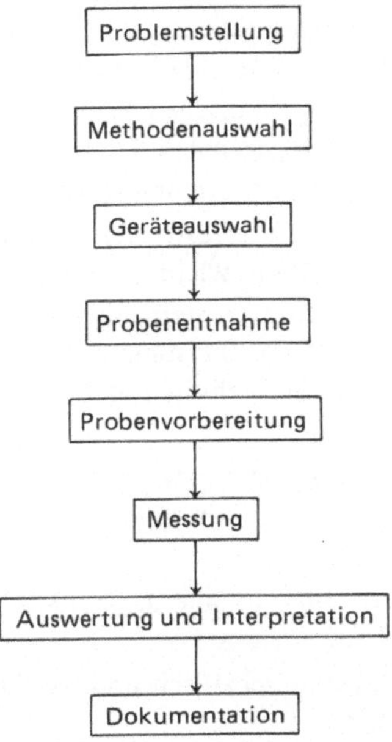


Die Dimensionsbezeichnung wird durch die zur Verfügung stehende Probenmenge festgelegt und wie folgt eingeteilt:

| Dimension | Probenmenge (in g) |
| --- | --- |
| Makro | $0{,}5 - 100$ |
| Halbmikro | $0{,}01 - 0{,}5$ |
| Mikro | $10^{-3} - 10^{-2}$ |
| Ultramikro | $< 10^{-3}$ |

Die Empfindlichkeit einer Methode ist durch die Erfassungsgrenze gekennzeichnet. Sie ist als kleinste, mit Sicherheit bestimmbare Stoffmenge definiert.

# 3.1 Reinheitskontrolle

Eine Substanz ist rein, wenn sie aus Molekülen gleicher Art besteht und wird als rein bezeichnet, wenn sich durch analytische Methoden keine fremden Verbindungen nachweisen lassen.

In der klassischen organischen Chemie gilt ein Stoff als rein, wenn seine physikalischen Eigenschaften (Schmelzpunkt, Siedepunkt, Brechungsindex) auch nach wiederholter Reinigung wie durch Umkristallisieren oder Destillieren konstant bleiben. Die Reinheitsbeurteilung auf Grund der Bestimmung dieser physikalischen Konstanten besitzt heute noch ihren Stellenwert im Laboralltag, rückt jedoch gegenüber den modernen spektroskopischen und chromatographischen Verfahren immer mehr in den Hintergrund.

Reinheitskontrollen sind in der Laborpraxis häufig erforderlich, um den Erfolg von durchgeführten Reinigungsoperationen zu überprüfen. Wichtig ist dabei vor allem die richtige Auswahl aus der großen Zahl der zur Verfügung stehenden Methoden. Die Entscheidung für eine bestimmte Methode hängt von der Substanz und den zur Verfügung stehenden Geräten ab, wobei eine Kombination von mehreren Methoden oft vorteilhaft ist.

Sind mit chemischen Methoden keine Verunreinigungen nachweisbar, so wird die Substanz als „chemisch rein" (bis $10^{-1}$ %), bei Verwendung von spektroskopischen Methoden als „spektroskopisch rein" (bis $10^{-7}$ %) bezeichnet.

Reinheitsprüfungen für viele Einzelsubstanzen sind in pharmazeutischen Werken, wie z. B. im Deutschen Arzneibuch (DAB) angegeben.

Handelsübliche Reinheitsgrade — diese sind substanzspezifisch und werden teilweise von den Herstellern unterschiedlich definiert — sind:

| | | |
|---|---|---|
| p.a. | pro analysi | analysenrein |
| puriss. | purissimum | reinst |
| pur. | purum | rein |
| dep. | depuratum | gereinigt |
| techn. | technisch | technisch rein |
| crd. | crudum | roh |

Spezielle Reinheitsgrade:

| | | |
|---|---|---|
| pro inject. | pro injectione | zur Injektion geeignet |
| subl. | sublimatum | sublimiert |
| praec. | praecipitatum | gefällt |

# 3.1.1 Schmelzpunktbestimmung

Der Schmelzpunkt einer Substanz ist die Temperatur, bei der die feste
in die flüssige Phase übergeht; beide Phasen stehen im Gleichgewicht
und haben denselben Dampfdruck. Die Bestimmung des Schmelzpunktes dient zur Reinheitskontrolle und Identifizierung der Substanz.

## Grundlagen

Beim Schmelzen eines Stoffes bleibt die Temperatur während der Auflösung der Kristallstruktur konstant (s. Bild 3.1.1/1). Strenggenommen muß man noch die Druckabhängigkeit berücksichtigen, daher gilt die obige Definition nur bei einem Druck von 101 kPa
(760 Torr). Da jedoch kaum eine Volumenänderung eintritt, ist der Schmelzpunkt praktisch druckunabhängig (Clausius-Clapeyronsche Gleichung; s. Kap. 1.3.2). Der Begriff
Schmelzpunkt wird für den Phasenübergang von fest nach flüssig verwendet, während
beim umgekehrten Vorgang vom Erstarrungs- oder Gefrierpunkt gesprochen wird.

Reine Verbindungen besitzen einen scharfen Schmelzpunkt. Die Genauigkeit bei der
üblichen Bestimmung beträgt ca. $\pm\,0{,}5$ K. Durch die Ermittlung von Schmelzkurven
wird eine wesentlich genauere Bestimmung ermöglicht ($\pm\,10^{-2}$ K). Gemenge verschiedener Stoffe zeigen je nach Mischbarkeit unterschiedliches Verhalten. Bei Mischbarkeit
der Phasen besitzen sie keinen scharfen Schmelzpunkt, sondern einen Schmelzbereich
(Schmelzintervall).

Dieser liegt tiefer als die Schmelzpunkte der reinen Komponenten und ist bedingt durch
die Schmelzpunkterniedrigung. Bei ineinander unlöslichen Komponenten wird der
Schmelzpunkt des Gemisches nicht beeinflußt. Homogen schmelzende Komponenten
verhalten sich wie ein reiner Stoff; ein solches Gemisch heißt eutektisches Gemisch. Tritt
vor Erreichen des Schmelzpunktes oder beim Schmelzen eine chemische Veränderung
ein, so spricht man vom Zersetzungspunkt. Amorphe Stoffe und Polymere besitzen
keine scharfen Schmelzpunkte wie kristalline Substanzen, sondern einen Erweichungs-
bereich.

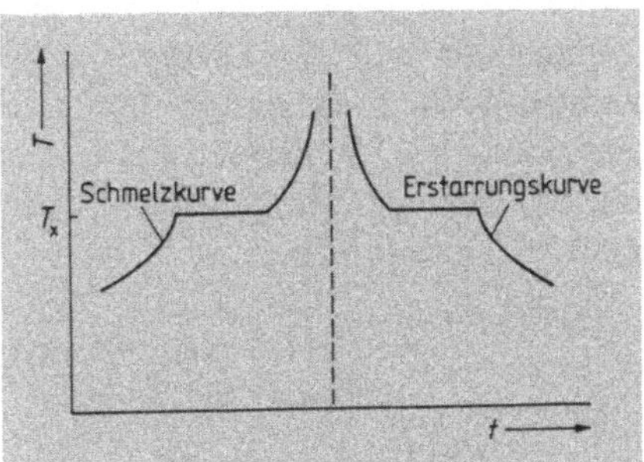


**Bild 3.1.1/1**
**Schmelz- und Erstarrungskurven einer reinen**
**Substanz**
$T$ = Temperatur
$T_x$ = Schmelz- bzw. Erstarrungstemperatur
$t$ = Zeit

Mit einer Zunahme der Molmasse ist meist auch ein höherer Schmelzpunkt zu beobachten. Außerdem besteht ein Zusammenhang zwischen Schmelzpunkt und Molekülstruktur (vergleiche: *n-/i*-Alkane, *cis-/trans*-Stereoisomere, Einfluß der Wasserstoffbrückenbindung).

## Mischschmelzpunkt

Der Mischschmelzpunkt stellt ein einfaches und klassisches Kriterium für die Reinheit einer Verbindung dar. Er wird zur Identifizierung einer Substanz als sog. Mischschmelzprobe durchgeführt (s. unter „Durchführung"). Da ein bestimmter Schmelzpunkt für mehrere Verbindungen zutreffen kann, wird zum Ausschluß der anderen möglichen Substanzen die Probe mit den in Frage kommenden Verbindungen im Verhältnis 1:1 gemischt und die Schmelzpunkte der Mischungen bestimmt. Nur die Mischung im Verhältnis 1:1 mit sich selbst zeigt einen scharfen Schmelzpunkt, während die anderen als zur Hälfte verunreinigte Substanzen ein Eutektikum bilden und einen tieferen Schmelzpunkt aufweisen (s. Bild 3.1.1/2). Verschiedene Substanzen können den gleichen Schmelzpunkt besitzen, jedoch ist es sehr unwahrscheinlich, daß zwei verschiedene Verbindungen nach der Mischung denselben Schmelzpunkt zeigen. Liegt der Schmelzpunkt der Mischung tiefer, ist dies eine schnelle Methode, um eine Identität auszuschließen.

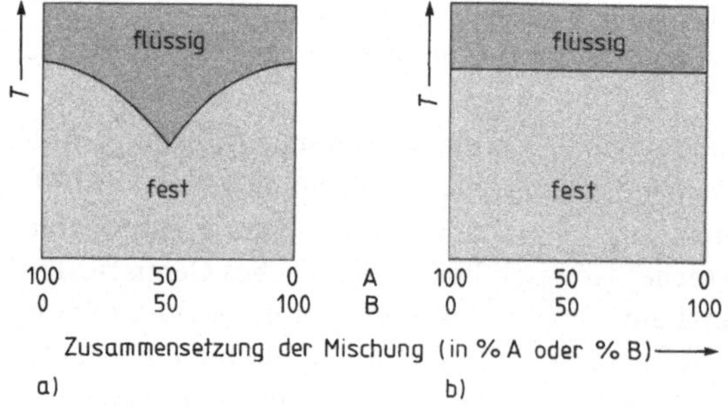


**Bild 3.1.1/2**

**Temperatur-Zusammensetzungs-Diagramme von Mischungen**

a) Substanz A und B sind nicht identisch (z. B. hier: eutektischer Punkt bei 50 %-Gemisch)

b) beide Substanzen sind identisch

## Thermometerkorrektur

Aufgrund der Temperaturdifferenz zwischen der Umgebung und der Temperatur des Thermometerfadens ist eine Thermometerkorrektur erforderlich, falls das Thermometer nicht schon entsprechend geeicht ist. In diesem Fall trägt das Thermometer eine Aufschrift über die Eichung mit Angabe der mittleren Fadentemperatur. Ansonsten wird die Thermometerkorrektur unter Verwendung folgender Formel durchgeführt:

$$T = T_1 + k \cdot n \cdot (T_1 - T_2)$$

$T$ = reale Temperatur
$T_1$ = beobachtete Temperatur

$T_2$ = Temperatur des Thermometerfadens in Höhe der Mitte des heraus-
    ragenden Teils (Bestimmung mit zweitem Thermometer)

$k$ = Ausdehnungskoeffizient (z. B. $1{,}6 \cdot 10^{-4}$ für Quecksilber in Jenaer
    Glas)

$n$ = Länge des Thermometerfadens außerhalb des Heizbades (in Graden)

Detaillierte Angaben sind aus Tabellenwerken zu entnehmen (s. Literatur). Zur Abschätzung der Größenordnung der Thermometerkorrektur seien als Faustregel zwei Werte
angegeben:

ca. 0,5 K bis etwa 100 °C
ca. 3 bis 5 K bis etwa 200 °C

## Geräte

Zur Schmelzpunktbestimmung werden eine Reihe verschiedener Geräte benutzt, von
denen die wichtigsten Typen hier beschrieben werden.

### Einfache Apparaturen

Die einfachste Anordnung zur Bestimmung des Schmelzpunkts besteht aus einer am
Thermometer befestigten Schmelzpunktskapillare, die in ein Heizbad getaucht wird (s.
Bild 3.1.1/3). Wenn die Badflüssigkeit mit Hilfe eines Magnetrührers durchmischt wird,
erhält man mit diesen einfachen Mitteln schon brauchbare Resultate. Bei der Apparatur
nach Thiele wird durch Konvektion für eine gleichmäßige Erwärmung der Badflüssigkeit
gesorgt (s. Bild 3.1.1/4). Als Badflüssigkeiten werden vor allem Siliconöl, Paraffinöl oder
konzentrierte Schwefelsäure gebraucht.

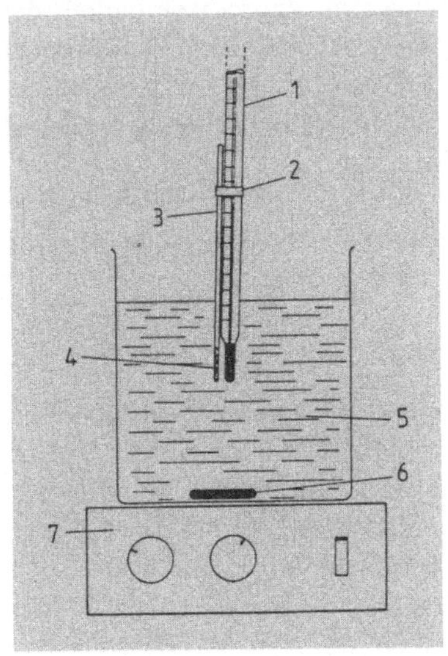

**Bild 3.1.1/3**

**Einfache Vorrichtung zur Bestimmung des Schmelz-
punktes mit der Kapillare**

1  Thermometer
2  Befestigungsring
3  Schmelzpunktskapillare
4  Probe
5  Heizbad
6  Magnetkern
7  Magnetrührer

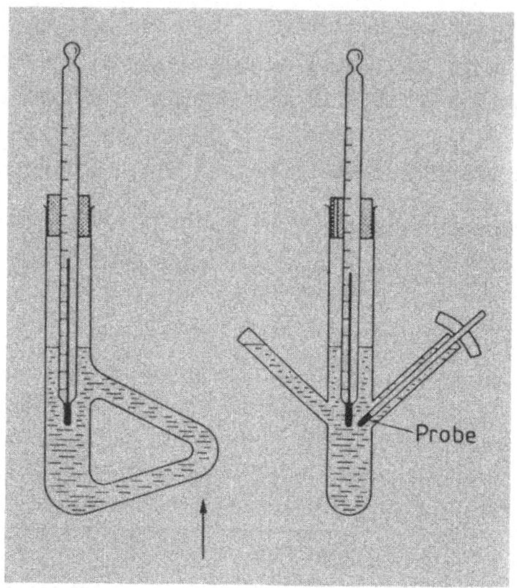

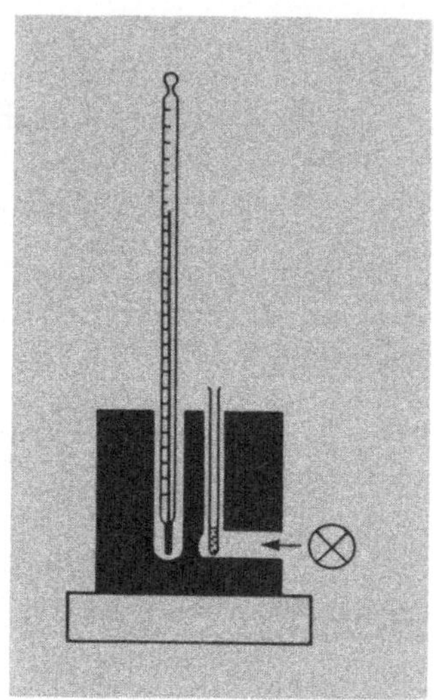



**Bild 3.1.1/4 Schmelzpunktbestimmungs-
apparatur nach Thiele**

a) Seitenansicht, b) Vorderansicht. Das
Heizen kann z. B. mit einer Bunsenbrenner-
flamme erfolgen

**Bild 3.1.1/5 Metallblock-Apparat
zur Schmelzpunktbestimmung**

## Standardapparate

Der Schmelzpunktbestimmungsapparat nach Dr. Tottoli basiert auf dem Thiele-Gerät
und findet in vielen Labors Verwendung. Eine einstellbare elektrische Heizung und eine
mechanische Rührung gestatten bei diesem Gerätetyp eine gute Reproduzierbarkeit der
Meßwerte. Dieses Gerät sollte aber nur bis zu Temperaturen von 190 °C verwendet
verwendet werden. Bei höheren Schmelzpunkten (bis ca. 500 °C) wird ein Metallblock-
Apparat verwendet (sog. Schmelzblock), der natürlich auch zur Bestimmung niedriger
Schmelzpunkte verwendet werden kann (s. Bild 3.1.1/5). Dieses Gerät besteht aus einem
Metallzylinder aus Kupfer oder Aluminium, der meist elektrisch beheizt wird. Der so
bestimmte Schmelzpunkt liegt stets höher als der in einem Gerät mit Heizbad gemessene
Schmelzpunkt, da die Wärmeübertragung dort langsamer vor sich geht.

## Automatisierte Geräte

Bei modernen Geräten wird mit Hilfe einer Lichtschranke die Messung automatisch
vorgenommen und der Schmelzpunkt nach ca. 10 Minuten digital angezeigt. Der Vorteil
solcher Geräte liegt neben der Bequemlichkeit vor allem in der sehr guten Reproduzierbarkeit, die durch die genau einstellbare Aufheizgeschwindigkeit gewährleistet ist. Wie in
Bild 3.1.1/6 dargestellt, geht von der Lampe ein Lichtstrahl durch die Probe und trifft
dann auf eine Fotozelle. Beim Schmelzvorgang erhöht sich die von der Fotozelle registrierte Lichtintensität, die durch einen elektrischen Impuls die digitale Temperaturan-

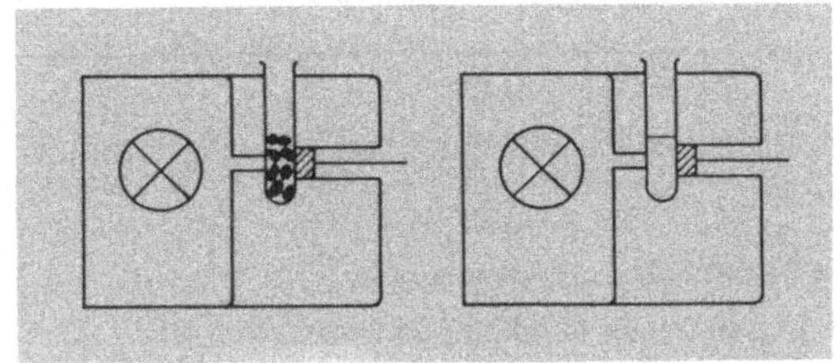

**Bild 3.1.1/6**
**Prinzip des Automatikgerätes zur Schmelzpunktbestimmung:** Mit Hilfe einer Fotozelle wird die Lichtintensität eines durch die Probe gelenkten Lichtstrahls registriert. Die sich beim Schmelzvorgang ändernde Lichtintensität wird mit einem Schreiber aufgezeichnet oder der Meßwert digital angezeigt

zeige ermöglicht. Vor Beginn der Messung wird die Starttemperatur eingegeben und die Aufheizgeschwindigkeit eingestellt (z. B. 5 K pro Minute für Orientierungsbestimmungen und 0,2 K für genaue Messungen). Gleichzeitig kann bei manchen Geräten noch mit einem Schreiber die Schmelzkurve vollautomatisch registriert werden. Automatische Geräte sind für einen Meßbereich von − 20 bis + 300 °C verfügbar, eignen sich aber weniger zur Bestimmung von Schmelzintervallen. Sehr genau ist das Eintauchen eines Thermoelementes in eine Probe, da hierbei keine Trägheitsverluste bei der Wärmeübertragung auftreten. Dazu sind aber größere Probenmengen erforderlich als bei der Bestimmung mit der Kapillare.

## Heiztischgeräte

Die Kofler-Heizbank (s. Bild 3.1.1./7) dient zur raschen Grobbestimmung von Schmelzpunkten. Die Substanz wird hier direkt auf den Heiztisch gestreut, auf dem durch elektrische Heizung ein praktisch lineares Temperaturgefälle erzeugt wird. Die Genauigkeit beträgt ca. 2 K in einem Meßbereich von 50 bis 250 °C.

Beim Mikroheiztisch (bis ca. 250 °C) werden einzelne Kristalle auf einem Objektträger mit Vertiefung und Deckglas, der auf einem elektrisch beheizten Metallheiztisch aufliegt, unter dem Mikroskop auf ihr Schmelzverhalten untersucht. Da einzelne Kristalle beobachtet werden können, ist die Bestimmung sehr genau. Ein weiterer Vorteil des Geräts ist der geringe Substanzbedarf (mg bis $\mu$g).

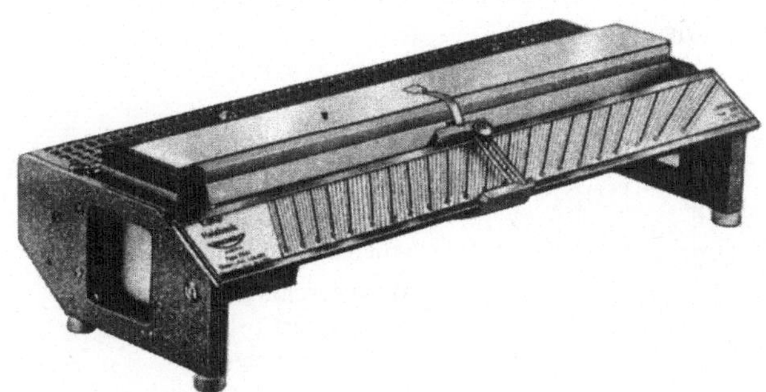

**Bild 3.1.1/7**
**Heiztisch zur Schmelzpunktbestimmung** (Heizbank nach Kofler; *M. Kuhnert-Brandstetter*, Sci. Pharm. **34**, 147 (1966))

## Probenvorbereitung

Der Substanzbedarf beträgt bei Verwendung einer Schmelzpunktskapillare nur wenige Milligramm, beim Mikroheiztisch noch weniger.

- Die getrockente Probe in einer Reibschale fein zerreiben.
- Offenes Ende der Schmelzpunktskapillare (an einem Ende zugeschmolzene Glaskapillare, die 7 bis 10 cm lang ist und ca. 1 mm Durchmesser hat) in die Substanz eindrücken und diese zum verschlossenen Ende der Kapillare befördern (der Substanzzylinder sollte ca. 1 bis 3 mm hoch sein).
- Dazu Kapillare zwischen Zeigefinger und Daumen halten und den Handballen gegen die Tischplatte klopfen oder die Substanz mit einem Glasfaden durch die Kapillare schieben. Elegant ist die Verwendung eines Glasrohres (30 bis 50 cm lang, ca. 5 mm Durchmesser), durch das man die Kapillare auf die Tischplatte fallen läßt. Der elastische Stoß befördert das Pulver auf den Kapillarboden.

## Durchführung

- Falls der Schmelzpunkt unbekannt ist, empfiehlt sich zuerst eine orientierende Bestimmung mit raschem Aufheizen.
- Die Kapillare in das Heizbad mit Thermometer bzw. in das Gerät stellen. Da meist Platz für drei Kapillaren vorgesehen ist, kann bei Vergleichsproben eine Simultanbestimmung durchgeführt werden.
- Langsam hochheizen, je nach Schmelztemperatur ca. 5 bis 10 K pro Minute. Kurz vor Erreichen des Schmelzpunktes (ca. 10 bis 20 K tiefer) die Aufheizgeschwindigkeit entsprechend reduzieren (2 bis 0,2 K pro Minute), da sonst die Bestimmung wegen der Trägheit der Wärmeleitung des Systems ungenau wird.
- Die Temperatur des Schmelzpunktes ist dann erreicht, wenn die Substanz gerade anfängt zu schmelzen, d. h. klar und transparent wird (s. Bild 3.1.1/8).
- Als Schmelzbereich werden die Temperaturwerte bei Beginn und Ende des Schmelzvorganges angegeben. Dabei ist zu beachten, daß oft zuerst ein Schrumpfen und Sintern der Substanz und dann erst das Schmelzen eintritt.
- Nach Beendigung der Messung wird die Heizung sofort, die Rührung zur Schonung des Gerätes erst nach Abkühlung abgestellt.

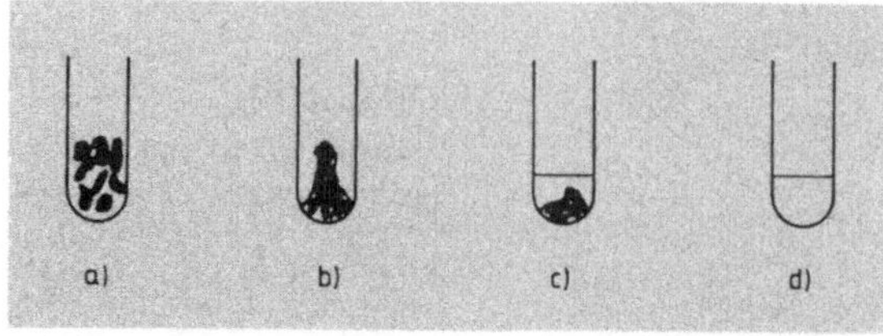


**Bild 3.1.1/8**
**Stadien beim Schmelzvorgang,**
schematisch:
a) ungeschmolzen
b) gesintert
c) Schmelzbeginn
d) geschmolzen

- Bei Proben, die hygroskopisch sind oder sublimieren, wird die Kapillare zugeschmolzen.
- Bei Substanzen, die sich zersetzen, wird die Kapillare erst bei einer Badtemperatur eingeführt, die ca. 10 K unterhalb des erwarteten Schmelzpunktes liegt.

## Bestimmung des Gefrierpunktes

Der Gefrier- oder Erstarrungspunkt von Flüssigkeiten kann mit denselben Geräten unter Verwendung von Kühlsystemen gemessen werden. Für eine Schnellbestimmung reicht meist eine Kapillare mit Thermometer aus, die in ein entsprechendes Kältebad (s. 4.1) gestellt wird. Die Temperatur des Bades sollte wenige Grade unterhalb des erwarteten Gefrierpunktes liegen.

## Mischschmelzprobe

Wenige Milligramm der Probe werden jeweils mit den gleichen Mengen der in Frage kommenden Substanzen gemischt, fein zerrieben und wie oben beschrieben in die Schmelzpunktskapillaren überführt. Es wird dann eine Simultanbestimmung aller Proben durchgeführt.

## Fehlerquellen

- Zu rasches und ungleichmäßiges Aufheizen (Werte werden schlecht reproduzierbar).
- Ungenaue Beobachtung (Vorsicht bei Sintern und bei Zersetzung!).
- Substanz nicht fein pulverisiert oder nicht trocken.
- In manchen Fällen ist eine Hydratform zu beachten.
- Verschiedene Kristallmodifikationen durch polymorphe Umwandlung (Differenzen sind bis zu 20 K möglich).
- Thermometer ungenau. Gelegentlich sollte das Thermometer des Schmelzpunktbestimmungsapparates nachgeeicht werden. Dazu sind die in der Tabelle 3.1.1/1 aufgeführten Verbindungen geeignet.

**Tabelle 3.1.1/1**
Schmelzpunktstandards zur Thermometereichung (Der Tripelpunkt von Benzoesäure liegt bei genau 122,37 °C und ist Bezugspunkt in der internationalen praktischen Temperaturskala).

| Verbindung | Schmelzpunkt °C |
|---|---|
| Eis | 0 |
| Benzophenon | 48 |
| Naphthalin | 80 |
| Benzoesäure | 122 |
| Salicylsäure | 160 |
| 3,5-Dinitrobenzoesäure | 205 |
| Saccharin | 228 |

## Dokumentation

Der Schmelzpunkt einer Verbindung wird am Ende der präparativen Vorschrift oder als Reinheitsmerkmal bei Ausgangssubstanzen angegeben. Falls der Schmelzpunkt korrigiert wurde, wird dies in Klammern hinzugefügt. Ebenso erfolgt die Angabe des Lösungsmittels für die Umkristallisation oder eine eventuelle Zersetzung in Klammern. Folgende Abkürzungen für Schmelzpunkt werden in der Literatur gebraucht: F., Fp. (= Fusionspunkt), m.p. (= melting point), Smp., Schmp.

*Beispiele:*

> Fp. 145 °C (Aceton)
> Smp. 117 °C (korr.)
> F. 245 °C (Zers.)
> Fp. 198 °C (Schmelzblock; Ethanol)
> m.p. 134–136 °C (Ethanol)

## Anwendungsbereich

Die Vorteile der Schmelzpunktbestimmung sind die einfache und schnelle Durchführung und der geringe Substanzbedarf.

- Identifizierung und Charakterisierung von Feststoffen im Vergleich zum Literaturwert (nach chemischer Derivatisierung können auch flüssige Verbindungen verwendet werden)
- Reinheitsprüfung („scharfer Schmelzpunkt")
- Prüfung der Thermostabilität

## Literatur

*G. M. Barrow,* Physical Chemistry, 3. Auflage, S. 605, McGraw-Hill, New York 1973. Deutsche Ausgabe: *G. M. Barrow,* Physikalische Chemie, 6. Auflage, Bohmann, Wien, und Vieweg, Braunschweig 1984.

*L. Kofler, W. Kofler,* Thermo-Mikro-Methoden zur Kennzeichnung organischer Stoffe und Stoffgemische, Verlag Chemie, Weinheim 1954

*E. L. Skau, J. C. Arthur,* in: *A. Weissberger,* Technique of Organic Chemistry, Bd. 1/1, S. 287, Wiley-Interscience, New York 1959

**Tabellenwerke:**

*R. Kempf, F. Kutter,* Schmelzpunkttabellen zur organischen Molekularanalyse, Vieweg, Braunschweig 1928

*W. Utermark, W. Schicke,* Schmelzpunkttabellen organischer Verbindungen, Vieweg, Braunschweig 1963

s. Literatur von Kap. 1.1

# 3.1.2 Siedepunktbestimmung

Der Siedepunkt einer Substanz ist die Temperatur, bei der der Dampfdruck seiner flüssigen Phase gleich dem Umgebungsdruck ist und bei der
die Substanz unter Sieden vom flüssigen in den gasförmigen Aggregatzustand übergeht. Er ist druckabhängig und eine charakteristische Stoffkonstante.

## Grundlagen

Die Druckabhängigkeit des Siedepunkts wird durch die Clausius-Clapeyronsche Gleichung
beschrieben (s. Kap. 1.3.2). Siedepunkte ohne zusätzliche Druckangaben sind auf Normaldruck (101 kPa bzw. 760 Torr) bezogen. Die Umrechnung von Siedepunktsangaben auf
andere Druckwerte wird durch Tabellen und Interpolationskurven erleichtert (s. Kap.
1.3.2).

Für reine Verbindungen und bestimmte Gemische ist der Siedepunkt eine charakteristische
Größe. Bei Lösungen, die Komponenten mit niedrigem Dampfdruck enthalten, beobachtet man eine Siedepunkterhöhung. Eine quantitative Ausnutzung dieses Effekts erfolgt
bei der Ebullioskopie (s. Kap. 3.3.1). Die Beeinflussung der physikalischen Konstante ist
geringer als beim Schmelzpunkt, besonders bei niedrig siedenden Verbindungen. Meist
wird daher außer dem Siedepunkt auch noch der Brechungsindex (s. Kap. 3.1.3) zur
Charakterisierung von Flüssigkeiten mitangegeben. Für azeotrope Gemische, bei denen
sich die Dampfdrucke additiv verhalten, findet man eine Siedepunktserniedrigung (vgl.
Kap. 1.3.1).

Der Siedepunkt wird durch die Molekülstruktur und intermolekulare Wechselwirkungen
wie van-der-Waals-Kräfte, Dipolinteraktionen und Wasserstoffbrückenbindungen beeinflußt:

- In einer homologen Reihe bedingt eine Zunahme der Molmasse eine Zunahme
  des Siedepunkts; z. B. Ethanol 78 °C, *n*-Propanol 97 °C, *n*-Butanol 117 °C.

- Der Siedepunkt hängt von intermolekularen Assoziationen ab: je polarer beispielsweise die funktionelle Gruppe, desto höher der Siedepunkt; z. B. Diethylether 25 °C, Ethanol 78 °C.

- Lineare Verbindungen haben höhere Siedepunkte als verzweigte; z. B. *n*-Butanol
  117 °C, *sek*-Butanol 99 °C, *tert*-Butanol 82 °C.

## Geräte

Oft wird der Siedepunkt bei der Reinigungsdestillation mitbestimmt, wobei gleichzeitig
auch für Destillationen bei reduziertem Druck eine Druckmessung möglich ist (s. Kap. 1.3).
Außerdem können auch Ebulliometer (s. Kap. 3.3.1) zur Siedepunktbestimmung heran-

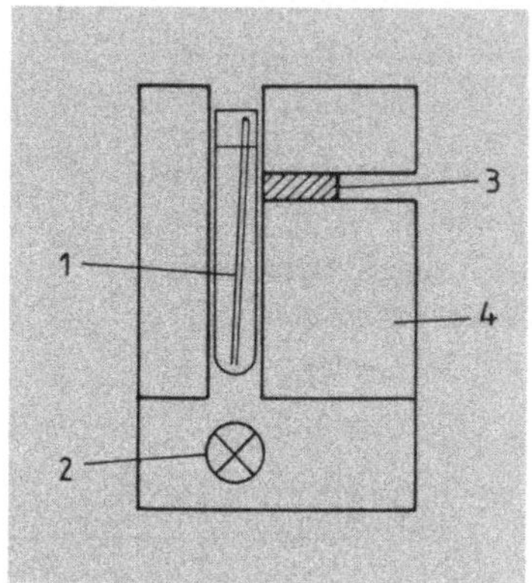

**Bild 3.1.2/1  Automatisiertes Gerät
zur Siedepunktbestimmung**

1   Siedekapillare in Probe
2   Lichtquelle
3   Photozelle
4   Heizquelle

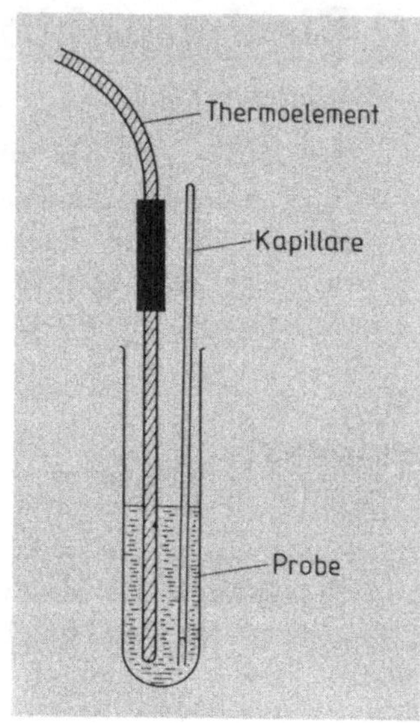


**Bild 3.1.2/2  Siedepunktbestimmung
mit Thermoelement**

gezogen werden. Für die Bestimmung des Siedepunktes gibt es spezielle Geräte, die zum
Teil auch zusätzlich eine Bestimmung des Schmelzpunkts ermöglichen. Neben einfachen,
selbstgefertigten Apparaturen werden hauptsächlich zwei Gerätetypen verwendet, die hier
beschrieben sind.

Das automatisierte Gerät (s. Bild 3.1.2/1) besteht aus einer Ofeneinheit mit Steuergerät
und ist für einen Temperaturbereich von $-20$ bis $+300\,^{\circ}$C einsetzbar. Die zur Bestimmung eingeführten Probenröhrchen mit Spezialkapillare werden von unten mit einer
Lampe beleuchtet. Bei beginnendem Sieden reflektieren die entstehenden Glasbläschen
in der Flüssigkeit Licht zur Photozelle, deren Impuls zu einer digitalen Anzeige der
Siedetemperatur führt. Die Genauigkeit eines solchen Gerätes liegt bei 0,3 K für einen
Temperaturbereich zwischen 20 und 100 $^{\circ}$C. Da die Aufheizgeschwindigkeit konstant
einstellbar ist (bis 0,2 K pro Minute), sind die experimentellen Werte gut reproduzierbar.

In anderen Geräten werden Thermoelemente verwendet (s. Bild 3.1.2/2). Bei diesem
Gerätetyp wird in die Probenflüssigkeit ein Thermoelement eingebracht, das den Verbrauch der zugeführten Wärme beim endothermen Phasenübergang des Siedens anzeigt.

## Durchführung

**Methode nach Siwolobow** (Probenmenge: $>1$ ml)

- 2 bis 3 Tropfen der Probe werden in ein Glühröhrchen (3 bis 5 $\times$ 100 mm) gefüllt.
- Eine Siedekapillare (z. B. eine Schmelzpunktskapillare, die etwa 5 mm vor einem

Ende zugeschmolzen wurde) wird in die Probe gestellt um Siedeverzüge zu vermeiden.

- Mit Hilfe eines Gummiringes wird das Glühröhrchen an einem Thermometer befestigt und in ein Heizbad getaucht (stattdessen kann auch das Schmelzpunktbestimmungsgerät nach Dr. Tottoli (s. Kap. 3.1.1) verwendet werden).

- Erhitzen, bis ein schneller und ständiger Strom von Bläschen von der Kapillare ausgeht.

- Dann langsam abkühlen lassen und die Temperatur ablesen, bei der der Blasenstrom gerade aufhört.

- Wiederholung der Messung mit maximaler Abweichung von 1 K sichert die Reproduzierbarkeit der Werte.

**Methode nach Emich** (Probenmenge: wenige mg)

- Den Boden einer Schmelzpunktskapillare zu einer ca. 2 cm langen, offenen Kapillare ausziehen (s. Bild 3.1.2/3; 1).

- Kapillare kurz in die Probenflüssigkeit tauchen, um ein Tröpfchen bis an die Erweiterung (2) einzusaugen.

- Die offene Spitze über kleiner Flamme vorsichtig zuschmelzen (3).

- Kapillare in einem Schmelzpunktbestimmungsapparat (s. Kap. 3.1.1) erhitzen, wobei sich das eingeschlossene Luftvolumen ausdehnt.

- Bei Erreichen des Siedepunktes wird das Tröpfchen über den Meniskus der Badfüllung hinausgeschoben: Dieser Temperaturwert wird abgelesen.

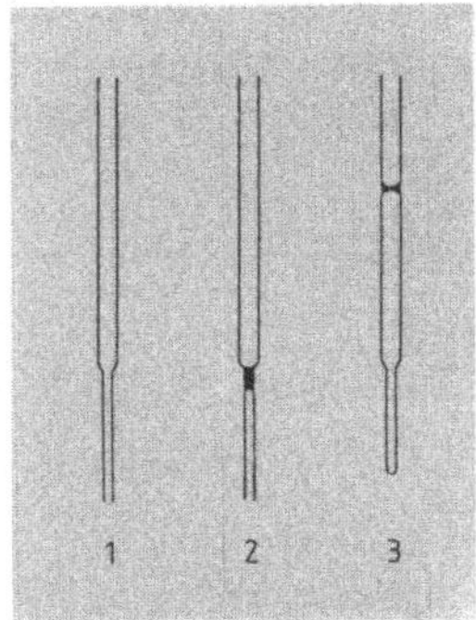

**Bild 3.1.2/3**
**Siedepunktbestimmung nach Emich mit Kapillare**

## Fehlerquellen

- Zu schnelles Erhitzen und Überhitzen
- Thermometerkorrektur nicht berücksichtigt (s. Kap. 3.1.1)
- Keine exakte Druckmessung

- Für hochsiedende Proben bedingt die Trägheit des Systems eine längere Dauer der Gleichgewichtseinstellung bis zur Ablesung
- Bei Destillationsapparaturen: Thermometerflüssigkeitsreservoir nicht vollständig von Probendampf umspült

## Interpretation

Die Abweichung vom Literatur-Siedepunkt (z. B. eine Siedepunktserhöhung) ist ein Maß für die Reinheit der Substanz. Über genaue Einzelheiten zur Abhängigkeit des Siedepunktes von Beimengungen s. Kap. 1.3.1. Die Siedepunktsangaben in der Literatur differieren manchmal, da die für vergleichbare Werte erforderlichen konstanten und reproduzierbaren Meßbedingungen nicht immer eingehalten werden.

## Dokumentation

Es werden verschiedene Arten der Siedepunktsangabe praktiziert. Als Abkürzungen für Siedepunkt werden in der Literatur folgende Bezeichnungen verwendet: Kp. (Kochpunkt), Sdp. (Siedepunkt), bp. (boiling point).

*Beispiel:*

| Gef.: $Kp._2$ 124 °C |
| Lit.: $Kp._2$ 122 °C |

Diese Angabe bedeutet einen gefundenen Siedepunkt von 124 °C bei einem gemessenen Druck von 2 kPa und einen Literatur-Siedepunkt von 122 °C beim gleichen Druck. Bei Normaldruck (101 kPa/760 Torr) wird die zusätzliche Druckangabe meist weggelassen.

## Anwendungsbereich

- Angabe als Stoffkonstante bei Flüssigkeiten
- Identifizierung von flüssigen Verbindungen
- Verlaufskontrolle bei Destillationen

Nachteile der Siedepunktbestimmung sind die starke Druckabhängigkeit und der relativ große Probenbedarf.

## Literatur

*G. M. Barrow,* Physical Chemistry, S. 512, McGraw-Hill, New York 1973. – Deutsche Ausgabe: *G. M. Barrow,* Physikalische Chemie, Bohmann, Wien und Vieweg, Braunschweig, 6. Auflage 1984

# 3.1.3 **Refraktometrie**

Lichtstrahlen ändern beim Übertritt von einem Medium in ein anderes ihre Richtung, sie werden gebrochen. Diese Richtungsänderung ist stoff-, konzentrations- und temperaturabhängig; beschrieben wird sie durch den Brechungsindex. Das Meßverfahren heißt Refraktometrie.

## Grundlagen

Fällt eine Lichtwelle auf eine **Grenzfläche** zwischen zwei Medien, so wird ein Teil der Lichtwelle an der Grenzfläche reflektiert. Der nicht reflektierte Anteil dringt in das zweite Medium ein und breitet sich dort mit anderer Geschwindigkeit und in geänderter Richtung aus. Man nennt diesen Anteil die „gebrochene" Welle. Das Verhältnis der Lichtgeschwindigkeiten – also der Ausbreitungsgeschwindigkeiten des Lichtes – in beiden Medien wird als „relativer Brechungsindex" $n_{12}$ bezeichnet. Für den gebrochenen Anteil der Lichtwelle gilt das Brechungsgesetz von Snellius (s. Bild 3.1.3/1):

**Brechungsgesetz von Snellius**

$$\frac{\sin \alpha_1}{\sin \alpha_2} = n_{12} = \frac{c_1}{c_2} = \frac{n_2}{n_1}$$

$\alpha_1$ = Einfallswinkel
$\alpha_2$ = Brechungswinkel
$n_{12}$ = relativer Brechungsindex (für den Übergang der Lichtwelle von Medium 1 in Medium 2)
$n_1$ = absoluter Brechungsindex von Medium 1
$n_2$ = absoluter Brechungsindex von Medium 2
$c_1$ = Ausbreitungsgeschwindigkeit des Lichts im Medium 1
$c_2$ = Ausbreitungsgeschwindigkeit des Lichts im Medium 2

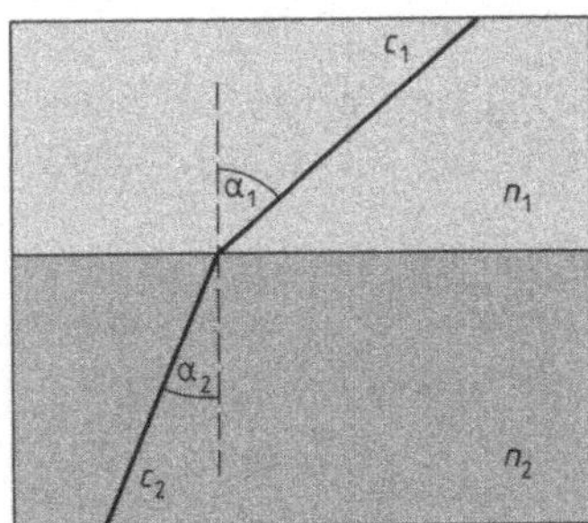

**Bild 3.1.3/1**
Graphische Darstellung
zum Gesetz von Snellius

Bei der Angabe des Brechungsindexes wählt man gewöhnlich ein bestimmtes Medium als Referenz oder Standard; bei Lichtwellen – wie allgemein bei elektromagnetischen Wellen – wird die Ausbreitung im Vakuum als Standardfall angesehen. Man definiert daher das Verhältnis der Vakuumlichtgeschwindigkeit $c$ zur Ausbreitungsgeschwindigkeit des Lichts im Medium als den sogenannten „absoluten Brechungsindex" dieses Mediums. Für das Medium 1 ist der absolute Brechungsindex definiert als:

> **absoluter Brechungsindex**
> $$n_1 = \frac{c}{c_1}.$$

Jedoch ist der Fehler sehr gering, wenn man den absoluten Brechungsindex aus der Brechung beim Übertritt des Lichts von Luft in das zu untersuchende Medium ermittelt. Denn eine elektromagnetische Welle breitet sich im Medium Luft praktisch genau so wie im Vakuum aus. Die auf Luft bezogenen Brechungsindices sind nur um etwa 0,03 % kleiner als die auf Vakuum bezogenen absoluten Brechungsindices.

Da Licht unterschiedlicher Frequenz unterschiedlich gebrochen wird — man bezeichnet dies als Dispersion — muß zur Bestimmung der Brechungsindices monochromatisches Licht bekannter Wellenlänge verwendet werden, beispielsweise das Licht der Natrium-D-Linie (Wellenlänge $\lambda = 583,3$ nm) oder das Licht einer der drei Wasserstofflinien ($H_\alpha$: $\lambda = 656,3$ nm, $H_\beta$: $\lambda = 486,1$ nm, $H_\gamma$: $\lambda = 434,1$ nm). Die verwendete Wellenlänge wird durch einen entsprechenden Index angegeben, z.B.: $n_D$, $n_\alpha$, $n_\beta$, $n_\gamma$.

Die Druckabhängigkeit der Brechungsindices kann in der Praxis vernachlässigt werden, nicht jedoch die Temperaturabhängigkeit: der Brechungsindex nimmt mit steigender Temperatur ab. Soll der Brechungsindex auf die vierte Dezimale genau bestimmt werden, so muß die Temperatur auf $\pm 0,2$ Grad konstant gehalten werden. Thermostatisierung ist daher unbedingt erforderlich.

## Molrefraktion

Hat man den Brechungsindex einer Verbindung gemessen und sind Dichte und Molmasse $M$ bekannt, so kann man nach der Lorentz-Lorentz-Gleichung die sogenannte Molrefraktion $R$ berechnen ($R$ hat die Einheit $m^{-3} \cdot mol^{-1}$):

> **Molrefraktion $R$**
> $$R = \frac{n^2 - 1}{n^2 + 2} \cdot \frac{M}{\rho}.$$

Die Molrefraktion ist der Elektronenpolarisation $\alpha_E$ — das ist der Anteil der dielektrischen Polarisation eines Moleküls, der auf die Polarisierbarkeit der Elektronen zurückzuführen ist — direkt proportional:

$$R = \frac{4\pi}{3} N_0 \, \alpha_E$$

$R$ = Molrefraktion
$N_0$ = Loschmidtsche Zahl = $6,022 \cdot 10^{23}$ mol$^{-1}$
$\alpha_E$ = Elektronenpolarisation in $m^3$

Die Molrefraktion eines Moleküls kann additiv aus Inkrementen, d.h. aus einzelnen Atom- und Bindungsanteilen, zusammengesetzt werden. Diese Inkremente können

Tabellenwerken entnommen werden. Ein Vergleich der berechneten Werte mit der refraktometrisch bestimmten Molrefraktion ermöglicht daher stereochemische Aussagen über das untersuchte Molekül.

## Konzentrationsbestimmung

Aus dem Brechungsindex eines binären Gemisches können die Konzentrationen der beiden Komponenten nach der Gleichung

$$P_1 = 100 \cdot \frac{\dfrac{n-1}{\rho} - \dfrac{n_2 - 1}{\rho_2}}{\dfrac{n_1 - 1}{\rho_1} - \dfrac{n_2 - 1}{\rho_2}}$$

bestimmt werden, sofern die Brechungsindices und Dichten sowohl der Komponenten als auch der Mischung bekannt sind. Es bedeuten:

$$
\begin{aligned}
P_1 &= \text{Massenanteil (Gewichtsprozent) der Komponente 1} \\
n_1, n_2 &= \text{Brechungsindices der reinen Komponente 1 bzw. 2} \\
\rho_1, \rho_2 &= \text{Dichten der reinen Komponente 1 bzw. 2} \\
n &= \text{Brechungsindex der Mischung} \\
\rho &= \text{Dichte der Mischung}
\end{aligned}
$$

## Geräte

Das meistverwendete Gerät ist das Abbe-Refraktometer, dessen wesentliche Bauelemente das Meß- und Beleuchtungsprisma, der Mikroskopteil, der Thermostat und die Lichtquelle sind (s. Bild 3.1.3/2). Der Temperaturbereich der üblichen Laborgeräte reicht

Bild 3.1.3/2. Abbe-Refraktometer

1  Meßprisma
2  Halteknopf
3  Beleuchtungsprisma
4  Okular
5  Rändelring zur Einstellung
6  Trockenpatronen
7  Schraube für Thermometer
8, 9  Anschlüsse für Thermostat

von 0 bis 80 °C, bei der Verwendung von Spezialgeräten, die vor allem in der Industrie eingesetzt werden, von 0 bis 200 °C.

Durch Zusatzgeräte wie temperierbare Durchflußküvetten können Brechungsindices gemessen werden, ohne eine Reaktion zu stören, z.B. bei Über- oder Unterdruck. Der Meßbereich für Brechungsindices reicht von 1,2 bis 1,8, wobei die meisten organischen Flüssigkeiten Brechungsindices zwischen 1,3 und 1,7 aufweisen. Bei automatischen Geräten (s. Bild 3.1.3/3) erfolgt eine elektronische Messung mit digitaler Anzeige und sofortiger Umrechnung auf Normalbedingungen ($t = 20$ °C, $p = 101,32$ kPa). Für speziellere Anwendungen sind auch Eintauchrefraktometer im Handel.

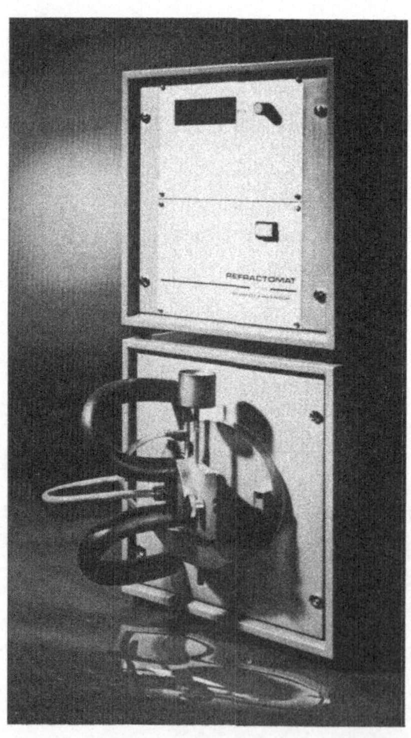


**Bild 3.1.3/3**
Automatisches Refraktometer mit
Digitalanzeige für Einzel- und Serien-
messungen sowie für die kontinuierliche
Überwachung

Obwohl die Messung eigentlich mit monochromatischem Licht vorgenommen werden müßte, kann in der Praxis mit einer normalen Lichtquelle (weißes Licht) gearbeitet werden. Dies ist durch die Achromasie[1] der Grenzlinie der Totalreflexion bedingt, die durch den Abbeschen Kompensator hergestellt wird. Als Meßergebnis kann der Brechungsindex für die Natrium-D-Linie abgelesen werden.

---

[1] Unter Achromasie versteht man die Brechung eines Lichtstrahls ohne Zerlegung in Farben.

## Durchführung

Die Durchführung einer refraktometrischen Messung wird hier anhand des Abbe-Refraktometers beschrieben.

- Gerät mit Thermostat auf gewünschte Temperatur einstellen (z.B. 20 °C).
- Lichtquelle (Tageslicht oder künstliche Lichtquelle) auf Lichteintrittsöffnung
  des Gerätes ausrichten.
- Beleuchtungsprisma nach oben klappen und 2 bis 3 Tropfen der Probenflüssigkeit mit Glasstab auf das waagrechte Meßprisma bringen. Die Probe sollte als
  ca. 0,1 mm dünner Film zwischen beiden Prismen liegen und gleichmäßig verteilt
  sein. Dies wird am besten durch ein- bis zweimaliges Anheben und Wiederauf-
  setzen des Beleuchtungsprismas erreicht (s. Bild 3.1.3/4).

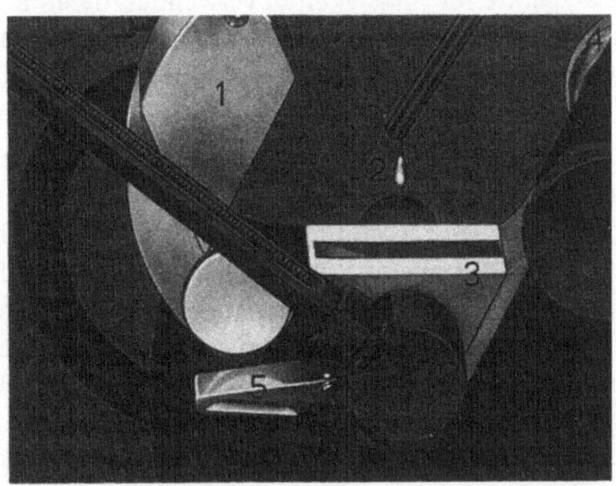


1  Beleuchtungsprisma
2  Probenflüssigkeit
3  Meßprisma
4  Kompensatorknopf
5  Meßprismaklappe

**Bild 3.1.3/4. Probenaufgabe beim Abbe-Refraktometer**

- Dann Beleuchtungsprisma schließen und nach kurzer Wartezeit zur Thermostatisierung am Triebknopf solange drehen, bis die Grenzlinie der Totalreflexion im
  Sehfeld scharf eingestellt ist und der Meßwert abgelesen werden kann. Dazu muß
  die unscharfe, mit einem Farbsaum umgebene Grenzlinie farbsaumfrei und
  scharf werden und in den Schnittpunkt des Strichkreuzes gelegt werden
  (s. Bild 3.1.3/5).
- Der Meßwert wird im unteren Teil des gleichen Sehfeldes auf der oberen Skala
  auf vier Dezimalen genau abgelesen. Die zusätzliche untere Skala ist auf Zucker-
  prozente geeicht (s. Bild 3.1.3/5).
- Anschließend werden die Prismen sofort gereinigt (weiches Papiertuch; Aceton
  oder Ether).

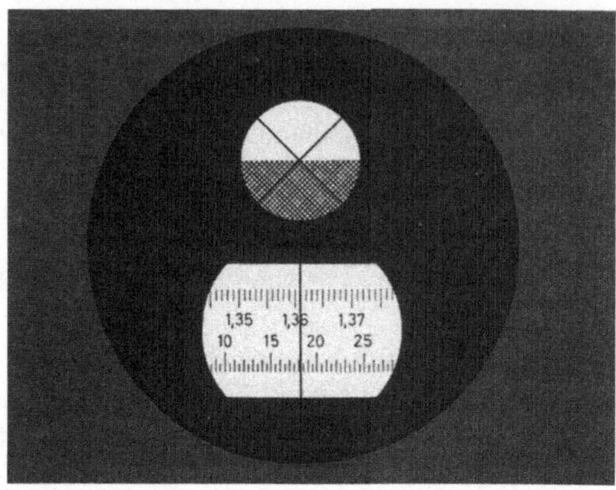

**Bild 3.1.3/5**
**Sehfeld des Abbe-Refraktometers**
(Erläuterung s. Text). In diesem
Falle beträgt der Brechungsindex
1,3610.

Durchflußküvetten werden als Zusatzgeräte für Flüssigkeiten verwendet, deren Brechungsindices sich während der Messung beispielsweise durch Verdunstung oder Oxidation
ändern können. Das Küvettenvolumen beträgt hier etwa 1,5 ml.

Feste und plastische Substanzen werden im reflektierten Licht untersucht. Der Kontrast
ist hierbei geringer als bei der oben beschriebenen Messung im durchfallenden Licht.
Feste Proben – bei diesen ist eine ebene, polierte Fläche Voraussetzung – werden mit
einem Tropfen der hochbrechenden Flüssigkeit Monobromnaphthalin auf das Meßprisma
aufgesetzt und bei aufgeklapptem Beleuchtungsprisma untersucht. Plastische Stoffe sowie
stark gefärbte Flüssigkeiten werden direkt auf das Meßprisma aufgebracht, der Brechungsindex wird ebenfalls im reflektierten Licht untersucht. Feststoffe können auch in ge-
schmolzenem Zustand refraktometrisch untersucht werden, sofern ihre Schmelzpunkte
innerhalb des durch den Thermostat regelbaren Temperaturbereiches liegen.


## Fehlerquellen

- Verdunstung der Flüssigkeit.

  Abhilfe: Möglichst schnelle Messung; Eingabe der Probe mit einer Pipette in den
  am Gerät vorgesehenen Kanal ohne Öffnung des Beleuchtungsprismas; Verwendung einer Durchflußküvette.

- Keine scharfe Grenze im Sehfeld einstellbar: Die Probenmenge ist zu gering oder
  die Substanz zu leicht flüchtig.

- Gerät schlecht justiert: Nacheichung mit destilliertem Wasser (s. Tabelle 3.1.3/1)
  oder mit Eichplättchen, das dem Gerät beigelegt ist.

**Tabelle 3.1.3/1.** Brechungsindices von reinem Wasser bei verschiedenen Temperaturen

| Temperatur (°C) | $n_D$ |
|---|---|
| 15,0 | 1,33339 |
| 20,0 | 1,33299 |
| 25,0 | 1,33250 |
| 30,0 | 1,33194 |

## Dokumentation

Für orientierende Messungen kann die Bestimmung ohne Thermostatisierung bei Raumtemperatur durchgeführt werden. Für genaue Messungen und zur Dokumentation in der Literatur muß aber auf jeden Fall die Temperatur mitangegeben werden, die durch einen Thermostat konstant zu halten ist. Ist in der Literatur keine Temperatur angegeben, wird (meist) auf 20 °C bezogen.

Die Angabe erfolgt nach folgendem Muster:

$$n_{\text{Wellenlänge (nm)}}^{\text{Temperatur (°C)}}$$

Für Chloroform beispielsweise ist

$$n_D^{20} = 1,4486$$
$$n_\alpha^{20} = 1,4459 \qquad n_\beta^{20} = 1,4509 \qquad n_\gamma^{20} = 1,4601$$

## Anwendungsbereich

Die Methode eignet sich für feste, besonders aber für flüssige und gelöste Substanzen. Bei flüssigen Verbindungen wird der Brechungsindex sehr häufig als Stoffkonstante neben dem Siedepunkt angeführt. Vorteile: Einfache und schnelle Messung, geringer Substanzbedarf. Übliche Genauigkeit: $\pm 10^{-4}$.

- Identifizierung von Substanzen
- Reinheitskontrolle
- Quantitative Analyse von binären Stoffgemischen (bei Spezialrefraktometern direktes Ablesen des Meßwerts, sonst Eichkurve)
- Löslichkeitsbestimmung
- Detektion in der Flüssigkeitschromatographie (s. Kap. 2.3.3)

## Literatur

*E. Asmus*, in: *Houben-Weyl*, Methoden der organischen Chemie, Bd. 3/2, S. 407, Thieme, Stuttgart 1955

Firmenschrift, Abbe-Refraktometer, Fa. Zeiss, Oberkochen 1978

*H. J. Höfert*, in: *Ullmann*, Enzyklopädie der technischen Chemie, Bd. 2/1, S. 480, Urban & Schwarzenberg, München 1961

*W. A. Roth, F. Eisenlohr, F. Löwe*, Refraktometrisches Hilfsbuch, de Gruyter, Berlin 1952

# 3.2 Strukturaufklärung

# 3.2.1 Allgemeines zu spektrometrischen Methoden

Unter Spektrometrie versteht man die Anregung von Elektronen, Molekülteilen oder ganzen Molekülen und die Aufzeichnung der dabei gemessenen Energieveränderungen, die auf Absorption, Emission oder Streuung von elektromagnetischer Strahlung beruhen.

## Grundlagen

Wird eine Substanz elektromagnetischer Strahlung ausgesetzt, so kann sie — von der Struktur abhängig — mit der Strahlung in Wechselwirkung treten. Bei der Absorptionsspektrometrie werden Bereiche bestimmter Wellenlänge und damit bestimmter Energie mehr oder weniger stark absorbiert. Dabei kommen verschiedene Teilbereiche des elektromagnetischen Spektrums zur Anwendung. Die Einteilung der Spektralbereiche des elektromagnetischen Spektrums wurde nach praktischen Gesichtspunkten vorgenommen. Eine grobe Übersicht wird in Bild 3.2.1/1 vermittelt.

Folgende Begriffe und Beziehungen sind in diesem Zusammenhang von Bedeutung:

$$\text{Wellenzahl: } \bar{\nu} = \frac{1}{\lambda}$$

$$\text{Frequenz: } \nu = \frac{c}{\lambda} = c \cdot \bar{\nu}$$

$\bar{\nu}$ = Wellenzahl ($m^{-1}$)
$\nu$ = Frequenz ($s^{-1}$, Hz)
$\lambda$ = Wellenlänge (m)
$c$ = Lichtgeschwindigkeit ($2 \cdot 10^8$ m $\cdot$ s$^{-1}$)

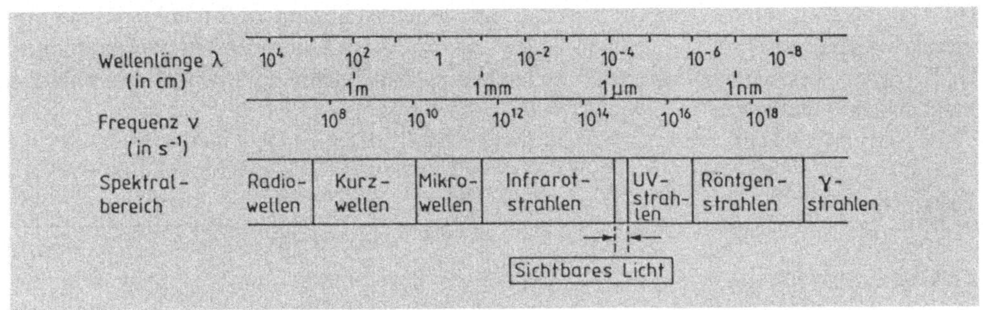


**Bild 3.2.1/1**  Übersicht über die Einteilung des elektromagnetischen Spektrums

**Tabelle 3.2.1/1.** Zusammenhang zwischen Anregungsart, Wellenlänge und Energie für einige spektrometrische Methoden

| Wellenlänge | Energie kJ | Spektralbereich bzw. Methode | Anregungsart |
|---|---|---|---|
| 200–350 nm | 600–340 | Ultraviolett (UV) | Valenzelektronen |
| 350–800 nm | 340–150 | Sichtbar (VIS) | Valenzelektronen |
| 1–300 $\mu$m | 150–0,4 | Infrarot (IR) | Molekülschwingungen |
| cm- bis m-Bereich | $10^{-6}$ | Magnetische Kern- und Elektronenspinresonanz (NMR, ESR) | Wechselwirkung des Kern- und Elektronenspins mit äußerem Feld |

Die Frequenz einer Absorptionsbande ist mit der Energiedifferenz ($\Delta E$) zwischen dem angeregten Zustand und dem Grundzustand folgendermaßen verknüpft:

$$\Delta E = h\nu = E_{\text{angeregter Zustand}} - E_{\text{Grundzustand}}$$

$$h = 6,626 \cdot 10^{-34} \text{ J} \cdot \text{s (Plancksches Wirkungsquantum)}$$

Je geringer also die Frequenz und damit auch die Energiedifferenz, um so größer ist die Wellenlänge. Eine Übersicht über den Zusammenhang zwischen Wellenlänge und spektrometrischer Methode gibt Tabelle 3.2.1/1. Trägt man die absorbierte Energie über der Frequenz, der Wellenzahl oder der Wellenlänge auf, so erhält man ein Absorptionsspektrum.

Die Massenspektrometrie (MS) nimmt hier eine Sonderstellung ein. Sie ist keine spektrometrische Methode im eigentlichen Sinne, da bei ihr nicht mit elektromagnetischen Wellen gearbeitet wird. Wegen der Ähnlichkeit der Aufzeichnung mit Spektren und aus praktischen Gründen wird sie aber als solche bezeichnet.

## Geräte

Im allgemeinen werden heute bei der Absorptionsspektrometrie meist Doppelstrahlgeräte verwendet. Nach Durchgang des einen Strahls durch die Probenküvette und des anderen durch die Vergleichsküvette mit Lösungsmittel wird vom Gerät der Intensitätsunterschied der beiden Strahlen gemessen. Dadurch wird der Beitrag des Lösungsmittels zur Absorption eliminiert. Der apparative Aufbau von Absorptionsspektrometern ist in Bild 3.2.1/2 schematisch dargestellt.

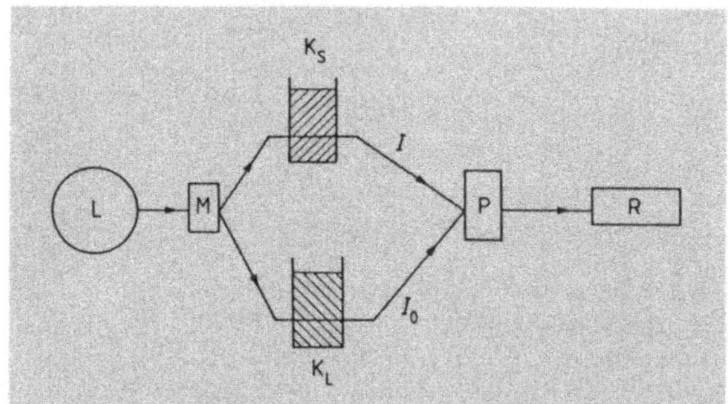


**Bild 3.2.1/2**

**Schematischer Aufbau eines Zweistrahl-Absorptionsspektrometers**

L  = Strahlungsquelle: Nernst-Stift oder Quecksilberdampflampe für Infrarotstrahlung, Wolframlampe für sichtbares Licht und Wasserstofflampe für Ultraviolettstrahlung
M  = Monochromator (Gitter oder Prisma) erzeugt Licht der Wellenlänge $\lambda$ und der Intensität $I_0$ (mit Spalt zur Regulierung der Strahlungsintensität)
$K_S$ = Küvette mit der Probe verringert die Strahlungsintensität durch Absorption auf $I$
$K_L$ = Vergleichsküvette mit Lösungsmittel
P  = Photozellen messen $I$ und $I_0$, beide Meßwerte werden verglichen und die Extinktion angezeigt bzw. aufgezeichnet
R  = Registrierung (graphisch, optisch, digital)

## Anwendungsbereich

Neben der Einteilung in Absorptions- und Emissionsspektrometrie werden die spektrometrischen Methoden nach den verschiedenen Frequenzbereichen unterschieden. Hier sei ein grober Überblick über die Einsatzmöglichkeiten der wichtigsten spektrometrischen Methoden gegeben:

|  |  |
|---|---|
| **IR:** | Funktionelle Gruppen, Molekülgerüste |
| **UV/VIS:** | Verbindungen mit ungesättigten oder polarisierbaren Gruppen |

| | |
|---|---|
| **NMR:** | Konstitution von Molekülen mit bestimmten Atomen (H, C, P, F, u. a.) |
| **ESR:** | Radikale |
| **CD/ORD:** | Stereochemie |
| **MS:** | Strukturelemente, Molmassen |

Die modernen spektrometrischen Methoden stellen bei minimalem Substanzbedarf und relativ geringem Zeitaufwand die Basis für die Strukturaufklärung von Verbindungen dar. Der Umfang des Anwendungsbereiches und die Leistungsfähigkeit der einzelnen Methoden werden in den folgenden Kapiteln beschrieben.

## Literatur

*C. N. Banwell,* Fundamentals of Molecular Spectroscopy, McGraw Hill, New York 1973

*R. Borsdorf, M. Scholz,* Spektroskopische Methoden in der organischen Chemie, Vieweg, Braunschweig 1974

*C. J. Cresswell,* Spectral Analysis of Organic Compounds, Burgers, Minneapolis 1972

*E. Fahr, M. Mitschke,* Spektren und Strukturen organischer Verbindungen, Verlag Chemie, Weinheim 1979

*G. Gauglitz,* Praktische Spektroskopie, Attempto Verlag, Tübingen 1983

*M. Hesse, H. Meier, B.Zeeh,* Spektroskopische Methoden in der organischen Chemie, Thieme, Stuttgart 1984

*A. M. Silverstein, G. C. Bassler, T. C. Morill,* Spectrometric Identification of Organic Compounds, Wiley, New York 1974

*G. H. Schenk,* Absorption of Light and Ultraviolet Radiation, Fluorescence and Phosphorescence Emission, Allyn and Bacon, Boston 1973

*D. H. Williams, F. Fleming,* Spektroskopische Methoden zur Strukturaufklärung, Thieme, Stuttgart 1979

# 3.2.2 Infrarot- und Raman-Spektrometrie

## 3.2.2.1 Infrarotspektrometrie (IR)

Die Infrarotspektrometrie (IR) ist eine Methode zur Analyse von Verbindungen, bei der Schwingungen und Rotationen von Molekülen durch die Absorption von Infrarotstrahlung angeregt werden. Durch deren Registrierung und Interpretation können vor allem Aussagen über funktionelle Gruppen und Molekülgerüste gemacht und auch Verbindungen identifiziert werden.

# Grundlagen

Elektromagnetische Strahlung der Wellenzahlen 5000 bis 200 cm$^{-1}$ (infrarotes Licht, Wärmestrahlung) ändert die Schwingungs- und Rotationsbewegung von Molekülen, wenn sie absorbiert wird. Da diese Energie für eine Elektronenanregung nicht ausreicht, tritt eine Änderung der Bindungslängen und Bindungswinkel von Molekülteilen ein. Voraussetzung dafür ist, daß das Molekül polarisierte Bindungen enthält. Diese kommen durch asymmetrische Elektronenverteilung im Molekül zustande, die durch Unterschiede in der Elektronegativität der verschiedenen Atome des Moleküls bedingt ist; dadurch treten Dipolmomente in den betreffenden Molekülteilen auf. Bei Absorption von Infrarotstrahlung muß die jeweils angeregte Schwingung zu einer periodischen Dipoländerung führen.

Die Anzahl der Schwingungen beträgt $3N-6$ bei einem $N$-atomigen Molekül. Molekülschwingungen, bei denen sich die Bindungsabstände ändern, heißen Valenzschwingungen; ändern sich die Bindungswinkel, so spricht man von Deformationsschwingungen. Eine Übersicht über die häufigsten Schwingungsarten ist in Bild 3.2.2.1/1 zusammengestellt.

Die Wellenzahlen der Grundschwingungen sind eine Funktion der Masse der beteiligten Atome bzw. Molekülteile und der Bindungsstärken. Der für die Chemie wichtige Wellenzahlenbereich liegt zwischen 4000 und 400 cm$^{-1}$ (Wellenlängen zwischen 2,5 und 25 $\mu$m). Der Gesamtbereich der IR-Strahlung wird in drei Bereiche eingeteilt:

| | |
|---|---|
| Nahes IR (NIR) | 13 000–4 000 cm$^{-1}$ |
| Mittleres IR (MIR) | 4 000–200 cm$^{-1}$ |
| Fernes IR (FIR) | 200–10 cm$^{-1}$ |

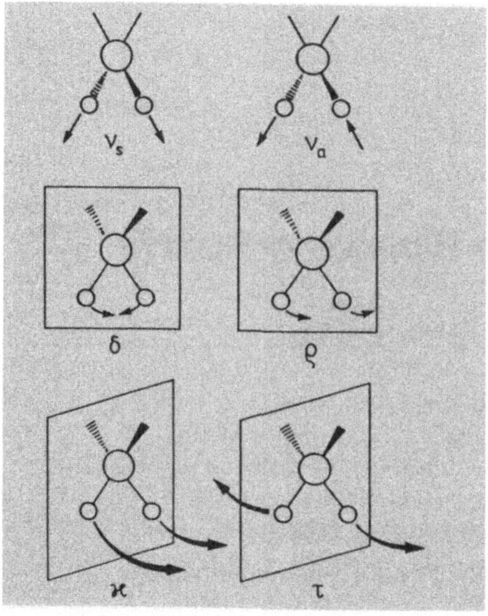


**Bild 3.2.2.1/1**

**Schwingungsarten der Methylgruppen:** (Nach F. Scheinmann, Ed., An Introduction to Spectroscopic Methods for the Identifications of Organic Componds, Vol. 1, Pergamon Press, Oxford 1974, Fig. 6, S. 116)

**Valenzschwingungen** (stretching vibrations):

$\nu_s$ symmetrisch
$\nu_a$ asymmetrisch

**Deformationsschwingungen** (bending vibrations):
*in der Ebene* (in-plane):

$\delta$   Spreizschwingung (scissoring)
$\rho$   Pendelschwingung (rocking)

*aus der Ebene* (out-of-plane):

$\kappa$   Kippschwingung (wagging)
$\tau$   Torsionsschwingung (twisting)

Anders als bei den sonstigen spektrometrischen Methoden wird bei der IR-Spektrometrie üblicherweise nicht die Absorption, sondern die Durchlässigkeit (Transmission) in % gemessen und im Spektrum als Ordinate aufgetragen. Die Spektrenminima stellen also Absorptionsmaxima dar.

Ähnlich wie bei der GC/MS-Kopplung (s. Kap. 3.2.9) finden auch die Kombinationen der IR-Spektrometrie mit Trennmethoden immer größere Verbreitung. Hierzu werden vor allem die Gaschromatographie und die Dünnschichtchromatographie (s. Kap. 2.2 und 2.4) eingesetzt.

## Geräte

Es werden meist mit Gittermonochromatoren ausgestattete Doppelstrahlgeräte verwendet, bei denen die Absorption des Lösungsmittels durch die Vergleichsküvette subtrahiert wird (Geräteaufbau s. Kap. 3.2.1). Neben den einfachen Routinespektrometern gibt es heute IR-Datenstationen mit allen Möglichkeiten der Automatisierung und Speicherung durch Computer. Die bei diesen modernen Geräten eingesetzte Technik trägt wesentlich zur Vereinfachung bei der Anwendung der IR-Spektrometrie bei. Auf den komplexen Aufbau dieser Geräte soll hier nicht eingegangen werden. In neuerer Zeit finden immer mehr FT-IR-Geräte (FT = Fourier-Transform) Verwendung, die auf dem Fourier- bzw. Interferometerprinzip beruhen. Dabei wird die Überlagerung aller im Spektrum auftretenden Wellenlängen detektiert und dann durch Fourier-Transformation wieder in einzelne Schwingungen zerlegt.

Die Meßbehälter für die Proben müssen für IR-Strahlung durchlässig sein; sie bestehen daher nicht aus Glas, sondern aus einem Salz, meist Natriumchlorid (auch Kaliumbromid, Cäsiumjodid, Calciumfluorid). Da diese Stoffe hygroskopisch sind, ist auf Feuchtigkeitsausschluß zu achten!

## Probenvorbereitung

Bei der IR-Spektrometrie gibt es verschiedene Aufnahmetechniken, die in erster Linie vom Aggretgatzustand und von der Löslichkeit der Probe abhängen. Dementsprechend sind im folgenden die Techniken der Probenvorbereitung unterteilt. Die erforderliche Probenmenge hängt von der Art der Technik ab und beträgt durchschnittlich 2 mg bis zu 1 $\mu$g. Grundsätzlich ist die Konzentration so zu wählen, daß die stärkste Absorptionsbande etwa 90 % Absorption bzw. 10 % Transmission entspricht.

### Feststoffe

**Matrixmethode/KBr-Preßling** (Standardmethode):

- 1 bis 2 mg der Probe werden in einer Reibschale mit 300 mg Kaliumbromid („für die Spektroskopie") sehr gut verrieben und mit Hilfe einer hydraulischen Presse im Vakuum unter hohem Druck in eine gleichmäßig transparente Tablette

(Durchmesser bis 12 mm, Dicke 0,5 bis 1 mm) überführt. Dieser sogenannte KBr-Preßling liefert meist brauchbare Spektren und kann bei geringen Probenmengen (bis 10 $\mu$g) auch als Mikropreßling (Durchmesser 1 mm) angefertigt werden. Als Referenz dient ein Preßling aus Kaliumbromid ohne Substanzbeimischung. Zu beachten ist aber eine eventuelle Thermolabilität, Reaktivität der Probe oder Flüchtigkeit im Vakuum (hoher Preßdruck!). Da Feuchtigkeitsspuren sehr schwer auszuschließen sind, tritt bei dieser Technik meist eine OH-Bande ($3\,450\ \text{cm}^{-1}$) auf. Vorteilhaft ist aber, daß es keine Absorptionssperrbereiche von Lösungsmitteln gibt.

In speziellen Fällen treten Probleme auf, beispielsweise wenn die Probe schwer verreibbar ist (trübe Preßlinge!) oder hochmolekulare Stoffe vorliegen. Bei wasserlöslichen Substanzen kann die Matrixmethode wie folgt verbessert werden:

- Die abgewogene Probe und das Kaliumbromid werden in ca. 30 ml destilliertem Wasser gelöst und die Lösung lyophilisiert (s. Kap. 1.8). Aus dem erhaltenen Feststoff wird dann der Preßling wie oben beschrieben hergestellt. Auf diese Weise kann die Verteilung der Probe im Salz wesentlich verbessert werden.

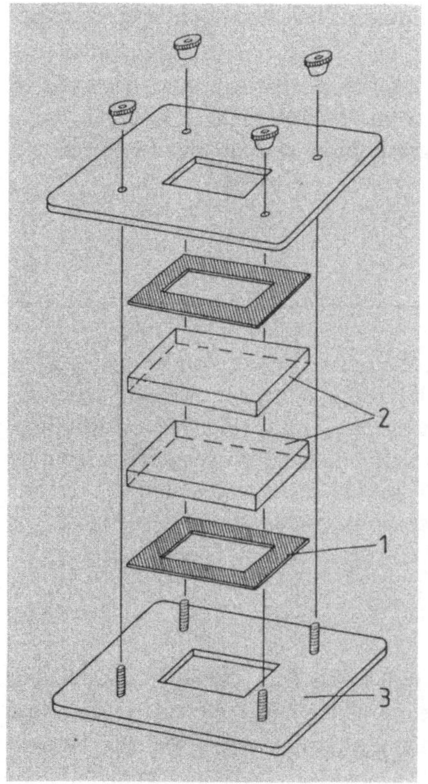

**Bild 3.2.2.1/2**

**IR-Zelle für flüssige Proben**

1  Gummidichtung
2  Salzfenster
3  Rückwand

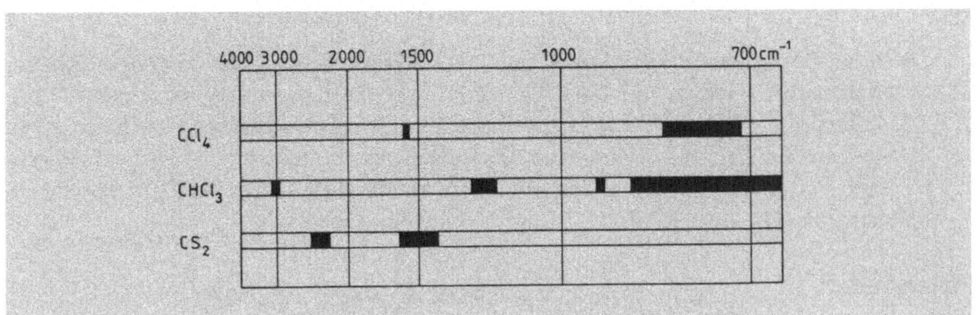


**Bild 3.2.2.1/3** Lösungsmittel für die IR-Spektrometrie mit Absorptionsbereichen

**In Lösung** (Substanzbedarf: 300 $\mu$l Lösung):

- Bei dieser Methode wird von der Probe eine 2 bis 10 %ige Lösung hergestellt (definierte Lösung im Meßkolben), diese in eine spezielle Küvette (s. Bild 3.2.2.1/2) gefüllt und im Vergleich zu einer Küvette mit reinem Lösungsmittel vermessen. Als Lösungsmittel werden vor allem Tetrachlorkohlenstoff, ethanolfreies Chloroform und Schwefelkohlenstoff verwendet. Alle Lösungsmittel müssen den Reinheitsgrad „für die Spektroskopie" tragen und auf jeden Fall wasserfrei sein, da sonst die Salzfenster der Küvetten zerstört werden. Die Auswahl an Lösungsmitteln ist eingeschränkt, da diese möglichst nicht im Absorptionsbereich der Probe absorbieren sollen. Bei Unlöslichkeit der Probe in den oben erwähnten Lösungsmitteln eignen sich für bestimmte Spektralbereiche auch noch folgende Lösungsmittel: Aceton, Acetonitril, Cyclohexan, Dichlormethan, Dioxan (Vorsicht: z. T. toxische Lösungsmittel). Zu vermeiden ist eine Absorption der Probe und des Lösungsmittels im gleichen Spektralbereich. Zur Auswahl eines geeigneten Lösungsmittels sind in Bild 3.2.2.1/3 die Sperrbereiche der Absorption aufgeführt.

**Als Film** (vor allem für Polymere):

- Die feste Probe wird in wenig Lösungsmittel gelöst und 1 bis 3 Tropfen dieser Lösung auf eine NaCl-Platte gegeben. Die Lösung wird durch Bewegen der Platte gleichmäßig verteilt und nach Verdunsten des Lösungsmittels bleibt der Film auf der Salzplatte zurück. Bei höhersiedenden Lösungsmitteln kann man das Entfernen des Lösungsmittels mit Hilfe eines Vakuumexsikkators oder eines Trockenschrankes beschleunigen. Die Platte wird dann in eine Halterung eingesetzt und die Absorption gemessen.

Dieses einfache Verfahren wird bei der Eichung von Geräten mit einem Polystyrolfilm (fertige Folie) angewandt, wo die Bande bei 1603 cm$^{-1}$ zusätzlich das Auflösungsvermögen des Gerätes anzeigt.

**Als Suspension** (wenn kein geeignetes Lösungsmittel vorhanden ist):

- 5 bis 20 mg der Probe werden mit 1 bis 2 Tropfen eines hochsiedenden Kohlenwasserstoffs, meist Nujol (= Paraffinöl, auch Perfluorkerosin oder Hexachlorbutadien) gut zerrieben und die dicke Paste wird anschließend zwischen zwei Salzplatten gepreßt. Dabei sind Luftblasen zu vermeiden. C–H-Schwingungen sind mit dieser Methode nicht darstellbar, da Nujol in deren Spektralbereich absorbiert (s. Bild 3.2.2.1/3).

### Flüssigkeiten

Ein Tropfen der flüssigen Probe mit genügend hohem Siedepunkt wird zwischen zwei Salzplatten gepreßt und direkt vermessen oder in eine Spezialküvette mit geringer Schichtdicke gefüllt. Bei Verwendung von Mikroküvetten kann der Substanzbedarf sehr klein gehalten werden (10 bis 50 $\mu$g). Ist die Probe relativ feucht (Wassergehalt $> 1\,\%$), so muß sie vorher getrocknet werden. Eventuell kann man auch Calciumfluorid-Scheiben verwenden, die gegenüber Feuchtigkeit weniger empfindlich sind als Natriumchlorid, aber nicht bis $600\ \mathrm{cm}^{-1}$ durchlässig sind. Flüssige Proben lassen sich auch als Lösung vermessen (s. dort).

### Gase

Die Gasprobe wird in eine Spezialküvette (Glaszylinder, der Salzfenster trägt; Schichtdicke 5 bis 10 cm) gefüllt (s. Bild 3.2.2.1/4).

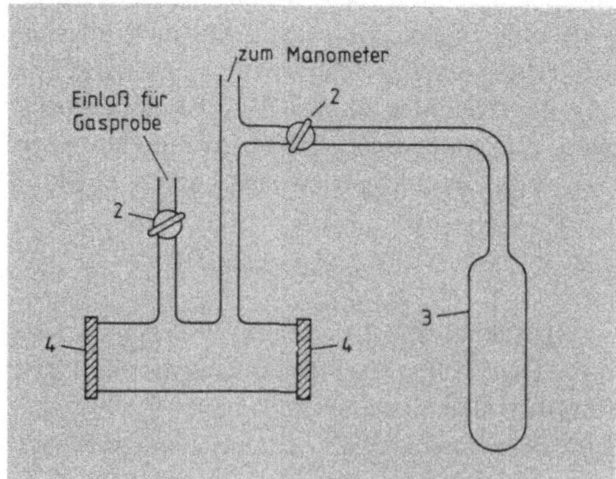


**Bild 3.2.2.1/4**
**Zelle zur IR-spektrometrischen Vermessung von Gasproben**
1  Manometer
2  Hahn
3  Kühlfalle
4  NaCl-Fenster

## Messungen

- Probenzelle und Vergleichszelle bzw. Preßling in das Gerät einbringen und einschalten.

- Registrierpapier auflegen und die Linie mit der Maximalwellenzahl (meist 4000 $cm^{-1}$) mit dem Schreiber in Übereinstimmung bringen bzw. bei modernen Geräten Rollenpapier fixieren.
- Verstärkung entsprechend einstellen und Leereinstellung auf 95 % Transmission vornehmen.
- Spektrum aufzeichnen.
- Nach der Messung alle verwendeten Teile mit einem geeigneten Lösungsmittel (getrocknetes Dichlormethan, Tetrachlorkohlenstoff) reinigen, im Stickstoffstrom trocknen und im Exsikkator aufbewahren.

## Interpretation

Das Spektrum wird nach der Lage der Banden (qualitativ) und nach der Intensität der Banden (quantitativ) ausgewertet. Man unterscheidet zwei Hauptbereiche des Spektrums (s. Bild 3.2.2.1/5): den Gruppenfrequenzbereich von 4000 bis 1500 $cm^{-1}$ und den sogenannten „Fingerprint"-Bereich von 1500 bis 625 $cm^{-1}$. Im „Fingerprint"-Bereich finden sich meist viele Banden der Gerüstschwingungen, die zwar charakteristisch für das Molekül, jedoch oft im Detail schwer interpretierbar sind. Dieser Bereich dient zur Feststellung der Identität einer Verbindung, wenn ein Vergleichsspektrum mit dem aufgenommenen Spektrum übereinstimmt.

Liegt kein Vergleichsspektrum vor, so werden an Hand von Zuordnungstabellen (s. Tabellen 3.2.2.1/1 und 2 und Literatur) die einzelnen Banden identifiziert. Zu beachten ist

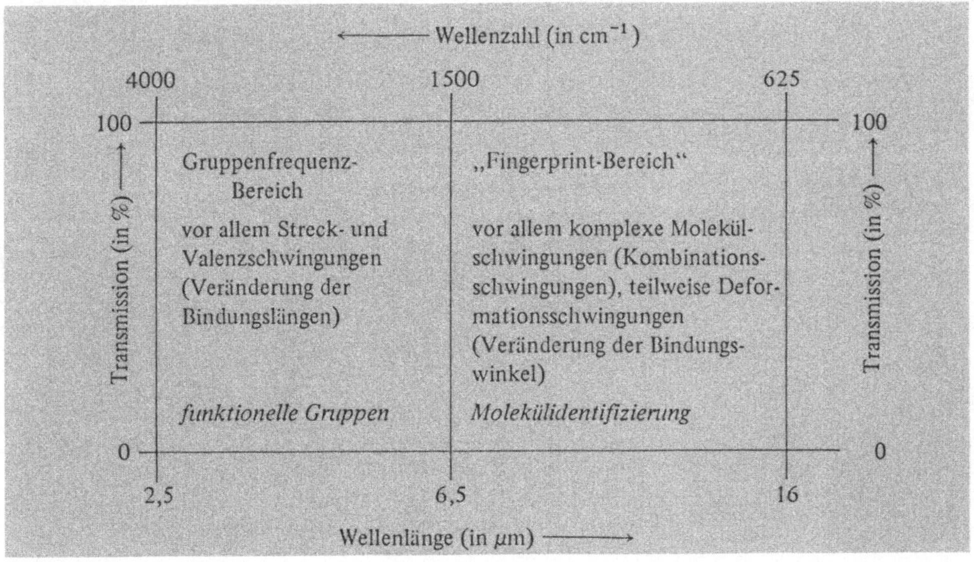


Bild 3.2.2.1/5 **Einteilung der Hauptbereiche im mittleren IR-Spektralbereich**

Tabelle 3.2.2.1/1  Zuordnung von IR-Absorptionsbereichen (*Allinger* et al. (1980), Organische Chemie, S. 328–329, Walter de Gruyter, Berlin · New York · Abdruck mit freundlicher Genehmigung des Verlages)



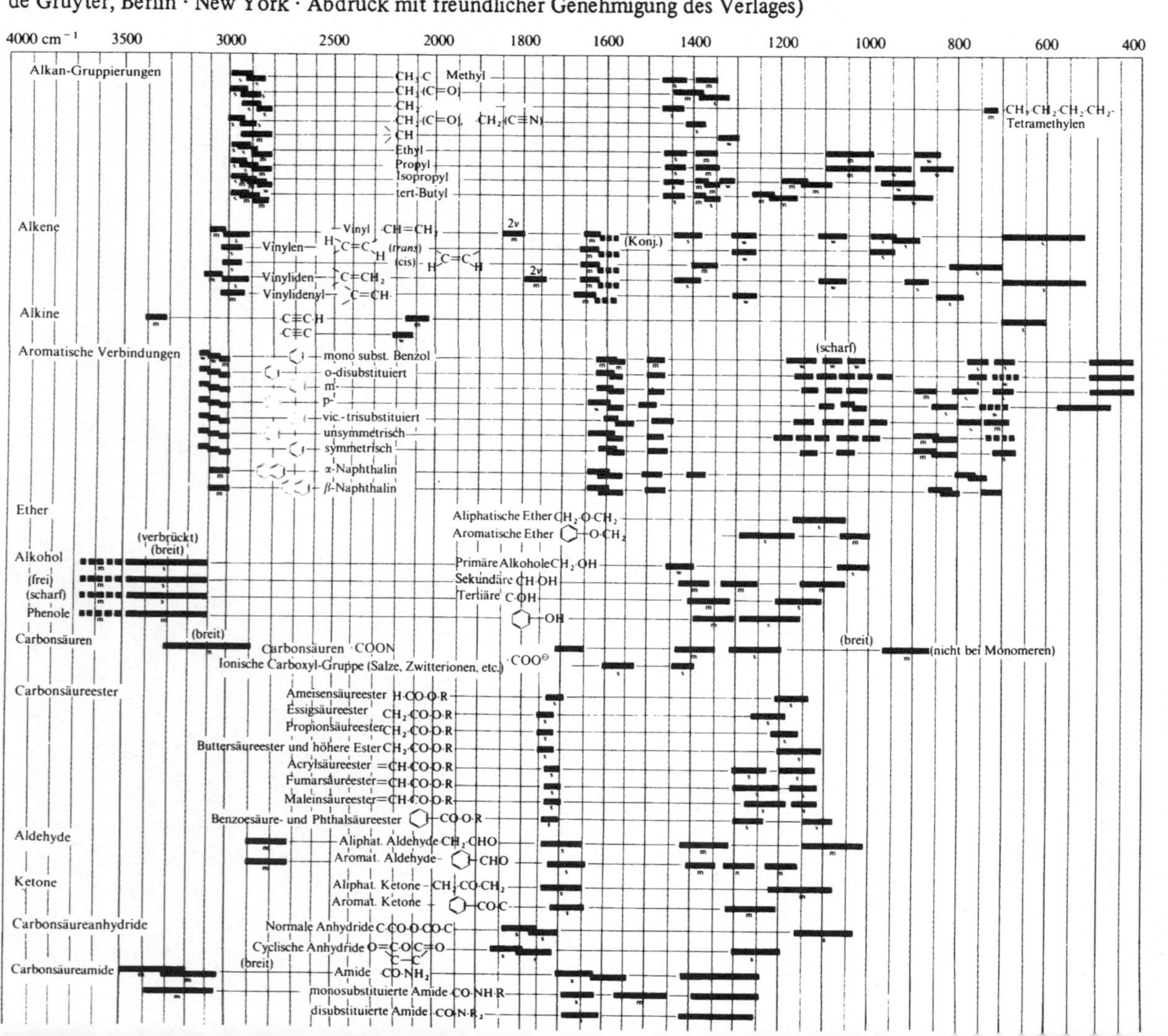

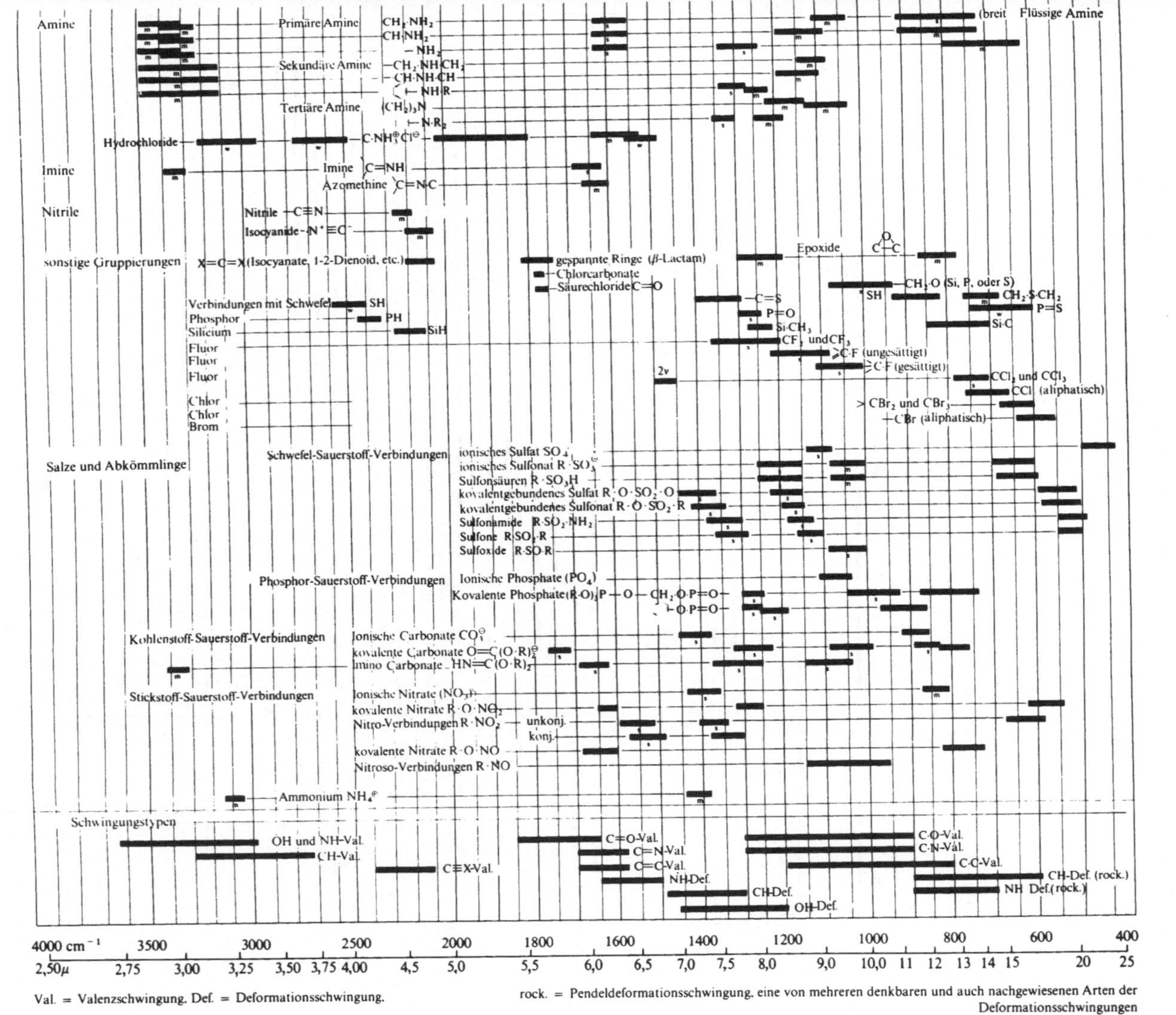
Amine
Primäre Amine   CH₂·NH₂   CH₂NH₂   —NH₂   (breit   Flüssige Amine
Sekundäre Amine   —CH₂·NH·CH₂   —CH·NH·CH   —NH·R
Tertiäre Amine   (CH₂)₃N   —N·R₂
Hydrochloride   C·NH₃⊕Cl⊖
Imine   Imine   C=NH   Azomethine   C=N·C
Nitrile   Nitrile   —C≡N   Isocyanide —N⁺≡C⁻
sonstige Gruppierungen   X=C=X (Isocyanate, 1-2-Dienoid, etc.)   gespannte Ringe (β-Lactam)   Epoxide
Chlorcarbonate   Säurechloride C=O
Verbindungen mit Schwefel   SH   C=S   P=O   SH   CH₃·O (Si, P, oder S)   CH₂·S·CH₂   P=S
Phosphor   PH   Si·CH₃   Si·C
Silicium   SiH   CF₃ und CF₃   C·F (ungesättigt)   C·F (gesättigt)
Fluor
Fluor   2ν   CCl₃ und CCl₃   CCl₃ (aliphatisch)
Fluor   CBr₂ und CBr₃   C·Br (aliphatisch)
Chlor
Chlor
Brom
Salze und Abkömmlinge
Schwefel-Sauerstoff-Verbindungen   ionisches Sulfat SO₄⁻   ionisches Sulfonat R·SO₃⊖
Sulfonsäuren R·SO₃H   kovalentgebundenes Sulfat R·O·SO₂·O   kovalentgebundenes Sulfonat R·O·SO₂·R
Sulfonamide R·SO₂·NH₂   Sulfone R·SO₂·R   Sulfoxide R·SO·R
Phosphor-Sauerstoff-Verbindungen   Ionische Phosphate (PO₄)   Kovalente Phosphate (R·O)₃P—O—  CH₂·O·P=O  —O·P=O
Kohlenstoff-Sauerstoff-Verbindungen   Ionische Carbonate CO₃⊖   kovalente Carbonate O=C(O·R)⊖   Imino Carbonate  HN=C(O·R)₂
Stickstoff-Sauerstoff-Verbindungen   Ionische Nitrate (NO₃)⁻   kovalente Nitrate R·O·NO₂   Nitro-Verbindungen R·NO₂   unkonj.   konj.
kovalente Nitrate R·O·NO   Nitroso-Verbindungen R·NO
Ammonium NH₄⊕
Schwingungstypen   OH und NH-Val.   C·H-Val.   C≡X-Val.
C=O-Val.   C=N-Val.   C=C-Val.   NH-Def.   CH-Def.   OH-Def.   C·O-Val.   C·N-Val.   C-C-Val.   CH-Def. (rock.)   NH Def.(rock.)
4000 cm⁻¹   3500   3000   2500   2000   1800   1600   1400   1200   1000   800   600   400
2,50µ   2,75   3,00   3,25   3,50 3,75 4,00   4,5   5,0   5,5   6,0   6,5   7,0 7,5   8,0   9,0   10,0 11 12 13 14 15   20 25
Val. = Valenzschwingung. Def. = Deformationsschwingung.
rock. = Pendeldeformationsschwingung, eine von mehreren denkbaren und auch nachgewiesenen Arten der Deformationsschwingungen

**Tabelle 3.2.2.1/2** Absorptionsbereiche im fernen Infrarot (Daten nach Beckman Instruments, Fullerton, California/USA). (Bei anorganischen Spezies wurde auf die Angabe von Ladungen verzichtet).

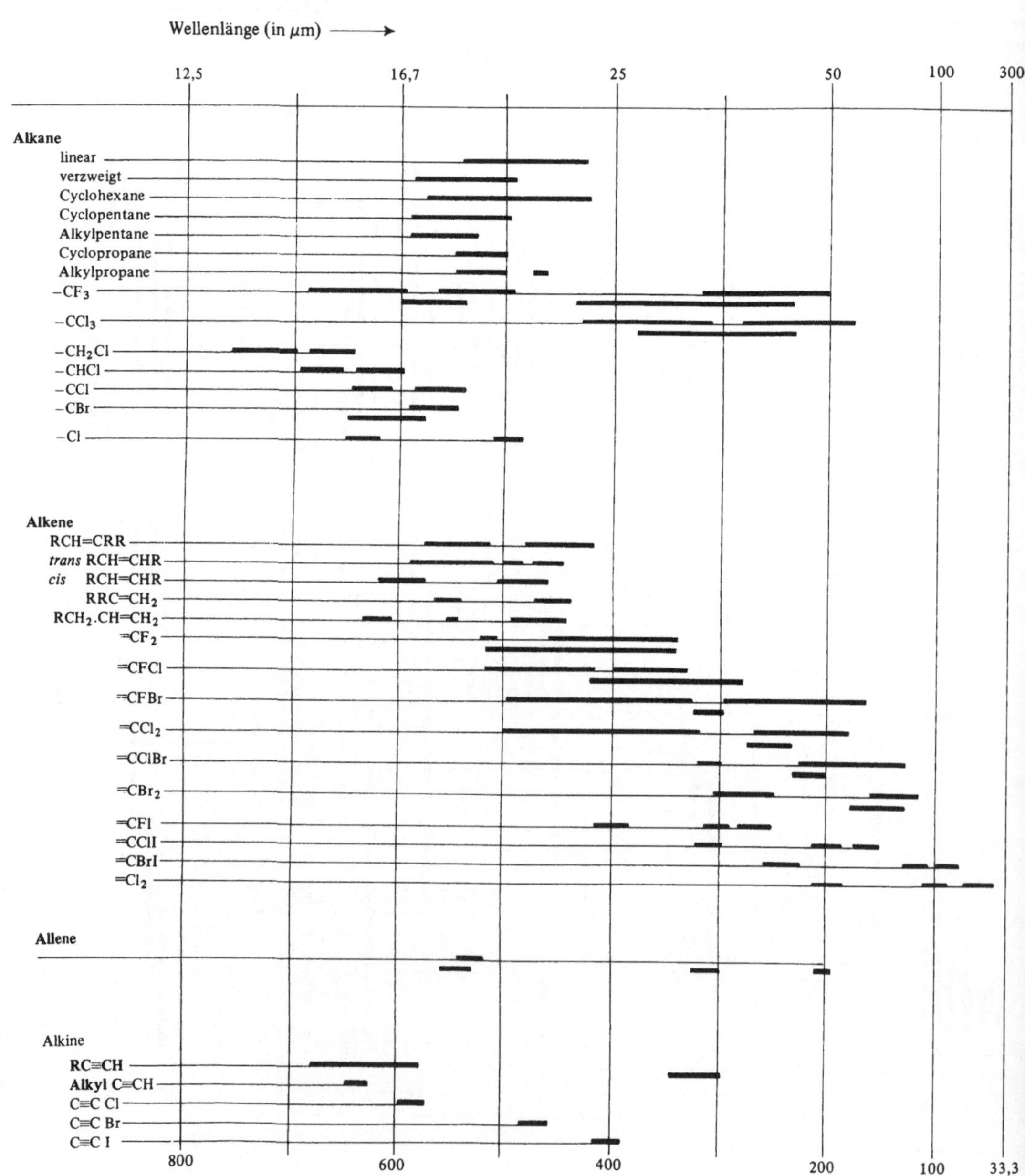

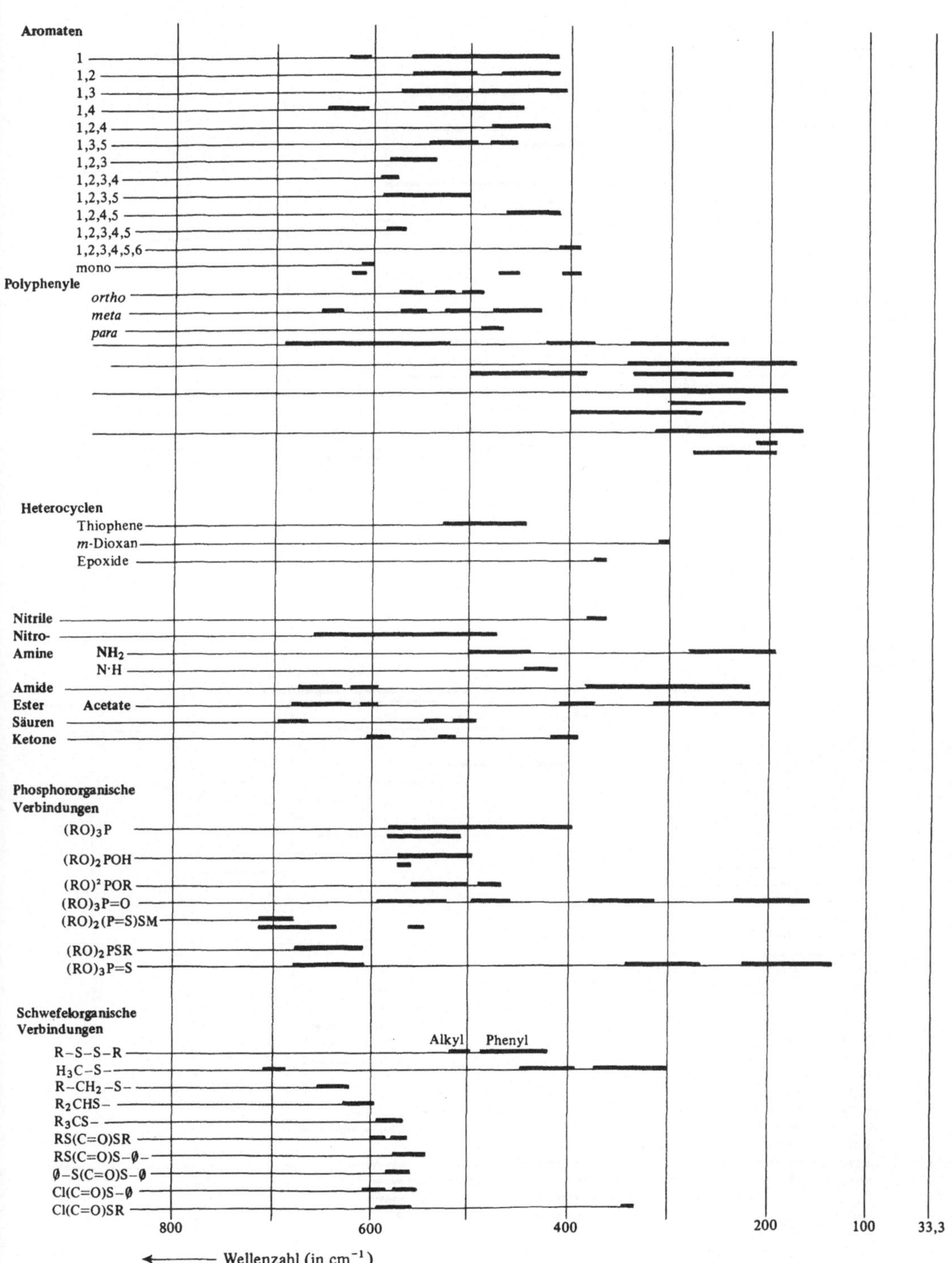

Aromaten
1
1,2
1,3
1,4
1,2,4
1,3,5
1,2,3
1,2,3,4
1,2,3,5
1,2,4,5
1,2,3,4,5
1,2,3,4,5,6
mono
Polyphenyle
ortho
meta
para
Heterocyclen
Thiophene
m-Dioxan
Epoxide
Nitrile
Nitro-
Amine
NH₂
N·H
Amide
Ester
Acetate
Säuren
Ketone
Phosphororganische
Verbindungen
(RO)₃P
(RO)₂POH
(RO)²POR
(RO)₃P=O
(RO)₂(P=S)SM
(RO)₂PSR
(RO)₃P=S
Schwefelorganische
Verbindungen
Alkyl
Phenyl
R−S−S−R
H₃C−S−
R−CH₂−S−
R₂CHS−
R₃CS−
RS(C=O)SR
RS(C=O)S−Ø−
Ø−S(C=O)S−Ø
Cl(C=O)S−Ø
Cl(C=O)SR
800
600
400
200
100
33,3
Wellenzahl (in cm⁻¹)

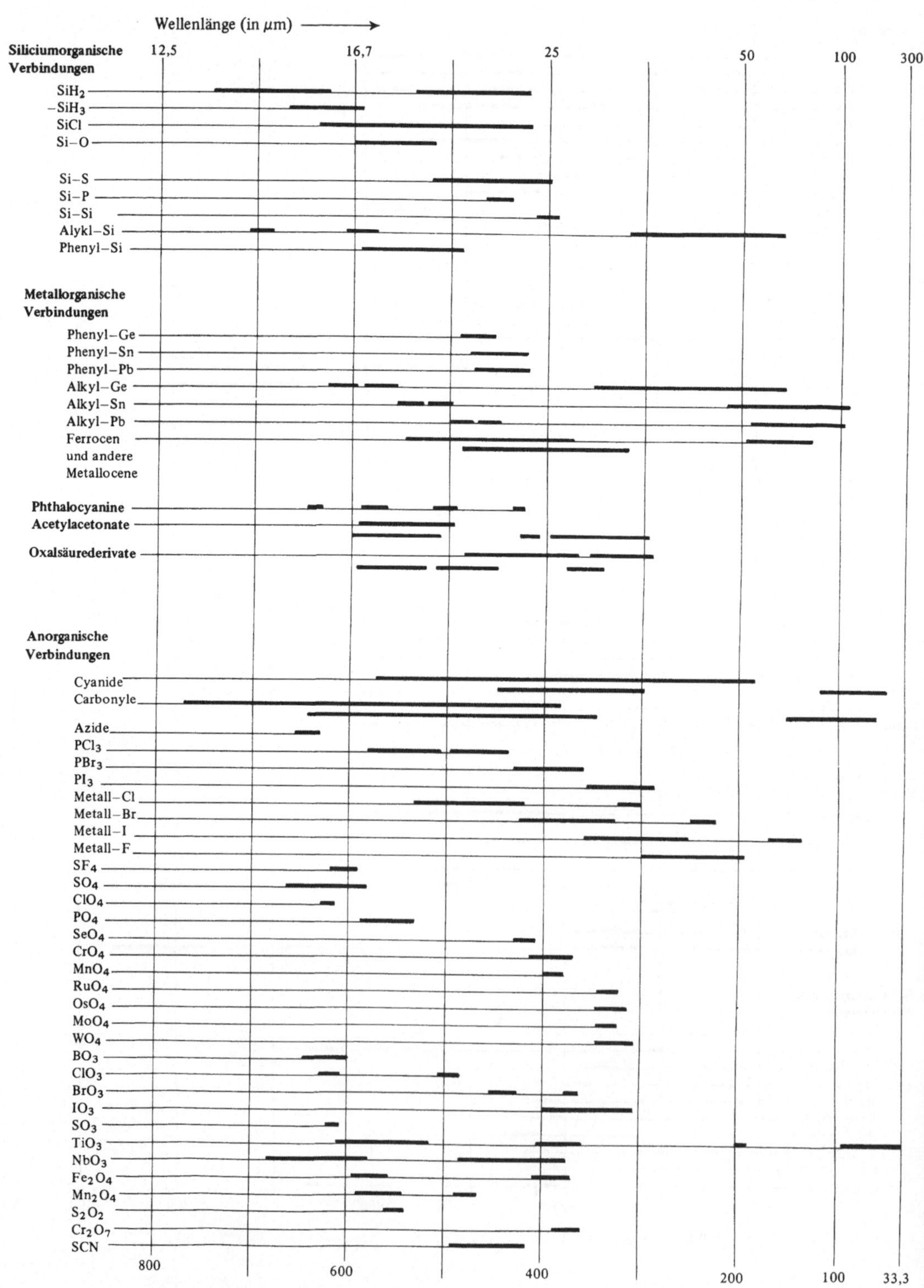
Wellenlänge (in μm)
Siliciumorganische Verbindungen
12,5
16,7
25
50
100
300
SiH₂
−SiH₃
SiCl
Si−O
Si−S
Si−P
Si−Si
Alykl−Si
Phenyl−Si
Metallorganische Verbindungen
Phenyl−Ge
Phenyl−Sn
Phenyl−Pb
Alkyl−Ge
Alkyl−Sn
Alkyl−Pb
Ferrocen
und andere
Metallocene
Phthalocyanine
Acetylacetonate
Oxalsäurederivate
Anorganische Verbindungen
Cyanide
Carbonyle
Azide
PCl₃
PBr₃
PI₃
Metall−Cl
Metall−Br
Metall−I
Metall−F
SF₄
SO₄
ClO₄
PO₄
SeO₄
CrO₄
MnO₄
RuO₄
OsO₄
MoO₄
WO₄
BO₃
ClO₃
BrO₃
IO₃
SO₃
TiO₃
NbO₃
Fe₂O₄
Mn₂O₄
S₂O₂
Cr₂O₇
SCN
800
600
400
200
100
33,3
Wellenzahl (in cm⁻¹)

hierbei, daß die Banden, die für eine bestimmte funktionelle Gruppe charakteristisch sind, nicht immer bei der gleichen Wellenzahl erscheinen müssen, sondern daß durch verschiedene Faktoren eine Verschiebung eintreten kann. So wird z. B. die Bande der Carbonylgruppe nach um so höheren Wellenzahlen verschoben, je größer der negative induktive Effekt einer Nachbargruppe ist.

## Qualitative Auswertung

Bei der qualitativen Auswertung wird die Intensität der Banden subjektiv meist nach folgender Einteilung beurteilt:

> s = stark (strong)
> m = mittel (medium)
> w = schwach (weak)
> v = variierend (variable)

Häufig werden nur die intensiveren Banden interpretiert und angegeben. Grundsätzlich ist zu beachten, daß sich Banden überlagern können (s. Bild 3.2.2.1/6). Sind Verunreinigungen in der Probe enthalten, so erscheinen zusätzliche Banden oder es tritt eine Überlagerung von Banden auf.

Für das Vorgehen bei der Interpretation eines IR-Spektrums gibt es verschiedene Wege. Um einen Überblick über das Spektrum zu gewinnen, empfiehlt sich folgende Verfahrensweise:

- Das Hauptaugenmerk wird zunächst auf die intensiven Banden gerichtet und eine grobe Bandenanalyse der beiden Hauptbereiche vorgenommen.
- Sind Banden im Gruppenfrequenzbereich (OH, NH, C=O, etc.) vorhanden?
- Welche Banden sind im „Fingerprint"-Bereich vorhanden?
- Dann werden die bisher bestimmten Elemente zusammengetragen und die vorhandenen Strukturmöglichkeiten durch die Interpretation weiterer Banden eingeengt bzw. der Strukturvorschlag erhärtet.

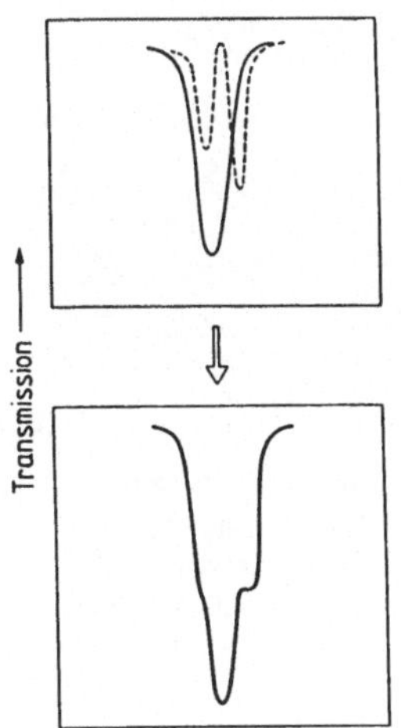

**Bild 3.2.2.1/6**
**Überlagerung von IR-Banden.** Beim Auftreten einer stärkeren Bande werden zwei schwächere (oberes Diagramm, gestrichelt) überdeckt. Man sieht im Spektrum nur die im unteren Diagramm gezeichnete Bande

## Quantitative Auswertung

Die quantitative Auswertung erlaubt eine IR-spektrometrische Konzentrationsbestimmung einer Komponente in einem Mehrkomponentensystem, wenn diese charakteristische Absorptionsbanden besitzt, die von der anderen Komponente nicht gestört werden. Häufig ist die Auswahl einer solchen Bande ohne störende Bandeninterferenz möglich, obwohl IR-Spektren in der Regel durch eine große Anzahl von Banden gekennzeichnet sind. Für die quantitative Auswertung ist die genaue Einwaage der Probe Voraussetzung.

Den Zusammenhang zwischen Absorption und Konzentration stellt das Lambert-Beersche Gesetz her: $E = \log I_0/I$ (s. Kap. 3.2.3). Üblicherweise wird ein Standard (S) mit einer definierten Konzentration herangezogen, so daß keine Bestimmung des Extinktionskoeffizienten erforderlich ist. Man mißt die Extinktion $E_x$ der Probe x mit der zu bestimmenden Konzentration $c_x$ bei derselben Wellenzahl wie die Extinktion $E_S$ des Standards mit der bekannten Konzentration $c_S$. Bei Verwendung der gleichen Küvettenschichtdicke kann $c_x$ nach folgender Beziehung berechnet werden:

$$c_x = c_S \, \frac{E_x}{E_S}$$

Zuerst wird eine Eichkurve aufgestellt, bei der die gemessenen Extinktionswerte gegen die Konzentration aufgetragen werden (s. Bild 3.2.2.1/7). Eine Gerade erhält man auch bei halblogarithmischer Darstellung mit der Transmission als Ordinate (s. Bild 3.2.2.1/8).

Zur Extinktionsbestimmung wird ein möglichst isoliertes Bandenmaximum mit einer charakteristischen Wellenzahl herangezogen. Für eng benachbarte oder sich überlagernde Banden wurden zwei Auswertungsverfahren entwickelt:

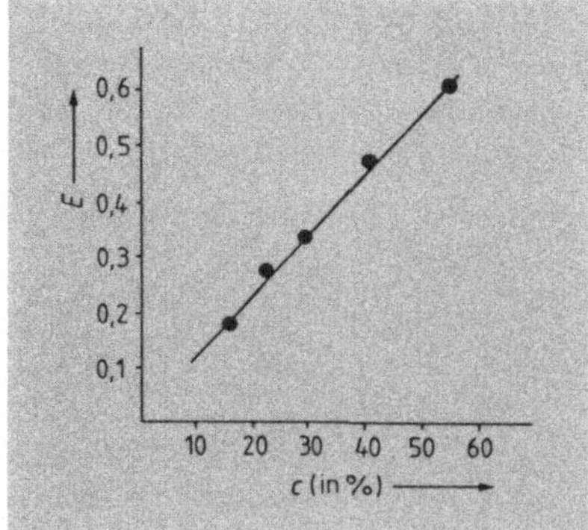

Bild 3.2.2.1/7 **Quantitative IR-Spektrometrie:** Eichkurve mit Extinktion als Ordinate; auf der Abszisse ist die an einer bestimmten Bande gemessene Konzentration aufgetragen

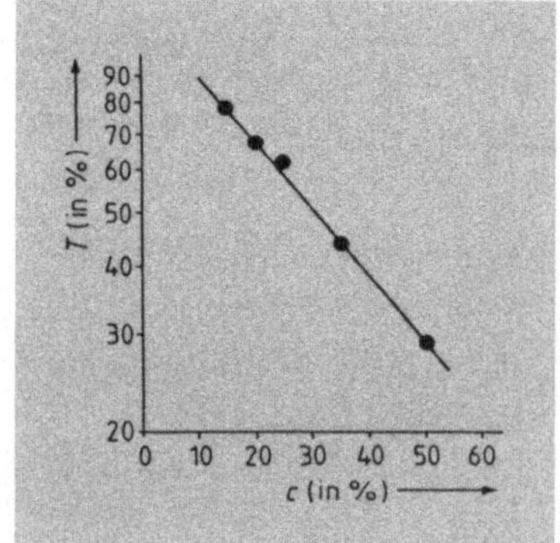

Bild 3.2.2.1/8 **Eichkurve in halblogarithmischer Darstellung mit logarithmischer Transmissionsordinate; Konzentration als Abszisse**

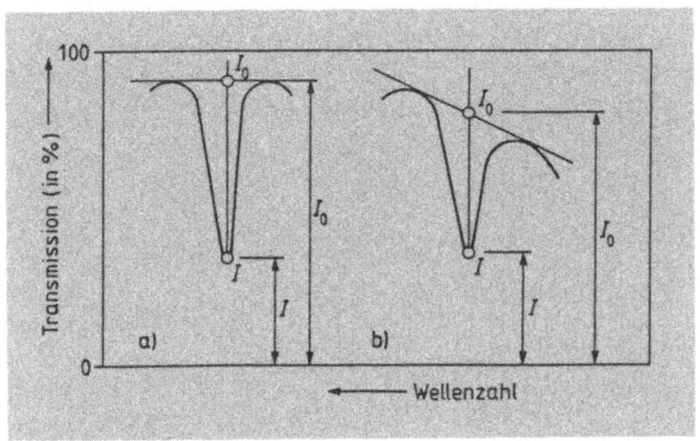


**Bild 3.2.2.1/9**
**Basislinienmethode:** Bestimmung der Werte von $I_0$ und $I$ zur Berechnung der Extinktion

a) **Basislinienmethode.** Die Basislinie ist als Tangente durch zwei Absorptionsminima definiert (s. Bild 3.2.2.1/9). Verläuft sie parallel zur Abszisse, ist die Auswertung problemlos (s. Bild 3.2.2.1/9a). Stellt sie aber keine Abszissenparallele dar (Bild 3.2.2.1/9b), so wird für $I_0$ der Schnittpunkt einer Ordinatenparallele durch die Bandenspitze und die Basislinie abgelesen.

b) **Integralmethode.** Genaugenommen müssen bei der quantitativen Auswertung die integrierten Flächen der Absorptionsbanden, die sogenannten Maximal- oder Integralextinktionen, herangezogen werden. Da die Spektren meist linear in Transmissionseinheiten aufgezeichnet werden, muß daher zuvor eine Umwandlung in Extinktionseinheiten vorgenommen werden (Umzeichnung). Moderne Geräte lassen sich dazu direkt von Transmission in Extinktion umschalten.

Für exakte Analysen empfiehlt es sich, generell mehrere Messungen durchzuführen und den daraus bestimmten Mittelwert zu verwenden.

# Fehlerquellen

- Probe nicht trocken (OH-Banden des Wassers)
- Trübe Salzfenster (Feuchtigkeit fernhalten: Finger, Atem, Lösungsmittel). *Abhilfe:* reinigen und polieren.
- Konzentrations- oder Lösungsmitteländerung kann das Spektrum beeinflussen (z. B. durch Wasserstoffbrückenbindung).
- Partikelgröße und Verteilung in der Matrix beeinflussen die Qualität des Spektrums (z. B. durch intermolekulare Wechselwirkungen). In Lösung vermessene Proben zeigen manchmal deutlichere Banden im Spektrum.
- Verschiebung und Überlagerung von Banden (s. Bilder 3.2.2.1/6 und 10).
- Bei Identitätsprüfungen sind die Spektren oft nicht mit dem gleichen Gerät unter denselben Bedingungen aufgenommen.

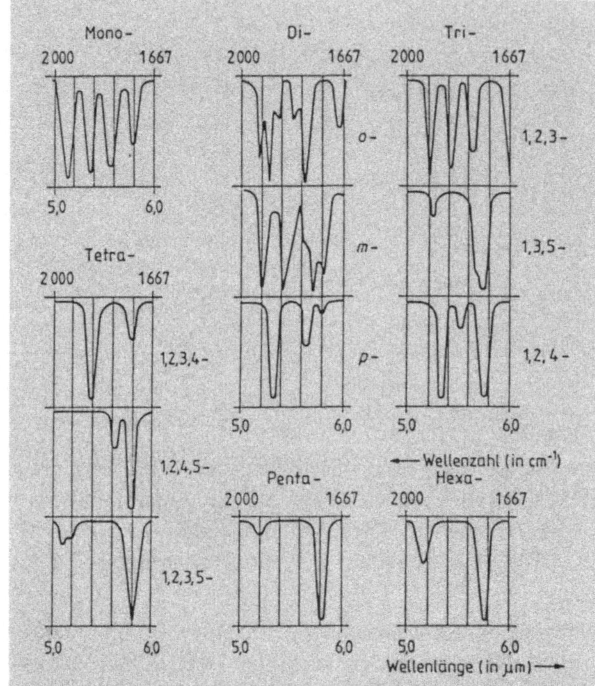

**Bild 3.2.2.1/10**
**IR-Absorptionsbanden für verschieden substituierte Aromaten zwischen 2000 und 1670 cm⁻¹**
(Nach *D. J. Pasto, C. Johnson,* Laboratory Text for Organic Chemistry, Prentice-Hall, Englewood Cliffs/NJ 1979, S. 139)

- Ablesewerte liegen nicht zwischen 20 und 85 % Transmission (bei quantitativen Bestimmungen).
- Gerätebedingte Abweichungen; Gerät daher gelegentlich mit Referenzspektrum kontrollieren (Polystyrolfilm).

## Dokumentation

Es wird die Art der Technik bzw. das Lösungsmittel angegeben, z. B. IR (KBr), IR ($CCl_4$), die Lage und Intensität der Banden (in $cm^{-1}$) sowie das zugeordnete Strukturelement. Das Spektrum selbst wird in der Literatur nur noch in Ausnahmefällen wiedergegeben, z. B. wenn das IR-Spektrum bei der Synthese einer neuen Verbindung einen wesentlichen Anteil am Strukturbeweis hat.

Als Dokumentationsbeispiel sind die Angaben für das Spektrum in Bild 3.2.2.1/11 angeführt:

IR ($CCl_4$): 3300 (s; OH), 1606, 1582, 1500 (s; $C-C_{aromat.}$), 1380 (m; $CH_3$), 1185 (s; $C-O$), 780, 692 (s; *m*-disubst. Aromat) $cm^{-1}$.

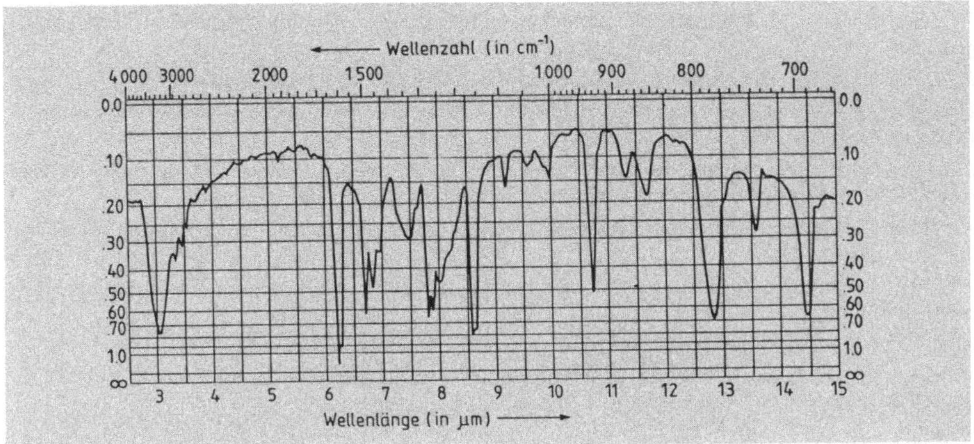


**Bild 3.2.2.1/11 Infrarotspektrum von *m*-Kresol** (s. Dokumentation)

# Anwendungsbereich

Die IR-Spektrometrie ist eine häufig angewandte Routineuntersuchung, da sie einfach durchzuführen und gut reproduzierbar ist.

- Besonders zur Identifizierung von funktionellen Gruppen und Molekülgerüsten (vgl. Tabelle 3.2.2.1/1)
- Qualitative und quantitative Konzentrationsbestimmung
- Verlaufskontrolle von Reaktionen
- Identitätsprüfung einer Verbindung, wenn ein Vergleichsspektrum vorhanden ist.
- DC-IR-Transfertechnik (s. Kap. 2.2.4)

# Literatur

*L. J. Bellamy,* Ultrarot-Spektrum und chemische Konstitution, Steinkopff, Darmstadt 1966

*R. Borsdorf, M. Scholz,* Spektroskopische Methoden in der organischen Chemie, Vieweg, Braunschweig 1968

*W. Brügel,* Einführung in die Ultrarotspektroskopie, Steinkopff, Darmstadt 1969

*N. B. Coluthup, L. H. Daly, S. E. Wiberley,* Introduction to Infrared and Raman Spectroscopy, Academic Press, London 1975

*A. D. Cross, R. A. Jones,* Introduction to Practical Infrared Spectroscopy, Plenum Press, New York 1969

*H. Günzler, H. Böck,* IR-Spektroskopie, Verlag Chemie, Weinheim 1983

*H. J. Hediger,* Infrarotspektroskopie, Akademische Verlagsgesellschaft, Frankfurt 1971

*M. Hesse, H. Meier, B. Zeeh,* Spektroskopische Methoden in der organischen Chemie, Thieme, Stuttgart 1984

*R. R. Hill, D. A. Rendell,* The Interpretation of Infrared Spectra, Heyden, London 1975

*G. Kemmner,* Infrarot-Spektroskopie, Grundlagen, Anwendung, Methoden, Franckhsche Verlagsbuchhandlung, Stuttgart 1968

*I. Kössler,* Methoden der Infrarot-Spektroskopie in der chemischen Analyse, Akademische Verlagsgesellschaft, Leipzig 1961

*F. S. Parker,* Applications of Infrared Absorption Spectroscopy in Biochemistry, Biology and Medicine, Hilger, London 1971

*J. E. Stewart,* Infrared Spectroscopy, Experimental Methods and Techniques, Marcel Dekker, New York 1970

*H. Volkmann,* Handbuch der Infrarot-Spektroskopie, Verlag Chemie, Weinheim 1972

*H. Weitkamp, R. Barth,* Einführung in die quantitative Infrarot-Spektrophotometrie, Thieme, Stuttgart 1976

### Tabellenwerke und Spektrensammlungen

DMS-Arbeitsatlas der Infrarot-Spektroskopie, Verlag Chemie und Butterworths, London 1972

*H. M. Hershenson,* Infrared Absorption Spectra, Academic Press, New York 1959 und 1964

*W. Otting,* Spektrale Zuordnungstafeln der Infrarot-Absorptionsbanden, Springer, Berlin 1963

*C. J. Pouchert,* The Aldrich Library of Infrared Spectra, Aldrich Chemical Company, Milwaukee 1978

Sadtler Standard Spectra, Sadtler Research Laboratories, Philadelphia, wird laufend ergänzt (Loseblattsammlung)

*B. Schrader, W. Meier* (Hrsg.), Raman/IR-Atlas, Verlag Chemie, Weinheim 1976

*G. Socrates,* Infrared Characteristic Group Frequencies, Wiley, New York 1980

*H. A. Szymanski,* Interpreted Spectra, Bd. 1−3, Plenum Press, New York 1964−1967

# 3.2.2.2 **Raman-Spektrometrie**

Die Raman-Spektrometrie ist eine Analysenmethode, bei der Molekülschwingungen und -rotation untersucht werden, die mit einer Änderung der Polarisierbarkeit einhergehen. Sie ergänzt die Infrarotspektrometrie und gibt insbesondere Informationen über unpolare Gruppen.

## Grundlagen

Die Ramanspektrometrie ist keine Routinemethode wie die IR-Spektrometrie (s. Kap. 3.2.2.1), jedoch stellt sie eine nah verwandte und ergänzende Methode derselben dar.

Wie in der Infrarotspektrometrie werden hier Schwingungs- und Rotationsspektren aufgenommen, die jedoch nicht auf Absorption, sondern auf Streuung beruhen. Die Streustrahlung kommt durch die Wechselwirkung von Molekülen und elektromagnetischer

Strahlung zustande. Dabei wird ein Teil des eingestrahlten Lichts durch Absorption und anschließende Emission in alle Raumrichtungen verteilt. Neben der elastischen Streuung von Lichtquanten mit Molekülen (Rayleigh-Streuung), bei der sich die Frequenz des gestreuten Lichts nicht ändert, können Streuungen auftreten, die mit einer Frequenzänderung einhergehen (Raman-Effekt). Die Wechselwirkungen werden durch die Messung der Frequenzdifferenz der eingestrahlten Linie und der Raman-Linie erfaßbar. Im Gegensatz zur Infrarotabsorption, wo während der Schwingung eine Änderung des Dipolmomentes vorausgesetzt wird, ist beim Ramaneffekt eine Änderung der Polarisierbarkeit (Maß für die Deformierbarkeit der Elektronenhülle) des Moleküles erforderlich. Starke Schwingungsbanden im Infrarotspektrum sind im Raman-Spektrum oft schwach und umgekehrt, d.h. sie ergänzen sich. Es ist insbesondere möglich, IR-inaktive Schwingungen im Raman-Spektrum nachzuweisen (s. Bild 3.2.2.2/1). Im folgenden sind einige Beispiele für Raman-aktive Gruppen angeführt:

$$-\overset{|}{\underset{|}{C}}-X \qquad X = H, C, O, N, Cl, Br, J, SH$$

$$>C=X \qquad X = C, H, O$$

$$-C\equiv X \qquad X = C, N$$

$$X-X \qquad X = O, S$$

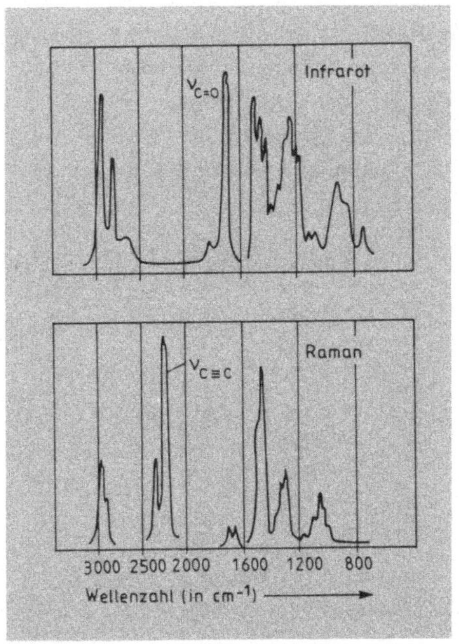


**Bild 3.2.2.2/1**
**Vergleich des IR- und Raman-Spektrums
der Stearolsäure in flüssiger Phase**

# Durchführung

Die Probenvorbereitung ist einfach; es können Proben aller Aggregatzustände untersucht werden. Als Lösungsmittel kommen neben Wasser, Schwefelkohlenstoff und Tetrachlorkohlenstoff auch Aceton, Chloroform und Cyclohexan in Frage. Störende Verunreinigungen (fluoreszierende Substanzen) sind vorher möglichst zu entfernen (z. B. chromatographisch, s. Kap. 2).

# Anwendungsbereich

Durch die Lasertechnik ist die Messung wesentlich vereinfacht und der Zeitbedarf verkürzt worden. Hervorzuheben ist, daß im Gegensatz zur IR-Spektrometrie auch Wasser als Lösungsmittel geeignet ist. Der Probenbedarf liegt im mg-Bereich.

- Konstitutionsaufklärung
- Nachweis von wenig polaren oder unpolaren Gruppen
- Unterscheidung von Isomeren
- Polymere: Untersuchung von Kettenlänge, Taktizität und Kristallinität

# Literatur

*A. Anderson*, The Raman Effect, Marcel Dekker, New York 1971

*J. Brandmüller, H. Moser*, Einführung in die Raman-Spektroskopie, Steinkopff, Darmstadt 1962

*S. K. Freeman*, Applications of Laser Raman Spectroscopy, Wiley New York 1974

*T. R. Gilson, P. J. Hendra*, Laser Raman Spectroscopy, Wiley, New York 1970

*M. Hesse, H. Meier, B. Zeeh*, Spektroskopische Methoden in der organischen Chemie, Thieme, Stuttgart 1984

*F. Matossi*, Der Raman-Effekt, Vieweg, Braunschweig 1959

*H. A. Szymanski*, Raman Spectroscopy, Theory and Practice, Plenum, New York 1970

*M. C. Tobin*, Laser Raman Spectroscopy, Wiley, New York 1971

# 3.2.3 Ultraviolett- und Lichtabsorptionsspektrometrie (UV/VIS)

Unter Ultraviolett- und Lichtabsorptionsspektrometrie versteht man die Messung der Stärke der Absorption von elektromagnetischer Strahlung im sichtbaren (VIS) oder ultravioletten (UV) Bereich beim Durchgang durch eine Substanzprobe in Abhängigkeit von der Wellenlänge.

## Grundlagen

Bei der Absorption von Licht durch Moleküle im sichtbaren und ultravioletten Bereich ändert sich die Energie bestimmter Elektronen, indem sie von niedrigeren in höhere Energieniveaus „angehoben" werden.

Der Übergang eines Elektrons vom Grundzustand $S$ in einen angeregten Zustand $S'$ wird von einer Änderung der Schwingungs- und Rotationszustände begleitet (Bild 3.2.3/1). Da die Energiezustände zwischen den Schwingungs- und Rotationsniveaus desselben Energiezustands sehr klein sind, führt dies zu einer Feinstruktur der Anregungsbande, die aber normalerweise von den Spektrometern nicht aufgelöst werden kann[1]. Daher erscheinen die Absorptionsbanden verhältnismäßig breit.

Bei mehratomigen Molekülen wird an Stelle des oben erwähnten Begriffs von Energiezuständen im allgemeinen der Begriff der Molekülorbitale verwendet. Damit wird ausgedrückt, daß einzelnen Elektronen kein exakter Aufenthaltsort zukommt, sondern daß

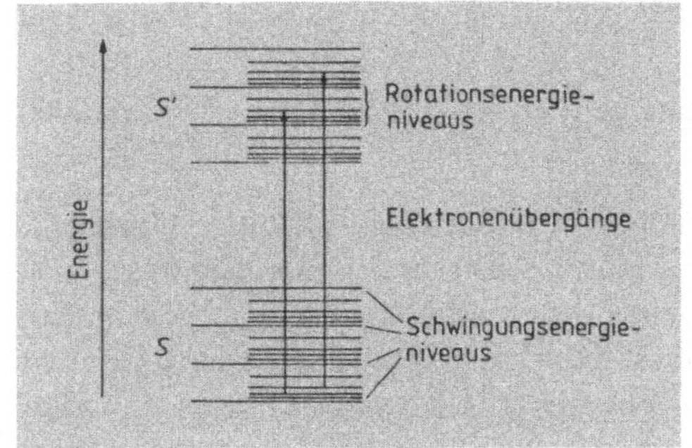


Bild 3.2.3/1
**Schematische Darstellung der Elektronen-, Schwingungs- und Rotationsenergieniveaus** (vertikale Skala nicht maßstabsgetreu). Rotationsenergieniveaus liegen normalerweise 0,4 bis 40 $J \cdot mol^{-1}$, Schwingungsenergieniveaus 4 bis 40 $kJ \cdot mol^{-1}$ und Elektronenenergieniveaus 40 bis 4000 $kJ \cdot mol^{-1}$ auseinander.

---

[1] Rotations-Schwingungsspektren können unter bestimmten Voraussetzungen im gasförmigen Zustand beobachtet werden.

sie nur in einem bestimmten Bereich (Orbital) des Moleküls mit einer bestimmten Wahrscheinlichkeit anzutreffen sind. Je nach Art der Bindung unterscheidet man im Grundzustand des Moleküls $\sigma$-, $\pi$- und $n$-Orbitale. In den $\sigma$- und $\pi$-Orbitalen halten sich die an den $\sigma$- bzw. $\pi$-Bindungen beteiligten Elektronen auf. Man bezeichnet sie deshalb als bindende Orbitale. In den $n$-Orbitalen halten sich solche Elektronen auf, die nicht an Bindungen beteiligt sind (z. B. freie Elektronenpaare an Sauerstoffatomen). Solche Orbitale bezeichnet man daher als nicht-bindende Orbitale. Im angeregten Zustand befinden sich die Elektronen in antibindenden Molekülorbitalen. In Bild 3.2.3/2 sind die Energieniveaus dieser Molekülzustände wiedergegeben.

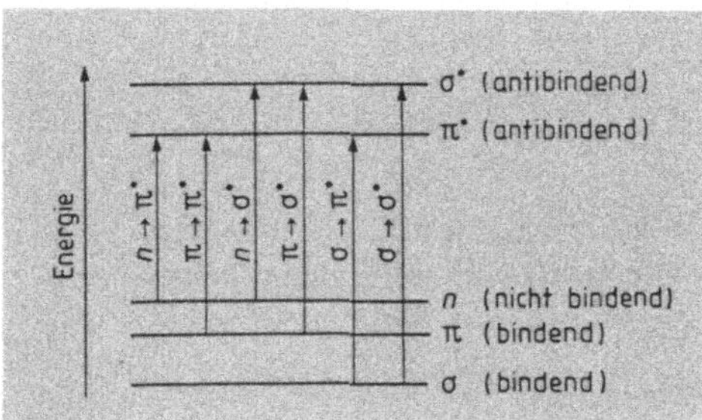


**Bild 3.2.3/2**

**Energieniveauschema der verschiedenen Molekülorbitale.** Die für die Übergänge benötigte Anregungsenergie nimmt von links nach rechts zu. (Nach *J. D. Roberts, M. C. Caserio*, Basic Principles of Organic Chemistry, Benjamin, Menlo Park, 2nd edition 1977, S. 290)

Je nach Art der Bindung, an der die Elektronen beteiligt sind, und nach Art des Orbitals, das sie nach der Anregung einnehmen, unterscheidet man verschiedene Übergänge:

- $n \rightarrow \pi^*$, ein freies $n$-Elektron geht in ein angeregtes, antibindendes Orbital ($\pi^*$-Orbital) über.

- $n \rightarrow \sigma^*$, ein freies n-Elektron geht in ein antibindendes Orbital einer $\sigma$-Bindung über ($\sigma^*$-Orbital).

- $\sigma \rightarrow \sigma^*$, ein Elektron einer $\sigma$-Bindung geht in ein antibindendes Orbital einer $\sigma$-Bindung über ($\sigma^*$-Orbital).

- $\pi \rightarrow \pi^*$, ein Elektron einer $\pi$-Bindung geht in ein antibindendes Orbital einer $\pi$-Bindung über ($\pi^*$-Orbital).

$\sigma \rightarrow \pi^*$ und $\pi \rightarrow \pi^*$-Übergänge haben geringe Übergangswahrscheinlichkeiten. Daher sind die entsprechenden Absorptionsbanden nur wenig intensiv und werden normalerweise nicht beobachtet. Wie aus Bild 3.2.3/2 zu ersehen ist, erfordert die Anregung von $\sigma$-Elektronen ($\sigma \rightarrow \sigma^*$) die höchste Energie, daher liegen die Absorptionsbanden von Alkanen im kurzwelligen Teil des ultravioletten Bereichs. Für $n \rightarrow \pi^*$-Übergänge wird am wenigsten Energie benötigt, die Absorptionsbanden liegen im nahen ultravioletten oder sichtbaren Bereich. Man kann somit auch umgekehrt aus der Lage von Absorptionsbanden bereits wichtige Aussagen über die Elektronenzustände von Molekülen machen. Darüberhinaus gibt es noch Regeln, nach denen man die Übergangswahrscheinlichkeiten und somit die Intensitäten der Übergänge abschätzen kann. Beide Informationen zusammen lassen oft eine Zuordnung der Absorptionsbanden zu den beteiligten Elektronenübergängen zu. In

**Tabelle 3.2.3/1**  Elektronenübergänge einiger einfacher organischer Moleküle
(Nach *J. O. Roberts, M. C. Caserio*, Basic Principles of Organic Chemistry, Benjamin,
Menlo Park, 2nd edition 1977, S. 289).

| Verbindung | Übergang | $\lambda_{max}$ in nm | $\epsilon_{max}$[a] | Lösungsmittel[b] |
|---|---|---|---|---|
| $(CH_3)_2C{=}O$ | $n \to \pi^*$ | 280,0 | 15 | Cyclohexan |
|  | $\pi \to \pi^{*c)}$ | 190,0 | 1 100 |  |
|  | $n \to \sigma^{*c)}$ | 156,0 | stark |  |
| $CH_2{=}CH_2$ | $\pi \to \pi^*$ | 175,0 | 10 000 | [f] |
| $CH_2{=}CH{-}CH{=}CH_2$ | $\pi \to \pi^*$ | 217,0 | 20 900 | Hexan |
| $CH_3{-}CH{=}CH{-}CH{=}CH{-}CH_3$ | $\pi \to \pi^*$ | 227,0 | 22 500 | Hexan |
| $CH_2{=}CH{-}CH_2{-}CH_2{-}CH{=}CH_3$ | $\pi \to \pi^*$ | 185,0 | 20 000 | Ethanol |
| $CH_3{-}C{\equiv}CH$ | $\pi \to \pi^*$ | 186,5 | 450 | Cyclohexan |
| $CH_2{=}CH{-}\underset{\underset{CH_3}{\vert}}{C}{=}O$ | $n \to \pi^*$ | 324,0 | 24 | Ethanol |
|  | $\pi \to \pi^*$ | 219,0 | 3 600 |  |
| $CH_4$ | $\sigma \to \sigma^{*d)}$ | 121,9 | stark | [f] |
| $CH_3{-}CH_3$ | $\sigma \to \sigma^{*d)}$ | 135,0 | stark | [f] |
| $CH_3{-}Cl$ | $n \to \sigma^{*e)}$ | 172,5 | schwach | [f] |
| $CH_3{-}Br$ | $n \to \sigma^{*e)}$ | 204,0 | 200 | [f] |
| $CH_3{-}I$ | $n \to \sigma^{*e)}$ | 257,5 | 365 | Pentan |
| $CH_3{-}OH$ | $n \to \sigma^{*e)}$ | 183,5 | 150 | [f] |
| $CH_3{-}O{-}CH$ | $n \to \sigma^{*e)}$ | 183,8 | 2 520 | [f] |
| $(CH_3)_3N$ | $n \to \sigma^{*e)}$ | 227,3 | 900 | [f] |

a)  molarer Extinktionskoeffizient des Absorptionsmaximums

b)  Das Lösungsmittel muß angegeben werden, da es $\lambda_{max}$ und $\epsilon_{max}$ etwas beeinflußt

c)  Diese Zuordnungen sind nicht sicher

d)  Übergänge $\sigma \to \sigma^*$ entsprechen der Anregung eines $\sigma$-Elektrons einer Einfachbindung in ein energie-
reicheres antibindendes Orbital einer Einfachbindung

e)  Übergänge $n \to \sigma^*$ entsprechen der Anregung eines freien Elektronenpaares in ein antibindendes
Orbital einer $\sigma$-Bindung

f)  Messung in der Dampfphase

Tabelle 3.2.3/1 sind einige Elektronenübergänge einfacher organischer Moleküle angegeben.
Die in der Absorptionsspektrometrie wichtigen Begriffe Extinktion $E$ und molarer Extinktionskoeffizient $\epsilon$ werden in Kap. 3.4.1.1 ausführlich behandelt. Der Zusammenhang
zwischen beiden Größen ist durch das **Lambert-Beersche Gesetz** gegeben (gilt nur für
verdünnte Lösungen):

Lambert-Beersches Gesetz
$$E = \epsilon \cdot c \cdot d$$

In der Absorptionsspektrometrie wird die Extinktion in Abhängigkeit von der Wellenlänge $\lambda$ bzw. der Wellenzahl $\bar{\nu}$ gemessen[2]).

Absorptionsbanden von nur einem Elektronenübergang werden verhältnismäßig selten beobachtet. Wegen ihrer Breite überlagern sich oft mehrere Banden. Dasselbe gilt auch für Mischungen von Substanzen, falls ihre Absorptionsmaxima nicht sehr weit auseinander liegen. Manche Absorptionen erkennt man daher nur als schwache Schultern. Wird jedoch die erste oder besser die zweite Ableitung der Absorptionskurve aufgezeichnet, treten die Einzelheiten des Spektrums viel stärker in Erscheinung (Bild 3.2.3/3). Da die zweite Ableitung des Meßsignals proportional zur Konzentration der gemessenen Substanz ist, lassen sich analytische Bestimmungen von Mehrkomponentengemischen mit wesentlich größerer Genauigkeit und Empfindlichkeit durchführen, als dies bei der normalen Wiedergabe des Spektrums möglich wäre.

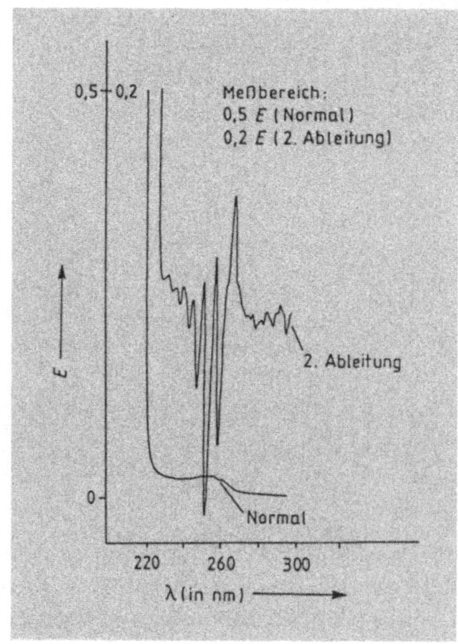


**Bild 3.2.3/3**
**Im Absorptionsspektrum werden oft Einzelheiten durch die Breite der Absorptionsbanden überdeckt.** Durch die Darstellung der 2. Ableitung der Absorptionskurve treten sie jedoch deutlich hervor (*Beispiel:* 0,05 %ige Lösung von L-Amphetaminsulfat).

# Geräte

Die Entwicklung der Spektralphotometer hat durch eine bessere Optik (Verwendung holographischer Gitter), besonders aber durch eine wesentlich verbesserte elektronische Bearbeitung des Meßsignals (Einführung von Mikroprozessoren) in den letzten Jahren beträchtliche Fortschritte gemacht. Das in Bild 3.2.3/4 abgebildete optische System unterscheidet sich prinzipiell nicht wesentlich von denen älterer Bauart. Die Verwendung

---

[2]) In der Physikalischen Chemie benutzt man bevorzugt die Wellenzahl $\bar{\nu}$, die ein direktes Maß für die Energie des Elektronenübergangs darstellt. Wellenlänge und Wellenzahl können nach der Beziehung $\bar{\nu} = 1/\lambda$ ineinander umgerechnet werden, wobei $\lambda$ in cm ausgedrückt werden muß.

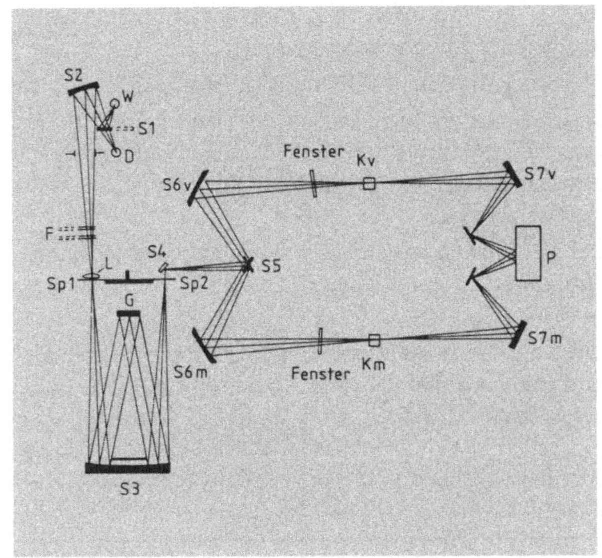


**Bild 3.2.3/4 Optisches Schema eines registrierenden Zweistrahl-Spektralphotometers.**

Je nach dem benötigten Spektralbereich wird sichtbares Licht (W, Wolframlampe) oder ultraviolettes Licht (D, Deuteriumlampe) durch verschiedene Spiegel (S1–S3), Filter (F), Linse (L) und Spalt (Sp1) auf ein (holographisches) Gitter (G) geleitet und dort in sein Spektrum zerlegt (Monochromator). Durch Stellung des Gitters relativ zu Spalt Sp2 und Spiegel S4 fällt monochromatisches Licht auf S5, wird dort in zwei identische Strahlenbündel zerlegt, die durch die Vergleichs- (Kv) bzw. Meßküvette (Km) auf den Photomultiplier (P) treffen und dort gegeneinander gemessen werden. Das Meßsignal wird elektronisch weiter verarbeitet und vom Schreiber als Absorptionskurve $E = f(\lambda)$ oder deren Ableitungen aufgezeichnet. (Pye Unicam Ltd., Cambridge/England)

von holographischen Gittern liefert jedoch ein verbessertes monochromatisches Licht und weniger Streulicht. Damit läßt sich das Meßsignal genauer auswerten. Moderne, durch Mikroprozessoren gesteuerte Spektralphotometer bieten gegenüber den älteren Geräten wesentliche Vorteile:

- Größerer Meßbereich (bis zu 4 Extinktionseinheiten). Manche Geräte zeichnen wahlweise auch $\log E$ auf. Damit kann von einer Probe beliebiger Konzentration sofort das Spektrum aufgenommen werden, ohne daß der Empfindlichkeitsbereich während der Messung verändert werden muß.
- Aufzeichnung der Ableitungen 1. und 2. Ordnung erhöht den Informationsgehalt eines Spektrums erheblich (wichtig für Mehrkomponentenanalysen).
- Das Meßsignal kann automatisch in eine beliebige Meßgröße (z. B. Konzentration, „Units" oder $\log \epsilon$) umgerechnet und ausgedruckt werden.
- Automatischer Probenwechsler
- Wiederholte Aufnahme des Spektrums nach bestimmten Zeitabständen (wichtig für kinetische Messungen).

## Probenvorbereitung

- In einem 25 ml Meßkolben werden ca. 25 mg der Substanz auf ± 0,1 mg genau eingewogen und in einem geeigneten Lösungsmittel gelöst. Das Lösungsmittel darf in dem zu untersuchenden Wellenlängenbereich keine wesentliche Eigenabsorption aufweisen. In Kap. 4.1 sind die üblichen Lösungsmittel unter Angabe der niedrigsten verwendbaren Wellenlänge zusammengestellt.

- Durch Verdünnung wird eine Konzentration von $10^{-3}$ molar hergestellt.
- Die Probelösung wird in eine Küvette (Schichtdicke z. B. 1 cm) gefüllt. In die Vergleichsküvette wird reines Lösungsmittel gegeben. Für den Spektralbereich 180 bis 400 nm müssen Quarzküvetten, von 400 bis 800 nm können auch die billigeren Glasküvetten verwendet werden.
- Küvetten durch Stopfen oder Falzdeckel verschließen. Aus nicht verschlossenen Küvetten verdunstet das Lösungsmittel, was das Spektrum infolge von Schlierenbildung verfälscht.
- Durch Verändern der Schichtdicke der Küvette oder durch Verdünnen der Probe wird dann ein Spektrum aufgenommen, bei dem das Extinktionsmaximum den Wert 1 nicht wesentlich überschreitet.

## Durchführung

- Gerät auf 0 und 100 % Durchlässigkeit (Transmission) abgleichen. Dies geschieht am besten bei der Wellenlänge des zu erwartenden Extinktionsmaximums.
- Einstellen des gewünschten Wellenlängenbereichs.
- Wahl des Empfindlichkeitsbereichs: Bei manchen älteren Geräten können Bereiche von 0 bis 1, 0,5 bis 1,5 und 1 bis 2 Extinktionseinheiten eingestellt werden. Neuere Geräte sind wesentlich empfindlicher und besitzen einen größeren dynamischen Meßbereich. Es können daher Empfindlichkeitsbereiche zwischen 0 und 0,2 und zwischen 0 und 4 Extinktionseinheiten gewählt werden. Zu beachten ist, daß die Meßgenauigkeit bei Extinktionen über 2 merklich nachläßt.

## Auswertung

Der Meßwert, der vom Schreiber aufgezeichnet wird, heißt Extinktion[3] (s. Kap. 3.4.1.1) und ist im allgemeinen proportional zur Konzentration des gelösten Stoffes (Lambert-Beersches Gesetz):

$$E = \epsilon \cdot c \cdot d$$

$E$ = Extinktion
$d$ = Schichtdicke der Küvette in cm
$c$ = Konzentration des gelösten Stoffes in $mol \cdot l^{-1}$
$\epsilon$ = molarer Extinktionskoeffizient; eine substanz-spezifische Größe, die zusammen mit den Absorptionsmaxima angegeben wird.

---

[3] Im englischen Sprachgebrauch werden statt Extinktion (E) die Ausdrücke "absorption" bzw. "absorbancy" (A) verwendet. Im biologischen und biochemischen Bereich findet man oft auch die Bezeichnung "optical density" (OD) (s. Kap. 3.4.1.1).

## Dokumentation

Im biologischen Bereich wird die Extinktion in Abhängigkeit der Wellenlänge wiedergegeben (Bild 3.2.3/5a). In der Chemie und vor allem in der Physikalischen Chemie wird die Extinktion in log $\epsilon$ umgerechnet und gegen die Wellenzahl $\bar{\nu}$ aufgetragen (Bild 3.2.3/5b). Beispiel für die Umrechnung der in Bild 3.2.3/5a wiedergegebenen Kurve $E = f(\lambda)$ in die Kurve 5b log $\epsilon = f(\bar{\nu})$:

Das Absorptionsmaximum liegt bei 427 nm (= $\lambda_{max}$) und hat die Extinktion $E = 0,49$ (= $E_{max}$). In der Legende des Bilds ist die Konzentration c mit $10^{-6}$ mol $\cdot$ l$^{-1}$ angegeben. Da für die Schichtdicke $d$ der Küvette keine Angabe gemacht ist, ist sie 1. Der Wert für $E_{max}$ wird folgendermaßen umgerechnet:

$$\epsilon = \frac{E}{c \cdot d} = \frac{0,49}{10^{-6} \cdot 1} = 4,9 \cdot 10^5 \rightarrow \log \epsilon = 5,69$$

Die Wellenzahl errechnet sich nach der Beziehung $\bar{\nu} = \frac{1}{\lambda}$ zu:

$$\bar{\nu} = \frac{1}{427}\ \text{nm}^{-1} = 2,34 \cdot 10^4\ \text{cm}^{-1}$$

Auf dieselbe Weise werden die Werte der Kurve in Abständen von 5 nm Punkt für Punkt umgerechnet.

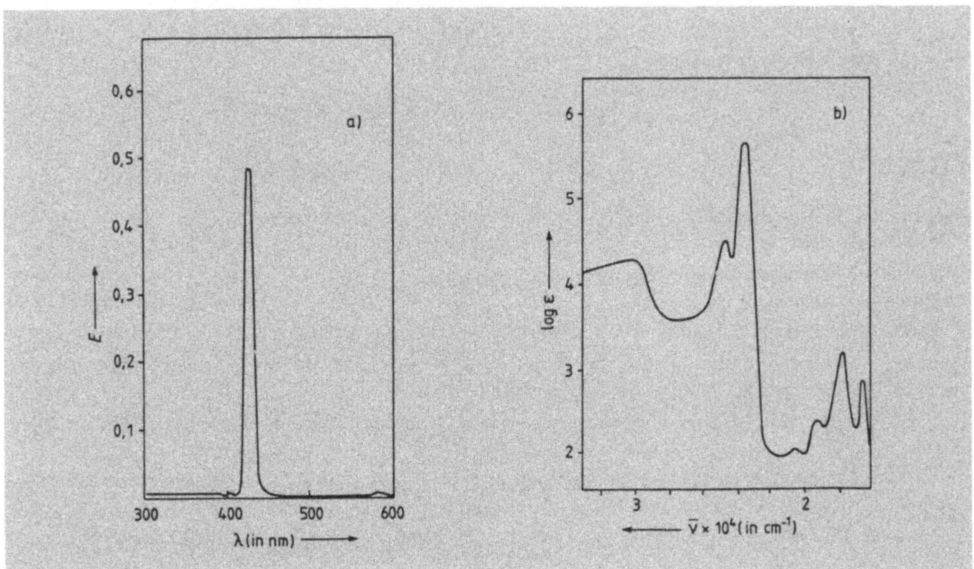


**Bild 3.2.3/5 Wiedergabemöglichkeiten von Absorptionsspektren:** a) Extinktion $E$ in Abhängigkeit von der Wellenlänge $\lambda$; b) Logarithmus des molaren Extinktionskoeffizienten log $\epsilon$ in Abhängigkeit von der Wellenzahl $\bar{\nu}$. Die Legende zu a) oder b) würde für dieses Beispiel lauten:

Absorptionsspektrum von Dichlortetraphenylporphin ($10^{-6}$ molar in Chloroform)

Die Wiedergabe von log $\epsilon$ bietet dann Vorteile, wenn sich die Extinktionskoeffizienten der Banden um mehrere Zehnerpotenzen unterscheiden. Ein Vergleich der in Bild 3.2.3/5 gegebenen Darstellungsformen macht den Unterschied deutlich. In Bild 3.2.3/5b können auch noch Einzelheiten wiedergegeben werden, die in der Darstellung in a) nicht mehr zu erkennen sind. In dieser Form können auch Spektren von verschiedenen Substanzen miteinander verglichen werden, da der molare Extinktionskoeffizient eine von der Konzentration unabhängige Größe ist.

Das in Bild 3.2.3/5b wiedergegebene Spektrum läßt sich auch beschreiben:

> Absorptionsmaxima bei $2,4 \cdot 10^{-4}$ cm$^{-1}$ ($2,8 \cdot 10^4$), $2,34 \cdot 10^{-4}$ cm$^{-1}$ ($4,9 \cdot 10^5$), $1,79 \cdot 10^{-4}$ cm$^{-1}$ ($1,52 \cdot 10^3$) und $1,67 \cdot 10^{-1}$ ($7,6 \cdot 10^2$) ($10^{-6}$ molar, Chloroform).

Falls der molare Extinktionskoeffizient $\epsilon$ für ein Absorptionsmaximum einer gemessenen Substanz bekannt ist, kann aus dem gemessenen Extinktionswert die Konzentration der Substanz errechnet werden (vgl. Kap. 3.4.1.1).


## Anwendungsbereich

- Charakterisierung von Substanzen (mit Hilfe von Vergleichsspektren)
- Strukturbestimmung (vor allem von ungesättigten aliphatischen und aromatischen Verbindungen sowie von Carbonylverbindungen)
- Reinheitsbestimmung
- Konzentrationsbestimmung bei Mischungen (durch Darstellung der 2. Ableitung der Absorptionskurve)


## Literatur

*B. Hampel*, Absorptionsspektroskopie im ultravioletten und sichtbaren Spektralbereich, Vieweg, Braunschweig 1962

*K. Hirayama*, Handbook of Ultraviolet and Visible Absorption Spectra of Organic Compounds, Plenum Press, New York 1967

*H. H. Perkampus*, Hrsg., DMS-UV-Atlas, Verlag Chemie, Butterworths, Weinheim – London 1966

*E. Pretsch, T. Clerc, J. Seibl, W. Simon*, Tabellen zur Strukturaufklärung organischer Verbindungen mit spektroskopischen Methoden, 2. Aufl., Springer, Berlin 1981

*R. M. Silverstein, G. C. Bassler*, Spectrometric Identification of Organic Compounds, John Wiley, New York 1963

*A. J. Scott*, Interpretation of the Ultraviolet Spectra of Natural Products, Pergamon Press, New York 1964

*H. A. Staab*, Einführung in die theoretische organische Chemie, Verlag Chemie, Weinheim 1970


### Datensammlungen

*H. M. Hershenson*, Ultraviolet and Visible Absorption Spectra, Academic Press, New York (wird laufend ergänzt)

Sadtler Standard Spectra (Ultraviolet), Heyden, London (wird laufend ergänzt)

UV-Atlas organischer Verbindungen, Verlag Chemie, Weinheim 1966–1971

# 3.2.4 Optische Rotationsdispersion (ORD)

Als optische Rotationsdispersion (ORD) bezeichnet man die Änderung des Drehwinkels $\alpha$ von linear polarisiertem Licht beim Durchgang durch ein optisch aktives Medium in Abhängigkeit von der Wellenlänge.

## Grundlagen

Beim Durchgang von linear polarisiertem Licht durch ein optisch aktives Medium wird dessen Polarisationsebene gedreht (Bild 3.2.4/1).

Eine Substanz ist dann optisch aktiv, wenn sich ihr Bild und Spiegelbild nicht durch einfache Drehung miteinander in Deckung bringen lassen. Am anschaulichsten läßt sich das Drehen der Polarisationsebene folgendermaßen erklären: Linear polarisiertes Licht resultiert aus einer Überlagerung von rechts- und linkszirkular polarisiertem Licht (Bild 3.2.4/2a) der gleichen Ausbreitungsgeschwindigkeit, Phase und Amplitude. In einem optisch aktiven Medium ist die Ausbreitungsgeschwindigkeit beider Lichtarten jedoch verschieden, und für sie gelten außerdem verschiedene Brechungsindices. Als Resultat kommt es zu einer Phasenverschiebung und damit zu einer Rotation der Polarisationsebene (Bild 3.2.4/2b). Den Winkel zwischen beiden Polarisationsebenen bezeichnet man als **Drehwinkel** $\alpha$, **Drehwert** oder **Rotation**. Da die Ausbreitungsgeschwindigkeit von links- und

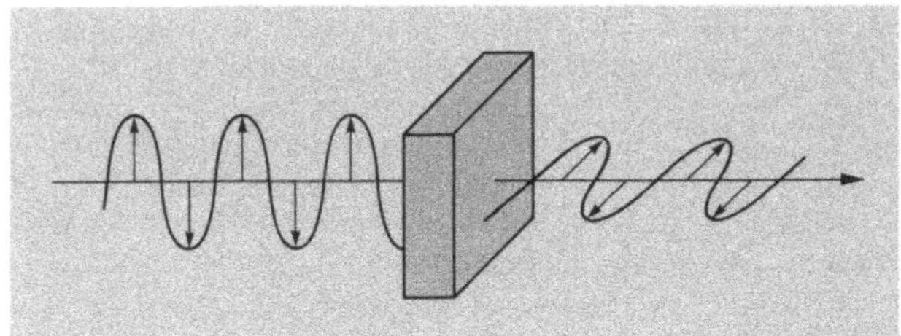

**Bild 3.2.4/1**
**Drehung der Polarisationsebene von linear polarisiertem Licht beim Durchgang durch ein optisch aktives Medium**

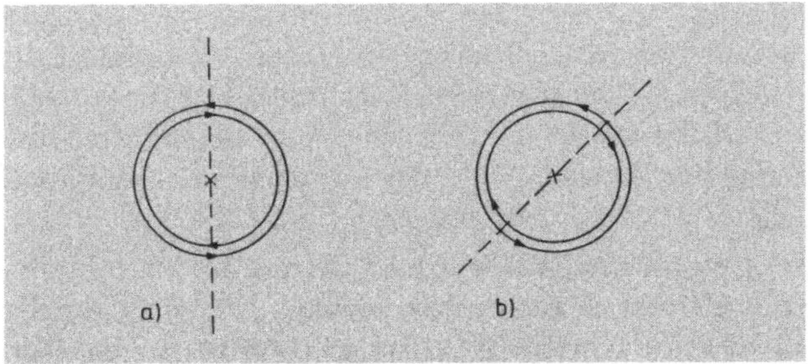

**Bild 3.2.4/2**
**Überlagerung von zirkular polarisierten Komponenten: a) vor und b) nach Durchgang von linear polarisiertem Licht durch das optisch aktive Medium. Die Ausbreitung des Lichtes verläuft senkrecht zur Zeichenebene.**

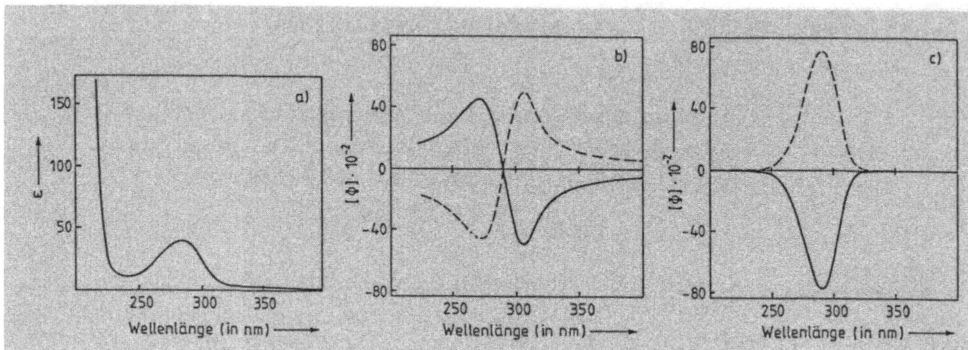

**Bild 3.2.4/3** a) UV-Spektrum von D-Camphersulfonsäure; b) ORD-Spektren von D-Camphersulfonsäure (gestrichelt) und L-Camphersulfonsäure (durchgezogene Linie); c) CD-Spektren (vgl. Kap. 3.2.5) von D-Camphersulfonsäure (gestrichelt) und L-Camphersulfonsäure (durchgezogene Linie). Alle Spektren sind in Wasser mit einer Konzentration von 0,5 g · l⁻¹ aufgenommen.

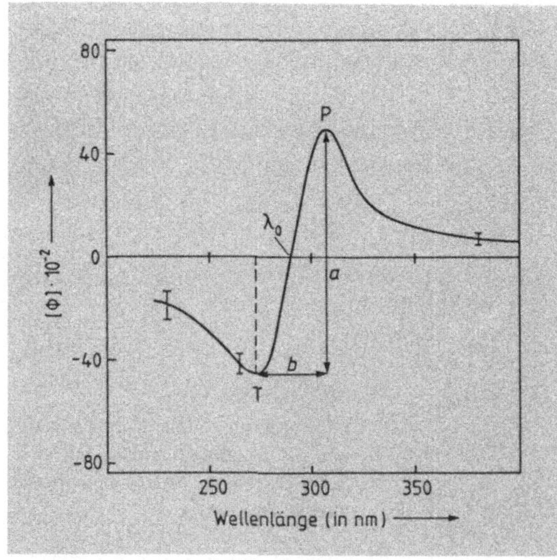

**Bild 3.2.4/4**

**Positive Cotton-Effekt-Kurve mit den für die Charakterisierung von ORD-Spektren benötigten Bezeichnungen:** Peak P bei 308 nm, Trog T bei 274 nm, Nulldurchgang $\lambda_0$ bei 291 nm, molare Amplitude $a = +96°$ und Breite der Amplitude $b = 34$ nm. Der Fehlerbalken gibt den Fehlerbereich der Meßwerte wieder.

rechtszirkular polarisiertem Licht nicht nur verschieden, sondern auch wellenlängenabhängig ist, hängt auch die Rotation von der Wellenlänge ab. Diese Abhängigkeit der Rotation der Polarisationsebene von der Wellenlänge bezeichnet man als **optische Rotationsdispersion (ORD)**. Als Beispiel sei das ORD-Spektrum von D- und L-Camphersulfonsäure angeführt (Bild 3.2.4/3b). Zum Vergleich sind auch das Lichtabsorptionsspektrum (Bild 3.2.4/3a) und das CD-Spektrum (vgl. Kap. 3.2.5) angegeben (Bild 3.2.4/3c).

Besonders bemerkenswert ist das Verhalten der ORD-Kurve im Bereich der Absorptionsbande der Substanz (Bild 3.2.4/3a), welche in diesem Beispiel einem $n \to \pi^*$-Übergang der Carbonylgruppe (s. Kap. 3.2.3) entspricht. Im Absorptionsmaximum kehrt sich das Vor-

zeichen des Drehwerts um. Man bezeichnet dieses Phänomen als **Cotton-Effekt**. Ändert
sich der Drehwert nach kürzeren Wellenlängen hin von positiv nach negativ, spricht man
von einem positiven Cotton-Effekt (z. B. D-Camphersulfonsäure), im entgegengesetzten
Fall von einem negativen Cotton-Effekt (z. B. L-Camphersulfonsäure). Die zur Charakterisierung von ORD-Spektren gebräuchlichen Bezeichnungen sind in Bild 3.2.4/4 dargestellt.

## Geräte

In Bild 3.2.4/5 ist der Aufbau der optischen Meßeinrichtung eines ORD-Geräts schematisch wiedergegeben.

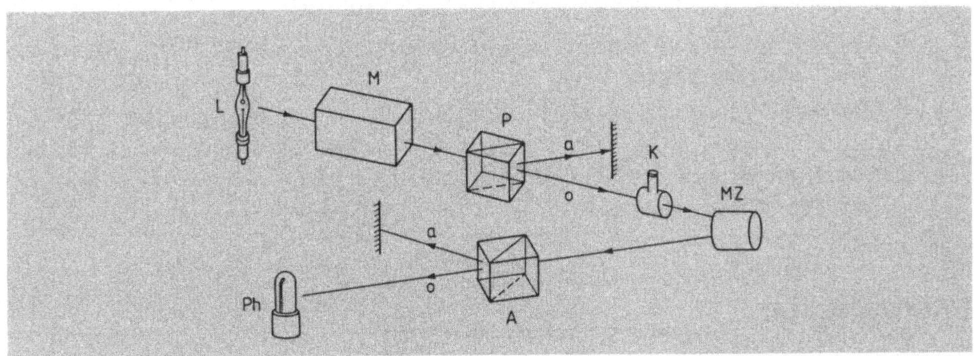


**Bild 3.2.4/5 Schematischer Aufbau der optischen Meßeinrichtung eines ORD-Geräts**

L  Xenonlampe (Lichtquelle für sichtbares und ultraviolettes Licht)
M  Monochromator (ergibt Licht der Wellenlänge $\lambda$)
P  Polarisator (erzeugt zwei linear polarisierte Lichtstrahlen, deren Schwingungsebenen senkrecht auf-
einander stehen. Der außerordentliche Lichtstrahl (a) wird ausgesondert und adsorbiert)
K  Küvette mit der gelösten, optisch aktiven Substanz, die die Schwingungsebene des ordentlichen
Lichtstrahls (o) um den Winkel $\alpha$ dreht (vgl. Bild 3.2.4/1)
MZ Modulatorzelle (zur Erzeugung eines Wechselstroms in Ph, der elektronisch verstärkt zur Steuerung
des Analysators verwendet wird)
A  Analysator (er wird so lange gedreht, bis die Drehung des linear polarisierten Lichtstrahls durch die
Substanz in der Küvette gerade kompensiert wird. Diese Drehung wird dann als Meßwert aufge-
zeichnet)
Ph Photomultiplier (mißt den durch MZ modulierten Lichstrahl und erzeugt so eine Wechselspannung,
die elektronisch weiterverwendet wird)

## Durchführung

- Von der zu untersuchenden Substanz wird zunächst ein Lichtabsorptionsspektrum aufgenommen (vgl. Kap. 3.2.3). Eine zu hohe Konzentration (Extinktion > 2) absorbiert zuviel Energie, wodurch die Meßwerte des ORD-Spektrums zu ungenau werden. Um eine genügende Genauigkeit über den gesamten Wellenlängenbereich hinweg zu erhalten, ist es oft notwendig, verschiedene Konzentrationen oder Küvetten unterschiedlicher Schichtdicke (1, 2, 5, 10 oder 20 mm sind üblich) zu verwenden.

- Vor Beginn der eigentlichen Aufnahme des Spektrums wird das Gerät (beispielsweise mit D-Camphersulfonsäure; vgl. Kap. 3.2.5) geeicht und die Basislinie (dabei ist die Küvette nur mit Lösungsmittel gefüllt) aufgenommen.

- Der Monochromator wird auf die Wellenlänge des Absorptionsmaximums des Lichtabsorptionsspektrums eingestellt, und anschließend werden die beiden Extremwerte (Peak oder Trog in Bild 3.2.4/4) ermittelt.

- Die Empfindlichkeit des Geräts wird so gewählt, daß beide Werte gut auf das Schreiberpapier passen.

- Zweckmäßigerweise wird das erste ORD-Spektrum mit einer geringen Empfindlichkeit aufgenommen und dann aus den ermittelten Meßwerten die für den jeweiligen Bereich des Spektrums erforderliche Empfindlichkeit bzw. Schichtdicke der Küvette festgelegt.

## Interpretation

Der aufgezeichnete Meßwert gibt den Drehwinkel $\alpha$ in Grad[1]) wieder. Der Empfindlichkeitsbereich bei Vollausschlag liegt zwischen 0,01 bis 2,0° Drehung. Die **spezifische Drehung** $[\alpha]$ errechnet sich aus der gemessenen Drehung $\alpha$ zu:

$$\text{spezifische Drehung} \qquad [\alpha] = \frac{\alpha \cdot 100}{c \cdot d} \tag{1}$$

$[\alpha]$ = spezifische Drehung
$\alpha$  = gemessene Drehung in Grad
$d$  = Schichtdicke in dm
$c$  = Konzentration in g pro 100 ml

---

[1]) In der angelsächsischen Literatur wird statt Grad die Bezeichnung deg (von degree) verwendet.

Somit ergibt sich als Dimension für die spezifische Drehung: Grad $\cdot$ dm$^2$ $\cdot$ g$^{-1}$ $\cdot$ 10$^{-2}$. Besser ist die Wiedergabe der **molaren Drehung** $[\Phi]$[2], da dann verschiedene ORD-Kurven direkt miteinander verglichen werden können. $[\Phi]$ läßt sich aus der gemessenen Drehung nach folgender Gleichung berechnen:

**molare Drehung**

$$[\Phi] = \frac{\alpha \cdot M}{l \cdot c} \tag{2}$$

$[\Phi]$ = molare Drehung
$\alpha$    = gemessene Drehung in Grad
$M$   = Molmasse in g $\cdot$ mol$^{-1}$
$l$    = Schichtdicke in cm
$c$    = Konzentration in g $\cdot$ l$^{-1}$

Die Dimension von $[\Phi]$ ist demnach grad $\cdot$ cm$^2$ $\cdot$ mol$^{-1}$. Der Fehlerbereich der Meßwerte ergibt sich aus dem „Rauschen" des Originalspektrums und wird direkt in die Kurve als „Fehlerbalken" an einigen Stellen eingezeichnet (Bild 3.2.4/4).

Die Größe des Cotton-Effektes wird durch die Amplitude $a$ angegeben:

$$a = \frac{[\Phi]_{max} - [\Phi]_{min}}{100}$$

## Dokumentation

Wird die gemessene Kurve direkt wiedergegeben, müssen folgende Angaben gemacht werden: Substanzmenge, Konzentration, Lösungsmittel, Schichtdicke der Küvette und Temperatur. Aussagekräftiger ist die Wiedergabe der molaren Drehung $[\Phi]$ (s. oben). In diesem Fall sind die gemessenen Werte in Abständen von 5 nm nach Gl. (2) in die $[\Phi]$-Werte umzurechnen.

Enthält eine ORD-Kurve Cotton-Effekte, deren Amplituden sich um mehrere Größenordnungen unterscheiden, werden die verschiedenen Meßbereiche im Bild eingezeichnet (vgl. Bild 3.2.6/2).

Wie eine ORD-Kurve beschrieben werden kann, sei am Beispiel von D-Camphersulfonsäure (Bild 3.2.4/4) gezeigt:

> Positive Cotton-Effekt-Kurve mit einem Peak bei 308 nm, einem Trog bei 274 nm und $\lambda_0$ bei 291 nm. Die molare Amplitude $a$ beträgt + 96°, die Breite $b$ ist 34 nm.

---

[2] Der ebenfalls oft verwendeten Bezeichnung [α]mol ist die hier verwendete Bezeichnung [Φ] vorzuziehen, da in ihr der Unterschied zwischen der spezifischen und der molaren Drehung besser zum Ausdruck kommt.

## Anwendungsbereich

Der Anwendungsbereich deckt sich im wesentlichen mit dem des Zirkulardichroismus (Kap. 3.2.5).

## Literatur

s. Kap. 3.2.5

# 3.2.5 Zirkulardichroismus (CD)

In optisch aktiven Verbindungen wird im Bereich einer Absorptionsbande links- und rechts-zirkular polarisiertes Licht unterschiedlich stark absorbiert. Diesen Effekt nennt man Zirkulardichroismus (CD, engl: Circular Dichroism).

## Grundlagen

In optisch aktiven Verbindungen ist nicht nur die Ausbreitungsgeschwindigkeit von links- und rechts-zirkular polarisiertem Licht verschieden (ORD), sondern es wird auch unterschiedlich stark absorbiert. Der Zirkulardichroismus läßt sich direkt messen, indem man linear polarisiertes Licht periodisch in rechts und links zirkular polarisiertes Licht umwandelt und die Differenz der Lichtintensität nach Durchtritt durch die optisch aktive Substanz bestimmt.

In Bild 3.2.4/3 sind die UV-, ORD- und CD-Spektren von D- und L-Camphersulfonsäure zum Vergleich wiedergegeben. Im Absorptionsmaximum weist das CD-Spektrum ein Maximum oder ein Minimum auf (Bild 3.2.4/3c). Beide Effekte, ORD und CD, sind miteinander verbunden, und der eine Effekt läßt sich aus der Messung des anderen berechnen (Kramers-Kronig-Transformation). Manche Geräte können eine CD-Kurve aufnehmen und diese direkt in die ORD-Kurve umrechnen, die dann ausgedruckt wird. In der Praxis wird heute überwiegend der Zirkulardichroismus untersucht, da die Interpretation der CD-Spektren einfacher ist. Dies gilt besonders dann, wenn mehrere Absorptionsbanden dicht beieinander liegen. In den Fällen aber, in denen die Messung nicht durch eine Absorptionsbande hindurch ausgeführt werden kann, z.B. wenn sie bei Wellenlängen unterhalb von 180 nm liegt, mißt man das ORD-Spektrum. Wie aus einem Vergleich von Bild 3.2.4/3a–c hervorgeht, erscheint der CD-Effekt nur im Gebiet der Absorptionsbande, während der ORD-Effekt über einen wesentlich größeren Wellenlängenbereich hinweg beobachtet werden kann. Je nach Gerätetyp wird der Zirkulardichroismus als

**Elliptizität** $\Theta$ oder als **Extinktionsdifferenz** $\Delta E$ gemessen. Dabei ist $\Delta E$ die Differenz zwischen der Extinktion für links- ($E_l$) und rechts-zirkular ($E_r$) polarisiertes Licht:

$$\text{Extinktionsdifferenz}$$
$$\Delta E = E_l - E_r \tag{1}$$

Die für die Dokumentation wichtige **molare Elliptizität** $[\Theta]$ erhält man aus der gemessenen Elliptizität nach Gleichung (2):

$$\text{molare Elliptizität}$$
$$[\Theta] = \frac{33 \cdot \Theta}{l \cdot c} \tag{2}$$

$\Theta$ = gemessene Elliptizität

$l$ = Schichtdicke in cm

$c$ = Konzentration in mol $\cdot$ l$^{-1}$

oder aus der Extinktionsdifferenz $\Delta E$ nach Gleichung (3):

$$[\Theta] = 3300 \frac{\Delta E \cdot M}{l \cdot c} \tag{3}$$

$\Delta E$ = gemessene Extinktionsdifferenz

$M$ = Molmasse in g $\cdot$ mol$^{-1}$

$l$ = Schichtdicke in cm

$c$ = Konzentration in mol $\cdot$ l$^{-1}$

Die Dimension der Elliptizität ist Grad $\cdot$ cm$^2$ $\cdot$ dmol$^{-1}$ *).

## Geräte

In Bild 3.2.5/1 ist schematisch die optische Meßeinrichtung eines CD-Geräts wiedergegeben. Die Umwandlung von linear polarisiertem Licht in zirkular polarisiertes Licht gelingt mit Hilfe einer „Pockel-Zelle" oder piezoelastischer Modulatoren.

---

*) Es sind hier die Bezeichnungen Grad oder deg (engl. degree) und dmol (= Dezimol) üblich.

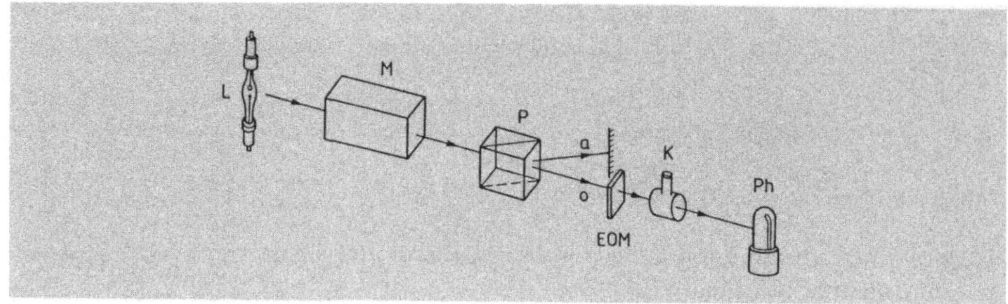

**Bild 3.2.5/1  Schematischer Aufbau der optischen Meßeinrichtung eines CD-Geräts**

L     Xenonlampe (liefert Licht im sichtbaren und ultravioletten Bereich).
M     Monochromator (erzeugt Licht der Wellenlänge $\lambda$).
P     Polarisator (zerlegt den Lichtstrahl in zwei linear polarisierte Strahlen, deren Schwingungs-ebenen senkrecht aufeinander stehen. Der außerordentliche Lichtstrahl a wird ausgesondert und absorbiert).
EOM   Elektro-optischer Modulator (erzeugt abwechselnd links und rechts zirkular polarisiertes Licht in der Weise, daß in Ph ein konstanter Wechselstrom fließt, solange die Substanz in der Küvette K keinen Zirkulardichroismus zeigt. Ist die Substanz aber zirkulardichroitisch, dann überlagert sich dem konstanten Photostrom ein Wechselstrom unterschiedlicher Amplitude, der elektronisch weiter verarbeitet wird).
K     Küvette mit zirkulardichroitischer Substanz (absorbiert links und rechts zirkular polarisiertes Licht unterschiedlich).
Ph    Photomultiplier (mißt die einfallende, modulierte Lichtintensität).

## Durchführung

Die Wahl des Küvettenmaterials, des Lösungsmittels und der richtigen Konzentration der zu messenden Substanz erfolgt wie bei der Absorptionsspektrometrie (vgl. Kap. 3.2.3) beschrieben. Die eigentliche Messung wird wie eine ORD-Messung durchgeführt (vgl. Kap. 3.2.4). Für die Kalibrierung eignet sich eine wäßrige Lösung von D-Camphersulfonsäure, die lange Zeit haltbar ist. Bei einer Konzentration von $0{,}500$ g $\cdot$ l$^{-1}$ zeigt sie eine molare Elliptizität von $[\Theta] = 7700$ Grad $\cdot$ cm$^2$ $\cdot$ dmol$^{-1}$.

## Auswertung

Zum besseren Vergleich von CD-Kurven verschiedener Substanzen untereinander gibt man die molare Elliptizität $[\Theta]$ wieder. Man erhält sie aus der gemessenen Elliptizität nach Gl. (2) bzw. aus der Extinktionsdifferenz nach Gl. (3), indem die Meßwerte der CD-Kurve in Abständen von 5 nm umgerechnet werden.

## Dokumentation

Wird die direkt gemessene Kurve wiedergegeben, sind folgende Angaben zu machen: Substanz, Konzentration (g $\cdot$ l$^{-1}$), Schichtdicke in der Küvette, Empfindlichkeit des Geräts und Temperatur. Werden unterschiedliche Küvetten, Konzentrationen oder Empfindlichkeiten des Geräts verwendet, gibt man die Meßbereiche an einer entsprechenden Zahl von Ordinaten wieder, wie dies in Bild 3.2.6/2 gezeigt ist.

Die Beschreibung einer CD-Kurve ist am Beispiel der D-Camphersulfonsäure (Bild 3.2.4/3c) gegeben:

> Die CD-Kurve zeigt einen positiven Cotton-Effekt bei 290 nm mit einer molaren Elliptizität von + 7700 grad $\cdot$ cm$^2$ $\cdot$ dmol$^{-1}$.

## Anwendungsbereich

- Untersuchung sterischer Änderungen in der Umgebung von optisch aktiven Kohlenstoffatomen
- Ermittlung der relativen und in vielen Fällen auch der absoluten Konfiguration optisch aktiver anorganischer und organischer Verbindungen (z. B. Triterpene, Steroide und Alkaloide)
- Konformationsanalyse: Die Temperaturabhängigkeit des Zirkulardichroismus gibt wertvolle Informationen über konformative Gleichgewichte.
- Bestimmung der Sekundär- und Tertiärstruktur von Proteinen: Aus den CD-Spektren lassen sich die Anteile von $\alpha$-Helixstruktur, $\beta$-Faltblattstruktur und ungeordneter Struktur ("Random-coil-Struktur") bestimmen.

## Literatur

*E. Charney*, The Molecular Basis of Optical Activity: Optical Rotary Dispersion and Circular Dichroism, Wiley, New York 1979

*C. Djerassi*, Optical Rotary Dispersion, McGraw Hill, New York 1960

*B. Jirgensons*, Optical Activity of Proteins and Other Macromolecules in Molecular Biology, Biochemistry and Physics, Bd. 5, Springer, Berlin 1973

*G. Snatzke* (Ed.), Optical Rotary Dispersion and Circular Dichroism in Organic Chemistry, Heyden, London 1967

# 3.2.6 Magnetische optische Rotationsdispersion (MORD) und magnetischer Zirkulardichroismus (MCD)

Unter magnetischer optischer Rotationsdispersion bzw. magnetischem Zirkulardichroismus versteht man das Auftreten von optischer Rotationsdispersion und Zirkulardichroismus bei optisch inaktiven Substanzen, wenn sie sich in einem starken Magnetfeld befinden.

## Grundlagen

Optisch inaktive Substanzen, die in ein starkes Magnetfeld gebracht werden, drehen die Ebene von linear polarisiertem Licht. Man bezeichnet ein solches Verhalten als **Faraday-Effekt**. Ein magnetisches Feld induziert somit auch in sonst optisch inaktiven Substanzen optische Rotationsdispersion und Zirkulardichroismus, die man deshalb als MORD und MCD bezeichnet.

Die physikalischen Ursachen für den natürlichen Zirkulardichroismus und die natürliche optische Rotationsdispersion sind grundlegend verschieden von den magnetisch induzierten Effekten. Der Zirkulardichroismus kommt durch einen „Störungsfaktor" im Molekül selbst zustande, der zu einer Asymmetrie führt. Nur solche Substanzen zeigen einen CD-Effekt, die einen solchen Störungsfaktor besitzen (z. B. unsymmetrisch substituierte Ketone). Der Effekt ist an das Molekül gebunden und unveränderlich. Auch durch ein äußeres Magnetfeld kann eine Störung von Elektronenübergängen auftreten. Die Größe des durch das Magnetfeld bedingten Effektes hängt von der Stärke des angelegten Magnetfelds $H$ ab.

Man beobachtet drei Arten von Elektronenübergängen: $A$-, $B$-, und $C$-Terme. Zusammen ergeben sie die **molare magnetische Elliptizität**:

---

**molare magnetische Elliptizität**

$$[\Theta]_M = 21,3 \left[ f_1(A) + f_2(B + \frac{C}{k \cdot T}) \right]$$

$[\Theta]_M$ = molare magnetische Elliptizität
$k$    = Boltzmannkonstante
$T$    = absolute Temperatur

---

Das Zustandekommen eines $A$-Terms ist in Bild 3.2.6/1 dargestellt. Der $C$-Term kann aus der Temperaturabhängigkeit des MCD-Effekts bestimmt werden, da er sich als einziger der drei Beiträge mit der Temperatur ändert.

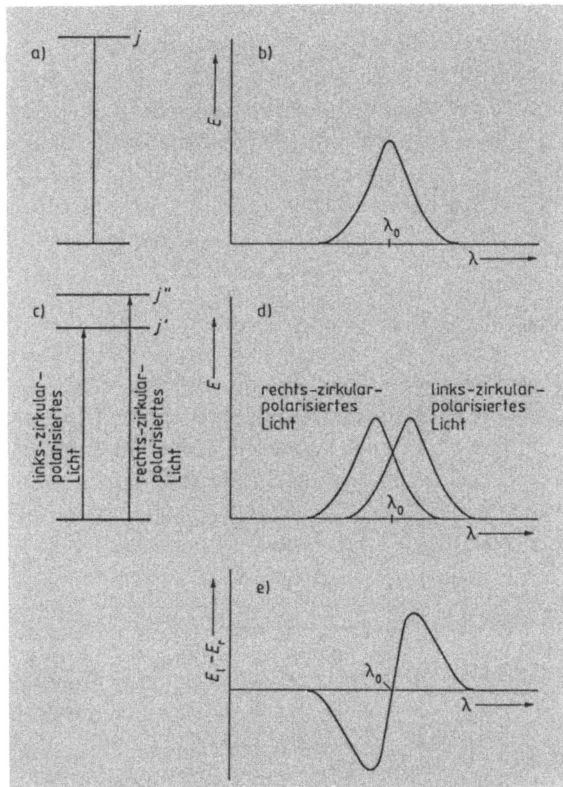



**Bild 3.2.6/1**
**Zustandekommen des $A$-Terms.**
a) Termschema eines Elektronenübergangs vom Grundzustand in einen entarteten angeregten Zustand $j$ ohne äußeres Magnetfeld.
b) Das daraus resultierende Absorptionsspektrum (Extinktion $E$ in Abhängigkeit von der Wellenlänge $\lambda$). c) Ein äußeres Magnetfeld hebt die Entartung auf. Links- und rechts-zirkular polarisiertes Licht regt Elektronenübergänge in die angeregten Zustände $j'$ und $j''$ an;
d) Im magnetischen Feld sind die Absorptionsspektren für links- und rechts-zirkular polarisiertes Licht zu längeren und kürzeren Wellenlängen verschoben. e) Die Differenz der Extinktionen $(E_1 - E_r)$ ergibt einen $A$-Term des MCD-Spektrums

## Geräte

Zur Messung von MORD und MCD können im Prinzip dieselben Geräte wie für ORD- und CD-Messungen verwendet werden, sie müssen jedoch zusätzlich mit einem Magneten ausgestattet sein. In älteren Geräten werden Magnetfelder bis ca. 5 T benötigt, die sich nur durch supraleitende Magneten erreichen lassen. Die höhere Empfindlichkeit moderner Geräte erfaßt auch geringere Meßeffekte, so daß bereits niedrigere Feldstärken ausreichen, die durch Permanent- oder Elektromagneten erzeugt werden können (bis 2 T).

## Durchführung

Bei der Wahl der Lösungsmittel muß über die sonst übliche Einschränkung (vgl. Kap. 3.2.3) hinaus zusätzlich berücksichtigt werden, daß prinzipiell alle Substanzen, also auch Lösungsmittel, im magnetischen Feld optisch aktiv werden. Allerdings zeigen die meisten Lösungsmittel (z. B. Wasser, Ethanol, Toluol) nur geringe MORD- bzw. MCD-Effekte.

Falls der Beitrag des Lösungsmittels nicht vernachlässigt werden kann, werden zwei Spektren aufgenommen: eines vom Lösungsmittel mit Substanz, das andere vom reinen Lösungsmittel. Die Differenz beider Spektren ergibt den MORD- bzw. MCD-Anteil der Substanz, der aber noch den Beitrag der natürlichen optischen Rotationsdispersion bzw. des natürlichen Zirkulardichroismus enthält. Dieser läßt sich durch Aufnahme zweier Spektren mit und ohne Magnetfeld eliminieren. Die Aufnahme des Spektrums erfolgt wie für die optische Rotationsdispersion (Kap. 3.2.4) bereits beschrieben.

## Auswertung

Da fast ausschließlich MCD-Spektren aufgenommen werden, wird nur auf diese eingegangen. Der Meßwert gibt je nach Gerätetyp eine Extinktionsdifferenz oder eine Elliptizität wieder (vgl. Kap. 3.2.5). Er setzt sich zusammen aus dem Anteil, der ohne Magnetfeld bereits vorhanden ist, und aus einem Anteil, der durch das Magnetfeld zusätzlich hervorgerufen wird. Aus der gemessenen Extinktionsdifferenz berechnet sich der Anteil der **molaren magnetischen Elliptizität** $[\Theta]_M$ nach Gl. (1):

$$\boxed{\text{molare magnetische Elliptizität} \qquad [\Theta]_M = 3300 \, \frac{M}{l \cdot c} (\Delta E_M - \Delta E)} \tag{1}$$

$\Delta E_M$ = Extinktionsdifferenz mit Magnetfeld
$\Delta E$  = Extinktionsdifferenz ohne Magnetfeld
$M$   = Molmasse in $g \cdot mol^{-1}$
$l$    = Schichtdicke in cm
$c$    = Konzentration in $g \cdot l^{-1}$

Wird die Elliptizität $\Theta$ gemessen, kann $[\Theta]_M$ nach Gl. (2) berechnet werden:

$$\boxed{[\Theta]_M = \frac{33}{l \cdot c} (\Theta_M - \Theta)} \tag{2}$$

$\Theta_M$ = Elliptizität mit Magnetfeld
$\Theta$  = Elliptizität ohne Magnetfeld
$l$    = Schichtdicke in cm
$c$    = Konzentration in $mol \cdot l^{-1}$

Da die Höhe der Amplitude proportional mit der Stärke des Magnetfelds zunimmt, wurde bisher auf die Feldstärke 1 kG normiert, d. h. für eine MCD-Kurve wird $[\Theta]_M \cdot H^{-1}$ ($H =$ Stärke des Magnetfelds in kG) gegen die Wellenlänge $\lambda$ aufgetragen. Dann lassen sich bei verschiedenen Konzentrationen und Feldstärken aufgenommene Spektren direkt miteinander vergleichen. Im SI-System wird nur noch das Tesla (T) = $10^4$ G verwendet. Daher sollte auf 1 T normiert werden.

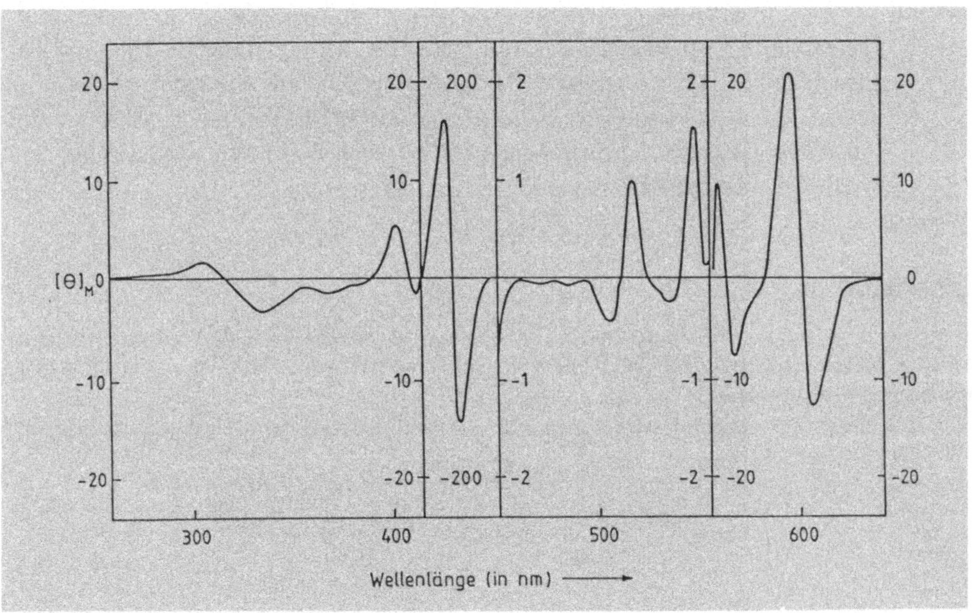


**Bild 3.2.6/2** MCD-Spektrum von Dichlorgermaniumtetraphenylporphin in Chloroform ($10^{-6}$ molar, 4,95 T)

## Dokumentation

Ein Beispiel für die Wiedergabe eines MCD-Spektrums ist in Bild 3.2.6/2 angeführt. Die Beschreibung eines Spektrums erfolgt wie in Kap. 3.2.4 und 3.2.5 für ORD bzw. CD angegeben.

## Anwendungsbereich

- MCD-Spektren von Metalloporphyrinen (Bild 3.2.6/2) und Phtalocyaninen sind für die theoretische Chemie interessant, da sich aus dem magnetischen Zirkulardichroismus direkte Aussagen über die magnetischen Momente angeregter Elektronenzustände ableiten lassen.
- Bei einigen Metalloproteiden (z. B. Hämoglobin, Myoglobin oder Cytochrom c) ändern sich die MCD-Spektren bei der Oxigenierungsreaktion charakteristisch. Somit können solche Redoxreaktionen mit geringem experimentellen Aufwand kinetisch untersucht werden. Auch Strukturaussagen über die Art von Komplexbindungen sind möglich.

- Einfache Bestimmung des Tryptophangehalts von Proteinen, da von allen Aminsäuren nur Tryptophan einen ausgeprägten MCD-Effekt aufweist. Die sonst üblichen Methoden der Aminosäurenanalyse (Kap. 3.4.3) sind weniger genau.
- Weitere Anwendungsgebiete für MCD und MORD liegen auf den Gebieten der Alkaloide, Chlorine, Corrinsysteme (z. B. Vitamin B 12), Annulene, Olefine und Olefinmetallkomplexe.

## Literatur

*G. Barth, J. H. Dawson, P. M. Dollinger, R. E. Lindner, E. Bunnenberg* und *C. Djerassi,* Magnetic Circular Dichroism Studies XXXIV – Improved Instrumentation for MCD Measurements, Anal. Biochem. **65**, 100 (1975)

*A. J. McCaffery,* New Applications for Magnetic Circular Dichroism, Nature Physical Science **232**, 137 (1971)

Die in Kap. 3.2.5 angegebenen Monographien behandeln teilweise auch MORD und MCD.

# 3.2.7 Kernmagnetische Resonanzspektrometrie (NMR)

Die kernmagnetische Resonanzspektrometrie (NMR) ist eine Methode zur Strukturaufklärung und Identifizierung von Verbindungen unter Ausnutzung der magnetischen Eigenschaften bestimmter Atomkerne.

## Grundlagen

Nach der Quantenmechanik nimmt der **Eigendrehimpuls** $p$ (= **Drehimpuls** oder **Kernspin**) nicht beliebige Werte an. Da $p$ eine Vektorgröße darstellt, muß zu seiner vollständigen Beschreibung neben seiner „Größe" (seinem Betrag) auch noch die Richtung angegeben werden. In einem äußeren Magnetfeld (willkürlich als $z$-Achse bezeichnet) muß für den Betrag des Drehimpulses in $z$-Richtung ($p_z$) folgende Bedingung erfüllt sein:

$$p_z = m \frac{h}{2\pi}$$

$p_z$ = Komponente des Kernspins in Richtung der $z$-Achse (= Richtung des Magnetfelds)
$m$ = magnetische Quantenzahl
$h$ = Plancksches Wirkungsquantum

Die Werte, die $p_z$ annehmen kann, wird durch die **magnetische Quantenzahl** $m$ bestimmt. Sie ist 1/2 für Atomkerne wie $^1$H, $^{13}$C usw. (s. unten) und 1, 0 oder $-$ 1 für Kerne wie $^{14}$N. Atomkerne besitzen dann ein kernmagnetisches Moment, wenn entweder die Atommasse ungeradzahlig ist (z.B. $^1$H, $^{13}$C, $^{15}$N, $^{17}$O, $^{19}$F oder $^{31}$P) oder wenn die Ordnungszahl bei geradzahliger Atommasse ungeradzahlig ist (z.B. $^2$H oder $^{14}$N). Solche Kerne können mit der kernmagnetischen Resonanzspektrometrie untersucht werden. $^1$H- und $^{19}$F-Kerne liegen als Reinelemente vor und lassen sich einfach untersuchen. Die anderen Kerne sind in den natürlich vorkommenden Elementen nur in sehr geringer Konzentration vorhanden. Ihre kernmagnetische Resonanz kann nur durch die Fourier-Transform-Methode bestimmt werden.

Beim Anlegen eines äußeren Magnetfeldes kann der Kernspin zwei Vorzugsrichtungen einnehmen: parallel oder antiparallel zum äußeren Magnetfeld (Bild 3.2.7/1). Sie unterscheiden sich in ihrem Energieinhalt. Um einen Kernspin von der energieärmeren (parallelen) Einstellung in die energiereichere (antiparallele) Einstellung umzuorientieren, wird eine bestimmte Energie $\Delta E$ benötigt. Strahlt man diese Energie in Form von Radiowellen von außen ein, dann wird sie absorbiert, es findet Resonanz statt. Diese Energieaufnahme wird experimentell gemessen. $\Delta E$ ist direkt proportional zum Magnetfeld am Kernort:

$$\Delta E = \gamma\, \hbar H = h\nu$$

$\hbar$ = Plancksches Wirkungsquantum/$2\pi$
$\nu$ = Frequenz
$H$ = Stärke des Magnetfeldes am Kernort
$\gamma$ = gyromagnetisches Verhältnis (eine für den Kern charakteristische Konstante)

$H$ ist im allgemeinen vom äußeren Magnetfeld $H_0$ verschieden, da das magnetische Feld am Kernort von den anderen Kernen und Elektronen des Moleküls beeinflußt wird. Dieser Effekt, die später noch zu behandelnde „chemische Verschiebung", ist die Grundlage wichtiger Strukturaussagen von Molekülen durch die kernmagnetische Resonanzspektrometrie.

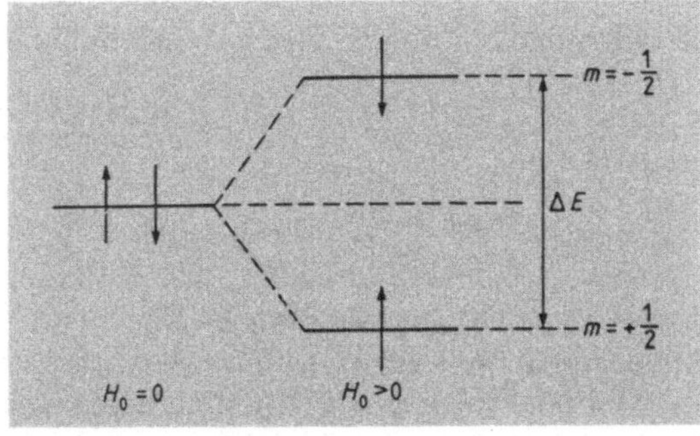


**Bild 3.2.7/1**

**Magnetische Energiezustände eines Kerns mit dem Spin** $m$ **= 1/2.** Ohne äußeres Magnetfeld ($h_0$ = 0) sind die Energiezustände gleich. In einem äußeren Magnetfeld ($H_0 > 0$) spalten sie auf in einen energiereicheren (Spin antiparallel zu $H_0$) und einen energieärmeren Zustand (Spin parallel zu $H_0$).

**Anregung der Kerne**

Aufgrund der unterschiedlichen Resonanzfrequenzen der verschiedenen Kerne eines Moleküls muß die Anregung bei verschiedenen Frequenzen vorgenommen werden. Hierzu gibt es zwei Methoden:

- kontinuierliches Abfahren der einzelnen Resonanzstellen nacheinander (Continuous-Wave-Methode)

- impulsförmige Anregung aller Resonanzstellen zur gleichen Zeit (Fourier-Transform-Methode)

a) **Continuous-Wave-Methode (CW)**: Die Resonanzbedingungen werden nacheinander eingestellt, indem man entweder die eingestrahlte Radiofrequenz oder das angelegte Magnetfeld kontinuierlich ändert. Dabei wird im Resonanzfall immer nur ein Spin angeregt. Die Intensität der Absorption der Radiofrequenz kann direkt in Abhängigkeit von der Frequenz bzw. der Stärke des Magnetfelds aufgezeichnet werden. Das Ergebnis ist das bekannte NMR-Spektrum.

b) **Fourier-Transform-Methode (FT)**: Alle Spins werden gleichzeitig durch einen Impuls einer geeigneten Radiofrequenz angeregt. Ein kurzzeitiger Impuls ($10^{-5} - 10^{-7}$ sec) mit einer Impulsweite $P$ führt zu einer Reihe von Frequenzen oberhalb und unterhalb der eingestrahlten Frequenz $\nu_0$. Die Umwandlung der Meßwerte in ein Spektrum, das mit einem CW-Spektrum vergleichbar ist, erfolgt durch eine Fourier-Transformation mit Hilfe eines Computers.

**Relaxationsprozesse**

Wird eine Molekülart mit einer Radiofrequenz bestrahlt, deren Energie eine Resonanz erzeugen kann, dann werden die Spins der angeregten Kerne nacheinander umgeklappt und in energiereichere Zustände überführt. Nach kurzer Zeit wären dann alle Kerne angeregt, eine weitere Energieaufnahme würde nicht mehr erfolgen. Damit wäre der Meßeffekt nur kurzzeitig meßbar. Durch Austauschprozesse können die angeregten Kerne jedoch wieder Energie abgeben und in ihre niedrigeren Energiezustände zurückkehren. Im wesentlichen finden die Austauschprozesse auf zwei Wegen statt:

- **Spin-Gitter-Relaxation** (engl. to relax = sich entspannen); die Energie wird in die Umgebung abgegeben.

- **Spin-Spin-Relaxation**; die Energie wird durch lokale Felder auf andere Spins übertragen.

**Chemische Verschiebung**

Das effektive Magnetfeld $H$, in dem sich die Kerne befinden, ist nicht an jedem Kernort gleich groß. Die zahlreichen Elektronen erzeugen aufgrund ihrer Ladung und Bewegung ebenfalls Magnetfelder, die das äußere Magnetfeld am Ort eines bestimmten Kerns verringern (abschirmen) oder verstärken. Funktionelle Gruppen führen zu charakteristischen chemischen Verschiebungen, die in einem mehr oder weniger engen Bereich liegen. Die Werte sind in der Literatur in Tabellen zusammengestellt. In Tabelle 3.2.7/1 sind nur die chemischen Verschiebungen der wichtigsten funktionellen Gruppen aufgeführt.

**Tabelle 3.2.7/1** Chemische Verschiebung von Protonen in $^{1}$H-NMR-Spektren in ppm bezogen auf TMS (Varian, Palo Alto, California/USA ; nach *E. D. Becker*, High Resolution NMR, Academic Press, New York 1969)

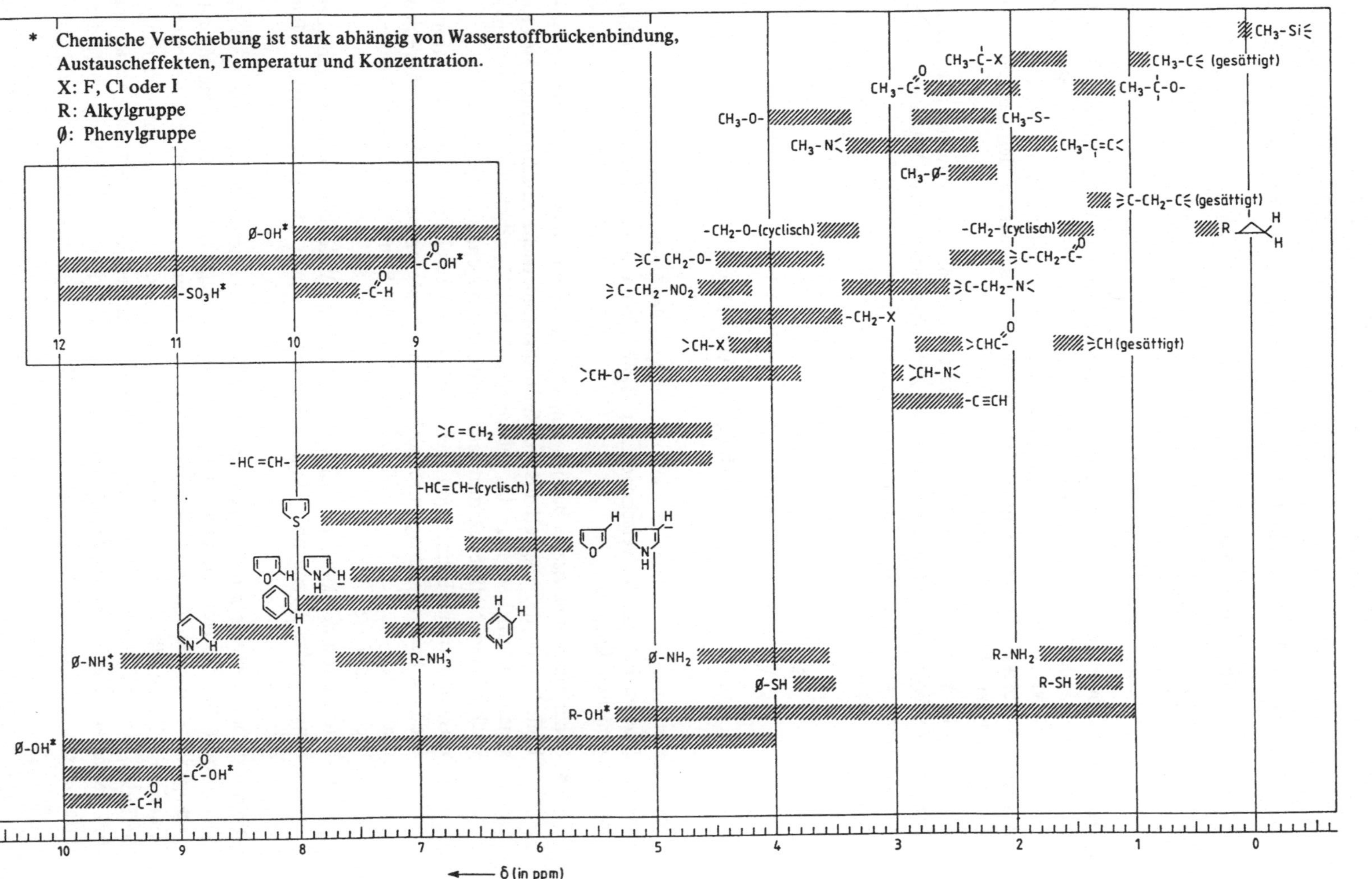

Die Stärke der Abschirmung wird durch die **Abschirm(ungs)konstante** $\sigma$ beschrieben:

**Abschirmungskonstante**

$$H_n = H_0 \, (1 - \sigma)$$

$H_n$ = Magnetfeld am Kern $n$

Diese Größe ist experimentell nicht erfaßbar. Es ist daher besser, die Abschirmung relativ zu einer Standardsubstanz zu bestimmen. Man nennt die Verschiebung der Resonanzlinien relativ zu der Standardsubstanz „chemische" Verschiebung $\delta$, da der chemische Aufbau des Moleküls für sie verantwortlich ist. Als Standard wird in den meisten Fällen Tetramethylsilan (TMS) verwendet.

Die chemische Verschiebung hängt von der Feldstärke $H_0$ ab. Da Geräte mit unterschiedlich starken Magneten im Einsatz sind, würde man viele verschiedene Werte für dieselbe Resonanzstelle eines bestimmten Kerns erhalten. Man definiert daher $\delta$ als eine vom Feld unabhängige Größe:

$$\delta_n = \frac{H_r - H_n}{H_0}$$

$\delta_n$ = chemische Verschiebung der Absorptionsstelle des Kerns $n$ relativ zu
der des Kerns $r$

Die Absorptionssignale können je nach der Struktur der Verbindung zu einem höheren oder niedrigeren Feld als $H_0$ verschoben sein. Dabei ist die Art der Elektronenverteilung von maßgeblichem Einfluß:

- Sphärisch-symmetrische Bahnen von Elektronen um den Kern führen zu einer Erniedrigung des Magnetfelds am Kern (diamagnetische Abschirmung). Um Resonanz zu erhalten, muß das äußere Magnetfeld $H_0$ erhöht werden, die Signale erscheinen im NMR-Spektrum nach rechts verschoben.

- Unsymmetrische Bahnen von Elektronen führen zu einer Erhöhung des Magnetfelds am Kern (paramagnetische Abschirmung). Resonanz wird bereits bei einem niedrigeren äußeren Magnetfeld $H_0$ erhalten, das Signal wird im NMR-Spektrum nach links verschoben.

- Bahnen von delokalisierten Elektronen in einem Molekül (z. B. in aromatischen Ringen oder Dreifachbindungen) führen zu einem „**Ringstromeffekt**" (Bild 3.2.7/2).

Ringförmig angeordnete $\pi$-Elektronen führen senkrecht zu einem äußeren Magnetfeld $H_0$ kreisförmige Bewegungen aus und erzeugen dabei ein Magnetfeld, das im Ring $H_0$ entgegengerichtet ist und $H_0$ abschwächt. In der Peripherie wird $H_0$ erhöht. Die Resonanzlinien von Kernen, die in der Ebene des $\pi$-Systems liegen und sich außerhalb des Ringes befinden, werden bereits bei niedrigerem äußeren Feld erhalten (**Tieffeldverschiebung bei Aromaten**). Kerne, die sich im Ring oder oberhalb und unterhalb des Ringes befinden, erfahren eine **Hochfeldverschiebung** (z. B. bei Acetylenen und manchen Annulenen).

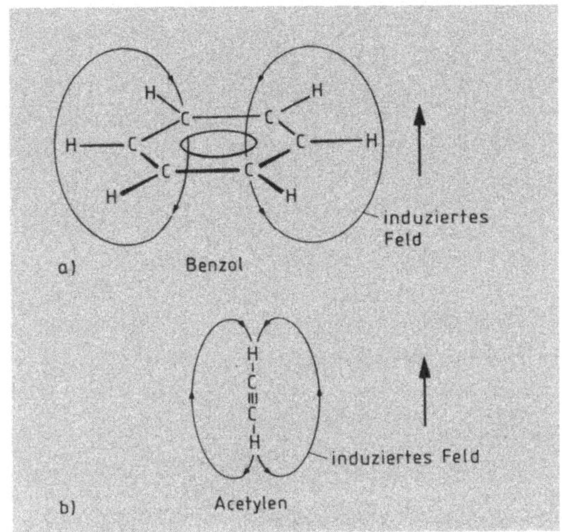


**Bild 3.2.7/2**
Ringförmig angeordnete $\pi$-Elektronen führen im äußeren Magnetfeld $H_0$ ringförmige Bewegungen aus und erzeugen dabei ein magnetisches Feld, das im Ring $H_0$ abgeschwächt und in der Peripherie erhöht wird. Die Protonen in a) ergeben daher Signale bei tiefem Feld, die in b) bei hohem Feld.

## Spin-Spin-Kopplung

Alle Kerne, die ein magnetisches Moment besitzen, beeinflussen sich durch ihr Dipolmoment gegenseitig. In einer Flüssigkeit, in der sich die Moleküle dauernd bewegen, werden diese Kräfte zwischen den Molekülen laufend ausgemittelt, und die Kerne verhalten sich so, als wären keine Kräfte zwischen ihnen vorhanden. Sind aber Kerne direkt miteinander verbunden oder an Kerne gebunden, die ihrerseits miteinander verbunden sind, dann kompensieren sich diese Wechselwirkungen nicht mehr, sondern werden durch die stark magnetischen Elektronen der Bindungen weitergeleitet. Diese Art der Kopplung nennt man **Spin-Spin-Kopplung**. Sie führt zu einer Aufspaltung der Resonanzlinien in Multipletts, bei denen sowohl die Zahl von Linien, als auch deren Abstände voneinander und ihre relativen Intensitäten vorhersehbar sind.

Betrachtet man die Kerne A und B von zwei Wasserstoffatomen (Bild 3.2.7/3), die an verschiedene Kohlenstoffatome gebunden sind, dann haben von den A-Kernen fast gleich viele Kerne parallele oder antiparallele Spineinstellungen relativ zu $H_0$.

Dasselbe gilt für die B-Kerne. Beide Spinzustände gehen mit den Elektronen unterschiedliche Wechselwirkungen ein, mit dem Ergebnis, daß bei der Hälfte der Moleküle am Kern A die Feldstärke höher und bei der anderen Hälfte niedriger ist als $H_0$, je nachdem, mit welcher Spineinstellung der B-Kerne eine Wechselwirkung eingetreten ist. Man beobachtet daher zwei Resonanzen der A-Protonen, mit anderen Worten, die Resonanzlinie der A-Protonen wird durch die B-Protonen in ein Dublett aufgespalten. Da die Wechselwirkung zwischen den A- und B-Kernen auf Gegenseitigkeit beruht, wird die Resonanzlinie der B-Kerne ebenfalls in ein Dublett aufgespalten. Wir finden daher im NMR-Spektrum zwei Dubletts mit einem Abstand $\delta$. Die Aufspaltung ist in beiden Fällen gleich groß und wird als **Spinkopplungskonstante** $J$ bezeichnet. Die Kopplung beruht ausschließlich auf einer Wechselwirkung innerhalb des Moleküls und ist daher vom äußeren Magnetfeld unabhängig. Die Kopplungskonstante $J$ wird in Hz angegeben. Einige Beispiele sind in Tabelle 3.2.7/2 aufgeführt.

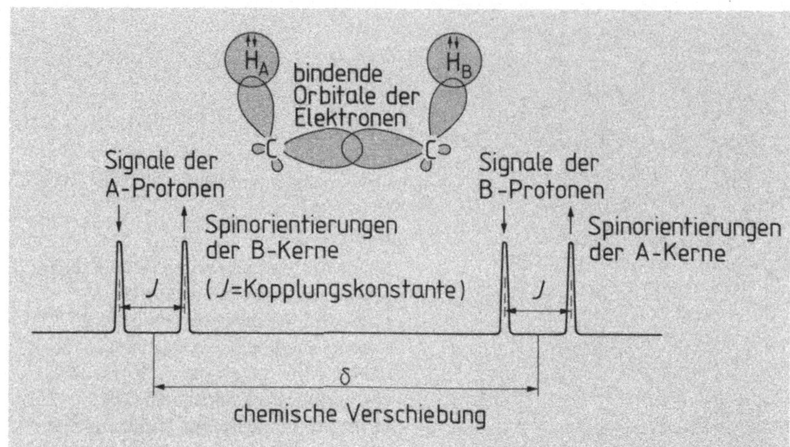


**Bild 3.2.7/3** Aufspaltungsschema für ein Proton mit nur einem Nachbarn durch Spin-Spin-Kopplung

**Tabelle 3.2.7/2** Einige wichtige Kopplungskonstanten

| direkt | $C-H$ | 100–300 Hz |
|---|---|---|
| vicinal | $\overset{}{\underset{H\quad H}{C-C}}$ | 2– 20 Hz |
| geminal | $\overset{C}{\underset{H\,H}{}}$ | 0– 20 Hz |
| long range | $\overset{}{\underset{H}{-C-C\equiv C-H}}$ | 0– 10 Hz |

Wenn ein Proton mehr als ein benachbartes Proton hat (Bild 3.2.7/4), gibt es mehrere statistische Möglichkeiten der Wechselwirkung zwischen den verschiedenen Spineinstellungen.

Verhältnismäßig einfach ist die Aufspaltung, wenn die A-Kerne mit mehreren B-Protonen koppeln, aber keine C-Kerne benachbart sind. In diesem Fall wird die A-Resonanz bei $n$ B-Kernen in $(n + 1)$ Linien aufgespalten. Die relativen Intensitäten der einzelnen Linien ergeben sich aus den statistischen Kombinationsmöglichkeiten und lassen sich aus dem Pascalschen Dreieck

| | | | | | | | | |
|---|---|---|---|---|---|---|---|---|
| Singulett | | | | | 1 | | | |
| Dublett | | | | 1 | | 1 | | |
| Triplett | | | 1 | | 2 | | 1 | |
| Quartett | | 1 | | 3 | | 3 | | 1 |
| Quintett | 1 | | 4 | | 6 | | 4 | | 1 |

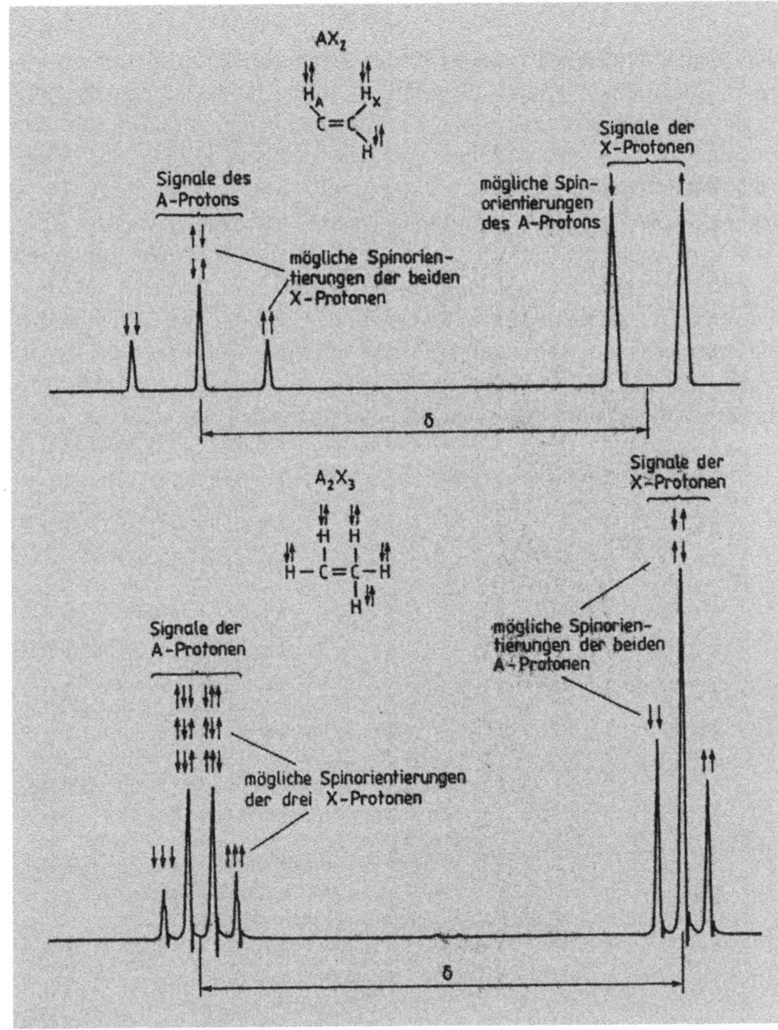


**Bild 3.2.7/4  Aufspaltungsschema für die Protonenkombination $AX_2$ und $A_2X_3$ durch Spin-Spin-Kopplung**

vorhersagen. Besitzt ein Kern mehrere Nachbarn, die sich auch magnetisch unterscheiden, dann wird das Aufspaltungsmuster kompliziert. Diese Aufspaltungsregeln und die Intensitätsverhältnisse gelten nur für einfache Spektren mit großen Unterschieden der chemischen Verschiebungen und kleinen Kopplungskonstanten der einzelnen Signale (Spektren 1. Ordnung). Wenn die Kopplungskonstanten und die chemischen Verschiebungen von ähnlicher Größe sind, findet man große Abweichungen (Spektren 2. Ordnung). Solche Spektren lassen sich nicht einfach interpretieren.

## Integration

Die Fläche unter dem Signal eines Spektrums ist direkt proportional zur Menge der absorbierenden Protonen. Dies bedeutet, daß die relativen Intensitäten der Signale eines NMR-Spektrums die Bestimmung der relativen Zahl von Kernen bei einer reinen Substanz ermöglicht. Damit können dann in vielen Fällen auch die relativen Mengen von Molekülen einer Mischung bestimmt werden.

Im Gegensatz zu den Absorptionsspektren, bei denen die Intensität außer von der Konzentration auch noch von Absorptionskoeffizienten abhängt, deren Größe nur durch eine Reinsubstanz ermittelt werden kann, können NMR-Spektren auch von Mischungen verschiedener Substanzen quantitativ interpretiert werden: der kleinstmögliche Schritt bei der Integration kann von nicht weniger als einem Proton herrühren. Größere Schritte der Integration können als Mehrfaches des kleinsten Schrittes wiedergegeben werden. Die Summe aller Schritte ergibt die gesamte Protonenzahl eines Moleküls (Bild 3.2.7/5).

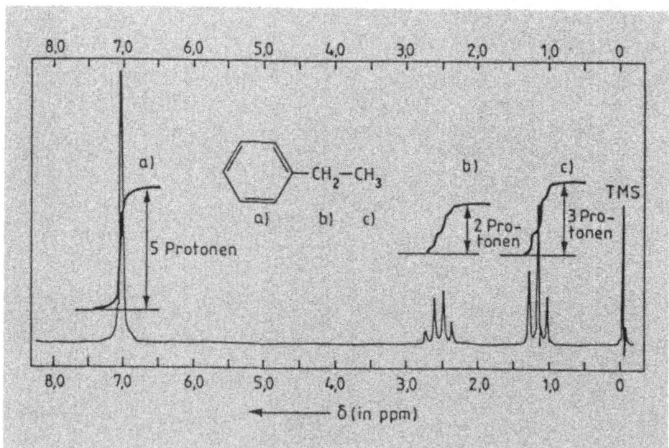


**Bild 3.2.7/5**
**[1]H-NMR-Spektrum einer 10 %igen Lösung von Ethylbenzol in Kohlenstofftetrachlorid bei 30 °C und bei 60 MHz.** Die Integration der Signale ergibt Auskunft über die Zahl der das jeweilige Signal hervorrufenden Protonen. (Nach *H. R. Christen*, Grundlagen der organischen Chemie, Sauerländer, Aarau und Diesterweg/Salle, Frankfurt 1977, S. 327)

[13]C-NMR-Spektren zeigen normalerweise keine Aufspaltung (Bild 3.2.7/6), da sie Protonen-breitbandentkoppelt aufgenommen werden. Damit wird eine Kopplung der Protonen mit den [13]C-Atomen unterdrückt. Eine Kopplung zwischen benachbarten [13]C-Atomen wird nicht beobachtet, da aufgrund der natürlichen Isotopenverteilung der Fall, daß zwei [13]C-Atome benachbart sind, zu selten eintritt.

Da in diesem Fall einem C-Atom nur 1 Signal zukommt, lassen sich [13]C-NMR-Spektren leichter interpretieren. Im Gegensatz zur [1]H-NMR, bei der jedes Proton mit gleicher Intensität gemessen wird, hängt die Intensität eines [13]C-Signals auch noch davon ab, ob es durch ein primäres, sekundäres, tertiäres oder quartäres [13]C-Atom hervorgerufen wird. Eine Integration von [13]C-Spektren wird daher normalerweise nicht durchgeführt.

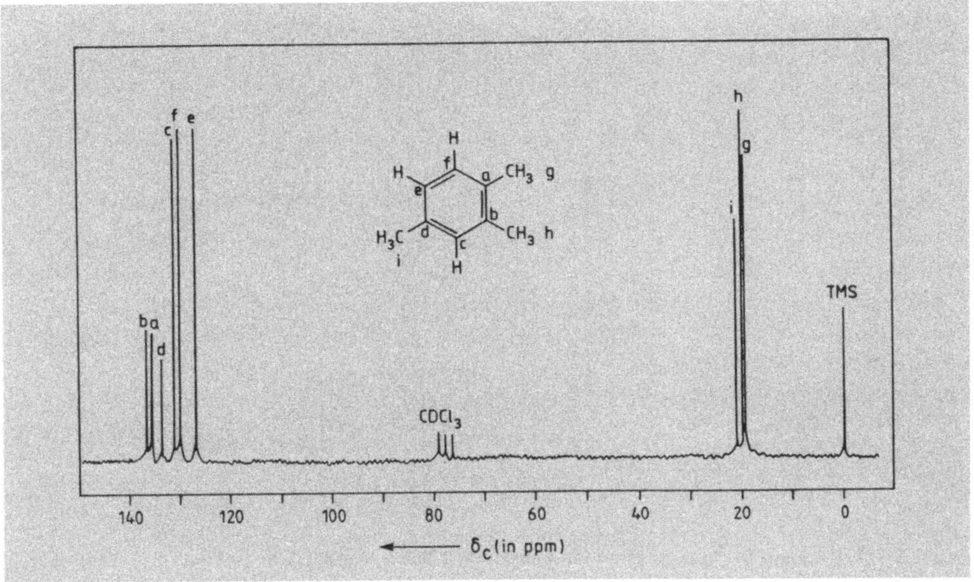



**Bild 3.2.7/6** ¹³C-NMR-Spektrum von 1,2,4-Trimethylbenzol in CDCl₃ (breitband-entkoppelt). (Nach *M. Hesse, H. Meier, B. Zeeh*, Spektroskopische Methoden in der organischen Chemie, Thieme, Stuttgart 1979, S. 215, Abb. 3–48b)

# Geräte

In Bild 3.2.7/7 ist schematisch ein ¹H-NMR-Gerät dargestellt. Es besteht aus folgenden Elementen:

- starker Elektromagnet, bei billigeren Geräten Permanentmagnet
- elektromagnetische Strahlungsquelle geeigneter Frequenz (Radiowellen)
- Sweep-Einheit, welche den Resonanzparameter so verändert, daß der notwendige Frequenzbereich abgefahren werden kann
- Meßkopf, in den das Proberöhrchen (Meßzelle) eingeführt wird
- elektronischer Verstärker und Integrator
- Schreiber zum Aufzeichnen der Absorptionssignale

In vielen, vor allem einfacheren NMR-Geräten wird das statische Magnetfeld durch Sweep-spulen verändert und die Radiofrequenz auf einen festen Wert (üblicherweise 60, 90 oder 200 MHz) eingestellt. Die Frequenz wird von einem Sender über eine die Probe umschließende Spule auf die Kerne eingestrahlt. Bei entsprechender Stärke des Magnetfeldes klappen die Kernspins unter Aufnahme von Energie teilweise um. Dabei wird in der Spule ein Signal erzeugt, das im Empfänger elektronisch verstärkt und mit einem Schreiber in

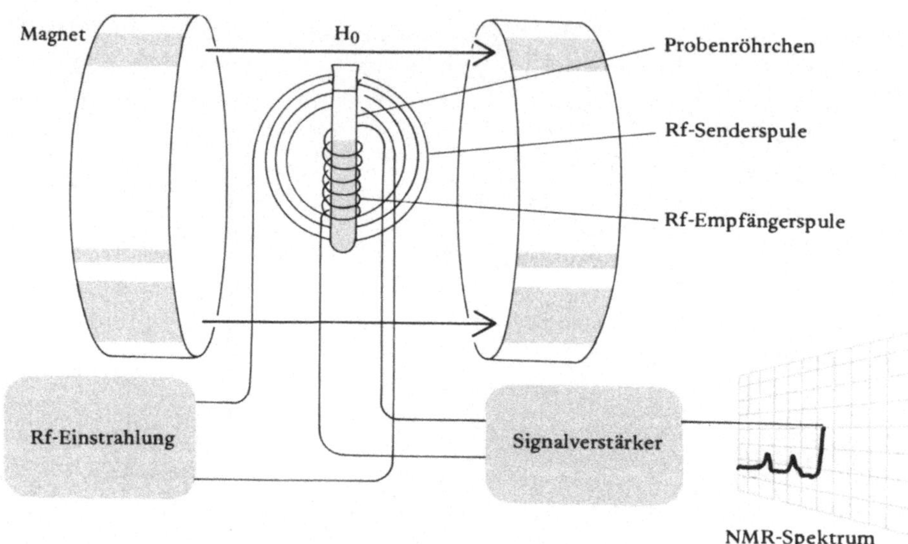


**Bild 3.2.7/7 Prinzipieller Aufbau eines einfachen NMR-Spektrometers.** (*S. H. Pine, J. B. Hendrickson, D. J. Cram, G. S. Hammond*, Organische Chemie, Vieweg, Braunschweig 1987, Bild 5-4)

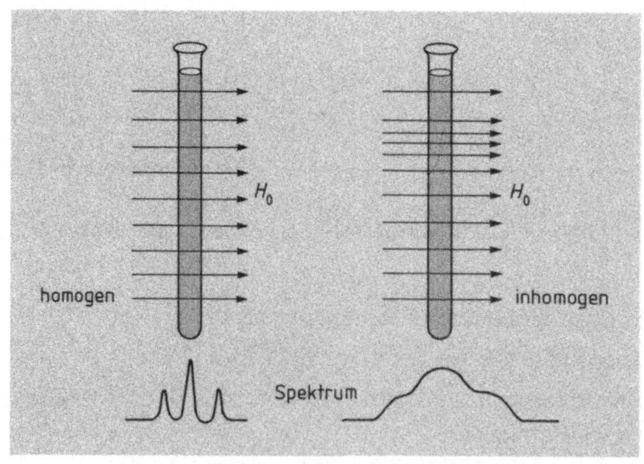


**Bild 3.2.7/8**

**Inhomogenitäten des magnetischen Feldes führen zu einem schlecht aufgelösten NMR-Spektrum**

Abhängigkeit der Feldstärke als Spektrum aufgezeichnet wird. Nicht abgebildet sind noch weitere erforderliche Spulen, mit denen ein möglichst homogenes Magnetfeld erzeugt werden kann ("shim coils").

Der Einfluß der Homogenität auf die Auflösung eines NMR-Spektrums ist in Bild 3.2.7/8 dargestellt. Während der Messung bilden sich senkrecht zur Längsachse des Röhrchens Feldgradienten (erzeugt durch lange Relaxationszeiten der angeregten Kerne) und somit

Inhomogenitäten des Magnetfeldes aus. Um eine dadurch hervorgerufene Linienverbreiterung zu verhindern, wird das Röhrchen durch einen auf das Röhrchen aufgeschobenen Propeller (Spinner) und einen Luftstrom in Rotation versetzt (30 bis 50 Umdrehungen pro Sekunde). Dadurch werden solche Feldgradienten ausgemittelt. Bei zu langsamer Rotation treten sogenannte Rotationsseitenbanden stark in Erscheinung (s. Fehlerquellen). Man erkennt sie daran, daß sie symmetrisch zu intensiven Resonanzsignalen auftreten. Ihre Abstände von den Resonanzsignalen und ihre Amplituden sind direkt von der Rotationsgeschwindigkeit abhängig. Je schneller sich das Proberöhrchen dreht, um so weiter sind die Seitenbanden entfernt und umso kleiner ist ihre Intensität. Bei zu hohen Umdrehungsgeschwindigkeiten bilden sich allerdings Strudel im Röhrchen aus, die dann ebenfalls Störungen verursachen.

## Probenvorbereitung

Falsch vorbereitete Proben führen zu schlecht aufgelösten NMR-Spektren.

- Lösungsversuche mit gewöhnlichen Lösungsmitteln durchführen. Deuterierte Lösungsmittel, die zur Messung von $^1$H-NMR-Spektren benötigt werden, sind erheblich teurer.

- Lösen von 100 bis 300 mg Substanz in 0,5 bis 1 ml Tetrachlorkohlenstoff falls möglich, sonst in einem geeigneten deuterierten Lösungsmittel. *Hinweis:* Tetramethylsilan (TMS) als Standard ist in deuterierten Lösungsmitteln für die NMR-Spektroskopie oft schon enthalten; sonst wird ein Tropfen zugesetzt. Da TMS leicht flüchtig ist (Kp. 20 °C), muß es im Kühlschrank aufbewahrt werden. Für Messungen in $D_2O$ gibt es wasserlösliche Standards.

- Probe von Schwebeteilchen, die sonst unzulässig breite Signale verursachen, befreien. Hierzu wird die Probelösung mit einer Spritze durch eine Membran direkt in das Proberöhrchen gedrückt. Ersatzweise kann man auch eine Pasteurpipette verwenden, in die ein kleiner Wattepfropf eingeschoben wurde.

- Für spezielle Zwecke (z. B. Relaxationsmessungen) muß die Probe von Sauerstoff befreit werden. Sauerstoff führt ebenso wie andere paramagnetische Substanzen zu einer gewissen Bandenverbreiterung.

## Durchführung

Die Durchführung ist für die Geräte EM 360 und EM 390 (Varian) beschrieben und gilt weitgehend auch bei vergleichbaren Geräten.

- Proberöhrchen mit aufgeschobenem Spinner vorsichtig (!) in den Meßkopf einführen.
- Spinnerfrequenz kontrollieren (30 bis 50 Umdrehungen pro Sekunde).
- Schreiberarm auf 0 stellen (TMS-Signal).

- SWEEP ZERO so einstellen, daß das TMS-Signal genau bei 0 ppm erscheint.
- Homogenität des Feldes durch Verändern des Y-Gradienten und Curvature optimieren = maximales TMS-Signal einstellen.
- SWEEP TIME (Geschwindigkeit) einstellen (s. Fehlerquellen).
- SWEEP RANGE (Meßbereich) einstellen.
- SWEEP OFFSET (Endpunkt des abzufahrenden Frequenzbereichs) einstellen.
- Stärke des RF-Feldes (POWER) einstellen (s. Fehlerquellen).
- Scharfe Absorptionsbande suchen (evtl. TMS-Signal) und RF-PHASE einstellen. Die Basislinie muß vor und nach dem Signal auf gleicher Höhe liegen (s. Fehlerquellen).
- Aufsuchen des höchsten Signals und bei der gewählten Sweepgeschwindigkeit mit der SPECTRUM AMPLITUDE (Verstärkung) die Amplitude des Signals beinahe auf Vollausschlag bringen.
- FILTER BANDWIDTH einstellen.
- Schreiber nach links führen, Feder aufsetzen.
- SCAN starten.

Werden mehrere NMR-Spektren hintereinander aufgenommen, müssen nicht alle Einstellungen jedesmal neu vorgenommen werden.

## Integration

Beim Wählen von INTEGRATE gibt der Aufschrieb das Integral des NMR-Spektrums an.

- Mit RESET bisheriges akkumuliertes Integral löschen und Basislinie einstellen.
- In einem Bereich des NMR-Spektrums ohne Signale BALANCE so einstellen, daß der Schreiber mehrere Sekunden auf demselben Niveau bleibt (s. Fehlerquellen).
- Größtes Signal durchfahren und Empfindlichkeit einstellen (RESET zum Zurückstellen des Schreibers verwenden). Das Integral hängt auch von der Sweepgeschwindigkeit ab.
- Eventuell Phase nachstellen (s. Fehlerquellen).
- Schreiber nach links bewegen und die Resonanzlinien mit gleicher Geschwindigkeit durchfahren. Nach einer Gruppe von Resonanzlinien kann das bisherige Integral wieder auf die Basislinie zurückgesetzt werden (RESET). Damit wird verhindert, daß die Integralkurve zu hoch wird.

Die Einstellungen BALANCE und RESET müssen für jede Messung neu eingestellt werden.

## Interpretation

Für [1]H-NMR-Spektren:

- chemische Verschiebungen bestimmen $\longrightarrow$ Art der benachbarten Molekülgruppen oder (Hetero-) Atome (Tabelle 3.2.7/1)

- Feststellen der Aufspaltungen (Multiplizität der Signale)
- Kopplungskonstanten bestimmen $\longrightarrow$ Zuordnung von Multipletts benachbarter Protonen (gleiche Kopplungskonstanten)
- Integration $\longrightarrow$ Zahl der absorbierenden Protonen der jeweiligen Signalgruppen

Bei $^{13}$C-NMR-Spektren wird meist nur die chemische Verschiebung ausgewertet (s. Tabellenwerke).

## Fehlerquellen

**Bei der Probenvorbereitung:**

- Breite, schlecht aufgelöste Banden. *Ursachen:* eine zu hohe Viskosität zu konzentrierter Proben; Probe durch paramagnetische Substanzen verunreinigt (z. B. nach Reinigen der Proberöhrchen mit Chromschwefelsäure, andere paramagnetische Metallionen, Sauerstoff); Schwebeteilchen (filtrieren).

**Bei der Geräteinstellung:**

- falsch eingestellte Phase

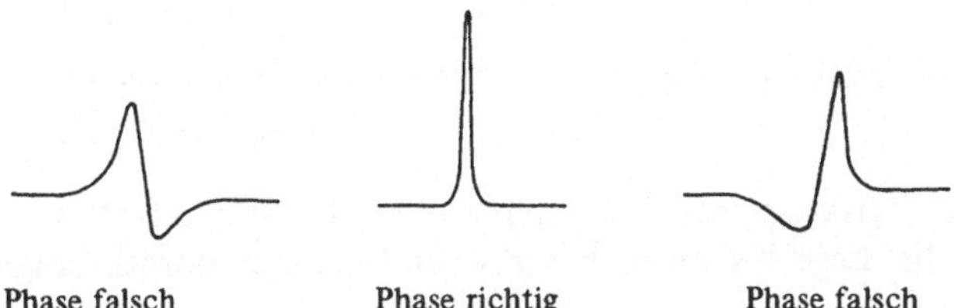


- Sättigung:

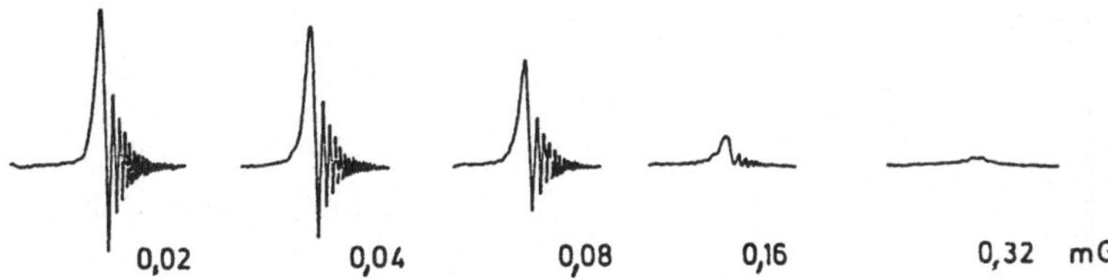


Wenn die Amplitude das Maximum erreicht hat und bei weiter zunehmender Stärke des RF-Feldes wieder abnimmt und breiter wird, ist Sättigung erreicht: Die Integration wird dann fehlerhaft. Die Stärke des RF-Feldes muß so eingestellt werden, daß unterhalb der Sättigung gemessen wird.

● Sweep-Geschwindigkeit:

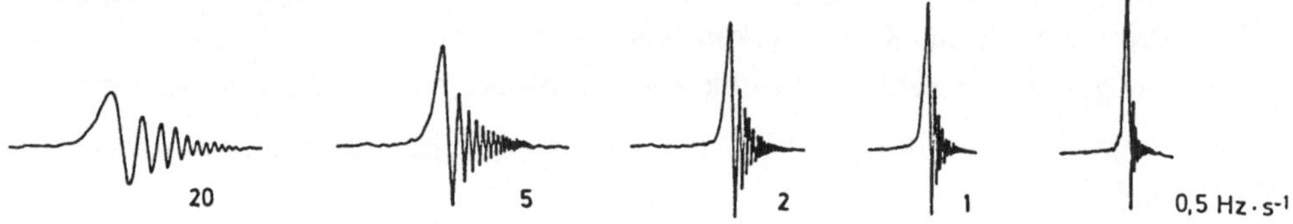


Wenn die Sweep-Geschwindigkeit zu groß ist, erscheint ein sonst scharfes Signal breit. Das Signalmaximum ist verschoben und durch übermäßig ausgeprägte "wiggles" (auch als "ringing" bezeichnet) überlagert. Mit zunehmender Relaxationszeit wird dieser Effekt stärker.

● Filter:

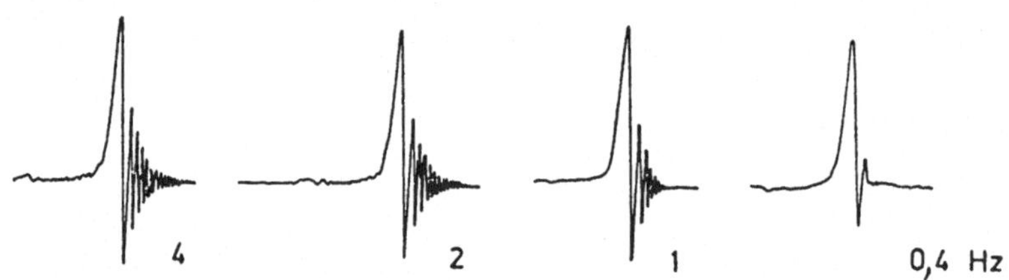


Zunahme der Zeitkonstanten des Filters ⟶ ⟵ Zunahme der Filter-Bandweite

Mit zunehmender Zeitkonstante des Filters werden bei großer Sweep-Geschwindigkeit sowohl die Lage als auch die Intensität eines Absorptionssignals verändert.

● Rotationsseitenbanden und $^{13}$C-Satelliten:

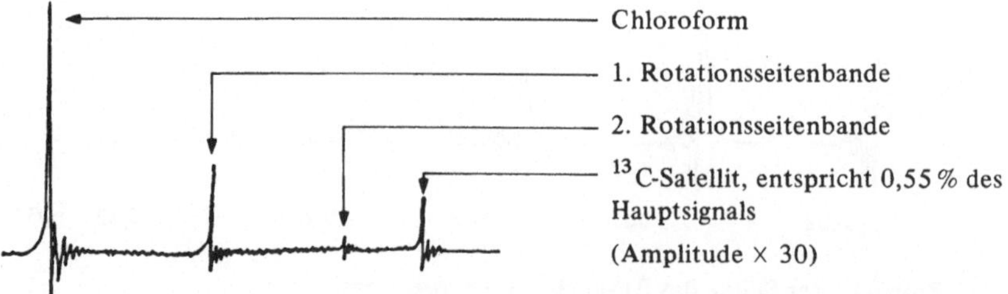


Rotationsseitenbanden liegen in gleichen Abständen rechts und links vom Hauptsignal, dabei hängen Lage und Intensität von der Rotationsgeschwindigkeit des Proberöhrchens ab. Die Rotationsgeschwindigkeit sollte zwischen 30 und 50 Umdrehungen pro Sekunde liegen. Der $^{13}$C-Satellit beruht auf einer Kopplung von $^{1}$H und $^{13}$C.

● Integrationsprobleme:

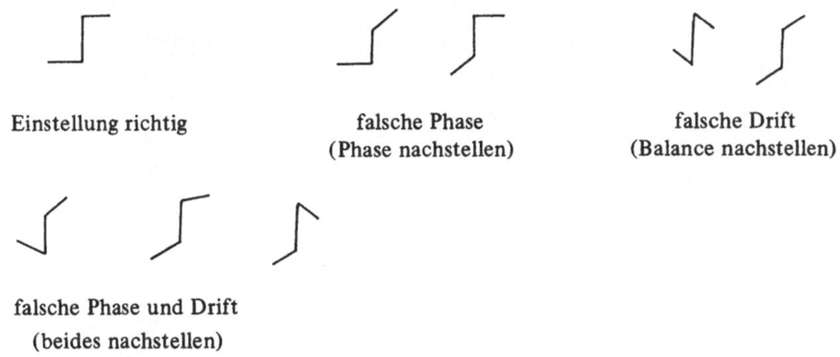

Einstellung richtig            falsche Phase            falsche Drift
                               (Phase nachstellen)      (Balance nachstellen)

falsche Phase und Drift
(beides nachstellen)

● Strahlungsdämpfung:

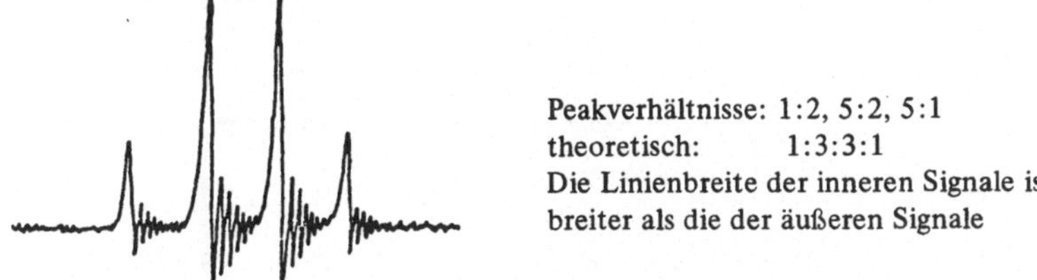

Peakverhältnisse: 1:2, 5:2, 5:1
theoretisch:      1:3:3:1
Die Linienbreite der inneren Signale ist
breiter als die der äußeren Signale

Starke Signale in Gegenwart von schwachen Signalen verlieren an Intensität und
werden breiter.

## Dokumentation

Nach der Aufnahme des NMR-Spektrums vervollständigt man die Angaben direkt auf dem
Schreiberpapier, wie es in Bild 3.2.7/9 gezeigt ist.

Zur Charakterisierung der Struktur von NMR-Signalen sind die folgenden Buchstaben zu
verwenden: s = Singulett, d = Dublett, dd = Dublett von Dublett, t = Triplett, q = Quartett,
quint = Quintett, sext = Sextett, sept = Septett, m = Multiplett. Ist von einem bestimmten
Spektrentyp die Rede (AB, ABX usw.), so erübrigt sich die Angabe der Linienzahl oder
Multiplizität, da diese in der Spektrenbezeichnung bereits enthalten ist, z. B. AB-Signal
($\delta_A = 6{,}54; \delta_B = 5{,}78; J = 110\,\mathrm{Hz}$).

*Beispiel* für das in Bild 3.2.7/5 wiedergegebenen H-NMR-Spektrum:

> $^1$H-NMR (CCl$_4$, 30 °C): $\delta$ = 1,28 (t, $J$ = 7 Hz; 3H, CH$_2$ –C$\underline{\text{H}}_3$);
> 2,5 (q, $J$ = 7 Hz; 2H, C$\underline{\text{H}}_2$ –CH$_3$); 7,05 (s; 5H, Aromaten-H)

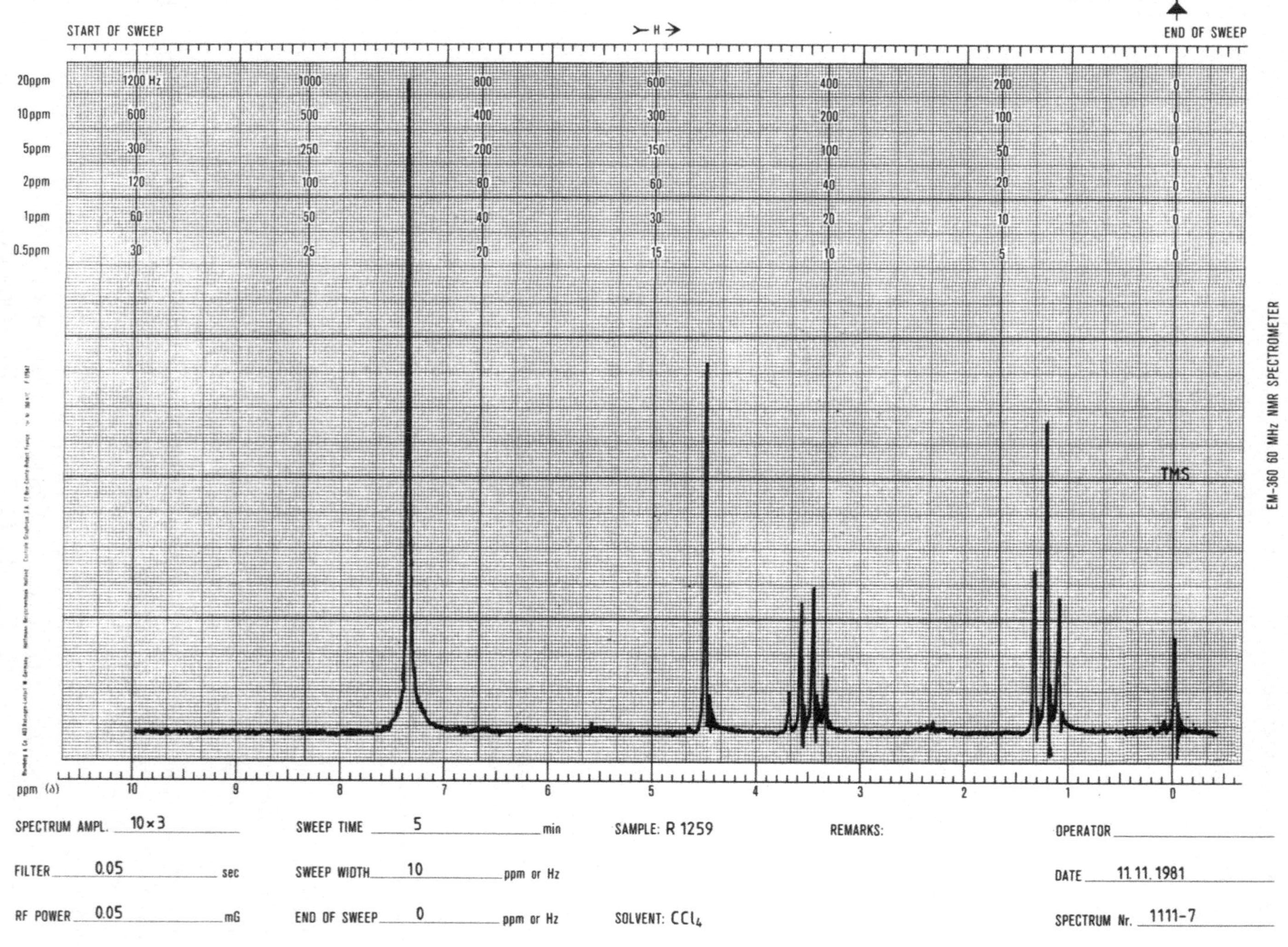
START OF SWEEP
H
END OF SWEEP
EM-360 60 MHz NMR SPECTROMETER
20ppm 1200 Hz 1000 800 600 400 200 0
10ppm 600 500 400 300 200 100 0
5ppm 300 250 200 150 100 50 0
2ppm 120 100 80 60 40 20 0
1ppm 60 50 40 30 20 10 0
0.5ppm 30 25 20 15 10 5 0
TMS
ppm (δ) 10 9 8 7 6 5 4 3 2 1 0
SPECTRUM AMPL. 10×3
SWEEP TIME 5 min
SAMPLE: R 1259
REMARKS:
OPERATOR
FILTER 0.05 sec
SWEEP WIDTH 10 ppm or Hz
DATE 11.11.1981
RF POWER 0.05 mG
END OF SWEEP 0 ppm or Hz
SOLVENT: CCl₄
SPECTRUM Nr. 1111-7

*Beispiel* für das in Bild 3.2.7/6 wiedergegebenen $^{13}$C-NMR-Spektrum:

> $^{13}$C-NMR (CDCl$_3$): $\delta$ = 136,2; 135,0; 133,1 (C–CH$_3$); 130,5; 129,5;
> 126,5 (C–H); 20,8; 19,5; 19,2 (CH$_3$)

## Anwendungsbereich

- **Synthetische Chemie**: Die besondere Stärke der Kernresonanz liegt in der Strukr-turaufklärung organischer Verbindungen (Stereochemie und Konformation).

- **Naturstoffchemie**: Strukturaufklärung unbekannter Substanzen. Zusammen mit der Massenspektrometrie lassen sich Fehlinterpretationen bei Anwendung von nur einer Methode stark verringern. Mit den starken Magneten moderner NMR-Geräte lassen sich zunehmend wichtige Informationen über die Struktur von Biopolymeren gewinnen.

- **Makromolekulare Chemie**: Oft ist NMR das einzige Mittel zur Bewältigung typischer Probleme der makromolekularen Chemie wie Sequenzanalyse oder Taktizitätsbestimmungen. Der „Festkörper-NMR" als neuer Methode dürfte hier eine besondere Bedeutung zukommen.

- **Kinetische Untersuchungen** durch dynamische NMR-Experimente (molekulare Beweglichkeiten, Reaktionskinetik, Austauschprozesse, Ermittlung von Gleichgewichtskonstanten)

### Dynamische NMR-Experimente

- Bestimmung von molekularen Beweglichkeiten durch Messung von Relaxationsparametern.

- Bestimmung von intramolekularen Abständen (bei Naturstoffen) über die "Through-space"-Kopplung.

- Verfolgen von Reaktionen durch Intensitätsmessungen von signifikanten Signalen der Reaktionspartner. Bei kurzen Reaktionszeiten sind "Stopped-flow"- und "Continuous-flow"-Experimente nötig. Damit können Gleichgewichtskonstanten ermittelt werden. Solche Experimente erfordern einen erheblichen experimentellen Aufwand.

- Untersuchungen von Austauschprozessen im Gleichgewicht (z. B. Keto-Enol-Tautomerie, H-D-Austausch). Liegt die Lebensdauer über $10^{-5}$ Sekunden, bekommt man einzelne scharfe Linien. Bei einem schnelleren Austausch erhält man nur ein gemitteltes Signal. Durch temperaturabhängige Messungen lassen sich aus den Linienbreiten der Signale Energiebarrieren bestimmen.

## Shift-Reagenzien

Verschiedene Lanthaniden verstärken die chemische Verschiebung, ohne die Signale wesentlich zu verbreitern. Die Spreizung des NMR-Spektrums ist von der Konzentration des Verschiebungsreagenzes und der Art der Wechselwirkung zwischen der Substanz und dem Reagenz abhängig. Je nach der stereochemischen Anordnung der Molekülgruppen wirkt sich der Effekt unterschiedlich aus. Es lassen sich so Informationen über die Stereochemie von Verbindungen gewinnen.

## Chirale Lösungsmittel

Die Bestimmung der optischen Reinheit und der absoluten Konfiguration von chiralen Verbindungen ist unter günstigen Voraussetzungen möglich. Man nutzt dabei die unterschiedliche Wechselwirkung der beiden Enantiomeren mit einem chiralen Lösungsmittel aus. Die stärksten Effekte werden durch chirale Lanthanidenkomplexe erreicht (s. auch Shift-Reagenzien).

# Literatur

*A. Ault, G. O. Dudek*, Protonen-Kernresonanz-Spektroskopie, Steinkopff, Darmstadt 1978

*E. Breitmaier, G. Bauer*, $^{13}$C-NMR-Spektroskopie, Thieme, Stuttgart 1977

*W. Brügel*, Handbook of NMR Spectral Parameters, 3 Bände, Heyden, London 1979

*T. Clerc, E. Pretsch*, Kernresonanzspektroskopie, Akademische Verlagsgesellschaft, Frankfurt 1973

*H. Günther*, NMR-Spektroskopie, Thieme, Stuttgart 1983

*M. Hesse, H. Meier, B. Zeeh*, Spektroskopische Methoden in der organischen Chemie, Thieme, Stuttgart 1984

*M.-O. Kaliniowski, S. Berger, S. Braun*, $^{13}$C-NMR-Spektroskopie, Thieme, Stuttgart 1984

*P. F. Knowles, D. March, H. W. E. Rattle*, Magnetic Resonance of Biomolecules, Wiley, New York 1976

*M. L. Martin, J.-J. Delpuech, G. J. Martin*, Practical NMR-Spectroscopy, Heyden, London 1980

*D. Michel*, Grundlagen und Methoden der Kernmagnetischen Resonanz, Akademie-Verlag, Berlin 1981

*D. Shaw*, Fourier Transform N.M.R. Spectroscopy, Elsevier, Amsterdam 1984

*F. W. Wehrli, T. Wirthlin*, Interpretation of Carbon-13 NMR Spectra, Heyden, London 1980

*K. Wüthrich*, NMR in Biological Research: Peptides and Proteins, North Holland, Amsterdam 1976

### Datensammlungen

*A. Ault, M. R. Ault*, Systematic Catalog of NMR Spectra, University Science Books, Mill Valley 1980

*E. Breitmaier, G. Haas, W. Voelter*, Atlas of Carbon-13 NMR Data, 3 Bände, Heyden, London 1979

*W. Bremser, L. Ernst, B. Franke, R. Gerhards, A. Hardt*, Carbon-13 NMR Spectral Data, Verlag Chemie, Weinheim 1981 (30000 Spektren)

*C. J. Pouchert, J. R. Campbell*, The Aldrich Library of NMR Spectra, Aldrich Chem. Comp., Milwaukee 1974–1979

*E. Pretsch, T. Clerc, J. Seibel, W. Simon*, Tabellen zur Strukturaufklärung organischer Verbindungen mit spektroskopischen Methoden, Springer, Berlin 1981

Sadtler Standard NMR Spectra, Sadtler Res. Lab., Philadelphia 1967 (ca. 15000 Spektren)

Varian High Resolution NMR Spectra Catalog, 2. Bd., Varian Ass., Palo Alto 1963 (7000 Spektren)

# 3.2.8 Elektronenspinresonanz-spektrometrie (ESR)

Unter Elektronenspinresonanzspektrometrie (ESR) versteht man eine Methode, bei der Energiezustände von Elektronenspins einer Verbindung bei angelegtem äußerem Magnetfeld gemessen werden. Daraus lassen sich Informationen über die intramolekulare Umgebung von ungepaarten Elektronen erhalten.

## Grundlagen

Wird ein Elektron in ein homogenes Magnetfeld $H_0$ gebracht und noch zusätzlich ein hochfrequentes Magnetfeld $H_f$, das senkrecht zu $H_0$ steht, errichtet, so tritt bei einer bestimmten Frequenz Resonanz auf. Der Resonanzvorgang beruht auf dem Übergang von Orientierungen verschiedener Energiezustände, die einer parallelen und antiparallelen Spineinstellung entsprechen. Die Abstände dieser Linien, im ESR-Spektrum in Milli-Tesla gemessen, sind als Kopplungsparameter für die quantitative Auswertung des Spektrums entscheidend und werden daher in der Literatur angegeben (s. Dokumentation). Ein solches Viellinienspektrum dient wie ein Fingerabdruck zur Identifizierung eines Radikals. Der durch die Absorption von elektromagnetischer Energie hervorgerufene Übergang ist von der Frequenz des Feldes $H_f$ abhängig:

$$h \cdot \nu = \Delta E = g \cdot \mu_B \cdot H_0$$

$h$   = *Plancksches* Wirkungsquantum
$\nu$   = Frequenz
$\Delta E$ = Energiedifferenz
$g$   = $g$-Faktor
$\mu_B$ = Bohrsches Magneton
      $(9{,}27 \cdot 10^{-24} \, \mathrm{J} \cdot \mathrm{T}^{-1})$
$H_0$ = äußeres, homogenes Magnetfeld

Die eingestrahlte Energie induziert Übergänge zu höheren Energiezuständen, wobei gleichzeitig eine meßbare Absorption von Energie erfolgt.

In Bild 3.2.8/1 ist eine Gruppe von ungepaarten Elektronen freier Radikale dargestellt, die von außen nicht beeinflußt werden (a). Es herrschen statistische Spinorientierungen und im Durchschnitt gleiche Energiezustände vor. Für jedes Elektron eines bestimmten Orbitals gibt es zwei Spineinstellungen, die mit den Spinquantenzahlen $m_s = + 1/2$ und $m_s = - 1/2$ gekennzeichnet werden. Wird nun ein äußeres Magnetfeld angelegt, so werden die elektronischen Magnete entsprechend dem äußeren Feld ausgerichtet. Diesen Zustand veranschaulicht Bild 3.2.8/1b. Im Falle der Elektronen gibt es nur zwei Orientierungs-

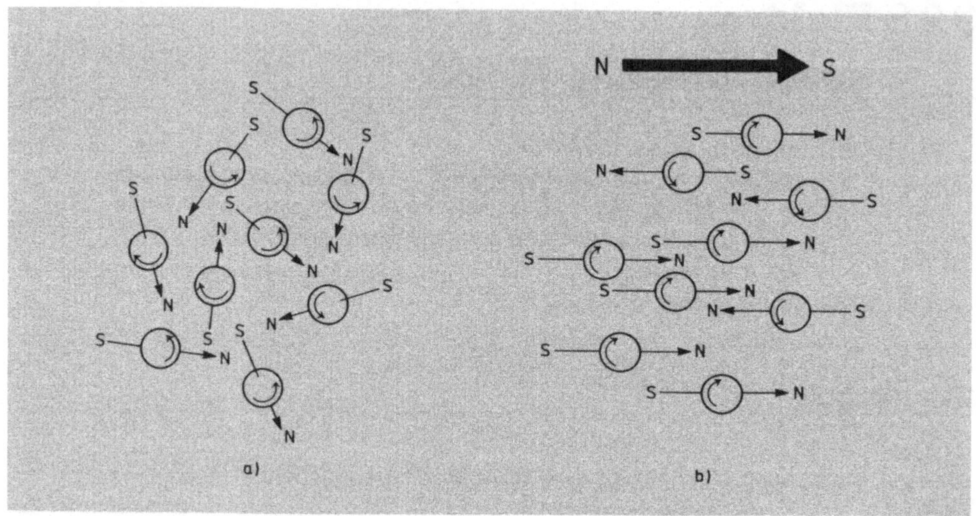


**Bild 3.2.8/1 Ausrichtung des Elektronenspins** (a) ohne äußeres Magnetfeld und (b) bei angelegtem äußeren Magnetfeld. (Nach *H. M. Swartz, J. R. Balton, D. C. Borg,* Biological Applications of Electron Spin Resonance, Wiley-Interscience, New York 1972, S. 4)

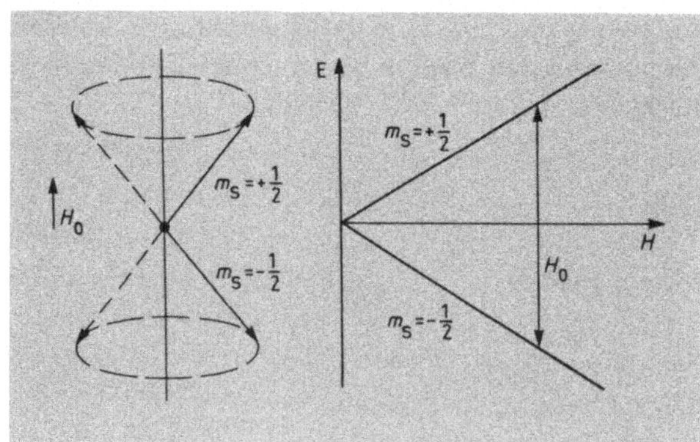


**Bild 3.2.8/2**
**Schema der Einstellung des Elektronenspins** (s. Text)

möglichkeiten zum äußeren Feld: parallel, was einem höheren und damit instabileren Energiezustand entspricht, oder aber antiparallel in niedrigerem, stabileren Energiezustand (s. Bild 3.2.8/2).

Die Elektronenspinresonanz ist der kernmagnetischen Resonanz also analog, jedoch liegen die ESR-Signale, gleiche Feldstärke vorausgesetzt, bei höherer Frequenz und damit höherer Energie (Mikrowellenbereich). Dies beruht auf dem höheren magnetischen Moment des Elektrons gegenüber dem Proton. Entscheidend ist bei solchen Molekülen nur das ungepaarte Elektron, das kein anderes Elektron im gleichen Orbital zum Partner hat.

In der Elektronenspinresonanzspektrometrie ist die Frequenz dem äußeren Magnetfeld proportional. Da die Frequenz in der Praxis schwieriger zu variieren ist, wird der Proportionalitätsfaktor bestimmt. Dieser Faktor $g$ kann nach obiger Gleichung ermittelt werden, wenn $\mu_B$ und $H_0$ konstant gehalten werden. Er beträgt für ein freies Elektron 2,002319 und liegt für ungepaarte Elektronen in Molekülen zwischen 1 und 6. Entscheidend ist die genaue Messung bis auf möglichst vier bis fünf Stellen hinter dem Komma, da besonders bei freien Radikalen nur geringe Unterschiede gegenüber dem $g$-Faktor des freien Elektrons vorliegen (s. Tabelle 3.2.8/1). Diese Abweichungen des Parameters in der ESR sind ähnlich der chemischen Verschiebung in der NMR-Spektrometrie (s. Kap. 3.2.7).

**Tabelle 3.2.8/1** $g$-Faktoren einiger Verbindungen. (Nach *H. M. Swartz, J. R. Bolton, D. C. Borg*, Biological Applications of Electron Spin Resonance. Wiley-Interscience, New York 1972, S. 24)

| Verbindung | $g$-Faktor |
|---|---|
| Porphyrinkationen | 2,0024–2,0028 |
| Flavosemichinone | 2,0030–2,0040 |
| Benzosemichinone | 2,0040–2,0050 |
| Nitroxide | 2,0050–2,0060 |
| Peroxyradikale | 2,01  –2,02 |
| Schwefelradikale | 2,02  –2,06 |
| Kupfer(II)-Komplexe | 2,0  –2,06 |
| Eisen(III)-Komplexe (low-spin) | 1,4  –3,1 |
| Eisen(III)-Komplexe (high-spin) | 2,0  –9,7 |

Dadurch, daß die Elektronen über einzelne oder mehrere Molekülbereiche delokalisieren können, erhöht sich die Anzahl der Kopplungsmöglichkeiten und damit auch der Linienreichtum des Spektrums. Wie bei der NMR-Spektrometrie sind Spin-Spin-Kopplungen von wesentlichem Aussagewert. Die sogenannte Hyperfeinaufspaltung beruht auf der Kopplung von Elektronenspin und Kernspin und liefert sehr viel Information, da die Kopplung von $n$ Kernen (mit $I = 1/2$) $2^n$ Linien ergibt. Ein solches Viellinienspektrum dient wie ein Fingerabdruck zur Identifizierung des Radikals.

## Geräte

In Bild 3.2.8/3 wird der schematische Aufbau eines Spektrophotometers mit dem eines Elektronenspinresonanzspektrometers verglichen. Als Strahlungsquelle dient bei der ESR ein Mikrowellenoszillator (Klystron). Die Probe befindet sich zwischen den Polen des Elektromagneten, wo sie die Hochfrequenzenergie absorbiert; die gemessene Energiedifferenz wird dann verstärkt und registriert. Die üblichen Geräte für die ESR sind sehr komplex aufgebaut; daher soll hier nicht näher darauf eingegangen werden.

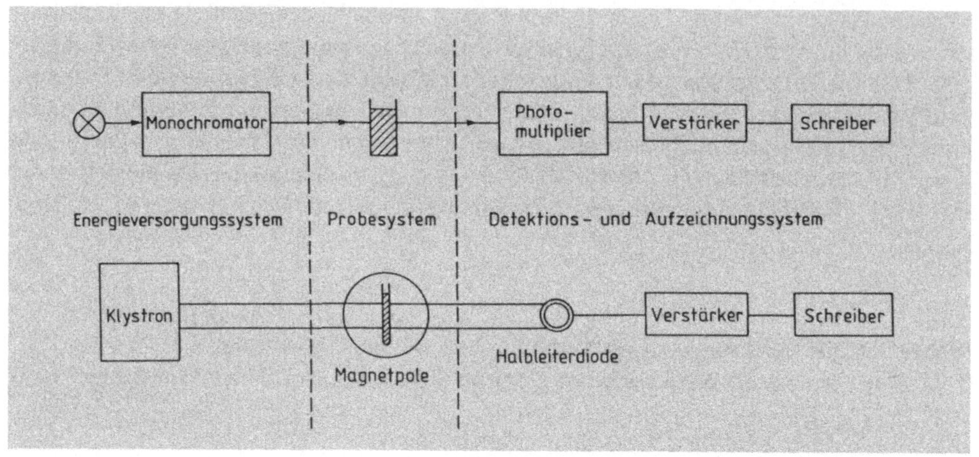



**Bild 3.2.8/3  Vergleich des schematischen Aufbaus eines Spektrophotometers mit einem Elektronen-
spinresonanzspektrometer** (Nach *H. M. Swartz, J. R. Bolton, D. C. Borg*, Biological Applications of
Electron Spin Resonance, Wiley-Interscience, New York 1972, S. 65)

Im Mikrowellenbereich werden meist Bandbereiche der Wellenlängen 3,2 cm, 1,25 cm
und 0,85 cm benutzt (entspricht $\nu$ = 9,5 GHz, 24 GHz und 35 GHz). Das statische Magnetfeld hat bei 9,5 GHz 0,32 Tesla.

## Durchführung

Die Proben werden in dünnen Glasröhrchen oder Flachzellen vermessen. Lösungsmittel
mit hoher Dielektrizitätskonstante (Wasser, Alkohole) sind zu vermeiden, da sie stark
Energie absorbieren. Günstiger sind daher andere inerte Lösungsmittel mit niedriger
Dielektrizitätskonstante, beispielsweise Tetrahydrofuran, Cyclohexan oder Toluol.

Da eine hohe Empfindlichkeit für Radikalkonzentrationen in diamagnetischen Substanzen vorhanden ist (bis zu $10^{-8}$ mol $\cdot$ $1^{-1}$), sind nur geringe Probenmengen erforderlich.
Wegen Relaxationsmechanismen ist eine Verdünnung der Probe auf Konzentrationen
kleiner als $10^{-5}$ mol $\cdot$ $1^{-1}$ notwendig. Der eigentliche Meßvorgang bedingt eine individuelle
Unterweisung.

## Interpretation

Meist wird die erste Ableitung der Absorptionskurve aufgezeichnet (s. Bild 3.2.8/4). Erhält man bei der Messung ein Resonanzsignal, so ist in der Probe ein Radikal enthalten,

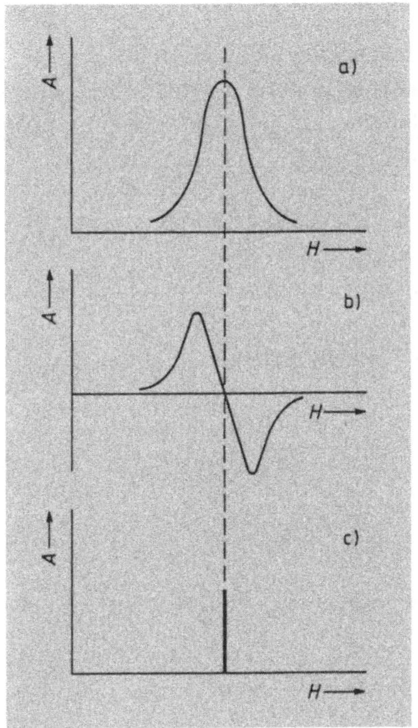

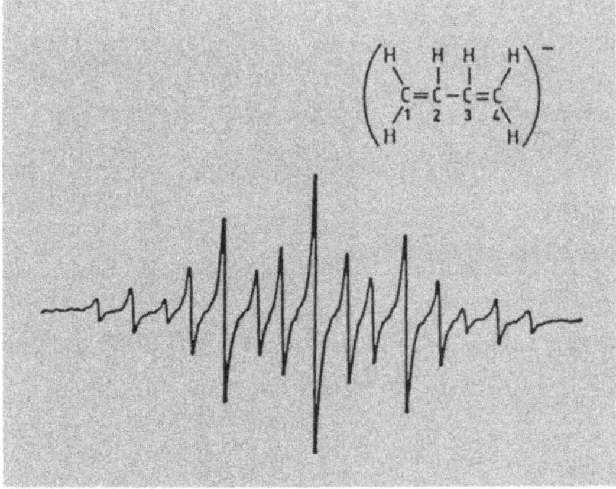

**Bild 3.2.8/4  Elektronenspinresonanz-
Absorptionskurve (a), deren erste
Ableitung $A'$ (b) und Darstellung als
Liniendiagramm (c)**

$A$ = Absorption
$H$ = Feldstärke

**Bild 3.2.8/5  ESR-Spektrum des Butadien-Radikal-
anions** (aufgenommen in flüssigem Ammoniak bei
− 78 °C). Ordinate ist die erste Ableitung der
Absorption, Abszisse die magnetische Feldstärke. Es
sind fünf Gruppen zu je drei Linien (Tripletts) zu
beobachten. (Nach *D. H. Levi, R. J. Meyers*, J.
Chem. Phys. **41**, 1062 (1964))

d. h. es liegt eine Verbindung mit einem ungepaarten Elektron vor (s. Bild 3.2.8/5). Ein
ESR-Spektrum ist vor allem durch folgende Merkmale gekennzeichnet:

- Breite und Intensität der Linien
- $g$-Faktor
- Feinstruktur (selten; vor allem bei anorganischen Verbindungen)
- Hyperfeinstruktur

Die Fläche unter dem ESR-Signal ist proportional der Zahl der ungepaarten Spins in der
Probe. Die Lage des Signals wird in der Regel auf den Punkt bezogen, wo die Kurve der
ersten Ableitung durch den Nullpunkt geht. Die Position wird meist durch den $g$-Faktor
beschrieben. Wichtig ist neben den grundlegenden Parametern die Hyperfeinstruktur
(HFS), die durch die Wechselwirkung des Elektronenspins mit den magnetischen Mo-
menten von Kernen desselben Moleküls zustande kommt. Dadurch werden die Resonanz-

linien in diskrete Linien aufgespalten. Die HFS ist von der Zahl und Stärke der Wechselwirkungen abhängig. Praktisch bedeutsam für die Aufspaltung sind besonders Wasser-
stoff- und Fluorkerne. Die Kopplung der beiden Spinarten erlaubt es auch, die Stärke
der Delokalisierung ungepaarter Elektronen zu beurteilen. Zur genauen Interpretation
sind allerdings spezielle Kenntnisse und Erfahrung Voraussetzung.

## Fehlerquellen

- Probe ist nicht von paramagnetischen Verunreinigungen befreit
- Lösungsmittel ist nicht sauerstoffrei

## Dokumentation

In der Literatur werden meist die Kopplungsparameter angegeben. Die Daten für das Beispiel in Bild 3.2.8/5 lauten:

$$a_H^2 = 0,279 \text{ mT}$$
$$a_H^4 = 0,762 \text{ mT}$$

## Anwendungsbereich

Grundsätzlich für alle Verbindungen, die ein ungepaartes Elektron besitzen, unabhängig
vom Aggregatzustand. Dieser bestimmt lediglich das Meßbehältnis für die Probe. Für Messungen während chemischer Reaktionen gibt es Durchflußsysteme. Außerdem lassen sich
eine Reihe von diamagnetischen Verbindungen in Radikale umwandeln, beispielsweise
durch Photolyse, Radiolyse und Redoxprozesse. Es ist eine sehr empfindliche Methode,
die Erfassungsgrenze liegt bei $10^{-11}$ mol.

- Radikale: Existenznachweis, Identifizierung, Konzentrationsbestimmung, Kine-
  tik, Dynamik (besonders für schnelle Prozesse bis $10^{-8}$ s)
- Radikalische Zwischenprodukte (Redoxreaktionen, Strahlungseinwirkung)
- Strukturinformation: Elektronendichte und Elektronendelokalisierung
- Metallproteide und Komplexverbindungen (Unterscheidung von "Low-spin" und
  "High-spin"-Komplexen)
- Radikalische Olefinpolymerisation
- Metalle (Leitbandelektronen)

## Literatur

*H. M. Assenhaim*, Introduction to Electron Spin Resonance, Plenum Press, New York 1967

*N. M. Atherton*, Electron Spin Resonance, Wiley, New York 1973

*L. A. Bljumenfeld, W. W. Wojewodski, A. G. Semjonow*, Die Anwendung der paramagnetischen Elektronenresonanz in der Chemie, Akademische Verlagsgesellschaft, Frankfurt 1966

*G. E. Pake*, Paramagnetic Resonance, W. A. Benjamin, New York 1958

*K. Scheffler, H. Stegmann*, Elektronenspinresonanz, Springer, Berlin 1970

*H. M. Swartz, J. R. Bolton, D. C. Borg*, Biological Applications of Electron Spin Resonance, Wiley-Interscience, New York 1972

# 3.2.9 Massenspektrometrie (MS)

Bei der Massenspektrometrie werden Moleküle mit Elektronen entsprechender Energie beschossen, wobei sie ionisiert werden. Die gebildeten positiven Ionen zerfallen in viele Bruchstücke, die in Abhängigkeit von der Masse registriert werden und das Massenspektrum ergeben.

## Grundlagen

Durch Beschuß mit energiereichen Elektronen ($> 10^3$ kJ $\cdot$ mol$^{-1}$ bzw. 70 eV) können Moleküle angeregt werden. Die aufgenommene Energie kann das Molekül durch Bildung eines positiven Molekülions unter Abspaltung eines Elektrons abgeben (Ionisierung):

$$M + e^- \longrightarrow M^+ + 2\,e^-$$
$$\text{Molekülion}$$

Das Molekülion ist oft instabil und zerfällt sehr schnell ($10^{-8}$ bis $10^{-10}$ s) weiter. Es ergibt ein geladenes und ein ungeladenes Fragment (Fragmentierung):

$$M^+ \longrightarrow A^+ + B^\cdot \text{ und/oder } A^\cdot + B^+$$
$$\longrightarrow C^+ + D^\cdot \text{ und/oder } C^\cdot + D^+$$
$$\longrightarrow \text{usw.}$$

Die geladenen Fragmentierungsprodukte können in gleicher Weise weiter zerfallen. Vor der Fragmentierung sind aber auch Umlagerungen möglich. Der energieärmere Anteil an Molekülionen, der nicht fragmentiert wird, wird vom Detektor als Molekülionen-Peak registriert. Die Fragmente besitzen ein spezielles Verhältnis von Masse zu Ladung, bezeichnet als $m/e$. Wenn die Ladung 1 beträgt, was meist der Fall ist, kann man $m/e$ gleich der Ionenmasse setzen. Um die Tendenz zu intermolekularen Reaktionen zu verringern und die intramolekularen Fragmentierungen zu begünstigen, wird bei der Massenspektrometrie im Hochvakuum gearbeitet.

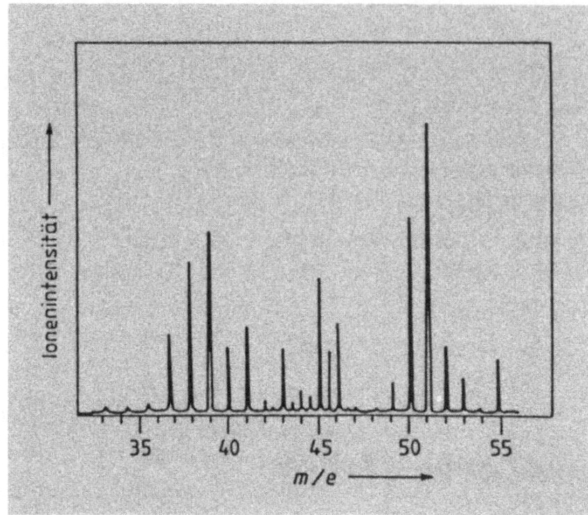


**Bild 3.2.9/1**
**Ausschnitt aus einem Massenspektrum**

Das Massenspektrum besteht aus Linienspektren von positiven Ionen, da die Halbwertsbreite der Peaks während der Aufzeichnung konstant bleibt (s. Bild 3.2.9/1). Im Gegensatz dazu liefern die meisten spektrometrischen Methoden überlappende Bandenspektren. Wegen der Ähnlichkeit der graphischen Darstellung mit anderen Spektren wird die Massenspektrometrie als spektrometrische Methode eingestuft und auch so bezeichnet, obwohl sie strenggenommen keine ist.

Für die Aufnahme von Massenspektren sind drei Vorgänge wesentlich:

1) Ionenbildung durch Elektronenbeschuß von Molekülen und deren Beschleunigung im elektrischen Feld
2) Trennung der Ionen nach m/e-Werten durch elektrische und magnetische Felder
3) Detektion und Registrierung der Ionen

## Isotopenpeaks

Die in der Natur vorhandene Isotopenverteilung erscheint im Massenspektrum, so daß fast jeder Peak von Isotopenpeaks ($M + 1, M + 2$, usw.; $M$ ist die Molmasse) umgeben ist, die durch ein charakteristisches Verteilungsmuster gekennzeichnet sind. Dadurch ist es möglich, bei der Auswertung die Zahl der möglichen Summenformeln zu reduzieren. Nur $^{19}$F, $^{31}$P und $^{127}$I sind isotopenrein (s. Tabelle 3.2.9/1).

Isotopenpeaks entstehen auch bei der Massenspektrometrie von isotopenmarkierten Verbindungen, die zur Klärung von Fragmentierungsmechanismen angewandt wird. Am Beispiel des Deuteriums, das häufig verwendet wird, sei dies veranschaulicht:

$$R-XH \xrightarrow{\phantom{ww}D_2O\phantom{ww}} R-XD$$

Die dabei auftretende Verschiebung gibt manchmal eine entscheidende Hilfestellung bei der Identifizierung von Fragmenten.

**Tabelle 3.2.9/1** Natürliche relative Isotopenhäufigkeit einiger wichtiger Elemente

|   | Isotop | Relative Häufigkeit % |
|---|---|---|
| 1 | $^{1}H$ | 99,985 |
| 2 | $^{2}H(D)$ | 0,015 |
| 1 | $^{12}C$ | 98,892 |
| 2 | $^{13}C$ | 1,108 |
| 1 | $^{14}N$ | 99,635 |
| 2 | $^{15}N$ | 0,365 |
| 1 | $^{16}O$ | 99,759 |
| 2 | $^{17}O$ | 0,037 |
| 3 | $^{18}O$ | 0,204 |
| 1 | $^{19}F$ | 100,00 |
| 1 | $^{28}Si$ | 92,18 |
| 2 | $^{29}Si$ | 4,710 |
| 3 | $^{30}Si$ | 3,110 |
| 1 | $^{31}P$ | 100,00 |
| 1 | $^{32}S$ | 95,018 |
| 2 | $^{33}S$ | 0,750 |
| 3 | $^{34}S$ | 4,215 |
| 1 | $^{35}Cl$ | 75,529 |
| 3 | $^{37}Cl$ | 24,471 |
| 1 | $^{79}Br$ | 50,520 |
| 3 | $^{81}Br$ | 49,480 |
| 1 | $^{127}I$ | 100,00 |

## Hochauflösungsmassenspektrometrie

Die beim Elektronenbeschuß entstehenden Ionen differieren um einzelne Atommasseneinheiten. Mit Hilfe von sehr guten Geräten ist es möglich, Massen bis zu $10^{-3}$ Atommasseneinheiten aufzulösen. Das bietet den Vorteil, die Summenformel eines jeden Fragments im Massenspektrum ohne Bezug auf die relativen Intensitäten von Isotopenpeaks bestimmen zu können. Mit solcher Genauigkeit ist beispielsweise eine Unterscheidung zwischen $^{12}C^{16}O$ ($M = 27,9949$ und $^{14}N^{14}N$ ($M = 28,0062$) möglich.

Die folgenden Weiterentwicklungen der Massenspektrometrie bieten Vorteile durch die Unterdrückung von Fragmentierungsreaktionen und die Möglichkeit der Untersuchung von thermisch labilen Verbindungen.

## Feldionisierungs- und Felddesorptions-Massenspektrometrie (FI-MS und FD-MS)

Positive Ionen können außer durch Elektronenbeschuß auch mit einem sehr starken elektrischen Feld ($10^8$ V · $cm^{-1}$) an einer Metallspitze aus Platin oder Wolfram schonend erzeugt werden. Ein wesentlicher Unterschied zur Erzeugung der Ionen durch Elektronenbeschuß besteht darin, daß die Ionen auf fester Oberfläche und nicht in Gasphase erzeugt werden. Durch die geringe Energiezufuhr wird die Fragmentierung unterdrückt, und vor allem werden ganze Moleküle ionisiert. Daher eignet sich diese Methode besonders zur Strukturbestimmung von großen Molekülen oder Verbindungen ohne Molekülionbildung, wie z. B. Zucker, Peptide und Naturstoffe allgemein. Mit Hilfe der FD-MS können auch nicht-flüchtige Verbindungen mit hohen Molmassen und thermolabile Substanzen untersucht werden, die hierbei direkt als Lösung auf die Anode gegeben werden. Auf diese Weise lassen sich auch von Nucleotiden und quartären Ammoniumsalzen Molekülionen erhalten.

## Chemische Ionisations-Massenspektrometrie (CI-MS)

Bei diesem Verfahren wird zur gasförmigen Probe ein Ionisierungsgas wie z. B. Ammoniak oder Methan in großem Überschuß ($> 10^3$) zugegeben und diese damit entsprechend verdünnt. Beim Elektronenbeschuß wird dann in erster Linie das Zusatzgas ionisiert, da die Probenkonzentration gering ist. Im Falle des Methans beobachtet man beispielsweise folgenden Reaktionsablauf:

$$CH_4 + e^- \longrightarrow CH_4^+ + 2\,e^-$$
$$CH_4^+ \longrightarrow CH_3^+ + H$$
$$CH_3^+ + CH_4 \longrightarrow C_2H_5^+ + H_2$$

Die im Überschuß vorhandenen Kationen reagieren mit Stickstoff und Sauerstoff, die ja sehr häufig vorkommen, in einer Protonierungsreaktion weiter, beispielsweise:

$$C_2H_5^+ + {\textstyle \diagdown\!\!\!\diagup}NH \longrightarrow {\textstyle \diagdown\!\!\!\diagup}NH_2^+ + C_2H_4$$

Die Intensität der hierbei entstehenden, sogenannten Quasi-Molekülionen $(M + 1)^+$ ist relativ hoch, während die der Molekülionen gering ist. Sind in der Probe keine Protonenakzeptoren vorhanden, so werden Quasi-Molekülionen $(M - 1)^+$ durch Hydridionen-Abspaltung gebildet.

## Kombination von Gaschromatographie und Massenspektrometrie (GC/MS)

Durch die Kombination von Massenspektrometrie und einer chromatographischen Methode, wie der Gaschromatographie, die die Bestimmung von sehr geringen Substanzmengen erlaubt, werden Vorteile erreicht, die mit einer Methode allein nicht möglich wären. Substanzgemische werden zuerst mit Hilfe der Gaschromatographie in einzelne Fraktionen getrennt und diese dann direkt massenspektrometrisch untersucht (s. Bilder 3.2.9/2 + 3).

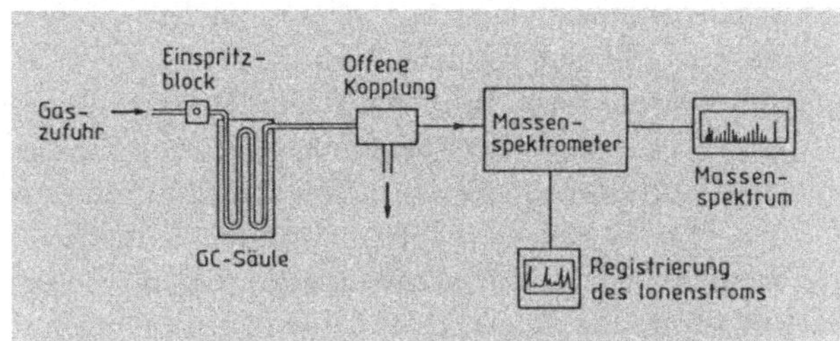



**Bild 3.2.9/2  Blockdiagramm zur GC/MS-Kopplung.** Nach Passieren der Gaschromatographie-Säule wird nur ein Bruchteil des Trägergasstroms über eine offene Kopplung in die Ionenquelle des Massenspektrometers eingespeist. Der daraus resultierende Ionenstrom dient zur Registrierung der gaschromatographischen Trennung.

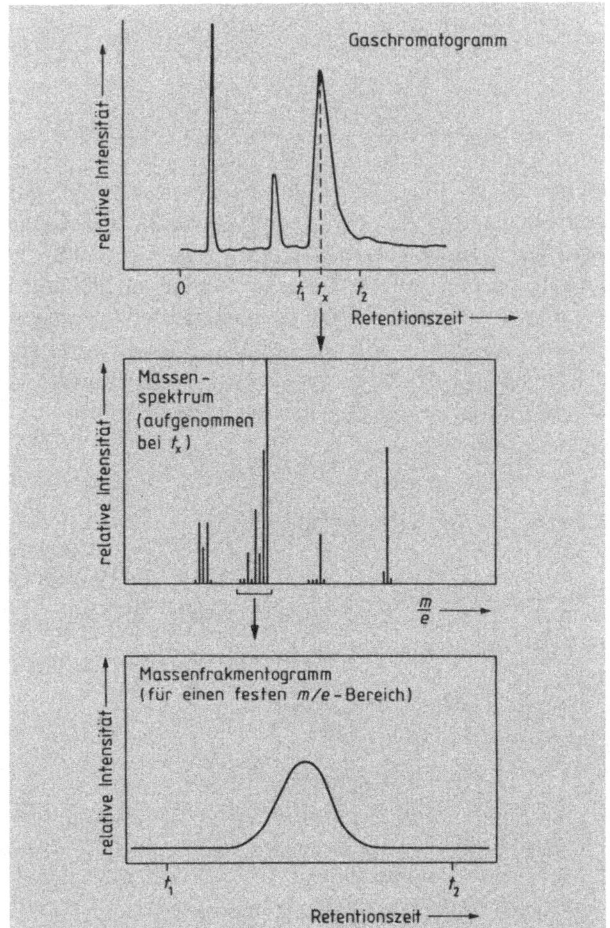



**Bild 3.2.9/3**

**Schematische Veranschaulichung der GC/MS-Kopplung.** Jede Fraktion der gaschromatographisch getrennten Probe wird sofort in ein Massenspektrometer eingespeist, wobei aus dem Massenspektrum noch zusätzlich ein Massenfragmentogramm erhalten werden kann

Bei der alleinigen massenspektrometrischen Untersuchung von Probengemischen würden starke Peaküberlagerungen auftreten, die so verhindert werden. Da die Probe bei der Gaschromatographie mit Trägergas verdünnt wurde, wird sie danach zur Konzentrierung mittels Diffusion durch ein poröses Glasröhrchen geschickt. Problematischer Punkt ist der Übergang von der Gaschromatographiesäule zur Ionenquelle, da hierbei Druckdifferenzen von etwa $10^5$ Pa auftreten. Dafür wurden verschiedene Separatortypen entwickelt, auf die hier nicht näher eingegangen werden soll. Bei der Massenfragmentographie wird das Gaschromatogramm massenspektrometrisch detektiert. Dadurch wird eine Empfindlichkeit erreicht, die in der Größenordnung von Nano- oder Picomolen liegt (vgl. Kap. 2.4).

Auf neuere massenspektrometrische Techniken wie die Fast-Atom-Beam-Massenspektrometrie (FAB-MS) und Stoßaktivierungs-Massenspektrometrie (CA-MS) soll hier nicht eingegangen werden.

## Geräte

Der Aufbau eines Massenspektrometers ist in Bild 3.2.9/4 schematisch dargestellt; das Prinzip eines Einlaßsystems veranschaulicht Bild 3.2.9/5. Damit schwache und starke Signale mit gleicher Genauigkeit registriert werden können, zeichnet man mehrere Spektren mit verschiedener Empfindlichkeit parallel auf. Die enorme Menge an Meßdaten wird heute meist mit Hilfe von Computern verarbeitet. Dazu ist das Massenspektrometer direkt an den Computer angeschlossen ("on-line"). Ein wesentlicher Vorteil dabei ist, daß die Daten gespeichert werden können und Spektren unbekannter Verbindungen in kürzester Zeit mit Daten bekannter Verbindungen verglichen werden können.

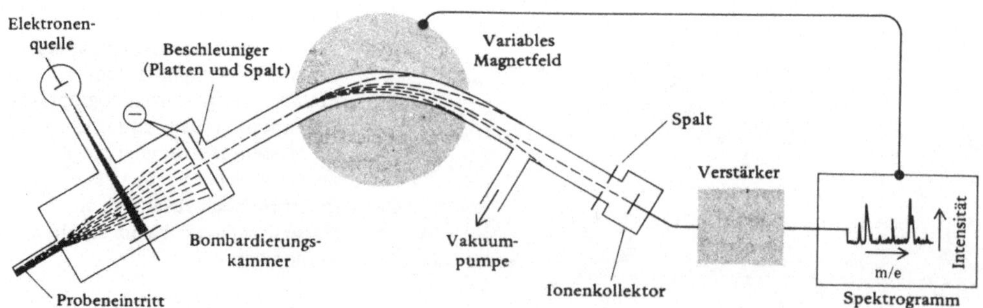


**Bild 3.2.9/4 Schematischer Aufbau eines Massenspektrometers.** (*S. H. Pine, J. B. Hendrickson, D. J. Cram, G. S. Hammond*, Organische Chemie, Vieweg, Braunschweig 1987, Bild 5-1)

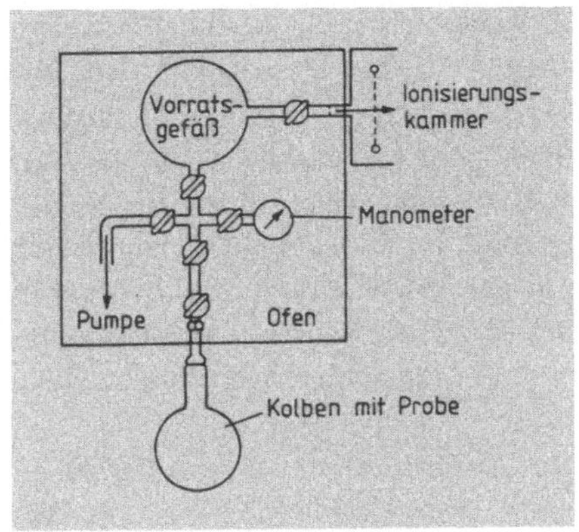


**Bild 3.2.9/5**
**Aufbau eines Einlaßsystems für ein Massen-
spektrometer.** (Nach *D. J. Pasto, C. Johnson*,
Laboratory Text for Organic Chemistry,
Prentice-Hall, Englewood Cliffs/NJ 1979,
Fig. 7.4, S. 272)

## Probenvorbereitung und Messung

Für den Elektronenbeschuß muß die Probe in Dampfform vorliegen. Dafür ist ein mini-
maler Dampfdruck von etwa $10^{-4}$ Pa erforderlich, der von den meisten organischen Ver-
bindungen erreicht wird. Gase und leicht flüchtige Flüssigkeiten werden durch eine kleine
Öffnung des Gasreservoirs, feste Proben und schwer flüchtige Flüssigkeiten über eine
Vakuumschleuse mittels eines Direkteinlaßsystems eingeführt. Bei nicht ausreichender
Flüchtigkeit können Verbindungen mit funktionellen Gruppen durch Derivatisierung
(z. B. Acetylierung, Permethylierung) in leicht flüchtige Derivate umgewandelt werden.
Die entsprechend vorbereitete Probe wird dann mit einer Spritze in das Einlaßsystem
injiziert.

Für massenspektrometrische Untersuchungen empfiehlt es sich, reine Proben zu verwenden, obwohl kleine Mengen an Verunreinigungen nicht stören. Haben die Verunreinigungen eine höhere Molmasse als das Molekülion, lassen sie sich leicht feststellen.

## Interpretation

Die Analyse der Peaks im Massenspektrum, das ein Diagramm der relativen Ionenintensi-
täten (Ordinate) und der m/e-Werte (Abszisse) darstellt, wird meist folgendermaßen
durchgeführt: Zuerst wird dem größten Peak die Intensität 100 zugeordnet. Dieser Peak
heißt Basis-Peak und dient als Bezugswert für die übrigen Peaks. Dann zählt man die
Peaks ab, wobei mit $m/e = 28$ ($N_2^+$), 32 ($O_2^+$) oder 18 ($H_2O$) begonnen wird. Man versucht,
sich im Spektrum zu orientieren und Peaks zu erkennen, die aus Verunreinigungen
stammen.

Dann identifiziert man den Molekülpeak, der meist leicht erkennbar ist. Manchmal ist er
aber nur schwierig zu erkennen oder gar nicht vorhanden, insbesondere bei schneller
Fragmentierung ist eine Detektion kaum möglich. Der Molekülpeak liefert eine sehr genaue Molmasse, die aber nicht immer den höchsten Molmassenwert im Spektrum dar-

stellen muß. Vergleicht man den Molekülpeak mit anderen Peaks, so findet man als Differenzen meist Massen, die bestimmten Fragmenten entsprechen. Einige Beispiele solcher Fragmente sind in Tabelle 3.2.9/2 aufgelistet.

Nach der „Stickstoffregel" ist die Molmasse des Molekülions geradzahlig, wenn die Verbindung keinen Stickstoff oder eine geradzahlige Anzahl von Stickstoffatomen enthält. Liegt dagegen eine ungerade Anzahl von Stickstoffatomen im Molekül vor, so ergibt sich danach eine ungerade Anzahl von Masseneinheiten in der Molekülmasse. Peakhäufungen deuten hier auf verschiedene Isotopen hin. Allgemein ist zu beobachten, daß Verbindungen mit leicht abspaltbaren Fragmenten weniger intensive Molekülpeaks zur Folge haben, dafür aber intensive Fragmentpeaks ergeben.

Die Fragmentierung des Molekülions ermittelt man durch das Feststellen von sinnvollen Massendifferenzen der einzelnen Peaks zum Molekülion. Diese Massendifferenzen werden dann an Hand von Tabellen bestimmten Strukturelementen zugeordnet (s. Tabelle 3.2.9/2 und Literatur). Als Beispiel ist das Massenspektrum des $n$-Butans abgebildet (s. Bild 3.2.9/6). Wie im Fragmentierungsschema in Tabelle 3.2.9/3 aufgeführt, wird zuerst ein Methylradikal ($m/e = 15$) abgespalten. Damit entsteht ein Propylcarbeniumion ($m/e = 43$). Durch die Abspaltung eines Ethylradikals kann auch ein Ethylcarbeniumion ($m/e = 29$) entstehen.

**Tabelle 3.2.9/2** Massendifferenzen und Strukturfragmente

| Massendifferenz | Wahrscheinliches Fragment | Wahrscheinliche Stoffklasse |
|---|---|---|
| 1 | H | Aldehyde, Acetale, Phenole, aliphatische Amine |
| 16 | $NH_2$ | Amide |
| 17 | OH | Alkohole, Carbonsäuren |
| 18 | $H_2O$ | Alkohole, Aldehyde |
| 26 | $C_2H_2$ | Aromaten |
| 28 | $CO, N_2$ | Chinone, Sauerstoff-heterocyclen |
| 29 | CHO | Aldehyde, Phenole |
| 31 | $CH_3O$ | Methylester, Methylacetale, Methylether |
| 35 | Cl | Alkylchloride, Acylchloride |
| 36 | HCl | Alkylchloride, Acylchloride |
| 44 | $CO_2$ | Ester, Anhydride |
| 45 | $C_2H_5O$ | Ethylester, Ethylether |
| 46 | $NO_2$ | Nitroverbindungen |

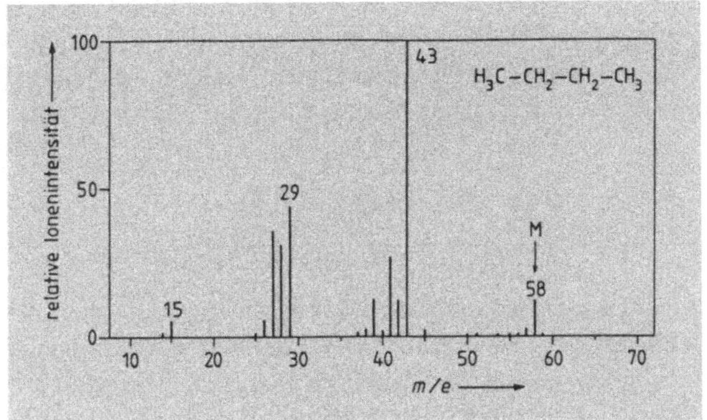


**Bild 3.2.9/6**
**Massenspektrum von *n*-Butan**

**Tabelle 3.2.9/3** Fragmentierungsschema für *n*-Butan (s. Text)

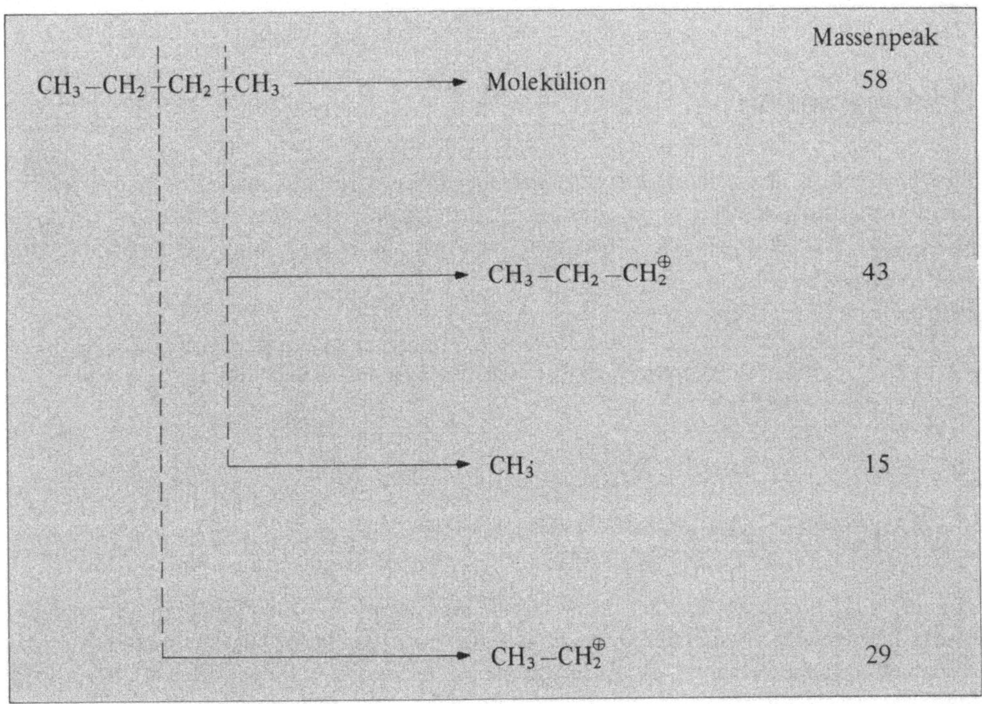


Die Vorgehensweise bei der Interpreation von Massenspektren kann hier nur sehr schematisch angedeutet werden, da eine genaue Interpretation viel Erfahrung voraussetzt. Dies gilt insbesondere bei komplizierteren Molekülen mit vielfältigen Zerfallsmöglichkeiten. Stimmt aber das Massenspektrum einer unbekannten Verbindung mit dem Spektrum einer bereits bekannten Substanz überein, so kann man praktisch von ihrer Identität ausgehen. Durch die empirische Massenspektrometrie sind viele Fragmentierungsschemata ermittelt worden, die zur Interpretation von Massenspektren unbekannter Verbindungen sehr hilfreich sind. Diese Kenntnis von wahrscheinlichen Fragmentierungsmöglichkeiten ist neben den Daten aus Tabellenwerken Voraussetzung für eine sinnvolle Interpretation.

## Fehlerquellen

Verunreinigungen der Probe sind im Massenspektrum gut zu sehen. Zu erwähnen sind hier besonders Lösungsmittelreste, Schliffett und Weichmacher. Bei den erhöhten Temperaturen von Einlaßsystemen können auch chemische Reaktionen laufen, wodurch sich unterschiedliche Massenspektren ergeben können (Vorsicht bei Vergleichsspektren!). Beispielsweise können Spektren von Olefinen erhalten werden, die aus Alkoholproben durch Dehydratisierung entstanden sind. Um dies zu vermeiden, können die Spektren bei tieferer Temperatur aufgenommen oder die Verbindungen zuvor in weniger empfindliche Derivate umgewandelt werden.

## Dokumentation

Eine ausführliche Dokumentation der Massenspektren wird entweder in Form der graphischen Darstellung als Diagramm oder der Auflistung der Werte als Tabelle durchgeführt. Meist wird eine Kurzfassung vorgezogen, bei der die Energie und die einzelnen $m/e$-Werte angegeben werden.

*Beispiel* (s. Bild 3.2.9/6):

> MS (70 eV): $m/e = 58$ (12%, M$^+$), 43 (M–CH$_3$), 29 (M–C$_2$H$_5$), 15 (CH$_3$)

## Anwendungsbereich

Der minimale Probenbedarf liegt in der Größenordnung von bis zu 20 $\mu$g, die Erfassungsgrenze im Nano- bis Picogrammbereich (GC/MS). Voraussetzung für eine massenspektrometrische Untersuchung ist die Flüchtigkeit der Probe ($M < 10^3$) und ihre thermische Stabilität. Das Spektrum der Anwendungsmöglichkeiten ist sehr breit, deshalb können hier nur einige Hauptbereiche genannt werden.

- Strukturaufklärung von unbekannten Substanzen und Identifizierung von Verbindungen
- Genaue Molmassenbestimmung
- Bestimmung der Elementarzusammensetzung und Summenformel (Simultanbestimmung von Elementen)

- Nachweis von verschiedenen Isotopen und Bestimmung der Isotopenverteilung
- Spurenanalyse von biologischen Proben
- Sequenzanalyse von Peptiden
- Analyse von Vielkomponentengemischen durch GC/MS-Kopplung

## Literatur

*R. Budzikiewicz*, Massenspektrometrie – Eine Einführung, Verlag Chemie, Weinheim 1980

*H. Hill*, Einführung in die Massenspektrometrie, Heyden, London, 1973

*J. M. Majer*, Mass Spectrometry, Wykeham, London 1977

*W. McFadden*, Techniques of Combined Gas Chromatography/Mass Spectrometry, Wiley, New York 1973

*H. Kienitz*, Massenspektrometrie, Verlag, Chemie, Weinheim 1968

*F. W. McLafferty*, Interpretation of Mass Spectrometry, W. A. Benjamin, New York 1973

*J. Seibl*, Massenspektrometrie, Akademische Verlagsgesellschaft, Frankfurt 1970

*A. M. Silverstein, G. C. Bassler,* and *T. C. Morill,* Spectrometrie Identification of Organic Compounds, Wiley, New York 1974

*G. Spiteller*, Massenspektrometrische Strukturanalyse organischer Verbindungen, Verlag Chemie, Weinheim 1966

*G. R. Waller, O. C. Dermer*, Biochemical Applications of Mass Spectrometry, Wiley, New York 1980

*J. T. Watson*, Introduction to Mass Spectrometry – Biomedical, Environmental and Forensic Application, Raven Press, New York 1976

## Spektrensammlung

ASTM Index of Mass Spectral Data, Heyden, London

Catalog of Mass Spectal Data, Carnegie Institute of Technology, Pittsburgh

Mass Spectral Data Sheets, Mass Spectrometry Data Centre AWRE, Aldermaston

*M. Spiteller, G. Spiteller,* Massenspektrensammlung von Lösungsmitteln, Verunreinigungen, Säulenbelegmaterialien und einfachen aliphatischen Verbindungen, Springer, Wien 1973

# 3.3 **Bestimmung der Molmasse**

Die Molmasse ist das relative Maß für die Masse von Molekülen einer chemischen Verbindung, bezogen auf eine atomare Masseneinheit (1/12 der Masse des Kohlenstoffisotops $^{12}_{6}C$).

Grundsätzlich ist zwischen der Molmasse $M$ von niedermolekularen Verbindungen und verschieden definierten Mittelwerten von höhermolekularen Verbindungen mit einer

Molmassenstreuung zu unterscheiden. Bei Polymeren sind besonders das **Zahlenmittel** $M_n$ und das **Massenmittel** $M_m$ von Bedeutung:

$$\text{Zahlenmittel der Molmasse}$$

$$M_n = \frac{\sum_{i=1}^{i=\infty} n_i \cdot M_i}{\sum_{i=1}^{i=\infty} n_i}$$

$n_i$ = Anzahl der Moleküle mit der Molmasse $M_i$
$M_i$ = Molmasse der Moleküle der Sorte $i$

$$\text{Massenmittel der Molmasse}$$

$$M_m = \frac{\sum_{i=1}^{i=\infty} m_i \cdot M_i}{\sum_{i=1}^{i=\infty} m_i}$$

mit $m_i = n_i \cdot M_i$

$M_n$ stellt den arithmetischen Mittelwert der Molekülzahlverteilung dar und hängt von der Zahl der Moleküle ab, während $M_m$ als arithmetischer Mittelwert der Molmasse eine Funktion der Massenverteilung ist. Die Molmasse wird als einheitlich bezeichnet, wenn $M_n = M_m$ ist. Je größer die Abweichung der beiden Werte, um so uneinheitlicher ist die Molmasse. Die Einheit der Molmasse ist $g \cdot mol^{-1}$.

Mit verschiedenen Meßmethoden und Geräten lassen sich Molmassen bis zu etwa $10^6$ $g \cdot mol^{-1}$ hinreichend genau bestimmen. Bei den Absolutmethoden zur Molmassenbestimmung ist keine Eichung wie bei den Relativmethoden erforderlich, da ein direkter und bekannter Zusammenhang zwischen molekularer Größe und Meßparametern besteht.

Zur Molmassenbestimmung von Verbindungen in verdünnten Lösungen können vier Eigenschaften herangezogen werden, die sich mit der Konzentration des gelösten Stoffes ändern:

Osmotischer Druck,
Dampfdruck,
Gefrierpunkt und
Siedepunkt.

Die Messung einer dieser Größen ermöglicht eine Konzentrationsbestimmung oder, bei Kenntnis der Konzentration, eine Ermittlung der Teilchenzahl und damit auch der Molmasse. Diese Größen sind grundsätzlich nicht von der Struktur der Teilchen abhängig, sondern nur von deren Zahl (kolligative Eigenschaften).

# 3.3.1 Gasdichtebestimmung

Die Gasdichtebestimmung ist eine Methode zur Ermittlung der Molmasse einer gasförmigen oder verdampfbaren Verbindung durch Volumenmessung.

## Grundlagen

Der Zusammenhang zwischen Gasdichte und Molmasse $M$ einer gasförmigen Verbindung ist durch folgende Gleichung gegeben, die sich aus dem idealen Gasgesetz $pV = nRT$ ableiten läßt:

$$M = R \cdot T \frac{m}{V \cdot p}$$

$R$ = allgemeine Gaskonstante
$T$ = Raumtemperatur
$m$ = Masse der Verbindung (Einwaage)
$V$ = gemessenes Volumen
$p$ = Luftdruck

Da die Molmasse der Gasdichte proportional ist, konstanten Druck und Temperatur vorausgesetzt, kann sie durch eine volumetrische Bestimmung ermittelt werden (Methode nach Viktor Meyer). Von den verschiedenen Methoden der Gasdichtebestimmung hat diese Methode den größten Anwendungsbereich gefunden, obwohl sie heute für die Anwendung von flüssigen Verbindungen durch Anwendung von Kryoskopie und Ebullioskopie (s. Kap. 3.3.2) an Bedeutung verliert.

## Geräte

In Bild 3.3.1/1 ist ein Gerät dargestellt, das häufig zur Gasdichtebestimmung eingesetzt wird. Der äußere Gaszylinder mit Kolben enthält die Heizflüssigkeit, deren Siedepunkt höher als der der Probenflüssigkeit liegen muß. Das Ableitungsrohr des inneren Gefäßes, das die eingewogene Probe enthält, ist durch eine Schlauchverbindung an eine Gasbürette mit Niveaugefäß angeschlossen. Die mittlere Fehlerabweichung beträgt hierbei ± 0,3 %.

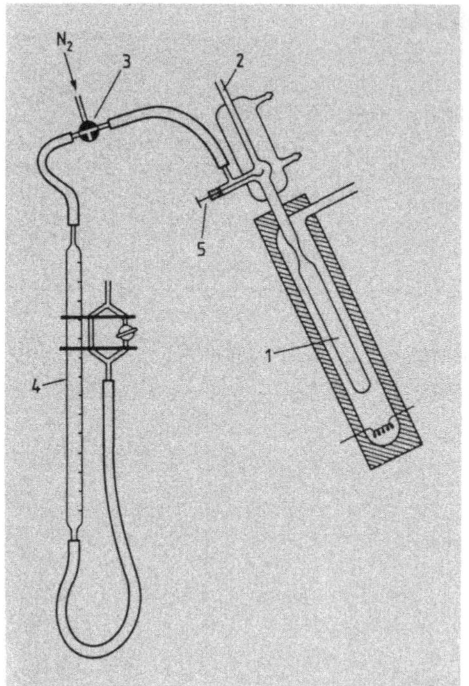

**Bild 3.3.1/1**

**Bestimmung der Molmasse durch Gasdichtemessung** (nach Viktor-Meyer) in einer Apparatur nach v. Weber für Verbindungen, die bei Normalbedingungen flüssig sind.

1 Verdampfgefäß
2 wassergekühltes Rohr zur Aufnahme der Einwaagevorrichtung
3 Dreiwegehahn
4 Gasbürette
5 Einwaagevorrichtung

# Durchführung

- Substanz in kleiner Ampulle mit ausgezogener Spitze abwägen (Einwaage: ca. 100 mg).

- Gerät hochheizen, bis Luftvolumen konstant bleibt (Sperrflüssigkeit sinkt nicht mehr).

- Niveau in der Bürette mit Niveaugefäß ausgleichen.

- Ampullenspitze öffnen und Ampulle rasch in Substanzzylinder einwerfen, danach Zylinder wieder schließen. Besser sind kompliziertere Vorrichtungen, bei denen die Substanzampulle vorher in das Gerät eingebracht und durch Stoß geöffnet wird.

- Wenn das Gasvolumen konstant bleibt, wird nach der Einstellung des Niveaugefäßes abgelesen.

- Auf jeden Fall ist eine zu geringe Temperaturdifferenz zwischen Dampf und Heizmantel zu vermeiden, da sonst eine zu langsame Verdampfung eintritt (Kondensationsgefahr).

## Anwendungsbereich

Molmassenbestimmung von gasförmigen Verbindungen und Flüssigkeiten, wenn sie unzersetzt verdampfbar sind (Siedepunkt bis ca. 200 °C).

## Literatur

*Houben-Weyl*, Methoden der organischen Chemie, Bd. 3/1, S. 199, 311, Thieme, Stuttgart 1961

*F. Kohlrausch*, Praktische Physik, Teubner, Leipzig 1968

# 3.3.2 Ebullioskopie und Kryoskopie

Unter Ebullioskopie bzw. Kryoskopie versteht man die Messung der Siedepunktserhöhung bzw. Gefrierpunktserniedrigung einer Lösung, die durch die Dampfdruckerniedrigung der Lösung gegenüber dem reinen Lösungsmittel bedingt ist.

## Grundlagen

Alle Lösungen zeigen die beiden sog. kolligativen Effekte, die nur von der Zahl der gelösten Teilchen abhängen. Für sehr verdünnte Lösungen besteht folgende einfache Beziehung:

$$M_n = \frac{K \cdot c}{\Delta T} \cdot 10^3$$

Darin ist:

$$K = \frac{R \cdot T^2}{10^3 \cdot H_S}$$

$M_n$ = Zahlenmittel der Molmasse
$c$    = Konzentration
$\Delta T$ = Siedepunktserhöhung bzw. Gefrierpunktserniedrigung
$R$    = allgemeine Gaskonstante
$T$    = Siede- bzw. Gefriertemperatur des Lösungsmittels
$H_S$ = spezifische Verdampfungsenthalpie des Lösungsmittels
$K$    = ebullioskopische bzw. kryoskopische Konstante

**Tabelle 3.3.2/1** Kryoskopische und ebullioskopische molare Konstanten einiger Lösungsmittel

| Lösungsmittel | Schmelzpunkt °C | Siedepunkt °C | $K_K$ $\quad$ $K_E$ °C · (mol · kg)$^{-1}$ | |
|---|---|---|---|---|
| Wasser | 0 | 100 | 1,86 | 0,52 |
| Eisessig | 17 | 118 | 3,90 | 3,07 |
| Dioxan | 12 | 102 | 4,80 | 3,45 |
| Chloroform | — | 61 | 4,98 | 3,80 |
| Benzol | 5 | 80 | 5,49 | 2,64 |
| Phenol | 41 | 181 | 7,30 | 3,60 |
| Campher | 179 | 204 | 40 | 6 |

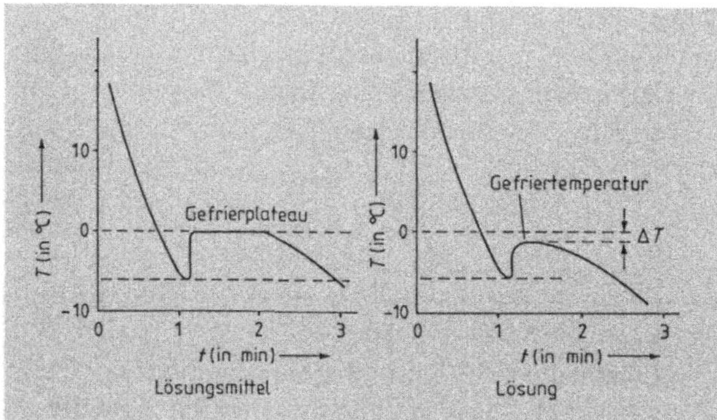


**Bild 3.3.2/1**
**Temperaturverlauf bei einer kryoskopischen Bestimmung in Abhängigkeit von der Zeit:** links das charakteristische Plateau der Kurve des reinen Lösungsmittels und rechts der Wendepunkt der Lösungskurve

Die molare ebullioskopische Konstante $K_S$ bzw. kryoskopische Konstante $K_K$ sagen aus, welche Siedepunktserhöhung bzw. Gefrierpunktserniedrigung von einem Mol der Verbindung (= 6,02 · 10$^{23}$ Teilchen, nicht dissoziiert) in einem Kilogramm Lösungsmittel bewirkt wird. Eine Übersicht über die molaren Konstanten von häufig verwendeten Lösungsmitteln gibt Tabelle 3.3.2/1.

Bild 3.3.2/1 zeigt den Temperaturverlauf bei einer kryoskopischen Bestimmung in Abhängigkeit von der Zeit. In der Praxis wird die Kryoskopie der Ebullioskopie meist vorgezogen, da die kryoskopischen Konstanten größer sind und der apparative Aufwand geringer ist.

Für Lösungen mit Makromolekülen, wie beispielsweise biologischen Flüssigkeiten, wird meist die Osmolalität statt der Osmolarität verwendet. Bei der Osmolalität wird die Menge der gelösten Teilchen auf 1 kg Wasser (osmol · kg$^{-1}$), bei der Osmolarität dagegen auf 1 l Lösung (osmol · l$^{-1}$) bezogen. Obwohl der Absolutunterschied gering ist, ist die Osmolalität zu bevorzugen, da sie die Verringerung des Lösungsvolumens bei Makromolekülen berücksichtigt.

# Geräte

Die meisten Geräte für die kryoskopische Bestimmung beruhen auf folgendem Meßprinzip: Die Probe (ca. 0,2 ml) wird in einem Kältebad auf einen zuvor festgelegten Temperaturwert (ca. 5–7 K unterhalb des Gefrierpunktes) abgekühlt (s. Bild 3.3.2/1). Nach Erreichen der definierten Temperatur wird mit einem Rührer eine kurze, starke Vibration erzeugt, die zu einer schlagartigen Kristallisation führt. Der Temperaturverlauf bei der Kristallisation zeigt für das reine Lösungsmittel ein Plateau und für Lösungen einen Wendepunkt. Er wird zur Berechnung herangezogen.

Die einfachsten Geräte stellen die **Beckmann-Apparatur** und deren Modifikationen dar (s. Bild 3.3.2/2). Sie besteht aus einem Gefriertubus, der einen seitlichen Ansatz zum Einbringen der Probe trägt, und dem Beckmann-Thermometer. Dieses ist ein empfindliches Thermometer mit einer 0,01°-Skala, das auf Grund seiner besonderen Konstruktion auf 0,002° genau abgelesen werden kann. Heute wird es durch die wesentlich empfindlicheren Thermistoren mehr und mehr verdrängt. Für ebullioskopische Messungen sind die Geräte ähnlich aufgebaut, jedoch mit einer Rückflußapparatur ausgestattet (s. Bild 3.3.2/3).

Immer mehr werden heute vollautomatische Geräte eingesetzt, die auf Knopfdruck innerhalb von zwei Minuten den Meßwert digital anzeigen oder ausdrucken. Neben Automaten

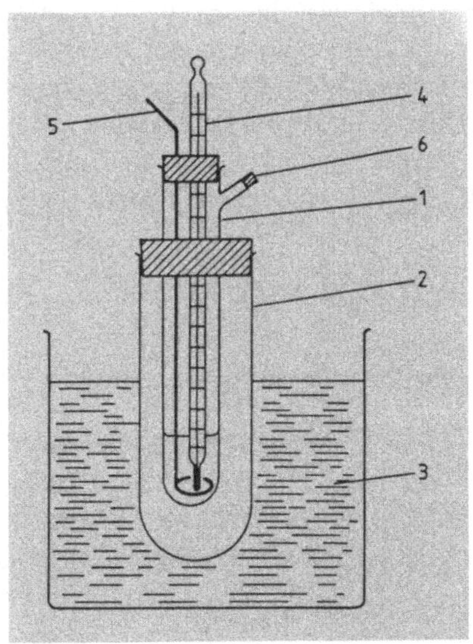

**Bild 3.3.2/2 Apparatur zur kryoskopischen Bestimmung nach Beckmann**

1 Tubus mit Probe
2 Luftmanteltubus
3 Kühlbad
4 Beckmann-Thermometer
5 Heberrührer
6 Probeneinlaß

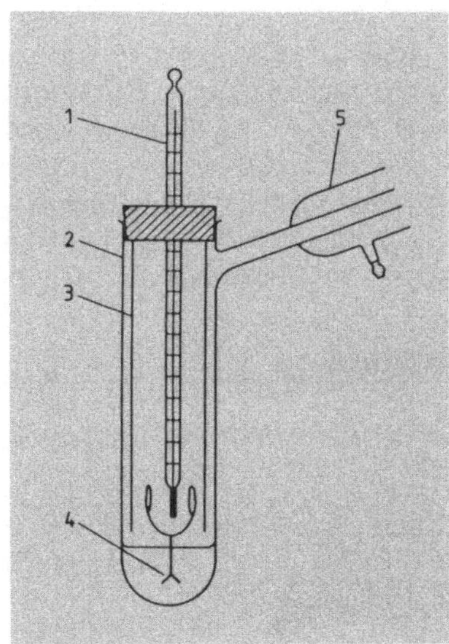

**Bild 3.3.2/3 Einfache Apparatur zur ebullioskopischen Bestimmung**

1 Thermometer
2 Tubus mit Probe
3 Innentubus
4 Siedeeinsatz
5 Kühler

für Einzelproben gibt es für Serienmessungen Geräte mit Probenwechslern bis zu 50 Proben. Solche modernen Geräte enthalten thermoelektrische Kühlaggregate mit Peltier-Elementen und Thermistor-Temperaturfühlern, die eine Temperaturauflösung von 0,001 K gestatten.

## Durchführung

Durch Messen des reinen Lösungsmittels sowie von Lösungen bekannter Konzentration wird das Gerät zunächst geeicht. Mit einer abgestuften Konzentrationsreihe kann die Eichkurve aufgestellt werden. Die durchschnittliche Probenmenge beträgt 0,15 bis 0,3 ml.

- Kältemischung herstellen und Gefrierpunkt des reinen Lösungsmittels bei bekannter kryoskopischer Konstante in der Apparatur bestimmen.
- Auftauen lassen und definierte Lösung der Probe herstellen.
- Gefrierpunkt der Lösung bestimmen und die Differenz beider Gefrierpunkte ermitteln.

### Mikromethode nach Rast

Diese einfache und schnelle Methode wird ähnlich durchgeführt, jedoch als Lösungsmittel Campher verwendet (10 %ige Lösung). Der Vorteil liegt hierbei in der hohen kryoskopischen Konstante des Systems, so daß die kryoskopische Bestimmung unter sehr einfachen experimentellen Bedingungen durchgeführt werden kann. Es genügen bei dieser Mikromethode 10 mg Probe, zwei Schmelzpunktskapillaren und ein Thermometer (oder eine Schmelzpunktbestimmungsapparatur). Die Genauigkeit beträgt ± 5 %. Bei modifizierten Mikromethoden mit anderen Lösungsmitteln, wie z. B. Dicyclopentadienoxiden, reichen 0,5 mg Probe für eine Bestimmung aus.

## Auswertung

Da die Probenkonzentration, die kryoskopische bzw. ebullioskopische Konstante bekannt sind und die Temperaturdifferenz gemessen wurde, können diese Werte in die obige Gleichung eingesetzt werden. Das Ergebnis ist das Zahlenmittel der Molmasse. Für exakte Bestimmungen ist die Aufnahme einer Konzentrationsreihe und die Extrapolation auf $c = 0$ erforderlich.

## Fehlerquellen

- Verunreinigungen und flüchtige Anteile der Probe
- Mögliche Molekül-Assoziationen beachten (evtl. Lösungsmittel wechseln; die Bildungswahrscheinlichkeit ist bei der Ebullioskopie wegen der höheren Temperatur geringer).
- Bei der Ebullioskopie sind Luftdruckänderungen zu korrigieren.

## Dokumentation

Die bestimmte Molmasse wird als $M_n$ (kryoskopisch bzw. ebullioskopisch) in $g \cdot mol^{-1}$ angegeben. Bei einfachen Konzentrationsbestimmungen erfolgt die Angabe des Meßwerts in der jeweiligen Konzentrationseinheit.

## Anwendungsbereich

Als schnelle Routinemethode (meist nur ca. 2 Minuten) für Molmassenbereiche bis zu $10^4$ $g \cdot mol^{-1}$ geeignet. Auch zur Messung leichtflüchtiger Proben anwendbar, die mit der Dampfdruckosmometrie (s. Kap. 3.3.3.2) nicht vermessen werden können. Als üblicher Temperatur-Meßbereich wird für die Kryoskopie $-10\,°C$ bis $+20\,°C$ angegeben, für die Ebullioskopie variiert er je nach Apparatur. Als Lösungsmittel werden Wasser und organische Lösungsmittel (häufig Benzol bzw. Toluol) verwendet. Der relative Fehler beträgt je nach Methode $\pm 0,5$ bis $3\%$.

- Konzentrationsbestimmung von Lösungen (vor allem biologische Flüssigkeiten)
- Bestimmung der Gesamtosmolalität biologischer Flüssigkeiten (0 bis 2000 $mosmol \cdot kg^{-1}$)
- Ermittlung von Dissoziationskonstanten und Aktivitätskoeffizienten
- Bestimmung des Reinheitsgrades von Reagenzien

## Literatur

*Houben-Weyl,* Methoden der organischen Chemie, Bd. 3/1, S. 362, Thieme, Stuttgart 1955

*G. Meyerhoff,* in: Kunststoff-Handbuch (hrsg. von *R. Vieweg* und *D. Braun*), Bd. 1, Hanser, München 1975

Ullmanns Encyclopädie der technischen Chemie, Bd. 2/1, S. 794, Urban & Schwarzenberg, München 1961

# 3.3.3 Osmometrie

# 3.3.3.1 Membranosmometrie

Werden zwei Lösungen verschiedener Konzentration durch eine semipermeable Membran getrennt, so tritt bis zum Konzentrationsausgleich Lösungsmittel durch die Membran zur konzentrierteren Lösung über. Der entstehende Druck ist der osmotische Druck, das auf diesem Effekt beruhende Meßverfahren heißt Membranosmometrie.

## Grundlagen

Das Meßprinzip der Membranosmometrie ist in Bild 3.3.3.1/1 schematisch dargestellt. Die treibende Kraft, die die Volumenzunahme der Lösung und damit die Höhendifferenz $\Delta h$ bewirkt, ist die chemische Potentialdifferenz von Lösung und Lösungsmittel. Das Volumen der Lösung nimmt solange zu, bis hydrostatischer und osmotischer Druck gleich sind.

Das **van't Hoffsche Gesetz** ist die Grundlage für die Beziehung zwischen dem osmotischen Druck $\pi$ und der mittleren Molmasse $M_n$:

**van't Hoffsches Gesetz**

$$M_n = \frac{R \cdot T \cdot c}{\pi}$$

$R$ = allgemeine Gaskonstante
$T$ = absolute Temperatur
$c$ = Konzentration

Da bei höhermolekularen Verbindungen eine Konzentrationsabhängigkeit besteht, muß die einfache Gleichung weiterentwickelt werden. Dazu werden Potenzreihen eingeführt, deren dritte und weitere Glieder für kleine Konzentrationen vernachlässigt werden können.

$$\frac{\pi}{c} = \frac{R \cdot T}{M_n} + B \cdot c + C \cdot c^2 + \dots$$

Um den Wert $R \cdot T/M_n$ und auch die Größe $B$ zu erhalten, muß der Quotient $\pi/c$ in einem Koordinatensystem gegen die Konzentration aufgetragen werden (s. Bild 3.3.3.1/2).

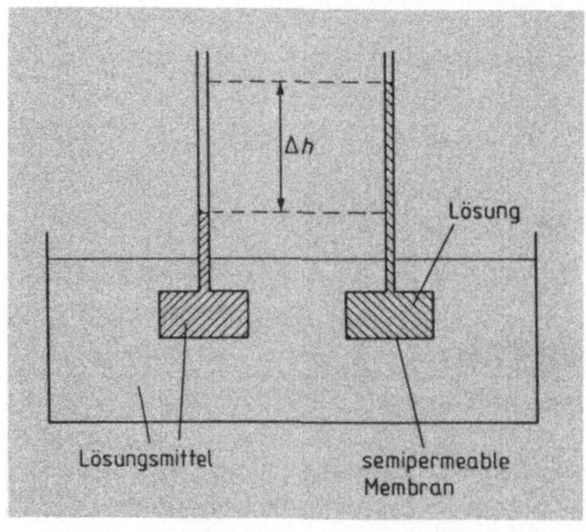


**Bild 3.3.3.1/1 Schema zum Meßprinzip der Membranosmometrie**

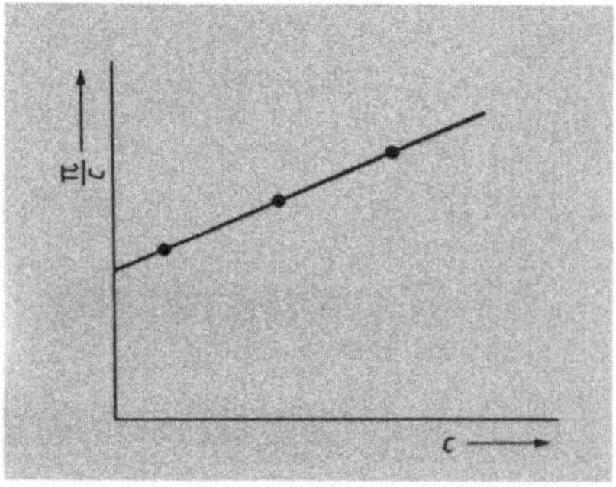


**Bild 3.3.3.1/2 Diagramm zur Ermittlung der Molmasse aus dem osmotischen Druck:** Der Quotient aus osmotischem Druck und Konzentration ($\pi/c$) ist als Ordinate und die Konzentration als Abszisse aufgetragen (s. Text)

## Geräte

Es sind heute vollautomatische Geräte im Handel, die auf Knopfdruck innerhalb von zwei Minuten das Meßergebnis digital anzeigen. Eine Geräteeinheit mit einem Schreiber ist in Bild 3.3.3.1/3 dargestellt. Sie besteht aus einer Meßzelle mit Verstärker und elektronisch regulierbarem Thermostaten, der von 5° bis 130 °C stufenlos einstellbar ist. Durch Verwendung eines kapazitiven Druckmeßsystems ist es möglich, eine Empfindlichkeit für Volumendifferenzen von 1 Nanoliter zu erreichen.

Entsprechend dem Schema in Bild 3.3.3.1/1 ist die Meßzelle durch eine semipermeable Membran in zwei Hälften geteilt, deren Druckdifferenz durch eine Metallmembran und ein elektronisches Aufnahmesystem erfaßt wird. Die Einstellzeiten liegen zwischen 2 und 15 Minuten. Als Membranen finden vor allem Folien aus Cellulose und deren Derivate Verwendung.

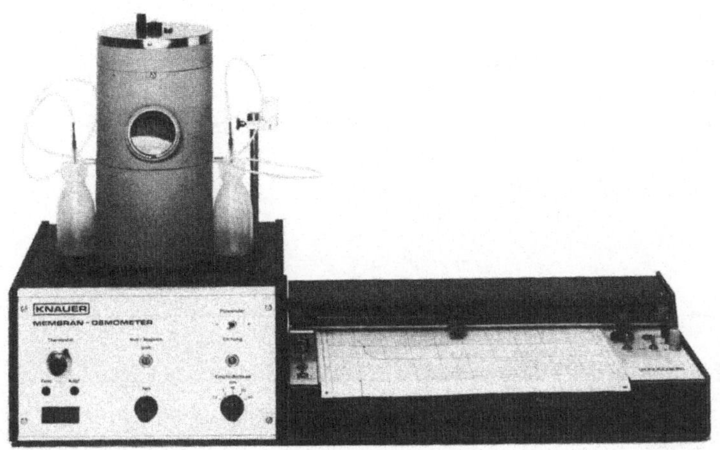

**Bild 3.3.3.1/3  Geräteeinheit zur Membranosmometrie**
(Fa. Knauer, Bad Homburg v.d.H.)

## Durchführung

Die Probenkonzentrationen sollen zwischen 0,2 und 2 Gramm pro Milliliter liegen. Das Probenvolumen für eine Zellfüllung beträgt 400 $\mu$l, jedoch sind für eine vollständige und reproduzierbare Messung ca. 1,2 ml erforderlich. Mit besonderen Einsätzen reichen auch Volumina von 25 bis 50 $\mu$l aus.

- Mit Hilfe einer Spritze mit langer Kanüle wird die Probenlösung durch die Einfüllöffnung in die Meßzelle eingebracht. Die Eichung kann mit Hilfe eines im Gerät befindlichen Systems vorgenommen werden.

- Mindestens drei Lösungen mit steigender Probenkonzentration vermessen (als Lösungsmittel eignen sich Wasser und membranverträgliche organische Lösungsmittel).

- Aus der Schreiberaufzeichnung die für die Auswertung erforderlichen Druckwerte ablesen.

## Auswertung

Die erhaltenen Druckwerte werden durch die jeweilige Konzentration dividiert und als Ordinatenwerte $(\pi/c)$ für die graphische Ermittlung der Molmasse verwendet. Der durch Extrapolation auf $c = 0$ erhaltene Wert wird dann in folgende Gleichung eingesetzt (Bild 3.3.3.1/2):

$$M_n = \frac{R \cdot T}{(\pi/c) \cdot d}$$

$R$   = allgemeine Gaskonstante

$T$   = absolute Temperatur

$\pi/c$ = auf die Konzentration $c = 0$ extrapolierter Wert der gemessenen Druckwerte (Lösungsmittelsäule in cm)

$d$   = Dichte des Lösungsmittels

## Dokumentation

Es wird das mittlere Zahlenmittel der Molmasse unter Angabe der Methode angeführt:

Beispiel:   $M_n = 45000 \text{ g} \cdot \text{mol}^{-1}$ (membranosmometrisch)

## Anwendungsbereich

- Schnelle und einfache Methode, die für Molmassenbereiche von $10^4$ bis $10^6$ $\text{g} \cdot \text{mol}^{-1}$ verwendbar ist.

- Der Arbeitsbereich von über $100\,^{\circ}\text{C}$ ermöglicht auch die Messung von Substanzen, die erst bei höheren Temperaturen löslich sind.

- Bestimmung des kolloid-osmotischen Drucks in biologischen Flüssigkeiten.

# 3.3.3.2 Dampfdruckosmometrie

Der Dampfdruckunterschied zwischen der Lösung eines Stoffes und des reinen Lösungsmittels kann zur Bestimmung der Molmasse des Stoffes herangezogen werden; die Bestimmungsmethode heißt Dampfdruckosmometrie.

## Grundlagen

Im folgenden ist das Meßprinzip der Dampfdruckosmometrie beschrieben (s. Bild 3.3.3.2/1): In einer thermostatisierten Zelle, die mit Lösungsmitteldampf gesättigt ist, werden an zwei gepaarten Thermistoren Lösungsmitteltropfen angebracht und deren Temperaturdifferenz gemessen. Für reines Lösungsmittel an beiden Temperaturfühlern ist sie gleich Null. Ersetzt man einen der beiden Tropfen durch einen Lösungstropfen, so erfolgt an dessen Oberfläche eine Kondensation von Lösungsmitteldampf, da der Lösungsmitteldampfdruck dort geringer ist. Die Temperatur des Lösungstropfens wird dabei durch die freiwerdende Kondensationsenthalpie erhöht, bis der Dampfdruck des Lösungstropfens mit dem Dampfdruck des reinen Lösungsmittels in der Zelle im Gleichgewicht steht. Die entstandene Temperaturdifferenz wird gemessen und ist praktisch proportional zur osmolalen Konzentration (s. Kap. 3.3.2).

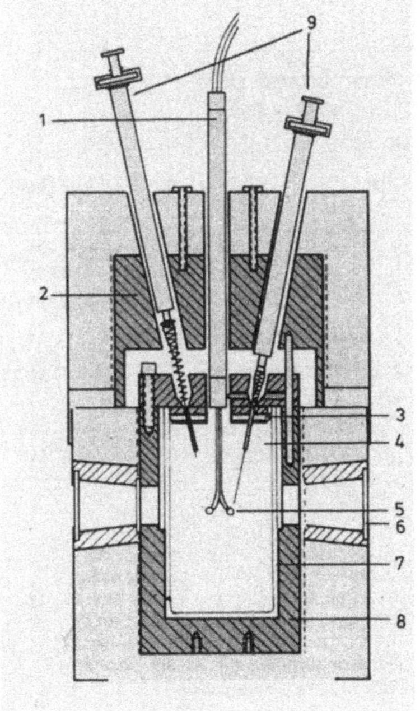

**Bild 3.3.3.2/1**

**Schematischer Aufbau eines Dampfdruckosmometers**

1 Meßsonde
2 Aluminiumblock zur Thermostatisierung der Spritzen
3 Dichtung
4 Docht
5 Thermistoren
6 Fenster
7 Glasbehälter für Lösungsmittel
8 Meßzelle aus Aluminium
9 Spritzen

## Geräte

Das Schema eines Dampfdruckosmometers zeigt Bild 3.3.3.2/1. Die becherglasförmige
Meßzelle, in deren Mitte sich die beiden Thermistoren an der Meßsonde befinden, wird
von einem Aluminiumblock-Thermostaten umgeben. Zum Auftropfen der Lösung und
des Lösungsmittels sind Spritzen angebracht, die vorthermostatisiert werden können. Der
mit den in Differenzmessung geschalteten Thermistoren gemessene Temperaturwert ist
etwas kleiner als der theoretische Wert, da Wärmeverluste auftreten. Durch Eichung kann
dies korrigiert werden.

## Messung

- Durch Aufbringen des Lösungsmittels auf beide Thermistoren Nullpunkt einstellen.
- Mit Lösungen einer Eichsubstanz (meist Benzillösungen mit Konzentrationen
  von $1 \cdot 10^{-3}$ bis $5 \cdot 10^{-2}$ mol $\cdot$ kg$^{-1}$) in abgestufter Konzentrationsreihe eichen.
- Einen Thermistor spülen und mindestens drei Lösungen aufsteigender Konzen-
  tration auftropfen.
- Temperaturmeßwert aus der Schreiberaufzeichnung oder Digitalanzeige jeweils
  ablesen.
- Probenlösungen anschließend auf gleiche Weise vermessen.

## Auswertung

- Meßwerte in einem Koordinatensystem gegen die Konzentration auftragen.
- Erhält man keine Gerade, so trägt man den Quotient Meßwert/Konzentration
  (Skt/$c$) gegen die Konzentration auf.
- Der durch die Extrapolation auf $c = 0$ erhaltene Wert wird mit $K$ bezeichnet. Für
  die Eichmessung erhält man die Eichkonstante $K_{\text{eich}}$, die für dasselbe Meßsystem
  und dasselbe Lösungsmittel konstant ist.
- In entsprechender Weise erhält man aus der Probenmessung die Konstante
  $K_{\text{Meß}}$ (s. Bild 3.3.3.2/2).
- Die mittlere Molmasse $M_\text{n}$ kann jetzt nach der einfachen Beziehung berechnet
  werden:

$$M_\text{n} = \frac{K_{\text{Eich}}}{M_{\text{Meß}}}$$

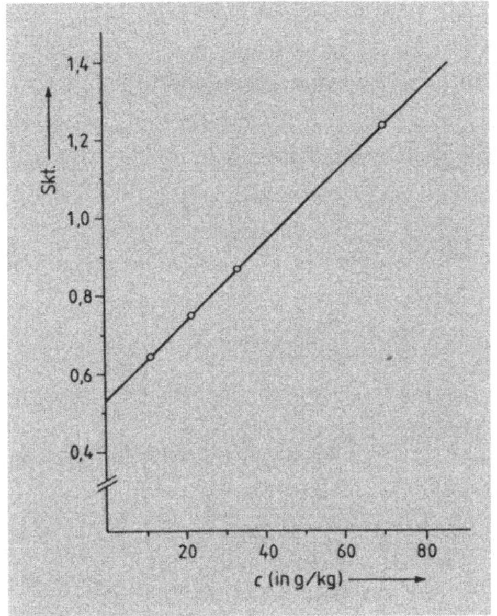

**Bild 3.3.3.2/2**

**Beispiel einer dampfdruckosmometrischen Meßkurve zur Ermittlung der Molmasse** (Abszisse: Konzentration; Ordinate: Meßwert in Skalenteilen).

Substanz: Polyoxypropylenglykol
Lösungsmittel: Benzol
Temperatur: 45 °C
$K_{Eich} = 4{,}24 \cdot 10^3$

# Fehlerquellen

- Verunreinigungen stören stark
- Keine konstante Tropfengröße
- Eventuelle Dissoziation oder Assoziation der Verbindung unter bestimmten Bedingungen in Betracht ziehen.

# Dokumentation

Angabe des Zahlenmittels der Molmasse mit der Bestimmungsmethode, z. B.:

$$M_n = 22000 \; g \cdot mol^{-1}$$
$$(\text{dampfdruckosmometrisch})$$

# Anwendungsbereich

- Empfindliche und schnelle Methode zur Bestimmung von Molmassen bis zu $5 \cdot 10^4 \; g \cdot mol^{-1}$
- Wasser und organische Lösungsmittel verwendbar, auch hochviskose Lösungen

- Meßtemperaturbereich zwischen 25° und 130 °C frei wählbar (vgl. Einschränkung bei Ebullioskopie und Kryoskopie)
- Messung in Inertgasatmosphäre möglich, z. B. bei sauerstoffempfindlichen Verbindungen
- Bestimmung der Gesamtosmolalität biologischer Flüssigkeiten
- Ermittlung von Dissoziationskonstanten und Aktivitätskoeffizienten

## Literatur

Firmenschriften der Firma Knauer, Wissenschaftliche Geräte, Oberursel 1976

*G. Meyerhoff*, in: Kunststoffhandbuch (Hrsg.: *R. Vieweg* und *D. Braun*), Bd. 1, Hanser Verlag, München 1975

Ullmanns Encyclopädie der technischen Chemie, Bd. 2/1, S. 799, Urban & Schwarzenberg, München 1961

# 3.3.4 Viskosimetrie

Die Viskosität beschreibt das Fließverhalten von Stoffen, wobei als Parameter die Form und Starrheit der Moleküle eingehen. Das Meßverfahren zur Bestimmung der Viskosität heißt Viskosimetrie.

## Grundlagen

Bei der Molmassenbestimmung durch Viskosimetrie wird die Viskositätszunahme einer Lösung der Probe gegenüber dem reinen Lösungsmittel ermittelt. Da die Form und indirekt auch die Molmasse eines Moleküls maßgebend für die Viskosität sind, können beide Größen so bestimmt oder abgeschätzt werden. Bei kugelförmigen Makromolekülen (statistische Knäuel) ist eine Beziehung zur Molmasse über das Molvolumen und bei linearen, starren Molekülen über das Achsenverhältnis (Länge/Breite) des Moleküls gegeben.

Das Verhältnis zwischen der Viskosität der Lösung $\eta$ und der des reinen Lösungsmittels $\eta_0$ wird als *relative Viskosität* $\eta_r$ bezeichnet:

$$\text{relative Viskosität}$$
$$\eta_r = \frac{\eta}{\eta_0}$$

Die **spezifische Viskosität** $\eta_{sp}$ ist folgendermaßen definiert:

$$\boxed{\begin{array}{l} \text{spezifische Viskosität} \\[2mm] \eta_{sp} = \dfrac{\eta - \eta_0}{\eta_0} \end{array}}$$

Da beide Größen durch intermolekulare Wechselwirkungen beeinflußt werden können und keine einfache Beziehungen zu molekularen Parametern bestehen, muß man zu sehr verdünnten Lösungen übergehen. Für den Grenzfall unendlich starker Verdünnung erhält man die **Grenzviskositätszahl** (Staudinger-Index) $[\eta]$:

$$\boxed{\begin{array}{l} \text{Grenzviskositätszahl (Staudinger-Index)} \\[2mm] [\eta] = \lim_{c \to 0} \dfrac{\eta_{sp}}{c} \end{array}}$$

Zur Ermittlung der Grenzviskositätszahl wird die spezifische Viskosität bei verschiedenen Konzentrationen gemessen, dann $\eta_{sp}/c$ gegen die Konzentration $c$ aufgetragen und auf $c = 0$ extrapoliert (s. Bild 3.3.4/1).

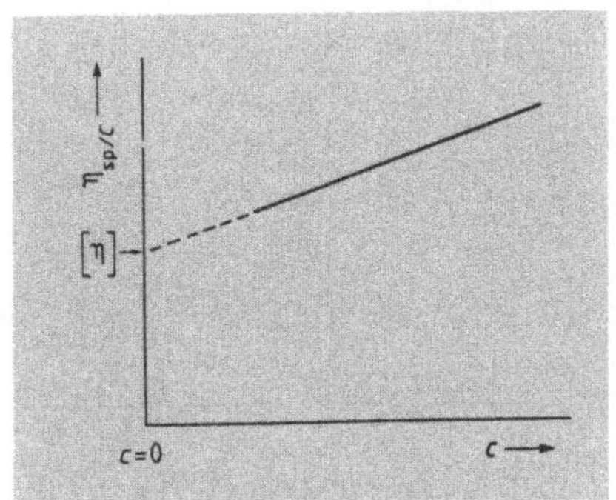


**Bild 3.3.4/1**
**Ermittlung der Grenzviskositätszahl durch Extrapolation auf $c = 0$**

Das **Hagen-Poiseuillesche Gesetz** ist die Grundlage für die Viskositätsbestimmung von Flüssigkeiten in Kapillaren:

$$\boxed{\begin{array}{l} \text{Hagen-Poiseuillesches Gesetz} \\[2mm] \eta = \dfrac{\pi \cdot r^4}{8 \cdot l \cdot V}\, p \cdot t \end{array}}$$

$\eta$ = gemessene Viskosität
$r$ = Kapillarradius
$p$ = Druck
$t$ = Zeit
$l$ = Kapillarlänge
$V$ = Flüssigkeitsvolumen

Das Gesetz gilt nur näherungsweise, ist aber bei Einführung eines apparativen Korrektur-
faktors genügend exakt (s. Lit.). Die Einheit der Viskosität ist Pa · s, meist mP · s. Wasser
hat beispielsweise bei 20 °C eine Viskosität von 1,002 mPa · s. Häufig taucht noch die alte
Einheit Poise auf als cP (1 cP = 1 mPa · s). Neben dem Poise für die dynamische Viskosität wird für die sog. kinematische Viskosität (= dynamische Viskosität/Dichte) oft noch
die ebenfalls veraltete Einheit Stokes verwendet (1 St = $10^{-5}$ $m^2$ · $s^{-1}$).

Nach ihrem Viskositätsverhalten werden Stoffe in Newtonsche Substanzen (Wasser,
Lösungsmittel, Lösungen) und nicht-Newtonsche Substanzen (Polymerlösungen, Disper-
sionen, Wachse, Gele) eingeteilt und auch weiterunterteilt. Über die Größenordnung der
Viskosität verschiedener Stoffe gibt Tabelle 3.3.4/1 Aufschluß.

**Tabelle 3.3.4/1**  Viskositätsbereiche einiger Stoffe bei 20 °C

| Stoff | Viskositätsbereich |
|---|---|
| | mPa · s |
| Emulsionen | $1$ — $10^{13}$ |
| Fette | $10$ — $10^8$ |
| Gase | $10^{-2}$ — $10^{-1}$ |
| Lacke | $10$ — $10^4$ |
| Öle | $10$ — $10^3$ |
| Seifen | $10^8$ — $10^{13}$ |
| Thermoplaste (bei 160 °C) | $10^3$ — $10^{10}$ |
| Wachse | $10^{10}$ — $10^{13}$ |
| Wasser | $10^{-1}$ — $10$ |

## Geräte

Wegen der Temperaturabhängigkeit der Viskosität muß bei allen Gerätetypen unter
thermostatisierten Bedingungen gemessen werden (Temperaturkonstanz mindestens
0,1 K). Die Viskosität nimmt im Temperaturbereich um 20 °C etwa 2 % pro Grad Tem-
peraturzunahme ab.

Drei Arten von Viskosimetern werden dem Meßprinzip entsprechend unterschieden:

(1) Kapillarviskosimeter (Durchfluß durch Kapillare)

(2) Fallkörperviskosimeter (Bewegung eines Körpers)

(3) Rotationsviskosimeter (Rotation eines Körpers)

Da die Fallkörperviskosimeter an Bedeutung verloren haben, werden hauptsächlich verschiedene Typen von Kapillar- und Rotationsviskosimeter verwendet. Die Viskositäts-
meßbereiche einiger Gerätetypen sind in Tabelle 3.3.4/2 zusammengestellt.

Bei **Kapillarviskosimetern** werden die Durchlaufzeiten gleicher Volumina von Lösung und
Lösungsmittel bestimmt. Weite Verbreitung hat das Viskosimeter nach Ostwald (s. Bild
3.3.4/2) gefunden. Dieses einfache Gerät besteht aus einer 10 bis 20 cm langen Vertikal-

**Tabelle 3.3.4/2** Viskositäts- und Temperatur-Meßbereiche verschiedener Gerätetypen von Viskosimetern

| Viskosimetertyp | Temperaturbereich | Viskositätsbereich |
|---|---|---|
| | °C | mPa · s |
| Kapillar | $-60 - +300$ | $10^4 - 10^{12}$ |
| Kugelfall | $-20 - +120$ | $1 - 10^5$ |
| Rotation | $-30 - +300$ | $10^{-1} - 10^8$ |

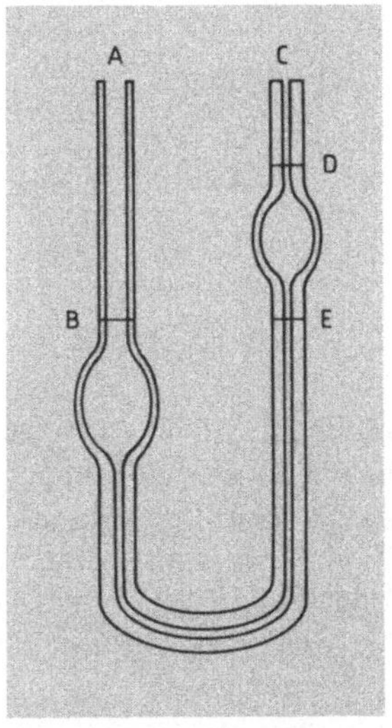

**Bild 3.3.4/2 Ostwald-Kapillar-viskosimeter** (Erläuterung s. Text)

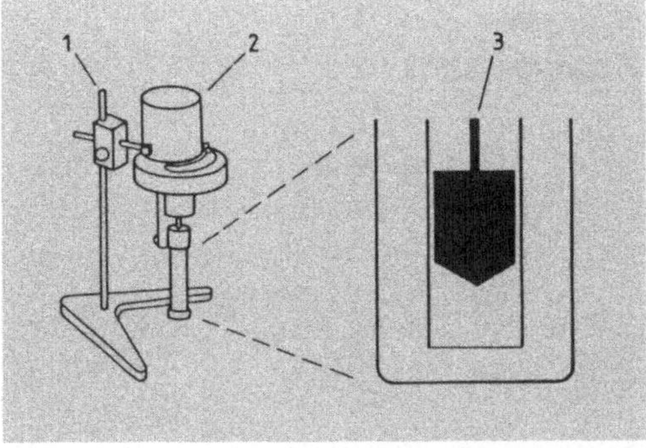

**Bild 3.3.4/3 Aufbau eines Rotationsviskosimeters** (Brookfield Engineering Lab., Inc., Stokghton, MA)

1 Stativ
2 Motor mit Drehzahlregler und Meßeinheit
3 Rotationszylinder

kapillare mit einem Durchmesser von 0,3 bis 0,4 mm und einem geeichten, kugelförmigen Meßbehälter (meist $\leqslant$ 1 ml).

**Rotationsviskosimeter** sind von der Konstruktion her aufwendigere Geräte, sie arbeiten aber auch mit größerer Genauigkeit. Die Meßflüssigkeit wird hier zwischen zwei Zylinder gebracht, von denen der innere in Rotation versetzt wird. Die gemessene Rotationszahl bzw. das Drehmoment (Sçhubspannung) ist ein Maß für die Viskosität (s. Bild 3.3.4/3).

# Durchführung

Im folgenden ist der Arbeitsgang für die Messung mit dem häufig verwendeten Ostwald-Viskosimeter beschrieben. Die Probenkonzentration beträgt 0,1 bis 2 g $\cdot$ l$^{-1}$.

- Probenlösung und Lösungsmittel zur Entfernung von Staubpartikeln filtrieren oder zentrifugieren.
- Thermostat auf gewünschte Temperatur einstellen (z. B. 35 °C).
- 3 bis 5 Lösungen der Probe mit abgestuften Konzentrationen bestimmen (z. B. 0,25-, 0,5-, 1,0- und 2 %ige Lösung).
- Substanz mit Pipette bei A (s. Bild 3.3.4/2) einfüllen bis sich nach der Thermostatisierung das Niveau bei B einstellt. Dann bei C saugen, bis sich das Niveau oberhalb D befindet.
- Die Zeit messen, die die Flüssigkeit braucht, um entsprechend dem hydrostatischen Druck von D nach E zurückzugehen ($\eta_r \approx t/t_0$; $t$ = Durchlaufzeit der Lösung, $t_0$ = Durchlaufzeit des Lösungsmittels).
- Messung jeweils mehrmals wiederholen.


# Auswertung

Da die Molmasse $M$ und die Viskosität $\eta$ nicht in direkter Beziehung stehen, ist eine Eichung mit Absolutmethoden im gleichen Lösungsmittel erforderlich. Durch Berechnung erhält man die spezifische Viskosität und trägt dann $\eta_{sp}/c$ gegen die Konzentration auf. Für die erhaltene Grenzviskositätszahl gilt folgende Beziehung:

$$[\eta] = K \cdot M^a$$

Die Konstante $K$, und der Exponent $a$ sind abhängig vom Lösungsmittel, der Temperatur und der Molekülstruktur. Sie können aus Tabellenwerken entnommen werden ($a$ = 0,5 bis 1,0).


# Fehlerquellen

- Probe nicht staubfrei (Kapillarverstopfung)
- Viskosimeter nicht genau vertikal
- Verdunstung von leicht flüchtigen Lösungsmitteln
- Polyelektrolyte zeigen besonderes Verhalten (s. Lit.)
- Veränderungen der Moleküle (Assoziation, Abbau)

## Dokumentation

Die viskosimetrisch ermittelte Molmasse wird als $M_v$ angegeben, wobei häufig noch die spezielle Methode (kapillar- oder rotationsviskosimetrisch) in Klammern erwähnt wird.

Beispiel:
$$M_v = 8000 \text{ g} \cdot \text{mol}^{-1} \text{ (kapillarviskosimetrisch)}$$

Bei reinen Viskositätsangaben ist die Meßtemperatur hinzuzufügen.

## Anwendungsbereich

- Molmassenbestimmung ($M_v$)
- Aussagen über Molekülform und Flexibilität
- Überwachung von Polymerisationen
- Beurteilung der Verzweigung von Polymeren
- Endkontrolle von Mischungen
- Industrielle Qualitätskontrolle (technische Kennzahl).

## Literatur

Firmenschriften der Fa. Haake, Karlsruhe, und der Fa. Contraves, Stuttgart

*G. V. Schulz* und *H. J. Cantow*, in: *Houben-Weyl*, Methoden der organischen Chemie, Bd. 3/1, S. 431, Thieme, Stuttgart 1955

*J. Schurz*, Viskositätsmessungen an Hochpolymeren, Kohlhammer, Stuttgart 1972

*E. L. Uhlenhopp* und *B. H. Zimm*, in: Methods of Enzymology, Bd. 21, S. 483, Academic Press, New York 1973

# 3.3.5 Weitere Methoden

Grundsätzlich können alle von der Molmasse abhängigen Eigenschaften einer Verbindung zu ihrer Bestimmung herangezogen werden. Dies hat zur Entwicklung einer Reihe von weiteren Methoden zur Molmassenermittlung geführt. Da Theorie, apparativer Aufwand oder Auswertung der Meßergebnisse bei diesen Methoden teilweise sehr umfangreich sind und auch Spezialkenntnisse erfordern, werden im folgenden zur Übersicht nur Anwendungsbereich und Literaturangaben der wichtigsten Methoden aufgeführt. Mit Ausnahme der indirekten Methode der Gelpermeationschromatographie handelt es sich um Absolutmethoden.

| Methode | Anwendungsbereich | Literatur |
|---|---|---|
| Ultrazentrifugation | • Molmassen ($M_Z$) und Molmassenverteilung von Makromolekülen<br>• Bestimmung der Teilchengröße von Dispersionen<br>• Taktizität von Homopolymeren und einzelne Strukturparameter von Copolymeren<br>• Größenvergleich: $M_n \leqslant M_V \leqslant M_m \leqslant M_Z$ | [1−5] |
| Lichtstreuung | • Molmassen von linearen Molekülen im Bereich von $10^3$ bis $10^7$ g · mol$^{-1}$<br>• Molmasse von Propfcopolymeren<br>• Bestimmung der Teilchengröße und Festkörperstruktur<br>• Eichmethode für die Grenzviskositätszahl | [5−7] |
| Röntgenkleinwinkel-Streuung | • Molmassen bis $10^5$ g · mol$^{-1}$<br>• Vorteilhaft für $M_m$-Bestimmung bis $10^2$ g · mol$^{-1}$<br>• Konformationsanalyse für Molmassenbereiche von $10^2$ bis $10^4$ g · mol$^{-1}$ | [8, 9] |
| Massenspektrometrie | • Sehr exakte Bestimmung der Molmasse<br>• Sehr geringe Probenmengen erforderlich | [10] |
| Gelpermeationschromatographie | • Bestimmung von Molmassen und Molmassenverteilung von Polymeren, Proteinen, u. a. | [11−13] |

# Literatur


[1]   *H. G. Elias,* Ultrazentrifugen-Methoden, Beckmann Instruments, München 1961

[2]   *H. Fujita,* Foundations of Ultracentrifugal Analysis, Wiley, New York 1975

[3]   *G. Meyerhoff,* in: Kunststoff-Handbuch (hrsg. von R. Vieweg und D. Braun), Bd. 1, Hanser München 1975

[4]   *K. H. Schachmann,* Ultracentrifugation in Biochemistry, Academic Press, New York 1959

[5]   *M. Hofmann, H. Krömer* und *R. Kuhn,* Polymeranalytik, Bd. 1 + 2, Thieme, Stuttgart 1977

[6]   *M. B. Huglin,* Light Scattering, Academic Press, New York 1972

[7]   *H. A. Stuart,* Physik der Hochpolymeren, Bd. 1, Springer, Berlin 1952

[8]   *A. Guinier* und *G. Fournet,* Small Angle Scattering of X-Rays, Wiley, New York 1955

[9]   *O. Kratky,* X-Ray Small Angle Scattering with Substances of Biological Interest in Diluted Solutions, Pergamon Press, New York 1963

[10]  s. Literatur in Kap. 3.2.9

[11]  s. Literatur in Kap. 2.1.5

[12]  *H. Determann,* Gelchromatographie, Springer, Berlin 1970

[13]  *K. H. Altgeld* und *L. Segal,* Gel Permeation Chromatography, Marcel Dekker, New York 1971

# 3.4 Quantitative Bestimmungsmethoden

# 3.4.1 Photometrie und Fluorometrie

# 3.4.1.1 Photometrie

Unter Photometrie versteht man die Messung der Lichtabsorption einer Lösung bei einer bestimmten Wellenlänge. Die Abhängigkeit des Meßsignals von der Konzentration der Probenlösung wird zur Konzentrationsbestimmung von Stoffen ausgenutzt.

## Grundlagen

Die Stärke der Absorption einer Substanz bei einer bestimmten Wellenlänge wird als Extinktion $E$ gemessen. Die Extinktion ist als dekadischer Logarithmus des Quotienten aus der Intensität $I_0$ des eintretenden Lichts und der Intensität $I$ des austretenden Lichts definiert:

$$E = \log \frac{I_0}{I}$$

Das Lambert-Beersche Gesetz sagt aus, daß die Extinktion $E_\lambda$ bei einer bestimmten Wellenlänge proportional mit der Konzentration der gelösten Substanz zunimmt. Für eine bestimmte Schichtdicke d, dem Durchmesser des Meßgefäßes (Küvette), gilt:

$$E_\lambda \sim c \cdot d$$

Durch die Einführung eines Proportionalitätsfaktors $\epsilon_\lambda$, der als molarer Extinktionskoeffizient bezeichnet wird, erhält man folgende Beziehung:

$$E_\lambda = \log \frac{I_0}{I} = \epsilon_\lambda \cdot c \cdot d$$

$c$ = Konzentration
$d$ = Dicke der durchstrahlten Flüssigkeitsschicht

Dieses Gesetz stellt die Grundlage der Konzentrationsbestimmung von Substanzen durch Lichtabsorption dar. Bei der Kolorimetrie werden Konzentrationsbestimmungen durch Messung der Farbintensität von Lösungen durchgeführt; sie ist ein Spezialfall der Photometrie.

Kennt man $\epsilon$ (s. Kap. 3.2.3), dann kann aus der Extinktion die Konzentration berechnet werden. Auch Mischungen mehrerer Substanzen können quantitativ analysiert werden, wenn die Absorptionsbanden der einzelnen Verbindungen weit genug auseinander liegen.

Sind die Extinktionskoeffizienten einer Substanz bei verschiedenen, charakteristischen Wellenlängen bekannt, läßt sich auch die Reinheit eines Stoffes beurteilen. Das Verhältnis der Extinktion bei der Wellenlänge $\lambda_1$ und bei der Wellenlänge $\lambda_2$ muß einen konstanten Wert zeigen, unabhängig von der tatsächlichen Konzentration:

$$\frac{E_{\lambda_1}}{E_{\lambda_2}} = k$$

Von diesem Zusammenhang macht man vor allem in der Biochemie Gebrauch: die Proben werden bei den Wellenlängen 254 nm und 280 nm vermessen, und es wird dann der Wert $E_{254}/E_{280}$ angegeben.

Die **optische Dichte** (OD) ist eine weitere wichtige Größe. Man versteht darunter die Menge eines Stoffes, die in einem Milliliter in einer Küvette mit der Schichtdicke 1 cm gelöst die Extinktion 1 ergibt. Diese Angabe wird gerne verwendet, wenn man es mit so kleinen Substanzmengen zu tun hat, die sich kaum mehr wiegen lassen. Durch die großen Extinktionskoeffizienten der Verbindungen sind aber auf diese Weise Gehaltsbestimmungen bequem möglich. Mit Hilfe der OD lassen sich auch Substanzmengen in Lösung bestimmen, ohne daß eine vorherige Isolierung des Stoffes erforderlich ist.

Ein Beispiel soll dies verdeutlichen: 1 mg einer Substanz mit einem molaren Extinktionskoeffizienten von 14 520 und einer Molmasse von 330 g · mol$^{-1}$ soll in 1 ml gelöst in einer Küvette mit der Schichtdicke 1 cm theoretisch die Extinktion 44 ergeben. In der Küvette befänden sich also 44 OD Substanz. Hat man z. B. in einem Reagenzglas 7,5 ml Lösung der Substanz und mißt 0,8 Extinktionseinheiten, dann entspricht dies 7,5 · 0,8 = 6,0 OD Substanz (entspricht 0,14 mg).


## Geräte

Für Routinemessungen ohne größere Genauigkeitsansprüche genügen meist Einstrahlphotometer (s. Bild 3.4.1.1/1), bei denen mit verschiedenen Filtern bestimmte Wellenlängen herausgefiltert werden (Filterphotometer). Die Messungen können dann allerdings nur bei diesen Wellenlängen vorgenommen werden. Wie im Bild dargestellt, sind auf einem Schlitten zwei oder mehr Küvetten angeordnet, die nacheinander in den Strahlengang geschoben werden können. In der ersten Küvette befindet sich reines Lösungsmittel ($K_L$). Durch Verändern des Spalts (S) wird das Galvanometer auf Null abgeglichen. Nachdem die Küvette mit der gelösten Substanz ($K_S$) in den Strahlengang gebracht worden ist, kann am Anzeigegerät die Absorption in Extinktionseinheiten oder die Transmission in Prozent abgelesen werden.

Beträchtliche Vorteile bieten Photometer, die mit einem Monochromator anstelle von Filtern ausgestattet sind. Dadurch läßt sich das Photometer auf das Extinktionsmaximum der jeweiligen Substanz einstellen. Dies führt zu einer niedrigeren Erfassungsgrenze, höherer Meßgenauigkeit und weniger Störungen durch Begleitsubstanzen. Für den UV-Bereich werden meist Deuteriumlampen und für den sichtbaren Bereich Wolframlampen verwendet.

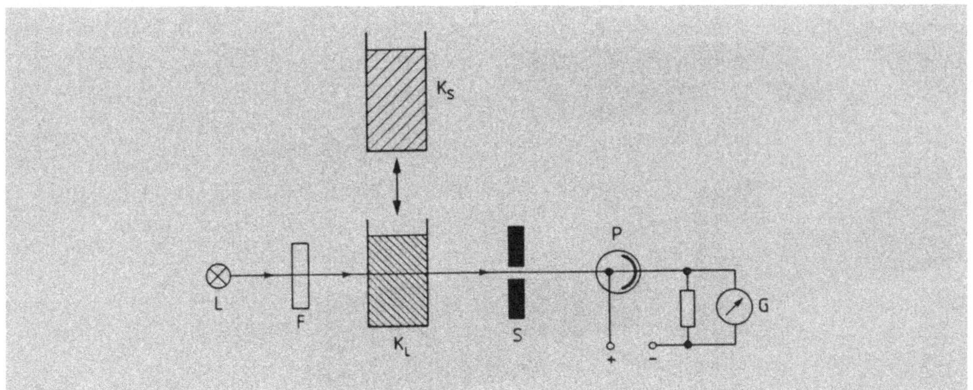


**Bild 3.4.1.1/1  Schema des Aufbaus eines einfachen Filterphotometers.**

Vom Licht der Lichtquelle L wird durch das Filter F nur eine bestimmte Wellenlänge durchgelassen. Nach Durchtritt durch die Küvette $K_L$, die mit reinem Lösungsmittel gefüllt ist, und den Spalt S gelangt der Lichtstrahl in die Photozelle P. Der Photostrom wird elektronisch gemessen und mit einem Galvanometer angezeigt. Mit dem Spalt S wird auf 100 % Transmission abgeglichen. Wird die Küvette mit der Lösung ($K_S$) in den Strahlengang gebracht, kann die Lichtabsorption der Substanz am Anzeigegerät abgelesen werden.

Vollautomatische Photometer, die durch Mikroprozessoren gesteuert werden, erweitern die Anwendungsbereiche der Methode. So können z. B. mehrere Küvetten bei verschiedenen Wellenlängen in verschiedenen Zeitabständen wiederholt gemessen werden. Diese Meßmethodik ist vor allem für enzymkinetische Untersuchungen wichtig. Mit solchen Geräten können ebenfalls die gemessenen Konzentrationen von Substanzen, deren Extinktionskoeffizienten bzw. Eichfaktoren gespeichert wurden, direkt digital angezeigt werden. Die Vorteile für die Routineanalytik, bei der eine Vielzahl von Proben auf bestimmte Verbindungen untersucht werden müssen, sind offensichtlich.

In jüngerer Zeit sind auch eine Reihe von Neuentwicklungen auf dem Markt erschienen. Mit dem in Bild 3.4.1.1/2a abgebildeten Gerät können bis zu 175 Proben direkt nacheinander gemessen werden. Mit einer Pumpe wird nach jedem Probenwechsel über eine Teflonkapillare Substanzlösung in die Durchflußküvette des Photometers befördert, die Extinktion gemessen und die Daten als Zahlenreihe oder Blockdiagramm ausgedruckt (Bild 3.4.1.1/2b).

Die Verwendung von Lichtleitern ermöglicht auch die Absorptionsmessung außerhalb des Photometers. Da diese direkt in Reaktionsgefäße eingetaucht werden können, lassen sich damit auch Reaktionen unter Vakuum oder mit agressiven Medien problemlos verfolgen. Ebenso können verschiedene Proben durch einfaches Eintauchen des Meßkopfs vermessen werden. Der übliche Wellenlängen-Meßbereich solcher Geräte reicht von 400 bis 750 nm und kann bei Bedarf auf einen Bereich von 240 bis 2500 nm ausgedehnt werden.

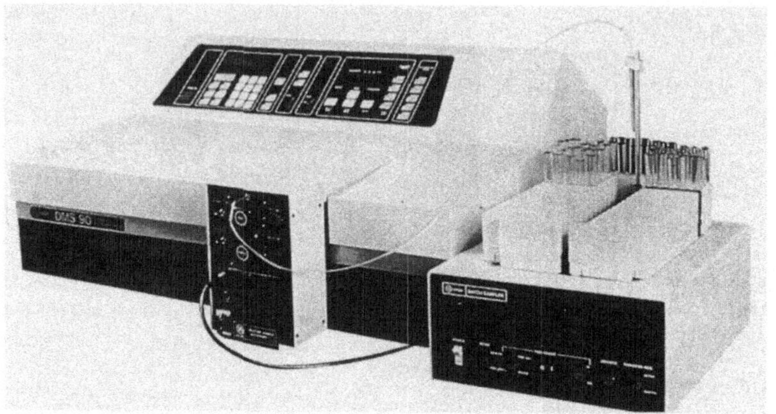

a)

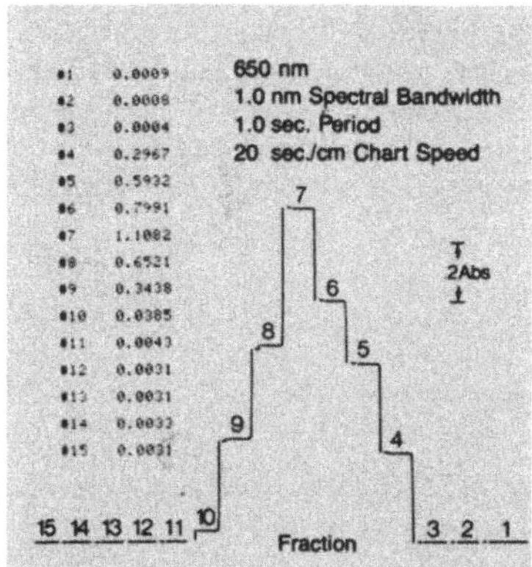

b)

**Bild 3.4.1.1/2**

(a) Photometer mit einem automatischen Probenwechsler-system.

Die Reagenzgläser mit den Lösungen sind in speziellen Gestellen fixiert. In bestimmten Zeitabständen wird nacheinander aus jedem Reagenzglas mit einer Stahl-kapillare eine kleine Menge der Probenlösung in die Durchflußküvette des Photometers gepumpt und dort bei der vorher eingestellten Wellenlänge gemessen. In 90 Minuten können bis zu 175 Proben vermessen werden. (b) Die Meßwerte werden als Zahlenreihe oder als Block-diagramm ausgedruckt (DMS 90 UV/VIS-Photometer mit automatischem Sampling System, Varian, Stuttgart).

## Durchführung

- Lampe einschalten (UV: Deuteriumlampe, VIS: Wolframlampe) und Spiegel in die richtige Positon bringen.

- Lösungsmittel in die Vergleichsküvette und Probenlösung in die Probenküvette einfüllen. Dabei müssen die Küvetten auch außen sauber bleiben (Vorsicht vor Fingerabdrücken!). Küvetten mit Falzdeckel oder Stopfen verschließen und in den Schlitten einsetzen. Bei Messungen im UV-Bereich müssen Quarzküvetten verwendet werden. Übliche Schichtdicken sind 1, 2, 5 und häufig 10 mm. Für geringe Probenvolumina sind die Küvetten mit dicker Wand ausgestattet. Aufeinander abgeglichene Küvettenpaare sind in vielen Fällen nicht erforderlich.

- Vergleichsküvette in den Strahlengang bringen.

- Null- und 100%-Abgleich in Transmission bei der gewünschten Wellenlänge vornehmen (Betriebsanleitung beachten!).

- Umschalten auf Extinktionsmessung (bei manchen Geräten ist dies nicht nötig, da die Meßskala für beide Meßarten geeicht ist).

- Küvette mit der Probe in den Strahlengang bringen und die Extinktion ablesen. Bei Extinktionswerten über 1,5 läßt die Meßgenauigkeit nach. Gegebenenfalls muß eine Küvette mit geringerer Schichtdicke verwendet oder die Probenlösung verdünnt werden.

## Auswertung

Die Berechnung der Konzentration erfolgt nach dem Lambert-Beerschen Gesetz (s. Grundlagen); der molare Extinktionskoeffizient der Substanz bei der gemessenen Wellenlänge muß bekannt sein. In einigen Fällen gilt das Lambert-Beersche Gesetz nicht, beispielsweise wenn Assoziationen von Molekülen auftreten oder Komplexe mit dem Lösungsmittel gebildet werden. Dann muß zuvor durch Extinktionsmessung einer Verdünnungsreihe eine Eichkurve aufgestellt werden.

## Anwendungsbereich

- Konzentrationsbestimmung
- Kinetische Messungen (besonders Enzymkinetik)
- Reinheitsbestimmung

## Literatur

*J. Bartos, M. Presez,* Colorimetric and Fluoremetric Analysis of Steroids, Academic Press, London 1976

Firmenschrift, Klinisches Labor, Fa. Merck, Darmstadt 1970

*H. J. Hediger,* Quantitative Photometrie im ultravioletten und infraroten Spektralbereich, Adademische Verlagsgesellschaft, Frankfurt 1984

*B. Kakac, Z. Vejdelek,* Handbuch der photometrischen Analyse organischer Verbindungen, Bd. 1 + 2, Verlag Chemie, Weinheim 1984

*G. Kortüm,* Kolorimetrie, Photometrie und Spektrometrie, Springer, Berlin 1955

*M. Pesez, J. Bartos,* Colorimetric and Fluorimetric Analysis of Organic Compounds and Drugs, Marcel Dekker, New York 1974

*E. Sawicki,* Photometric Organic Analysis, Wiley-Interscience, New York 1970

*H. A. Staab,* Einführung in die theoretische organische Chemie, Verlag Chemie, Weinheim 1960

# 3.4.1.2 Fluorometrie

Unter Fluorometrie versteht man die Messung der Intensität der Fluoreszenz, die bei der Anregung bestimmter Verbindungen mit Licht definierter Wellenlänge hervorgerufen wird.

## Grundlagen

Bestimmte Moleküle, vor allem solche mit leicht anregbaren Elektronen ($\pi$-Elektronen), lassen sich durch Absorption von ultraviolettem Licht zur Fluoreszenz im sichtbaren Spektralbereich anregen. Dies wird durch die Delokalisierung der Elektronenwolke über die $\sigma$-Orbitale des Moleküls begünstigt. Die Emission von Fluoreszenzlicht, dessen Energie niedriger ist als die des Erregerlichts, wird im Termschema (s. Bild 3.4.1.2/1) erläutert.

Bei normalen Temperaturbedingungen erfolgen die Absorptionsübergänge immer von den untersten Schwingungsniveaus des Grundzustands aus und enden auf den verschiedenen Niveaus der Anregungszustände. Die Emissionsübergänge erfolgen wegen der strahlungslosen Desaktivierung nicht von den durch die Anregung erreichten Schwingungsniveaus aus, sondern vom untersten Schwingungsniveau des ersten Anregungszustandes.

Durch die Verhinderung der strahlungslosen Desaktivierung wird die Emission bevorzugt. Dies ist sowohl intramolekular als auch intermolekular möglich. Ein Beispiel für die intramolekulare Desaktivierung ist beim Diphenyl gegeben, das nicht fluoresziert. Hier kann durch Einführung einer intramolekularen $CH_2$-Brücke, wie beim Fluoren, zwischen beiden Phenylringen die Torsionschwingung verhindert werden (Staab 1966).

**Diphenyl**
nicht-fluoreszierend

**Fluoren**
fluoreszierend

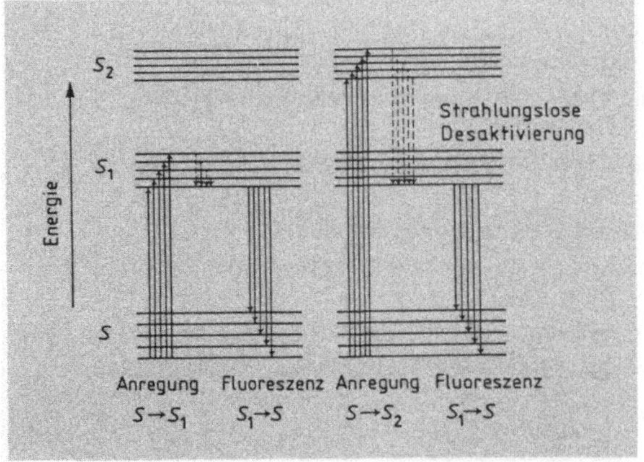


**Bild 3.4.1.2/1**
Termschema zur Entstehung der Fluoreszenz

Obwohl nur relativ wenige Verbindungen (vor allem aus den Substanzklassen der Aromaten und Porphyrine) eine Eigenfluoreszenz zeigen, lassen sich eine Reihe von Substanzen durch die Einführung eines Fluorophors, einer fluoreszenzfähigen Gruppe eines Moleküls, umwandeln. Dazu werden bestimmte funktionelle Gruppen in einem Molekül derivatisiert. Substanzen mit Aminogruppen lassen sich beispielsweise durch Umsetzung mit Fluorescamin, 2-Phthaldialdehyd oder Dansylchlorid in fluoreszierende Verbindungen überführen. Beispiele zur Derivatisierung von Verbindungen mit Fluorogenen finden sich in Tabelle 3.4.1.2/1.

**Tabelle 3.4.1.2/1** Derivatisierungsreagenzien zur fluorometrischen Bestimmung einiger Verbindungsklassen

| Reagenz (Fluorogen) | Verbindungsklasse |
| --- | --- |
| 9-Acridinisothiocyanat | Amine |
| Anthryldiazomethan | Carbonsäuren |
| 7-Chlor-4-nitrobenzofurazan | Amine, Aminosäuren, Nitrosamine |
| Dansylchlorid | Amine, Aminosäuren, Barbiturate, Carbamate, Harnstoffderivate, Hydroxysteroide |
| Fluorescamin | Aminosäuren, Alkaloide |

Der entscheidende Vorteil der Fluoreszenzmessung gegenüber Absorptionsmessungen liegt darin, daß nur die fluoreszierende Molekülart gemessen wird, nicht aber die übrigen, ebenfalls Licht absorbierenden Verbindungen.

## Geräte

In Bild 3.4.1.2/2 ist der schematische Aufbau eines Fluorometers dargestellt. Fluorometer mit Durchflußküvetten werden häufig in der Hochdruckflüssigkeitschromatographie als Fluoreszenzdetektoren eingesetzt (vgl. Kap. 2.3.3).

## Durchführung

Die Messung erfolgt in analoger Weise wie bei der Photometrie (s. Kap. 3.4.1.1). Die Wahl der Filter $F_1$ und $F_2$ hängt vom Absorptionsmaximum und der Fluoreszenzlinie der zu bestimmenden Substanz ab und ist individuell zu wählen.

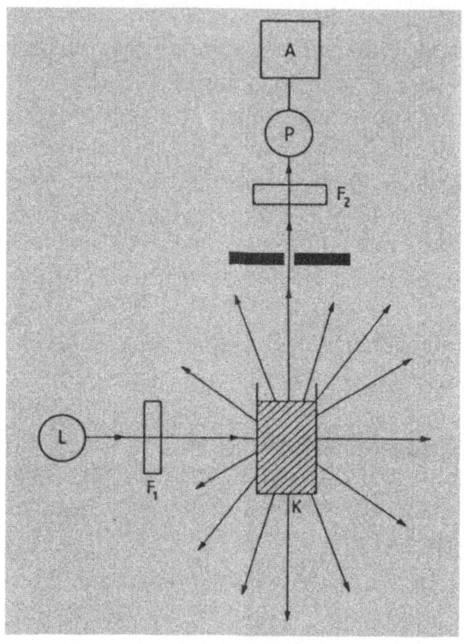

**Bild 3.4.1.2/2**
**Blockschema eines Fluorometers.** Mit dem
Filter $F_1$ wird aus dem Linienspektrum der
Quecksilberlampe L die Erregerlinie herausgefiltert. Diese regt die Moleküle in der
Küvette K an. Ein Teil der Energie wird
strahlungslos abgegeben, der andere Teil mit
geringerer Energie wird in alle Richtungen
als Fluoreszenzlicht ausgestrahlt. Der Anteil,
der im rechten Winkel abgestrahlt wird,
gelangt durch den Spalt S und das Filter
$F_2$ in die Photozelle P. Der Photostrom
wird elektronisch verarbeitet und erscheint
als Meßwert im Anzeigegerät A.

## Auswertung

Anders als bei der Photometrie gilt für die Fluorometrie das Lambert-Beersche Gesetz
nicht direkt. Deshalb wird am besten für jede zu untersuchende Substanz eine Eichkurve
aufgestellt. Dabei erhält man in vielen Fällen für niedrige Konzentrationen eine Gerade.
Die Meßwerte lassen sich dann auf einfache Weise in die Konzentration umrechnen.

## Fehlerquellen

Ungenauigkeiten bei der Fluorometrie treten besonders durch Fluoreszenzlöschung auf.
Diese wird begünstigt durch:

- Verunreinigungen
- hohe Temperaturen
- hohe Konzentrationen
- polare oder niedrigviskose Lösungsmittel

## Dokumentation

Häufig wird das Fluoreszenzspektrum selbst abgebildet. Als Angaben erforderlich sind die
Wellenlängen der Erregerlinie und des Fluoreszenzpeaks. Außerdem ist zu beschreiben,

wie die Eichkurve aufgenommen wurde und ob eine lineare Beziehung zwischen dem Meßsignal und der Konzentration besteht, wenn das Diagramm der Eichkurve nicht abgebildet wird.

## Anwendungsbereich

Die Fluorometrie wird vor allem zur Untersuchung von biologischen oder anderen komplex zusammengesetzten Lösungen eingesetzt. Beispiele zur Umwandlung nichtfluoreszierender Substanzen in fluoreszierende Verbindungen durch Derivatisierung sind in Tabelle 3.4.1.2/1 aufgeführt.

Die Methode ist sehr empfindlich: Je nach Fluorophor liegt die Erfassungsgrenze im $\mu$mol- bis pmol-Bereich.

## Literatur

*J. Bartos, M. Pesez*, Colorimetric and Fluoremetric Analysis of Steroids, Academic Press, London 1976

*J. Eisenbrand*, Fluorimetrie, Wissenschaftliche Verlagsgesellschaft, Stuttgart 1966

Firmenschrift, Klinisches Labor, Fa. Merck, Darmstadt 1970

*G. G. Guibault*, Practical Fluorescence – Theory, Methods, and Techniques, Marcel Dekker, New York 1973

*M. Pesez, J. Bartos*, Colorimetric and Fluorimetric Analysis of Organic Compunds and Drugs, Marcel Dekker, New York 1974

*G. Schwedt*, Fluorimetrische Analyse – Methoden und Anwendungen, Verlag Chemie, Weinheim 1981

# 3.4.2 Atomabsorptionsspektrometrie (AAS) und Atomemissionsspektrometrie (AES)

Die Atomabsorptionsspektrometrie (AAS) ist eine empfindliche und selektive Methode zur Bestimmung von Elementen, insbesondere von Metallen. Diese absorbieren als freie Atome im Grundzustand elektromagnetische Strahlung und gehen dabei in einen Zustand höherer Energie über. Die Energiedifferenz wird photometrisch gemessen und mit der von Standardproben verglichen. Bei der Atomemissionsspektrometrie (AES) werden die Emissionsspektren von Atomen aufgezeichnet, die im Gaszustand angeregt wurden.

## Grundlagen

Die bei der Atomabsorptionsspektrometrie zur Anregung der Atome erforderliche Energie wird als thermische Energie zugeführt. Dazu wird die Probe in einem Brenner versprüht,

in dessen Flamme die Verbindungen thermisch dissoziieren und in atomaren Dampf überführt werden (Atomisierung). Entsprechend der Boltzmann-Verteilung werden dabei für
sehr kurze Zeit (Nanosekunden-Bereich) höher angeregte Energieniveaus besetzt. Durch
Abgabe der Energie-Differenz $\Delta E = h\,\nu$ erfolgt die Rückkehr in den Grundzustand unter
gleichzeitiger Emission der für jedes Element charakteristischen Atomlinienstrahlung,
deren Intensität gemessen wird (s. Bild 3.4.2/1).

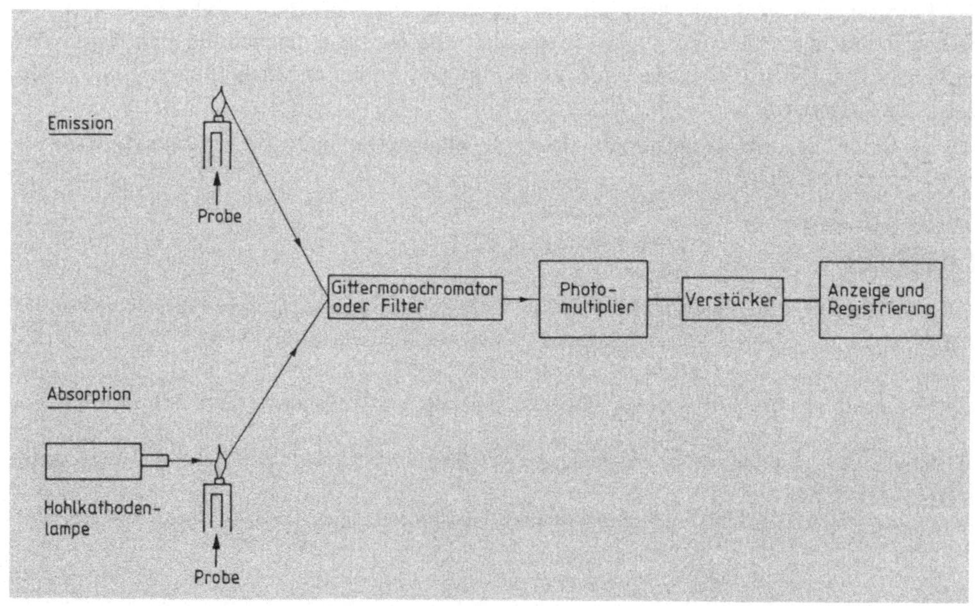


**Bild 3.4.2/1** Vergleich des schematischen Geräteaufbaus für Atomemissions- und Atomabsorptionsspektrometrie

Strahlt man in den Atomdampf der Probe Emissionslinien des gleichen Elements ein, so
erfolgt eine Resonanzabsorption. Diese hat eine Schwächung der eingestrahlten Energie
zur Folge, die als Extinktion gemessen wird und ein Maß für die Atomdampfkonzentra-
tion ist. Die Lage der Linien im Spektrum ist typisch für jedes Element.

In der Atomemissionsspektrometrie werden als Energiequelle elektrische Entladungen
verwendet, bei deren hohen Temperaturen ein großer Teil der Atome in einen angeregten
Zustand versetzt wird. Eine Absorption von Energie ist bei diesen Atomen nicht möglich,
daher kommt es zur Emission. Bei der AES ist die Intensität der emittierten Strahlung
proportional der Anzahl der angeregten Atome. Zur quantitativen Bestimmung werden
Eichungen mit bekannten Elementkonzentrationen unter denselben Bedingungen durchgeführt. Der Elementgehalt wird durch Vergleich der gemessenen Intensitäten von Eich-
und Probenlösung bestimmt.

Bei der Zeeman-Effekt-Atomabsorptionsspektrometrie wird die Aufspaltung von Spektrallinien im elektrischen Feld ausgenutzt. Moderne Methoden wie die **Atomfluoreszenz-**

**spektrometrie (AFS)** sind noch im Entwicklungsstadium und wenig verbreitet. Die AFS zeichnet sich durch eine sehr niedrige Erfassungsgrenze aus. In Tabelle 3.4.2/1 wird eine Übersicht über die Detektionsgrenzen der einzelnen Elemente für die Methoden AAS, AES und AFS gegeben.

**Tabelle 3.4.2/1**  Detektionsgrenzen einer Reihe von Elementen für AAS, AES und AFS. Brenngas: Acetylen, Oxidationsmittel: L = Luft, G = Lachgas (Angaben in Klammern). (Daten für AAS und AES aus *G. D. Christian, F. J. Feldmann,* Appl. Spectr. **25**, 660 (1971), für AFS aus *V. A. Fassel, R. N. Knisley,* Anal. Chem. **46**, 1110 (1974)

| Element | Wellenlänge nm | Detektionsgrenze (ppm) AAS (L) | AES (G) | AFS |
|---|---|---|---|---|
| Ag | 328,07 | 0,001 | 0,008 | 0,0001 |
| Al | 396,15 | | 0,05 | 0,005 |
| | 309,28 | 0,1 (G) | | |
| As | 193,70 | 0,03 | 10 | 0,1 |
| Au | 267,60 | | 2 | 0,05 |
| | 242,80 | 0,02 (G) | | |
| B | 518,00 | | 0,05 | |
| | 249,68 | 2,5 (G) | | |
| Ba | 553,55 | 0,02 (G) | 0,002 | |
| Be | 234,86 | 0,002 (G) | 1 | 0,01 |
| Bi | 306,77 | | 20 | |
| | 223,06 | 0,05 | | 0,05 |
| Ca | 422,67 | 0,002 | 0,0002 | 0,000001 |
| Cd | 326,11 | | 0,8 | |
| | 228,80 | 0,001 | | 0,00001 |
| Co | 345,35 | | 0,03 | |
| | 240,72 | 0,002 | | 0,005 |
| Cr | 425,43 | | 0,004 | |
| | 357,87 | 0,002 | | 0,004 |
| Cs | 455,53 | | 0,6 | |
| | 852,11 | 0,05 | | |
| Cu | 324,75 | 0,004 | 0,01 | 0,001 |
| Fe | 371,99 | | 0,03 | |
| | 248,33 | 0,004 | | 0,008 |
| Hg | 253,65 | 0,5 | 10 | 0,002 |
| K | 766,49 | 0,003 | 0,00005 | |
| Li | 670,78 | 0,001 | 0,00002 | |
| Mg | 285,21 | 0,003 | 0,07 | 0,001 |
| Mn | 403,31 | | 0,008 | |
| | 279,48 | 0,0008 | 0,002 | |

**Tabelle 3.4.2/1** (Fortsetzung)

| | | | | |
|---|---|---|---|---|
| Mo | 390,30 | | 0,2 | |
| | 313,26 | 0,03 (G) | | |
| Na | 589,00 | 0,0008 | 0,0005 | |
| Ni | 352,45 | | 0,02 | |
| | 232,00 | 0,005 | | 0,003 |
| Pb | 405,78 | | 0,1 | 0,01 |
| | 283,31 | 0,01 | | |
| Pf | 363,47 | | 0,05 | |
| | 247,64 | 0,01 | | |
| Pt | 265,94 | 0,05 | 4 | |
| Sb | 252,85 | | 0,6 | |
| | 217,58 | 0,03 | | |
| Se | 196,03 | 0,1 | 100 | |
| Si | 251,61 | 0,1 (G) | 3 | |
| Sn | 284,00 | | 0,1 | |
| | 235,48 | 0,05 | | |
| Sr | 470,73 | 0,005 | 0,0005 | 0,01 |
| Zn | 213,86 | 0,001 | 10 | 0,01 |

## Geräte

Bei den meisten Geräten wird zunächst die Probenlösung zusammen mit einem Oxidationsmittel (Sauerstoff, Luft, Lachgas) und mit einem Brenngas (Wasserstoff, Acetylen, Propan) in einer Vernebelungskammer vermischt und in einem kontinuierlichen Strom (ca. 1 bis 2 ml $\cdot$ min$^{-1}$) in den Brenner geleitet. Dort verdampft das Lösungsmittel, und der zuvor gelöste Stoff dissoziiert in der Flammenhitze in einzelne Atome. Als Lampe wird eine Hohlkathodenlampe benutzt, die dasselbe Element enthält, das auch bestimmt werden soll. Die Lichtquelle hat mehrere Emissionslinien, wobei eine für das Element selektive Linie nicht unbedingt die intensivste sein muß. Es ist daher wichtig, eine geeignete Meßwellenlänge für das jeweilige Element auszuwählen. Die Meßempfindlichkeit der einzelnen Linien ist unterschiedlich und auch konzentrationsabhängig. Durch Verwendung desselben Elements wird die nötige Empfindlichkeit und Selektivität gewährleistet, da die Atome des Probenelements in der Flamme genau die Wellenlänge absorbieren, die von der Lampe emittiert wird. In der Regel wird die intensivste Linie verwendet.

Für quantitative Bestimmungen müssen die Brennerparameter konstant gehalten werden. Es gibt verschiedene Brennertypen, die für einige Gasgemische mit den entsprechenden Flammentemperaturen konstruiert wurden (s. Tabelle 3.4.2/2). Beim Totalbrenner wird die ganze Probe verbraucht (s. Bild 3.4.2/2), beim Premix-Brenner efolgt vor der Verbrennung eine Vermischung der Probe mit Brenngas und Oxidationsmittel. Da eine feine Verteilung der Probe wichtig ist, wird sie mit einem Ultraschallvernebler sehr fein verteilt. Außer der Flamme wird noch der Graphitrohrofen zur Atomisierung verwendet. Mit

**Tabelle 3.4.2/2**  Flammentemperaturen verschiedener Brenngemische
für die Atomabsorptionsspektrometrie

| Brenngemisch-Komponenten | Temperatur °C |
|---|---|
| Luft/Wasserstoff | 1725 |
| Luft/Propan | 1825 |
| Luft/Acetylen | 2050 |
| Sauerstoff/Wasserstoff | 2800 |
| Sauerstoff/Propan | 2900 |
| Sauerstoff/Acetylen | 3200 |
| Lachgas/Acetylen | 3400 |

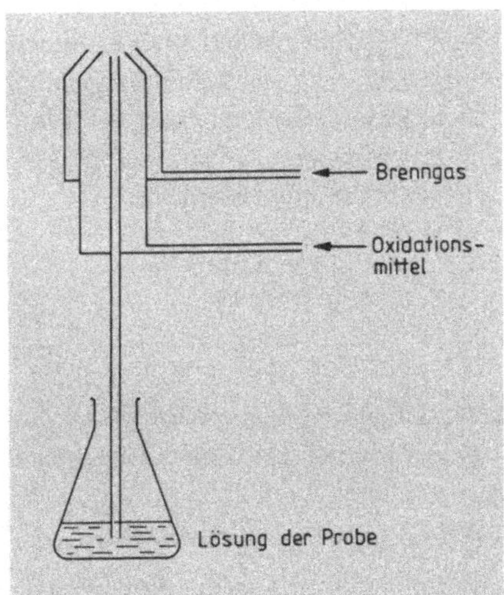


**Bild 3.4.2/2**
**Aufbau eines Totalverbrauchsbrenners**

diesem flammenlosen System kann man viele Elemente mit einer um den Faktor $10^3$ höheren Empfindlichkeit bestimmen.

Für die AES werden ein Gleichstromplasma (DCP), das durch Entladungen zwischen Elektroden erzeugt wird, oder ein induktiv gekoppeltes Plasma (ICP) verwendet. Beim ICP wird in einer Induktionsspule eine Hochfrequenzentladung zur Anregung verwendet. Bei beiden Verfahren dient Argon als Entladungsmedium.

Moderne vollautomatische Geräte sind mit einer Basislinienkorrektur ausgestattet und in der Lage, die Analysenergebnisse bei einem zeitlichen Aufwand von etwa 10 Sekunden für eine Probe sofort auszudrucken.

## Probenvorbereitung

- Feststoffe werden (nach eventuellem chemischen Aufschluß) in Lösung überführt. Als Lösungsmittel kommen Wasser oder geeignete organische Lösungsmittel (z.B. Dimethylformamid) in Frage. Halogenkohlenwasserstoffe sind wegen störender Spektrallinien nicht geeignet. Gase können direkt vermessen werden.

- Metalle werden direkt in Elektroden umgeformt und so verwendet oder mit Säuren in Metallionen umgewandelt.

- Biologische Proben werden getrocknet, zur Entfernung organischer Anteile verascht und anschließend in Mineralsäuren (Salzsäure, Salpetersäure, oder Mischung aus Salpetersäure, Schwefelsäure und Perchlorsäure im Volumenverhältnis 3:1:1) gelöst (Vorsicht!).

  Körperflüssigkeiten sind nach entsprechender Verdünnung meist direkt zu verwenden.

Allgemein ist ein Konzentrationsbereich von $10^{-3}$ bis $10^{-5}$ molar günstig, wobei wenige Milliliter der Probenlösung ausreichen. Nur in manchen Fällen ist eine Abtrennung oder Konzentrierung der Proben durch Fällung, Extraktion oder andere Verfahren erforderlich. Die Proben- und Standardlösungen sollten in Kunststoffgefäßen (Polyethylen) aufbewahrt werden, da Glas Metallionen adsorbieren und wieder freisetzen kann.

## Durchführung

Zuerst werden eine Reihe von Standardlösungen eines günstigen Konzentrationsbereiches (z.B. 0 bis 2 ppm) hergestellt. Dann wird wie bei spektrometrischen Messungen üblich geeicht (Gerät auf Null- und unendliche Absorption einstellen, Standardlösung mit der höchsten Konzentration eingeben und auf geeigneten Absorptionswert einstellen).

- Definierte Anteile der Standardlösungen werden mit aliquoten Mengen der Probenlösung gemischt.
- Der Brenner wird angestellt und nach ca. 5 Sekunden gezündet.
- Destilliertes Wasser aus einem Becherglas ansaugen und Gerät auf Null einstellen.
- Zunächst konzentrierteste Lösung für die Maximaleinstellung verwenden.
- Dann Probenlösung einspeisen und nach etwa 10 Sekunden den angezeigten Wert ablesen bzw. die registrierte Kurve auswerten (s. Bild 3.4.2/3).
- Für genaue Bestimmung Messung jeweils dreimal durchführen.
- Nach Beendigung der Messung nochmals destilliertes Wasser durchsaugen.

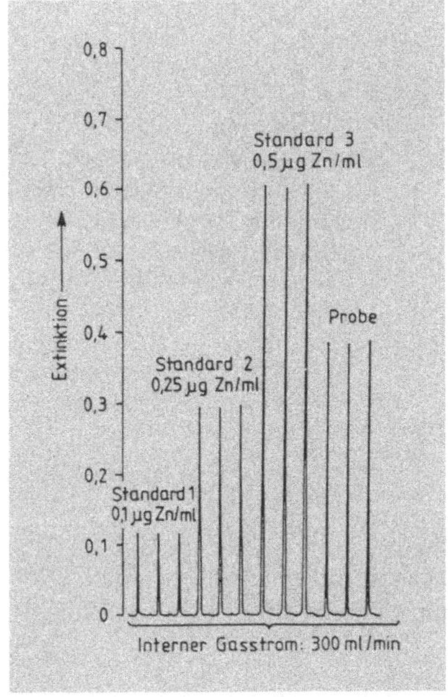


**Bild 3.4.2/3**
**Kurve einer atomabsorptionsspektrometrischen Zinkbestimmung mit drei Standardlösungen, die ebenso wie die Proben je dreimal eingegeben wurden.** (Nach Perkin-Elmer Ltd., Beaconsfield, Buckinghamshire, Großbritannien)

## Fehlerquellen

- Konzentrationsbereich der Probenlösung nicht optimal
- Inhomogenität der Probe durch ungenügende Probenvorbereitung
- Kontamination während der Probenvorbereitung (Reagenzien, Wasser, Umgebung)

## Dokumentation

Die einzelnen Werte für den Elementgehalt der Probe werden unter Angabe des verwendeten Gerätes, des Brenngases und der Eichmethode in einer entsprechenden Einheit (z. B. ppm) angegeben.

## Anwendungsbereich

Für die atomabsorptionsspektrometrischen Methoden besteht auf Grund der hohen Selektivität, Empfindlichkeit und Störfreiheit eine universelle Anwendungsmöglichkeit in Chemie, Biochemie, Toxikologie, Klinischer Chemie, Pharmazie und Umweltanalytik. Es können

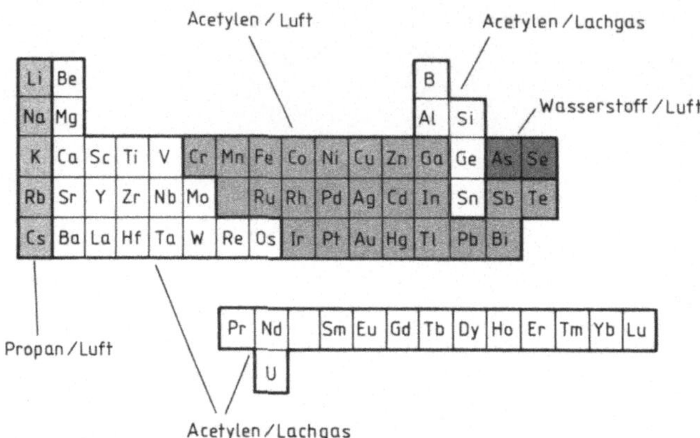


**Bild 3.4.2/4**
**Übersicht über die mit der Atomabsorptionsspektrometrie bestimmbaren Elemente im Periodensystem mit den entsprechenden Brenngasgemischen** (Nach *R. Pecsok, L. D. Shields, T. Cairns, J. G. William*, Modern Methods of Chemical Analysis, Wiley, New York 1976, Fig. 13-3, S. 247)

Proben aller Aggregatzustände vermessen werden, wobei im allgemeinen ca. 1 bis 2 ml Probenlösung ausreichen. Die Detektionsgrenzen sind in Tabelle 3.4.2/1 zusammengestellt.

- Elementbestimmung von etwa 70 Metallen und Halbmetallen (s. Tabelle 3.4.2/1 und Bild 3.4.2/4)
- Simultanbestimmung von mehreren Elementen (Multielementanalyse) mit sehr niedrigen Erfassungsgrenzen
- Zur Routinekontrolle wegen kurzer Analysenzeit und hoher Empfindlichkeit gut geeignet

## Literatur

*G. Buttgereit*, in: *F. Korte* (Hrsg.), Methodicum Chimicum, Bd. 1/2, Thieme, Stuttgart 1973

*A. Corney*, Atomic and Laser Spectroscopy, Clarendon, Oxford 1977

*J. A. Dean* and *T. C. Rains*, Flame Emission and Atomic Absorption Spectrometry, Bd. 1 + 2, Marcel Dekker, New York 1969 + 1971

*C. Garry*, Atomic Absorption Spectroscopy — Applications in Agriculture, Biology, and Medicine, Wiley, New York 1970

*H. Moenke*, Atomspektroskopische Spurenanalyse, Adademische Verlagsgesellschaft, Leipzig 1974

*W. J. Price*, Analytical Atomic Absorption Spectrometry, Heyden, London 1972

*W. G. Schrenk*, Analytical Atomic Absorption Spectroscopy, Plenum Press, New York 1975

*M. Slavin*, Atomic Absorption Spectroscopy, Wiley, New York 1978

*V. Sychra, V. Svoboda*, and *I. Rubeska*, Atomic Fluorescence Spectroscopy, van Nostrand Reinhold, London 1975

*J. V. van Loon*, Analytical Atomic Absorption Spectroscopy — Selected Methods, Academic Press, New York 1980

*B. Welz*, Atom-Absorptionsspektroskopie, Verlag Chemie, Weinheim 1976

*B. Welz*, Atomspektrometrische Spurenanalytik, Verlag Chemie, Weinheim 1982

*P. J. Whiteside*, Pye Unicam Atomic Absorption Data Book, Pye Unicam, Cambridge 1979

# 3.4.3 Aminosäurenanalyse (ASA)

Durch Anwendung der Aminosäurenanalyse (ASA) lassen sich Aminosäuren als Einzelsubstanzen oder auch in Gemischen mit Hilfe chromatographischer Methoden quantitativ bestimmen.

## Grundlagen

Zunächst muß die Probe, wenn sie nicht nur einzelne Aminosäuren enthält, in den meisten Fällen hydrolysiert werden. Zur Aufspaltung der vorliegenden Peptide oder Proteine wird dazu eine chemische Totalhydrolyse durchgeführt. Als Standardbedingungen haben sich dafür 6 N Salzsäure bei 110 °C während 24 Stunden bewährt. Einige wichtige Hydrolysemethoden sind in Tabelle 3.4.3/1 zusammengestellt. Die enzymatische Hydrolyse spielt eine geringere Rolle, daher wird auf sie hier nicht eingegangen. Das Problem bei der Hydrolyse ist, daß einerseits eine vollständige Hydrolyse erreicht und andererseits der

**Tabelle 3.4.3/1** Reagenzien und Bedingungen für einige Hydrolysemethoden zur Aminosäurenanalyse

| Hydrolysereagenz (je 1 ml) | Hydrolysedauer (in Stunden) | Temperatur (in °C) | Bemerkungen |
|---|---|---|---|
| 6 N Salzsäure | 24–72 | 110 | Tryptophan wird vollständig zerstört und auch Serin wird mit zunehmender Hydrolysedauer abgebaut. Cystein wird teilweise zu Cysteinsäure oxidiert, kann aber durch vollständige Oxidation quantitativ als Cysteinsäure erfaßt werden. |
| Salzsäure/Propionsäure | 0,25 | 150–160 | Gemisch aus 1 ml 12 N Salzsäure und 1 ml Propionsäure. |
| 4-Methansulfonsäure mit Zusatz von 0,2 % 3-(2-Aminoethyl)-indol | 18–20 | 115–125 | Nach der Hydrolyse mit 1 N Natronlauge neutralisieren, da es sich um eine nichtflüchtige Säure handelt. Tryptophan wird fast quantitativ erfaßt. Schwer hydrolysierbare Peptidbindungen wie bei Isoleucin-Valin werden erst bei 125 °C gespalten. |
| 3 M 4-Toluolsulfonsäure mit Zusatz von 0,2 % 3-(2-Aminoethyl)-indol | 18–20 | 115–125 | Tryptophan wird teilweise zerstört. |
| 3 M Mercaptoethansulfonsäure | 24–72 | 110 | – |

chemische Aufbau der Aminosäuren nicht verändert werden soll. Besonders empfindliche Aminosäuren wie Tryptophan, Cystein und (in geringerem Ausmaß) auch Serin werden unter den üblichen Hydrolysebedingungen zerstört.

Zur Analyse des Peptidhydrolysats kommen prinzipiell drei Methoden in Frage:

- Ionenaustauschchromatographie an Polystyrolharzen mit Sulfonsäuregruppen ist die gängigste Bestimmungsmethode. Die Trennung der Aminosäuren erfolgt dabei durch Pufferlösungen mit ansteigendem pH und ansteigender Ionenstärke aufgrund verschiedener Wechselwirkungen (s. Kap. 2.1.3). Da die direkte Detektion der Aminosäuren nach der Trennung nicht möglich ist, müssen sie nach dem Verlassen der Chromatographiesäule derivatisiert werden (s. u.).

- Gaschromatographische Trennung von derivatisierten Aminosäuren; die Derivatisierung ist separat vor der Trennung durchzuführen.

- Dünnschichtchromatographie von derivatisierten Aminosäuren an Kieselgel oder von freien Aminosäuren an Cellulose (s. Kap. 2.2.2) oder Elektrophorese (s. Kap. 2.5.1). Beide Verfahren sind nicht quantitativ.

Die Umwandlung von Aminosäuren in farbige oder fluoreszierende Derivate kann mit folgenden Reagenzien durchgeführt werden:

- Die Umsetzung mit **Ninhydrin** ergibt blau-violette Reaktionsprodukte, die bei einer Wellenlänge von 570 nm photometrisch (s. Kap. 3.4.1.1) bestimmt werden können. Da in erster Linie Verbindungen mit primären Aminogruppen reagieren, bildet die Aminosäure Prolin (sekundäres Amin) nur Reaktionsprodukte mit geringerer Farbintensität. Diese wird bei 440 nm simultan gemessen. Beide Elutionsprofile werden mit einem Zweikanalschreiber aufgezeichnet. Wegen der verschiedenen Farbausbeute der einzelnen Aminosäurederivate ist eine Eichung des Systems mit Eichstandards erforderlich. Die Erfassungsgrenze liegt im nmol- bis pmol-Bereich. Je nach Gerätetyp und der zu bestimmenden Aminosäuren ist mit einer durchschnittlichen Analysendauer von 45 Minuten bis 2 Stunden zu rechnen. In Bild 3.4.3/1 ist das Elutionsprofil eines Proteinhydrolysats wiedergegeben.

- **Fluorescamin** (Fluoram) oder **2-Phthaldialdehyd** reagieren mit Verbindungen, die primäre Aminogruppen tragen, zu fluoreszierenden Derivaten. Diese können dann mit einem Fluoreszenzdetektor bestimmt werden. Prolin muß vorher durch oxidative Decarboxylierung mit N-Chlorsuccinimid in ein primäres Amin überführt werden. Die Erfassungsgrenze liegt im pmol-Bereich.

## Geräte

Die Hydrolyse wird mit einer abgeschmolzenen Glasampulle, die zuvor evakuiert wurde, in einem Trockenschrank oder Thermostaten durchgeführt. Außer den Glasampullen, die etwa 20 bis 25 cm lang sind und einen Durchmesser von 0,5 bis 1 cm haben, werden auch mehrfach verwendbare Hydrolysegefäße mit Ventil eingesetzt.

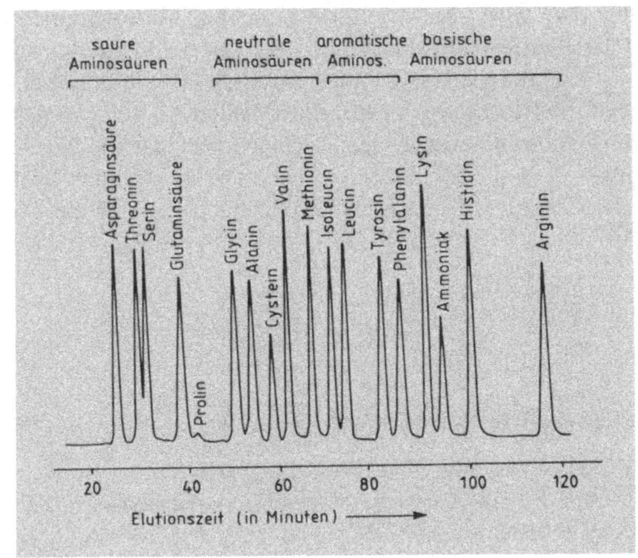


**Bild 3.4.3/1**

**Chromatogramm einer Aminosäurenanalyse**

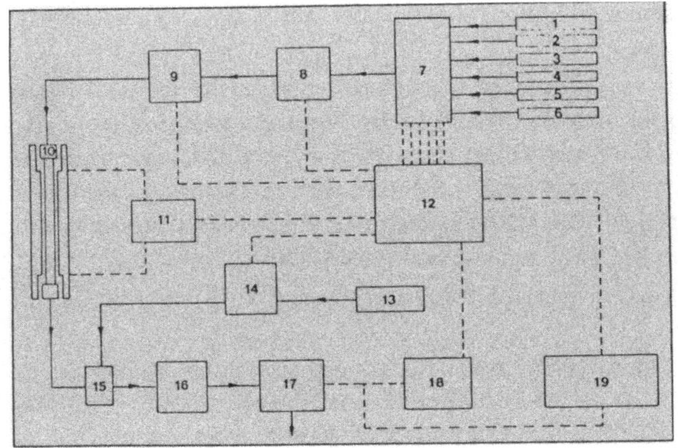


**Bild 3.4.3/2**

**Blockschema eines Aminosäurenanalysators** (Erläuterung s. Text). (LKB, Bromma, Schweden)

Nach der Hydrolyse wird das Aminosäurengemisch mit dem automatischen Aminosäurenanalysator aufgetrennt und bestimmt. Bild 3.4.3/2 zeigt das Blockschema eines solchen Gerätes. Zur Elution der Aminosäuren werden die Pufferlösungen (1—5) über Magnetventile, Pufferpumpe und automatischem Probenaufgeber (7—9) auf die Ionenaustauschersäule (10) gegeben. Diese ist mit einem speziellen Ionenaustauscher gefüllt, der druckstabil sein und eine hohe Trennleistung aufweisen muß. Im Mischblock (15) wird dem Eluat aus dem Reservoir (13) über die Pumpe (14) Ninhydrin (bzw. Fluorescamin oder Phthaldialdehyd) zugesetzt und die Derivatisierung im Reaktionsgefäß (16) durchgeführt.

Im Photometer bzw. Fluorometer (17) wird über die Extinktion bzw. Fluoreszenz das Elutionsprofil bestimmt und mit dem Schreiber (18) aufgezeichnet. Mit der Programmiereinheit (12) werden alle Arbeitsabläufe gesteuert und im Datensystem (19) die angefallenen Daten verarbeitet. Hier werden die Meßsignale der einzelnen Aminosäuren mit denen des Testgemisches verglichen und die absolute Menge der jeweiligen Aminosäure berechnet. Die Zuordnung der Meßsignale zu den verschiedenen Aminosäuren geschieht über die Retentionszeiten. Nach der Analyse erfolgt die Regenerierung der Trennsäule mit der Regenerationslösung (6) automatisch.

## Durchführung

Zur **Hydrolyse** einer Probe sind folgende Arbeitsgänge nötig:

- Die feste Probe (1 bis 5 mg) genau einwiegen. Bei Lösungen sollte die Konzentration ungefähr bekannt sein. Für die Analyse selbst werden ca. 10 $\mu$mol Peptid- bzw. Aminosäurengemisch benötigt.
- Hydrolysereagenzien zu der Probe in der Ampulle geben (s. Tabelle 3.4.3/1).
- Den unteren Teil der Ampulle in einem Kältebad abkühlen (s. Kap. 4.1).
- Ampulle mit einer Wasserstrahlpumpe oder besser mit einer Drehschieber-Öl-pumpe evakuieren.
- Das Einfüllrohr der Ampulle mit Hilfe eines Gebläsebrenners (Notbehelf: Bunsenbrenner) abschmelzen. Das Rohr muß beim Erhitzen gleichmäßig in der Flamme gedreht und in dem Augenblick, in dem es erweicht ist, auseinandergezogen werden. Dadurch wird verhindert, daß das weiche Glas in die evakuierte Ampulle hineingezogen wird. Die scharfe Glasspitze, die an der Trennstelle entsteht, wird anschließend mit der Flammenspitze rund geschmolzen.
- Die Hydrolysedauer und die Aufarbeitung richten sich nach den Angaben in Tabelle 3.4.3/1.
- Nach Beendigung der Hydrolyse wird die Lösung am Rotationsverdampfer zur Trockene eingeengt, mit ca. 10 ml destilliertem Wasser versetzt und erneut eingeengt. Dann wird der Rückstand mit destilliertem Wasser aufgenommen und im Meßkolben auf genau 10 ml verdünnt. Von dieser Lösung wird für die Analyse ein Aliquot (10 bis 100 nmol pro Aminosäure) verwendet.

**Überführung von Cystein in Cysteinsäure** (Vermeidung der Eliminierung von Schwefelwasserstoff):

Zu der zur Trockene eingedampften Hydrolyselösung werden nacheinander 0,4 ml Ameisensäure, 0,2 ml Ethanol und 0,2 ml Perameisensäure gegeben. Diese wird zuvor durch zweistündiges Stehenlassen von 9,5 ml Ameisensäure mit 0,5 ml 30%igem Wasserstoffperoxid im Kühlschrank hergestellt. Nach 24 Stunden bei 0 °C wird im Vakuum zur Trockene eingeengt, in 20 ml destilliertem Wasser aufgenommen und nochmals eingeengt. Der Rückstand kann dann direkt für die Analyse verwendet werden.

## Dokumentation

Angegeben werden die Hydrolysebedingungen, die gefundenen relativen Werte der bestimmten Aminosäuren und die berechneten Werte. Die relativen Werte werden auf die stabilste Aminosäure (z. B. Alanin) bezogen.

*Beispiel:*

> Aminosäurenanalyse (6 N HCl, 24 h, 110 °C)
> gef. (ber.), bezogen auf Ala:
> Lys 6,1 (6); Ala 3,0 (3,0);
> Pro 1,9 (2); Ser 0,8 (1)

Zu beachten ist, daß Glutamin und Asparagin bei der Hydrolyse durch Abspaltung von Ammoniak in Glutaminsäure bzw. Asparaginsäure umgewandelt werden. Den Gehalt an Serin kann man durch verschieden lange Hydrolysezeiten und Extrapolation auf die Zeit 0 genau ermitteln. Dies wird gegebenenfalls wie folgt dokumentiert: Ser 0,95 (corr.).

## Literatur

*S. Blackburn* (Hrsg.), Amino Acid Determination, Marcel Dekker, New York 1978

*T. Devenyi, J. Gergely,* Analytische Methoden zur Untersuchung von Aminosäuren, Peptiden und Proteinen, Akademische Verlagsgesellschaft, Frankfurt 1968

Firmenschrift, Bioresearch and Chromatography Products, Pierce Eurochemie, Rotterdam 1981–82

*E. Jäger,* in: *Houben-Weyl,* Methoden der organischen Chemie, Bd. 15/2, S. 681, Thieme, Stuttgart 1974

*J. M. Stewart, J. D. Young,* Solid Phase Peptide Synthesis, Freeman, San Francisco 1969

# 3.4.4 pH-Messung

Die genaue Bestimmung des pH-Wertes und damit der Hydroxonium-ionen-Konzentration wird elektrometrisch durchgeführt, wobei die Potentialdifferenz zwischen einer pH-abhängigen Meßelektrode und einer Bezugselektrode gemessen wird.

## Grundlagen

Der pH-Wert einer Lösung ist als der negative dekadische Logarithmus der Hydroxonium-ionenkonzentration definiert:

$$pH = - \log [H_3O^{\oplus}]$$

Genaugenommen wird in der Gleichung auf die Aktivität bezogen, die den thermodynamischen Begriff für die wirksame Konzentration darstellt. Das Produkt aus den Konzentrationen der Hydroxoniumionen und der Hydroxylionen ist konstant und beträgt $1 \cdot 10^{-14}$ mol$^2 \cdot$ l$^{-2}$ :

$$[H_3O^{\oplus}] \cdot [OH^{\oplus}] = K = 1 \cdot 10^{-14}$$

Die $H_3O^+$-Konzentration und damit der pH-Wert ist temperaturabhängig; sie nimmt mit steigender Temperatur zu. Bei 22 °C sind in einem Liter reinem Wasser $1 \cdot 10^{-7}$ Mol (1,9 $\mu$g) $H_3O^{\oplus}$-Ionen und $1 \cdot 10^{-7}$ Mol (1,7 $\mu$g) $OH^{\circ}$-Ionen enthalten.

Neben der kolorimetrischen Bestimmung des pH-Wertes mit Indikatoren, auf die hier nicht eingegangen wird, führt man die pH-Messung meist elektrometrisch durch. Dieses Verfahren bietet neben einer größeren Genauigkeit des bestimmten Wertes (± 0,1 bis 0,01 pH-Einheiten) den Vorteil, daß auch trübe oder gefärbte Lösungen gemessen werden können.

Bei der elektrometrischen Messung wird die Spannungsdifferenz zwischen einer Bezugselektrode mit konstantem Potential und einer Meßelektrode, deren Potential pH-abhängig ist, ermittelt (s. Bild 3.4.4/1). Häufig wird dazu die kombinierte Glaselektrode verwendet, bei der beide Elektroden in einer Einstabmeßkette zusammengeschaltet sind. Der innere Tubus enthält die Meßelektrode, während die Bezugselektrode im äußeren Mantel untergebracht ist.

Der wesentliche Teil einer Glaselektrode besteht aus einer dünnen Glasmembran, auf deren inneren Seite sich ein Puffer mit einem definierten pH-Wert $pH_b$ und somit einer bestimmten $H_3O^{\oplus}$-Ionenkonzentration befindet (s. Bild 3.4.4/2). Auf der äußeren Seite befindet sich die Probenlösung mit dem zu messenden pH-Wert $pH_x$. Auf beiden Seiten der Glasmembran findet kontinuierlich ein Austausch der $H_3O^{\oplus}$-Ionen der Lösung mit den $Na^{\oplus}$-Ionen des Glases statt.

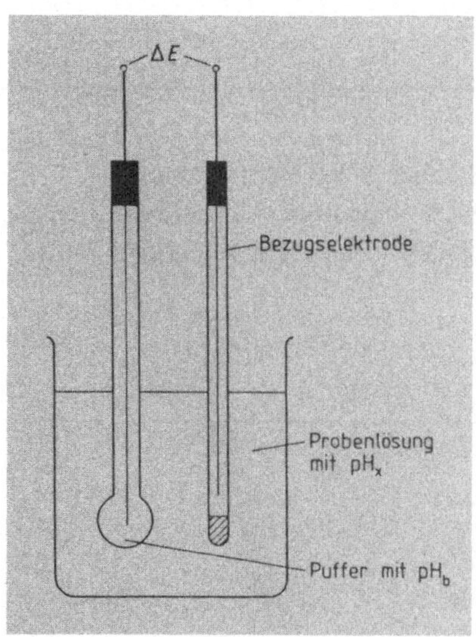


**Bild 3.4.4/1**
Meßanordnung zur elektrometrischen pH-Messung

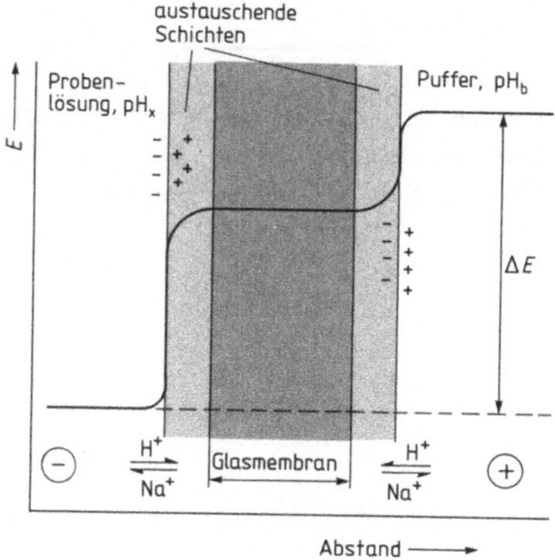



**Bild 3.4.4/2**
Schematische Darstellung der Potential-verhältnisse an der Glasmembran einer Glaselektrode

Wenn pH$_b$ und pH$_x$ verschieden sind, bilden sich auf den beiden Seiten der Glasmembran unterschiedliche elektrische Potentiale aus. Für die Potentialdifferenz $\Delta E$, die hier in bestimmten Grenzen dem pH-Wert proportional ist, gilt für einen pH-Bereich von 1,5 bis 9,5 und bei einer Temperatur von 25 °C nach Nernst folgende Beziehung:

$$\Delta E = 0,059\,(\text{pH}_b - \text{pH}_x)$$

pH$_b$ = pH-Wert der Pufferlösung
pH$_x$ = pH-Wert der Probenlösung

Das Einstabsystem der kombinierten Glaselektrode besteht aus zwei Elektroden mit folgender Konzentrationskette:

$$\text{Ag[AgCl]}\,\big|\,\text{Cl}^{\ominus}_{\text{gesätt.}}\,\big\|\,\text{H}_3\text{O}^{\oplus}(c_b)\,\vdots\,\text{H}_3\text{O}^{\oplus}(c_x)\,\big\|\,\text{Cl}^{\ominus}_{\text{gesätt.}}\,\big|\,\text{[AgCl]\,Ag}$$

Bei pH-Werten über 11 treten Abweichungen von der Nernstschen Gleichung auf, da sich die Glaselektrode allmählich zu einer auf Na$^{\oplus}$-Ionen reagierenden Elektrode umbildet. Die Abweichung ist positiv und kann bei einem pH-Wert um 14 etwa 0,2 pH-Einheiten betragen. Diese Abweichung wird als Alkali-Fehler bezeichnet.

Sollen größere pH-Bereiche gemessen werden, so ist eine charakteristische Elektrodengröße von Bedeutung, die Steilheit (mV/pH-Einheit) genannt wird. Zu deren Einstellung am pH-Meter wird das Gerät zuerst bei einem niedrigen pH-Wert geeicht und dann der Steilheitsregler unter Verwendung eines Eichpuffers mit höherem pH-Wert entsprechend eingestellt.

## Geräte

Die vollständige Meßeinrichtung zur elektrometrischen pH-Bestimmung besteht aus dem Meßgerät (pH-Meter) und der kombinierten Glaselektrode als Einstabmeßkette (s. Bild 3.4.4/3). Die üblichen Geräte sind für Temperaturbereiche von 0 bis 70 °C geeignet.

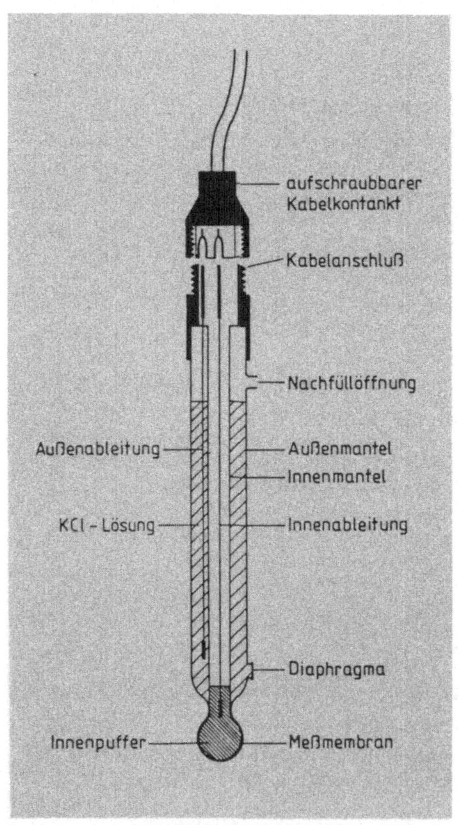


**Bild 3.4.4/3**
Aufbau einer Einstabmeßkette zur pH-Messung, die Meß- und Bezugselektrode enthält

## Durchführung

Da die Temperatur sowohl die Elektrodenpotentiale als auch die Aktivität der $H_3O^{\oplus}$-Ionen beeinflußt, wird die Eichung und die Messung am besten bei der gleichen Temperatur durchgeführt. Manche Geräte sind mit einem Temperaturkompensationsregler ausgestattet, der die in der Nähe des Neutralpunktes nur geringe, in den beiden Extrembereichen der pH-Skala jedoch starke Temperaturabhängigkeit des pH-Werts ausgleicht.

**Eichung des Gerätes:**

- Meßbereichsschalter auf "Stand-by" oder „Null" stellen.
- Gerät einschalten.
- Temperatur der Pufferlösung feststellen und Temperaturkompensationsregler entsprechend einstellen.
- pH-Meßbereichsschalter einschalten.
- Einstellen des pH-Wertes mit dem Nullabgleichpotentiometer (Ansprechzeit berücksichtigen).
- Bei der Messung von sehr unterschiedlichen pH-Werten ist die Steilheit der Elektrode zu kontrollieren: Steilheitsregler auf „100%" stellen, dann Regler mit Puffer bei niedrigem und höherem pH-Wert abgleichen.
- "Stand-by" oder „Null" einstellen.
- Elektrode in Puffer überführen und darin stehen lassen.

**pH-Messung:**

- Meßbereichsschalter auf "Stand-by" oder „Null" stellen.
- Gerät einschalten.
- Temperaturkompensation mit Regler vornehmen.
- Elektrode(n) mit destilliertem Wasser spülen und mit Filtrierpapier vorsichtig abtupfen (nicht abreiben!).
- Elektrode in die Probenlösung eintauchen und pH-Meßbereich einstellen.
- Abwarten, bis sich ein konstanter Meßwert eingestellt hat, und pH-Wert ablesen.
- Zurückstellen auf "Stand-by" bzw. „Null" und Gerät abschalten.
- Elektrode(n) aus der Probenlösung nehmen, mit destilliertem Wasser spülen und in einer 3 M Kaliumchloridlösung eingetaucht aufbewahren.

## Aufbewahrung von Glaselektroden

Die Elektrode muß stets in der gleichen Lösung aufbewahrt werden, die sich auch auf der Innenseite des Glasmembran befindet, um eine Austrocknung zu vermeiden. Dies ist meist eine 3 M Kaliumchloridlösung, bei älteren Elektroden kann es auch eine gesättigte Kaliumchloridlösung sein.

## Messung in nicht-wäßrigen Medien

Da an einer üblichen Bezugselektrode ein hohes Diffusionspotential entsteht, tauscht man die Elektrolytlösung der Bezugselektrode durch eine methanolische Kaliumchloridlösung aus. Bei häufigen Messungen in solchen Medien empfiehlt sich die Verwendung einer Salzbrücke, z.B. eine Lösung aus 50% Dimethylsulfoxid und 50% Methanol, die mit Tetraethylammoniumperchlorat gesättigt ist. Bei Verwendung von Glaselektroden verändert sich der Quellzustand der Membran; daher sind die Elektroden öfters in wäßrigen Lösungen zu regenerieren.

Der Endpunkt wird bei der elektrometrischen pH-Messung mit der Glaselektrode meist nicht sofort angezeigt, sondern erst nach einer Ansprechzeit (meist ca. eine Minute). Bei längeren Ansprechzeiten (z. B. bei nicht-wäßrigen Medien) kann der Endwert schon vorher relativ gut abgeschätzt werden, da er sich asymptotisch einstellt.

## Fehlerquellen

**Träge oder ausbleibende Anzeige:**

- Ausfällung von Silberchlorid und Verstopfung des Diaphragmas. *Abhilfe:* Elektrode über Nacht in konzentrierte Ammoniaklösung stellen, gut spülen und dann mit Puffer eine Stunde lang bei pH 4 kontidionieren.
- Niederschläge in der Bezugselektrode (KCl). *Abhilfe:* Elektrode in warmes Wasser tauchen und den Niederschlag unter Schütteln lösen oder den Elektrolyten mit einer Kapillare aussaugen und neuen Elektrolyten einfüllen.
- Proteinausfällungen im Diaphragma bei Messung von eiweißhaltigen Lösungen. *Abhilfe:* Elektrode regelmäßig (pro Woche ca. 2 Stunden) in Pepsin-Salzsäure-Lösung (5 %iges Pepsin in 0,1 N Salzsäure) eintauchen und anschließend gut wässern.

**Driftendes Meßsignal:**

- Statische Aufladung der Glasmembran, z. B. durch Abreiben mit Filtrierpapier. *Abhilfe:* Spülen und nur vorsichtig abtupfen.

**Ausschlag über pH-Wertskala:**

- Meist Verbindung zwischen Elektrode und pH-Meter unterbrochen.

## Literatur

*K. Schwabe,* pH-Meßtechnik, Steinkopff, Dresden 1976

# Kapitel 4

# Anhang

456



**Tabelle 4.1/1** Periodensystem der Elemente. (Angegeben ist die Bezeichnung der Gruppen nach der neuen IUPAC-Empfehlung von 1985 und nach der alten IUPAC-Regelung)

| | 1 | 2 | 3 | | | | | | | | | | | | | | |
|---|---|---|---|---|---|---|---|---|---|---|---|---|---|---|---|---|---|
| | Ia | IIa | IIIb | | | | | | | | | | | | | | |
| 1 | 1H 1,0079 | | | | | | | | | | | | | | | | |
| 2 | 3 Li 6,941 | 4 Be 9,0122 | | | | | | | | | | | | | | | |
| 3 | 11 Na 22,990 | 12 Mg 24,305 | | | | | | | | | | | | | | | |
| 4 | 19 K 39,098 | 20 Ca 40,08 | 21 Sc 44,96 | | | | | | | | | | | | | | |
| 5 | 37 Rb 85,47 | 38 Sr 87,62 | 39 Y 88,91 | | | | | | | | | | | | | | |
| 6 | 55 Ca 132,90 | 56 Ba 137,33 | 57 La 138,91 | 58 Ce 140,12 | 59 Pr 140,91 | 60 Nd 144,24 | 61 Pm 145 ± | 62 Sm 150,4 | 63 Eu 151,96 | 64 Gd 157,25 | 64 Tb 158,92 | 66 Dy 162,50 | 67 Ho 164,93 | 68 Er 167,26 | 69 Tm 168,93 | 70 Yb 173,04 | 71 Lu 174,97 |
| 7 | 87 Fr 223 ± | 88 Ra 226,02 | 89 Ac 227,03 | 90 Th 232,04 | 91 Pa 231,04 | 92 U 238,03 | 93 Np 237,05 | 94 Pu 244 ± | 95 Am 243 ± | 96 Cm 247 ± | 97 Bk 247 ± | 98 Cf 251 ± | 99 Es 254 ± | 100 Fm 257 ± | 101 Md 258 ± | 102 No 259 ± | 103 Lr 260 ± |

*Fortsetzung* Tab. 4.1/1

| | 4 | 5 | 6 | 7 | 8 | 9 | 10 | 11 | 12 | 13 | 14 | 15 | 16 | 17 | 18 |
|---|---|---|---|---|---|---|---|---|---|---|---|---|---|---|---|
| | IVb | Vb | VIb | VIIb | | VIII | | Ib | IIb | IIIa | IVa | Va | VIa | VIIa | 0 |
| 1 | | | | | | | | | | | | | | | 2 He<br>4,0026 |
| 2 | | | | | | | | | | 5 B<br>10,81 | 6 C<br>12,011 | 7 N<br>14,007 | 8 O<br>15,999 | 9 F<br>18,998 | 10 Ne<br>20,179 |
| 3 | | | | | | | | | | 13 Al<br>26,98 | 14 Si<br>28,096 | 15 P<br>30,974 | 16 S<br>32,06 | 17 Cl<br>35,453 | 18 Ar<br>39,948 |
| 4 | 22 Ti<br>47,90 | 23 V<br>50,94 | 24 Cr<br>51,996 | 25 Mn<br>54,938 | 26 Fe<br>55,847 | 27 Co<br>58,93 | 28 Ni<br>58,70 | 29 Cu<br>63,546 | 30 Zn<br>65,38 | 31 Ga<br>69,72 | 32 Ge<br>72,59 | 33 As<br>74,92 | 34 Se<br>78,96 | 35 Br<br>79,904 | 36 Kr<br>83,80 |
| 5 | 40 Zr<br>91,22 | 41 Nb<br>92,91 | 42 Mo<br>95,94 | 43 Tc<br>97 ± | 44 Ru<br>101,07 | 45 Rh<br>102,91 | 46 Pd<br>106,4 | 47 Ag<br>107,87 | 48 Cd<br>112,41 | 49 In<br>114,82 | 50 Sn<br>118,69 | 51 Sb<br>121,75 | 52 Tb<br>127,60 | 53 I<br>129,90 | 54 Xe<br>131,3 |
| 6 | 72 Hf<br>178,49 | 73 Ta<br>180,95 | 74 W<br>183,85 | 75 Re<br>186,21 | 76 Os<br>190,2 | 77 Ir<br>192,22 | 78 Pt<br>195,09 | 79 Au<br>196,97 | 80 Hg<br>200,59 | 81 Tl<br>204,37 | 82 Pb<br>207,19 | 83 Bi<br>208,98 | 84 Po<br>209 ± | 85 At<br>210 ± | 86 Rn<br>222 ± |
| 7 | 104 | 105 | 106 | 107 | 108 | 109 | | | | | | | | | |

**Tabelle 4.1/2**  SI-Basiseinheiten und abgeleitete SI-Einheiten

**SI-Basiseinheiten**

| Basisgröße | Formelzeichen | Einheit | Einheiten-abkürzung |
|---|---|---|---|
| Länge | $l$ | Meter | m |
| Masse | $m$ | Kilogramm | kg |
| Zeit | $t$ | Sekunde | s |
| Elektrische Stromstärke | $I$ | Ampere | A |
| Thermodynamische Temperatur | $T$ | Kelvin | K |
| Stoffmenge | $n$ | Mol | mol |
| Lichtstärke | $I_\mathrm{v}$ | Candela | cd |

**Abgeleitete SI-Einheiten**

| | Einheit | Symbol | Definition der SI-Einheit |
|---|---|---|---|
| Kraft | Newton | N | $\mathrm{m \cdot kg \cdot s^{-2}}$ |
| Druck | Pascal | Pa | $\mathrm{kg \cdot m^{-1} \cdot s^{-2}}$ |
| Energie | Joule | J | $\mathrm{kg \cdot m^{2} \cdot s^{-2}}$ |
| Leistung | Watt | W | $\mathrm{kg \cdot m^{2} \cdot s^{-3}}$ |
| Elektrische Ladung | Coulomb | C | $\mathrm{A \cdot s}$ |
| Elektrische Spannung | Volt | V | $\mathrm{kg \cdot m^{2} \cdot s^{-3} \cdot A^{-1}}$ |
| Elektrischer Widerstand | Ohm | M | $\mathrm{kg \cdot m^{2} \cdot s^{-3} \cdot A^{-2}}$ |
| Elektrische Leitfähigkeit | Siemens | S | $\mathrm{kg^{-1} \cdot m^{-2} \cdot s^{3} \cdot A^{2}}$ |
| Elektrische Kapazität | Farad | F | $\mathrm{kg^{-1} \cdot m^{-2} \cdot s^{4} \cdot A^{2}}$ |
| Induktivität | Henry | H | $\mathrm{kg \cdot m^{2} \cdot s^{-2} \cdot A^{-2}}$ |
| Magnetischer Fluß | Weber | Wb | $\mathrm{kg \cdot m^{2} \cdot s^{-2} \cdot A^{-1}}$ |
| Magnetische Flußdichte | Tesla | T | $\mathrm{kg \cdot s^{-2} \cdot A^{-1}}$ |
| Frequenz | Hertz | Hz | $\mathrm{s^{-1}}$ |
| Energiedosis | Gray | Gy | $\mathrm{m^{2} \cdot s^{-1}}$ |

**Tabelle 4.1/3** Veraltete Einheiten. Diese Einheiten gehören nicht zum SI-System und sollten *nicht mehr* verwendet werden

| Größe | Symbol | Einheit (Abkürzung) | Definition |
|---|---|---|---|
| Äquivalent | $z$ | Val (val) | $z^{-1} \cdot \text{mol}$ |
| Druck | $p$ | Bar (bar) | $10^5$ Pa |
| | | Atmosphäre | |
| | | (Physikal.: atm) | 101 325 Pa |
| | | (Techn.: at) | $1 \text{ kp} \cdot \text{cm}^{-2}$ |
| | | Torr (Torr) | 133,322 Pa |
| Energie | $E$ | Erg (erg) | $10^{-7}$ J |
| | | Elektronenvolt (eV) | $1,602 \cdot 10^{-19}$ J |
| | | Kilowattstunde (kWh) | $3,6 \cdot 10^6$ J |
| | | Kalorie (cal) | 4,184 J |
| | | Kilopondmeter (kpm) | 9,81 J |
| Kraft | $F$ | Dyn (dyn) | $10^{-5}$ N |
| | | Kilopond (kp) | 9,81 N |
| Länge | $l$ | Angström (Å) | $10^{-10}$ m (100 pm) |
| Leistung | $P$ | Pferdestärke (PS) | $73,5 \text{ J} \cdot \text{s}^{-1}$ |
| Masse | $m$ | Tonne (t) | $10^3$ kg |

**Tabelle 4.1/4** SI-Dezimalvorsätze

| Faktor | Vorsatz | Abkürzung |
|---|---|---|
| $10^{18}$ | Exa | E |
| $10^{15}$ | Peta | P |
| $10^{12}$ | Tera | T |
| $10^9$ | Giga | G |
| $10^6$ | Mega | M |
| $10^3$ | Kilo | k |
| $10^2$ | Hekto | h |
| 10 | Deka | da |
| $10^{-1}$ | Dezi | d |
| $10^{-2}$ | Centi | c |
| $10^{-3}$ | Milli | m |
| $10^{-6}$ | Mikro | $\mu$ |
| $10^{-9}$ | Nano | n |
| $10^{-12}$ | Piko | p |
| $10^{-15}$ | Femto | f |
| $10^{-18}$ | Atto | a |

**Tabelle 4.1/5** Umrechnung von Energie- und Druckeinheiten

Umrechnung von Energieeinheiten

|        | J | kpm | kWh | kcal | eV |
|--------|---|-----|-----|------|-----|
| 1 J    | 1 | 0,102 | $2,778 \cdot 10^{-7}$ | $2,388 \cdot 10^{-4}$ | $0,624 \cdot 10^{19}$ |
| 1 kpm  | 9,807 | 1 | $2,724 \cdot 10^{-6}$ | $2,342 \cdot 10^{-3}$ | $0,612 \cdot 10^{20}$ |
| 1 kWh  | $3,600 \cdot 10^6$ | $3,671 \cdot 10^5$ | 1 | $8,589 \cdot 10^2$ | $2,247 \cdot 10^{25}$ |
| 1 kcal | $4,178 \cdot 10^3$ | $4,269 \cdot 10^2$ | $1,163 \cdot 10^{-3}$ | 1 | $2,613 \cdot 10^{22}$ |
| 1 eV   | $1,602 \cdot 10^{-19}$ | $1,634 \cdot 10^{-20}$ | $4,450 \cdot 10^{-26}$ | $3,826 \cdot 10^{-23}$ | 1 |

Umrechnung von Druckeinheiten

|        | Pa | bar | Torr | atm | at |
|--------|----|-----|------|-----|-----|
| 1 Pa   | 1 | $10^{-5}$ | $0,750 \cdot 10^{-2}$ | $0,987 \cdot 10^{-5}$ | $1,0097 \cdot 10^{-5}$ |
| 1 bar  | $10^5$ | 1 | 750,04 | 0,987 | 1,0097 |
| 1 Torr | $1,333 \cdot 10^2$ | $1,333 \cdot 10^{-3}$ | 1 | $1,316 \cdot 10^{-3}$ | $1,3590 \cdot 10^{-3}$ |
| 1 atm  | $1,013 \cdot 10^5$ | 1,013 | 760 | 1 | 1,0332 |
| 1 at   | $0,981 \cdot 10^5$ | 0,981 | 735,53 | 0,968 | 1 |

**Tabelle 4.1/6** Physikalische Konstanten

|  | Symbol | Zahlenwert | Einheit |
|--|--------|-----------|---------|
| Atomare Masseneinheit | $u$ | $1,66057 \cdot 10^{-27}$ | kg |
| Avogadro-Konstante | $N_A$ | $6,02205 \cdot 10^{23}$ | $mol^{-1}$ |
| Bohrsches Magneton | $\mu_B$ | $9,2741 \cdot 10^{-24}$ | $J \cdot T^{-1}$ |
| Boltzmann-Konstante | $k$ | $1,38066 \cdot 10^{-23}$ | $J \cdot K^{-1}$ |
| Elektrische Feldkonstante | $\epsilon_0$ | $8,85419 \cdot 10^{-12}$ | $F \cdot m^{-1}$ |
| Elektronenruhemasse | $m_e$ | $9,1095 \cdot 10^{-31}$ | kg |
| Elementarladung | $e$ | $1,60219 \cdot 10^{-19}$ | C |
| Faraday-Konstante | $F$ | $9,64846 \cdot 10^4$ | $C \cdot mol^{-1}$ |
| Gaskonstante | $R$ | 8,31411 | $J \cdot K^{-1} \cdot mol^{-1}$ |
| Kernmagneton | $\mu$ | $5,05082 \cdot 10^{-27}$ | $J \cdot T^{-1}$ |

**Tabelle 4.1/7** Konzentrationsangaben

| Konzentrationen bezogen auf: | Definition | Einheit |
|------------------------------|-----------|---------|
| Masse | $\dfrac{m_i}{V}$ | $g \cdot l^{-1}$ |
| Volumen | $\dfrac{V_i}{V}$ | – |
| Molarität (temperaturabhängig) | $\dfrac{n_i}{V}$ | $mol \cdot l^{-1}$ |
| Molalität (temperaturunabhängig) | $\dfrac{n_i}{m_L}$ | $mol \cdot kg^{-1}$ |

$m_i$, $V_i$, $n_i$ = Masse, Volumen, Teilchenzahl der Verbindung $i$
$m_L$ = Masse des Lösungsmittels

**Tabelle 4.1/8** Organische Lösungsmittel (nach: Hilfstabellen für das chemische Labor, Merck, Darmstadt)

| Lösungsmittel | Kp. (in °C) | $d^{20\,°C}$ (in g·cm$^{-3}$) | $n_D^{20}$ | Flammpunkt (in °C) | Trocknungsmittel |
|---|---|---|---|---|---|
| Aceton | 56 | 0,791 | 1,359 | − 18 | $CaCl_2$; $K_2CO_3$ Molekularsieb 3Å |
| Acetonitril | 82 | 0,782 | 1,344 | + 6 | $CaCl_2$; $P_2O_5$; $K_2CO_3$ Molekularsieb 3Å |
| Anisol | 154 | 0,995 | 1,518 | + 51 | $CaCl_2$; Destillation; Na |
| Benzol | 80 | 0,879 | 1,501 | − 10 | Destillation $CaCl_2$; Na; Na/Pb Molekularsieb 4Å |
| 1-Butanol | 118 | 0,810 | 1,399 | + 29 | $K_2CO_3$;Destillation |
| 2-Butanol | 100 | 0,808 | 1,398 | + 24 | $K_2CO_3$;Destillation |
| tert-Butanol | 82 | 0,786 | 1,384 | + 11 | CaO; Ausfrieren |
| $n$-Butylacetat | 126 | 0,882 | 1,394 | + 33 | $MgSO_4$ |
| Chloroform | 61 | 1,480 | 1,448 | | $CaCl_2$;$P_2O_5$;Na/Pb Molekularsieb 4Å |
| Cyclohexan | 81 | 0,779 | 1,426 | − 17 | Na;Na/Pb;$LiAlH_4$ Molekularsieb 4Å |
| Decahydronaphthalin (Dekalin) | 190 | 0,886 | 1,48 | + 57 | $CaCl_2$;Na;Na/Pb |
| Dichlormethan (Methylenchlorid) | 40 | 1,325 | 1,424 | | $CaCl_2$;Na/Pb Molekularsieb 4Å |
| Diethylether | 35 | 0,714 | 1,353 | − 40 | $CaCl_2$;Na;Na/Pb; $LiAlH_4$ Molekularsieb 4Å |
| Diethylcarbonat | 126 | 0,975 | 1,385 | − | $K_2CO_3$;$Na_2SO_4$ |
| Diethylenglykol-dimethylether | 162 | 0,945 | 1,407 | + 70 | $CaCl_2$;Na |
| Diisopropylether | 68 | 0,726 | 1,368 | − 23 | $CaCl_2$;Na Molekularsieb 4Å |
| Dimethylformamid | 153 | 0,950 | 1,430 | + 62 | Destillation Molekularsieb 4Å |
| Dimethylsulfoxid | 189 | 1,101 | 1,479 | + 95 | Destillation |
| 1,4-Dioxan | 101 | 1,034 | 1,422 | + 12 | $CaCl_2$;Na Molekularsieb 4Å |
| Eisessig (Essigsäure) | 118 | 1,049 | 1,372 | + 40 | $P_2O_5$;$Mg(ClO_4)_2$; $CuSO_4$ |

Fortsetzung 4.1/8

| Lösungsmittel | Kp. (in °C) | $d^{20\,°C}$ (in g·cm$^{-3}$) | $n_D^{20}$ | Flammpunkt (in °C) | Trocknungsmittel |
|---|---|---|---|---|---|
| Essigsäureanhydrid | 136 | 1,082 | 1,390 | + 49 | $CaCl_2$ |
| Ethanol | 78 | 0,791 | 1,361 | + 12 | CaO;Mg;MgO<br>Molekularsieb 3Å |
| Ethylacetat | 77 | 0,901 | 1,372 | − 4 | $K_2CO_3$;$P_2O_5$<br>$Na_2SO_4$<br>Molekularsieb 4Å |
| Ethylenglycol | 197 | 1,109 | 1,432 | + 111 | Destillation;$Na_2SO_4$ |
| Ethylenglykol-monomethylether | 124 | 0,965 | 1,402 | + 52 | Destillation |
| Ethylformiat | 54 | 0,924 | 1,360 | − 19 | $CaCl_2$;$MgSO_4$;<br>$Na_2SO_4$ |
| Ethylmethylketon | 80 | 0,806 | 1,380 | − 4 | $K_2CO_3$;$CaCl_2$ |
| Glycerin | 290 | 1,260 | 1,475 | + 176 | Destillation |
| $n$-Hexan | 69 | 0,659 | 1,375 | − 23 | Na;Na/Pb;$LiAlH_4$<br>Molekularsieb 4Å |
| Methylacetat | 57 | 0,933 | 1,362 | − 10 | $K_2CO_3$;CaO |
| Methanol | 65 | 0,792 | 1,329 | + 11 | Mg;CaO<br>Molekularsieb 3Å |
| $n$-Pentan | 36 | 0,626 | 1,358 | − 49 | Na;Na/Pb |
| 1-Propanol | 97 | 0,804 | 1,385 | + 15 | CaO;Mg |
| 2-Propanol | 82 | 0,785 | 1,378 | + 12 | CaO;Mg<br>Molekularsieb 3Å |
| Pyridin | 115 | 0,982 | 1,510 | + 20 | KOH;BaO<br>Molekularsieb 4Å |
| Schwefelkohlenstoff | 46 | 1,263 | 1,626 | − 30 | $CaCl_2$,$P_2O_5$ |
| Tetrachlorkohlenstoff | 77 | 1,594 | 1,466 | nicht entflammbar | Destillation<br>$CaCl_2$;$P_2O_5$;Na/Pb<br>Molekularsieb 4Å |
| Tetrahydrofuran | 66 | 0,887 | 1,407 | − 17 | KOH;Na<br>Molekularsieb 4Å |
| Tetrahydronaphthalin (Tetralin) | 207 | 0,973 | 1,546 | + 78 | $CaCl_2$; Na |
| Toluol | 111 | 0,867 | 1,497 | + 4 | Destillation;<br>Na;$CaCl_2$<br>Molekularsieb 4Å |
| Trichlorethylen | 87 | 1,462 | 1,478 | | Destillation;<br>$Na_2SO_4$;$K_2CO_3$ |
| Xylol (Isomere) | 137/140 | ∼0,86 | ∼1,50 | + 27 | Destillation;<br>Na;$CaCl_2$<br>Molekularsieb 4Å |

**Tabelle 4.1/9** Eluotrope Reihe der Lösungsmittel (Bezugstemperatur: 20 °C; die Werte der Lösungsmittelstärke gelten für Aluminiumoxid)

| Lösungsmittel | Lösungsmittel-stärke $\epsilon_0$ | Viskosität $\eta$ (mPa · s) | Brechungs-index $n_D$ | niedrigste anwendbare Wellenlänge (nm) |
|---|---|---|---|---|
| $n$-Pentan | 0,00 | 0,24 | 1,358 | 200 |
| $n$-Hexan | 0,01 | 0,33 | 1,375 | 200 |
| $n$-Heptan | 0,01 | 0,42 | 1,388 | 200 |
| Isooctan | 0,01 | 0,50 | 1,391 | 200 |
| Cyclohexan | 0,04 | 0,98 | 1,426 | 210 |
| Tetrachlorkohlen-stoff | 0,18 | 0,97 | 1,466 | 265 |
| Diisoprophylether | 0,28 | 0,37 | 1,368 | 220 |
| Toluol | 0,29 | 0,59 | 1,496 | 290 |
| $n$-Propylchlorid | 0,30 | 0,35 | 1,389 | 225 |
| Benzol | 0,32 | 0,65 | 1,501 | 290 |
| Ethylbromid | 0,37 | 0,39 | 1,421 | 230 |
| Diethylether | 0,38 | 0,23 | 1,353 | 220 |
| Chloroform | 0,40 | 0,57 | 1,443 | 250 |
| Dichlormethan | 0,42 | 0,44 | 1,424 | 250 |
| Tetrahydrofuran | 0,45 | 0,46 | 1,407 | 220 |
| Ethylenchlorid | 0,49 | 0,79 | 1,445 | 230 |
| Aceton | 0,56 | 0,32 | 1,359 | 330 |
| Dioxan | 0,56 | 1,54 | 1,422 | 220 |
| Ethylacetat | 0,58 | 0,45 | 1,370 | 260 |
| Methylacetat | 0,60 | 0,37 | 1,362 | 260 |
| Nitromethan | 0,64 | 0,65 | 1,382 | 380 |
| Acetonitril | 0,65 | 0,37 | 1,344 | 210 |
| Pyridin | 0,71 | 0,94 | 1,510 | 310 |
| $n$-Propanol | 0,82 | 2,30 | 1,380 | 200 |
| Ethanol | 0,88 | 1,20 | 1,361 | 200 |
| Methanol | 0,95 | 1,20 | 1,361 | 200 |
| Glycol | 1,11 | 19,90 | 1,427 | 200 |
| Wasser | groß | 1,00 | 1,333 | — |
| Formamid | groß | 3,76 | 1,448 | — |
| Essigsäure | groß | 1,26 | 1,372 | — |

**Tabelle 4.1/10** Mischbarkeit von Lösungsmitteln

| | 1 | 2 | 3 | 4 | 5 | 6 | 7 | 8 | 9 | 10 | 11 | 12 | 13 | 14 | 15 | 16 | 17 | 18 | 19 | 20 |
|---|---|---|---|---|---|---|---|---|---|---|---|---|---|---|---|---|---|---|---|---|
| 1 Aceton | + | + | + | + | + | + | + | + | + | + | + | + | + | + | + | + | + | + | + | + |
| 2 Acetonitril | + | + | + | + | + | o | + | + | + | + | + | + | + | o | + | + | + | + | + | + |
| 3 Benzol | + | + | + | + | + | + | + | + | + | + | + | + | + | + | + | + | + | + | + | o |
| 4 Butanol | + | + | + | + | + | + | + | + | + | + | + | + | + | + | + | + | + | + | + | o |
| 5 Chloroform | + | + | + | + | + | + | + | + | + | + | + | + | + | + | + | + | + | + | + | o |
| 6 Cyclohexan | + | + | + | + | + | + | + | o | o | + | + | + | + | + | o | + | + | + | + | o |
| 7 Dichlormethan | + | + | + | + | + | + | + | + | + | + | + | + | + | + | + | + | + | + | + | o |
| 8 Dimethylformamid | + | + | + | + | + | + | + | + | + | + | + | + | + | o | + | + | + | + | + | + |
| 9 Dimethylsulfoxid | + | + | + | + | + | + | + | + | + | + | o | + | + | o | + | + | + | + | + | + |
| 10 Dioxan | + | + | + | + | + | + | + | + | + | + | + | + | + | + | + | + | + | + | + | + |
| 11 Diethylether | + | + | + | + | + | + | + | + | + | + | + | + | + | + | + | + | + | + | + | o |
| 12 Ethylacetat | + | + | + | + | + | + | + | + | + | + | + | + | + | + | + | + | + | + | + | o |
| 13 Ethanol | + | + | + | + | + | + | + | + | + | + | + | + | + | + | + | + | + | + | + | + |
| 14 Hexan | + | o | + | + | + | + | + | o | o | + | + | + | + | + | o | + | + | + | + | o |
| 15 Methanol | + | + | + | + | + | o | + | + | + | + | + | + | + | o | + | + | + | + | + | + |
| 16 Propanol | + | + | + | + | + | + | + | + | + | + | + | + | + | + | + | + | + | + | + | + |
| 17 Tetrachlor-<br>kohlenstoff | + | + | + | + | + | + | + | + | + | + | + | + | + | + | + | + | + | + | + | o |
| 18 Tetrahydrofuran | + | + | + | + | + | + | + | + | + | + | + | + | + | + | + | + | + | + | + | + |
| 19 Toluol | + | + | + | + | + | + | + | + | + | + | + | + | + | + | + | + | + | + | + | o |
| 20 Wasser | + | + | o | o | o | o | o | + | + | + | o | o | + | o | + | + | o | + | o | + |

+ = mischbar
o = nicht mischbar

**Tabelle 4.1/11** Trocknungsmittel
(Der Wasserrestgehalt ist in mg · $1^{-1}$ Luft nach Trocknung bei 25 °C
angegeben).

| Substanz | Summenformel | Restgehalt an Wasser |
|---|---|---|
| Kupfersulfat | $CuSO_4$ | 1,4 |
| Calciumchlorid | $CaCl_2$ | 0,2 |
| Calciumoxid | $CaO$ | 0,2 |
| Natriumhydroxid | $NaOH$ | 0,16 |
| Calciumsulfat | $CaSO_4$ | 0,005 |
| Schwefelsäure, konz. | $H_2SO_4$ | 0,003 |
| Aluminiumoxid | $Al_2O_3$ | 0,003 |
| Kaliumhydroxid | $KOH$ | 0,002 |
| Kieselgel | $(SiO_2)_n$ | 0,001 |
| Diphosphorpentoxid | $P_4O_{10}$ | 0,00002 |

**Tabelle 4.1/12** Trocknung von Lösungsmitteln mit Aluminiumoxid. Die Trocknung wird säulenchromatographisch mit basischem Aluminiumoxid der Aktivitätsstufe I durchgeführt (Ausnahme: neutrales Aluminiumoxid der Aktivitätsstufe I für Essigsäureester). Generell wird die absolutierbare Lösungsmittelmenge durch Vortrocknung vergrößert; dies gilt besonders für Essigsäureester und Diethylether.

| Lösungsmittel | Wassergehalt in % | Benötigte Menge an Aluminiumoxid in der Säule in g | Absolutierbare Lösungsmittelmenge in ml (maximaler Restwassergehalt in %) |
|---|---|---|---|
| $n$-Hexan | 0,01[a] | 10 | 1000 (0,002) |
| Benzol | 0,07[a] | 25 | 2500 (0,004) |
| Chloroform | 0,09[a] | 25 | 800 (0,005) |
| Dichlormethan | 0,20[a] | 25 | 600 (0,005) |
| Tetrachlorkohlenstoff | 0,01[a] | 10 | 1000 (0,003) |
| Cyclohexan | 0,01[a] | 10 | 1000 (0,003) |
| Essigsäureethylester | 3,25[a] | 500 | 700 (0,01) |
| Diethylether | 1,28[a] | 200 | 1200 (0,01) |
| Dioxan | 0,1[b] | 50 | 700 (0,002) |
| Tetrahydrofuran | 0,1[b] | 50 | 700 (0,002) |
| Acetonitril | 0,1[b] | 50 | 600 (0,002) |
| Pyridin | 0,6[b] | 50 | 70 (0,02) |

[a] Die Lösungsmittel sind mit Wasser gesättigt.
[b] Die Lösungsmittel sind mit Wasser beliebig mischbar; der Wassergehalt wurde auf den angegebenen Wert eingestellt.

**Tabelle 4.1/13** Handelsübliche Konzentrationen von Säuren

| Säure | Gew.-% | Dichte | Normalität |
|---|---|---|---|
| Ameisensäure | 98–100 | 1,22 | 26 |
| Essigsäure (Eisessig) | 99–100 | 1,06 | 18 |
| Phosphorsäure, konzentriert | 89 | 1,75 | 48 |
| Salzsäure, konzentriert | 36 | 1,18 | 12 |
| Salzsäure, rauchend | 38 | 1,19 | 12,5 |
| Salpetersäure, konzentriert | 65 | 1,40 | 14 |
| Salpetersäure, rauchend | 99 | 1,51 | 21 |
| Schwefelsäure, konzentriert | 96 | 1,84 | 36 |
| Schwefelsäure, rauchend | (65 % $SO_3$) | 1,99 | – |

**Tabelle 4.1/14** Mischungsformeln für Flüssigkeiten

$$A = C - B$$

$$B = \frac{C\,(a - c)}{a - b}$$

$$C = B\,\frac{a - b}{a - c}$$

Mischungskreuz:

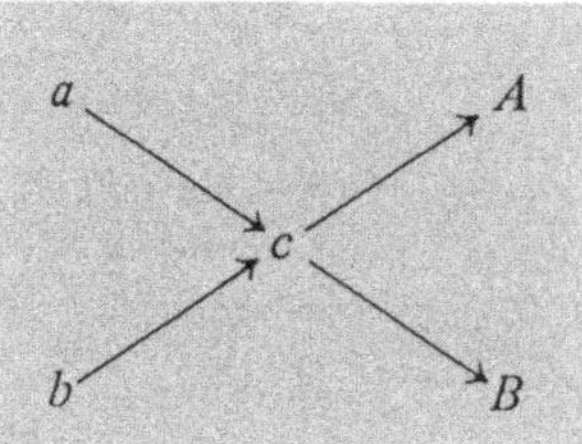


$a$ = Gewichtsprozent von Stoff A
$b$ = Gewichtsprozent von Stoff B
$c$ = Gewichtsprozent von Stoff C (Mischung)
$A$ = Gewichtsanteile von Stoff A (Differenz $b - c$)
$B$ = Gewichtsanteile von Stoff B (Differenz $a - c$)
$C$ = Gewicht der fertigen Mischung

*Beispiel:* Es soll eine 60%ige Salpetersäure durch Mischen von 96%iger und 48%iger Salpetersäure hergestellt werden. Welches Mischungsverhältnis ist anzuwenden? Nach dem Mischungskreuz gilt:

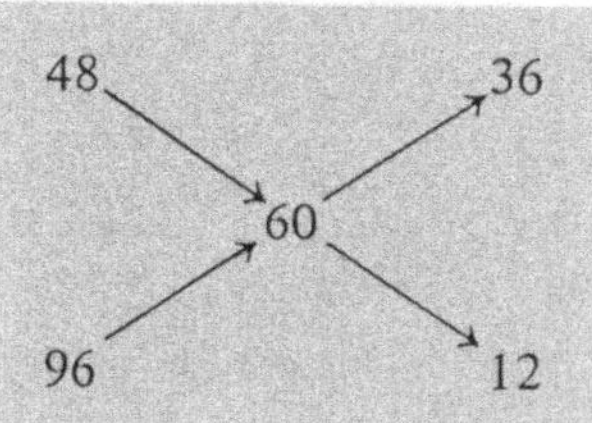


Demnach sind zur Herstellung einer 60%igen Salpetersäure 36 Gewichtsteile 48%iger Säure mit 12 Gewichtsteilen 96%iger Säure zu mischen.

**Tabelle 4.1/15** Kühlmischungen

| Salz | Gramm Salz pro 100 g Eis | Erreichbare Temperatur °C |
|---|---|---|
| Kaliumnitrat | 12 | − 3 |
| Kaliumchlorid | 24 | − 11 |
| Ammoniumchlorid | 23 | − 16 |
| Natriumchlorid | 31 | − 21 |
| Natriumbromid | 67 | − 28 |
| Kaliumcarbonat | 65 | − 37 |
| Calciumchlorid | 72 | − 55 |
| Aceton + Trockeneis | | − 77 |

**Tabelle 4.1/16** pH-Bereiche von Puffersystemen (Gly = Glycin)

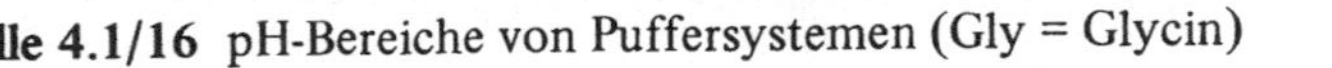

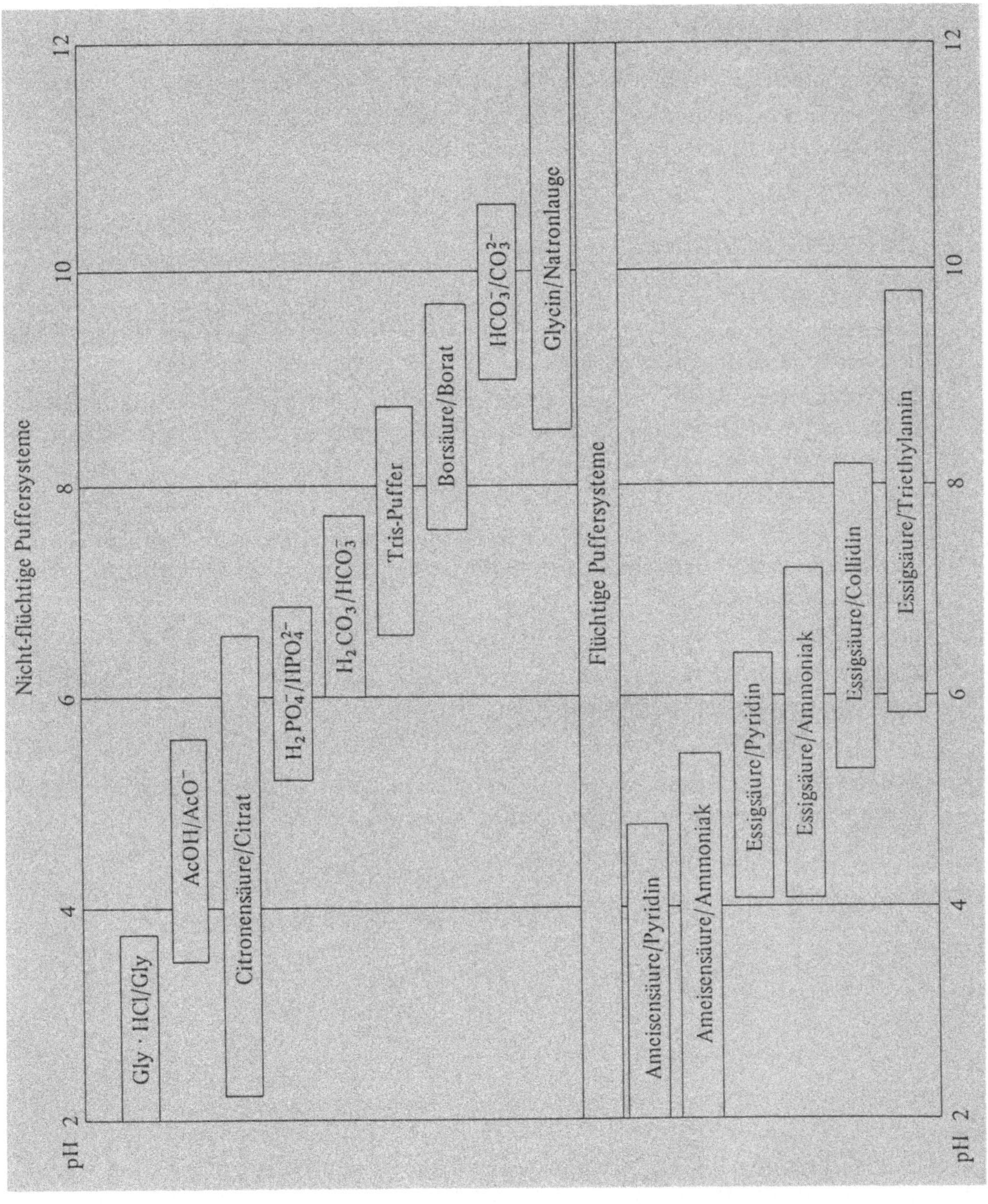

# 4.2 **Erste Hilfe bei Unfällen**

## Vorbereitungen

- Notapotheke, Feuerlöscher, Brandschutzdecken und Notduschen einsatzbereit halten.
- Telefonnummern und Adressen des nächsten Arztes Krankenhauses, Rettungsdienstes und Feuerwehr an gut sichtbarer Stelle anbringen.

## Sofortmaßnahmen

*Verätzungen:*
Betroffene Hautbereiche gründlich mit viel Wasser spülen. Kleidung, die durch Chemikalien verschmutzt ist, sofort ablegen.

Bei Spritzern ins Auge: Bei gespreizten Augenlidern mit weichem Wasserstrahl intensiv spülen; Augenduschflasche nur dann verwenden, wenn diese regelmäßig kontrolliert wird. In jedem Fall sofort Arzt aufsuchen!

*Schnittwunden:*
Mit Notverband versorgen und wegen Gefäß- und Nervenverletzungen vom Arzt behandeln lassen. Schlagaderverletzungen: Extremität abbinden und schnellstmöglichen Transport in Klinik veranlassen.

*Brandwunden:*
Kleinere Brandwunden mit kaltem Wasser (Eiswasser) kühlen. Größere Flächen mit Brandwundenverband versorgen und vom Arzt weiterbehandeln lassen.

*Bewußtlosigkeit:*
Verletzten in Seitenlage bringen, keine Flüssigkeiten zuführen. Beengende Kleidung lockern und für frische Luft sorgen. Sofort Arzt hinzuziehen!

# Glossar

**Adapter**

Dient zum Abschließen der Säulenenden eines Chromatographierohres. Aufgrund seiner Beweglichkeit kann der obere Säulenabschluß der Füllhöhe angepaßt werden und ermöglicht so eine bequeme Probenaufgabe.

**Adsorption**

Auf Molekularkräfte zurückzuführende Anlagerung von Molekülen an Oberflächen ($\rightarrow$ Desorption).

**Aktivitätskoeffizient**

Nach Multiplikation der Ionenkonzentration mit diesem Korrekturfaktor erhält man die tatsächliche, meßbare Konzentration des Ions. Der Aktivitätskoeffizient ist meist $< 1$ und berücksichtigt die eingeschränkte Beweglichkeit der Ionen in höher konzentrierten Lösungen.

**Ampholine**

$\rightarrow$ Ampholyt

**Ampholyt**

Elektrolyt, der $\rightarrow$ amphotere Stoffe enthält (z. B. Aminosäuren). Polymere Ampholyte (z. B. Ampholine) werden bei der isoelektrischen Fokussierung zur Ausbildung eines stabilen pH-Gradienten verwendet.

**amphoter**

Moleküle, die gleichzeitig positiv und negativ geladene funktionelle Gruppen besitzen.

**Auflösung**

In der Chromatographie im Sinne von Auflösungsvermögen zweier benachbarter Substanzzonen in einem Elutionsprofil.

**AUFS**

auch „aufs", engl.: absorption units full scale. Der Begriff aus der HPLC gibt an, bei welcher Extinktion des Eluats der Schreiber den Vollausschlag erreicht (entspr. der Meßempfindlichkeit).

**Aussalzen**

Verringern der Löslichkeit (meist von Proteinen) durch Zusatz bestimmter Salze. Gegenteil $\rightarrow$ Einsalzen.

**Boltzmann-Verteilung**

Verhältnis der Zahl der Moleküle im höheren Energiezustand zu der Zahl der Moleküle im Grundzustand, wenn sich das System im thermischen Gleichgewicht befindet.

**Copolymer**

Polymer, das aus zwei (oder mehreren) Grundbausteinen (Monomeren) synthetisiert wurde (z. B. $-A-B-A-B-$).

**Desaktivierung**

Übergang in einen energieärmeren Zustand durch Abgabe von Energie, z. B. durch intermolekulare Übertragung von Schwingungsenergie (strahlungslose Desaktivierung). In der Chromatographie: Verringerung der Adsorptionskraft eines Trennmaterials, meist bei Aluminiumoxid.

**Desorption**

Gegenteil von → Adsorption

**Dielektrizitätskonstante (DK)**

Stoffspezifische, vom Molekülbau abhängige Größe für die Wechselwirkung eines Moleküles mit einem elektrischen Feld:

$$DK = \frac{E_s}{E_v}$$

$E_s$   Feldstärke in der Substanz
$E_v$ = Feldstärke im Vakuum

Ihre Größe hängt von der Atom- bzw. Elektronenpolarisation ab.

**Dipolmoment**

Elektrisches Moment (Produkt aus Ladung und Abstand) bestimmter Moleküle, bei denen die Ladungsverteilung gestört ist, d. h. bei denen die Schwerpunkte der positiven und negativen Ladungen im Molekül nicht zusammenfallen.

**Dissoziationskonstante $K_D$**

Anteil der dissoziierten Teilchen relativ zu den nicht dissoziierten Teilchen (vor allem bei Elektrolyten). Für das Gleichgewicht $AB \rightleftharpoons A^+ + B^-$ gilt:

$$K_D = \frac{[A^+]\,[B^-]}{[AB]}$$

**Einsalzen**

Erhöhen der Löslichkeit von Proteinen durch Zusatz bestimmter Salze.

**Elution**

Wörtl.: Herauslösen; in der Chromatographie: Austreten der → desorbierten Substanzen am Ende der Trennsäule.

**Elutionsvolumen**

Volumen in der Säulenchromatographie, das eluiert wird, bis die maximale Konzentration der betreffenden Substanz aus dem Säulenende austritt.

**Entwicklung (DC)**

Ablaufen des Trennprozesses in der Dünnschichtchromatographie (DC).

**Fourier-Transformation**

Umwandlung eines komplizierten Schwingungsvorgangs in eine Summe einfachererer, harmonischer Teilschwingungen. Findet Anwendung z. B. in der Röntgenstrukturanalyse, NMR- und IR-Spektrometrie.

**Fragmentierung**

Zerfall eines Moleküls in definierte Bruchstücke, z. B. bei Eliminierungsreaktionen oder in der Massenspektrometrie.

**Gel**

Formbeständiges, aus mindestens zwei Komponenten bestehendes, disperses System. Eine Komponente ist meist fest, d. h. sie bildet in dem Solvatationsmittel eine definierte, netzwerkartige Struktur.

**Gradient**

In der Regel eine gleichmäßige Änderung z. B. der Konzentration einer Komponente in einem Lösungsmittelgemisch (→ Gradientenelution).

**Gradientenelution**

Chromatographische Trennung von Substanzen durch → Elution mit einem Fließmittel zunehmender Konzentration einer Komponente, z. B. der Salzkonzentration bei der Ionenaustauschchromatographie.

**HETP-Wert**

Abstand zweier theoretischer Böden in einer chromatographischen Trenneinrichtung (engl. Height Equivalent to a Theoretical Plate).

**Homopolymer**

Polymer, das nur aus einer Art von Grundbausteinen (Monomeren) synthetisiert wurde ($-A-A-A-A-$), auch als Unipolymer bezeichnet.

**Ionenstärke**

In genügend verdünnten Lösungen sind für die interionische Wechselwirkung nicht die spezifischen Eigenschaften der Ionen sondern nur ihre Zahl und ihre Ladung maßgeblich (Lewis und Randall). Sie ist definiert als:

$$J = \frac{1}{2} \sum c_i \cdot z_i^2,$$

d. h. als die Summe der Produkte aus der molaren Ionenkonzentration ($c_i$) und dem Quadrat der Wertigkeit ($z_i$) der einzelnen Ionen. Wird oft ungenau auch im Sinne von Salzstärke verwendet.

**Isoelektrischer Punkt**

Die elektrische Nettoladung von → amphoteren Stoffen hängt vom pH-Wert ab. Am isoelektrischen Punkt ist die Zahl der positiven und negativen Ladungen gleich, und die Nettoladung ist gleich Null (pH-Wert = pI-Wert).

**Isokratisch**

Chromatographische → Elution von Substanzen bei gleichbleibender Zusammensetzung des Fließmittels.

**Kolloid-osmotischer Druck**

Osmotischer Druck kolloidaler Lösungen, da kolloidale Teilchen ebenso wie Moleküle von echten Lösungen einen osmotischen Druck ausüben.

**Natrium-D-Linien**

Eng zusammen liegende Spektrallinien mit den Wellenlängen 589,0 nm ($D_1$) und 589,6 nm ($D_2$), die Hauptlinien im sichtbaren Teil des Spektrums einer Natriumdampflampe.

**Osmolalität**

Menge an gelösten Teilchen pro 1 kg Wasser (osmol $\cdot$ kg$^{-1}$); der Unterschied zur → Osmolarität ist gering. Es wird dabei berücksichtigt, daß bei großen Molekülen (Makromolekülen) das Lösungsvolumen verringert ist. Allgemein: Eine 1-osmolale Lösung enthält 1 Mol (= 6,023 $\cdot$ 10$^{23}$) nichtdissoziierter Teilchen in 1 kg Lösungsmittel.

**Osmolarität**

Menge an gelösten Teilchen pro Liter Lösung (osmol $\cdot$ 1$^{-1}$).

**Propfcopolymer**

Polymer, an dessen Hauptkette weitere Seitenketten „aufgepfropft" wurden, z. B.:

```
 -A-A-A-A-A-
    |     |
    B     B
    |
    B
```

**Phase**

Durch eine Grenzschicht voneinander getrennter Bereich eines Systems, z. B. flüssig/flüssig oder fest/ flüssig.

**pI-Wert**

→ isoelektrischer Punkt.

**Polarisiertes Licht**

Licht, dessen elektrischer Feldvektor in einer Ebene (linear pol. Licht) oder eliptisch (links oder rechts zirkular polarisiertes Licht) senkrecht zur Ausbreitungsrichtung schwingt.

**Polyelektrolyt**

Makromolekül mit vielen (negativ und/oder positiv) geladenen funktionellen Gruppen (→ Ampholyt).

**Puffer**

Eine Lösung, die in bestimmtem Umfang Hydroxonium- oder Hydroxylionen abfangen kann und somit einen nahezu gleichbleibenden pH-Wert gewährleistet.

**Rack**

Ein Gestell, das die richtige Positionierung der Sammelgefäße (meist Reagenzgläser) eines Fraktionensammlers gewährleistet.

**Relaxation**

Beschreibung der Erscheinung, daß ein System eine bestimmte Zeit benötigt, um auf eine plötzliche Änderung von außen zu reagieren. In der NMR-Spektrometrie: Wiedereinstellung des Gleichgewichts nach Energieeinstrahlung. Die Zeitdauer, bis das Gleichgewicht wieder erreicht ist, nennt man Relaxationszeit.

**Taktizität**

Begriff zur Beschreibung der sterischen Anordnung (Regularität) der Grundbausteine in Polymerhauptketten.

**Term**

Mathematischer Ausdruck. Oft auch im Sinne von Energieterm: Bezeichnung des Energieniveaus, das Elektronen innerhalb eines Atoms oder Moleküls einnehmen können (→ Termschema).

**Termschema**

Graphische Wiedergabe der einzelnen Energieterme (→ Term) der Elektronen eines Atoms oder Moleküls (Lage der Elektronenanregungs-, Schwingungs- und Rotationsniveaus in der Energieskala).

**Torsionsschwingung**

Drehschwingung um eine Molekülachse.

**van-der-Waals-Kräfte**

Zwischenmolekulare Kräfte, die eine Ursache für die Abweichung vom idealen Verhalten der Moleküle sind. Sie beruhen auf Kräften, die zwischen elektrisch neutralen Molekülen oder Atomen durch die gegenseitige Anziehung ihrer Massen auftreten.

# Sachwortverzeichnis